元素の周期表

原子番号 — $_{1}$H — 元素記号
元素名 — 水素
原子量 — 1.008

- 典型非金属元素
- 典型金属元素
- 遷移金属元素

	1	2	3	4	5	6	7	8	9	10	11	12	13	14	15	16	17	18
1	$_{1}$H 水素 1.008																	$_{2}$He ヘリウム 4.003
2	$_{3}$Li リチウム 6.941	$_{4}$Be ベリリウム 9.012											$_{5}$B ホウ素 10.81	$_{6}$C 炭素 12.01	$_{7}$N 窒素 14.01	$_{8}$O 酸素 16.00	$_{9}$F フッ素 19.00	$_{10}$Ne ネオン 20.18
3	$_{11}$Na ナトリウム 22.99	$_{12}$Mg マグネシウム 24.31											$_{13}$Al アルミニウム 26.98	$_{14}$Si ケイ素 28.09	$_{15}$P リン 30.97	$_{16}$S 硫黄 32.07	$_{17}$Cl 塩素 35.45	$_{18}$Ar アルゴン 39.95
4	$_{19}$K カリウム 39.10	$_{20}$Ca カルシウム 40.08	$_{21}$Sc スカンジウム 44.96	$_{22}$Ti チタン 47.87	$_{23}$V バナジウム 50.94	$_{24}$Cr クロム 52.00	$_{25}$Mn マンガン 54.94	$_{26}$Fe 鉄 55.85	$_{27}$Co コバルト 58.93	$_{28}$Ni ニッケル 58.69	$_{29}$Cu 銅 63.55	$_{30}$Zn 亜鉛 65.38	$_{31}$Ga ガリウム 69.72	$_{32}$Ge ゲルマニウム 72.63	$_{33}$As ヒ素 74.92	$_{34}$Se セレン 78.96	$_{35}$Br 臭素 79.90	$_{36}$Kr クリプトン 83.80
5	$_{37}$Rb ルビジウム 85.47	$_{38}$Sr ストロンチウム 87.62	$_{39}$Y イットリウム 88.91	$_{40}$Zr ジルコニウム 91.22	$_{41}$Nb ニオブ 92.91	$_{42}$Mo モリブデン 95.96	$_{43}$Tc* テクネチウム (99)	$_{44}$Ru ルテニウム 101.1	$_{45}$Rh ロジウム 102.9	$_{46}$Pd パラジウム 106.4	$_{47}$Ag 銀 107.9	$_{48}$Cd カドミウム 112.4	$_{49}$In インジウム 114.8	$_{50}$Sn スズ 118.7	$_{51}$Sb アンチモン 121.8	$_{52}$Te テルル 127.6	$_{53}$I ヨウ素 126.9	$_{54}$Xe キセノン 131.3
6	$_{55}$Cs セシウム 132.9	$_{56}$Ba バリウム 137.3	57～71 ランタノイド	$_{72}$Hf ハフニウム 178.5	$_{73}$Ta タンタル 180.9	$_{74}$W タングステン 183.8	$_{75}$Re レニウム 186.2	$_{76}$Os オスミウム 190.2	$_{77}$Ir イリジウム 192.2	$_{78}$Pt 白金 195.1	$_{79}$Au 金 197.0	$_{80}$Hg 水銀 200.6	$_{81}$Tl タリウム 204.4	$_{82}$Pb 鉛 207.2	$_{83}$Bi* ビスマス 209.0	$_{84}$Po* ポロニウム (210)	$_{85}$At* アスタチン (210)	$_{86}$Rn* ラドン (222)
7	$_{87}$Fr* フランシウム (223)	$_{88}$Ra* ラジウム (226)	89～103 アクチノイド	$_{104}$Rf* ラザホージウム (267)	$_{105}$Db* ドブニウム (268)	$_{106}$Sg* シーボーギウム (271)	$_{107}$Bh* ボーリウム (272)	$_{108}$Hs* ハッシウム (277)	$_{109}$Mt* マイトネリウム (276)	$_{110}$Ds* ダームスタチウム (281)	$_{111}$Rg* レントゲニウム (280)	$_{112}$Cn* コペルニシウム (285)	$_{113}$Uut* ウンウントリウム (284)	$_{114}$Fl* フレロビウム (289)	$_{115}$Uup* ウンウンペンチウム (288)	$_{116}$Lv* リバモリウム (293)	$_{117}$Uus* ウンウンセプチウム (293)	$_{118}$Uuo* ウンウンオクチウム (294)

57～71 ランタノイド	$_{57}$La ランタン 138.9	$_{58}$Ce セリウム 140.1	$_{59}$Pr プラセオジム 140.9	$_{60}$Nd ネオジム 144.2	$_{61}$Pm* プロメチウム (145)	$_{62}$Sm サマリウム 150.4	$_{63}$Eu ユウロピウム 152.0	$_{64}$Gd ガドリニウム 157.3	$_{65}$Tb テルビウム 158.9	$_{66}$Dy ジスプロシウム 162.5	$_{67}$Ho ホルミウム 164.9	$_{68}$Er エルビウム 167.3	$_{69}$Tm ツリウム 168.9	$_{70}$Yb イッテルビウム 173.1	$_{71}$Lu ルテチウム 175.0
89～103 アクチノイド	$_{89}$Ac* アクチニウム (227)	$_{90}$Th* トリウム 232.0	$_{91}$Pa* プロトアクチニウム 231.0	$_{92}$U* ウラン 238.0	$_{93}$Np* ネプツニウム (237)	$_{94}$Pu* プルトニウム (239)	$_{95}$Am* アメリシウム (243)	$_{96}$Cm* キュリウム (247)	$_{97}$Bk* バークリウム (247)	$_{98}$Cf* カリホルニウム (252)	$_{99}$Es* アインスタイニウム (252)	$_{100}$Fm* フェルミウム (257)	$_{101}$Md* メンデレビウム (258)	$_{102}$No* ノーベリウム (259)	$_{103}$Lr* ローレンシウム (262)

本表の４桁の原子量は IUPAC で承認された値である。なお，元素の原子量が確定できないものは（　）内に示した。
＊安定同位体が存在しない元素。

基本化学熱力学

展開編

蒲池幹治

三共出版

はじめに

人類は，火のもたらす熱の利用にはじまり，その熱を他のエネルギーへの変換できることを見出して，豊かな文明社会を作り上げた。現在は未曾有の豊かな物質社会となっているが，日々，莫大なエネルギ—が使用されている。消費の伸びに伴って，資源・エネルギーの枯渇，地球環境の悪化，廃棄物処理，原子力利用に伴う諸問題など，人類の存亡に係る事態が生じている。この目前にせまっている深刻な事態の解決には，限られたエネルギーをいかに有効に活用するかにかかっている。そのためには，科学技術に携わる者が，エネルギーとは何かを理解し，自然現象をいかに巧みに活用するかにかかっている。

また，現在のようにいろいろな物質が作られ，利用される時代になると，それに携わる化学者あるいは化学技術者には，これまで以上に物質に対する基礎知識が必要になる。その中核を担う化学熱力学の役割は極めて大きい。21 世紀に入り科学技術はさらに進歩し，研究分野も加速度的に広がっている。原子操作が行われるナノ化学の世界といえども，絶対零度でない限り，化学熱力学の支配から逃げられないのである。どんな自然現象も熱力学の支配下にあり，これからの化学研究者あるいは技術者はますます化学熱力学をしっかり身に付けておくことが強く求められるであろう。

筆者は，研究の展開や学会活動を通して，多くの科学者や技術者と交流してきた。その間，周りから熱力学をもう少し勉強しておけば良かったと言う声をしばしば耳にした。最近では，会社で研究している方々から，熱力学をもう一度教え直さねばねばならない若者が増えていることも耳にする。その懸念は，高度に進化した「IT–制御・ハイテク機器」がほとんど全部一種の「ブラックボックス化」してしまっているため，実験を通じて「自然」に直面し，「科学的真実」に迫るのではなく，「パソコン」を操って「仮想現実（virtual reality)」を構築し，その枠組に現実を押し込める風潮に接する指導者，上司の声である。

熱力学の専門書は，専門家による優れた本が，国内外で多数出版されている。しかし，熱力学の本質に迫る専門書は非専門家にはレベルが高く，後になってから，あの部分をここまで書いてもらっておれば理解できたのにという体験をした者は，筆者だけではあるまい。幸いにも，第 2 の職場となった福井工業大学で，熱力学を教える機会を得た。教科書を選ぶにあたって感じたことは，最近の多くの教科書は，講義時間を考慮に入れて，内容的には無駄が少なく，平易に書かれているが，本質を理解しようとする学生の立場に立つと，気になる点もある。このような時代にこそ紙数をあまり気にせず，専門家から見ればくどいと思われるような参考書（自習書）があってもよいのではないかと思うようになった。ある会合でそんな思いを吐露していたら，熱測定で名声を博しておられる専門家から，専門家ではないにしても，利用者の立場から化学熱力学の本を書くことは意義があると後押しされた。いまさら，素人が手を出すこともないとも思ったが，幸い，筆者は，大阪大学で高分子磁性体を取り上げ，その磁性発現の確認に，熱測定が有力な測定手段であることを体験した。そんな体験に加えて，筆者が奉職した大阪大学理学部には，熱に関する研究では古い伝統があり，熱測定で優れた業績をあげられた研究者を輩出している。個人的には気楽に意見が聞ける先輩，同僚，友人がおられるので，恵まれた環境を活かし，化学熱力学を基礎から学ぶ読者の立場にたった本を書くことを決心した。出版にあたって，他書の出版でお世話になった三共出版の秀島　功氏に相談した。時間をかけてもよいから，熱力学の本質をわかりやすく解説した本にして欲しいとのご快諾をいただき，初心者でも無理なく読み進められるような本を目指して二度書き上げたが，読み返すと意に沿わず，さらに推敲を重ねたため，本書の完成には長い歳月が経過した。熱力学の本質を崩さず，わかりやすさを目指して書き上げようとすると，説明文や図が増え，当初予想したよりもはるかに分厚い本になりそうであったから「基礎編」と「展開編」の 2 分冊にすることにした。

本書はその「展開編」で，純物質の状態変化と転移現象，複数の物質からなる多成分系の様々な現象，化学平衡，電池とその活用を「基礎編」で導入した熱力学関数をもとに詳しく解説した。また，熱力学関数の中で，その存在を認識し難い関数にエントロピーがある。近年，ゴムの伸縮で，その存在を実感させる実験例が報告された。21 章「ゴム弾性の熱力学」のコラムにその例を紹介した。各章とも，その理解には，「基礎編」に立ち返ることが必要となる。必要な式や図は，「基礎編」のどこにあるかを指示しているので参考にしていただきたい。各章には理解度テストと章末問題をつけている。理解度テストは本文を読めばわかることばかりであるから解答はつけていない。章末問題は詳しい解答をつけている。理解を深める一助となるから，挑戦していただきたい。

執筆した原稿は，小高忠男，徂徠道夫，松尾隆祐大阪大学名誉教授に加えて，長年の友，山本雅英京都大学名誉教授にも査読を御願いした。さらに，非専門家という立場から，高分子合成で半世紀近く切磋琢磨して来た友人，伊藤浩一豊橋技術科学大学名誉教授に査読を御願いした。幸いにも，先生方は快くお引き受けいただき，ご多忙な中にもかかわらずていねいに査読戴き，数々の有益なご助言を頂戴した。深甚の謝意を表したい。特に，小高名誉教授は，先輩として温かい，本質的なご助言，伊藤浩一名誉教授の精密な査読による様々なご指摘は，本書の完成に大きな力となった。第 18 章「電解質溶液」は，大阪大学大学院理学研究科佐藤尚弘教授にも原稿を送り，ご意見を頂戴した。

最終原稿の完成にあたっては，大阪大学大学院理学研究科橋爪章仁准教授（現在，教授）に文言や図面の修正をお願いした。ご多忙な中にもかかわらず，献身的な協力とご助言に心から感謝している。

先生方のご協力のお陰で内容的にはきちっとした熱力学書になったのではないかと思っている。とはいえ，本書の企画構成はすべて，著者の考えで行った。誤りや不備な点があれば，それについては著者の責任である。わかりやすさを優先するあまり冗長になったところも散見されるが，それは前に戻らずに，その場で理解を深めてもらいたいとの思いからである。わかりやすく書いたつもりであるが，意に反してかえってわかりにくくなったところもあるのではないかと気になるところもある。いろいろとご批判，御教授をいただければ幸いである。

最後に，本書の執筆にあたり数多くの書籍・論文を参考にした。理解を深めるための章末問題の多くは先人の書籍，論文から採用させていただいた。これらについては，巻末に参考図書として掲載させていただいたが，これらの著者，出版社に心より感謝の意を表する。

本書の出版は，秀島　功氏はじめ三共出版の皆様の御尽力によるものであり，深甚の謝意を表したい。

2016 年 5 月

著者しるす

目　　次

第 13 章　純物質の相形成と相平衡

第 14 章　多成分系 (1)―混合物の熱力学

第 18 章　電解質溶液

第 19 章　化学平衡

第 20 章　電気化学平衡と電池

『基本化学熱力学―基礎編』目　次

第 13 章

純物質の相形成と相平衡

純物質は，温度，圧力に応じて，一般に，固相，液相，気相あるいはそれらが共存する状態で存在する。その状態は，外的条件（温度，圧力）を変えない限り変化することはない。本章では温度，圧力の変化にともなう純物質のギブズエネルギー変化を考察し，低いモルギブズエネルギー（化学ポテンシャル）をとろうとする物質の性質が，外的条件に応じて安定な相の形成へ導くことを明らかにする。さらに，特定の温度と圧力では，自発的な相変化すなわち相転移がおこることを示す。相転移には，潜熱を伴う 1 次相転移と伴わない 2 次相転移があることを例示し，それぞれの特徴を解説する。温度および圧力と相形成との関係を表す図すなわち相図を導入し，代表的な物質の相図を紹介する。相転移と熱力学状態量との関連を示す式（クラペイロンの式およびクラペイロン・クラウジウスの式）を誘導し，相平衡にある系の温度と圧力の定量的関係を誘導する。気体の存在する相平衡状態には温度に応じて，物質特有の飽和蒸気圧が存在する。その飽和蒸気圧に対する外圧の影響についても考察する。最後に，純物質の相形成にギブズの相律を適用し，その妥当性を確認する。

13-1　相形成とギブズエネルギー

13-1-1　相形成と相平衡の条件

純物質は単一元素種または単一分子種によって構成される物質（単体や化合物）であるから 1 成分系（one-component system）であるが，それがつくる相の形状は，温度や圧力などの外的束縛条件に応じて，気相（vapor phase），液相（liquid phase）または固相（solid phase），あるいは，それらが共存する状態で存在する。例えば，1 atm 下の水は，0℃ 以下にあるかぎり凍ったままの状態すなわち固相であるが，熱を加えると 0℃ になったところで氷の融解が始まり，氷と水の 2 相共存状態になる（図 13.1（a））。加熱を続けると氷が全部融解して水（液相）になり，100℃ に達するまでは液相状態で温度上昇が続く。100℃ に達すると沸騰が始まり水蒸気泡が発生して水と 1 atm の水蒸気が共存する状態となる（図 13.1（c））。そのまま加熱を続けると水がすべて水蒸気のみになるまで温度は 100℃ を保つが，いったん 1 相になると，再び温度上昇が始まる（図 13.1（d））。この状態で加熱を止め，外圧を加えて高圧にすると水蒸気が凝縮して，水滴が生じ，再び気相

（水蒸気）と液相（水）が共存する状態になる。この例が示すように，純物質は温度，圧力に応じた**安定相**を形成し，外的条件の変化によって相が変化する。この現象を**相転移**（phase transition）という。

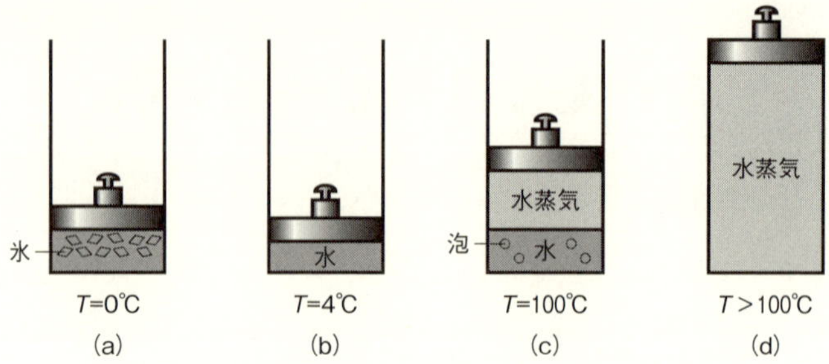

図 13.1　1気圧下における水の相形成と温度の関係の概念図＊
図中の錘は容器中の水や水蒸気が 1 atm 下であることを示すための仮想的な表示。

相転移をギブズエネルギーの変化という観点から考察してみよう。図 13.1（c）の条件（100℃，1 atm）では水と水蒸気は共存している。この時の水と水蒸気のモルギブズエネルギーを，それぞれ，$G_m(l, H_2O)$ および $G_m(g, H_2O)$ とし，その物質量を $n_{(l)}$ mol と $n_{(g)}$ mol とすると，その状態（状態 A とする）のギブズエネルギー（G_A）は次式で表される。

$$G_A = n_{(l)}G_m(l, H_2O) + n_{(g)}G_m(g, H_2O) \tag{13.1}$$

温度または圧力の変化により，液体の微小量 $dn_{(l)}$ が気化し，$dn_{(g)}$ へ変わったとすると，新たな状態（状態 2）のギブズエネルギーは

$$G_B = (n_{(g)} + dn_{(g)})G_m(g, H_2O) + (n_{(l)} - dn_{(l)})G_m(l, H_2O) \tag{13.2}$$

となる。閉じた系で，物質量は一定に保たれている限り，$dn_{(g)} = dn_{(l)} \equiv dn$ であるから，式（13.2）は

$$G_B = G_A + \{G_m(g, H_2O) - G_m(l, H_2O)\}dn \tag{13.3}$$

と書き換えられる。液体の気化によるギブズエネルギー変化を dG とすると，式（13.3）は

$$dG = G_B - G_A = \{G_m(g, H_2O) - G_m(l, H_2O)\}dn \tag{13.4}$$

となる。この式において，$G_m(g, H_2O) = G_m(l, H_2O)$ であるから，2 相の割合が変わるだけで，温度が変わることはない。100℃ 以上になると，$G_m(g, H_2O) < G_m(l, H_2O)$ となるから，系は安定な気相のみとなる（「基礎編」図 2.11 参照）。

＊　水蒸気の体積は沸騰水の 1603 倍にも達するから，図 13.1（c）および（d）の水蒸気の体積は実体と異なる概念図である。

全く同じことが，融点前後でも起こる。融点以下では $G_m(l, H_2O) > G_m(s, H_2O)$ となり，固相のみで存在するが，融点に達すると $G_m(l, H_2O) = G_m(s, H_2O)$ となるから 2 相が共存するようになる（図 13-1（a））。要するに，純物質がいろいろな相を形成するのは，与えられた温度と圧力のもとで，**物質のモルギブズエネルギーが極小になろうとする自然の摂理**にしたがった現象で，自然現象が熱力学第 2 法則に支配されていることを認識できる例である。

本章では，$G_m = H_m - TS_m$ をもとに，純物質の相形成，相平衡および相転移を考察する。

13-1-2　相形成に対する温度の影響

前節で相形成，相転移は物質が自発的に最小のモルギブズエネルギー G_m に変化しようとする物質の性質によることを明らかにした。ここでは一歩進めて，$G_m = H_m - TS_m$ をもとに，定圧下，純物質の相形成と温度の関係について考えてみよう。例外はあるが，一般に，純物質は低温では固体，高温では気体として存在する。低温領域では，気体や液体よりも固体の方が構成粒子（分子またはイオン）間の相互作用が強く働くので，固体のモルエンタルピー $H_m(s)$ は他の状態よりも大きな負の値をもつ。一方，固体の場合，粒子はほとんど自由度を持たないから $S_m(s)$ の $G_m(s)$ への寄与は小さく，$T \to 0$ では，$G_m \to H_m$ となる。したがって，低温では，固体で存在するのがエンタルピー的に最も安定である。逆に，気体の場合には分子間の相互作用が弱いので $H_m(g)$ は 0 に近い状態であるが，気体中では分子が空間を動き回るので $S_m(g)$ は大きい正の値である。したがって，高温領域では，G_m への $-TS_m(g)$ の寄与が大きくなるから，S_m が最も大きい気相のとき G が最小になる。液体では，その中間的な値で，固体より小さい負の H_m と大きな S_m となる。この現象をギブズエネルギーの温度変化という観点から考察しよう。

定圧下ではモルギブズエネルギーの温度変化は，式（12.93）で示したように

$$\left(\frac{\partial G_m}{\partial T}\right)_p = -S_m \tag{13.5}$$

で表されるから，各相の G_m の温度変化を示す曲線の傾きは $-S_m$ である。S_m は正の値で，固体＜液体＜気体の順に大きくなるから，気体のモルギブズエネルギー曲線 $G_m(g)$ は最大の負の傾きで，液体のモルギブズエネルギー曲線 $G_m(l)$ がそれに続き，固体のモルギブズエネルギーを示す曲線 $G_m(s)$ の傾きは最小になる。

この傾きの差異と低温では $G_m(s)$ が最低であることを考慮に入れて，各状態のモルギブズエネルギーの温度依存性を点線と実線で，概念的に示したのが図 13.2 である。実線はその温度領域でエネルギー的に最安定になる状態を示す。安定相の実線は折線グラフとなる。その折線に注目すると，低温領域では固体の $G_m(s)$ が最低であるので固相を形成するが，負の傾きの大きな液体の $G_m(l)$ と特定の温度で交差するから，それ以上の温度では安定相が液相となる。さらに温度を上げると，勾配が最大の負の傾きの $G_m(g)$ と交

差するので，それ以上の温度では，気体に変わる。このことから，物質には，特有の固体，液体，気体を示す温度領域が存在するのが理解できる。

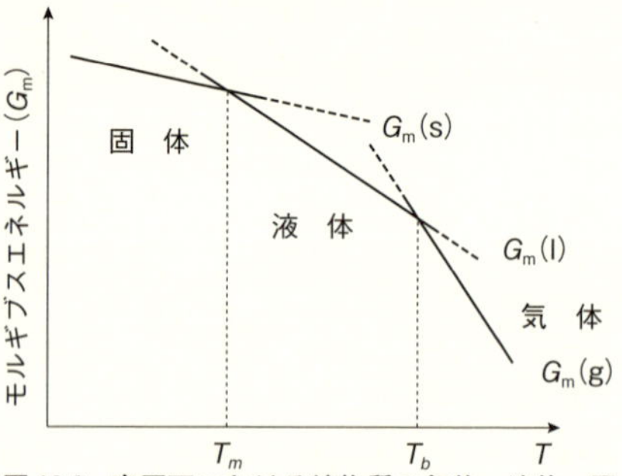

図 13.2　定圧下における純物質の気体，液体，固体ギブズエネルギーの温度依存性
実線：安定相，破線：準安定相

G_m(s) と G_m(l) が交差する温度は融点（T_m）あるいは凝固点（T_f），G_m(l) と G_m(g) が交差する温度は沸点（T_b）である。この温度では，2 相の G_m が等しく $\Delta G_m = 0$ であるから 2 相が共存できる状態である。したがって，この温度では，物質と外界との熱のやり取りがあっても，相の割合が変わるだけで，系が 1 相になるまでは，温度は変化しない。

図 13.2 で点線で示した実線の延長部分の状態は不安定であるので，通常，実線で示した最安定状態に移行する。しかし，温度の変化と共に相転移がおこる際，交差点の温度（**相転移温度**）を越えても，もとの相がそのまま維持されることがある。このような相は**準安定状態**（metastable state）といわれ，高温側から転移点を超えるとき**過冷却状態**（supercooling state），低温側から転移点をこえるとき**過熱状態**（superheating state）という。準安定状態は固相–液相転移，液相–気相転移では一時的にしか存在しないが，固体の多形構造間の相転移の場合には，**準安定状態の固体が半永久的**に存在する例が知られている。宝石の王様と言われているダイヤモンドやフラーレン（C_{60}）はその代表的な例で，大気圧下では種々の炭素結晶中最も安定なグラファイトに比べると，ダイヤモンドもフラーレンも熱力学的により不安定（準安定）な結晶であるが，簡単に最安定状態に転移しないので，その特徴を活かした，様々な製品が作られている＊。

13-1-3　相形成に対する圧力の影響

100℃ の水の相形成に対する圧力効果を図 13.3 に示す。図 13.3（a）に示すように，外圧が 1 atm 以下であれば，容器にはいった 100℃ の水はすべて水蒸気になり，気相を形成する。ここに外圧を加えて行くと蒸気相の体積は減少し，1 atm になると凝縮が始まり，液相が現れる。さらに圧縮を続けても，圧力は変わらないままで，蒸気の一部が凝縮して液相に移行する（図 13.3（b））。その過程で生じる熱を系外に出すようにすれば，水蒸気

＊　グラファイトはダイヤモンドやフラーレンとは炭素―炭素の結合様式が異なるから，相転移がおこるときには結合様式の変化にきわめて大きなエネルギーが必要になる。そのため，準安定相として存在することができる。

の液化はさらに進行し（図 13.3（c）），すべて液体へ転移する（図 13.3（d））。その間，容器の圧力は一定に保たれる。すべて水になった後は，再び圧力は上昇し，10 万 atm 以上の超高圧（super high pressure）では，100℃ の水もすべて氷になる。

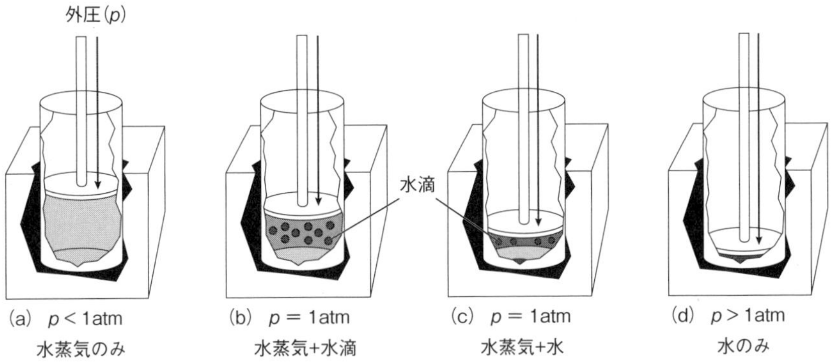

図 13.3　100℃ における水の相形成と圧力の関係の概念図

後述するように測定条件次第で変わるが，一般に，物質は，圧力が低い時には気体であるが，圧力が高くなると凝縮して液体となり，さらに高圧にすると固体へ変化する。

定温下ではモルギブズエネルギーの圧力変化は，式（12.94）で示したように

$$\left(\frac{\partial G_{\mathrm{m}}}{\partial p}\right)_T = V_{\mathrm{m}} \tag{13.6}$$

と表される。ここで，V_{m} は物質のモル体積を示す。$V_{\mathrm{m}}>0$ であるから，温度一定であれば，圧力が大ききなるほど G_{m} は大きくなる（図 12.10 参照）。

上記のことを考慮に入れて，温度一定の条件下で，圧力と安定相のモルギブズエネルギーの関係を実線（安定相）と破線で概念的に図示したのが図 13.4 である。体積に関して

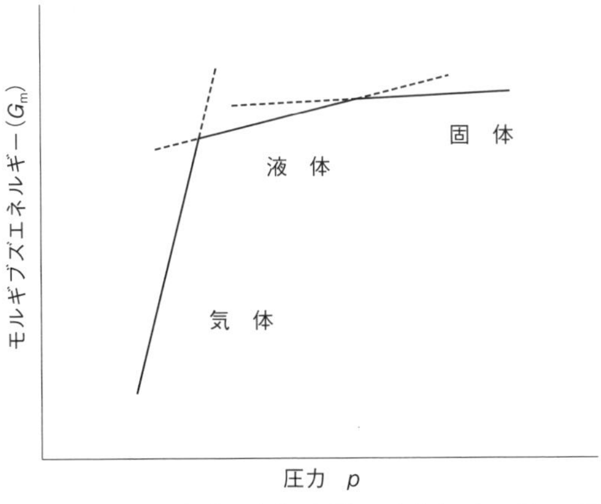

図 13.4　純物質の気体，液体，固体のギブズエネルギーの圧力依存性の概念図

実線：安定状態，破線：準安定状態

は，$V_m(g) \gg V_m(l) > V_m(s)$ *であるから，安定相は，転移点で交差する折れ曲がった線になる。

13-2　相転移

13-2-1　1次相転移

前節で示したように，融点や沸点では，それぞれ，固体と液体および液体と気体が共存し，**相平衡状態**にある。この状態にある物質では，図13.5に示すように，熱の出入りによって相の割合は変化するが，どちらか一方の相になるまで温度が変化することはない。

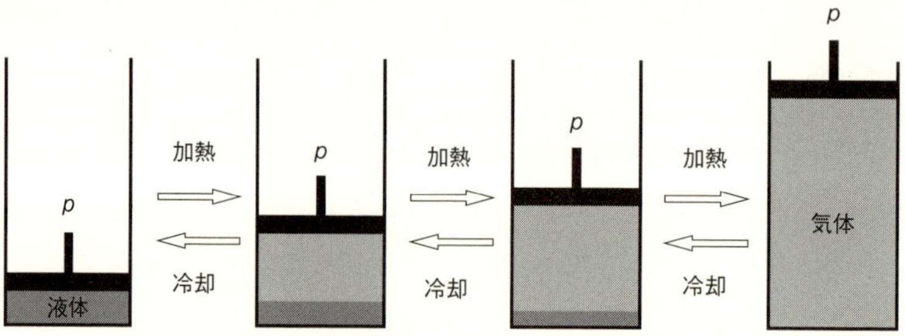

図13.5　定圧下，熱の出入りによる相転移の概念図

この現象すなわち相転移を［基礎編］7-3〜7-6でエンタルピー変化，［基礎編］10-2ではエントロピー変化をもとに考察した。また，前節で相転移点では，2つの相の G_m が等しくなっていて，共存していることを明らかにした。ここでは，相転移の際の転移点前後の熱力学変数（モルギブズエネルギー，モルエントロピー，モル体積，モル定圧熱容量）の変化に注目し，相転移を総合的に考察する。

定圧のもとで，温度 T のときの相 α と相 β のモルギブズエネルギーの差 ΔG_m は

$$\Delta G_m = G_m^{(\beta)} - G_m^{(\alpha)} = H_m^{(\beta)} - H_m^{(\alpha)} - T(S_m^{(\beta)} - S_m^{(\alpha)}) \tag{13.7}$$

となり，$H_m^{(\beta)} - H_m^{(\alpha)} = \Delta H_m$，$S_m^{(\beta)} - S_m^{(\alpha)} = \Delta S_m$ とすると，式（13.7）は次式で表される。

$$\Delta G_m = \Delta H_m - T\Delta S_m \tag{13.8}$$

相転移点 T_{trs} の ΔH_m を $\Delta_{trs}H_m$，ΔS_m を $\Delta_{trs}S_m$ とすると，$\Delta G_m = 0$ であるから，式（13.8）は

$$\Delta_{trs}H_m - T_{trs}\Delta_{trs}S_m = 0 \tag{13.9}$$

となる。転移点では熱の出入りによって，物質のエンタルピーは変化するが，その変化 ΔH はエントロピーの変化をともない $-T\Delta S$ としてエネルギー的に相殺される。したが

＊　水の場合は，融点近くでは，固体である氷の体積の方が液体より大きくなるため，圧力を上げて行くと，気体から固体，液体へ転移する温度領域がある（図13.13参照）。

って，図 13.5 に示すように，相の割合は変わっても 1 相になるまで系の温度が変化することはない。温度変化をともなわないで転移のみに使われる熱，すなわち，**転移熱**は古くから**潜熱**と呼ばれて来たものにほかならない。潜熱には転移を示す呼称がある。液相から気相に変化する時の潜熱を**蒸発熱**，気相から液相への潜熱を**凝縮熱**，固相から液相への潜熱を**融解熱**，液相から固相への潜熱を**凝固熱**という。それを熱力学的に表現すると，相転移点における**相間のエンタルピー差**である。

相転移がおこる系の G_{m} を T の関数としてプロットすると，転移点では低温相と高温相のモルギブズエネルギーは等しいから 2 つの曲線は相転移点でつながってはいるが，両相における G_{m} の温度依存性が異なるので有限の角度で交差する（図 13.6（a））。相転移点では，潜熱が出入りするだけで温度は変化しないから，その温度では相の密度変化が反映され，体積の不連続な変化として観測される（図 13.6（b））。また，定圧下における G の T に関する微分として得られるエントロピー $(\partial G/\partial T)_p = -S$ は，相転移点前後で異なる値をとるから，S を T の関数としてプロットすると転移点で不連続な跳びが生じる（図 13.6（c））。このエントロピー跳び $\Delta_{\mathrm{trs}}S$ に対応してエンタルピー跳び $\Delta_{\mathrm{trs}}H = T_{\mathrm{trs}}\Delta_{\mathrm{trs}}S$ が生じる。これが，先に述べた潜熱である。定圧モル熱容量（$C_{p,\mathrm{m}}$）は，$C_{p,\mathrm{m}} = T(\partial S/\partial T)_p$ であり，転移点では $C_{p,\mathrm{m}} \to \infty$ となり，顕著な不連続変化となる（図 13.6（d））。

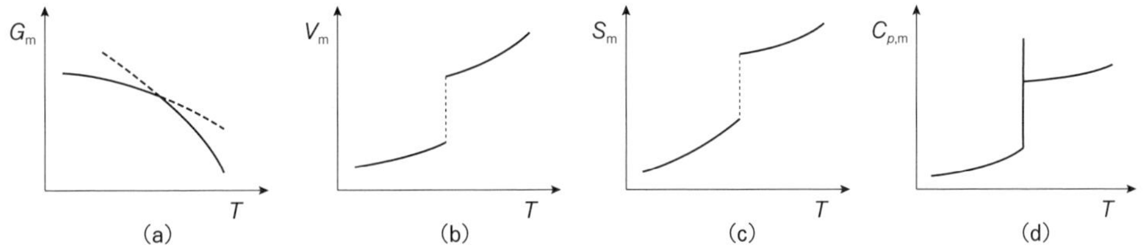

図 13.6　1 次相転移点がある系の G_{m}，V_{m}，S_{m} および $C_{p,\mathrm{m}}$ の温度変化の概念図（破線は準安定相を示す）

S や V は，それぞれ，G の温度および圧力に関する一次微分であるから，相 α から相 β に変わる転移点では式（13.10）や式（13.11）が成り立つ。すなわち，転移点における V_{m} や S_{m} の不連続な変化は，G_{m} の一次導関数の不連続変化を示している。この点に注目した**エーレンフェスト**（Paul Ehrenfes, 1880–1933，オランダの物理学者，数学者）は，このような相転移を **1 次相転移**（first-order phase transition）と定義し，次節に述べる **2 次相転移**（second-order phase transition）と区別した。

$$\left(\frac{\partial G_{\mathrm{m}}^{(\beta)}}{\partial p}\right)_T - \left(\frac{\partial G_{\mathrm{m}}^{(\alpha)}}{\partial p}\right)_T = V_{\mathrm{m}}^{(\beta)} - V_{\mathrm{m}}^{(\alpha)} = \Delta_{\mathrm{trs}}V \tag{13.10}$$

$$\left(\frac{\partial G_{\mathrm{m}}^{(\beta)}}{\partial T}\right)_p - \left(\frac{\partial G_{\mathrm{m}}^{(\alpha)}}{\partial T}\right)_p = -S_{\mathrm{m}}^{(\beta)} + S_{\mathrm{m}}^{(\alpha)} = -\Delta_{\mathrm{trs}}S \tag{13.11}$$

13-2-2　2 次相転移

相転移は 1 次相転移のように等温変化するものばかりではない。潜熱をともなわない相転移も存在する。そのような転移では，G_{m} の温度変化はスムーズな連続した曲線を示す。S_{m} や V_{m} は，転移点で $S_{\mathrm{m}}^{(\alpha)}=S_{\mathrm{m}}^{(\beta)}$ および $V_{\mathrm{m}}^{(\alpha)}=V_{\mathrm{m}}^{(\beta)}$ であるから連続に繋がってはいるものの，低温相（α）と高温相（β）との温度および圧力変化が異なった関数になっているので，転移点で折れ曲がった曲線となる（図 13.7（b）および（c））。定圧モル熱量 $C_{p,\mathrm{m}}$ は $T(\partial S/\partial T)_p$ で表されるから，その温度変化は転移点で不連続になる（図 13.7（d））。S が G の導関数であることを考慮すると，$C_{p,\mathrm{m}}$ の変化は，式（13.12）に示すように，G の 2 次導関数が不連続になる相転移である。このような転移にたいしエーレンフェストは**2 次相転移**と定義した。

$$\Delta C_{p,\mathrm{m}}=T\left(\frac{\partial S_{\mathrm{m}}^{(\beta)}}{\partial T}\right)_p-T\left(\frac{\partial S_{\mathrm{m}}^{(\alpha)}}{\partial T}\right)_p=-\left(\frac{\partial^2 G_{\mathrm{m}}^{(\beta)}}{\partial T^2}\right)_p+\left(\frac{\partial^2 G_{\mathrm{m}}^{(\alpha)}}{\partial T^2}\right)_p \qquad (13.12)$$

2 次相転移における転移点前後の G_{m}，V_{m}，S_{m} および $C_{p,\mathrm{m}}$ の温度変化を図 13.7 に示す。2 次相転移の特徴は $C_{p,\mathrm{m}}$ の変化は不連続になるが，転移点に達するまで変化のきざしを示さない 1 次相転移とは対照的で，転移温度に達する前に予兆が観測される点である。

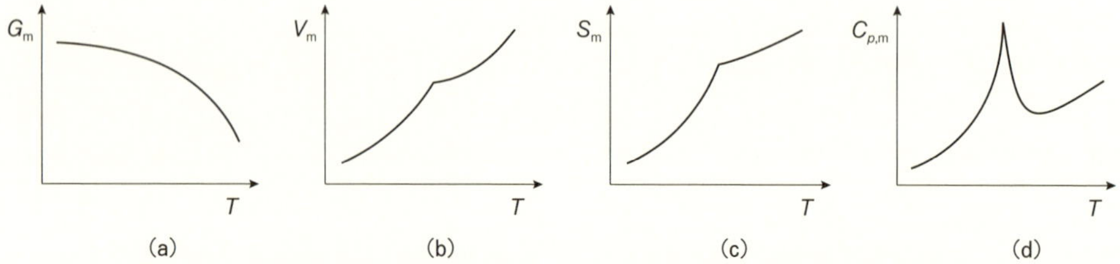

図 13.7　2 次相転移点が存在する系の G_{m}，V_{m}，S_{m} および $C_{p,\mathrm{m}}$ の温度変化の概念図

2 次相転移の中には，S_{m} の転移点付近での変化が大きく，転移点での $C_{p,\mathrm{m}}$ の変化が無限大になるものがある。その場合，$C_{p,\mathrm{m}}$ の T に対するプロットがラムダ（λ）に似た形になるから，そのような転移にたいして**λ 転移**（λ transition）と名付けられている。その具体例として低温における液体ヘリウムの温度変化で観測される相転移を示しておこう。詳しくは次節の相図（図 13.12）で明らかになるが，1 bar で液体ヘリウムを冷却して行くと 2.17 K になったところで，性質が異なる 2 つの違う液相（正常流体と超流体）が共存する。その際の S と C_p の温度変化を図 13.8 に示す。

自然界には様々な 2 次相転移が存在し（補遺参照），実用面にひろく利用されている。**強磁性－常磁性相転移**はその一例である。鉄は常温では強磁性体で磁石になるが，これを熱すると 1043 K（770℃）の転移温度で強磁性を失い常磁性になる。これは，低温では電子スピン間の相互作用によって強磁性や反強磁性状態に整列しているが，高温では熱運動によって**スピンの配向が**乱されることによる 2 次転移で，**秩序－無秩序相転移**の例である。この転移温度は**キュリー温度**（curie temperature）ともいわれ，物質を**磁石**として利用

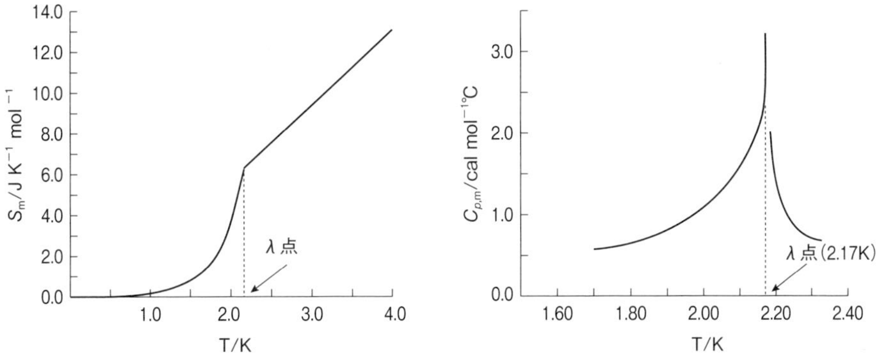

図 13.8　液体ヘリウムの 2 次転移点付近の S_m と $C_{p,m}$

する際に極めて重要な温度である。

相転移についてさらに詳しく知りたい人には欄外に示した専門書*を薦めたい。

13-3　相　図

13-3-1　相図の成り立ち

純物質は図 13.2 および図 13.4 に示したように，温度と圧力を与えると G_m が決まるので，その状態が定まる。したがって，x 軸に温度，y 軸に圧力をとり，z 軸に G_m をとると，物質の示す全ての状態は，図 13.9 に示すような G_m 曲面で表すことができる。図 13.9 (a) には気相と液相の曲面が示されている。2 つの曲面は気液交差線で交差し，交差線より左の面は液相が安定相，右は気相が安定相である。交差線は 2 相が共存している状態を表し，様々な温度における気相の蒸気圧を示している。これに，固相の G_m 曲面を加えると，図 13.9 (b) のように，気相–固相および液相–固相の共存を示す 2 本の交差線が加わ

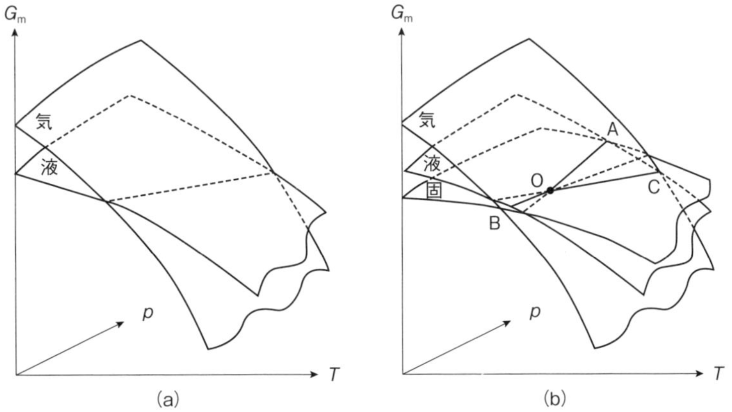

図 13.9　純物質の気体，液体，固体のギブズエネルギーの温度・圧力依存性

*　徂徠道夫，『相転移の分子熱力学』（朝倉化学大系 10），朝倉書店（2007）．

ると共に3本の交差線の交差点Oが現れる。それを2次元座標面（p–T面）に投影すると，図13.10に示すように物質の状態を平面で表した平面図が得られる。これは，温度および圧力と物質の形状の関係をわかりやすく示す図で，**状態図**または**相図**（phase diagram）といわれ，色々な物質で作成されている。

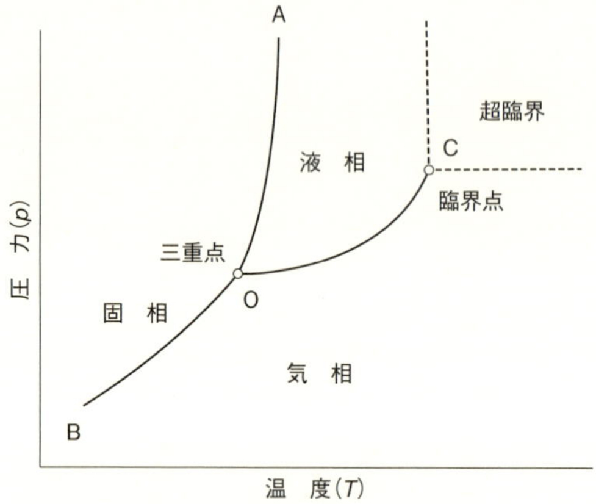

図13.10　純物質の典型的な相図

相図は，固相，液相または気相だけからなる1相領域，2相が相平衡となる温度と圧力を与える曲線（OA，OBおよびOC)，3相が共存する点Oからなる。曲線OA，OBおよびOCは，それぞれ，固体と液体，固体と気体および液体と気体が共存する状態で，指定した圧力における**融解温度**（**凝固温度**），**昇華温度**および**沸騰温度**である。その線を境界として，単一相の平面が広がっているから，これらの線を**相境界**（phase boundary）といい，OAは**融解曲線**，OBは**昇華曲線**，OCは**蒸発曲線**である。点Oは固体，液体および気体が共存する状態で**3重点**（triple point）といわれている。3重点は，ある特定の圧力と温度になった時にのみに表れる状態であり，人為的にはどうする事もできない**純物質固有の物理的性質**の1つである*。例外はあるが，3重点は液相が存在できる最低温度，最低圧力でもある。したがって，3重点以下の圧力や温度では，固相–気相間の転移すなわち昇華がおこる。身近な例はスーパーマーケットで保冷剤（ice pack）としてもらうドライアイス（固体二酸化炭素）である。二酸化炭素の3重点は5.11 atm，216.8 Kであるから，大気圧のもとではどんな温度でも液化することはなく，1 atmでは194.65 K（−78.50℃）で昇華する（図13.11（b）参照)。

液相と気相の相境界線（OC）に沿って温度を上げていくと，図13.10に示すように，ある温度，圧力以上では，気相と液相との境界線が消失して，全体が一様な流体に変化する点Cに到達する。この液相と気相の界面が消失する温度，圧力を**臨界点**といい，その温度を**臨界温度**（critical temperature）（T_c)，圧力を**臨界圧**（critical pressure）（p_c)

＊　ケルビン温度目盛を定義するのに水の3重点（611 Pa, 273.16 K）が用いられているのはこのためである。

という。この臨界点は物質によって定まっており，3 重点と同様，その物質に固有な温度，圧力である（脚注の表参照）。臨界温度以上では物質を加圧しても液体は形成されないから，**臨界温度は液体として存在できる最高の温度**である。この臨界点よりも高温，高圧の状態は**超臨界状態**（super critical state）あるいは**超臨界流体**（super critical fluid）*破線の右上の部分）という。超臨界流体では，温度を変えても，圧力を変えても相転移は存在しない。

13-3-2　代表的な相図

代表的な物質の相図を図 13.11（a)-(c）に示す。1 atm では，室温で液体であるベンゼンも気体で存在する二酸化炭素も，それらの相図は縦軸の単位や横軸の温度範囲は異なるが，3 重点や臨界点があり，図 13.10 と似た相図である。ベンゼンの 3 重点は 278.7 K，36.1 Torr（図 13.11（a)），臨界点は 562.2 K，4.89 MPa（図には記載されていない）を示し，二酸化炭素の 3 重点は－56.4℃，5.11 atm，臨界点は 304.21 K，74.8 atm（図 13.11（b)）である。

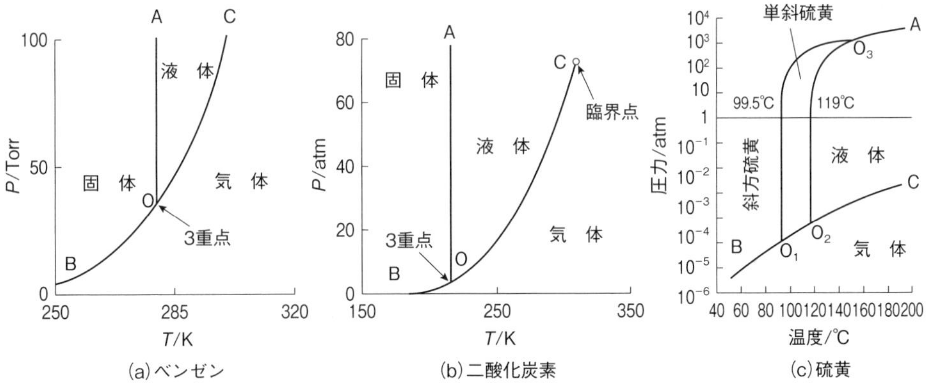

図 13.11　代表的な物質の相図

結晶の場合は一定の温度，圧力の範囲内で安定な状態で存在するが，ある温度，圧力を越えると同じ物質であっても 2 つ，またはそれ以上の異なる結晶形をとる場合がある。これは**結晶の多形**（polymorphism）といい，熱や圧力変化によって結晶間の転移がおこる。

＊超臨界流体は，一般の液体に比べ，あらゆるものの溶解度が大きく，超臨界水や超臨界二酸化炭素は，優れた溶媒として使用されている。

代表的な物質の臨界温度および臨界圧

物質	T_c/K	p_c/bar	物質	T_c/K	p_c/bar
アンモニア	405.7	111	窒素	126	33.1
ヘリウム	5.204	2.274	酸素	154.6	50.43
水素	32.98	12.93	硫黄	1314	267
メタン	191.1	45.2	水	647.3	215.15

これを**多形転移**（polymorphic transition）という。硫黄はその例で，［基礎編］7-6にも示したように，硫黄の結晶形に2つの形態，すなわち，斜方硫黄と単斜硫黄が存在する。硫黄の相図を図13.11（c）に示すが，圧力範囲が広いので，その縦軸は対数目盛りになっている。2種の結晶は安定性が異なり，1 atm下で温度を上げると（図中の細い実線），常温では斜方硫黄として存在するが99.5℃で単斜硫黄に転移する。さらに温度を上げると，119℃で融解する。硫黄には3つの3重点（図中O_1，O_2およびO_3）がある。O_1は2つの固相と気相，O_2は単斜硫黄の結晶，液相，気相，O_3は単斜硫黄の結晶，斜方硫黄の結晶および液体が平衡にある状態である。図中O_1O_3は斜方硫黄と単斜硫黄が共存できる曲線で，転移温度の圧力による変化を示す。

上に示した物質と異なる相図を示すものにヘリウムがある。その相図を図13.12に示す。ヘリウムは25 bar以下では0 K付近でも液体であることや入線上の温度，圧力では2つの液相が共存することを示している。この，液相間の相転移は2次の相転移であることが明らかにされている。2.17 K, 0.03 barに3重点，5.20 K, 2.3 barに臨界点が存在する。3重点では2つの液相と気相が共存しており，固相は共存しない。点線で示すように，1気圧では，低温にしても固相を呈することはなく，ヘリウムには液体，気体，固体が共存する温度，圧力条件は存在しない。固体は高圧にすると得られるが，その構造は，圧力によって異なり，六方最密構造（hcp）または体心立方構造（bccp）をとっている。

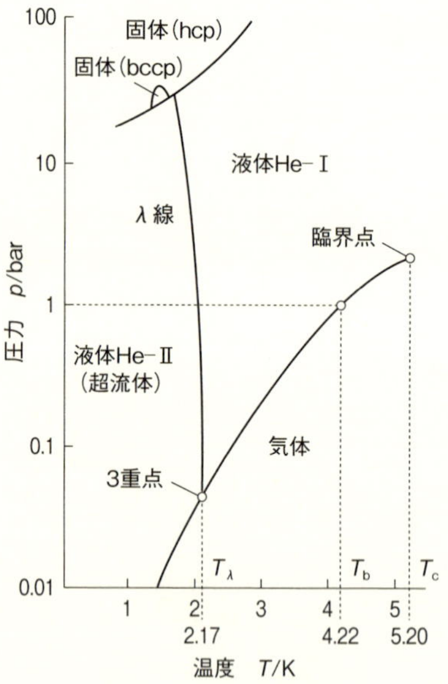

図13.12　ヘリウムの相図

13-3-3　水の相図

水の相図を図13.13に示す。水の場合には，固相–液相境界線（OA）の傾きは負の勾配になっているから，3重点よりも低い温度では，低圧（L）から高圧（H）に圧力を上げ

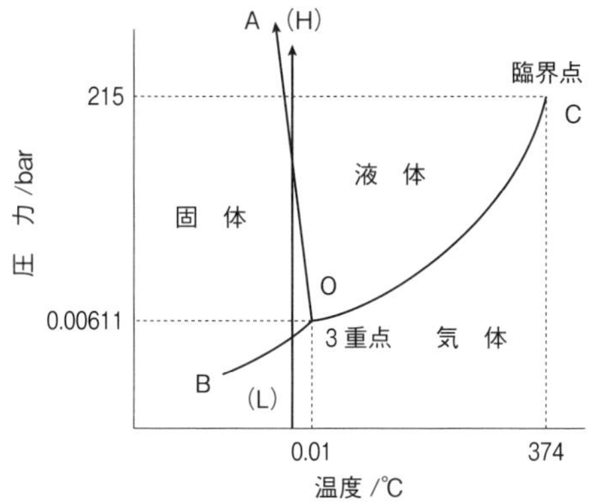

図 13.13　水の相図

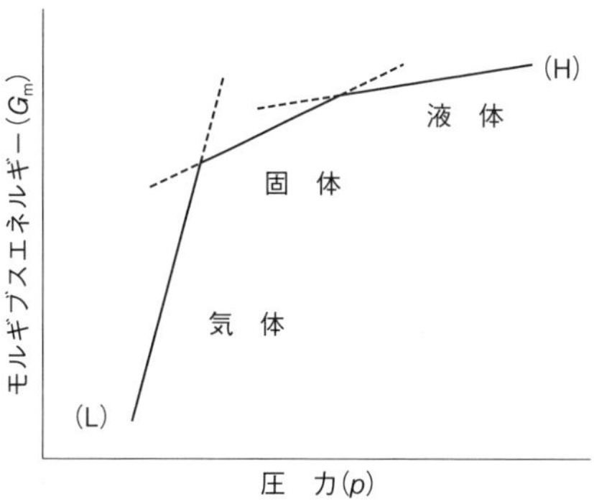

図 13.14　水のモルギブズエネルギーの圧力依存性（260 K）の概念図

て行くと，水蒸気からいきなり氷が生成し，さらに圧力を上げると氷が融解して水になる。その温度におけるモルギブズエネルギー G_m の圧力変化を図 13.14 に示す。この温度では，氷の圧力変化が水の圧力変化よりも大きいが，これは，氷のモル体積が水よりも大きいこと，すなわち，$V_m(s) > V_m(l)$ に起因している。この熱力学的背景は次節で明らかになる。後述するが，高圧では氷には多形が存在する。氷の多形を含めた水の相図は複雑になる（図 13.18 参照）

例　題 1　**室温で，二酸化炭素を充塡したボンベとヘリウムを充塡したボンベを作成した。二酸化炭素のボンベは 7 MPa になった後は，ボンベの圧力はあがらなかった。一方，ヘリウムを充塡すると，ボンベの内圧が 15 MPa になっても，ボンベの内圧は上昇した。その理由を述べよ。**

〔解　答〕　二酸化炭素の臨界点は 304.21 K，ヘリウムの臨界温度は 5.20 K である。二酸化炭素の臨界点は室温より高いので，ボンベに充塡していくと，すなわち，図 13.11（b）の 298.15 K で圧力をあげていくと，気相-液相共存線に達する。この時点で液化が始まり，さらに，ガスを充塡していっても液体の量が増えるだけで，圧力は平衡蒸気圧に保たれる。一方，ヘリウムの臨界温度は 5.20 K で，室温よりもはるかに低いから，298.15 K では，臨界状態での充塡である。したがって，ヘリウムは液化することなく，圧縮に応じてボンベの内圧は上昇する。

13-4　相境界線の熱力学的背景—クラペイロンの式

フランスの物理学者クラペイロン（Benoit Pierre Emile Clapeyron, 1799–1864）は，相図の相境界線は 2 相のモルギブズエネルギーが等しくなる状態であり，その定量的扱いによって，以下に示す意義深い関係式を誘導した。相境界における相（α）と相（β）のモルギブズエネルギーをそれぞれ $G_m^{(\alpha)}$ および $G_m^{(\beta)}$ とすると

$$G_m^{(\alpha)} = G_m^{(\beta)} \tag{13.13}$$

となる。このように平衡状態にある 2 相の圧力と温度を微少量 $\mathrm{d}p$ および $\mathrm{d}T$ だけ変化させると，各相のギブズエネルギー変化は，［基礎編］12-4 の式（12.63）を用いると，それぞれ

$$\mathrm{d}G_\mathrm{m}^{(\alpha)} = V_\mathrm{m}^{(\alpha)}\mathrm{d}p - S_\mathrm{m}^{(\alpha)}\mathrm{d}T \tag{13.14}$$

$$\mathrm{d}G_\mathrm{m}^{(\beta)} = V_\mathrm{m}^{(\beta)}\mathrm{d}p - S_\mathrm{m}^{(\beta)}\mathrm{d}T \tag{13.15}$$

となる。その変化を，図 13.15 に示すような相境界線に沿って変化させると，変化後も相平衡が成り立っているから，各相のギブズエネルギー変化は等しく，$\mathrm{d}G_\mathrm{m}^{(\alpha)}=\mathrm{d}G_\mathrm{m}^{(\beta)}$ である。したがって

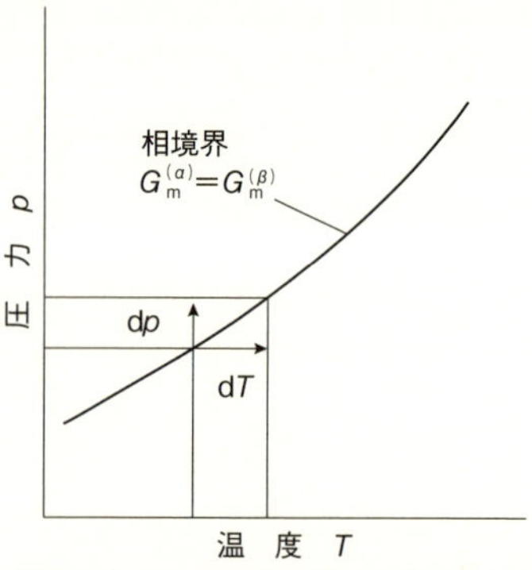

図 13.15　平衡圧と温度の関係

$$V_\mathrm{m}^{(\alpha)}\mathrm{d}p - S_\mathrm{m}^{(\alpha)}\mathrm{d}T = V_\mathrm{m}^{(\beta)}\mathrm{d}p - S_\mathrm{m}^{(\beta)}\mathrm{d}T \tag{13.16}$$

が成立する。この式を変形すると

$$(S_\mathrm{m}^{(\beta)} - S_\mathrm{m}^{(\alpha)})\mathrm{d}T = (V_\mathrm{m}^{(\beta)} - V_\mathrm{m}^{(\alpha)})\mathrm{d}p \tag{13.17}$$

となり，この式を書き換えると次式が得られる。

$$\frac{\mathrm{d}p}{\mathrm{d}T} = \frac{S_\mathrm{m}^{(\beta)} - S_\mathrm{m}^{(\alpha)}}{V_\mathrm{m}^{(\beta)} - V_\mathrm{m}^{(\alpha)}} \tag{13.18}$$

$(S_\mathrm{m}^{(\beta)} - S_\mathrm{m}^{(\alpha)})$ および $(V_\mathrm{m}^{(\beta)} - V_\mathrm{m}^{(\alpha)})$ は相転移によるモルエントロピー変化とモル体積変化であるから，それぞれ，$\Delta_\mathrm{trs}S_\mathrm{m}$ および $\Delta_\mathrm{trs}V_\mathrm{m}$ とすると

$$\frac{\mathrm{d}p}{\mathrm{d}T} = \frac{\Delta_\mathrm{trs}S_\mathrm{m}}{\Delta_\mathrm{trs}V_\mathrm{m}} \tag{13.19}$$

となる。

相転移に伴う $\Delta_\mathrm{trs}S_\mathrm{m}$ はモルエンタルピー変化と次のような関係にあるから

$$\Delta_{\mathrm{trs}}S_{\mathrm{m}} = \frac{\Delta_{\mathrm{trs}}H_{\mathrm{m}}}{T} \tag{13.20}$$

式（13.19）は

$$\frac{\mathrm{d}p}{\mathrm{d}T} = \frac{\Delta_{\mathrm{trs}}H_{\mathrm{m}}}{T\Delta_{\mathrm{trs}}V_{\mathrm{m}}} \tag{13.21}$$

となる。この関係式は，1成分で2相が相平衡を形成するときの T と p との関係を示した式で，この式は，**クラペイロンの式**（Clapeyron equation）といわれている。これは，相間の境界線の勾配と2相間の転移の $\Delta_{\mathrm{trs}}H_{\mathrm{m}}$ と $\Delta_{\mathrm{trs}}V_{\mathrm{m}}$ との間の関係を示すものである。

式（13.21）の $\mathrm{d}T$ を右辺に移し，整理すると

$$\mathrm{d}p = \frac{\Delta_{\mathrm{trs}}H_{\mathrm{m}}}{T\Delta_{\mathrm{trs}}V_{\mathrm{m}}}\mathrm{d}T = \frac{\Delta_{\mathrm{trs}}H_{\mathrm{m}}}{\Delta_{\mathrm{trs}}V_{\mathrm{m}}}\frac{\mathrm{d}T}{T} \tag{13.22}$$

が得られる。圧力が p_1 から p_2 になった時，温度が T_1 から T_2 になったとすると

$$\int_{p_1}^{p_2}\mathrm{d}p = \frac{\Delta_{\mathrm{trs}}H_{\mathrm{m}}}{\Delta_{\mathrm{trs}}V_{\mathrm{m}}}\int_{T_1}^{T_2}\frac{\mathrm{d}T}{T} = \frac{\Delta_{\mathrm{trs}}H_{\mathrm{m}}}{\Delta_{\mathrm{trs}}V_{\mathrm{m}}}\ln\frac{T_2}{T_1} \tag{13.23}$$

が得られる。

この簡単な式によって，温度変化にともなう圧力変化を，その過程におけるモル体積変化やモルエンタルピー変化によって表すことが可能になった。その例を例題で示す。

例　題2　**1 atm におけるベンゼンの通常融点（278.7 K）における融解エンタルピーは 9.95 kJ mol^{-1} であり，融解に伴うモル体積変化 $\Delta_{\mathrm{trs}}V_{\mathrm{m}}$ は 10.3 cm^3 mol^{-1} である。これらのデータよりベンゼンの融点における $\mathrm{d}p/\mathrm{d}T$ を求めよ。1 atm 付近の融点は1気圧当りどの程度変化するかを示せ。**

〔解　答〕式（13.21）に $\Delta_{\mathrm{trs}}H_{\mathrm{m}} = 9.95\times10^3$ J mol^{-1}，$T = 278.7$ K，$\Delta_{\mathrm{trs}}V_{\mathrm{m}} = 10.3$ cm^3 mol^{-1} を代入し，圧力で表示するように（0.082 dm^3 atm K^{-1} mol^{-1}/8.314 J K^{-1} mol^{-1}）を掛けておくと

$$\begin{aligned}\frac{\mathrm{d}p}{\mathrm{d}T} &= \frac{9950\ \mathrm{J\ mol^{-1}}}{(278.7\ \mathrm{K})(10.3\ \mathrm{cm^3\ mol^{-1}})}\left(\frac{10^3\ \mathrm{cm^3}}{1\ \mathrm{dm^3}}\right)\left(\frac{0.082\ \mathrm{dm^3\ atm\ K^{-1}\ mol^{-1}}}{8.314\ \mathrm{J\ K^{-1}\ mol^{-1}}}\right)\\ &= 34.2\ \mathrm{atm\ K^{-1}}\end{aligned}$$

となる。この逆数をとると

$$\frac{\mathrm{d}T}{\mathrm{d}p} = 0.0292\ \mathrm{K\ atm^{-1}}$$

となる。この値は，固／液平衡状態にあるベンゼンに圧力を加えても，融点はわずかしか変化しない事を示している（図 13.11（a）参照）。

多くの物質では $V_{\mathrm{m}}(\mathrm{l}) > V_{\mathrm{m}}(\mathrm{s})$ であるから，融解に対し，式（13.21）は $\mathrm{d}p/\mathrm{d}T>0$ と

なり，温度を上げると圧力は高くなる。これは，圧力が高くなると融点が高くなることを示している（図13.11 OA線の勾配が正の値）。しかし，水，アンチモン，ビスマスのような場合には，$V_m(\mathrm{s}) > V_m(\mathrm{l})$ となるから，$\mathrm{d}p/\mathrm{d}T<0$ となり，温度を上げると，圧力は低下する。このような場合には，固相と液相の相境界線は負の勾配となる（図13.13のOA線の勾配が負の値）。したがって，水の融点は圧力が高くなるにつれて低下する。これを示す身近な実例がある。フィギュアスケートで華麗な演技ができるのは，スケート靴のエッジが氷を押さえつけると，圧力によりその部分の氷の融点が下がるので，氷の一部が水に変わり，そのエッジと氷の面の間に水の薄層ができるのも理由の1つといわれている。

例　題3　**下記のデータを用いて，氷の273.15 Kにおける $\mathrm{d}p/\mathrm{d}T$ を $\mathrm{atm\,K^{-1}}$ 単位で求めよ。$\Delta_{\mathrm{fus}}H_m=6.01\ \mathrm{kJ\,mol^{-1}}$，$V_m(\mathrm{l})=0.00180\mathrm{dm^3\,mol^{-1}}$ および $V_m(\mathrm{s})=0.00196\ \mathrm{dm^3\,mol^{-1}}$**

〔解　答〕　式（13.21）を用いる。その際，$1\ \mathrm{J}=9.87\times10^{3}\ \mathrm{dm^3\,atm}$ であることを考慮して，算出すると，次式が得られ

$$\frac{\mathrm{d}p}{\mathrm{d}T}=\frac{(6010\ \mathrm{J\,mol^{-1}})(9.87\times10^{-3}\ \mathrm{dm^3\,atm\,J^{-1}})}{(273.15\ \mathrm{K})(0.00180-0.00196)\mathrm{dm^3\,mol^{-1}}}=-1360\ \mathrm{atm\,K^{-1}}$$

相図における，融解は負号の勾配となり，図13.13の具体例である。

13-5　蒸気圧の温度変化とクラウジウス-クラペイロンの式

気相に対し液相および固相をまとめて**凝縮相**という。気相と凝縮相とが相平衡にあるとき，気相の構成成分である物質の示す蒸気の圧力を物質の**平衡蒸気圧**を**飽和蒸気圧**という。すなわち，相図の液相-気相，固相-気相の相境界線は，その物質の色々な温度における飽和蒸気圧を示しており，蒸気圧曲線という。相図からも明らかであるが，物質の蒸気圧は温度と共に増加する*。

気体のモル体積 $V_m(\mathrm{g})$ は液体のモル体積 $V_m(\mathrm{l})$ や固体のモル体積 $V_m(\mathrm{s})$ よりもはるかに大きいから

$$\Delta_{\mathrm{vap}}V=V_m(\mathrm{g})-V_m(\mathrm{l})\approx V_m(\mathrm{g}) \tag{13.24}$$

$$\Delta_{\mathrm{sub}}V=V_m(\mathrm{g})-V_m(\mathrm{s})\approx V_m(\mathrm{g}) \tag{13.25}$$

と近似して，体積変化を気体のモル体積だけで表すと式（13.21）は

$$\frac{\mathrm{d}p}{\mathrm{d}T}\approx\frac{\Delta_{\mathrm{vap}}H_m}{TV_m(\mathrm{g})}\quad \text{および}\quad \frac{\mathrm{d}p}{\mathrm{d}T}\approx\frac{\Delta_{\mathrm{sub}}H_m}{TV_m(\mathrm{g})} \tag{13.26}$$

＊　この現象は温度が上がれば，それだけ多数の分子が凝縮相から飛び出すエネルギーを獲得することを意味する。

と表される。さらに，ドイツの物理学者クラウジウス（[基礎編] p. 5 参照）は，蒸気を理想気体と見なして，モル体積 $V_m(g) = RT/p$ とおくと，式（13.26）は

$$\frac{dp}{dT} \approx \frac{p\Delta_{vap}H_m}{RT^2} \quad \text{および} \quad \frac{dp}{dT} \approx \frac{p\Delta_{sub}H_m}{RT^2} \tag{13.27}$$

と書き換えられることに注目した。微積分の公式より，$dp/p = d\ln p$ であるから，両辺を p で割れば，式（13.27）は

$$\frac{d\ln p}{dT} \approx \frac{\Delta_{vap}H_m}{RT^2} \quad \text{および} \quad \frac{d\ln p}{dT} \approx \frac{\Delta_{sub}H_m}{RT^2} \tag{13.28}$$

となる。この式は，クラウジウスによって導かれたので，**クラウジウス-クラペイロンの式**（Clausius-Clapeyron equation）という。

蒸発および昇華のエンタルピーは温度の関数であるが，狭い温度範囲であれば，これらの値を一定と見なすことができる（例えば水の温度を 10℃ 上げても蒸発エンタルピー変化は 1% 程度の変化にすぎない）。したがって，蒸発エンタルピーを一定と見なせる温度範囲では，積分すると

$$\ln p = \int \frac{\Delta_{vap}H_m}{RT^2} dT = \frac{-\Delta_{vap}H_m}{RT} + C \tag{13.29}$$

となる。ここで C は積分定数である。

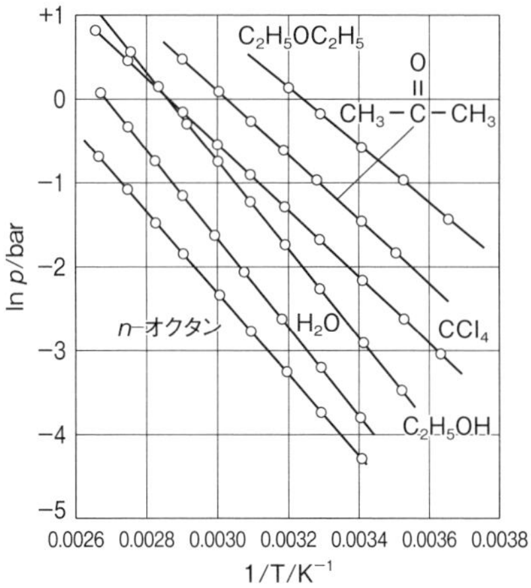

図 13.16　蒸気圧の温度依存性

いくつかの有機物に対し $\ln p$ を $1/T$ に対してプロットすると図 13.16 に示すような直線が得られ，その直線の傾きから蒸発のエンタルピー（蒸発熱）が決定できる。この方法は蒸発熱のみならず相転移のエンタルピー（潜熱）の見積りに広く利用されている。

温度 T_1 における蒸気圧が p_1，温度が T_2 における蒸気圧が p_2 の場合は

$$\ln\frac{p_2}{p_1}=\frac{\Delta_{\rm vap}H_{\rm m}}{R}\int_{T_1}^{T_2}\frac{1}{T^2}\mathrm{d}T=\frac{-\Delta_{\rm vap}H_{\rm m}}{R}\left(\frac{1}{T_2}-\frac{1}{T_1}\right) \tag{13.30}$$

となるからこの式を用いると，標準沸点をもとに，他の温度における蒸気圧が推定できる。

例　題4　**1 bar（750.062 mmHg）での水の沸点は373.15 Kで，その温度での$\Delta_{\rm vap}H_m$の値は40.66 kJ $\mathrm{mol^{-1}}$である。このデータをもとに298.15 Kの蒸気圧pを求めよ。答えはkPaで示せ。**

〔解　答〕　p_1＝750.062 mmHg，T_1＝373.15 K，$\Delta_{\rm vap}H_m$＝40.66 kJ $\mathrm{mol^{-1}}$，R＝8.314 J $\mathrm{mol^{-1}\,K^{-1}}$を式（13.30）に代入すると

$$\ln\frac{p}{750.062}=\frac{-40.66\times10^3}{8.314}\left(\frac{1}{298.15}-\frac{1}{373.15}\right)=-3.296$$

となる。$\ln(p_2/p_1)=\ln p_2-\ln p_1$を用いて，書き換えると

$$\ln p=\ln 750.062-3.29=6.62-3.29=3.33$$

$p=e^{3.33}$＝27.94 mmHgとなるから，kPaに換算すると

$$27.97\,\mathrm{mmHg}\times\left(\frac{100\,\mathrm{kPa}}{750.062\,\mathrm{mmHg}}\right)=3.72\,\mathrm{kPa}$$

で表されるから，298.15 Kでの蒸気圧pは3.72 kPa（27.9 mmHg）と決定できる。測定値は3.17 kPa（23.76 mmHg）であり，ほぼ一致している*。

13-6　蒸気圧に対する不活性気体の影響

これまでは，純物質の相平衡について考察した。相図で示した蒸気圧曲線は何れも純物質に対してつくられたものである。例えば，25℃の水の飽和蒸気圧（saturated vapor pressure）は$p_s(H_2O)$＝0.0316 barである。この値は水蒸気と水だけが共存した状態での値である。図13.17に示すように，空気のような不活性気体（X）が共存している場合，水の飽和蒸気圧はどのようになるのだろうか。容器の内部の圧力が，水蒸気も含めてP（全圧）になっている場合を考えてみよう。

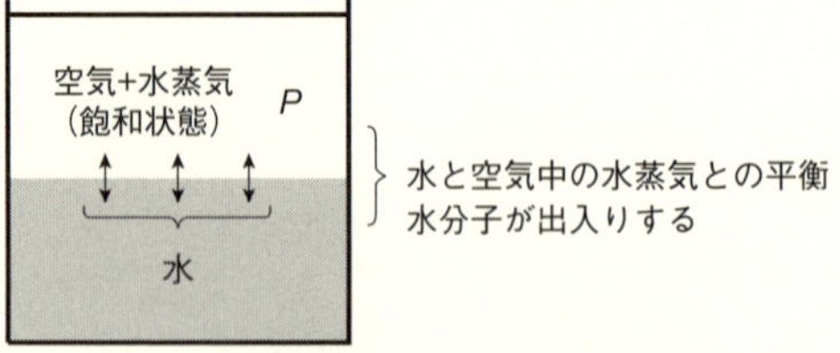

図13.17　空気の存在下の気相と液相

＊　一致していない原因として，次の理由が考えられる。
1. $\Delta_{\rm vap}H$を一定として積分したこと。（25℃—100℃の平均値42.13 kJ $\mathrm{mol^{-1}}$を用いると25.2 Torrとなる。）
2. 理想気体を前提としていること。

不活性気体が存在する時の水蒸気の飽和蒸気圧を $p_s(H_2O+X)$ とすると，平衡状態では P bar 下にある水と圧力 $p_s(H_2O+X)$ の水蒸気のモルギブズエネルギーが等しくなった状態である。したがって

$$G_m(1;\ T,\ P) = G_m\{g;\ T,\ p_s(H_2O+X)\} \tag{13.31}$$

が成立している。温度一定で，両辺を P で微分すると

$$\left(\frac{\partial G_m(1;T,P)}{\partial P}\right)_T = \left(\frac{\partial G_m(g;T,p_s)}{\partial p_s(H_2O+X)}\right)_T\left(\frac{\partial p_s(H_2O+X)}{\partial P}\right)_T \tag{13.32}$$

となる。$(\partial G_m(1;\ T,\ P)/\partial P)_T = V_m(1)$ および $(\partial G_m(g:\ T,\ p_s)/\partial p_s)_T = V_m(g)$ であるから，式（13.32）は

$$V_m(1) = V_m(g)\left(\frac{\partial p_s(H_2O+X)}{\partial P}\right)_T \quad または \quad \left(\frac{\partial p_s(H_2O+X)}{\partial P}\right)_T = \frac{V_m(1)}{V_m(g)} \tag{13.33}$$

第 2 式の右辺は正であるから，式（13.33）は全圧 p が増加すれば水蒸気圧 $p_s(H_2O+X)$ が増加することを示している。しかし，$V_m(l)/V_m(g) \ll 1$ であるから，その増加率は小さい。

水蒸気に対し理想気体の式を用いて，$V_m(g) = RT/p_s$ とおくと，式（13.33）は

$$V_m(1) = V_m(g)\left(\frac{\partial p_s(H_2O+X)}{\partial P}\right)_T \quad または \quad RT\left(\frac{\partial p_s(H_2O+X)}{p_s}\right)_T = V_m(1)\mathrm{d}P \tag{13.34}$$

と書き換えられるから，次式が得られる。

$$RT\int_{p_s(H_2O)}^{p_s(H_2O+X)} \frac{\partial p_s}{p_s} = \int_{p_s(H_2O)}^{P} V_m(1)\mathrm{d}P \tag{13.35}$$

その結果は

$$RT\ln\left(\frac{p_s(H_2O+X)}{p_s(H_2O)}\right) = V_m(1)(P - p_s(H_2O)) \tag{13.36}$$

となる。

具体例として，25℃ の場合を考えて見よう。25℃ の水の飽和蒸気圧は $p_s(H_2O) = 0.0361$ bar である。その時の $V_m(l) = 1.805\times10^{-5}\ \mathrm{m^3\ mol^{-1}}$ であるから，空気が存在して 1 bar である時は

$$\ln\left(\frac{p_s(\mathrm{H_2O+X})}{p_s(\mathrm{H_2O})}\right) = \frac{V_m(P-p_s(\mathrm{H_2O}))}{RT} = \frac{1.805\times10^{-2}\,\mathrm{dm^3\,mol^{-1}}\times(1-0.0361)\times10^5\,\mathrm{Pa}}{(8.314\,\mathrm{J\,K^{-1}\,mol^{-1}})\times298.15\,\mathrm{K}} = 7.02\times10^{-4} \tag{13.37}$$

となる。この式を用いて外圧が 1 bar のときの飽和水蒸蒸気圧 p_s を求めると下式となり，空気の存在の影響は無視できるから大気中の水蒸気圧は水の飽和蒸気圧とみなすことができる。

$$p_s(\mathrm{H_2O+X}) = p_s(\mathrm{H_2O})\exp(0.000702) \approx p_s(\mathrm{H_2O}) \tag{13.38}$$

外圧が 100 bar では $p_s(\mathrm{H_2O+X})=0.0388$ bar となり，7% だけ水蒸気圧が上昇する。

13-7　純物質の相図とギブズの相律

純物質は温度および圧力を指定すると，その状態が決まる。ある条件下における相の数は，次式に示すギブズの相律に支配されていることを示した（［基礎編］3-1，p. 27）。

$$F = C-P+2 \tag{13.39}$$

ここで，F は自由度の数，C は成分の数，P は相の数である。純物質（一成分系）では $C=1$ であるから

$$F = 3-P \tag{13.40}$$

となる。F は自由に変えることのできる状態変数の数である。

純物質の固体，液体および気体の 3 相が共存する 3 重点では $P=3$ であり，相律は $F=0$ で，物質固有の定点であることを示している。すなわち，圧力，温度および体積といった外的条件が一定の値に確定するのである。

［基礎編］3-1 では，相律の成立を天下り的に示したが，**相律の熱力学的背景**をモルギブズエネルギー G_m をもとに 3 重点について考えて見よう。G_m は温度と圧力の関数であるから $G_m(\mathrm{g})$，$G_m(\mathrm{l})$，および $G_m(\mathrm{s})$ は，それぞれ，$T(\mathrm{g})$ と $p(\mathrm{g})$，$T(\mathrm{l})$ と $p(\mathrm{l})$ および $p(\mathrm{s})$ と $T(\mathrm{s})$ の関数であるが，3 重点では

$$T(\mathrm{g}) = T(\mathrm{l}) = T(\mathrm{s}) = T \tag{13.41}$$

$$p(\mathrm{g}) = p(\mathrm{l}) = p(\mathrm{s}) = p \tag{13.42}$$

が成立している。2 つの未知数が必要になるように見えるが，3 相のモルギブズエネルギー G_m が等しいから，次の 2 つの方程式

$$G_m(\mathrm{g}) = G_m(\mathrm{l}) \quad \text{および} \quad G_m(\mathrm{l}) = G_m(\mathrm{s}) \tag{13.43}$$

が成り立っている。その結果，T と p との 2 つの未知数に対し，2 つの方程式が存在する

ことになり，それを解くことによって，T と p は一義的に定まる。したがって，相律が示すように自由度は 0 である。

相図には，3 重点を起点とする気相–液相，液相–固相，気相–固相および固相–固相の相境界線が存在する。考察を一般化するため，2 つの相を α 相と β 相とし，その温度と圧力をそれぞれ $T(\alpha)$ と $p(\alpha)$ および $T(\beta)$，$p(\beta)$ とすると，4 つの独立変数が存在するが，境界線上では両相が相平衡状態にあるから等温，等圧であり，4 つの変数の間に次式の関係がある。

$$T(\alpha) = T(\beta),\quad p(\alpha) = p(\beta) \tag{13.44}$$

したがって，系の状態を規定しているのは，共通する温度と圧力である。一方，相境界にある両相のモルギブズエネルギー G_m には次の等式が成立せねばならない。

$$G_m(\alpha) = G_m(\beta) \tag{13.45}$$

これは，1 つの等式に対し，2 つの変数であるから，p か T の何れかを指定しない限り，変数を決定する事はできないが，2 つの変数のうち 1 つの値を指定すると，クラペイロンの式（式 13.23）にしたがってもう一方の値が決まる。すなわち，相律で自由度が 1 であることを裏付けている。

結晶には多形転移があり，物質の示す相としては 3 相以上存在するものも多いが，どの場合も相図に 4 重点が現れることはない。その場合に相律を適用すると，負の値になり，熱力学的に存在し得ないことを示している。さらにそれを裏付ける例として，実験で決めら

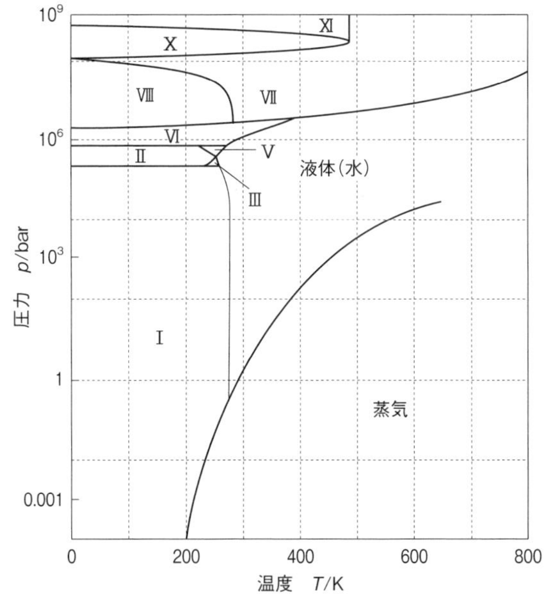

図 13.18　氷の多形（I ～XI）を含めた水の相図

れた水の相図を図13.18に示す。水には液相は1つしかないが，氷になると図13.13に示した氷（氷Lとする）のほかに高圧では安定な多数の結晶変態（氷II～XI）が存在する。すなわち，氷には多形が存在し，多数の3重点が見出されているが，4重点以上を示す状態はない。

ギブズの見いだした**相律**は，**相形成および相平衡の実現に必要な示強性変数を示す重要な法則**であることを示している。これは，多成分系にも適用され．物質の状態を示す重要な一般法則に発展している。それに関しては次章に示す。

補遺　相転移の種類

1次相転移には蒸発，凝縮，融解，凍結，昇華など3態間の相転移や結晶間の多形転移がある。

2次相転移には柔軟粘結晶，配向無秩序結晶，液晶，2元合金，磁性体に見られる秩序無秩序型相転移，強誘電体や反強誘電体のように対称性の低い低温相の原子やイオンの配置から対称性の高い高温相への転移のような変位型相転移，液体ヘリウムの超流動転移や低温で電気抵抗がゼロになる超伝導体転移がある。その他に，遷移金属錯体では低スピンと高スピン状態間の転移（クロスオーバー現象）が見いだされている。局在原子価と非局在原子価間の転移，1次元導体結晶が低温で絶縁体になるパイエルス転移，遷移金属錯体において現れる配位構造の変化によるサーモクロミズム，有機化合物の電荷移動錯体に見出されるイオン性の可逆的温度変化は電子が直接関与する転移現象である。これらの様々な転移現象は物質に新たな機能をうみ出し，目覚ましい材料科学の発展をもたらしている。

転移の実例をもっと詳しく知りたい人には，徂徠道夫，『相転移の分子熱力学（朝倉化学大系）』，朝倉書店（2007）を薦めたい。

理解度テスト

1. 気相と液相が共存するのはどういう時かを，モルギブズエネルギーで説明せよ。
2. モルギブズエネルギーの温度変化を示す曲線の勾配は何を示すか。それをもとに，物質に固相が存在することを示せ。
3. 純物質の気体と液体のモルギブズエネルギーが等しくなる温度を何というか。
4. 過冷却状態とはどんな状態か。
5. 気体物質に圧力を加えると，高圧では固体となる。その理由を述べよ。
6. 相図と何を示す図か。
7. 1次相転移とはどのような現象かを述べ，転移温度におけるモルエンタルピー変化およびモルエントロピー変化の概略を図示せよ。
8. 2次相転移の具体例を2例を示せ。
9. クラペイロンの式はなにを表している式か。
10. クラジウス-クラペイロン式とクラペイロンの式との違いをのべよ。
11. 25℃の水の飽和蒸気圧は0.00361 barである。1 atmの空気が存在する時の水の飽和蒸気圧はどうなるか。
12. 純物質において気相，液相および固相が共存するときの自由度はどうなるか。そのときの温度を何というか。

章末問題

問題1　二酸化炭素の相図（図13.11（b））を参考に，1 atmで低温から温度を上げるとどのような相変化をするか。また，室温 298.15 K で低圧から圧力を上げていくとどのような相変化するかを示せ。

問題 2 下記に示された酸素（1 atm の沸点：−187.9℃ および融点：−218.4℃）のデータを用いて，酸素の予想される相図を書け。

3 重点：1.14 Torr　54.3 K

臨界点：37828 Torr　154.6 K

固相の酸素は加圧しても融解することはない理由を述べよ。

問題 3 固体と液体のヨウ化水素の蒸気圧は，実験によって，下式のように求められている。

$$\ln(p(\mathrm{s})/\mathrm{Torr}) = -\frac{2906.2\,\mathrm{K}}{T} + 19.020$$

$$\ln(p(\mathrm{l})/\mathrm{Torr}) = -\frac{2595.7\,K}{T} + 17.572$$

3 重点における温度と圧力を求めよ

問題 4 1 次相転移点では，ギブズエネルギーが不連続に変化する。それは何を意味しているかを説明せよ。

問題 5 2 次相転移とはどんな現象か。1 次相転移との違いを述べよ。

問題 6 水の融点における温度変化に対する圧力変化（$\mathrm{d}p/\mathrm{d}T$）を求めよ。なお，水密度は 1.000 g $\mathrm{cm^{-3}}$ 氷の密度は 0.9174 g $\mathrm{cm^{-3}}$，273.15 K における融解モルエンタルピーは 6.01 kJ $\mathrm{mol^{-1}}$ とする。

問題 7 水の融点を 1℃ 変えるために必要な圧力変化を求めよ。0℃ における氷の融解熱は 333.5 J $\mathrm{g^{-1}}$, 水の密度は 0.9998 g $\mathrm{cm^{-3}}$，氷の密度は 0.9168 g $\mathrm{cm^{-3}}$ である。この程度の温度変化では $\Delta_{\mathrm{fus}}H_m, T$ および密度の変化は小さいので，一定としてよい。

問題 8 −10℃ で氷が融解する圧力を求めよ。氷の融解エンタルピーは 333.5 J $\mathrm{g^{-1}}$，水と氷の比容はそれぞれ 1.0002 $\mathrm{cm^3\,g^{-1}}$ と 1.0908 $\mathrm{cm^3\,g^{-1}}$ である。

問題 9 3 重点の近くでは，固相-気相の平衡曲線（p, T）は一般に液相-気相の平衡曲線よりも温度軸に対して鋭い傾斜をもつ。その理由も述べよ。

問題 10 液体の水 $H_2O(\mathrm{l})$ と氷 $H_2O(\mathrm{s})$ のモル体積をそれぞれ 18.01 mL，19.64 mL とする。この時 −10℃ で氷がとけるのに必要な圧力を bar 単位で表せ。ただし，この過程でのモルエントロピー変化 ΔS_{m} を 22.04 J $\mathrm{K^{-1}\,mol^{-1}}$ とし，これらの値は温度に対しほぼ一定であると仮定する。

問題 11 圧力が 1 Pa 変化する時，水の沸点 100℃ はどう変化するか．100℃，1.01325 k bar での水の蒸発熱は 40.69 kJ $\mathrm{mol^{-1}}$，水のモル体積は $0.019\times10^{-3}\,\mathrm{m^3\,mol^{-1}}$，水蒸気のモル体積は $30.199\times10^{-3}\,\mathrm{m^3}$ である。

問題 12 エンタルピー変化は $\mathrm{d}H = C_p\mathrm{d}T + V\mathrm{d}p$ で表される。2 相平衡の状態では $\mathrm{d}p$ と $\mathrm{d}T$ はクラペイロンの式の関係がある。2 相が平衡を保つ時，相境界に沿ったエンタルピー変化は，次式で表されることを示せ。

$$d\left(\frac{\Delta H}{T}\right) = \Delta C_p d \ln T$$

問題 13 クラペイロンの式がなりたつ 1 次相転移では

$$C_S = C_p - \frac{\alpha V \Delta_{\mathrm{trs}} H}{\Delta_{\mathrm{trs}} V}$$

が成立することを示せ。ここで $C_S = (\partial q/\partial T)_S$ は相の共存曲線に沿った熱容量である。

問題 14 富士山山頂の圧力が 0.63 atm であった。山頂では水は何度で沸騰するか。水の蒸発熱は 41 kJ $\mathrm{mol^{-1}}$ である。

問題 15 家庭で早く煮物をつくれる調理道具に圧力釜がある。1 atm，100℃ における水の蒸発エンタルピーの値 40.65 kJ $\mathrm{mol^{-1}}$ から 2 atm における沸点を求めよ。

問題 16 ベンゼンの蒸気圧は 298.2 K から通常融点 353.24 K の間では次の実験式で表される。

$$\ln(p/\mathrm{Torr}) = 16.725 - 3229.86/T - 118.345/T^2$$

352.24 K におけるモル蒸発エンタルピーが 30.8 kJ $\mathrm{mol^{-1}}$，353.24 K における液体ベンゼンのモル体積が 96.0 $\mathrm{cm^3\,mol^{-1}}$ であることを用い，上の式から 353.24 K での平衡圧力におけるベンゼン蒸気のモル体積を決定し，理想気体としての値と比較せよ。

問題 17　363.2 K における水の蒸気圧は 529 Torr である。363.2 K と 373.2 K の間の水の $\Delta_{vap}H_m$ の平均値を求めよ。

問題 18　図 13.13 を参考に氷，水，水蒸気が共存する時の自由度を求め，その状態を説明せよ。また，水と水蒸気が共存する場合はどうなるか。

問題 19　次の系の自由度はいくつか。それによって何がわかるか。

(1) アセトンの蒸気と液体の平衡

(2) エタノール水溶液

問題 20　水と水蒸気が平衡状態にある系について，次の問いに答えよ。

(1) 系の平衡温度を自由に変えることはできるか。

(2) 1 atm 下，水の入った容器に氷を入れて，水蒸気，水，および氷からなる状態をつくり出すことは可能か。

問題 21　硫黄には，結晶形の異なる同素体が存在するから 4 つの相が存在する。この 4 つの相が共存するのは可能であるか。

問題 22　容器に液体物質 A を入れ，真空にした後閉じると，液体から蒸発がおこり飽和蒸気圧になった処で平衡状態になる。これに，不活性気体を導入し 1 atm にすると，液体の表面の圧力は変化する。不活性ガスは理想気体で，溶解しないと仮定すると，気相の圧力はどうなるか．次の 3 つの中からから正しいものを選べ。

(a) A の蒸気圧は系の全圧が変わっても変化しない。

(b) A の蒸気圧は，全圧によって変化するがその程度は小さい。

(c) A の蒸気圧は，全圧の変化によって大幅に変化する。

問題 23　20℃，1 atm の部屋にある皿の水は，状態図では安定相が液体であるが，完全に蒸発する。その理由を述べよ。

問題 24　日常目にするコップに氷水を入れた状態と水の 3 重点とはどう違うのか。

問題 25　298.15 K にある水の水蒸気圧は 23.758 mmHg であると報告されている。これは液体の水の一部が蒸発して真空を満たした時の飽和水蒸気圧である。10 atm 下にある水の飽和水蒸気圧を求めよ。水蒸気は理想気体と見なして良い。水の密度は 25℃ で 0.997047 g cm^{-3} である。

問題 26　298.15 K における水の飽和水蒸気圧は 23.76 mmHg である。298.15 K で湿度 60% の空気中へ 1 kg の水が蒸発する際の ΔG および ΔS を求めよ。水蒸気は理想気体と見なして良い。

第 14 章

多成分系（1）—混合物の熱力学

前章では，純物質の示す物理現象を，主にモルギブズエネルギーの変化をもとに熱力学的観点に立って考察し，物質には温度・圧力に応じた安定な状態があり，それが相形成，相転移となって表れることを明らかにした。本章では，対象を混合物すなわち多成分系に拡げ，多成分系に特有な物質の混合および物質移動を熱力学的観点から考察する。多成分系の取り扱いには，系を構成する成分組成の表示が必要となるから，まず，組成変数（質量分率，体積分率，モル分率），および，少なくとも1成分を溶媒，その他を溶質とする濃度変数（質量モル濃度およびモル濃度）を定義する。多成分系の場合，モルあたりの熱力学的状態量は組成に依存するから組成に応じた部分モル熱力学量を定義する。その部分モルエネルギーを用いて多成分系を考察する際の基礎となる熱力学的恒等式を導入する。部分モルエネルギーを化学ポテンシャルと定義し，それが，部分モルギブズエネルギーと一致することを明らかにする。化学ポテンシャルの性質を学び，それを用いて，理想気体の混合，多成分系における相平衡，相形成を考察し，相平衡，相形成を規定する相律の背景と意義を明らかにする。

14-1　多成分系に関する基礎知識

14-1-1　混合物と溶液

2種またはそれ以上の純物質（単体や化合物）が混ざり合っている物質を**混合物**（mixture）という。それを構成している物質を**成分**（component）という。その成分が気体であれば組成（composition）によらず混ざり合い，均一な気相をつくるが，その成分が液体や固体であると，以下に述べるようにいろいろな場合がある。成分が液体であれば，その種類，温度，圧力，組成によって均一な液相ができる場合，全く混ざり合わない場合，組成の異なるいくつかの液相に分離する場合がある。全く混ざり合わない場合を除いて，生成した液体混合物を**溶液**（solution）という。気体や固体が液体に溶け込んだ場合も単相の液体であれば，それは溶液である。要するに，溶液とは多成分からなる液体のことである。

溶液において，液体の中に気体や固体が溶解した溶液の場合は，溶かしている液体を**溶媒**（solvent），溶けている物質を**溶質**（solute）という。水とエタノールの混合物のように液体と液体の混合物の場合には，物質量として多量にある物質を**溶媒**，他の物質を**溶質**という。

溶液中では溶質分子と溶媒分子の間に何らかの相互作用が働いているが，その力が弱く成分分子が無秩序な状態にあるものから，成分分子間に水素結合（hydrogen bond），電荷移動錯体（charge-transfer complex），配位結合（coordination bond）の形成など特殊な相互作用が働いているものまで様々な溶液がある。

固体に液体，気体が混ざり合って固相の多成分系が生成する場合も多い。結晶水を含む金属塩や水素の貯蔵で注目されている水素吸蔵合金（hydrogen-occluded alloy）はその例である。また，固体だけがいくつか混ざり合って，均一な固相をつくることこともある。これらは固溶体（solid solution）と呼ばれる。

この章では，溶液の性質の熱力学的考察に必要な基礎知識を学習する。

14-1-2　組成と濃度

多成分系は，その成分が同じでも，組成が変われば系の性質も変わるから，その状態を論じる際は，状態量に加えて，成分の絶対量またはその割合である**組成**や**濃度**（concentration）を変数として加えなければならない。代表的な組成変数や濃度変数を以下に述べる。対象となるものは1つの相からなる場合である。

溶液の定量的表示に手近で，便利なものは成分の質量と体積である。C個の成分よりなる系では，成分の質量および体積を，それぞれ，$m_1, m_2, \cdots, m_C$および$V_1, V_2, \cdots, V_C$とすると，系の全質量mおよび全体積Vは，それぞれ

$$m = m_1 + m_2 + \cdots + m_C = \sum_{i=1}^{C} m_i$$

$$V = V_1 + V_2 + \cdots + V_C = \sum_{i=1}^{C} V_i \tag{14.1}$$

で表される。質量のSI単位はキログラムkgであるが，質量が小さい場合にはグラムgも用いられる。体積のSI単位は立方メートルm^3であるが，体積が小さい場合にはデシ立方メートルdm^3やセンチ立方メートルcm^3も用いられる。以下に，質量や体積をもとにいろいろな組成表示や濃度を示すが，質量には温度依存性はなく，体積は温度によって変わる量であることは，常に，留意しておくべきことである。

成分組成を表す最も簡単な方法としては，式（14.2）に示すように，成分iの質量と全質量の比w_iおよび成分iの体積と全体積の比φがある。w_iを成分iの**質量分率**（mass fraction），φ_iを成分iの**体積分率**（volume fraction）という。

$$w_i \equiv m_i/m \quad \text{および} \quad \varphi_i \equiv V_i/V \tag{14.2}$$

質量分率も体積分率も次元のない数であり，その値はそれぞれ$0<w_i<1$および$0<\varphi_i<1$である。

成分 i のモル質量を M_i とすると，その物質量 n_i は

$$n_i = \frac{m_i}{M_i} \tag{14.3}$$

で与えられ，系の全物質量 n は

$$n = n_1 + n_2 + \cdots + n_C = \sum_{i=1}^{C} n_i \tag{14.4}$$

で表される。その単位は mol である。成分の物質量と全物質量の比を x_i と書くと

$$x_i \equiv n_i/n \tag{14.5}$$

と表され，x_i を成分 i の**モル分率**（mole fraction）という。モル分率は次元のない数であり，$0 < x_i < 1$ である。

いずれの分率も

$$\sum_{i=1}^{C} w_i = 1, \quad \sum_{i=1}^{C} \varphi_i = 1, \quad \text{および} \quad \sum_{i=1}^{C} x_i = 1 \tag{14.6}$$

なる関係があるので，C 個の w_i，φ_i および x_i のうち，$C-1$ 個が独立変数である。これらの独立変数をまとめて表現するときには，$\{w_i\}$，$\{\varphi_i\}$ あるいは $\{x_i\}$ なる記号で表す。

組成は分率だけでなく濃度によっても表現できる。溶液の場合によく利用されている濃度表示を以下に示す。

1)　質量濃度

成分 i の質量 m_i を溶液の体積 V で割った濃度は成分 i の**質量濃度**（mass concentration）と定義され，次式で表される。その SI 単位は kg m^{-3} であるが，便宜上，kg dm^{-3} や g cm^{-3} もよく用いられている。 この濃度も温度に依存する。

$$\rho_i = \frac{m_i}{V} \quad (i \geq 1) \tag{14.7}$$

溶液の単位体積当りの質量，すなわち

$$\rho = \sum_{i=1}^{C} m_i/V \tag{14.8}$$

で定義される ρ を**溶液の密度**という。ρ は

$$\rho = \sum_{i=1}^{C} \rho_i \tag{14.9}$$

とも表される。質量濃度は，体積が温度や圧力に依存するので，異なった温度や圧力では異なる数値になることには留意しておかねばならない。

2)　質量パーセント濃度（%）

溶液の質量に対する溶質の質量を百分率で表す濃度を**質量パーセント濃度**（mass percent concentration）という。質量分率を100倍したもので，溶液の中の成分1を溶媒とすると，溶質の質量パーセント濃度は次式で表される。

$$\text{質量パーセント濃度（\%）} = \frac{m_i}{m_1 + \sum_{i=2}^{C} m_i} \times 100 \tag{14.10}$$

この濃度は溶質のモル質量がわからなくても質量の測定だけで得られるから，温度に依存しない利点がある。

3)　質量モル濃度

溶液の中の成分1を溶媒とし，溶媒1 kgあたりについての成分iの物質量を**質量モル濃度**（molality）と定義し，b_iで表す。すなわち，溶媒m_i gに成分iの物質量がn_iのときb_iは

$$b_i = \frac{n_i}{m_1} \times 1000 \quad (i \geq 2) \tag{14.11}$$

または

$$b_i = \frac{n_i}{n_1 M_1} \times 1000 \quad (i \geq 2) \tag{14.12}$$

となる。質量モル濃度は1 kgの溶媒に溶けている物質量であるから，mol kg^{-1}で表される。質量モル濃度は，溶媒の質量を1 kgと固定しているので濃度は温度によらない。したがって，凝固点降下や沸点上昇など温度変化を含む現象の取り扱いに便利な濃度である。

4)　モル濃度（物質量濃度）

溶液の体積Vとし，成分iの物質量$n_{\rm i}$をVで割って得られる濃度をc_iと表すと次式が得られ，成分iの**モル濃度**（molarity, molar concentration）または**物質量濃度**（amount concentration）と定義する。

$$c_i = \frac{n_i}{V} \tag{14.13}$$

SI 単位では $\mathrm{mol\,m^{-3}}$ となるが，便宜上 $\mathrm{mol\,dm^{-3}}$ が用いられている場合が多い。この濃度の利点は，正確に校正されたメスフラスコを用いて，溶液の体積を測定する方が質量を秤量するより容易であるという点である。他方，欠点は体積には温度依存性があるから，同じ溶液でも，異なった温度では異なるモル濃度になる点である。

例　題1　**m_A kg の溶媒 A（モル質量 $M_A\ \mathrm{kg\,mol^{-1}}$）に m_B kg の溶質 B（モル質量 $M_B\ \mathrm{kg\,mol^{-1}}$）を溶解した溶液の質量モル濃度 b_B およびモル分率 x_B を求めよ。また，希薄溶液では**

$$x_B \approx M_A b_B$$

になることを示せ。

〔解　答〕　題意より溶媒 1 kg に溶解した物質 B は m_B/m_A kg となるから，その物質量は $m_B/(m_A M_B)\ \mathrm{mol\,kg^{-1}}$ である。したがって，質量モル濃度 b_B は

$$b_B = \frac{m_B}{m_A M_B}$$

となる。

溶質の x_B は

$$x_B = \frac{\dfrac{m_B}{M_B}}{\dfrac{m_A}{M_A} + \dfrac{m_B}{M_B}}$$

となる。$(m_A/M_A) \gg (m_B/M_B)$ であるような希薄溶液では

$$x_B = \frac{M_A m_B}{M_B m_A} = b_B M_A$$

となり，モル分率 x_B は質量モル濃度 b_B に比例するようになる。

例　題2　**溶媒 A（モル質量 $M_A\ \mathrm{kg\,mol^{-1}}$）$n_A$ mol と溶質 B（モル質量 $M_B\ \mathrm{kg\,mol^{-1}}$）$n_B$ mol を混合し，体積 $V\ \mathrm{m^3}$ の溶液を調製せよ。**

その密度を $\rho(\mathrm{kg\,m^{-3}})$ とすると，希薄溶液（$n_A \gg n_B$）では

$$x_B = \frac{M_A}{\rho} c_B$$

となり，モル分率がモル濃度に比例することを示せ。

〔解　答〕　体積 $V\ \mathrm{m^3}$ の質量は ρV kg となるから

$$\rho V = M_A n_A + M_B n_B \quad \text{すなわち} \quad V = \frac{M_A n_A + M_B n_B}{\rho}$$

と書くことができる。

溶質のモル濃度 $c_B \equiv n_B/V$ は

$$c_B = \frac{\rho n_B}{M_A n_A + M_B n_B}$$

が得られる。この式をモル分率 $x_B = n_B/(n_A + n_B)$ で割ると

$$\frac{c_B}{x_B} = \frac{\rho(n_A + n_B)}{M_A n_A + M_B n_B}$$

となるから，モル分率 x_B は

$$x_B = \frac{M_A n_A + M_B n_B}{\rho(n_1 + n_B)} c_B$$

となる。希薄溶液では $n_A \gg n_B$ であるから

$$x_B = \frac{M_A}{\rho} c_B$$

となり，モル分率はモル濃度に比例する。

例題3　**1.00 mol のナフタリン（$C_{10}H_8$）を 1 kg のベンゼン（C_6H_6）に溶解した溶液のナフタリンのモル分率を計算せよ。ベンゼンのモル質量は 72.05 g mol^{-1} である。**

〔解　答〕 この溶液にはベンゼン 1000 g 当たり 1.00 mol のナフタリンを含んでいる。ナフタリンのモル分率 x_N は，ベンゼンのモル質量が 72.05 g mol^{-1} なので，式（14.5）を用いて

$$x_N = \frac{n_N}{n_B + n_N} = \frac{1.00}{\frac{1000}{72.05} + 1.00} = 0.067$$

14-1-3　部分モル量

純物質では，あらゆる示量性の熱力学的状態量に対し，それぞれの示強性状態量として，モル熱力学状態量を導入した。多成分系では，成分分子のまわりを囲む分子が1成分系のように単純でなく，組成によって異なるので，組成に応じた**部分モル熱力学状態量**（partial molar thermodynamic state quantity）が必要になる。部分モル量を表すには熱力学状態量に上付きバーをつけて，$\bar{V}$，$\bar{U}$，$\bar{H}$，$\bar{S}$，$\bar{G}$，$\bar{A}$ と表し，純物質の対応するそれぞれのモル量と区別する。多成分系における部分モル量の重要性を，まず，**部分モル体積**（partial molar volume）で示し，他の熱力学量についても部分モル量を定義する。

(1)　部分モル体積

水と（H_2O）エタノール（C_2H_5OH くわしくは CH_3CH_2OH）の 298.15 K におけるモル体積は，それぞれ，18 cm^3 および 58 cm^3 である。それを 1 mol ずつ混ぜると，その体積は 76 cm^3 になると考えられるが，実測すると 72 cm^3 で，少し収縮している。これは，水同士やエタノール同士の場合よりも水とエタノール間の分子間引力が大きいから*，混合物の体積は，それぞれの体積の和よりも小さくなる。もう少し定量的な考察をするため，総和が 1 mol になるように調製した水とエタノールの混合物（実在溶液）の体積を測定し，エタノールのモル分率の関数として図示すると図 14.1 の実線が得られる。

比較のために，水とエタノールのモル体積を直線で結んだのが図 14.1 の破線で，その破線は，水とエタノールのモル体積からモル分率をもとに加成性が成立すると仮定して算出した混合物の分率平均モル体積 $\langle V \rangle$ である。実在溶液の体積（実線）は，同じ組成の $\langle V \rangle$ よりも小さくなっており，水とエタノール間に相互作用があることを示している。

この例から明らかなように，一般に，実在溶液の部分モル体積は成分間に働く相互作用のために加成性は成立せず，溶液組成の関数になる。すなわち，一定の温度，圧力において，溶液の体積 V は，溶存する物質 $i(=A, B,\cdots)$ の物質量（mol）$n_A, n_B,\cdots$ の関数

＊　水素結合が部分的に破壊されるので収縮すると説明しているテキストもある。

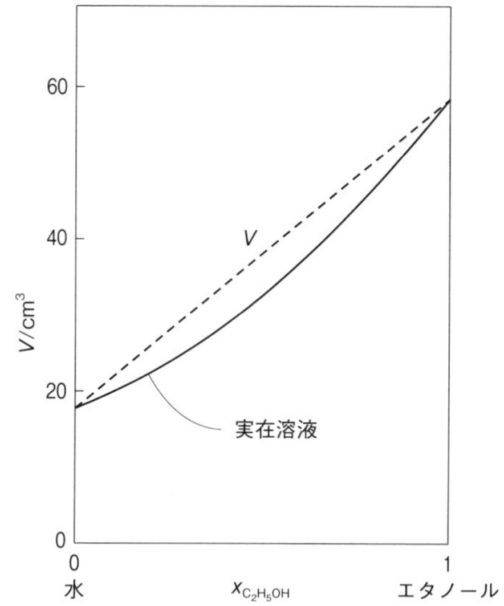

図 14.1　水とエタノール混合物のモル体積（実線）と平均モル体積（破線）

$$V = V(n_A, n_B, \cdots) \tag{14.14}$$

で表される。

成分の物質量変化に伴う溶液の体積変化 dV は

$$dV = \left(\frac{\partial V}{\partial n_A}\right)_{p,T,n_j(j\neq A)} dn_A + \left(\frac{\partial V}{\partial n_B}\right)_{p,T,n_j(j\neq B)} dn_B + \cdots \tag{14.15}$$

と表される。この式の右辺の偏微分は部分モル体積 $\bar{V}$ で，成分 i の部分モル体積 $\bar{V}_i$ は

$$\bar{V}_i = \left(\frac{\partial V}{\partial n_i}\right)_{p,T,n_j(j\neq i)} \tag{14.16}$$

と表される。これは一定の温度，圧力に加えて，i 以外の成分の濃度（n_j）も一定という条件下における成分 i の 1 mol 当りの体積変化である。これは実感しにくい量であるが，成分 i を 1 mol 加えても，濃度変化を無視できるような非常に大きい体積の溶液に，成分 i を 1 mol を加えたときの体積増加と考えると納得できる。式（14.16）を用いると，式（14.15）は

$$dV = \bar{V}_A dn_A + \bar{V}_B dn_B + \cdots \tag{14.17}$$

となる。組成，すなわち，モル分率を変えない限り，$\bar{V}_A$，$\bar{V}_B$，…は溶液の総量には依存しない示強性状態量である。式（14.17）を組成を一定に保って積分すると，式（14.18）が得られる。

$$V = n_A \bar{V}_A + n_B \bar{V}_B + \cdots \tag{14.18}$$

上記の関係を水とエタノールからなる2成分溶液に適用してみよう。水とエタノールをそれぞれ dn_{H_2O} mol と $dn_{C_2H_5OH}$ mol 加えた時の体積変化 dV は

$$dV = \bar{V}_{H_2O} dn_{H_2O} + \bar{V}_{C_2H_5OH} dn_{C_2H_5OH} \tag{14.19}$$ *

となる。この式を組成を変えずに積分すると，式（14.20）が得られる。

$$V = n_{H_2O} \bar{V}_{H_2O} + n_{C_2H_5OH} \bar{V}_{C_2H_5OH} \tag{14.20}$$

この式の両辺を $(n_{H_2O} + n_{C_2H_5OH})$ で割ると

$$\frac{V}{n_{H_2O} + n_{C_2H_5OH}} = \tilde{V}_m = x_{H_2O} \bar{V}_{H_2O} + x_{C_2H_5OH} \bar{V}_{C_2H_5OH} \tag{14.21}$$

が得られる。ここで，$\tilde{V}_m$ は組成変化に応じて変化する**溶液の平均モル体積**（mean molar volume of solution）で，それはモル分率の関数である。

補遺に示すような方法で，25℃におけるいろいろな組成の混合物の部分モル体積を求め，エタノールのモル分率に対しプロットしたエタノールおよび水の部分モル体積を図14.2に示す。図において $\bar{V}^{\infty}_{C_2H_5OH}$ および $\bar{V}^{\infty}_{H_2O}$ は無限希釈における部分モル体積である。水とエタノールの相互作用によって，それぞれの部分モル体積は組成とともに複雑に変化することを示している。

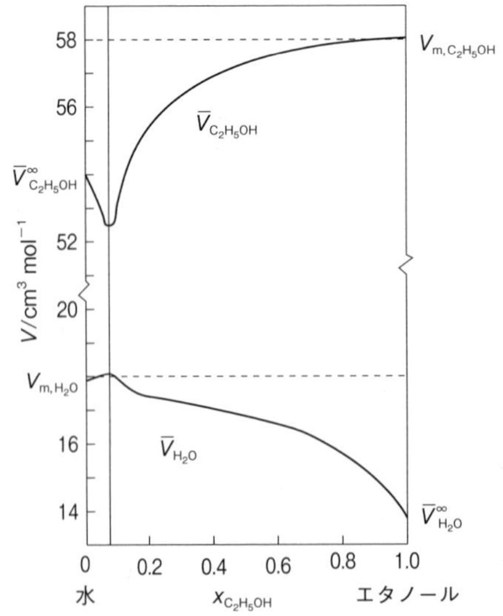

図14.2　エタノールのモル分率と水およびエタノールの部分モル体積の関係

例　題4　**図14.2を見ると水の部分モル体積とエタノールの部分モル体積の増減は逆の関係になっており，水の極大値とエタノールの極小値を示す組成は一致している。このように双方の挙動が相関していることを式（14.17）と式（14.18）から導け。**

〔解　答〕　2成分系であるから，式（14.18）から

$$V = n_{H_2O}\bar{V}_{H_2O} + n_{C_2H_5OH}\bar{V}_{C_2H_5OH} \quad (1)$$

が得られる。それを微分すると

$$dV = n_{H_2O}d\bar{V}_{H_2O} + n_{C_2H_5OH}d\bar{V}_{C_2H_5OH} + \bar{V}_{H_2O}dn_{H_2O} + \bar{V}_{C_2H_5OH}dn_{C_2H_5OH} \quad (2)$$

となる。一方，式（14.17）から，この系には

$$dV = \bar{V}_{H_2O}dn_{H_2O} + \bar{V}_{C_2H_5OH}dn_{C_2H_5OH} \quad (3)$$

が成立する。式（2）と式（3）より

$$n_{H_2O}d\bar{V}_{H_2O} + n_{C_2H_5OH}d\bar{V}_{C_2H_5OH} = 0$$

が得られる。この式をギブズ-デュエムの式と呼ぶ（次節参照）。さらに式を変形すると

$$d\bar{V}_{C_2H_5OH} = -(n_{H_2O}/n_{C_2H_5OH})d\bar{V}_{H_2O}$$

となる。右辺には負号が付いており，それぞれの部分体積の微小変化の増減関係が反対になっていることがわかる。

例　題5　**20℃でエタノール30.0 cm^{3}と水70.0 cm^{3}を混合して100 cm^{3}の溶液をつくったつもりであったが，溶液の体積は100 cm^{3}になっていなかった。どうすれば100 cm^{3}になるかを図14.2を参考にして示せ。ここで，エタノールと水の密度は$\rho_{エタノール}$=0.789 g cm^{-3}，$\rho_{水}$=0.997 g cm^{-3}である。ただし体積比は3/7に固定するものとする。**

〔解　答〕　部分モル体積が考慮されていないからおこったミスである。エタノール30.0 cm^{3}と水70.0 cm^{3}の物質量は

$$n_{C_2H_5OH} = \frac{30.0\,\mathrm{cm^3} \times 0.789\,\mathrm{g\,cm^{-3}}}{46.05\,\mathrm{g\,mol^{-1}}} = 0.51\,\mathrm{mol}$$

$$n_{H_2O} = \frac{70.0\,\mathrm{cm^3} \times 0.997\,\mathrm{g\,cm^{-3}}}{18.02\,\mathrm{g\,mol^{-1}}} = 3.87\,\mathrm{mol}$$

エタノールおよび水のモル分率は

$$x_{C_2H_5OH} = \frac{0.51\,\mathrm{mol}}{0.51\,\mathrm{mol} + 3.87\,\mathrm{mol}} = 0.117,\ x_{H_2O} = 0.883$$

となる。

この組成の部分モル体積は図14.2より

$$\bar{V}_{C_2H_5OH} = 53.6\,\mathrm{cm^3\,mol^{-1}} \qquad \bar{V}_{H_2O} = 18.0\,\mathrm{cm^3\,mol^{-1}}$$

となるから，混合物の体積Vは式（14.20）より

$$V = 0.51\,\mathrm{mol} \times 53.6\,\mathrm{cm^3\,mol^{-1}} + 3.87\,\mathrm{mol} \times 18.0\,\mathrm{cm^3\,mol^{-1}} = 97.3\,\mathrm{cm^3}$$

同じ組成の溶液を100 cm^{3}を作るには，各成分の体積を（100/97.3）=1.03倍しておかねばならない。したがって，エタノール30 cm^3×1.03=30.9 cm^3，水70 cm^3×1.03=72.1 cm^{3}を混ぜなければならない。

(2)　その他の部分モル量

溶液のような多成分系を取り扱う際には，部分モル量（partial molar quantity）は体積のみでなく他の示量性状態量すなわち内部エネルギー（U），エンタルピー（H），エントロピー（S），ギブズエネルギー（G）およびヘルムホルツエネルギー（A）についても

部分モル体積$\bar{V}$と同様に定義できる。すなわち，定温，定圧のもとでそれぞれの部分モル熱力学状態量が下記のように定義され，実験によって決定することができる。

$$\bar{U}_i = \left(\frac{\partial U}{\partial n_i}\right)_{T,p,n_j(j\neq i)},\quad \bar{H}_i = \left(\frac{\partial H}{\partial n_i}\right)_{T,p,n_j(j\neq i)},\quad \bar{S}_i = \left(\frac{\partial S}{\partial n_i}\right)_{T,p,n_j(j\neq i)},\quad \bar{G}_i = \left(\frac{\partial G}{n_i}\right)_{T,P,n_j(j\neq i)},$$

$$\text{および}\quad \bar{A}_i = \left(\frac{\partial A}{\partial n_i}\right)_{T,p,n_j(j\neq i)} \qquad (14.22)$$

部分モル体積（式（14.16）参照）で示したように，いずれの部分モル量も組成，すなわち，モル分率を変えない限り，溶液の総量には依存しない示強性状態量である。したがって，多成分系のU，H，S，G，およびAは，それぞれの部分モル量に物質量（n_i mol）を掛けて得られる値の和をとることにより算出できる。

$$U = \sum_i n_i \bar{U}_i,\quad H = \sum_i n_i \bar{H}_i,\quad S = \sum_i n_i \bar{S}_i,\quad G = \sum_i n_i \bar{G}_i$$

$$\text{および}\quad A = \sum_i n_i \bar{A}_i \qquad (14.23)$$

部分モル量は圧力，温度一定のもとで定義された量で，それ以外の条件で偏微分して得られる状態量は部分モル量といわないから，そのことは記憶に留めておくべきである。

14-2　多成分系の化学熱力学恒等式（化学熱力学の基本式）

多成分系では純物質の場合と異なり，系の性質を考察する際には，その成分組成や濃度が考慮されねばならない。これまで学んできた純物質系の内部エネルギーUはSとVの関数$U(S, V)$で，その変化$\mathrm{d}U$は

$$\mathrm{d}U = T\mathrm{d}S - p\mathrm{d}V \qquad (14.24)$$

で表される（「基礎編」9-4参照）が，多成分系では，UはSとVの関数ばかりでなく，系に存在する成分の物質量nの関数でもある。

多成分すなわちC種の成分からなる均一相を考えよう。その成分をi（i=1, 2, 3, 4,⋯C）で表し，それぞれの物質量を$n_1, n_2, \cdots, n_C$とすると，UはU（$S, V, n_1, n_2, \cdots, n_C$）で表されるから，内部エネルギー変化$\mathrm{d}U$は

$$\mathrm{d}U = \left(\frac{\partial U}{\partial S}\right)_{V,\langle n_i\rangle}\mathrm{d}S + \left(\frac{\partial U}{\partial V}\right)_{S,\langle n_i\rangle}\mathrm{d}V + \sum_{i=1}^{C}\left(\frac{\partial U}{\partial n_i}\right)_{S,V,n_j(j=1,2,3\cdots C,j\neq i)}\mathrm{d}n_i \qquad (14.25)$$

と表されなければならない。

第3項以降の微係数を

$$\left(\frac{\partial U}{\partial n_i}\right)_{S,\,V,\,n_j(j=1,\,2,\,3,\,\cdots C,\,j\neq i)} = \mu_i \tag{14.26}$$

と表し，成分 i の化学ポテンシャル（chemical potential）* と定義する。化学ポテンシャル μ を用いると式（14.25）は次式となる。この式の右辺の第 1 項と第 2 項の偏微分は，成分組成

$$\mathrm{d}U = \left(\frac{\partial U}{\partial S}\right)_{V,\langle n_i\rangle}\mathrm{d}S + \left(\frac{\partial U}{\partial V}\right)_{S,\langle n_i\rangle}\mathrm{d}V + \sum_{i=1}^{C}\mu_i\,\mathrm{d}n_i \tag{14.27}$$

が一定である場合の変化であるから閉じた系と同じで，式（12.68）の式

$$\left(\frac{\partial U}{\partial S}\right)_{V,\langle n_i\rangle} = T,\quad \left(\frac{\partial U}{\partial V}\right)_{S,\langle n_i\rangle} = -p \tag{14.28}$$

が成り立つ。したがって，式（14.27）は

$$\mathrm{d}U = T\mathrm{d}S - p\mathrm{d}V + \sum_{i=1}^{C}\mu_i\,\mathrm{d}n_i \tag{14.29}$$

と書き換えられる。この式は，多成分系（開いた系や組成変化を伴う閉じた系など）の化学熱力学恒等式（chemical thermodynamic identity）である。この式の独立変数は S, V, および n_i（$i=1, 2,\cdots, C$）であるが，H, A および G についても，以下に示すように，同等な恒等式が得られる。これらの恒等式は**多成分系の化学熱力学の基本式**（fundamental equation of chemical thermodynamics for multicomponent）といわれる。

エンタルピーは $H=U+pV$ で，その微分は $\mathrm{d}H=\mathrm{d}U+p\mathrm{d}V+V\mathrm{d}p$ であるから，式（14.29）と組み合わせると

$$\mathrm{d}H = T\mathrm{d}S + V\mathrm{d}p + \sum_{i=1}^{C}\mu_i\,\mathrm{d}n_i \tag{14.30}$$

となる。一方，$\mathrm{d}H$ は次式で表される。

$$\mathrm{d}H = \left(\frac{\partial H}{\partial S}\right)_{p,\langle n_i\rangle}\mathrm{d}S + \left(\frac{\partial H}{\partial p}\right)_{S,\langle n_i\rangle}\mathrm{d}p + \sum_{i=1}^{C}\left(\frac{\partial H}{\partial n_i}\right)_{S,\,p,\,n_j(j=1,\,2,\,3\cdots C,\,j\neq i)}\mathrm{d}n_i \tag{14.31}$$

＊　力学系では，ポテンシャルエネルギーの低い方へ移動する傾向がある。これから明らかになることであるが，熱力学においては，1 つの相から他の相への物質の拡散や化学反応における物質変換は μ の高い状態から低い方向に変化する。その挙動は力学におけるポテンシャルエネルギーと類似しているから，μ は化学ポテンシャルと命名された。

式（12.69）の関係から，第 1 項と，第 2 項の偏微分は，それぞれ，T および V で置き換えられるから，式（14.31）は

$$\mathrm{d}H = T\mathrm{d}S + V\mathrm{d}p + \sum_{i=1}^{C}\left(\frac{\partial H}{\partial n_i}\right)_{S,\,p,\,n_j(j=1,\,2,\,3\cdots C,\,j\neq i)}\mathrm{d}n_i \tag{14.32}$$

と表される。式（14.30）と式（14.32）を比較すると

$$\mu_i = \left(\frac{\partial U}{\partial n_i}\right)_{S,\,V,\,n_j(j=1,\,2,\,3\cdots C,\,j\neq i)} = \left(\frac{\partial H}{\partial n_i}\right)_{S,\,p,\,n_j(j=1,\,2,\,3\cdots C,\,j\neq i)} \tag{14.33}$$

が得られる。$A=U-TS$ および $G=H-TS$ と定義されるから，$\mathrm{d}A$ および $\mathrm{d}G$ に対しても同様の取り扱いにより，下式が誘導される。

$$\mathrm{d}A = -S\mathrm{d}T - p\mathrm{d}V + \sum_{i=1}^{C}\mu_i\mathrm{d}n_i \tag{14.34}$$

$$\mathrm{d}G = -S\mathrm{d}T + V\mathrm{d}p + \sum_{i=1}^{C}\mu_i\mathrm{d}n_i \tag{14.35}$$

式（14.29），式（14.30），式（14.34），および式（14.35）は，系の同じエネルギー変化を，それぞれ，独立変数（S, V），（S, p），（T, V），および（T, p）で表した一組の同等な化学熱力学の基本式である。したがって，U を用いて定義した成分 i の化学ポテンシャル μ は，指定した条件（式（14.36）の右下付き）のもとでは，下記の式となる。

$$\begin{aligned}\mu_i &= \left(\frac{\partial U}{\partial n_i}\right)_{S,\,V,\,n_j(j=1,\,2,\,3\cdots C,\,j\neq i)} = \left(\frac{\partial H}{\partial n_i}\right)_{S,\,p,\,n_j(j=1,\,2,\,3\cdots C,\,j\neq i)} \\ &= \left(\frac{\partial A}{\partial n_i}\right)_{V,\,T,\,n_j(j=1,\,2,\,3\cdots C,\,j\neq i)} = \left(\frac{\partial G}{\partial n_i}\right)_{T,\,p,\,n_j(j=1,\,2,\,3\cdots C,\,j\neq i)}\end{aligned} \tag{14.36}$$

つまり，化学ポテンシャル μ_i とは，指定された条件下，他の成分は均一性を保ちつつ，成分 i だけを無限小だけ加えたときの系のエネルギー増加量を加えた物質量で割ったもので，**1 mol あたりの変化に換算した示強性状態量** * である。

14-3　化学ポテンシャル

14-3-1　部分モルギブズエネルギー

化学ポテンシャルは指定された条件下における 1 mol 当たりに換算した U, H, A および G であるが，特記すべきことは**化学ポテンシャル μ が部分モルギブズエネルギー $\bar{G}$** と

*　1928 年にギブズが導入した状態量。

一致している点である。すなわち，次式が成り立つから

$$\left(\frac{\partial G}{\partial n_i}\right)_{T,\,p,\,n_j(j=1,2,3\cdots C,\,j\neq i)} = \mu_i = \bar{G}_i \tag{14.37}$$

温度，圧力一定の条件下では，C 種の成分からなる均一混合物の組成が微小変化すればギブズエネルギーの微小変化 dG は

$$\mathrm{d}G = \sum_{i=1}^{C} \mu_i \mathrm{d}n_i = \bar{G}_1 \mathrm{d}n_1 + \bar{G}_2 \mathrm{d}n_2 + \cdots + \bar{G}_n \mathrm{d}n_n \tag{14.38}$$

と表される。組成を一定に保って積分すると

$$G = \sum_{i=1}^{C} \mu_i n_i = \bar{G}_1 n_1 + \bar{G}_2 n_2 + \cdots + \bar{G}_C n_C \tag{14.39}$$

が得られる。これは，**混合物のギブズエネルギーが，その成分の化学ポテンシャルとその物質量**の積の和として表されることを示している。

系を構成する物質が 1 成分（純物質）からなる場合は，式（14.39）において $C=1$ で $G=n\mu$ となるから，n で割って書き換えると

$$\mu = \frac{G}{n} = G_{\mathrm{m}} \tag{14.40}$$

が得られる。「基礎編」12 章で純物質のモルギブズエネルギー G_{m} を μ で表すとしたのは，この理由からである。

2 成分以上になるとまわりに別の物質が存在するから，純物質のモル体積と対応する成分の部分モル体積が異なる値であるように，成分の化学ポテンシャルと対応する純物質のモルギブズエネルギー G_{m} とは異なる値となる。これからだんだん明らかになるが，化学ポテンシャルは多成分系の様々な物理化学現象の解明に直接つながっている点で，化学熱力学において最も重要な状態量の 1 つである。

14-3-2 化学ポテンシャルから得られるその他の部分モル熱力学的状態量

多成分系の成分 i の化学ポテンシャル以外の部分モル量，すなわち，部分モル内部エネルギー $\bar{U}_{\mathrm{m},i}$，部分モルエントロピー $\bar{S}_{\mathrm{m},i}$，部分モルエンタルピー $\bar{H}_{\mathrm{m},i}$，部分モルヘルムホルツエネルギー $\bar{A}_{\mathrm{m},i}$ は，それぞれ，式（14.29），式（14.30），および式（14.34）を定温，定圧下，n_i で積分することによって得られる。その結果を以下に示す。

$$\bar{U}_{\mathrm{m},i} = T\bar{S}_{\mathrm{m},i} - p\bar{V}_{\mathrm{m},i} + \mu_i \tag{14.41}$$

$$\bar{H}_{\mathrm{m},i} = T\bar{S}_{\mathrm{m},i} + \mu_i \tag{14.42}$$

$$\bar{A}_{\mathrm{m},i} = -p\bar{V}_{\mathrm{m},i} + \mu_i \tag{14.43}$$

いずれの部分モル量も，以下に示すように μ_i の関数として求められることを示す。

G の微小変化は，次式で表される。

$$\mathrm{d}G = \left(\frac{\partial G}{\partial T}\right)_{p,\langle n_i\rangle}\mathrm{d}T + \left(\frac{\partial G}{\partial p}\right)_{T,\langle n_i\rangle}\mathrm{d}p + \sum_{i=1}^{C}\left(\frac{\partial G}{\partial n_i}\right)_{S,p,n_j(j=1,2,3\cdots C,j\neq i)}\mathrm{d}n_i \tag{14.44}$$

この式の右辺の第 1 項と第 2 項は，成分組成が一定である場合の G の温度，圧力変化であるから閉じた系と同じで，「基礎編」12 章の式（12.71）で示したように

$$\left(\frac{\partial G}{\partial p}\right)_{T,\langle n_i\rangle} = V \quad \text{および} \quad \left(\frac{\partial G}{\partial T}\right)_{p,\langle n_i\rangle} = -S \tag{14.45}$$

が成り立つ。式（14.45）の左の式を n_i で微分すると

$$\begin{aligned}\left\{\frac{\partial}{\partial n_i}\left(\frac{\partial G}{\partial T}\right)_{p,\langle n_i\rangle}\right\}_{n_j(j=1,2,3\cdots C,j\neq i)} &= \left\{\frac{\partial}{\partial T}\left(\frac{\partial G}{\partial n_i}\right)_{n_j(j=1,2,3\cdots C,j\neq i)}\right\}_{n_j(j=1,2,3\cdots C,j\neq i)} \\ &= \left(\frac{\partial \mu_i}{\partial T}\right)_{p,\langle n_i\rangle}\end{aligned} \tag{14.46}$$

$$\left\{\frac{\partial}{\partial n_i}\left(\frac{\partial G}{\partial T}\right)_{p,\langle n_i\rangle}\right\}_{n_j(j=1,2,3\cdots C,j\neq i)} = \left(\frac{\partial(-S)}{\partial n_i}\right)_{n_j(j=1,2,3\cdots C,j\neq i)} = -\bar{S}_{m,i} \tag{14.47}$$

が得られ，式（14.46）と式（14.47）は等しいから

$$\bar{S}_{\mathrm{m},i} = -\left(\frac{\partial \mu_i}{\partial T}\right)_{p,\langle n_i\rangle} \tag{14.48}$$

が得られる。式（14.45）の右の式から，同様な操作により

$$\bar{V}_{\mathrm{m},i} = \left(\frac{\partial \mu_i}{\partial p}\right)_{T,\langle n_i\rangle} \tag{14.49}$$

が誘導される。さらに，式（14.48）および式（14.49）を用いて，式（14.41）～(14.43）を書き換えると，次式が得られる。

$$\bar{U}_{m,i} = -T\left(\frac{\partial \mu_i}{\partial T}\right)_{p,\langle n_i\rangle} - p = \left(\frac{\partial \mu_i}{\partial p}\right)_{T,\langle n_i\rangle} + \mu_i \tag{14.50}$$

$$\bar{H}_{m,i} = \mu_i - T\left(\frac{\partial \mu_i}{\partial T}\right)_{p,\langle n_i\rangle} \tag{14.51}$$

$$\bar{A}_{m,i} = -p\left(\frac{\partial \mu_i}{\partial p}\right)_{T,\langle n_i \rangle} + \mu_i \qquad (14.52)$$

上記の結果は化学ポテンシャルおよびその温度や圧力変化がわかれば部分モル熱力学量が得られるから，式（14.23）によって，多成分系のすべての熱力学的状態量（$\bar{G}, \bar{U}, \bar{H}, \bar{S}, \bar{A}, \bar{V}$）が算出できることを示している。したがって，多成分系の状態変化に伴う ΔG, ΔS, ΔH, および ΔV が決定できることになり，化学ポテンシャルは現象解明に大きな手がかりをあたえる最も重要な状態量ということができる。

14-3-3 ギブズ-デュエム*1の式

G は式（14.39）で表されるから，その微分は

$$\mathrm{d}G = \sum_{i=1}^{C}(n_i \mathrm{d}\mu_i + \mu_i \mathrm{d}n_i) \qquad (14.53)$$

となる。

一方，化学熱力学の基本式（14.35）によると

$$\mathrm{d}G = -S\mathrm{d}T + V\mathrm{d}p + \sum_{i=1}^{C}\mu_i \mathrm{d}n_i \qquad (14.54)$$

であり，上の 2 つの式が一致するためには，次式が成立していなければならない。

$$\sum_{i=1}^{C} n_i \mathrm{d}\mu_i = -S\mathrm{d}T + V\mathrm{d}p \quad \text{あるいは} \quad 0 = -S\mathrm{d}T + V\mathrm{d}p - \sum_{i=1}^{C} n_i \mathrm{d}\mu_i \qquad (14.55)^{*2}$$

この式は温度，圧力，組成の間に成り立つ熱力学的関係式であり，**ギブズ-デュエムの式**（Gibbs-Duhem equation）という。この式は，一般に，化学ポテンシャルの変化には，圧力や温度の変化を伴うことを示している。

温度，圧力一定で組成だけが変数であるときには，式（14.55）は

$$\sum_{i=1}^{C} n_i \mathrm{d}\mu_i = 0 \qquad (14.56)$$

となり，**組成だけが変わるときには，成分の化学ポテンシャルは独立に変化せず，ある相関を持って変化**することを示している。

理解を深めるために，2 成分混合物の場合を考えてみよう。式（14.56）は

---

*1 Pierre Maurice Marie Duhem（1861–1916）フランスの物理学者。

*2 この式は $S\mathrm{d}T - V\mathrm{d}p + \sum_{i=1}^{C} n_i \mathrm{d}\mu_i = 0$ と書かれている場合もある。

$$n_1 d\mu_1 + n_2 d\mu_2 = 0 \qquad (14.57)$$

あるいは n_1+n_2 で割ると式（14.57）はモル分率 x_1，x_2 で表され

$$x_1 d\mu_1 + x_2 d\mu_2 = 0 \qquad (14.58)$$

となるので

$$d\mu_2 = -\frac{n_1}{n_2} d\mu_1 \quad あるいは \quad d\mu_2 = -\frac{x_1}{x_2} d\mu_1 \qquad (14.59)$$

と書き換えられる。この式は，第 1 の成分の化学ポテンシャルが $d\mu_1$ だけ変化したとすれば，それに伴う第 2 成分の変化 $d\mu_2$ は式（14.59）で与えられることを示している。

ギブズ–デュエムの式は，体積 V についても成立する。例題 4 に示したように，2 成分混合物に対しては

$$n_1 d\bar{V}_{m,1} + n_2 d\bar{V}_{m,2} = 0 \qquad (14.60)$$

が成り立つ。

14–4　理想混合気体

温度 T，圧力 p および物質量 n_i の微少変化に対するギブズエネルギーの微小変化 dG は式（14.54）

$$dG = -SdT + Vdp + \sum_{i=1}^{C} \mu_i dn_i$$

で表される。理想気体の等温過程に対しては，理想気体のモルギブズエネルギー G_m になる。$G_m = \mu$ となるから

$$\mu = \mu^\circ + RT \ln \frac{p}{p^\circ} \qquad (14.61)$$

と書き換えられる。ここで，p/p° は相対圧で，標準状態圧力として $p^\circ = 1\ \text{bar} = 100\ \text{kPa}$ を用いると，化学ポテンシャル μ は

$$\mu = \mu^\circ + RT \ln \frac{p}{1} \qquad (14.62)$$

となる。1 は省略されて

$$\mu = \mu^\circ + RT \ln p \tag{14.63}$$

と書かれている場合も多い。

図 14.3 に示すように，2 個のピストンのついたシリンダーを板で仕切り，一方の部屋（体積 V_A）に n_A mol の理想気体 A，もう一方の部屋（体積 V_B）に n_B mol の理想気体 B を入れ，ピストンに外圧 p を加え，温度 T の下で平衡させる。このときの，理想気体の化学ポテンシャルは，それぞれ

$$\mu_A(g) = \mu_A^\circ(g) + RT \ln p \tag{14.64}$$

$$\mu_B(g) = \mu_B^\circ(g) + RT \ln p \tag{14.65}$$

となるから，混合前の理想気体のもつギブズエネルギー G_1 は

$$G_1 = n_A\mu_A(g) + n_B\mu_B(g) = n_A(\mu_A^\circ(g) + RT \ln p) + n_B(\mu_B^\circ(g) + RT \ln p) \tag{14.66}$$

である。

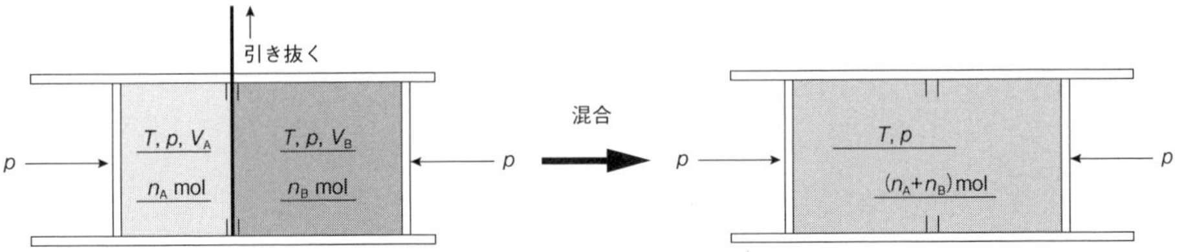

図 14.3　理想気体の定温，定圧下における混合

仕切り板を引き抜くと，両気体は定温 T，定圧 p で混合し，それぞれの分圧が p_A および p_B になった理想混合気体になる。その各成分の化学ポテンシャルは

$$\mu_A^\circ(g) + RT \ln p_A \quad および \quad \mu_B^\circ(g) + RT \ln p_B \tag{14.67}$$

であるから，混合後の系のギブズエネルギー G_2 は

$$G_2 = n_A(\mu_A^\circ(g) + RT \ln p_A) + n_B(\mu_B^\circ(g) + RT \ln p_B) \tag{14.68}$$

である。

したがって，混合によって変化したギブズエネルギーを**混合ギブズエネルギー**といい，$\Delta_{mix}G$ で表すと

$$\Delta_{mix}G = G_2 - G_1 = n_A RT \ln\left(\frac{p_A}{p}\right) + n_B RT \ln\left(\frac{p_B}{p}\right) \tag{14.69}$$

となる。ここで，各成分の物質量 n_A，n_B を，全物質量 $n(=n_A+n_B)$ と各成分のモル分率 $x_A(=n_A/n)$，$x_B(=n_B/n)$ を用いて表すと

$$\Delta_{\text{mix}} G = nx_{\text{A}} RT \ln\left(\frac{p_{\text{A}}}{p}\right) + nx_{\text{B}} RT \ln\left(\frac{p_{\text{B}}}{p}\right) = nRT\left(x_{\text{A}} \ln \frac{p_{\text{A}}}{p} + x_{\text{B}} \ln \frac{p_{\text{B}}}{p}\right) \quad (14.70)$$

となる。さらに，理想気体ではドルトンの法則が成り立っており，$p_{\text{A}}/p = x_{\text{A}}$，$p_{\text{B}}/p = x_{\text{B}}$ なので，次式で表される。

$$\Delta_{\text{mix}} G = nRT(x_{\text{A}} \ln x_{\text{A}} + x_{\text{B}} \ln x_{\text{B}}) \quad \text{あるいは} \quad \Delta_{\text{mix}} \mu = RT(x_{\text{A}} \ln x_{\text{A}} + x_{\text{B}} \ln x_{\text{B}}) \quad (14.71)$$

モル分率は $1 > x_{\text{A}} > 0$，$1 > x_{\text{B}} > 0$ であるから，$\ln x_{\text{A}} < 0$，$\ln x_{\text{B}} < 0$ である。したがって，$\Delta_{\text{mix}} G < 0$ あるいは $\Delta_{\text{mix}} \mu < 0$ となり

定温，定圧で接触させると，理想気体はどんな割合でも自発的に混合する

という定理が得られる。

$(\partial G/\partial T)_{p,n} = -S$ を利用すると，混合エントロピー $\Delta_{\text{mix}} S$ は

$$\Delta_{\text{mix}} S = -nR\left[\frac{\partial T(x_{\text{A}} \ln x_{\text{A}} + x_{\text{B}} \ln x_{\text{B}})}{\partial T}\right]_{p, n_{\text{A}}, n_{\text{B}}} = -nR(x_{\text{A}} \ln x_{\text{A}} + x_{\text{B}} \ln x_{\text{B}}) \quad (14.72)$$

混合エンタルピー $\Delta_{\text{mix}} H$ は，定義より

$$\Delta_{\text{mix}} H = \Delta_{\text{mix}} G + T\Delta_{\text{mix}} S \quad (14.73)$$

であるから，式（14.73）の $\Delta_{\text{mix}} G$ と $\Delta_{\text{mix}} S$ に式（14.72）と式（14.73）を代入すると

$$\Delta_{\text{mix}} H = 0 \quad (14.74)$$

したがって，エネルギーという観点からは，各成分の気体分子が分離していても混合していても何の差異もなく，混合の駆動力はエントロピー変化から生じていることが明らかである。

$(\partial G/\partial p)_{T,n} = V$ であるから，これを用いると

$$\Delta_{\text{mix}} V = \left(\frac{\partial \Delta_{\text{mix}} G}{\partial p}\right) = nRT\left[\frac{\partial (x_{\text{A}} \ln x_{\text{A}} + x_{\text{B}} \ln x_{\text{B}})}{\partial p}\right]_{T, n_{\text{A}}, n_{\text{B}}} = 0 \quad (14.75)$$

である。理想混合気体は混合しても体積は変わらないことを示している。

表 14.1　理想気体の熱力学的性質

混合ギブズエネルギー	$\Delta_{\text{mix}} G = nRT\sum_{i=1}^{C} x_i \ln x_i$
混合エントロピー	$\Delta_{\text{mix}} S = -nR\sum_{i=1}^{C} x_i \ln x_i$
混合エンタルピー	$\Delta_{\text{mix}} H = 0$
混合体積	$\Delta_{\text{mix}} V = 0$

以上のことを，理想混合気体の熱力学的性質として，表 14.1 に要約しておく。

14-5　化学ポテンシャルと物質移動

化学ポテンシャルに対する理解を深めるため，定温，定圧下で，純物質（1 成分系）が 2 相（α 相と β 相）にある場合（例えば水と水蒸気）について考えてみよう。

物質の総量 n とし，各相に存在する物質量を $n^{(\alpha)}$ と $n^{(\beta)}$ とすると，系のギブズエネルギーは

$$G = \mu^{(\alpha)}n^{(\alpha)}+\mu^{(\beta)}n^{(\beta)} \tag{14.76}$$

となる。2 相間の物質の移動（$\mathrm{d}n^{(\alpha)}, \mathrm{d}n^{(\beta)}$）によるギブズエネルギー変化 $\mathrm{d}G$ は

$$\mathrm{d}G = \mu^{(\alpha)}\mathrm{d}n^{(\alpha)}+\mu^{(\beta)}\mathrm{d}n^{(\beta)} \tag{14.77}$$

で表される。ここで $\mathrm{d}n^{(\alpha)}$ および $\mathrm{d}n^{(\beta)}$ は相 α と相 β から移動した物質量である。これら 2 つを合わせたから，移動した物質量の間には

$$\mathrm{d}n = \mathrm{d}n^{(\alpha)}+\mathrm{d}n^{(\beta)} = 0 \qquad \mathrm{d}n^{(\alpha)} = -\mathrm{d}n^{(\beta)} \tag{14.78}$$

が成立する。この関係を式（14.77）に代入して書き換えると

$$\mathrm{d}G = (\mu^{(\alpha)}-\mu^{(\beta)})\mathrm{d}n^{(\alpha)} \tag{14.79}$$

となる。変化がおこるときにはギブズエネルギーは常に $\mathrm{d}G<0$ であり，$\mathrm{d}G=0$ のときには平衡となる。$\mathrm{d}G$ が負になるのは，次の 2 つの場合で

$$1.\quad \mu^{(\alpha)}-\mu^{(\beta)} > 0,\quad \mathrm{d}n^{(\alpha)} < 0 \tag{14.80}$$

$$2.\quad \mu^{(\alpha)}-\mu^{(\beta)} < 0,\quad \mathrm{d}n^{(\alpha)} > 0 \tag{14.81}$$

ある。$\mu^{(\alpha)}>\mu^{(\beta)}$ の場合は，相 α から相 β へ物質が移動し，$\mu^{(\alpha)}<\mu^{(\beta)}$ の場合は，相 β から相 α へ物質が移動する。この結果は，物質の移動は，その物質のもつ化学ポテンシャルの差に依存し，高い方から低い方へ移動することを示している。2 相が平衡に達すると，$\mu^{(\alpha)}=\mu^{(\beta)}$ であり，$\mathrm{d}\mu=0$ となる。

熱移動における温度や体積変化における圧力と同じように，**化学ポテンシャルは物質移動や平衡を示す示強性変数**である。

例　題 6　**純物質が 2 つの相（α, β）を形成しているとき，その化学ポテンシャルを用いて，クラウジウス–クラペイロンの式を誘導せよ。**

〔解　答〕 純物質の 2 つの相 α, β が温度 T, 圧力 p で平衡にあるとき，各相の化学ポテンシャルは等しい。

$$\mu^{(\alpha)} = \mu^{(\beta)}$$

温度を T から $T+\mathrm{d}T$ に変えると，圧力も変化するから，2 つの相が平衡であるためには，圧力を $p+\mathrm{d}p$ としなければならない。その時の化学ポテンシャルがそれぞれ $\mu^{(\alpha)}+\mathrm{d}\mu^{(\alpha)}$，$\mu^{(\beta)}+\mathrm{d}\mu^{(\beta)}$ になったとする。両者は等しくならなければならないから $\mu^{(\alpha)}+\mathrm{d}\mu^{(\alpha)}=\mu^{(\beta)}+\mathrm{d}\mu^{(\beta)}$ となる。$\mu^{(\alpha)}=\mu^{(\beta)}$ であったことを考慮すると

$$\mathrm{d}\mu^{(\alpha)} = \mathrm{d}\mu^{(\beta)}$$

純物質の α 相については $G^{(\alpha)}=\bar{G}_m^{(\alpha)}n^{(\alpha)}=\mu^{(\alpha)}n^{(\alpha)}$ が成立する。よって $\mathrm{d}G=\mu^{(\alpha)}\mathrm{d}n^{(\alpha)}+n^{(\alpha)}\mathrm{d}\mu^{(\alpha)}$ である。この式と $dG=V^{(\alpha)}\mathrm{d}p-S^{(\alpha)}\mathrm{d}T+\mu^{(\alpha)}\mathrm{d}n^{(\alpha)}$ を比較することにより，次式が得られる。

$$n^{(\alpha)}\mathrm{d}\mu^{(\alpha)} = V^{(\alpha)}\mathrm{d}p-S^{(\alpha)}\mathrm{d}T$$

書き換えると

$$\mathrm{d}\mu^{(\alpha)} = \frac{V^{(\alpha)}}{n^{(\alpha)}}\mathrm{d}p-\frac{S^{(\alpha)}}{n^{(\alpha)}}\mathrm{d}T = \bar{V}_m^{(\alpha)}\mathrm{d}p-\bar{S}_m^{(\alpha)}\mathrm{d}T$$

となる。

したがって，$\bar{V}_m^{(\alpha)}\mathrm{d}p-\bar{S}_m^{(\alpha)}\mathrm{d}T=\bar{V}_m^{(\beta)}\mathrm{d}p-\bar{S}_m^{(\beta)}\mathrm{d}T$

$$\frac{\mathrm{d}p}{\mathrm{d}T} = \frac{\bar{S}_m^{(\beta)}-\bar{S}_m^{(\alpha)}}{\bar{V}_m^{(\beta)}-\bar{V}_m^{(\alpha)}}$$

14-6　多成分系の相平衡

14-6-1　2 成分 2 相系

2 成分 2 相系について化学ポテンシャルと相平衡状態との関係を検討してみよう。例えば，エタノール（C_2H_5OH）と水（H_2O）の混合物を容器に入れ，空気を除いた後，定温，定圧に保つと，水とエタノールは混ざり合って均一な溶液になるが，その上層には溶液と平衡になった蒸気相（水とエタノール混合気体）が存在する（図 14.3）。

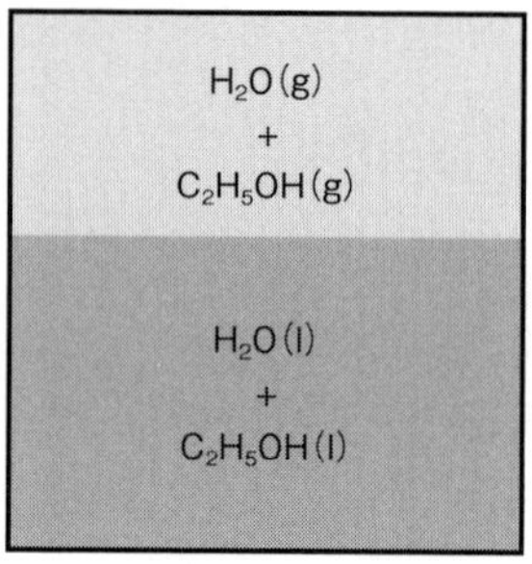

図 14.3　水とエタノールの混合物の気相–液相平衡

蒸気相および溶液相のギブズエネルギーを，それぞれ，$G^{(\mathrm{g})}$，$G^{(\mathrm{l})}$ とすると，全系のギブズエネルギーは

$$G = G^{(\mathrm{g})}+G^{(\mathrm{l})} \tag{14.82}$$

となる。いま，T，p を一定に保ったまま，水とエタノールの微少量 $\mathrm{d}n_{\mathrm{H_2O}}$ mol および $\mathrm{d}n_{\mathrm{C_2H_5OH}}$ mol を溶液相（l）から蒸気相（g）へ移す場合を考えよう。このとき系の G の変化 $\mathrm{d}G$ は

$$\begin{aligned}\mathrm{d}G = \mathrm{d}G^{(\mathrm{g})}+\mathrm{d}G^{(\mathrm{l})} &= \mu^{(\mathrm{g})}_{\mathrm{H_2O}}\mathrm{d}n_{\mathrm{H_2O}}+\mu^{(\mathrm{g})}_{\mathrm{C_2H_5OH}}\mathrm{d}n_{\mathrm{C_2H_5OH}} \\ &\quad -\mu^{(\mathrm{l})}_{\mathrm{H_2O}}\mathrm{d}n_{\mathrm{H_2O}}-\mu^{(\mathrm{l})}_{\mathrm{C_2H_5OH}}\mathrm{d}n_{\mathrm{C_2H_5OH}}\end{aligned} \tag{14.83}$$

と表される。書き換えると

$$dG = (\mu_{H_2O}^{(g)} - \mu_{H_2O}^{(l)})dn_{H_2O} + (\mu_{C_2H_5OH}^{(g)} - \mu_{C_2H_5OH}^{(l)})dn_{C_2H_5OH} \tag{14.84}$$

となる。ここで $\mu_{H_2O}^{(g)}$ と $\mu_{H_2O}^{(l)}$ はそれぞれ水蒸気と水の化学ポテンシャル，$\mu_{C_2H_5OH}^{(g)}$ と $\mu_{C_2H_5OH}^{(l)}$ はそれぞれエタノール蒸気とエタノールの化学ポテンシャルである。

全系は定温，定圧で，次式が成立すれば $dG=0$ となるので，系は平衡である。

$$\mu_{H_2O}^{(g)} = \mu_{H_2O}^{(l)} \tag{14.85}$$

$$\mu_{C_2H_5OH}^{(g)} = \mu_{C_2H_5OH}^{(l)} \tag{14.86}$$

これは，気相と液相が定温定圧で平衡状態にあるとき，T，p に加えて各成分の化学ポテンシャルが相間で等しいことを示している。

14-6-2　多成分系の相平衡の基準

混合物の相平衡とは，混合物が気相，液相ならびに固相の状態で平衡を保って共存する状態であり，前節で 2 成分-2 相系として水とエタノールの混合物の気液平衡を選び，平衡が成立する条件として，温度，圧力に加えて，すべての成分の化学ポテンシャルが各相中で等しいことを明らかにした。

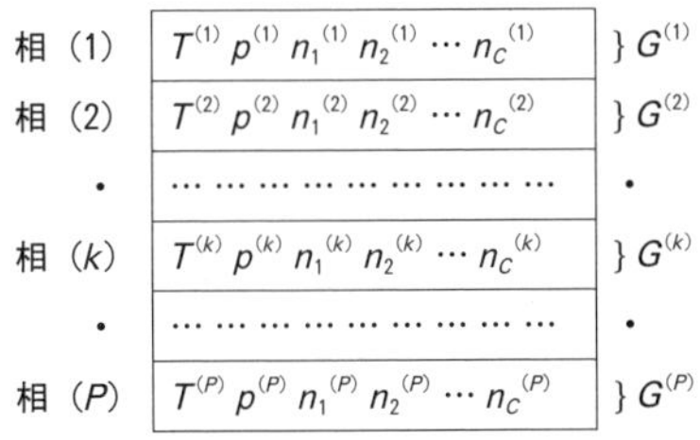

図 14.4　C 個の成分が P 相に分離した系の模式図

多成分系の相平衡の基準を一般化するため，図 14.4 に示すように，C 成分系が P 相を形成している不均一混合物系を考えよう。系には相（1），相（2），…，相（P）が共存し，各相は，それぞれ，成分 1, 2, 3,…, C からなり，相平衡状態にあるとする。各相，例えば相（k）は $n_1^{(k)}, n_2^{(k)}$，…，$n_C^{(k)}$ mol よりなるとし，その全物質量を $n^{(k)}$ とすると

$$n^{(k)} = n_1^{(k)} + n_2^{(k)} + \cdots + n_C^{(k)} \tag{14.87}$$

である。相（k）の温度と圧力を，それぞれ，$T^{(k)}$ と $p^{(k)}$ とし，そのギブズエネルギーを $G^{(k)}$ とすると，その微小変化は

$$dG^{(k)} = -S^{(k)}dT^{(k)} + V^{(k)}dp^{(k)} + \sum_{i=1}^{C} \mu_i^{(k)} dn_i^{(k)} \tag{14.88}$$

となる。$\mu_i^{(k)}$ は相（k）における成分 i の化学ポテンシャルである。

多相平衡が成立しているときには，各相の温度や圧力は等しい。すなわち

$$T^{(1)} = T^{(2)} = \cdots\cdots = T^{(P)} \tag{14.89}$$

$$p^{(1)} = p^{(2)} = \cdots\cdots = p^{(P)} \tag{14.90}$$

が成立している。定温，定圧下であれば，$\mathrm{d}T=0$ および $\mathrm{d}p=0$ であるから，式（14.88）は

$$\mathrm{d}G^{(k)} = \sum_{i=1}^{C} \mu_i^{(k)} \mathrm{d}n_i^{(k)} \tag{14.91}$$

となる。系が P 相からなる不均一混合物全体のギブズエネルギー G は

$$G = G^{(1)} + G^{(2)} + \cdots + G^{(P)} \tag{14.92}$$

であるから，その微小変化は

$$\mathrm{d}G = \mathrm{d}G^{(1)} + \mathrm{d}G^{(2)} + \cdots + \mathrm{d}G^{(P)} \tag{14.93}$$

となる。式（14.91）を代入すると

$$\mathrm{d}G = \sum_{i=1}^{C} \mu_i^{(1)} \mathrm{d}n_i^{(1)} + \sum_{i=1}^{C} \mu_i^{(2)} \mathrm{d}n_i^{(2)} + \cdots + \sum_{i=1}^{C} \mu_i^{(P)} \mathrm{d}n_i^{(P)} \tag{14.94}$$

と書き換えられる。

系に存在する物質量は一定であり，全系中の各成分の物質量はそれぞれ一定であるから

$$\sum_{i=1}^{C} \mathrm{d}n_i^{(k)} = 0 \quad (k = 1, 2, \cdots, P) \tag{14.95}$$

となる。したがって，$\mathrm{d}n_1$ の変化だけ左辺に残し，残りを右辺に移項すると，それぞれの相で

$$\mathrm{d}n_1^{(k)} = -\sum_{i=2}^{C} \mathrm{d}n_i^{(k)} \tag{14.96}$$

となる。

式（14.94）を次式のように書き換えて

$$\begin{aligned}\mathrm{d}G = {} & \mu_1^{(1)} \mathrm{d}n_1^{(1)} + \mu_2^{(1)} \mathrm{d}n_2^{(1)} + \cdots + \mu_C^{(1)} \mathrm{d}n_C^{(1)} \\ & + \mu_1^{(2)} \mathrm{d}n_1^{(2)} + \mu_2^{(2)} \mathrm{d}n_2^{(2)} + \cdots + \mu_C^{(2)} \mathrm{d}n_C^{(2)} \\ & \cdots\cdots \\ & + \mu_1^{(P)} \mathrm{d}n_1^{(P)} + \mu_2^{(P)} \mathrm{d}n_2^{(P)} + \cdots + \mu_C^{(P)} \mathrm{d}n_C^{(P)}\end{aligned} \tag{14.97}$$

この式に，式（14.96）を代入して，相（1）中の各成分を消去すると

$$
\begin{aligned}
\mathrm{d}G = {} & (\mu_1^{(2)}-\mu_1^{(1)})\mathrm{d}n_1^{(2)}+\cdots+(\mu_1^{(P)}{}_1-\mu_1^{(1)})\mathrm{d}n_1^{(P)} \\
& +(\mu_2^{(2)}-\mu_2^{(1)})\mathrm{d}n_2^{(2)}+\cdots+(\mu_2^{(P)}-\mu_2^{(1)})\mathrm{d}n_2^{(P)} \\
& \cdots\cdots \\
& +(\mu_C^{(2)}-\mu_C^{(1)})\mathrm{d}n_C^{(2)}+\cdots+(\mu_C^{(P)}-\mu_C^{(1)})\mathrm{d}n_C^{(P)}
\end{aligned}
\tag{14.98}
$$

が得られる。$\mathrm{d}n_1^{(2)}$，…，$\mathrm{d}n_C^{(2)}$，……，$\mathrm{d}n_1^{(P)}$，…，$\mathrm{d}n_C^{(P)}$ は独立変数であるから，$\mathrm{d}G=0$ になるためには，式（14.98）の括弧の中が 0 でなければならない。すなわち

$$\mu_1^{(1)} = \mu_1^{(2)} = \cdots = \mu_1^{(P)} \tag{14.99}$$

$$\mu_2^{(1)} = \mu_2^{(2)} = \cdots = \mu_2^{(P)} \tag{14.100}$$

………

$$\mu_C^{(1)} = \mu_C^{(2)} = \cdots = \mu_C^{(P)} \tag{14.101}$$

となる。これは，**多成分系の相平衡が起こるときには，温度，圧力に加えて，すべての成分の化学ポテンシャルが各相中で等しくなっている**ことを示している。

14-7　ギブズの相律の一般化

前章で，純物質に対してギブズの相律が成り立っていることを述べた。ここでは，前節で示した多成分系の相平衡の条件をもとに，相律の一般式を誘導する。不均一混合物として C 個の成分を含む多成分系で，P 個の相が共存して平衡状態にある場合を考えてみよう。

多成分系において，1 つの相を決めるに必要な変数は温度 T，圧力 p に加えて成分組成が必要になる。成分組成には，式（14.5）に示すモル分率 x_i が用いられる。モル分率の総和は 1 であるから，$(C-1)$ 個の成分組成 x_i を決めれば，残る 1 個の組成は自動的に決まる。したがって，1 つの相を決めるに必要な示強性変数は温度，圧力およびモル分率である。その数は $\{2+(C-1)\}$ で，1 つの相に対し $(C+1)$ 個の変数が存在する。P 個の相が存在することを考慮すると，変数の総数は $P(C+1)$ 個となる。

次に多成分系の相平衡の条件については前節で示すように，P 個の相のすべてにわたって，(1) 温度，(2) 圧力，(3) 成分 i $(\mathrm{i}=1, 2,\cdots, C)$ の化学ポテンシャルが等しいから，次式が成り立つ。

熱的平衡	等式の数	
$T^{(1)}=T^{(2)}=\cdots=T^{(P)}$	$(P-1)$ 個	(14.102)
力学的平衡		
$p^{(1)}=p^{(2)}=\cdots=p^{(P)}$	$(P-1)$ 個	(14.103)

物質的平衡

$$
\begin{aligned}
&\mu_1^{(1)} = \mu_1^{(2)} = \cdots = \mu_1^{(P)} && (P-1)\text{ 個} \\
&\mu_2^{(1)} = \mu_2^{(2)} = \cdots = \mu_2^{(P)} && (P-1)\text{ 個} \\
&\qquad\qquad\cdots\cdots\cdots && \\
&\mu_C^{(1)} = \mu_C^{(2)} = \cdots = \mu_C^{(P)} && (P-1)\text{ 個}
\end{aligned} \tag{14.104}
$$

したがって，条件式の総数は $(P-1)(C+2)$ となる。変数の総数から条件式の総数を差し引くと

$$P(C+1)-(P-1)(C+2) = C-P+2 \tag{14.105}$$

となり，これが自由に選ぶことのできる示強性変数の数，すなわち**自由度**である。自由度を F で示すと

$$F = C-P+2 \tag{14.106}$$

となる。これを，**ギブズの相律**と呼ぶ。要するに，自由度の数は，他のすべての示強性変数の値を決めるために指定されねばならない最少の示強性変数の数である。

例　題 7　**エタノール，水および氷が共存する系の自由度を求めよ。**

〔解　答〕　エタノールと水からなる 2 成分系（$C=2$）である。また，相については，水とエタノールの溶液（液相）と氷（固相）であり，2 相すなわち $P=2$ である。したがって，自由度は

$$F = \mathrm{C}-P+2 = 2-2+2 = 2$$

となる。

相律を活用する際，留意しておくべきことが 2 点ある。その 1 つは成分数 C の数え方である。例えば，食塩の水溶液では NaCl は Na^+ と Cl^- に解離している。このような場合には解離する前の NaCl を成分とし，その解離によって生じたイオンは C の対象にならない（問題 15 参照）*。化学平衡があるような場合，成分の総数から成分間に成立する化学平衡式の数を引いたものが独立成分の数である。例えば N_2O_4 と NO_2 のように $N_2O_4 \rightleftarrows 2NO_2$ の平衡が成立するときには，$C=2$ でなくて 1 である。

もう 1 つの留意すべき点は，式（14.106）の誘導において C 個の成分のすべてが P 個

*　一般に s 種類の物質が多成分平衡に関与している系において，a 個の独立した平衡式が存在し，それぞれの平衡式から m 個の初期条件による濃度関係が誘導されるならば，成分の数 C は次式で与えられる。

$$C=s-a-m$$

となる。例えば，NaCl の水溶液には NaCl，Na^+，Cl^-，H_2O，H^+，および OH^- の 6 種類物質が存在する。その中には，$NaCl \rightleftarrows Na^+ + Cl^-$，および $H_2O \rightleftarrows H^+ + OH^-$ の 2 つの平衡定数があるから $a=2$，さらに，濃度には $[Na^+]=[Cl^-]$ および $[H^+]=[OH^-]$ が成立しているから $m=2$ となる。上式に入れると，$C=6-2-2=2$ となり，解離する前の NaCl と H_2O が相の成分数となる。この例は一般的に成立する。

の相に存在するという前提に立っていることである。しかし，すべての相にすべての成分が含まれているとは限らない。そのようなときには，式（14.104）の状態変数の数が同数だけ減るから，式（14.106）は保たれるのである。例えば食塩の水溶液を考えて見よう。塩化ナトリウムが蒸気相に存在する可能性はない。そうなると，次の関係は除かれる。

$$\mu^{(g)}_{\mathrm{NaCl}} = \mu^{(l)}_{\mathrm{NaCl}} \tag{14.107}$$

このように束縛条件の1つがなくなるが，変数となるはずの $\mu^{(g)}_{\mathrm{NaCl}}$ も除かれるから，相殺されて相律は成り立っている。

P 個の異なる相に成分物質が含まれてない相が n 個あるとすると，等式の数が n 個減ることになるから自由度 F は

$$F = \{P(C+1)-n\}-\{(P-1)(C+2)-n\} = C-P+2 \tag{14.108}$$

となり式（14.106）はそのまま成立する。したがって，食塩水溶液では，$C=2$，$P=2$ となり自由度 F は 2 である。温度と濃度を自由に変化できる領域が存在することを示している。

補遺　部分モル体積の求め方

ある T と p において，物質Aと物質Bの2成分からなる溶液の部分モル体積を求める2つの方法（**図式接線法**と**図式切片法**）について述べておく。

1. 図式接線法

成分の総量 $n=n_A+n_B=$一定になるように調製し，その体積 V を n_B に対しプロットすると補図14.1のような曲線が得られる。成分Bのある物質量bにおける接線を引くと，その勾配は

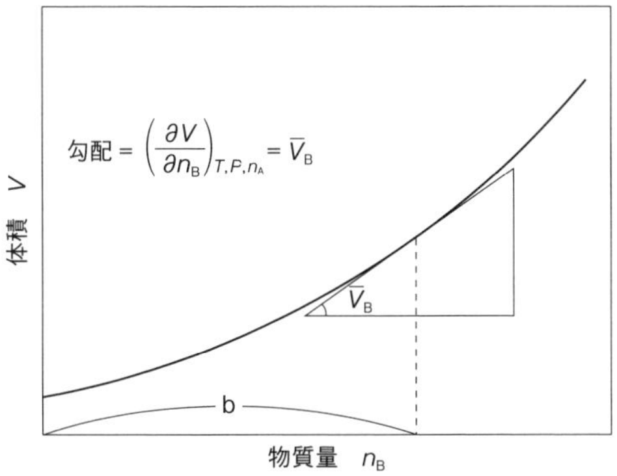

補図14.1　接線の勾配から部分モル体積の決定

$$\left(\frac{\partial V}{\partial n_B}\right)_{T,p,n_A} = \bar{V}_B \quad（補式14.1）$$

となり，その組成における $\bar{V}_B$ が求まる。次に $V=n_A\bar{V}_A+n_B\bar{V}_B$ から得られる補式（14.2）を用いて同じ組成における $\bar{V}_A$ が得られる。

$$\bar{V}_A = \frac{V-n_B\bar{V}_{B2}}{n_A} \quad（補式14.2）$$

部分モル体積は構成成分の組成によって異なる。本文中の図14.2は25℃で全領域にわたって求めたエタノールおよび水の部分モル体積を示す。水素結合の影響によりそれぞれの部分モル体積が組成とともに複雑に変化することを示している。

2. 図式切片法

全物質量が1 molからなる2成分（AとB混合物）の平均モル体積 $\tilde{V}_m$ は補図14.2の曲線で

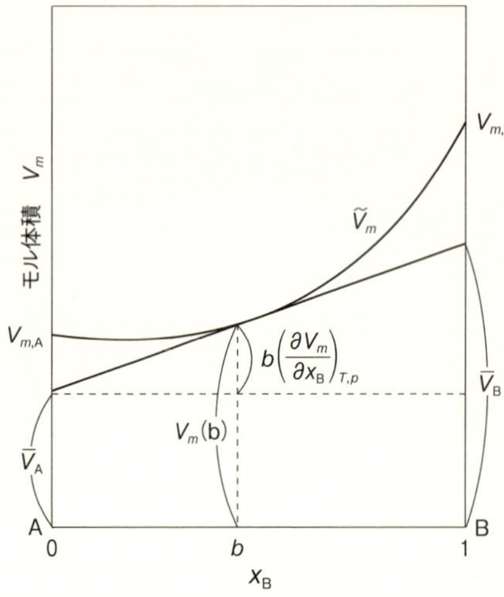

補図14.2　接線の切片から求める部分モル体積の例

$$\tilde{V}_m = \frac{n_\mathrm{A}\bar{V}_\mathrm{A}+n_\mathrm{B}\bar{V}_\mathrm{B}}{n_\mathrm{A}+n_\mathrm{B}} = x_\mathrm{A}\bar{V}_\mathrm{A}+x_\mathrm{B}\bar{V}_\mathrm{B}$$
（補式14.3）

で表される。$\bar{V}_\mathrm{A}$ および $\bar{V}_\mathrm{B}$ を求めたい成分組成（モル分率：$x_\mathrm{B}=b$）の V_m で接線を引く。その接線は次式で表される。

$$V_\mathrm{m} = \bar{V}_\mathrm{A}+(\bar{V}_\mathrm{B}-\bar{V}_\mathrm{A})x_\mathrm{B}$$
（補式14.4）

この式から明らかなように，接線が $x_\mathrm{B}=0$（$x_\mathrm{A}=1$）で縦軸と交わる点すなわち切片から $\bar{V}$(A) が求まり，$x_\mathrm{B}=1(x_\mathrm{A}=0)$ と交わる点から $\bar{V}$(B) が求まる。成分組成をいろいろと変えて接線をひくと，$x_\mathrm{B}=0$ および $x_\mathrm{B}=1$ の切片より，様々な組成の $\bar{V}$(A) および $\bar{V}$(B) が得られる。

理解度テスト

1. 質量モル濃度とモル濃度の長所，欠点を述べよ。
2. 部分モル体積はなぜ必要か，その理由を示せ。
3. 開放系の化学熱力学恒等式をかけ。
4. 化学ポテンシャルを定義し，温度，圧力が一定のときの化学ポテンシャルはどのような式で表されるかを示せ。
5. 化学ポテンシャルが部分モル熱力学関数と一致するのはどの熱力学関数の時か。
6. ギブズ–デュエムの式とはどんな式で，何を意味している式か。
7. 2種の理想気体を混合した場合，混合によってギブズのエネルギーはどのように変化するか。
8. 2成分系が相平衡になっている場合のそれぞれの相の成分のギブズエネルギーはどうなっているかを示せ。
9. ギブズの相律の自由度とは何を示す数値か。

章末問題

問題1　25℃で20.0%の重量比で水に溶けているスクロース（$C_{12}H_{22}O_{11}$）水溶液の密度は $\rho=1.0794\ \mathrm{g\ cm^{-3}}$ である。この溶液の濃度 c とモル分率 x はいくらか。

問題2　0.200 mol kg^{-1} のスクロース（$C_{12}H_{22}O_{11}$）水溶液のスクロースのモル分率を計算せよ。

問題3　溶液の密度 ρ が g cm^{-3} の単位で与えられているとき，溶質（モル質量：M_2）のモル分率 x_2 とモル濃度 c との間の一般的な関係を示せ。

問題4　溶媒A（モル質量 M_A g mol^{-1}）に溶解した物質B（モル質量 M_B g mol^{-1}）の濃度が c_B である時，質量モル濃度 b_B との関係を示せ。溶液の密度は ρ g cm^{-3} とする。

問題5　水のモル分率0.4なる水・エタノール混合溶液の密度は0.8494 g cm^{-3} である。アルコールの部分モル体積が57.5 cm^3 mol^{-1} ならば水の部分モル体積はいくらか。

問題6　溶媒Aが n_A mol，溶質Bが n_B mol からなる溶液がある。それが希薄溶液であるときには，濃度をモル分率 x でなく，モル濃度 c_B を用いる場合が多い。希薄溶液（$x_\mathrm{B}\cong n_B/n_A$）において，

溶液の密度 ρ_A g cm^{-3} とすると x_B と c_B の間に次の関係がある事を示せ。ここで，M_A は g mol^{-1} 単位で表したモル質量である。

$$c_B = \frac{1000\,\rho_A}{M_A} x_B$$

問題 7 1.158 mol の H_2O に 0.842 mol の C_2H_5OH を溶かしたとき，溶液の体積は 25℃ で 68.16 cm^3 である。この溶液では $\bar{V}_{H_2O}=16.98$ cm^3 mol^{-1} であるとして $\bar{V}_{C_2H_5OH}$ を求めよ。

問題 8 $\bar{V}_i=(\partial \mu_i/\partial p)_{T,\{n_i\}}$(式 (14.49)) を誘導せよ。

問題 9 0.5 mol の酸素と 0.5 mol の窒素を 25 ℃ で混合する場合の熱力学量 G, S, H および V の変化を酸素，窒素ともに理想気体として計算せよ。

問題 10 2 種類の理想気体 A の n_A mol と B の n_B mol とが同じ圧力と温度の下で別々の容器に入っている。容器は閉じたコックで分離されている。コックを開いて気体を完全に混合した際の混合の内部エネルギーが $\Delta_{mix}U=0$ である事を示せ。

問題 11 298.15 K における水の飽和水蒸気圧は 23.76 mmHg である。298.15 K で湿度 60% の空気中へ 1 kg の水が蒸発する際の ΔG および ΔS を求めよ。水蒸気は理想気体と見なしてよい。

問題 12 理想気体 A と B からなる 2 種類の理想混合気体（気体 1 と気体 2）が，323 K，1 bar で存在する。その気体 1 の A のモル分率 $x_A=0.85$，気体 2 の A のモル分率 $x_A=0.35$ である。

(1) 成分 A の化学ポテンシャルはどちらが大きいか。

(2) その差はどれだけか。

問題 13 相とは何かを述べ，次に示したそれぞれの系の相の数を示せ。

(1) 氷の小片

(2) 混ざらない 2 種の金属からなる合金

(3) 混ざり合う 2 種の金属からなる合金

(4) N_2, O_2, CO_2 および Ar からなる気体混合物

(5) 2 つの純固体物質 A と B と共存する A と B の溶液

(6) 2 つの純固体物質 A と B からなる溶液と共存する A と B との酸化物の溶液

問題 14 固体 NaCl (s) が残る飽和 NaCl 水溶液が，閉じた容器の中でその蒸気と平衡にある。系の自由度を求めよ。

問題 15 炭酸カルシウム $CaCO_3$ が一部分解した系の自由度はいくらか。それから何がいえるか。

第 15 章

多成分系（2）—溶　液

前章では，示強性状態量として化学ポテンシャルを導入し，それをもとに多成分系の相平衡について学習した。この章では，溶液の性質を熱力学的視点に立って解説する。まず，気-液平衡状態にある溶液組成と蒸気圧（化学ポテンシャル）の関係をもとに，ラウールの法則に従う溶液を理想溶液と定義し，理想溶液の熱力学的特性を学ぶ。実在溶液の場合は，組成と蒸気圧との関係は複雑であるが，溶質が少量溶解している希薄溶液では，実在溶液でも理想溶液として振る舞う濃度領域が存在する。その領域にある溶液を理想希薄溶液と定義し，理想希薄溶液の溶媒はラウールの法則，溶質はヘンリーの法則に従うことを明らかにする。理想希薄溶液には溶質の種類によらず，その濃度だけで溶液の性質がきまる束一的性質が存在する。その性質は，溶質が存在するために溶媒の化学ポテンシャルが減少することに起因する。その具体例として蒸気圧降下，沸点上昇，凝固点降下，浸透圧を示し，化学ポテンシャルの差がさまざまな自然現象を産み出していることを学ぶ。固体や気体の溶解を溶質の化学ポテンシャル変化として捉え，飽和溶液となった濃度を溶解度と定義し，溶解度の熱力学的背景を解説する。最後に，溶質濃度の増加に伴う理想希薄溶液からのずれを非理想性として捉え，非理想性を浸透圧係数の導入とそのビリアル展開によって数値化し，その濃度変化をもとに溶質・溶媒相互作用を見積もり，溶質分子質量測定法へ展開する。

15-1　溶液と蒸気の平衡

15-1-1　溶液成分の化学ポテンシャル

2つの液体 A，B を混ぜた溶液を容器に入れ，真空にした後，図 15.1 のように密閉して放置しておくと蒸発過程をへて平衡状態になる。その結果，容器の中は**溶液**とその外的条件（温度と圧力）に応じた組成の**飽和蒸気**（saturated vapor）からなる。

14-6 で示したように，平衡状態では，溶液と飽和蒸気の成分 A，B の化学ポテンシャルは，それぞれ，等しくなっていなければならない。すなわち，各成分の化学ポテンシャルを $\mu_A(l)$，$\mu_A(g)$，$\mu_B(l)$，および $\mu_B(g)$ とすると

$$\mu_A(l) = \mu_A(g) \tag{15.1}$$

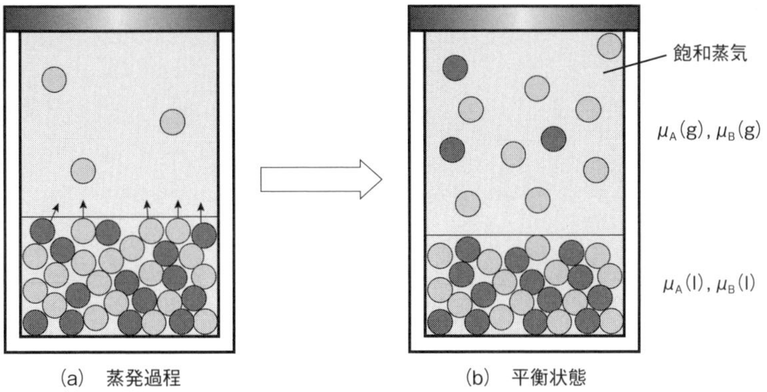

図 15.1　二成分系溶液の蒸発過程と平衡状態

および

$$\mu_B(l) = \mu_B(g) \tag{15.2}$$

が成立する。

まず，成分Aに注目しよう。飽和蒸気中のAの化学ポテンシャル$\mu_A(g)$は，式(14.62)から

$$\mu_A(g) = \mu_A^\circ(g) + RT \ln \frac{p_A}{p^\circ} \tag{15.3}$$

となる。ここで，p_Aは蒸気相におけるAの分圧，p°は標準圧力（1 bar, 100 kPa），$\mu_A^\circ(g)$は標準圧力での気体Aの化学ポテンシャルである。

式（15.1）に示したように，平衡状態では$\mu_A(l) = \mu_A(g)$が成り立っているから，式(15.3)を考慮すると，溶液中のAの化学ポテンシャル$\mu_A(l)$は

$$\mu_A(l) = \mu_A(g) = \mu_A^\circ(g) + RT \ln \frac{p_A}{p^\circ} \tag{15.4}$$

となる。

比較のため，純液体Aのモルギブズエネルギー（化学ポテンシャル）$\mu_A^*(l)$を求めておこう。これは，純液体Aと温度Tにおいて平衡状態で共存する気体，すなわち飽和蒸気（圧力p_A^*）の化学ポテンシャル$\mu_A^*(g;$飽和$)$に等しい。以後，上付き記号（*）は純物質を示すときに使用する。このAがp_A^*のときの$\mu_A^*(l)$は，式（15.4）から明らかなように

$$\mu_A^*(l) = \mu_A^*(g:\ 飽和) = \mu_A^\circ(g) + RT \ln \frac{p_A^*}{p^\circ} \tag{15.5}$$

となるから，式（15.4）と式（15.5）から式（15.6）が得られる。

$$\mu_A(l) = \mu_A^*(l) + RT\ln\frac{p_A}{p_A^*} \tag{15.6}$$

$\mu_A(l) - \mu_A^*(l)$ を $\Delta_{mix}\mu_A$ と定義すると式 (15.7) が得られる。これは成分 B を混ぜたことによる成分 A の化学ポテンシャルの変化を示している。

$$\Delta_{mix}\mu_A = \mu_A(l) - \mu_A^*(l) = RT\ln\frac{p_A}{p_A^*} \tag{15.7}$$

成分 B が液体の場合，B についても同様の考察よって次式が成り立つ。

$$\mu_B(l) = \mu_B^*(l) + RT\ln\frac{p_B}{p_B^*} \tag{15.8}$$

$$\Delta_{mix}\mu_B = \mu_B(l) - \mu_B^*(l) = RT\ln\frac{p_B}{p_B^*} \tag{15.9}$$

このように**溶液中の成分 A および B の化学ポテンシャルは，それぞれの純液体の化学ポテンシャルと溶液の蒸気相の分圧および対応する純粋状態の飽和蒸気圧を用いて表すことができ，**溶液成分の化学ポテンシャルが気相の測定から得られることを示している。

例　題 1　**室温で純液体 A の蒸気圧が 0.0320 atm であった。この物質に別の物質を溶解したために A の蒸気圧が 0.0300 atm に変化したとする。この混合による A の化学ポテンシャル変化を求めよ。**

〔解　答〕 式 (15.7) より

$$\Delta_{mix}\mu_A = \mu_A(l) - \mu_A^*(l) = RT\ln\frac{p_A}{p_A^*}$$

$$= 8.314\ \mathrm{J\ K^{-1}\ mol^{-1}} \times 298.15\ \mathrm{K} \times \ln(0.0300/0.0320) = -160\ \mathrm{J\ mol^{-1}}$$

混合により成分 A のモルギブズエネルギー（化学ポテンシャル）が低下することを示している。

15-1-2　ラウールの法則

フランスの化学者ラウール（François Marie Raoult, 1830–1901）は多くの溶液の蒸気圧を測定し，いくつかの溶液に対し成分 A の $p_A/p_A{}^*$ がそのモル分率 $x_A(=n_A(n_A+n_B))$ に等しいことを見出した。すなわち

$$p_A = x_A p_A^* \tag{15.10}$$

が成立している。ベンゼンとトルエンの混合物はその一例である（図 15.2）。式 (15.10) は次式のように書き換えられ

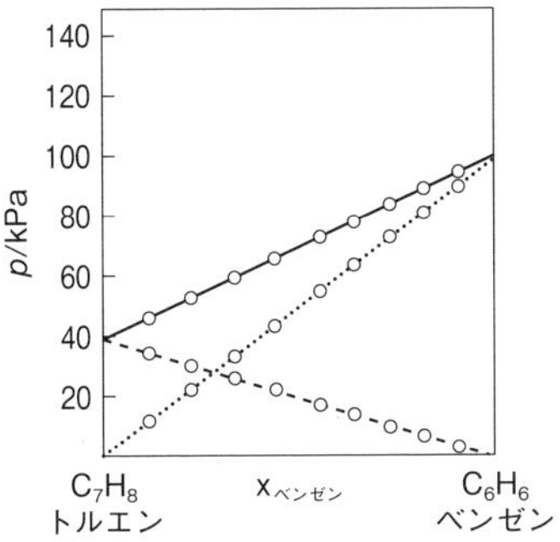

図 15.2　トルエン-ベンゼン溶液と平衡にある蒸気の全圧の組成依存性（80.1℃）

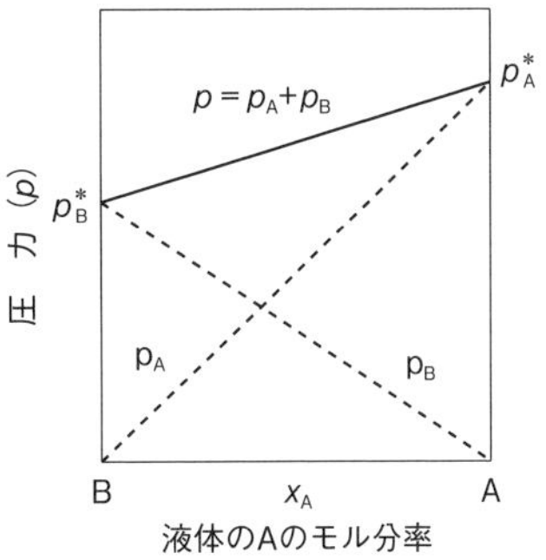

図 15.3　定温下の理想溶液蒸気圧のモル分率依存性

$$p_A = (1-x_B)p_A^* \tag{15.11}$$

第一成分 A の蒸気圧 p_A は第二成分 B を溶解させることによって低下することを示している。その圧力低下（蒸気圧降下（vapor pressure depression）Δp_A は

$$\Delta p_A = p_A^* - p_A = p_A^* - x_A p_A^* = x_B p_A^* \tag{15.12}$$

となり，第二成分のモル分率 x_B に比例する。この関係は**ラウールの法則**（Raoult's law）として知られている。全組成領域でラウールの法則に従う溶液では，溶液と平衡にある蒸気の全圧 p は

$$p = p_A + p_B = x_A p_A^* + x_B p_B^* = x_A p_A^* + (1-x_A)p_B^* = (p_A^* - p_B^*)x_A + p_B^* \tag{15.13}$$

と表されるから，p を x_A に対してプロットすると図 15.3 のようになる。**全組成領域でラウールの法則に従う溶液を理想溶液**（ideal solution）という。次節にその特徴を示す。

15-2　理想溶液の特性

ラウールの法則に従う溶液の場合には，$p_A = x_A p_A^*$ であるから，A の化学ポテンシャル（式（15.6））は

$$\mu_A(l) = \mu_A^*(l) + RT\ln x_A \tag{15.14}$$

となる。

成分 B についても同じ関係が成り立つから

$$\mu_B(l) = \mu_B^*(l) + RT\ln x_B \tag{15.15}$$

となる。n_A mol と n_B mol からなる溶液のギブズエネルギー G は

$$G = n_A \mu_A(l) + n_B \mu_B(l) \tag{15.16}$$

と表される。

物質 A だけのギブズエネルギーは $n_A\mu_A^*(l)$，物質 B だけでは $n_B\mu_B^*(l)$ であるから，式（15.16）からそれらの和を引くと混ざり合って溶液になったことによるギブズエネルギー変化が得られる。それを $\Delta_{mix}G$ とすると

$$\begin{aligned}\Delta_{mix}G = G - G_A{}^* - G_B{}^* &= (n_A\mu_A(l) + n_B\mu_B(l)) - n_A\mu_A{}^*(l) - n_B\mu_B{}^*(l)\\ &= n_A(\mu_A(l) - \mu_A{}^*(l)) + n_B(\mu_B(l) - \mu_B{}^*(l))\end{aligned} \tag{15.17}$$

となる。ここで，A および B の化学ポテンシャルの変化（$\mu_A(l)-\mu_A^*(l)$）および（$\mu_B(l)-\mu_B^*(l)$）は，それぞれ，式（15.14）および式（15.15）から

$$\mu_A(l) - \mu_A^*(l) = RT \ln x_A \tag{15.18}$$

および

$$\mu_B(l) - \mu_B^*(l) = RT \ln x_B \tag{15.19}$$

となるから，式（15.17）は

$$\Delta_{mix}G = RT(n_A \ln x_A + n_B \ln x_B) \tag{15.20}$$

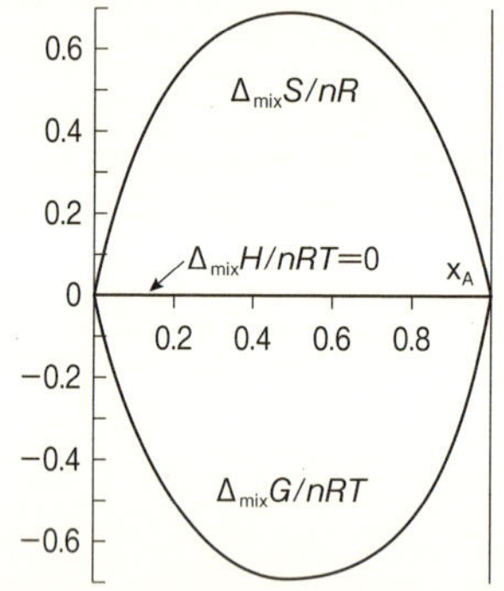

図 15.4　理想溶液の組成と $\Delta_{mix}G/nRT$，$\Delta_{mix}H/nRT$ および $\Delta_{mix}S/nR$ の関係

となる。これを**混合ギブズエネルギー**という。式（15.20）の両辺を $n(=n_A+n_B)$ で割ると

$$\frac{\Delta_{mix}G}{nRT} = x_A \ln x_A + x_B \ln x_B \tag{15.21}$$

となり，これを x_A に対し図示すると，図 15.4 のようになる（例題 2 参照）。すべての組成で $\Delta_{mix}G<0$ となり，混合が自発的に起こることを示している。

例　題 2　**温度，圧力一定の下で，2 成分からなる理想溶液の混合ギブズエネルギーが最小になるときの混合物組成を計算せよ。**

〔解　答〕 $\Delta_{mix}G$ を微分し，それが 0 になる x_A を求めることが必要である。式（15.21）を $\Delta_{mix}G=nRT(x_A \ln x_A + x_B \ln x_B)$ と書き換えて，$x_B=1-x_A$ とおくと

$$\Delta_{mix}G = nRT\{x_A \ln x_A + (1-x_A)\ln(1-x_A)\}$$

となる。これを x_A で微分すると

$$\frac{d\Delta_{mix}G}{dx_A} = nRT\{\ln x_A + 1 - \ln(1-x_A) - 1\} = nRT \ln\frac{x_A}{1-x_A}$$

が得られる。これは $\boldsymbol{x}_A=1/2$ のとき 0 になる。したがって，2 成分のモル分率が等しい溶液のときに混合ギブズエネルギーは最小になる。

12 章の式（12.65）に示したように，$(\partial G/\partial p)_T = V$ であるから，式（15.20）に適用すると

$$\left(\frac{\partial \Delta_{\mathrm{mix}} G}{\partial p}\right)_T = \Delta_{\mathrm{mix}} V = \left\{\frac{\partial RT(n_{\mathrm{A}} \ln x_{\mathrm{A}} + n_{\mathrm{B}} \ln x_{\mathrm{B}})}{\partial p}\right\}_T \tag{15.22}$$

となる。温度一定では $RT(n_{\mathrm{A}} \ln x_{\mathrm{A}} + n_{\mathrm{B}} \ln x_{\mathrm{B}})$ は圧力 p によらないので

$$\left\{\frac{\partial RT(n_{\mathrm{A}} \ln x_A + n_{\mathrm{B}} \ln x_{\mathrm{B}})}{\partial p}\right\}_T = 0 \tag{15.23}$$

となる。したがって，式（15.22）の右辺は 0 となり，$\Delta_{\mathrm{mix}} V = 0$ である。すなわち，ラウールの法則に従う理想溶液は，混合しても体積の変化はない。

式（15.20）は次式のように書き換えられる。

$$\frac{\Delta_{\mathrm{mix}} G}{T} = R(n_{\mathrm{A}} \ln x_{\mathrm{A}} + n_{\mathrm{B}} \ln x_{\mathrm{B}}) \tag{15.24}$$

この式にギブズ–ヘルムホルツの式（式（12.86））を適用すると，次式から**混合エンタルピー** $\Delta_{\mathrm{mix}} H$ が得られるが，圧力一定では R（$n_{\mathrm{A}} \ln x_{\mathrm{A}} + n_{\mathrm{B}} \ln x_{\mathrm{B}}$）は T によらないので

$$\left[\frac{\partial}{\partial T}\left(\frac{\Delta_{\mathrm{mix}} G}{T}\right)\right]_p = -\frac{\Delta_{\mathrm{mix}} H}{T^2} = \left[\frac{\partial\{R(n_{\mathrm{A}} \ln x_{\mathrm{A}} + n_{\mathrm{B}} \ln x_{\mathrm{B}})\}}{\partial T}\right]_p = 0 \tag{15.25}$$

となり，$\Delta_{\mathrm{mix}} H = 0$ である。したがってラウールの法則が成り立つ場合には，混合によって熱の出入りがないことを示している（図 15.4）。その結果，$\Delta_{\mathrm{mix}} G$ は

$$\Delta_{\mathrm{mix}} G = -T\Delta_{\mathrm{mix}} S \tag{15.26}$$

となるから，$\Delta_{\mathrm{mix}} G$ に式（15.20）を用いて書き換えると

$$\Delta_{\mathrm{mix}} S = -R(n_{\mathrm{A}} \ln x_{\mathrm{A}} + n_{\mathrm{B}} \ln x_{\mathrm{B}}) \tag{15.27}$$

となる。これを図示すると図 15.4 のようになり混合によってエントロピーは増大し，モル分率が等しい溶液のときに混合エントロピーは最大になる。理想溶液の混合エントロピー変化は理想気体が混合する際のエントロピー変化（式（14.70））と一致する。したがって，混合による内部エネルギー変化（混合内部エネルギー）$\Delta_{\mathrm{mix}} U$ は 0 となる。

以上のことを要約すると，**全組成領域でラウールの法則に従う溶液（理想溶液）**は，混合に際し次の条件を備えている。

1）内部エネルギーが変化しない

$$\Delta_{\mathrm{mix}} U = 0 \tag{15.28}$$

2）体積が変化しない

$$\Delta_{mix} V = 0 \tag{15.29}$$

3）熱の出入りがない

$$\Delta_{mix} H = 0 \tag{15.30}$$

4）エントロピー変化は理想気体の混合エントロピーに等しい

2成分溶液を分子レベルで考えて見よう。液体を構成する粒子間には，お互いに引きつける引力的相互作用が働いている。2つの物質A，Bを定温，定圧下で混合した溶液では，図15.5に示すように，隣接粒子間には，成分自身の相互作用A–A，B–Bに，A–Bという相互作用が加わる。その相互作用をそれぞれ W_{AA}，W_{BB} および W_{AB} と表すと，AとBが似た粒子で，液中で占める体積が等しく，相互作用も $W_{AA}=W_{BB}=W_{AB}$ が成り立つ場合には，隣接粒子の組み合わせが変わっても，エネルギーや体積は変わらないから上記の4条件を満足する。しかし，物質が違えば，厳密に4条件を満足することはないから理想溶液は仮想溶液であるが，ベンゼンとトルエン，ヘキサンとヘプタン，ブロモエタンとヨードエタンなど，2成分の分子が似通っている場合には理想溶液と近似できる溶液挙動が見出されている。

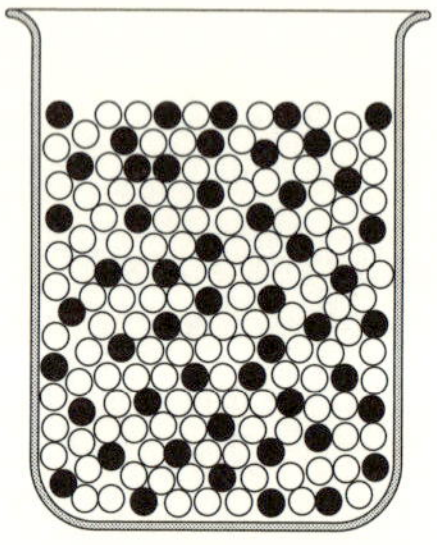

図15.5　理想溶液の概念図

例　題3　**25℃で1–プロパノールと2–プロパノールの混合物は全組成においてほぼ理想溶液になる。1–プロパノールをA，2–プロパノールをBとすると，25℃におけるそれぞれの蒸気圧は $p_A^*=20.9$ Torr および $p_B^*=42.5$ Torr で表される。2–プロパノールのモル分率 $x_B=0.75$ における全蒸気圧を計算せよ。**

〔解　答〕 式（15.13）によると，$p=(p_B^*-p_A^*)x_B+p_A^*$ となる。
$p_A^*=20.9$ Torr，$p_B^*=42.5$ Torr，および $x_B=0.75$ を代入すると

$$p = (42.5-20.9)(0.75)+20.9 = 37.1 \text{ Torr}$$

である。

15-3　実在溶液

15-3-1　実在溶液の蒸気圧

二硫化炭素とアセトンおよびクロロホルムとアセトンも自由に混ざり合う。それぞれの溶液の蒸気圧をその組成に対して図示すると図15.6の太線のようになり，ラウールの法則に従う理想溶液の蒸気圧直線から大きくずれている。このように溶液の蒸気圧曲線がラ

ウール則からずれる溶液を**非理想溶液**（non-ideal solution）という。

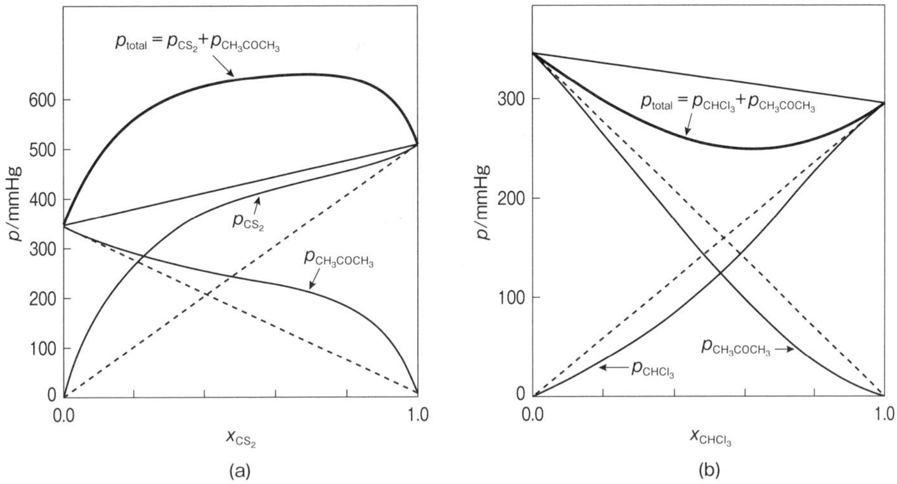

図 15.6　実在溶液の蒸気圧とラウールの法則からのずれ
（a）アセトン–二硫化炭素系，（b）アセトン–クロロホルム系

非理想溶液には，アセトン–二硫化炭素系（図 15.6（a））のように，分圧が理想溶液よりも高くなる場合もあれば，アセトン–クロロホルム系（図 15.6（b））のように各成分の分圧はラウールの法則から予想される分圧よりも低い場合もある。蒸気圧がラウールの法則から得られる値よりも大きいときは**正のずれ**といい，逆の場合を**負のずれ**という。与えられた溶液の性質が同じ温度，圧力，組成の理想溶液の性質と異なる度合いをその**非理想性**という。非理想性の程度は図 15.6 から明らかなように成分の組成に依存する。

図 15.6（a）および（b）において，x_{CHCl_3} や x_{CS_2} が 1 に近い領域，逆にいえばアセトンの $x_{CH_3COCH_3}$ が 0 に近い領域では，それらの分圧はいずれもラウール法則に従っていて，あたかも理想溶液であるかのようになる。一方，x_{CHCl_3} や x_{CS_2} が 0 に近い領域（つまり $x_{CH_3COCH_3}$ が 1 に近い領域）におけるアセトンの分圧はいずれもラウールの法則に従っており，理想溶液になっている。

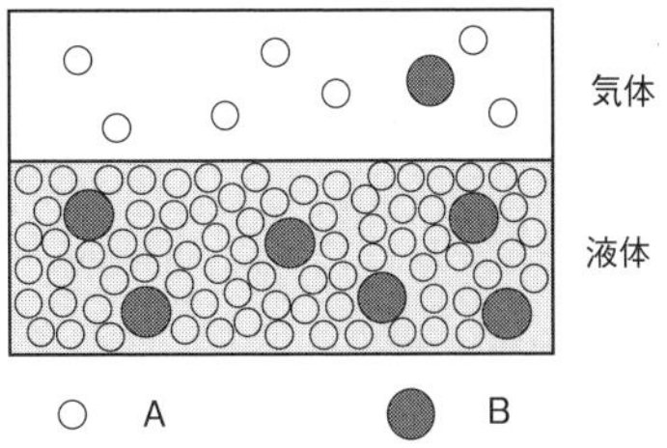

図 15.7　無限希薄溶液の概念図

このように非理想溶液でも，一方の成分濃度（溶質濃度）が非常に低い希薄溶液（dilute solution）では，大量成分すなわち溶媒に関してはラウールの法則が成立しているから，そのような溶液は**理想希薄溶液**（ideal dilute solution）という。理想希薄溶液は，溶質分子 B が，図 15.7 に示すように，全て溶媒分子 A に囲まれた状態になった溶液（**無限希釈溶液**（infinite diluted solution）ともいう）で，理想希薄溶液は実在するどんな溶液にも必ず現れる溶液特有の性質である。

15-3-2　理想希薄溶液とヘンリーの法則

理想希薄溶液の領域において，溶媒Aの蒸気圧がラウールの法則に従う場合，溶媒Aの化学ポテンシャルは式 (15.14)：

$$\mu_A(l) = \mu_A^*(l) + RT \ln x_A$$

である。

理想希薄溶液の溶質に目を向けてみよう。図15.6 (a) と (b) において，溶質であるクロロホルムや二硫化炭素のモル分率が0に近い濃度領域の溶液（希薄アセトン溶液）では，クロロホルムや二硫化炭素の蒸気分圧は，図15.8に示すように，それぞれ，対応するモル分率 x_{CHCl_3} および x_{CS_2} に比例している。

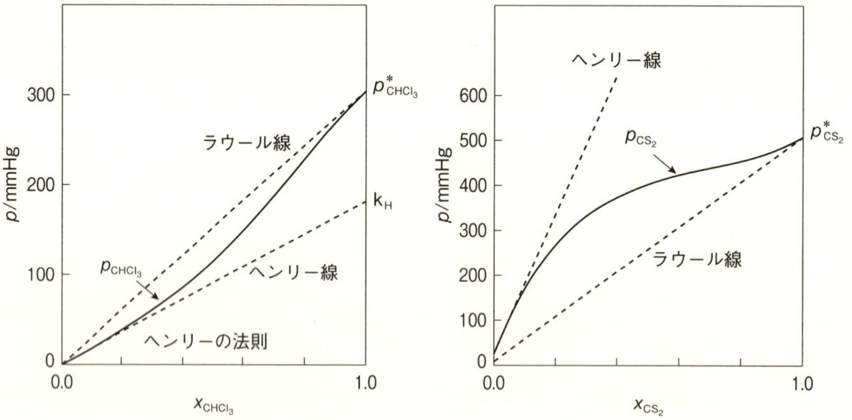

(a)　$CHCl_3$のモル分率と分圧　　(b)　CS_2のモル分率と分圧

図15.8　実在溶液における成分組成変化に伴う分圧の変化

この関係は，溶質Bのモル分率 x_B が0に近い理想希薄溶液では常に成り立つ性質で，$x_B \to 0$ では，溶質Bの蒸気分圧 p_B は x_B に比例するから

$$p_B = k_H x_B \tag{15.31}$$

と表される。この式は溶解度の小さい気体の液体への溶解に対し，1803年ヘンリーが見出した法則すなわち **“気体圧力が大きくない範囲において，溶解している気体成分Bの濃度は，温度が一定ならば，溶液と平衡にある飽和蒸気相中の成分Bの分圧に比例する”** という**ヘンリーの法則**（Henry's law）は気体だけでなく揮発性液体の溶解でも，溶質の濃度 x_B が0に近い領域では成立することを示している。したがって，この比例定数 k_H は**ヘンリー定数**（Henry's constant）といわれ，温度，溶媒に依存し，その単位はatm，TorrまたはPaなどの圧力単位である。

ヘンリー定数 k_H は，理想希薄溶液領域で溶質Bに対して $x_B \approx 0$ で成立する蒸気圧–組成直線を $x_B = 1$ まで補外して得られる直線（ヘンリー線（Henry's line）という）と縦軸との交点の示す蒸気圧である（図15.8 (a)）。実在溶液の蒸気圧は x_B が増えるとB間の相互作用が加わるからその直線からずれる。したがって，k_H は仮想的な蒸気圧であるが，次に示すように，**溶質の化学ポテンシャルを見積もる際の基準状態**として選ばれる重要な量である。

溶質Bの蒸気圧がヘンリー則にしたがっている理想希薄溶液では $p_B=k_Hx_B$ が成り立つので，式（15. 8）の p_B に k_Hx_B を用いると，溶質Bの化学ポテンシャル μ_B（l）は

$$\mu_B(l) = \mu_B^*(l) + RT\ln\frac{k_H x_B}{p_B^*} = \mu_B^*(l) + RT\ln\frac{k_H}{p_B^*} + RT\ln x_B \qquad (15.32)$$

となる。右辺の第2項までは温度と圧力が決まれば定まる定数であるから，それを $\mu_B^{\otimes}(l)$ とすると次式が得られる。

$$\mu_B^{\otimes}(l) = \mu_B^*(l) + RT\ln\frac{k_H}{p_B^*} \qquad (15.33)$$

それを用いると，式（15.32）は

$$\mu_B(l) = \mu_B^{\otimes}(l) + RT\ln x_B \qquad (15.34)$$

となる。$\mu_B^{\otimes}(l)$ は $x_B=1$ のときの仮想物質Bの化学ポテンシャルで，その蒸気圧 p_B が k_H を示すときの化学ポテンシャルである（図15.8（a））。

$\mu_B^{\otimes}(l)$ は理想希薄溶液から得られる量で，図15.7から類推されるように取り囲む溶媒Aが違えば，その値は異なるから，$\mu_B^*(l)$ のように物質固有の物理量として決めることはできないが，**溶質の化学ポテンシャルを論ずる際の基準になる物理量**である。

非理想溶液においては各成分の蒸気圧の組成曲線はヘンリー線に始まりラウール線に終わる（図15.8）。大量成分がラウールの法則に従う領域においては，少量成分は，常に，ヘンリーの法則に従っている（例題5参照）。これは，逆も成り立つ。大量成分をA，少量成分をBとすると，2成分溶液は，常に，次の条件を満足している。

$$\lim_{x_A\to 1} p_A = p_A^* x_A \quad \leftrightarrow \quad \lim_{x_B\to 0} p_B = k_H x_B \qquad (15.35)$$

例題4 ラウールの法則とヘンリーの法則の類似点と相違点を述べよ。

〔解答〕 類似点 1. 溶液中の揮発性成分に適用される。
2. 蒸気圧はモル分率に比例する。

相違点 1. ラウールの法則は純粋な成分の蒸気圧が比例定数
2. ヘンリーの法則の比例定数は実験的に求められた比例定数。
3. 実在溶液では，ラウールの法則は純粋な成分に近い領域で成立，ヘンリーの法則は希薄溶液のときに成立する。

例　題5　**溶質（成分B）に対してヘンリーの法則が成り立つとき，その溶媒（成分A）に関してはラウールの法則が成り立つことを示せ。**

〔解　答〕 溶質（成分B）に対し，次式が成立しているとする。

$$\mu_B = \mu_B^{\circledast} + RT\ln x_B \tag{1}$$

その微少変化は

$$d\mu_B = \frac{RT}{x_B}dx_B \tag{2}$$

で表される。ギブス-デュエムの式（$x_A d\mu_A + x_B d\mu_B = 0$）により，定温，定圧における成分Aと成分Bの化学ポテンシャルの微分量の間に

$$d\mu_A = -\frac{x_B}{x_A}d\mu_B \tag{3}$$

が成り立つから，式（2）を式（3）を代入し，$x_A + x_B = 1$ より $dx_B = -dx_A$ になることを考慮すると

$$d\mu_A = RT\frac{dx_A}{x_A} = RT d\ln x_A \tag{4}$$

が得られ，積分すると

$$\mu_A = RT\ln x_A + \text{constant} \tag{5}$$

$x_A = 1$ では $\mu_A = \mu_A^*$ であるから

$$\mu_A = \mu_A^* + RT\ln x_A \text{（ラウールの法則）} \tag{6}$$

となる。

15-4　不揮発性溶質を含む理想希薄溶液

15-4-1　束一的性質とその背景

図15.9に示すように，2つの容器の一方に不揮発性物質が溶解している溶液を入れ，もう一方の容器には純溶媒を入れた後，水銀圧力計に連結し，2つの容器の空気を同時に除くと，水銀柱の高さは同じ高さになる。それを放置しておくと溶液と溶媒の飽和蒸気圧が異なるため，その圧力差が生じる。 理想希薄溶液の場合には，その圧力差は，不揮発性物質の濃度が同じであれば，溶質の性質によらず一定である。

この他にも，溶液が理想希薄溶液である限り，溶液の凝固点降下，沸点上昇および浸透圧などで，それが溶質の種類・性質に関わりなく，溶液中に存在する**溶質の物質量だけに**

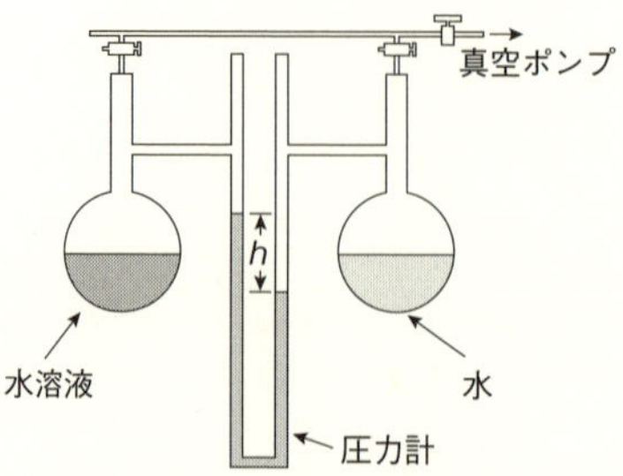

図15.9　溶媒と溶液の蒸気圧

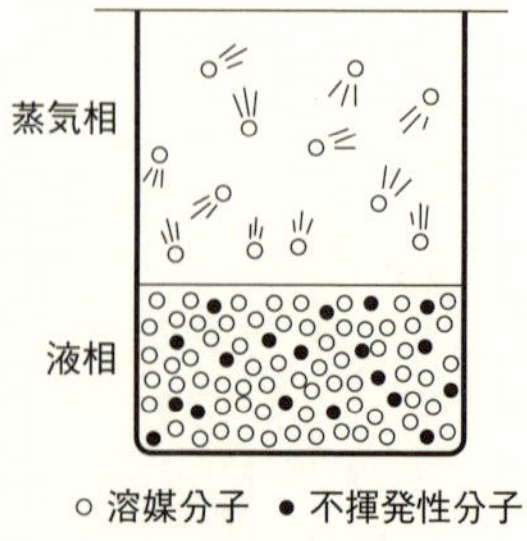

図15.10　不揮発性物質の溶解した理想希薄溶液の気液平衡

依存する溶液特有の性質が見出されている。この性質を**束一的性質**（colligative property）という。

束一的性質の由来を熱力学的観点から検討するために，不揮発物質を溶解した溶液に注目する。そのような溶液は，図 15.10 に示すように，蒸気相に溶質の分子は存在しないから，溶媒 A だけであり，溶質が存在しても蒸気相の化学ポテンシャルは $\mu_A^*(g)$ である。一方，不揮発性溶質 B を含んだ溶液の溶媒 A の化学ポテンシャル $\mu_A(l)$ は，モル分率を x_A とすると，式（15.14）より

$$\mu_A(l) = \mu_A^*(l) + RT\ln x_A \tag{15.36}$$

となる。x_A は $1-x_B$ であるから

$$\mu_A(l) = \mu_A^*(l) + RT\ln(1-x_B) \tag{15.37}$$

と書き換えられる。理想希薄溶液では $x_B \ll 1$ であるから，$\ln(1-x_B) \approx -x_B$（欄外参照）を用いると，式（15.38）は

$$\mu_A(l) - \mu_A^*(l) = -RTx_B \tag{15.38}$$

となり，圧力，温度が一定である場合には溶液の成分 A と純溶媒 A との化学ポテンシャルの差 $\Delta\mu_A$ は溶質 B のモル分率だけに依存し，溶解している物質の性質の違いにはよらない。これが束一的性質をもたらす背景である。

次節から理想希薄溶液の束一的性質を**蒸気圧降下**（vapor pressure depression），**沸点上昇**（boiling point elevation），**凝固点降下**（freezing point depression）および**浸透圧**（osmotic pressure）で具体的に示すとともに，その性質が不揮発性溶質のモル質量の測定に利用されている例を紹介する。

15-4-2　蒸気圧降下

溶媒 A に不揮発性溶質 B が溶解した溶液において，その濃度が低く，理想希薄溶液である場合にはラウールの法則が成り立つから，式（15.12）により

$$p_A^* - p_A = \Delta p = x_B p_A^* \tag{15.39}$$

となる。**蒸気圧降下 Δp は溶質のモル分率にのみ依存し，B の性質は反映されない。**
モル分率は実用的には不便で，質量モル濃度 b_B（溶媒 1 kg 中の溶質の質量）が用いられる。希薄溶液では x_B と b_B との関係は，M_A を $\mathrm{kg\ mol^{-1}}$ で表すと，第 14 章 例題 1 に示すように

$\ln(1-x_B) = -x_B - \dfrac{x_B^2}{2} - \dfrac{x_B^3}{3} \cdots = -x_B \quad (x_B \ll 1)$

$$x_B = b_B M_A \tag{15.40}$$

が成立する。したがって，蒸気圧降下 Δp は

$$\Delta p = b_B M_A p_A^* = M_A p_A^* b_B \tag{15.41}$$

となる。この式は，溶質のモル質量 M_B の決定に利用できる。

例　題6　**ベンゼン 100 g に不揮発性の有機化合物 3.8 g を溶解した溶液の蒸気圧は 51.5 kPa であった。その温度におけるベンゼンの蒸気圧は 53.3 kPa である。この有機化合物のモル質量を求めよ。**

〔解　答〕　式（15.41）を用いて計算に必要なデータは

$$\Delta p_A/\mathrm{kPa} = 53.3-51.5 = 1.8$$

$$b_B/\mathrm{mol\,kg^{-1}} = \left\{(3.8\,\mathrm{g}/100\,\mathrm{g}) \times \frac{1000\,\mathrm{g}}{1\,\mathrm{kg}}\right\} \Big/ M_B \quad M_B\ \text{は有機化合物のモル質量}$$

$$M_A\ \text{ベンゼン}\ /\mathrm{kg\,mol^{-1}} = 78.11\times10^{-3}, \quad p_A^*/\mathrm{kPa} = 53.3$$

を式（15.41）に代入すると

$$1.8\,\mathrm{kPa} = \{(3.8/100) \times 1000/M_B\} \times 78.11\times10^{-3}\,\mathrm{kg\,mol^{-1}} \times 53.3\,\mathrm{kPa}$$

したがって

$$M_B = \frac{1}{1.8\,\mathrm{kPa}}\left(\frac{3.8}{100}\right) \times 78.11\times10^{-3}\,\mathrm{kg\,mol^{-1}} \times 53.3\,\mathrm{kPa} = 88.7\times10^{-3}\,\mathrm{kg\,mol^{-1}}$$

15-4-3　沸点上昇

純溶媒 A の沸点では溶媒蒸気と溶液中の溶媒の化学ポテンシャルが等しくなっているので

$$\mu_A^*(\mathrm{g}) = \mu_A^*(\mathrm{l}) \tag{15.42}$$

と表される。不揮発性溶質 B が溶解した溶液の場合には，蒸気相には溶質は存在しないから，蒸気の化学ポテンシャルは溶液の濃度が変わっても $\mu_A^*(\mathrm{g})$ で表される。

溶液に目を向けると，モル分率 x_A の溶液の溶媒の化学ポテンシャル $\mu_A(\mathrm{l})$ は $\mu_A^*(\mathrm{l}) + RT\ln x_A$ であるから，溶質が存在することにより $|RT\ln x_A|$ だけ低下する。その状態での気液平衡は

$$\mu_A^*(\mathrm{g}) = \mu_A^*(\mathrm{l}) + RT\ln x_A \tag{15.43}$$

となるから，圧力一定では沸点 T_b が異なることを示している。

その理解を深めるために $\mu_A^*(\mathrm{g})$，$\mu_A^*(\mathrm{l})$ および $\mu_A(\mathrm{l})$ の温度変化を図示すると図 15.11 となり，**溶液の沸点は溶媒の沸点よりも高温側に移動**する。これを**沸点上昇**という。

沸点上昇と溶液のモル分率の定量的関係を明らかにするため，式（15.44）を書き換えると

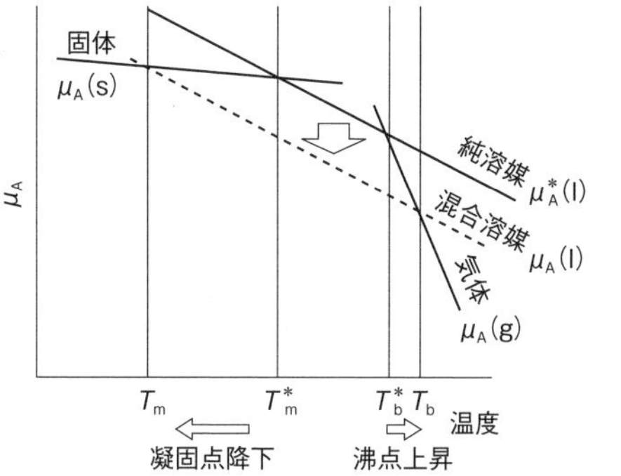

図 15.11　定圧下における固体，液体（純溶媒，溶液）および気体の化学ポテンシャルの温度変化

$$\Delta\mu_A = \mu_A^*(g) - \mu_A^*(l) = RT\ln x_A \tag{15.44}$$

が得られる。$\Delta\mu_A$ は溶液の沸点 T において，溶媒 1 mol を蒸発させるのに必要なギブスエネルギー $G_{m,A}$ で，$\Delta\mu_A = \Delta_{vap}G_{m,A}$ と書くことができる。式（15.44）を T で割ると

$$\frac{\mu_A^*(g) - \mu_A^*(l)}{T} = \frac{\Delta_{vap}G_{m,A}}{T} = R\ln x_A \tag{15.45}$$

が得られる。

$\Delta_{vap}G_{m,A} = \Delta_{vap}H_{m,A} - T\Delta_{vap}S_{m,A}$ であるから，$x_A = 1 - x_B$ を考慮すると，式（15.45）は

$$\frac{\Delta_{vap}H_{m,A}}{RT} - \frac{\Delta_{vap}S_{m,A}}{R} = \ln(1 - x_B) \tag{15.46}$$

となる。$x_B = 0$ のときの T は溶媒 A の沸点 $T_{b,A}$ であるから

$$\frac{\Delta_{vap}H_{m,A}}{RT_{b,A}} - \frac{\Delta_{vap}S_{m,A}}{R} = \ln 1 = 0 \tag{15.47}$$

となる。式（15.46）から　式（15.47）を辺辺引くと

$$\frac{\Delta_{vap}H_{m,A}}{RT} - \frac{\Delta_{vap}H_{m,A}}{RT_{b,A}} = \ln(1 - x_B) \tag{15.48}$$

が得られる。存在する溶質の量が小さいときには $\ln(1-x_B) = -x_B$ と近似できるから，式（15.48）から

$$x_B = \frac{\Delta_{vap}H_{m,A}}{R}\left(\frac{1}{T_{b,A}} - \frac{1}{T}\right) \tag{15.49}$$

が得られる。(　) の中は

$$\frac{1}{T_{\mathrm{b,A}}}-\frac{1}{T}=\frac{T-T_{\mathrm{b,A}}}{TT_{\mathrm{b,A}}} \tag{15.50}$$

と書き換えられるから，式（15.49）は

$$x_{\mathrm{B}}=\frac{\Delta_{\mathrm{vap}}H_{\mathrm{m,A}}}{R}\left(\frac{T-T_{\mathrm{b,A}}}{TT_{\mathrm{b,A}}}\right) \tag{15.51}$$

となる。実験で得られる沸点の差は小さく，$T \approx T_{b,A}$ とおけるので，$TT_{\mathrm{b,A}}=T^2_{\mathrm{b,A}}$ とし，$\Delta T=T-T_{b,A}$ を用いると，式（15.51）は次のように書き換えられる。

$$\Delta T=\frac{RT^2_{\mathrm{b,A}}}{\Delta_{\mathrm{vap}}H_{\mathrm{m,A}}}x_{\mathrm{B}} \tag{15.52}$$

この結果は，溶質Bのモル分率とそれに伴う沸点上昇の定量的関係を示している。

式（15.40）に示したように，モル分率 x_{B} を質量モル濃度 b_{B} で示すと

$$\Delta T=\left(\frac{RT^2_{\mathrm{b,A}}M_{\mathrm{A}}}{\Delta_{\mathrm{vap}}H_{\mathrm{m,A}}}\right)b_{\mathrm{B}} \tag{15.53}$$

となる。上式において，右辺の沸点 $T_{\mathrm{b,A}}$，モル質量 M_{A}，および蒸発モルエンタルピー（蒸発熱）$\Delta_{\mathrm{vap}}H_{\mathrm{m,A}}$ は用いた溶媒に固有の定数であるから，括弧内は溶媒が決まれば一定になる。それを K_{b} とすると，次式が得られる。

$$K_{\mathrm{b}}=\frac{RT^2_{\mathrm{b,A}}M_{\mathrm{A}}}{\Delta_{\mathrm{vap}}H_{\mathrm{m,A}}} \tag{15.54}$$

この K_{b} を用いると，質量モル濃度が b_{B} の溶液の沸点上昇 ΔT は

$$\Delta T=K_{\mathrm{b}}b_{\mathrm{B}} \tag{15.55}$$

と書く事ができる。K_{b} はモル沸点上昇定数といわれ，代表的な溶媒における K_{b} を表15.1に示す。

この式は，溶けている溶質のモル質量の決定に用いられる。モル質量 M_{B} が未知の溶質 m_{B} kg を m_{A} kg の溶媒に溶かせば，溶質の重量モル濃度は $b_{\mathrm{B}}=m_{\mathrm{B}}/m_{\mathrm{A}}M_{\mathrm{B}}$ になるから，式（15.55）の b_{B} にこの値を用いると

$$M_B=\frac{K_{\mathrm{b}}m_{\mathrm{B}}}{\Delta T\, m_{\mathrm{A}}} \tag{15.56}$$

となる。

表 15.1　色々な物質のモル沸点上昇定数

溶　媒	T_b/℃	K_b/K mol^{-1} kg
水	100.0	0.51
エタノール	78.4	1.22
アセトン	56.2	1.71
ジエチルエーテル	34.6	20.2
ベンゼン	80.1	2.53

例　題 8　**エタノール 100 g にナフタレン（モル質量 128 g mol^{-1}）3.0 g を溶かした溶液の沸点は何度上昇するか。モル沸点上昇は表 15.1 を参照せよ。**

〔解　答〕　まずこの溶液中のナフタレンの物質量 n は

$$n = 3.0\ \mathrm{g}/128\ \mathrm{g\ mol^{-1}} = 0.0234\ \mathrm{mol}$$

したがって，エタノール値は 100 g=0.1 kg であるからナフタレンの質量モル濃度 b_N は

$$b_N = 0.0234\ \mathrm{mol}/0.1\ \mathrm{kg} = 0.234\ \mathrm{mol\ kg^{-1}}$$

エタノールの K_b=1.22 K mol^{-1} kg であるから，式（15.55）を用いて

$$\Delta T = K_b\, b_N = 1.22 \times 0.234 = 0.285\ \mathrm{K}$$

0.285 K 上昇する。

15-4-4　凝固点降下

一般に，溶液の温度を下げていくと溶液は凝固点で凍り始めるが，そのとき生じる固体は，溶質 B と溶媒 A が固溶体を作らない限り，図 15.12 に示すように，溶媒だけが凍結した純溶媒固体である。

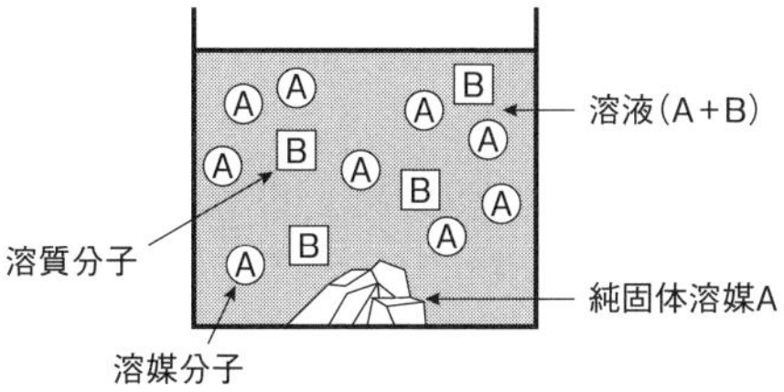

図 15.12　希薄溶液の融点における固体の共存

凝固点で析出した純溶媒の固体と溶液中の溶媒とは平衡状態にあるので

$$\mu_A^*(\mathrm{s}) = \mu_A^*(\mathrm{l}) + RT \ln x_A \tag{15.57}$$

が成り立っている。溶液中の溶媒 A の化学ポテンシャルは純溶媒だけの化学ポテンシャルに比べて低下する。純溶媒の固体，液体およびその溶液中の溶媒の化学ポテンシャルの温度変化を示すと図 15.11 のように表される。溶液中の溶媒の化学ポテンシャルは純液体の化学ポテンシャルより下になるから，固体の化学ポテンシャルと交差する温度（**凝固点**）は低温側に移動する。すなわち，**溶液の凝固点は溶質の割合が多いほど低下**する。これを**凝固点降下**という。

凝固点降下も沸点上昇の場合と全く同じ手法で溶質 B のモル分率とそれに伴う凝固点

降下の定量的関係が誘導できる。

式（15.57）の $\mu_A^*(l)$ を左辺に移項して $\mu_A^*(s)-\mu_A^*(l)$ を $\Delta\mu_A$ とすると

$$\Delta\mu_A = RT\ln x_A \tag{15.58}$$

となる。ここで $\Delta\mu_A$ は溶液の凝固点 $T_{m,A}$ において，溶媒 1 mol がその固体にする際のギブズエネルギー変化である。したがって，$\Delta\mu_A=\Delta_{fre}G_{m,A}=-\Delta_{fus}G_{m,A}$（free＝凝固，fus＝融解）と書くことができる。沸点上昇の場合と全く同じ方法により

$$x_B = \frac{\Delta_{fre}H_{m,A}}{R}\left(\frac{T-T_{m,A}}{TT_{m,A}}\right) \tag{15.59}$$

が得られる。ここで $T_{m,A}$ は純溶媒の凝固点（freezing point）である。$\Delta_{fre}H=-\Delta_{fus}H$ であるから

$$x_B = -\frac{\Delta_{fus}H_{m,A}}{R}\left(\frac{T-T_{m,A}}{TT_{m,A}}\right) = \frac{\Delta_{fus}H_{m,A}}{R}\left(\frac{T_{m,A}-T}{TT_{m,A}}\right) \tag{15.60}$$

となる。ここで，$\Delta T=T_{m,A}-T$ は凝固点降下を示している。実験で得られる凝固点（融点）の差は融点に比べると小さく，$T\approx T_{m,A}$ とおけるので，$TT_{m,A}\approx T_{m,A}^2$ とすると

$$\Delta T = \frac{RT_{m,A}^2}{\Delta_{fus}H_{m,A}}x_B \tag{15.61}$$

式（15.40）を用いて，モル分率 x_B を質量モル濃度 b_B で示すと

$$\Delta T = \frac{RT_{m,A}^2 M_A}{\Delta_{fus}H_{m,A}}b_B \tag{15.62}$$

となる。ここで，モル質量 M_A の単位は kg mol^{-1} である。上式の右辺 b_B の係数は溶媒に固有の定数となるので，それを K_f とすると

$$K_f = \frac{RT_{m,A}^2 M_A}{\Delta_{fus}H_{m,A}} \tag{15.63}$$

が得られ，凝固点降下 ΔT は

$$\Delta T = K_f b_B \tag{15.64}$$

となる。ここで，K_f は K kg mol^{-1} 単位からなる定数で，モル凝固点降下定数（freezing-point depression constant）といわれている。代表的な溶媒における K_f を表 15.2 に示す。沸点上昇と同様に凝固点降下は，溶質のモル質量の決定に利用できる。

表 15.2　色々な物質のモル凝固点降下定数

溶　媒	T_m/℃	K_f/K mol^{-1} kg
水	0.00	1.86
酢　酸	16.0	3.90
ベンゼン	5.5	5.12
シクロヘキサン	6.5	20
ショウノウ	173	40

凝固点降下は身近なところに利用されている。冬に自動車の冷却水として利用されている不凍液は，水にエチレングリコールを溶解し，水の凝固点降下を利用した例である。その他，冬の道路や歩道の氷は塩と共に散水すると容易に溶解する。これも溶液になると，純水に比べて凝固点が降下している例である。

例　題9　**シクロヘキサン C_6H_{12} の凝固点降下定数を求めよ。ただし融解熱を 2630 J mol^{-1}，融点を 6.6℃ とする。また凝固点降下定数の単位は何か。**

〔解　答〕　式 (15.63) に M_A=84.16 g mol^{-1}，R=8.314 J mol^{-1} K^{-1}，T_m=6.6+273.15=279.8 K，$\Delta_{融解}H$=2630 J mol^{-1} を代入すると

$$K_f = \frac{8.314\ \mathrm{J\ mol^{-1}\ K^{-1}} \times (279.8\ \mathrm{K})^2 \times 84.16\ \mathrm{g\ mol^{-1}}}{(1000\ \mathrm{g/kg}) \times 2630\ \mathrm{J\ mol^{-1}}} = 20.83\ \mathrm{K\ kg\ mol^{-1}}$$

凝固点降下定数の単位は K kg mol^{-1} となる。

15-4-5　浸　透　圧

これまでに幾度も述べてきたように，溶液中の溶媒 A の化学ポテンシャルは純溶媒の値よりも低いから，図 15.13 に示すように，溶液と純溶媒を，溶媒分子 A は自由に通すが，溶質分子 B は通さないような半透膜（semipermeable membrane）で隔てて接触させると，溶媒分子は化学ポテンシャルを等しくしようとして**半透膜を通って溶液側へ拡散**していく。この現象を**浸透**（permeation）という。その結果，溶液側と溶媒側の液面に差が生じ，溶液側に**静水圧**（hydrostatic pressure）が発生する。これは，溶液の濃度が下がることによって溶液のエントロピーを増大する力に起因する圧力である。静水圧が加わることによって溶液側の化学ポテンシャルが上昇するから，膜の両側で溶媒の化学ポテンシャルが等しくなり平衡状態に到達する。このとき発生した静水圧を浸透圧と呼び，Π で表す。

図 15.14 に示すように，溶媒の浸透で溶液側の圧力が加わり，その圧力の差が Π になったところで平衡が成立する。溶媒セルに存在する溶媒 A の圧力を p とし，その化学ポテンシャルは $\mu_A^*(l, p)$ と表すと，平衡になった時点での溶液中の溶媒 A の化学ポテンシャルは $\mu_A(l, p+\Pi)$ となる。

図 15.14 に示すように

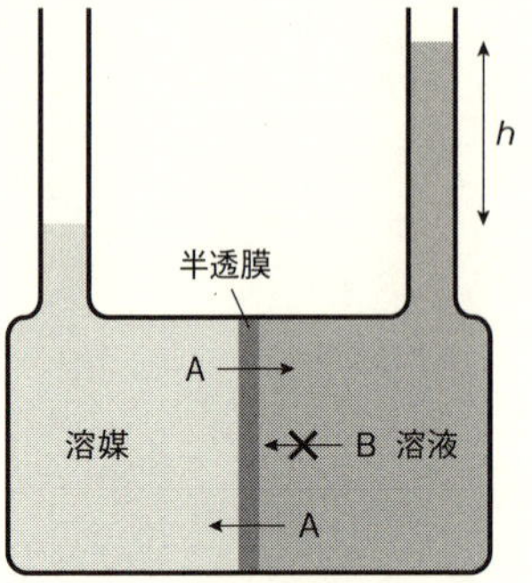

図 15.13　浸透現象と浸透圧

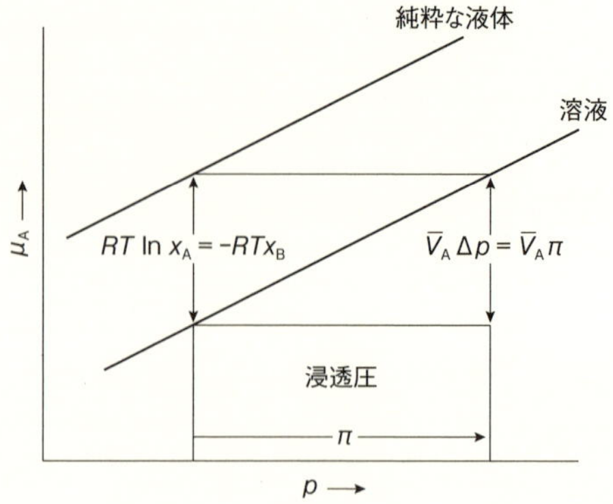

図 15.14　溶媒とその溶液の化学ポテンシャルの圧力依存性

$$\mu_A^*(\mathrm{l}, p) = \mu_A(\mathrm{l}, p+\Pi) \tag{15.65}$$

でなければならない。

平衡に達した時の溶媒のモル分率を x_A とすると，溶液中の溶媒 A の化学ポテンシャル $\mu_A(\mathrm{l}, p+\Pi)$ は

$$\mu_A(\mathrm{l}, p+\Pi) = \mu_A^*(\mathrm{l}, p+\Pi) + RT\ln x_A \tag{15.66}$$

と表される。

温度一定の時のギブズエネルギーの圧力依存性について考察しておこう。ギブズエネルギーの圧力依存性に関しては，すでに「基礎編」12–5–2 で述べたように

$$\left(\frac{\partial G}{\partial p}\right)_T = V \tag{15.67}$$

であるから，化学ポテンシャルの圧力にともなう変化は

$$\left(\frac{\partial \mu_A^*}{\partial p}\right)_T = \bar{V}_A \tag{15.68}$$

となる。圧力 p から $p+\Pi$ に増加した際の溶液中の溶媒の化学ポテンシャルの増加（$\Delta\mu_A = \mu_A^*(p+\Pi) - \mu_A^*(p)$）は，式（15.68）を考慮すると

$$\mu_A^*(p+\Pi) - \mu_A^*(p) = \int_p^{p+\Pi} \bar{V}_A \mathrm{d}p = \Pi\bar{V}_A \tag{15.69}$$

と与えられる。ここで，液体の体積 $\bar{V}_A$ は圧力の影響を受けないと仮定している。式（15.65），式（15.66）と式（15.69）から

$$\Pi\bar{V}_A = -RT\ln x_A \tag{15.70}$$

が得られる。希薄溶液では，$\ln x_A = \ln(1-x_B) \approx -x_B$ であるから，式（15.70）は

$$\Pi \bar{V}_A = RTx_B \tag{15.71}$$

になる。x_B が小さくて，$n_A \gg n_B$ であるから

$$x_B = \frac{n_B}{n_A + n_B} \approx \frac{n_B}{n_A} \tag{15.72}$$

となる。これを式（15.71）に代入して書き換えると

$$\Pi = RT\frac{n_B}{n_A \bar{V}_A} \tag{15.73}$$

溶媒の体積 $n_A\bar{V}_A$ は溶液の体積 V と見なして良いから，n_B/V は溶液のモル濃度である。その濃度 c_B で表すと，式（15.73）は次のように変形できる。

$$\Pi = c_B RT \tag{15.74}$$

となる。この式は，1886 年オランダの物理化学者ファントホッフ（J. H. van't Hoff, 1852–1911）によって提案され，発表者にちなんで**ファントホッフの式**（van't Hoff equation）と呼ばれている*。

m g の物質 B（モル質量 M_B）を V dm^3 に溶解した時の質量濃度 $\rho = m/V$ を用いると，$c_B = \rho/M_B$ となるから，式（15.74）は次式となる。

$$\Pi = \frac{\rho}{M_B V}RT \tag{15.75}$$

したがって，浸透圧測定によって溶質のモル質量 M_B を決定できる。例題 11 で明らかなように，凝固点降下や沸点上昇法では，その差が僅かで，事実上測定できない濃度の溶液でも，浸透圧を測定すると実測可能な変化となり，高分子物質の分子量決定に利用された。

例　題 10　**スクロース（$C_{12}H_{22}O_{12}$）20 g を 2.0 dm^3 の水に溶かして得られる水溶液の浸透圧を求めよ。温度は 298 K である。**

〔解　答〕　スクロースのモル質量は 342 g mol^{-1} であるから，20 g のスクロースの物質量 n_B は

$$n_B = \frac{20\,\mathrm{g}}{342\,\mathrm{g\,mol^{-1}}} = 0.0585\,\mathrm{mol}$$

したがって，モル濃度 c_B は

$$c_B = \frac{0.0585\,\mathrm{mol}}{2.0\,\mathrm{dm^3}} = 0.0293\,\mathrm{mol\,dm^{-3}}$$

浸透圧 Π は式（15.74）より

*　理想気体の状態方程式と同じ形式になっていることは注目に値する。

$\Pi = c_B RT = (0.0293\ \mathrm{mol\ dm^{-3}}) \times (8.315 \times 10^3\ \mathrm{Pa\ dm^3\ mol^{-1}\ K^{-1}}) \times 298\ \mathrm{K}$
$= 72601.5\ \mathrm{Pa} = 72.60\ \mathrm{kPa}$
1 atm＝101.3 kPa であるから atm で表すと 0.716 atm

例　題 11　**モル物質量が 10^4 のタンパク質 1% 水溶液の凝固点降下，沸点上昇および 25℃ における浸透圧を求めよ。ただし，$\Delta_{\mathrm{fus}} H_{\mathrm{m,H_2O}} = 5980\ \mathrm{J\ mol^{-1}}$，$\Delta_{\mathrm{vap}} H_{\mathrm{m,H_2O}} = 40656\ \mathrm{J\ mol^{-1}}$ である。また，水溶液の密度は $1.000\ \mathrm{g\ cm^{-3}}$ とする。**

〔解　答〕 タンパク質 1% 水溶液は 99.00 g の水に 1 g のタンパク質が存在するから，
タンパク質の質量モル濃度 b_B は

$$\left(\frac{1.00\ \mathrm{g}}{99.00\ \mathrm{g}}\right) \times \frac{1000\ \mathrm{g}}{1\ \mathrm{kg}} \times \left(\frac{1}{10^4\ \mathrm{g\ mol^{-1}}}\right) = 0.001\ \mathrm{mol\ kg^{-1}}$$

凝固点降下は式（15.62）より

$$\Delta T = \frac{8.314\ \mathrm{J\ mol^{-1}\ K^{-1}} \times (273.15\ \mathrm{K})^2 \times 18.00\ \mathrm{g\ mol^{-1}}}{1000\ \mathrm{g} \times 5980\ \mathrm{J\ mol^{-1}}} \times (0.001\ \mathrm{mol\ kg^{-1}})$$
$$= 1.87 \times 10^{-3}\ \mathrm{K}$$

沸点上昇は式（15.53）より

$$\Delta T = \frac{8.314\ \mathrm{J\ mol^{-1}\ K^{-1}} \times (373.15\ \mathrm{K})^2 \times 18.00\ \mathrm{g\ mol^{-1}}}{1000\ \mathrm{g} \times 40656\ \mathrm{J\ mol^{-1}}} \times (0.001\ \mathrm{mol\ kg^{-1}})$$
$$= 5.12 \times 10^{-4}\ \mathrm{K}$$

凝固点降下も沸点上昇も観測不可能な変化である。
浸透圧の計算に必要なモル濃度 c_B は

$$c_B = \left(\frac{1.00\ \mathrm{g}}{99.00\ \mathrm{g}}\right) \times \frac{1000\ \mathrm{g}}{1\ \mathrm{kg}} \times \left(\frac{1}{10^4\ \mathrm{g\ mol^{-1}}}\right) \times \left(\frac{1\ \mathrm{kg}}{1\ \mathrm{dm^3}}\right) = 0.001\ \mathrm{mol\ dm^{-3}}$$

であるから式（15.74）より

$$\Pi = 0.001\ \mathrm{mol\ dm^{-3}} \times (8.315 \times 10^3\ \mathrm{Pa\ dm^3\ mol^{-1}\ K^{-1}})$$
$$\times (273.15 + 25)\ \mathrm{K} = 2.48\ \mathrm{kPa}$$

これは，水溶液の液面を 24.8 cm 上昇させるから，実際に測定できる量である。高分子物質のモル質量を凝固点降下や沸点上昇法を使って見積もることはできない。それに対し，浸透圧は測定が可能であるから，高分子物質のモル質量の決定に利用されている。

植物は，浸透圧を利用して，地下水から水分を汲み上げている。Π を上回る圧力を溶液側に加えると溶液から溶媒を押し出すことができる（図 15.15）。これは，**逆浸透法**（reverse osmosis technique）といわれ海水から真水の分離技術に利用されている。

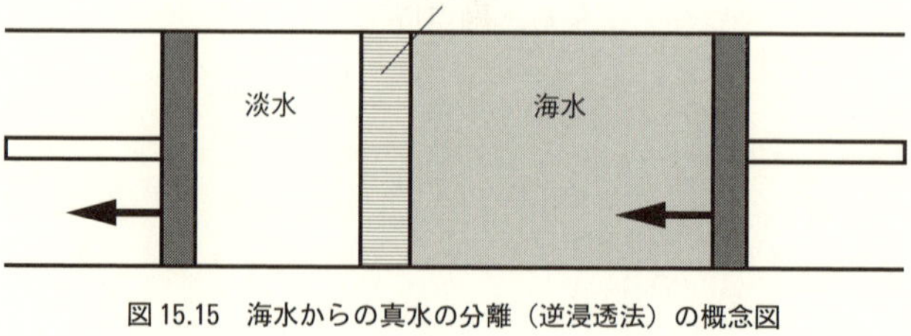

図 15.15　海水からの真水の分離（逆浸透法）の概念図

15-5　固体または気体の液体への溶解—飽和溶液と溶解度

15-5-1　固　　体

溶液の束一的性質は，全て，溶質によって溶媒の化学ポテンシャルが低下することから生じる。例えば，大気圧下の水に少量の空気成分が溶け込むと，水の化学ポテンシャルは下がる。

これと対照的に，固体溶質（たとえば塩）を溶媒（例えば水）に溶かすと，溶質が飽和濃度（saturation concentration）に達するまで溶解が自発的に進行する。この時の飽和濃度を**溶質の溶解度***と呼ぶ。この飽和溶液にさらに溶質（成分 B）を溶かし込むと飽和溶液から過剰の溶質が析出して溶質の固相が現れる

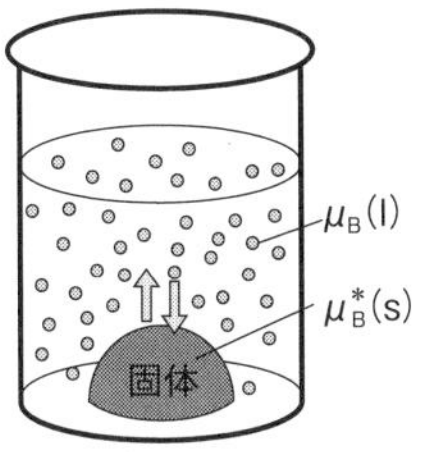

図 15.16　飽和溶液になった固体

飽和状態（saturation state）では，純粋な固体溶質の化学ポテンシャル $\mu_B^*(s)$ が，その飽和溶液中の溶質成分 B の化学ポテンシャルに等しい（図 15.16）。

飽和溶液の成分 B の化学ポテンシャルは

$$\mu_B(l, \text{飽和溶液}) = \mu_B^*(l) + RT \ln x_{B,Sat} \tag{15.76}$$

であるから次式が成り立つ。ここで $x_{B,Sat}$ は飽和状態における溶質のモル分率である。

$$\mu_B^*(s) = \mu_B^*(l) + RT \ln x_{B,sat} \tag{15.77}$$

この式を変形すると

$$\ln x_{B,sat} = -\frac{\mu_B^*(l) - \mu_B^*(s)}{RT} \tag{15.78}$$

となる。$\mu_B^*(l) - \mu_B^*(s) = -\Delta_{fus}\mu_B = -\Delta_{fus}G_m$ を用いると

$$\ln x_{B,sat} = \frac{-\Delta_{fus}G_m}{RT} \tag{15.79}$$

が得られる。溶質は固体状態であるから，融点以下の温度域について成立する。この関係式は溶媒 A の量を溶質 B の量に変えただけで，凝固点降下における式（15.58）と同じ式である*2。凝固点降下と同じ方法で溶質の溶解度の議論が進められる。したがって，式（15. 59）に対応する溶質の溶解度は，溶質 B の凝固点（融点）$T_{m,B}$ や融解熱 $\Delta_{fus}H_{m,B}$ を用いて，次式で表される。

---

*　溶解度は，1 atm 下，溶媒 100 g に溶解する溶質の最大量（g）として定義される場合もある。

*2　式（15.76）は $\Delta\mu_B^* = \mu_B^*(s) - \mu_O^*(l) = \Delta\mu_B = RT \ln x_{B,sat}$

$$\ln x_{\mathrm{B,Sat}} = \frac{\Delta_{\mathrm{fus}} H_{\mathrm{m,B}}}{R}\left(\frac{1}{T_{\mathrm{m,B}}} - \frac{1}{T}\right) \quad \text{または} \quad x_{\mathrm{B,Sat}} = \exp\left(\frac{\Delta_{\mathrm{fus}} H_{\mathrm{m,B}}}{R}\left(\frac{1}{T_{\mathrm{m,B}}} - \frac{1}{T}\right)\right) \tag{15.80}$$

この式は，温度 T における固体の溶解度は，溶質の融解熱と融点によって決まり，溶媒の性質が式に含まれていない。これを**理想的な溶解度の法則**という。この法則によれば，物質の溶解度は，それと理想溶液を作る全ての溶媒で同じであることを示す。

理想溶液に近い溶液挙動がわかっているナフタレンのベンゼン溶液に上の関係を適用してみよう。ナフタレンの融点に 80.0℃，$\Delta_{\mathrm{fus}} H_{\mathrm{m,B}} = 19080\ \mathrm{J\ mol^{-1}}$ を用いて，式 (15.81) から得られる 20℃ における理想溶解度は $x_{\mathrm{B,Sat}} = 0.264$ となる。種々の溶媒中において測定されたナフタレンの溶解度の代表的な例を表 15.3 に示す。ナフタレンの溶液が理想溶液に近いような場合には理想溶解度の法則に従うが，ヘキサンのように分子の形状が異なる場合や酢酸のように水素結合を形成する溶媒では，理想溶液からのずれが大きく，この法則は成り立たない。

表 15.3　いろいろな溶媒におけるナフタレンの溶解度 (20℃)

溶　媒	溶解度 x_{B}	溶　媒	溶解度 x_{B}
クロロベンゼン	0.256	アニリン	0.130
ベンゼン	0.241	ニトロベンゼン	0.243
トルエン	0.224	アセトン	0.183
四塩化炭素	0.205	メチルアルコール	0.0180
ヘキサン	0.090	酢　酸	0.0456

式 (15.81) は，溶解度は温度が下がるにつれて指数関数的に減少することや，融点が高く融解のエンタルピーが大きい固体すなわち融解し難い固体の溶解度は小さくなることすなわち溶解しにくいことを定量的に表している。

15-5-2　気体の溶解度

気体の溶解も，溶解した気体が飽和濃度に達するまで自発的に進行する。ここでは気体の圧力と溶媒への溶解度 (solubility) の関係について考えよう。飽和濃度においては，気体 B の化学ポテンシャル $\mu_{\mathrm{B}}(\mathrm{g})$ と溶媒に溶解した溶質 B の化学ポテンシャル $\mu_{\mathrm{B}}(\mathrm{l})$ が等しくなっているから次式が得られる。

$$\mu_{\mathrm{B}}(\mathrm{g}) = \mu_{\mathrm{B}}(\mathrm{l}) \tag{15.81}$$

溶質の化学ポテンシャルを式 (15.34) で表すと，式 (15.81) は

$$\mu_{\mathrm{B}}(\mathrm{g}) = \mu_{\mathrm{B}}^{\otimes}(\mathrm{l}) + RT \ln x_{\mathrm{B}} \tag{15.82}$$

となる。温度一定で，式 (15.82) を p で微分し，$(\partial\mu/\partial p)_T = \bar{V}$ として書き換えると

$$\bar{V}_{\mathrm{B}}(\mathrm{g}) = \bar{V}_{\mathrm{B}}(\mathrm{l}) + RT\left(\frac{\partial \ln x_{\mathrm{B}}}{\partial p}\right)_T \tag{15.83}$$

が得られる。$\bar{V}_{\mathrm{B}}(\mathrm{l})$ は液体の部分モル体積で，気体のモル体積に比べると $\bar{V}_{\mathrm{B}}(\mathrm{g}) \gg \bar{V}_{\mathrm{B}}(\mathrm{l})$ とおくことができる。理想気体と近似できる条件下では次式となり

$$\left(\frac{\partial \ln x}{\partial p}\right)_T = \frac{\bar{V}_{\mathrm{B}}(\mathrm{g})}{RT} = \frac{1}{p} \tag{15.84}$$

積分すると

$$\ln x = \ln p + 定数 \quad すなわち \quad x = c(T)p \tag{15.85}$$

が得られる。ここで，$c(T)$ は式（15.85）の左式右辺の定数を対数で表したもので，溶解する気体によって異なるのみならず温度にも依存することを示す。

この式は，15-3-2 で示した**ヘンリーの法則の熱力学的背景**で，$1/c(T)$ がヘンリー定数 k_{H} として広く求められているものである（図 15.8 参照）。代表的な気体のデータを表 15.4 に示す。

表 15.4　異なる温度における水に対する気体のヘンリー定数 k_{H}(atm)

気　体	0℃	25℃	37℃
He	133×10^3	141×10^3	140×10^3
N_2	51×10^3	85×10^3	99×10^3
CO	35×10^3	58×10^3	68×10^3
O_2	26×10^3	43×10^3	51×10^3
CH_4	23×10^3	39×10^3	47×10^3
Ar	24×10^3	39×10^3	46×10^3
CO_2	0.72×10^3	1.61×10^3	2.16×10^3
C_2H_2	0.72×10^3	1.34×10^3	1.71×10^3

A.H. Harvey. *AIChE Journal*. 42. 1491–1494 (1996) からのデータをもとにしたもの。

理想希薄溶液にしたがうことから得られるヘンリー定数 k_{H} には温度依存性がある。一方，理想溶液の場合は溶質の混合すなわち溶解によって，溶解エンタルピーが生じない。理想溶液であれば k_{H} は温度依存性が生じないから，**理想溶液と理想希薄溶液とは異なる**ものであることを示す例である。

実用的には横軸に質量モル濃度をとって表す場合が多い。その場合のヘンリー定数 k_{H} の単位は $\mathrm{kPa(bar)kg\ mol^{-1}}$ あるいは $\mathrm{atm\ kg\ mol^{-1}}$ である。

例　題12　**25℃ で水（密度 $\rho=0.997\ \mathrm{g\ cm^{-3}}$）と平衡にある CO_2 の圧力が 1.0×10^6 Pa のとき，溶液中の CO_2 のモル分率はいくらか。また。そのモル濃度はいくらか。CO_2 のヘンリー定数は $k_{\mathrm{H}}=1.67\times10^8$ Pa である。**

〔解　答〕 式（15.31）すなわち $p=k_{\rm H}\,x$ を用いて，溶液中の溶質のモル分率 $\boldsymbol{x}$ を決定する。
$p=1.0\times10^6$ Pa を用いると

$$1.0\times10^6\ \mathrm{Pa} = (1.67\times10^8\ \mathrm{Pa})x$$

となるから $x=0.00599$ となる

この値からわかるように CO_2 のモル分率はきわめて小さいから溶液 1 モルの体積は水のモル体積である。水のモル質量 $M_{\rm H_2O}$ は

$$M_{\rm H_2O} = 1.0079\times2+15.9994 = 18.0152\ \mathrm{g\ mol^{-1}}$$

したがって，水の密度 $\rho=0.997\ \mathrm{g\ cm^{-3}}$ を考慮してモル体積 V_m を求めると

$$V_{\rm m} = \frac{18.0152\ \mathrm{g\ mol^{-1}}}{0.9970\ \mathrm{g\ cm^{-3}}} = 18.069\ \mathrm{cm^3\ mol^{-1}} = 0.01807\ \mathrm{dm^3\ mol^{-1}}$$

したがってモル濃度は

$$c = \frac{0.00599\ \mathrm{mol}}{0.01801\ \mathrm{dm^3}} = 0.333\ \mathrm{mol\ dm^{-3}}$$

15-6　束一的性質のずれとビリアル展開

定温，定圧下，溶媒 A と溶質 B からなる 2 成分溶液において溶媒 A の化学ポテンシャルをあらわす基本の式は $\mu_{\rm A}(\mathrm{l})-\mu_{\rm A}^*(\mathrm{l})=RT\ln x_{\rm A}$ である。$RT\ln x_{\rm A}$ を蒸気圧，凝固点降下，沸点上昇，浸透圧などで測定すると，理想希薄溶液領域での測定では $RT\ln x_{\rm A}=RT\ln(1-x_{\rm B})\approx-RTx_{\rm B}$ が成り立ち，溶質粒子の濃度 $x_{\rm B}$ に依存する溶液の束一的性質が現れることを明らかにした。しかし，その溶液挙動を示す濃度範囲は狭く，一般に取り扱う希薄溶液では，たいていの場合，理想溶液として扱えることはない。

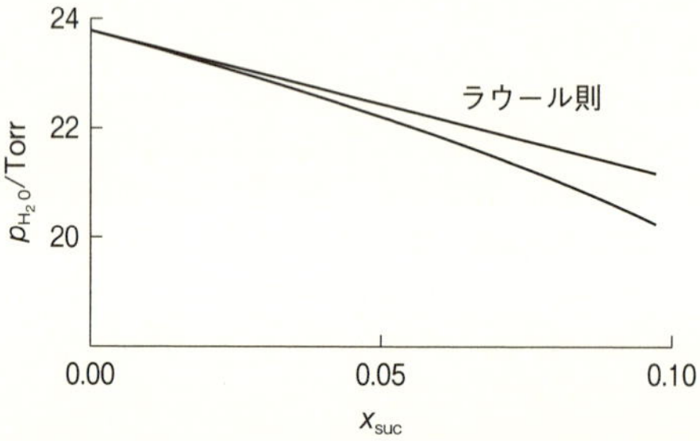

図 15.17　25℃ にあるスクロースの希薄水溶液の水蒸気圧の濃度変化

実例として，25℃ にあるスクロースの水溶液の水蒸気圧と濃度の関係について考えてみよう。平衡にある水蒸気圧をスクロースのモル分率 $x_{\rm Suc}$ に対してプロットすると図 15.17 のようになる。ラウール則に従って変化するのは $x_{\rm Suc}=0$ から 0.03 付近までで，$x_{\rm Suc}$ が増加するにつれてずれが現れる。

浸透圧についても示しておこう。2 つの温度におけるいろいろな濃度のスクロース水溶液の浸透圧を測定し，式（15.74）による計算値と測定値を比較した結果を表 15.5 に示す。0℃ から 50℃ あたりではほぼ $0.25\ \mathrm{mol\ dm^{-3}}$（$x_{\rm Suc}=0.045$）以下の低濃度では，ファントホッフ式は測定値と一致しているが，それ以上では明らかに差が表れる。この点に注目し

表 15.5 スクロースの希薄水溶液の浸透圧の測定値とファントホッフ式による計算値

T=273 K			T=333 K		
濃度 ／mol L^{-1}	Π／atm 測定値	Π／atm 計算値	濃度 ／mol L^{-1}	Π／atm 測定値	Π／atm 計算値
0.02922	0.65	0.655	0.098	2.72	2.68
0.05843	1.27	1.330	0.1923	5.44	5.25
0.1315	2.91	2.95	0.3701	10.87	10.11
0.2739	6.23	6.14	0.533	16.54	14.65
0.5328	14.21	11.95	0.6855	22.33	18.8
0.8766	26.80	19.70	0.8273	28.37	22.7

たイギリスの物理学者ドナン（F. G. Donnan, 1870–1956）とグッゲンハイム（E. A. Guggenheim, 1901–1970）は，次式に示すように式（15.70）の右辺に補正係数 ϕ を掛けて，実測される浸透圧に一致させる方法を考案した。

$$\Pi \bar{V}_A = -\phi RT \ln x_A \tag{15.86}$$

ϕ は**浸透係数**（osmotic coefficient）と呼ばれ，$x_{H_2O} \to 1$ のとき $\phi_{H_2O} \to 1$ となり，各 x_{H_2O} で実験値に合うように定めた数値である。その意味で ϕ_{H_2O} は x_{H_2O} の関数で，非理想性の目安となる量である。**浸透係数は，浸透圧の理想希薄溶液からのずれを示す量**として導入されたが，束一的性質の測定の場合の**理想性からのずれを示す量**になっている。

25℃ 純水の飽和蒸気圧は 23.736 Torr であるから，理想希薄溶液の蒸気圧は $\mu_{H_2O}(l) - \mu^*_{H_2O}(l) = RT \ln (p_{H_2O}/23.736)$ で算出される。理想性からのずれを考慮に入れ，浸透圧係数を導入すると次式となる。

$$RT \ln \frac{p_{H_2O}}{23.736} = \phi_{H_2O} RT \ln x_{H_2O} \tag{15.87}$$

これは

$$\phi_{H_2O} = \ln (p_{H_2O}/23.736) / \ln x_{H_2O} \tag{15.88}$$

と書き換えられる。

水 1 kg の物質量が 55.506 mol kg^{-1}（1000 g/18.02 g mol^{-1}）であることを考慮すると，スクロースの質量モル濃度が b mol kg^{-1} の希薄水溶液の場合は $b \ll 55.506$ mol kg^{-1} であるから

$$x_{suc} \approx \frac{b}{55.506 \text{ mol kg}^{-1}} \tag{15.89}$$

となる。

希薄水溶液では，$\ln x_{H_2O} = -x_{suc} = -b/55.506 \text{ mol kg}^{-1}$ で近似できるから，式（15.89）は

$$\phi_{H_2O} = \{-\ln(p_{H_2O}/23.736)\}/x_{suc} = \{-\ln(p_{H_2O}/23.736)\}(55.506\ \mathrm{mol\ kg^{-1}}/b) \tag{15.90}$$

となる。例題13に示すように，いろいろな濃度のスクロース水溶液の水蒸気圧から ϕ_{H_2O} を求め，b との関係を図示すると図15.18が得られる。

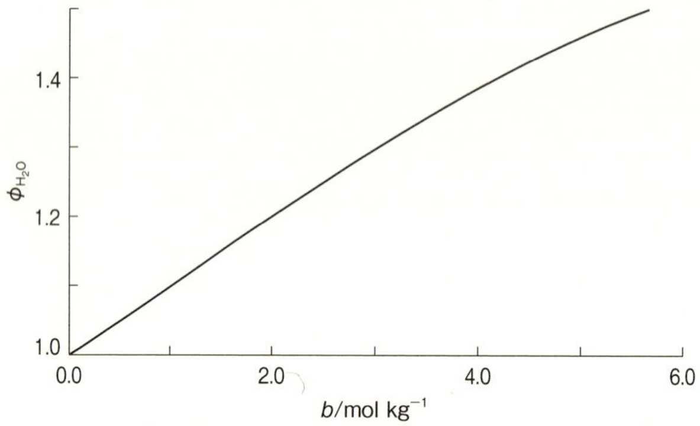

図15.18　25℃のスクロース水溶液の浸透係数（ϕ_{H_2O}）のスクロース質量モル濃度（b）依存性

例題13　**1.60 mol kg^{-1} のスクロース水溶液の水蒸気圧は25℃では22.982 Torrである。この水溶液の ϕ_{H_2O} を求めよ。**

〔解　答〕　式（15.90）に $p_{H_2O}=22.982$ Torr，$m=1.60$ mol kg^{-1} および本文中にある水の飽和蒸気圧 $p_A^*=23.736$ Torr を代入すると

$$\phi_{H_2O} = -\frac{55.506\ \mathrm{mol\ kg^{-1}}}{1.60\ \mathrm{mol\ kg^{-1}}}\ln\frac{22.982}{23.736} = 1.1199$$

$6>b>0$ mol kg^{-1} の濃度範囲における ϕ_{H_2O} の変化に対し，$\ln(1-x_B)$ を高次の項に展開し，質量モル濃度の多項式に合わせると，図15.18の ϕ_{H_2O} は，次式に示すように5次までの多項式で表される。

$$\begin{aligned}\phi_{H_2O} &= 1.00000 + (0.07349\ \mathrm{kg\ mol^{-1}})b + (0.019783\ \mathrm{kg^2\ mol^{-2}})b^2 \\ &\quad -(0.005688\ \mathrm{kg^3\ mol^{-3}})b^3 - (6.036\times10^{-4}\ \mathrm{kg^4\ mol^{-4}})b^4 \\ &\quad -(2.517\times10^{-5}\ \mathrm{kg^5\ mol^{-5}})b^5\end{aligned} \tag{15.91}$$

実在溶液の測定の際に必ず表れる理想溶液からのずれを示すために浸透係数 ϕ を導入すると，それは質量モル濃度の多項式（ベキ級数）として近似できることが明らかになった。溶液挙動を濃度のベキ級数に展開して実験値に近似させる方法を**ビリアル展開**という。これは，実在気体の理想気体からずれるのをビリアルの方程式で示したのと同じ手法である（「基礎編」4-2-2）。この展開は質量モル濃度に限らず質量濃度やモル濃度（物質量濃度）も用いられている。

浸透圧は理想希薄溶液ではファントホッフの式にしたがうことを示したが，実在溶液に対してはモル濃度 c のベキ級数としてビリアル展開した次式が採用されている。

$$\Pi = cRT\{1 + B(T)c + C(T)c^2 + \cdots\} \tag{15.92}$$

ここで，$B(T)$ および $C(T)$ は温度の関数で，それぞれ，第 2 ビリアル係数および第 3 ビリアル係数といわれている。かなり希薄な溶液であれば，第 3 項以下は省略できる。

$V\,\mathrm{dm}^3$ の溶媒に m g（分子量 M）を溶解した溶液の濃度は $c = (m/M)/V\,\mathrm{mol\,dm^{-3}}$ と表される。これを式（15.92）に代入し，第 2 項までとると

$$\Pi = RT\frac{m}{VM}\left\{1 + B(T)\frac{m}{VM}\right\} \tag{15.93}$$

が得られる。これは，次式のように書き換えられる。

$$\frac{\Pi}{(m/V)} = \frac{RT}{M} + \frac{RTB(T)}{M^2}\left(\frac{m}{V}\right) \tag{15.94}$$

質量濃度 $\rho = m/V$ を用いると

$$\frac{\Pi}{\rho} = \frac{RT}{M} + \frac{RTB(T)}{M^2}\rho \tag{15.95}$$

と書き換えられる。

質量濃度 ρ に対し Π/ρ をプロットすると直線が得られ，切片から分子量，勾配から $B(T)$ が得られる。このプロットからは，溶質の分子量が得られるのみならず，$B(T)$ からは実在溶液に存在する溶質・溶媒相溶互作用に関する知見が得られ，それが大きいほ

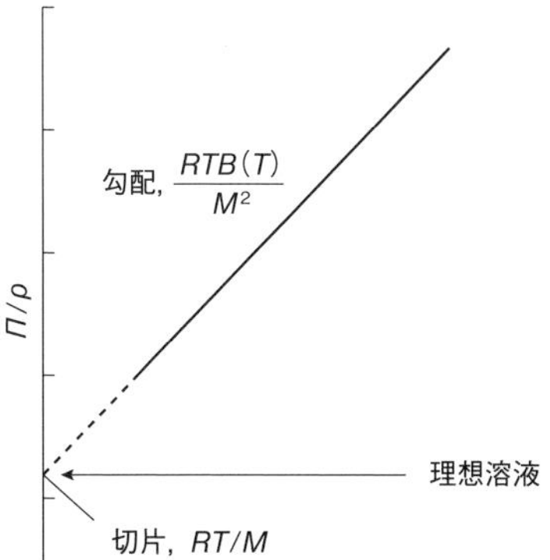

図 15.19　希薄溶液 Π/ρ の濃度依存性と理想溶液との比較

ど溶質と溶媒間の相互作用は大きく，親和性の大きな溶質である。

次章では，実在溶液の溶液挙動とその取り扱いについて考察する。

理解度テスト

1. AとBからなる溶液の中の成分の化学ポテンシャルは，それぞれの純液体の化学ポテンシャルと溶液の蒸気相の分圧および対応する純粋状態の飽和蒸気圧で表されることを示せ。
2. ラウールの法則とはどんな法則か。その法則にしたがう溶液を何というか。
3. 理想溶液の持つ4つの性質を示せ。。
4. 実在溶液と理想溶液との違いは何が原因で生じるのか。
5. 溶液の束一的性質とはどんな性質か。
6. 溶液の束一的性質が見いだされる具体的な4例を示せ。
7. 沸点上昇や凝固点降下がなぜおこるかを化学ポテンシャルの変化で説明せよ。
8. 浸透圧とはどんな圧力か。
9. 理想希薄溶液と理想溶液は異なる点がある。それは何か。
10. 浸透係数とは何か。なぜそれを定義する必要があるかを述べよ。

章末問題

問題1　25℃でのヘキサンの平衡蒸気圧は0.199 atm，ヘプタンは0.060 atmである。閉じた系においてモル比が50：50のヘキサン／ヘプタン溶液の平衡蒸気圧はいくらか。溶液は理想溶液となっているとする。

問題2　トルエンとベンゼンは理想溶液に近い溶液をつくる。100℃でトルエンの蒸気圧は559 mmHg，ベンゼンの蒸気圧は1344 mmHgである。1 atmのもとで100℃で沸騰するトルエン-ベンゼン溶液の組成を求めよ。また，同じ温度でこの溶液と平衡にある蒸気の組成を求めよ。

問題3　理想溶液を作るとき混合のエンタルピー$\Delta_{mix}H=0$であることを示せ。

問題4　同じ容積の2室に仕切られている10.0 dm^{3}の容器がある。1室には25℃，1 atmの窒素があり，もう一方の室には同じ温度，圧力の水素が入っている。仕切りを取り除いた時の混合エントロピーと混合ギブズエネルギーを計算せよ。気体はすべて理想気体とする。

問題5　最大の混合エントロピーを有する混合物を得るにはヘキサンとヘプタンをどの質量比で混合すべきか。

問題6　293.15 KでのCS_2（分子量76.13）の蒸気圧は11.386 kPaである。2.000 gの硫黄を100.0 gのCS_2に溶かすと，蒸気圧は11.319 kPaに低下する。この溶液中の硫黄の分子量を求め，これから何がわかるかを考察せよ。

問題7　ショウノウ（融点179.5℃）250 mgとある有機化合物の結晶18 mgを融解混合し，その融点を測定したところ163℃であった。この物質の分子量M_rを求めよ。ショウノウのモル凝固点降下係数は40 K mol^{-1} kgである。

問題8　ある水溶性の物質（非イオン性）20.0 gを水1.00 kgに溶解したところ凝固点が0.207℃降下した。この物質の分子量を求めよ。

問題9　0℃，1 atmにおいて空気（組成：N_2 78.08%，O_2 20.95%，Ar 0.94%，CO_2 0.03%）で飽和されている水の凝固点降下を計算せよ。ただし1 kgの水にN_2，O_2，Ar，CO_2は，それぞれ1 atmのもとで，0.0235 dm^3，0.0489 dm^3，0.0518 dm^{3}および1.7267 dm^{3}溶解する。

問題10　1 kgの水が1.000 gのスクロースとグルコースx gを溶解している。298 Kでの浸透圧は3.00×10^4 Paである。溶液は理想溶液のようにふるまい，密度ρは1.000 g cm^{-3}と仮定して，含んでいるグルコースの量 x g を求めよ。

問題 11　人の血は，タンパク質，糖，無機塩などの水溶液であり，−0.56℃ で凍結する。36℃ で純水に対する血液の浸透圧を求め，同じ浸透圧をもつブドウ糖水溶液 1 dm^3 にはブドウ糖は何 g 含まれているか。水の凝固点降下は 1.86 kg $K mol^{-1}$ である。

問題 12　50 g の水に不揮発性物質を 6.31 g 溶かした時の溶液の蒸気圧は，20℃ で 17.319 Torr である。同じ温度で純水の蒸気圧は 17.535 Torr である。この物質の分子量はいくらか。

問題 13　300 K のとき 120 kPa の浸透圧を示す水溶液の凝固点を求めよ。ただし，溶液の密度は 10^3 kg m^{-3}，水の凝固点降下は 1.86 K mol^{-1} kg である。

問題 14　大気圧（1 atm）中の酸素濃度を 21% としたとき，25℃ の水 1 L に溶解する酸素の質量を求めよ。酸素の $k_H = 4.34 \times 10^9$ Pa とせよ。

問題 15　1 atm，25℃ において，空気で飽和している水がある。乾燥空気は N_2，O_2，Ar および CO_2 からなり，その体積組成は，体積で N_2 78.08%，O_2 20.95%，Ar 0.94%，CO_2 0.03% であるとして，次の問いに答えよ。

(1) 水に溶解している空気のモル分率はいくらか。ここで，ヘンリー定数は $k_{H,N_2} = 85 \times 10^3$ atm，$k_{H,O_2} = 43 \times 10^3$ atm，$k_{H,Ar} = 39 \times 10^3$ atm，$k_{H,CO_2} = 1.61 \times 10^3$ atm である。

(2) 純粋な水の蒸気圧は 0.03126 atm である。この状態の水蒸気圧はいくらか。その値を比較し，空気が溶解したことの影響を述べよ。

第 16 章

実在溶液

前章で，理想溶液や理想希薄溶液の示す特性は，物質の混合による熱力学的状態量特に化学ポテンシャルの変化によることを明らかにした。この章では，実在溶液の性質を取り扱い，その溶液挙動を熱力学的観点にたって解説する。溶液の性質を考察するに当たっては成分の蒸気圧の見積りが不可欠である。実在気体には分子間相互作用が存在するから，表示される圧力とそれが化学ポテンシャルなどの物性を決める実効圧力との間に差異が生じる。実効圧力を表すために，フガシティーという状態量の導入により，化学ポテンシャルを理想気体と同型式の関係式で表すことが可能になる。表示圧力とフガシティーとの関係を広い圧力範囲で調べ，10^4 kPa 以下では，気体の化学ポテンシャルは，フガシティーを用いなくても表示圧力によって十分近似（理想気体近似）できることを示す。一方，溶液成分の蒸気圧から得られる溶液成分の化学ポテンシャルは，蒸気圧が低くても，同一組成の理想溶液から大きくずれることも多い。この理想溶液からのずれも，活量という新たな状態量を導入することによって，複雑な実在溶液の化学ポテンシャルを理想溶液と同様な関係式で表すことが可能になった。活量の見積りには基準が必要であり，系に応じた標準状態を定義する。したがって，同じ溶液でも選んだ基準によって活量や活量係数は異なる値となるが，その間には定量的な関係があり，相互変換できることを示す。実在溶液と理想溶液との熱力学関数の差を過剰熱力学関数と定義し，それが活量係数から得られることを示すと共に，実在溶液の非理想性を熱力学的観点から考察する。その考察で得た知見をもとに実在溶液モデルを設定し，混合による過剰エンタルピーおよび過剰エントロピーを求め，理想性からのずれの原因を分子レベルで検討する。その際得られるパラメーターを用いて，相分離と分子間相互作用の関係を明らかにする。

16-1　実在気体の圧力―フガシティーの導入

16-1-1　フガシティーの導入

分子間力を無視した理想気体の温度 T におけるモルギブズエネルギー $G_m^{id}(g)$ は

$$G_m^{id}(g) = G_m^{\circ}(g) + RT\ln\left(\frac{p}{p^{\circ}}\right) \tag{16.1}$$

あるいは化学ポテンシャルを用いて

$$\mu^{\mathrm{id}}(\mathrm{g}) = \mu^{\circ}(\mathrm{g}) + RT\ln\left(\frac{p}{p^{\circ}}\right) \tag{16.2}$$

と表される。ここで，$G^{\circ}_{m}(\mathrm{g})$ すなわち $\mu^{\circ}(\mathrm{g})$ は標準状態すなわち 100 kPa におけるモルギブズエネルギーで，温度 T のみの関数である。理想気体の $\mu^{\mathrm{id}}(\mathrm{g})-\mu^{\circ}(\mathrm{g})$ を p/p° に対しプロットすると，図 16.1 に示すように，p の自然対数のかたちで変化する。

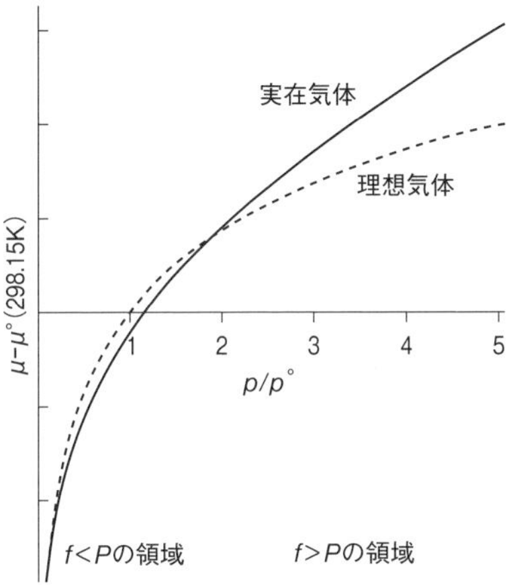

図 16.1　実在気体と理想気体の化学ポテンシャルおよびフガシティーと圧力の関係

実在気体では図 16.1 から明らかなように，p/p° が 0.2 以下の低圧では化学ポテンシャルは理想気体に曲線と一致しているが，それより圧力が高くなってくると分子間引力が作用するから，理想気体よりも少し小さくなる。さらに高圧になると，分子間の反発が引力に優先するから，実在気体の化学ポテンシャルの方が理想気体よりも大きくなる。その差は，圧力が高ければ，高い程大きくなる。このように測定される圧力と実在気体の性質として反映される実効圧力との間に差異が生じる。実在気体におけるこのずれ，すなわち，非理想性に対してアメリカの物理化学者ルイス（Gilbert N. Lewis 1875–1946）は**フガシティー**（fugacity）（逃散度）という実効圧力を示す状態量 f を定義し，その化学ポテンシャルを理想気体と同じ型式：

ルイス
(1875–1946)
(https://en.wikipedia.org/wiki/Gilbert_N._Lewis)

$$G_{\mathrm{m}}(\mathrm{g}) = G^{\circ}_{\mathrm{m}}(\mathrm{g}) + RT\ln\left(\frac{f}{f^{\circ}}\right) \quad \text{または} \quad \mu(\mathrm{g}) = \mu^{\circ}(\mathrm{g}) + RT\ln\left(\frac{f}{f^{\circ}}\right) \tag{16.3}$$

で表した。この概念の導入によって，実在気体も理想気体と同じ熱力学的取り扱いが可能になった。その際，フガシティーの基準となる標準状態f°は，理想気体と共通の基準になるように 100 kPa（1 bar）と定め，$f^\circ=p^\circ$と定義した。実在気体は 100 kPa のときのfは 100 kPa としての挙動を示さない（表 16.1 参照）から，奇妙に思える標準状態の定義であるが，1 bar（100 kPa）で**分子間相互作用が消滅している仮想的な状態**をすべての気**体に共通の基準状態**としたのである。したがって式（16.3）は

$$\mu(\mathrm{g}) = \mu^\circ(\mathrm{g}) + RT\ln\left(\frac{f}{p^\circ}\right) \tag{16.4}$$

で表される。式（16.4）から式（16.2）を引き，書き換えると

$$\mu(\mathrm{g}) - \mu^{\mathrm{id}}(\mathrm{g}) = RT\ln\left(\frac{f}{p}\right) \tag{16.5}$$

が得られる。圧力が低くなるにつれて，どのような実在気体も理想気体として振る舞うようになるから，この式には

$$\lim_{p\to 0}(f/p) = 1 \tag{16.6}$$

となる条件が付随する。

フガシティーと圧力の比を**フガシティー係数**（fugacity coefficient）と定義し，$\boldsymbol{\phi}$で表すと，式（16.5）は

$$\mu(\mathrm{g}) - \mu^{\mathrm{id}}(\mathrm{g}) = RT\ln\left(\frac{f}{p}\right) = RT\ln\phi \tag{16.7}$$

となる。ϕは実在気体と理想気体のモルギブズエネルギーの差すなわち非理想性を反映した無次元の状態量で，圧力が 0 に近づくと 1 となるという条件：

$$\lim_{p\to 0}\phi = 1 \tag{16.8}$$

表 16.1　窒素の圧力とフガシティー（0℃）

p/atm	f/atm	p/atm	f/atm
1	0.99955	200	194.4
10	9.9560	300	301.7
50	49.06	400	424.8
100	97.03	600	743.4
150	145.1	1000	1839

出典：G. N. Lewis, M. Randall（改訂版 K. S. Pitzer, L., Brewer), "Thermodynamics", McGraw-Hill, New York（1961）

を伴う圧力，温度の関数である（補遺 1 参照）。

実験によって得られた窒素の圧力とフガシティーの関係を表 16.1 に示す。1000 atm ではフガシティーは表示圧力の 1.8 倍になるから，高圧化学ではフガシティーは極めて重要な状態量であるが，10 atm まではフガシティーは圧力とほぼ一致しており，実在気体も理想気体として取り扱うことができることを示している。

表 16.2　水と平衡にある水蒸気圧とそのフガシティー係数

T/℃	p/bar	ϕ_{H_2O}	T/℃	p/bar	ϕ_{H_2O}
0.01	0.00611	0.9995	60	0.19821	0.9950
10	0.01226	0.9992	70	0.30955	0.9933
20	0.02334	0.9988	80	0.46945	0.9912
30	0.04235	0.9982	90	0.69315	0.9886
40	0.07357	0.9974	100	0.99856	0.9855
50	0.12291	0.9964			

Hass, J. L., *Geochim. Cosmochin. Acta.*, 34, 929 (1970)

液体と平衡にある水蒸気の 0℃ から 100℃ までの飽和蒸気圧とそのフガシティー係数を表 16.2 に示す。この表で示された温度および圧力領域では，理想性からのずれは無視できることを示している。

常温常圧で溶液の蒸気圧を取り扱う場合には，その蒸気の挙動は，理想として振る舞うと見なせるから，特に必要がない限り，フガシティーを用いなくても，圧力をそのまま用いることができる。

16-2　活量と活量係数

16-2-1　活量の導入

前章の図 15.8 に示したように，一般に，成分 A と B からなる液体混合物の蒸気圧は，いずれの成分も，それが理想希薄溶液の濃度領域にあるときは，**溶媒の蒸気はラウールの法則，溶質の蒸気はヘンリーの法則**に従って変化する。成分 i が溶媒である場合は

$$\mu_i(\mathrm{l}) = \mu_i^*(\mathrm{l}) + RT\ln x_i \tag{16.9}$$

が成り立ち，溶質の場合は

$$\mu_i(\mathrm{l}) = \mu_i^{\otimes}(\mathrm{l}) + RT\ln x_i \tag{16.10}$$

が成り立っている。ここで，$\mu_i^*(\mathrm{l})$ は純物質 i の化学ポテンシャル，$\mu_i^{\otimes}(\mathrm{l})$ は溶液の場合にヘンリー則が成り立つとした際の $x_i=1$ における仮想的な物質の化学ポテンシャルである（15-3-2 参照）。しかし，一般に，実在溶液の蒸気圧は，前章の図 15.8 に示すように理想希薄溶液の領域を除くと，ラウール則にもヘンリー則にも従わない。その代表的な例として，図 15.8（a）の横軸をモル分率の対数，縦軸を $\mu_i(\mathrm{l})$ として書き直すと，図 16.2 に

示すようになる。非理想溶液の i の化学ポテンシャルの組成曲線（実線）は，勾配が RT のラウール則にしたがう直線（ラウール線）とヘンリー則にしたがう直線（ヘンリー線）の間にある。希薄溶液でのみヘンリー線，濃厚溶液ではラウール線に一致する。

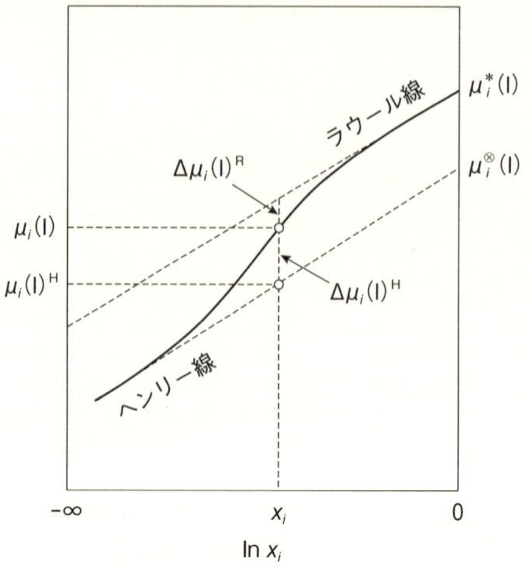

図 16.2　非理想溶液化学ポテンシャルと濃度の関係

この例から明らかなように，非理想溶液の成分の化学ポテンシャルと組成との関係は単純な式では表せない。それを単純な式にするために，ルイス（p. 83 参照）は，図 16.2 に示すように，ヘンリー則またはラウール則にしたがって変化する理想溶液を基準系（reference system）（図中点線，理想基準系という）に選び，実在溶液の成分 i の化学ポテンシャル $\mu_i(\mathrm{l})$ と等温，等圧，同組成の理想基準系の化学ポテンシャルとの差を補正項 $\Delta\mu_i(\mathrm{l})$ で表し，それを次式のように対数表示してあらたな熱力学量を γ_i を導入した。その結果，$\Delta\mu_i(\mathrm{l})$ は

$$\Delta\mu_i(\mathrm{l}) = RT\ln\gamma_i \tag{16.11}$$

となる。理想基準系としてヘンリー則基準（Henry's law reference）を選んだ場合，実在溶液の成分 i の化学ポテンシャル $\mu_i(\mathrm{l})$ は，図 16.2 に示すように，等温，等圧，同一組成のヘンリー線上の成分 i の化学ポテンシャル $\mu_i(\mathrm{l})^{\mathrm{id,H}}$ と補正項 $\Delta\mu_i(\mathrm{l})^{\mathrm{H}}$ の和：

$$\mu_i(\mathrm{l}) = \mu_i(\mathrm{l})^{\mathrm{id,H}} + \Delta\mu_i(\mathrm{l})^{\mathrm{H}} \tag{16.12}$$

で表される。ここで，ヘンリー則基準であることを示すために，右肩に H を付記している。ヘンリー線にしたがって変化する $\mu_i(\mathrm{l})^{\mathrm{id,H}}$ は式（16.10）であるから，実在溶液の $\mu_i(\mathrm{l})$ は

$$\mu_i(\mathrm{l}) = \mu_i^{\otimes}(\mathrm{l}) + RT\ln x_i + \Delta\mu_i(\mathrm{l})^{\mathrm{H}} \tag{16.13}$$

となる。いま γ_i^{H} という新たな量を導入すると，式（16.11）は

$$\Delta\mu_i(1)^{\mathrm{H}} = RT\ln\gamma_i^{\mathrm{H}} \tag{16.14}$$

となり，式（16.13）は次式にまとめられる。

$$\mu_i(1) = \mu_i^{\otimes}(1)+RT\ln x_i+RT\ln\gamma_i^{\mathrm{H}} = \mu_i^{\otimes}(1)+RT\ln\gamma_i^{\mathrm{H}}x_i \tag{16.15}$$

そこで

$$a_i^{\mathrm{H}} = \gamma_i^{\mathrm{H}}x_i \tag{16.16}$$

とおけば，式（16.15）は

$$\mu_i(1) = \mu_i^{\otimes}(1)+RT\ln a_i^{\mathrm{H}} \tag{16.17}$$

と書き換えられる。この式は理想溶液の式（16.10）と同形式であり，その x_i を a_i^{H} に変えたのが**非理想溶液の化学ポテンシャルの式**である。

ラウール線を基準に選ぶ場合（**ラウール則基準**（Raoult's law reference））にも，同様に，基準からのずれを $\Delta\mu_i(1)^{\mathrm{R}}=RT\ln\gamma_i^{\mathrm{R}}$ で表すと，次式が得られる。

$$\mu_i(1) = \mu_i^{*}(1)+RT\ln\gamma_i^{\mathrm{R}}x_i \tag{16.18}$$

$$\mu_i(1) = \mu_i^{*}(1)+RT\ln a_i^{\mathrm{R}} \tag{16.19}$$

ここで，ラウール則基準であることを示すため，右肩にRを付記している。この式も理想溶液の式（16.9）と同形式であり，その x_i を a_i^{R} に変えたのが非理想溶液の化学ポテンシャルの式である。

ルイスは，フガシティーを導入したと同様に，溶液でも，ラウール則やヘンリー則に従う理想溶液を基準状態と定めることにより，実在溶液の成分の化学ポテンシャルを理想溶液と同じ形式で表すことができることを示し，a_i^{H} や a_i^{R} を成分 i の**活量**（activity），γ_i^{H} や γ_i^{R} を**活量係数**（activity coefficient）と定義した。

16-2-2　活量および活量係数の性質

活量と活量係数の物理的意味をはっきりさせるために，x_i と a_i^{R} および a_i^{H} との関係を示したのが図16.3である。実在溶液の成分 i のモル分率が x_i のときの化学ポテンシャルを μ_i(l) とすると，それと同じ化学ポテンシャルを示す理想溶液の濃度はラウール則基準では a_i^{R}，ヘンリー則基準では a_i^{H} である。つまり，濃度 x_i の非理想溶液は濃度が a_i^{R} あるいは a_i^{H} の理想溶液と等価であるといえる。その意味で，活量とは理想系の式に従うように補正された実効濃度（effective concentration）である。

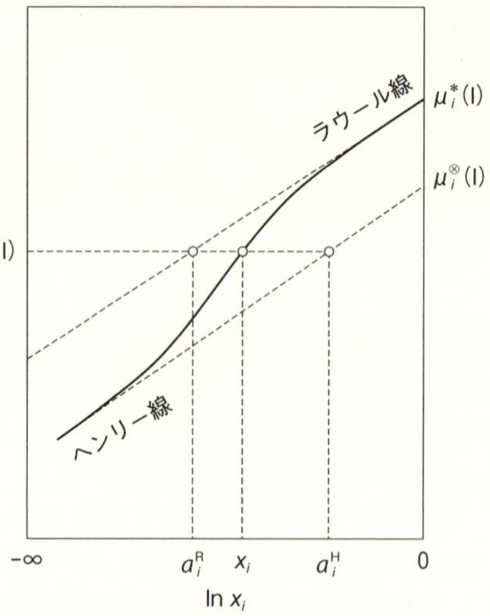

図 16.3　活量 a_i と濃度 x_i の関係

活量係数は $\gamma_i = a_i/x_i$ と表され，非理想性の目安となる数値である。図 16.3 から明らかなように，x_i が 0 に近い領域（$\lim \ln x_i \to -\infty$）ではヘンリー則が成り立つので $\gamma_i^{\rm H}$ は 1 に近づく。すなわち

$x_i \to 0$ のとき，$\gamma_i^{\rm H} \to 1, a_i \to x_i$：

$$\lim_{x_i \to 0} \gamma_i^{\rm H} = 1 \tag{16.20}$$

となる。x_i が 1 に近づくとラウール則にしたがうようになるので，$\gamma_i^{\rm R}$ は 1 に近づく。すなわち

$x_i \to 1$ のとき，$\gamma_i^{\rm R} \to 1, a_i \to x_i$：

$$\lim_{x_i \to 1} \gamma_i^{\rm R} = 1 \tag{16.21}$$

である。

以上の事から明らかなように，活量とは実測の濃度に活量係数という補正値を掛けた実効濃度を意味し，その導入によって，理想溶液と同形の式が，非理想溶液にも使用できることになった。

式（16.17）および式（16.19）を書き換えると，活量は，それぞれ，次式で表され

$$a_i^{\rm H} = \exp\left(\frac{\mu_i - \mu_i^{\otimes}}{RT}\right) \quad \text{および} \quad a_i^{\rm R} = \exp\left(\frac{\mu_i - \mu_i^*}{RT}\right) \tag{16.22}$$

組成，温度および圧力の関数である。右辺の指数部分の分子と分母はいずれもエネルギー単位からなる量であるので，**活量の単位は無次元**（dimensionless）である。

16-3　活量および活量係数の決定

溶媒をAとすると，その化学ポテンシャルは，ラウール則に基づく直線を基準に用いて，次式（式（16.23））で表される。

$$\mu_{\mathrm{A}}(\mathrm{l}) = \mu_{\mathrm{A}}^{*}(\mathrm{l}) + RT\ln a_{\mathrm{A}}^{\mathrm{R}} \tag{16.23}$$

溶液の蒸気圧 p_{A} と化学ポテンシャル $\mu_{\mathrm{A}}(\mathrm{l})$ との間には，15-1 に示したように

$$\mu_{\mathrm{A}}(\mathrm{l}) = \mu_{\mathrm{A}}^{*}(\mathrm{l}) + RT\ln(p_{\mathrm{A}}/p_{\mathrm{A}}^{*}) \tag{16.24}$$

が成立している。式（16.23）と式（16.24）を組み合わせると，$RT\ln a_{\mathrm{A}}^{\mathrm{R}} = RT\ln(p_{\mathrm{A}}/p_{\mathrm{A}}^{*})$ が誘導されるから活量 $a_{\mathrm{A}}^{\mathrm{R}}$ は次式で表される。

$$a_{\mathrm{A}}^{\mathrm{R}} = \frac{p_{\mathrm{A}}}{p_{\mathrm{A}}^{*}} \tag{16.25}$$

したがって，活量係数 $\gamma_{\mathrm{A}}^{\mathrm{R}}$ は次式になる。

$$\gamma_{\mathrm{A}}^{\mathrm{R}} = \frac{p_{\mathrm{A}}}{x_{\mathrm{A}}p_{\mathrm{A}}^{*}} = \frac{a_{\mathrm{A}}^{\mathrm{R}}}{x_{\mathrm{A}}} \tag{16.26}$$

モル分率 x_{A} の溶媒Aの活量や活量係数 γ_{A} は，純物質Aの飽和蒸気圧 p_{A}^{*}，およびモル分率 x_{A} の溶媒Aの蒸気圧 p_{A} を測定すれば，式（16.25）と式（16.26）を用いて決定できる。

溶質の溶解度に限りがある溶質Bの化学ポテンシャル $\mu_{\mathrm{B}}(\mathrm{l})$ は，ヘンリー則を基準にして，次式で表される（式 15.33 参照）。

$$\mu_{\mathrm{B}}(\mathrm{l}) = \mu_{\mathrm{B}}^{\otimes}(\mathrm{l}) + RT\ln a_{\mathrm{B}}^{\mathrm{H}} = \left(\mu_{\mathrm{B}}^{*}(\mathrm{l}) + RT\ln\frac{k_{\mathrm{H}}}{p_{\mathrm{B}}^{*}}\right) + RT\ln a_{\mathrm{B}}^{\mathrm{H}} \tag{16.27}$$

その溶液の組成 x_{B} における蒸気圧を p_{B} とすると，$\mu_{\mathrm{B}}(\mathrm{l}) = \mu_{\mathrm{B}}^{*}(\mathrm{l}) + RT\ln(p_{\mathrm{B}}/p_{\mathrm{B}}^{*})$ が成り立っているから，それを式（16.27）と組み合わせると

$$\mu_{\mathrm{B}}^{*}(l) + RT\ln\frac{k_{\mathrm{H}}a_{\mathrm{B}}^{\mathrm{H}}}{p_{\mathrm{B}}^{*}} = \mu_{\mathrm{B}}^{*}(l) + RT\ln\frac{p_{\mathrm{B}}}{p_{\mathrm{B}}^{*}} \tag{16.28}$$

となる。したがって，溶質の活量 $a_{\mathrm{B}}^{\mathrm{H}}$ は

$$a_{\mathrm{B}}^{\mathrm{H}} = \frac{p_{\mathrm{B}}}{k_{\mathrm{H}}} \tag{16.29}$$

となり活量係数 $\gamma_{\mathrm{B}}^{\mathrm{H}}$ は

$$\gamma_B^H = \frac{p_B}{x_B k_H} \qquad (16.30)$$

と表される。

溶質Bの仮想的な状態の蒸気圧 k_H が求まっておれば，溶質Bの活量や活量係数は，モル分率 x_B の際の成分Bの蒸気圧 p_B を測定することにより式（16.29）と式（16.30）を用いて決定できる。

例題1　35℃に保たれているクロロホルムとアセトンの混合物における各成分の蒸気圧は次の通りである。

x_{CHCl_3}	0	0.20	0.40	0.60	0.80	1.00
p_{CHCl_3}/mmHg	0	35	82	142	219	293
$p_{CH_3COCH_3}$/mmHg	347	270	185	102	37	0

クロロホルムのモル分率が0.80と0.20の時の活量および活量係数を求めよ。ただし，$k_{H,CHCl_3}$=165 mmHgである。

〔解　答〕　クロロホルムのモル分率が0.80のときは溶媒と見なせるから，ラウール線を基準にした活量および活量係数を式（16.25）および式（16.26）を用いて求める。与えられたデータより $p^*_{CHCl_3}=293$ mmHg，$x_{CHCl_3}=0.80$ のときの蒸気圧は $p_{CHCl_3}=219$ mmHgであるから $a_{CHCl_3}=p_{CHCl_3}/p^*_{CHCl_3}=0.75$。

$$\gamma_{CHCl_3} = a_{CHCl_3}/x_{CHCl_3} = 0.75/0.80 = 0.94$$

クロロホルムのモル分率が0.20のときは溶質と見なせるから，ヘンリー線を基準にした活量および活量係数は式（16.29）および式（16.30）を用いて求める。$k_{H,CHCl_3}$=165 mmHgおよび $x_{CHCl_3}=0.20$ のときの蒸気圧は $p_{CHCl_3}=35$ mmHgあるから，$a_{CHCl_3}=0.21$ および $\gamma_{CHCl_3}=1.05$ が得られる。

16-4　ラウール則基準とヘンリー則基準の活量係数の関係

前節でラウール則基準の活量およびヘンリー則基準活量を紹介した。成分Aと成分Bが任意に混ざり合うことができる場合には，溶媒と溶質の区別はなく，いずれを基準に選ぶか迷うことになるが，一般には，ラウール則基準の活量 a^R や活量係数 γ^R が用いられる。例えば，アセトンとクロロホルムは任意の割合で混合する。クロロホルムの分率に対する，

表16.3　アセトンとクロロホルム溶液のクロロホルムの分率と組成の分圧（32.5℃）

X_{CHCl_3}	0	0.060	0.184	0.263	0.361	0.424	0.508	0.581
P_{CHCl_3}	0	9	32	50	73	89	115	140
$P_{CH_3COCH_3}$	345	323	276	241	200	174	138	109

X_{CHCl_3}	0.662	0.802	0.918	1.00
P_{CHCl_3}	170	224	266	293
$P_{CH_3COCH_3}$	79	38	13	0

両成分の分圧が表 16.3 に示されている。この測定データには純アセトンや純クロロホルムの蒸気圧が利用できるから，全領域にわたってラウール則基準のそれぞれの活量や活量係数が式（16.25）および式（16.26）を用いて簡単に算出される。得られた活量係数とクロロホルムの分率の関係を図 16.4（a）に示す。

一方，ヘンリー定数 k_{H} は，それぞれ，$k_{\mathrm{H,CHCl_3}}=150$ Torr および $k_{\mathrm{H,CH_3COCH_3}}=140$ Torr と求められているから，表 16.3 のデータを用いると，ヘンリー則基準を用いて全領域の活量や活量係数を求めることできる。それから得られたヘンリー則基準活量係数とクロロホルムの分率の関係を図 16.4（b）に示す。

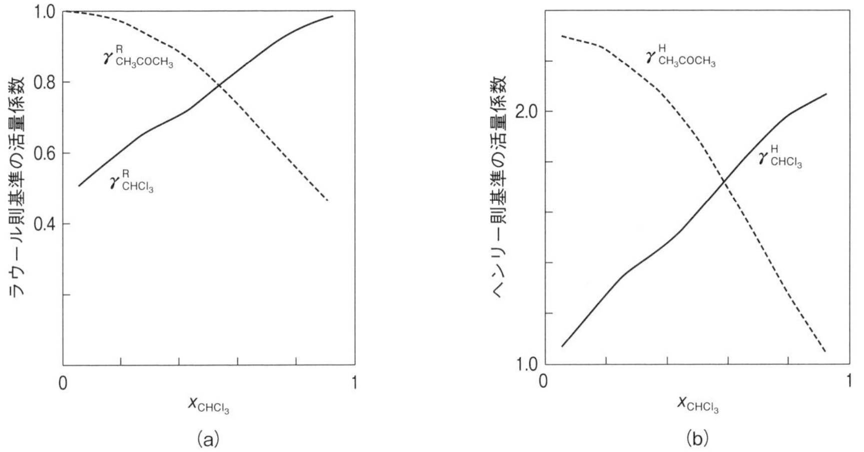

図 16.4　アセトン–クロロホルム溶液のラウール則基準活量係数（a）およびヘンリー則基準活量係数（b）の組成変化（32.5℃）

自由に混ざり合う液体の混合物には，2 種類の異なる数値の活量と活量係数が存在する事になるが，以下に示すように，得られる活量係数には定量関係があるから，一方がわかれば他方は簡単に計算できる。

実在溶液の成分 i の化学ポテンシャルはラウール則基準では

$$\mu_i(\mathrm{l}) = \mu_i^*(\mathrm{l}) + RT\ln\gamma_i^{\mathrm{R}}x_i \tag{16.31}$$

で表される。同じ溶液を，ヘンリー則基準を用いるときには成分 i の化学ポテンシャル μ_i は

$$\mu_i(\mathrm{l}) = \mu_i^{\otimes}(\mathrm{l}) + RT\ln\gamma_i^{\mathrm{H}}x_i \tag{16.32}$$

となる。

基準とする標準状態が変わっても，等温，等圧，同組成であれば，状態量である化学ポテンシャルの値が変わることはないから，式（16.31）と式（16.32）の右辺は等しく

$$\mu_i^*(\mathrm{l}) + RT\ln\gamma_i^{\mathrm{R}}x_i = \mu_i^{\otimes}(\mathrm{l}) + RT\ln\gamma_i^{\mathrm{H}}x_i \tag{16.33}$$

が得られる。これを書き換えると

$$\frac{\gamma_i^{\mathrm{H}}}{\gamma_i^{\mathrm{R}}} = e^{\frac{\mu_i^* - \mu_i^{\circledast}}{RT}} \tag{16.34}$$

となる。$\mu_i^*(1)$ および $\mu_i^{\circledast}(1)$ は，温度と圧力が決まれば一定値であるから，$\gamma_i^{\mathrm{H}}/\gamma_i^{\mathrm{R}}$ も，濃度に依存しない一定値となり，一方の標準状態で求められた活量係数から他の活量係数が求まることを示している。例えば，ラウールの基準では，活量係数の定義により $x_i \to 1$ のときは $\gamma_i^{\mathrm{R}}=1$ となる。その状態をヘンリー基準で表すと，式（16.34）より，活量係数は $\gamma_i^{\mathrm{H}} = e^{\frac{\mu_i^* - \mu_i^{\circledast}}{RT}}$ となる。同様に，$x_i \to 0$（無限希釈）のときには，ヘンリー則基準では $\gamma_i^{\mathrm{H}}=1$ となるから，ラウール則基準では $\gamma_i^{\mathrm{R}} = e^{-\frac{\mu_i^* - \mu_i^{\circledast}}{RT}}$ となる。

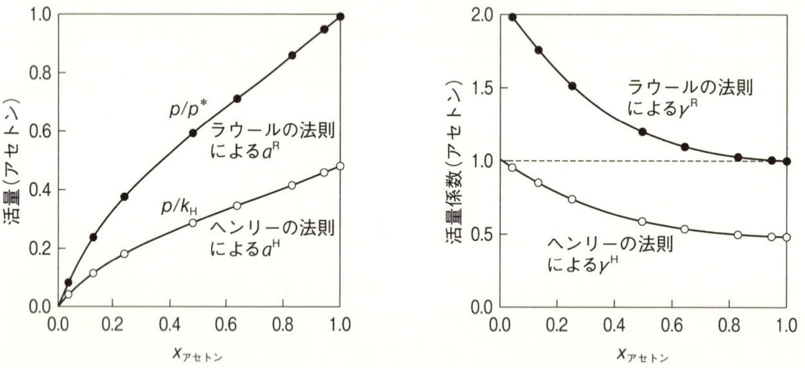

図 16.5　アセトン–エーテル混合物のラウール則基準とヘンリー則基準で算出されたアセトンの活量と活量係数の組成変化

ジエチルエーテル–アセトン混合溶液において，ラウール則基準とヘンリー則基準で求められたアセトンの活量および活量係数とそのモル分率との関係を図 16.5 に示す。

同一組成の溶液でも，選んだ基準状態によって，活量および活量係数の数値が異なるから，活量や活量係数を使って非理想性を考察する際には，その値がどういう状態を基準にしているかを正しく認識しておくことが必要である。

例　題 2　**32.5℃ の二硫化炭素とジメトキシエタンの混合物では，二硫化炭素のモル分率が $x_{\mathrm{CS_2}}=0.6827$ のときのラウール則基準の活量係数は $\gamma_{\mathrm{CS_2}}^{\mathrm{R}}=1.159$，ヘンリー則基準の活量係数は $\gamma_{\mathrm{CS_2}}^{\mathrm{H}}=0.527$ と求められた。**

(a) ラウール則基準とヘンリー則基準での二硫化炭素の化学ポテンシャルの差を求めよ。

(b) $x_{\mathrm{CS_2}}=0.7377$ のときにはラウール則基準の二硫化炭素の活量係数 $\gamma_{\mathrm{CS_2}}^{\mathrm{R}}=1.1177$ である。その溶液のときのヘンリー則基準の活量および活量係数 $\gamma_{\mathrm{CS_2}}^{\mathrm{H}}$ を求めよ。

〔解　答〕 (a) 式（16.33）は両辺から $\ln x$ を引くと $\mu_i^*(1)+RT\ln\gamma_i^{\mathrm{R}} = \mu_i^{\circledast}(1)+RT\ln\gamma_i^{\mathrm{H}}$ となるから，書き換えると

$$\mu_i^*(1) - \mu_i^{\circledast}(1) = RT\ln\gamma_i^{\mathrm{H}} - RT\ln\gamma_i^{\mathrm{R}} = RT(\gamma_i^{\mathrm{H}}/\gamma_i^{\mathrm{R}})$$

が得られる。この式に $\gamma_{\mathrm{CS_2}}^{\mathrm{R}}=1.159$ および $\gamma_{\mathrm{CS_2}}^{\mathrm{H}}=0.527$ を代入すると

$$\mu^*_{CS_2}(l) - \mu^{\otimes}_{CS_2}(l) = RT\ln(\gamma^{H}_{CS_2}/\gamma^{R}_{CS_2})$$
$$= (8.314\ \mathrm{J\ mol^{-1}\ K^{-1}})(305.65\ \mathrm{K}) \times \ln(0.527/1.159)$$
$$= -2002.7\ \mathrm{J\ mol^{-1}}$$

(b) 式（16.34）を書き換えると

$$\gamma_i^{H} = \gamma_i^{R} e^{\frac{\mu_i^* - \mu_i^{\otimes}}{RT}}$$

となる。$\gamma_i^{R}=1.1177$，$\mu^*_{CS_2}(l) - \mu^{\otimes}_{CS_2}(l) = -2002.7\ \mathrm{J\ mol^{-1}}$，および，$RT=2541.2\ \mathrm{J\ mol^{-1}}$ を用いると

$$\gamma_i^{H} = 1.1177\exp\left(-\frac{2002.7}{2541.2}\right) = 0.5082$$

となる。

活量 a_i^{H} は

$$\text{活量}\ a_i^{H} = \gamma_i^{H} x_i = 0.5082 \times 0.7377 = 0.3749$$

したがって，$\gamma_i^{H} = 0.5082$，$a_i^{H} = 0.3749$

16-5　濃度基準を用いた活量と活量係数

活量と活量係数の導入によって，非理想溶液の成分の化学ポテンシャル μ を理想溶液の成分に対する式と同じ形の一般式：

$$\mu = \text{標準化学ポテンシャル}(\mu^{\circ}) + RT\ln a \qquad (16.35)$$

で表すことができるようになった。その際，標準状態を選び，その化学ポテンシャルすなわち標準化学ポテンシャル（μ°）を定めておくことが必要で，ラウール則基準の場合は成分の純物質の化学ポテンシャル μ^*，ヘンリー則基準では仮想的純物質の化学ポテンシャル $\mu^{\otimes}$ が用いられた。

同じ溶液の成分を示すのに，異なる標準状態や標準化学ポテンシャルを定義することに当惑する読者もおられると思うが，富士山の高さを想像するとわかりやすい。富士山の標高は海面と山頂直下の距離と定められており，その距離は測定地が異なっていても変わらないように，化学ポテンシャルもどこを基準状態として選んでも，等温，等圧，同組成の溶液の化学ポテンシャルの値が変化することはない。したがって，データの収集や記載など実用上の便利さを考慮して基準すなわち標準状態を選ぶことができる。

これまで，溶液の組成表示にモル分率が用いられた。溶質の成分をモル分率で表示すると，その濃度が低い溶液の取り扱いには成分表示の数値が小さくて不便である。したがって，質量モル濃度 b やモル濃度 c を用いる場合が多い。その場合の標準状態には，成分濃度を横軸にとりヘンリー則が成り立つ領域から延長して得られる直線の $1\ \mathrm{mol\ kg^{-1}}$ および $1\ \mathrm{mol\ dm^{-3}}$ の仮想状態を標準状態とする濃度基準が用いられる。図 16.6 に示すように，圧力がヘンリー定数 k_H になる状態を標準状態と定めるのである。ここでは，濃度基準を用いたときの化学ポテンシャル，活量および活量係数について考察する。

16-5-1　質量モル濃度を用いた活量および活量係数

溶質濃度が低い場合，モル分率を用いると濃度の数値が小さくなってしまうので，実用的には，質量モル濃度 b やモル濃度 c が用いられる場合が多い。15-4-2 で示したように，溶媒 $\mathrm{A}(n_\mathrm{A})$ と溶質 $\mathrm{B}(n_\mathrm{B})$ なるから 2 成分溶液において，希薄溶液では溶質のモル分率 x_B と質量モル濃度 b_B との間には次の関係

$$x_\mathrm{B} = b_\mathrm{B} M_\mathrm{A} \tag{16.36}$$

が成立する。ここで，M_A は $\mathrm{kg\,mol^{-1}}$ の単位で示したモル質量である。したがって，ヘンリー線にしたがって変化する理想溶液の化学ポテンシャル $\mu_\mathrm{B}(\mathrm{l})^\mathrm{H}$（式（16.10））に式（16.36）を用いると，M_A を含む次式となる。

$$\mu_\mathrm{B}(\mathrm{l})^\mathrm{H} = \mu_\mathrm{B}^{\otimes}(\mathrm{l}) + RT\ln(b_\mathrm{B} M_\mathrm{A}) = \mu_\mathrm{B}^{\otimes}(\mathrm{l}) + RT\ln M_\mathrm{A} + RT\ln b_\mathrm{B} \tag{16.37}$$

右辺の第 2 項までは，温度，圧力が一定であれば定数であるから，それを $\mu^{\ominus}$ で表し，新しい標準化学ポテンシャルと定義すると，$\mu_\mathrm{B}(\mathrm{l})^\mathrm{H}$ は

$$\mu_\mathrm{B}(\mathrm{l})^\mathrm{H} = \mu_\mathrm{B}^{\ominus}(\mathrm{l}) + RT\ln\frac{b_\mathrm{B}}{b^\circ} \tag{16.38}$$

となる。ただし，分母の b° は右辺の対数項が無次元になるように導入した質量モル濃度で，$b^\circ = 1\ \mathrm{mol\,kg^{-1}}$ である。

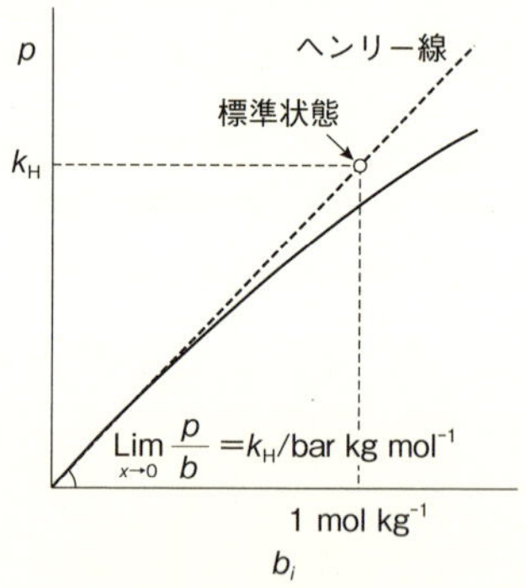

図 16.6　質量モル濃度基準におけるヘンリー定数と仮想的標準状態

質量モル濃度基準の標準状態の化学ポテンシャル $\mu_\mathrm{B}^{\ominus}$ は，質量モル濃度で表した理想希薄溶液の $\mu_\mathrm{B}(\mathrm{l})^\mathrm{H}$ の組成曲線（ヘンリー線）を $b_\mathrm{B} = 1\ \mathrm{mol\,kg^{-1}}$ まで延長した状態の化学ポテンシャルである。ヘンリー則が $b_\mathrm{B} = 1\ \mathrm{mol\,kg^{-1}}$ まで成り立たない場合は，図 16.6 に示すように，$b_\mathrm{B} = 1\ \mathrm{mol\,kg^{-1}}$ まで外挿した**仮想的な状態**の化学ポテンシャルである。ここで，注意すべきことは k_H の単位である。15-3-2 では濃度表示がモル分率であったから k_H の単位は圧力であったが，質量モル濃度で取り扱う場合，得られるヘンリー定数の単位は

atm kg mol^{-1} または bar kg mol^{-1} である。

ヘンリー則から外れる溶液の溶質の化学ポテンシャル $\mu_B(l)$ を質量モル濃度基準で表す場合に，無次元の活量 $a_B^{(b)}$ および活量係数 $\gamma_B^{(b)}$ を導入すると，次式となる。

$$\mu_B = \mu_B^{\ominus} + RT \ln a_{b,B} = \mu_B^{\ominus} + RT \ln \frac{\gamma_B^{(b)} b_B}{b^{\circ}} \tag{16.39}$$

ここで，活量および活量係数が質量モル濃度基準であることを示すため，それぞれに上付き（b）を付記している。

ここで，$b_B \to 0$ では $a_B^{(b)} = b_B/b^{\circ}$ および $\gamma_{B,}^{(b)} = 1$，すなわち

$$\lim_{b_B \to 0} \frac{a_B^{(b)}}{b_B/b^{\circ}} = \lim_{b_B \to 0} \gamma_B^{(b)} = 1 \tag{16.40}$$

の条件が存在する。

一般に，標準状態が違えば得られる活量係数は異なる値であるが，十分に希薄な溶液では，$\gamma_B^{(b)} \approx \gamma_i^H$ となる（章末問題 5 参照）。

16-5-2 モル濃度を用いた活量および活量係数

希薄溶液では溶質 B のモル濃度と質量モル濃度の間には次式で表される。

$$c_B = b_B \rho_A \tag{16.41}$$

ここで ρ_A は溶媒 A の密度（単位：10^3 kg m^{-3}＝kg dm^{-3}＝g cm^{-3}）である。この関係を式（16.38）に代入すると

$$\mu_B(l)^H = \mu_B^{\ominus}(l) + RT \ln \frac{c_B}{\rho_A c^{\circ}} = \mu_B^{\ominus}(l) - RT \ln \rho_A + RT \ln \frac{c_B}{c^{\circ}} \tag{16.42}$$

が得られる。ただし，分母の c° は右辺が無次元になるように導入したモル濃度で，$c^{\circ} \equiv$ 1 mol dm^{-3} である。

$(\mu_B^{\otimes} - RT \ln \rho_A)$ は定温，定圧では定数であるから，それを標準化学ポテンシャル $\mu_{c,B}^{\oplus}$ とすると，質量モル濃度のときと同様に，理想溶液の成分 B の化学ポテンシャルは

$$\mu_B(l)^H = \mu_B^{\oplus}(l) + RT \ln \frac{c_B}{c^{\circ}} \tag{16.43}$$

で表される。モル濃度基準標準状態の化学ポテンシャル $\mu_B^{\oplus}(l)$ は，ヘンリー線を $c_B \equiv$ 1 mol dm^{-3} まで延長した状態の化学ポテンシャルである。

実在の溶液の溶質の化学ポテンシャル $\mu_B(l)$ は，質量モル濃度の場合と同様に活量に $a_B^{(c)}$ および活量係数 $\gamma_B^{(c)}$ を用いて次式：

$$\mu_B(l) = \mu_B^{\oplus}(l) + RT\ln a_B^{(c)} = \mu_B^{\oplus}(l) + RT\ln\frac{\gamma_B^{(c)} c_B}{c^{\circ}} \tag{16.44}$$

で表される。

例　題3　**二酸化炭素の圧力が 25 kPa のとき，50℃ の水溶液の二酸化炭素の質量モル濃度は 0.44 mol kg^{-1} であった。この溶液における二酸化炭素の活量，活量係数および仮想的基準状態からのモルギブズエネルギーを求めよ。ヘンリー定数 k'_H＝52.1 kPa mol^{-1} kg である。**

〔解　答〕　0.44 mol kg^{-1} の溶液の活量は，p_{CO_2}＝25 kPa とヘンリー定数 k_H＝52.1 kPa mol^{-1} kg から式（16.29）より，活量は

$$a_{CO_2} = \frac{p}{k_H} = \frac{25\,\mathrm{kPa}}{(52.1\,\mathrm{kPa\,kg\,mol^{-1}})(1\,\mathrm{mol\,kg^{-1}})} = 0.48$$

となる。活量係数*は

$$\gamma_{CO_2} = \frac{a_{CO_2}}{b_{CO_2}} = \frac{0.48}{0.44} = 1.09$$

化学ポテンシャルは

$$\mu_{CO_2} = \mu_{CO_2}^{\otimes} + RT\ln\frac{p_{CO_2}}{k_H}$$

$$= \mu_{CO_2}^{\otimes} + (8.314\,\mathrm{J\,K^{-1}\,mol^{-1}}) \times (323.15\,\mathrm{K}) \times \ln\frac{25\,\mathrm{kPa}}{(52.1\,\mathrm{kPa\,mol^{-1}\,kg})(1\,\mathrm{mol\,kg^{-1}})}$$

仮想的基準状態からのモルギブズエネルギーは

$$\mu_{CO_2} - \mu_{CO_2}^{\otimes} = -1970\,\mathrm{J}$$

*活量や活量係数の上付き表示は，それが何を基準にしているかわかる場合省略する。

16-6　不揮発性溶質の活量および活量係数の決定

16-6-1　ギブズ-デュエムの式の活用

スクロースや尿素のように不揮発性溶質の蒸気圧は極めて低いので，ヘンリー定数が得られず，式（16.29）を用いることはできない。そのような場合は，**溶媒 A の蒸気圧から溶媒の活量を決定し，ギブズ-デュエムの式を用いて，溶質 B の活量を決定する。**

具体例として 25℃ にある質量モル濃度 b のスクロースの水溶液を考えよう。スクロースの b は

$$b = \frac{n_B}{1000\,\mathrm{g}} \tag{16.45}$$

で，溶媒である水のモル質量 M_{H_2O} は 55.506 mol kg^{-1}（1000 g kg^{-1}/M_{H_2O}）であるから，スクロースのモル分率 x_{suc} は

$$x_{\mathrm{suc}}=\frac{n_{\mathrm{suc}}}{n_{\mathrm{H_2O}}+n_{\mathrm{suc}}}=\frac{b}{55.506\,\mathrm{mol\,kg^{-1}}+b} \tag{16.46}$$

である。希薄溶液の場合は $b \ll 55.506\,\mathrm{mol\,kg^{-1}}$ であるから

$$x_{\mathrm{suc}} \approx \frac{b}{55.506\,\mathrm{mol\,kg^{-1}}} \tag{16.47}$$

となる。

25℃の水の飽和蒸気圧は 25.756 Torr であるから，ラウール則基準の水の活量 $a_{\mathrm{H_2O}}$ は $p_{\mathrm{H_2O}}/p^*_{\mathrm{H_2O}}(=25.756)$ によって求められる。得られる $a_{\mathrm{H_2O}}$ の組成変化を図 16.7 に示す。

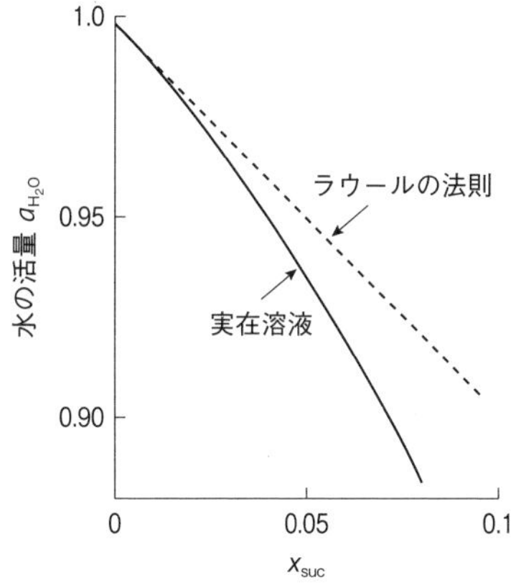

図 16.7　スクロース（sucrose）水溶液の水の活量 $a_{\mathrm{H_2O}}$ の組成変化

実在溶液の活量 $a_{\mathrm{H_2O}}$ は，十分希薄な溶液（$x_{\mathrm{suc}} \leq 0.01$）ではラウール則を満足するから

$$\ln a_{\mathrm{H_2O}}=\ln x_{\mathrm{H_2O}}=\ln(1-x_{\mathrm{suc}})=-x_{\mathrm{suc}} \approx -\frac{b}{55.506\,\mathrm{mol\,kg^{-1}}} \tag{16.48}$$ *

となる。

図 16.7 に示すように濃度範囲が $x_{\mathrm{suc}}>0.01$ では合わなくなるから，その溶液の非理想性すなわちずれを 15-6 の式（15.86）で定義した浸透係数 ϕ を用いて表すと

$$\ln a_{\mathrm{H_2O}}=\phi \ln x_{\mathrm{H2O}}=-\frac{b\phi}{55.506\,\mathrm{mol\,kg^{-1}}} \tag{16.49}$$

となる。

この系にギブズ-デュエムの式を変形した式（誘導は補遺 2 参照）

＊ $\ln(1-x_{\mathrm{B}}) \approx -x_{\mathrm{B}}(x_{\mathrm{B}} \ll 1)$

$$n_{H_2O}\mathrm{d}\ln a_{H_2O}+n_{suc}\mathrm{d}\ln a_{suc}=0 \tag{16.50}$$

を取り入れる。質量モル濃度 b を用いていることを考慮すると，$n_{H_2O}=55.506\ \mathrm{mol}$，$n_{suc}=b$ となるから，ギブズ–デュエムの式（16.50）は

$$(55.506\ \mathrm{mol\ kg^{-1}})\mathrm{d}\ln a_{H_2O}+b\,\mathrm{d}\ln a_{suc}=0 \tag{16.51}$$

となる。式（16.49）の両辺を微分して書き換えると

$$(55.506\ \mathrm{mol\ kg^{-1}})\mathrm{d}\ln a_{H_2O}=-\mathrm{d}(b\phi) \tag{16.52}$$

となるから，式（16.51）と式（16.52）より

$$\mathrm{d}(b\phi)=b\,\mathrm{d}\ln a_{suc} \tag{16.53}$$

が得られる。溶質濃度が b のときの活量および活量係数を，それぞれ，$a_{suc}^{(b)}$ および $\gamma_{suc}^{(b)}$ とすると $a_{suc}^{(b)}=\gamma_{suc}^{(b)}b$ となり，それを上式に代入すると

$$\mathrm{d}(b\phi)=b\mathrm{d}\ln(\gamma_{suc}^{(b)}\mathrm{b}) \tag{16.54}$$

すなわちスクロースの活量係数を含む式：

$$b\mathrm{d}\phi+\phi\mathrm{d}b=b(\mathrm{d}\ln\gamma_{suc}^{(b)}+\mathrm{d}\ln b) \tag{16.55}$$

が得られる。この式を書き換え，$\gamma_{suc}^{(b)}$，ϕ および b にダッシュをつけて変数とすると

$$\mathrm{d}\ln\gamma'^{(b)}_{suc}=\mathrm{d}\phi'+\frac{\phi'-1}{b'}\mathrm{d}b' \tag{16.56}$$

となり，$\gamma'=1, b'=0$ および ϕ' と 1 からそれぞれ任意の γ, b および ϕ まで積分すると

$$\ln\gamma_{suc}^{(b)}=\phi-1+\int_o^b\left(\frac{\phi'-1}{b'}\right)\mathrm{d}b' \tag{16.57}$$

が得られる。前章の式（15.91）で示したように，ϕ が b の関数として表されている場合には，式（16.57）から，$\ln\gamma_{suc}^{(b)}$ が算出される。浸透係数 ϕ と b の間に具体的な関係が見出されていない場合には，溶質 B のモル質量 b に対し（$\phi-1)/b$ をプロットし，そのプロットから得られる曲線の面積から $\ln\gamma_{suc}^{(b)}$ が求められる。25℃ で得たスクロール水溶液の $\ln\gamma_{suc}^{(b)}$ と質量モル濃度 b の関係を図 16.8 に示す。いろいろな不揮発性溶質の活量決定に利用されている。具体例として，尿素の水溶液の場合の b に対する（$\phi-1)/b$ のプロットを図 16.9 に示す。その面積より，$\ln\gamma_{suc}^{(b)}$ が得られ，$\gamma_{suc}^{(b)}$ は 0.576 となる。

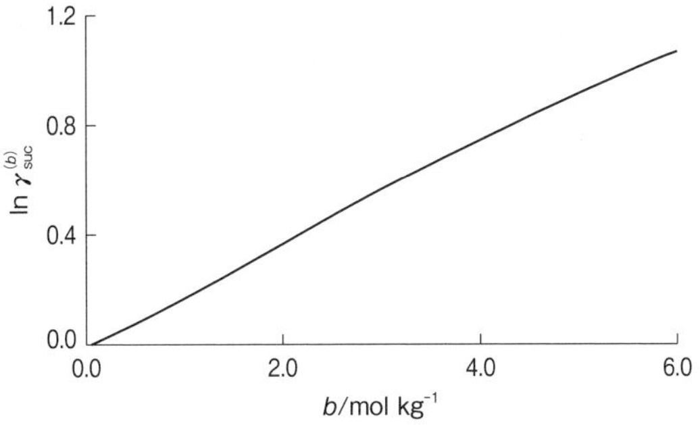

図 16.8　スクロース水溶液の活量係数の対数と質量モル濃度 b の関係（25℃）

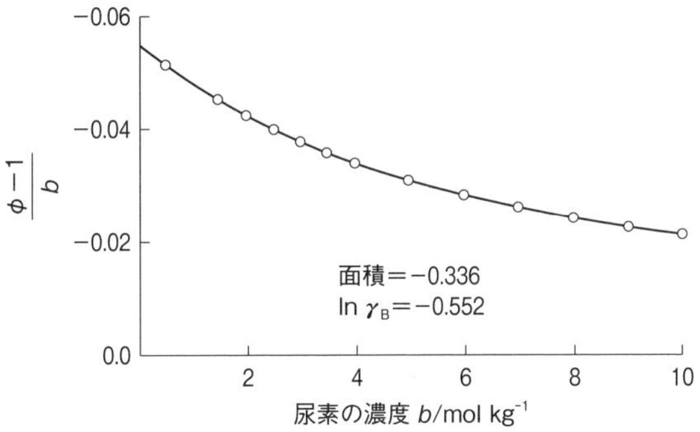

図 16.9　尿素水溶液の質量モル濃度 b に対する（ϕ−1)/b のプロット（5℃）

（D. Eisenberg, D. Crothers（西本吉助ら訳),『生命科学のための物理化学　上』, 培風館（1988））

16-6-2　等　圧　法

不揮発性物質が溶解している溶媒の活量を見積もる簡単な方法がある。その方法で KCl および NaCl 水溶液の水の活量を求めてみよう。

活量を決定するため，濃度と活量の関係が詳しく調べられている参照物質（スクロースの水溶液）をデシケーターに入れ，その上に濃度が 4.000 mol kg^{-1} の NaCl 水溶液と KCl の水溶液をおき，減圧にした後，25℃ の恒温槽に数日間放置する（図 16.10)。平衡状態

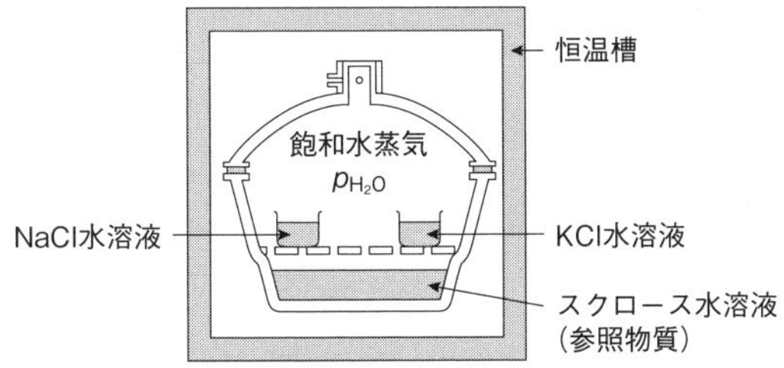

図 16.10　等圧法による活量測定の一例

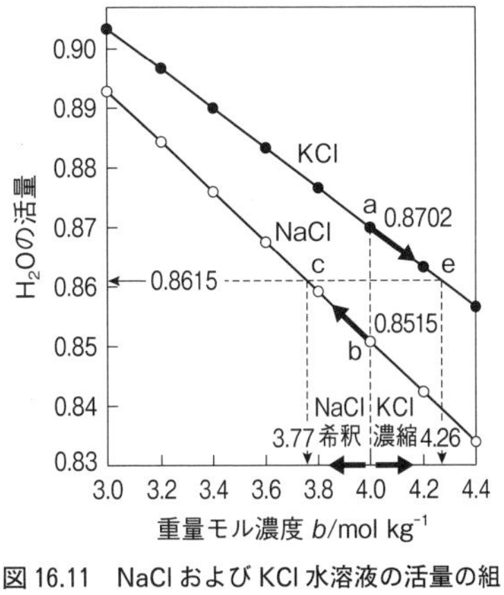

図 16.11　NaCl および KCl 水溶液の活量の組成依存

になった時点で，それぞれの水溶液の濃度を測ると，NaCl 水溶液は 3.770 mol kg^{-1}，KCl の水溶液は 4.260 mol kg^{-1} になっている。KCl 水溶液から水が蒸発し，NaCl 水溶液に凝縮するのが観測される。各溶液の水の蒸気圧がラウールの法則に従うならば，濃度が等しい溶液間では初めから平衡状態にあり，水の移動は起らないはずである。この実験結果は，同じ濃度であっても，溶質が違えば 2 つの溶液の水の化学ポテンシャルすなわち水の活量 (a_{H_2O}) に差があることを示している。その変化の様子を図 16.11 に示す。4 mol kg^{-1} の KCl 水溶液の水の a_{H_2O} は 0.8702 で，図では a 点にあたる。一方，NaCl 水溶液の水の a_{H_2O} はは 0.8515 で，図の b 点である。活量が異なる溶液であるから，活量の大きな KCl 水溶液は水蒸気を取込んで濃度すなわち活量は e 点まで下がる。一方，NaCl 水溶液からは水蒸気が出て行き，だんだん NaCl 水溶液の a_{H_2O} は高くなり，両水溶液の活量が一致した c 点で水の蒸気圧が同じになって平衡に達する。この状態の水の活量は参照溶液（スクロース水溶液）から $a_{H_2O}=0.8615$ と決定できる。このように参照物質と同じになる a_{H_2O} が簡単で，極めて精度良く測定できるから，**等圧法**（isopiestic method）として不揮発性物質を溶解している溶媒の活量決定に広く採用されている。こうして溶媒の活量が決まれば溶質の活量係数は前節の方法で決定する。

豊富な測定データがある硫酸は参照物質としてしばしば用いられている。

16-6-3　束一的性質の利用

15-4 で理想希薄溶液の特性である束一的性質として凝固点降下，沸点上昇および浸透圧などの現象を紹介したが，少し濃度範囲を拡げると理想溶液からずれてくる。それに活量を用いると $\Delta\mu_A=\mu_A^*(g)-\mu_A^*(l)=RT\ln a_A$ で表される。したがって，凝固点降下，沸点上昇および浸透圧は，それぞれ，前章の式（15.43），式（15.57）および式（15.66）のモル分率 x_A を活量 a_H に代えて

$$\mu_A^*(g)-\mu_A^*(l) = RT\ln a_A \tag{16.58}$$

$$\mu_A^*(s)-\mu_A^*(l) = RT\ln a_A \tag{16.59}$$

$$\mu_A(l, p+P)-\mu_A^*(l, p+P) = RT\ln a_A \tag{16.60}$$

と表される。それぞれを，前章と同じ方法で展開すると

$$\ln a_A = \frac{\Delta_{vap}H_{m,A}}{RT}-\frac{\Delta_{vap}H_{m,A}}{RT_{b,A}} = \frac{\Delta_{vap}H_{m,A}}{R}\left(\frac{T_{b,A}-T}{TT_{b,A}}\right) \approx -\frac{\Delta_{vap}H_{m,A}}{RT_{b,A}^2}\Delta T_b \tag{16.61}$$

$$\ln a_A = \frac{\Delta_{fus}H_{m,A}}{RT_{m,A}}-\frac{\Delta_{fus}H_{m,A}}{RT} = \frac{\Delta_{fus}H_{m,A}}{R}\left(\frac{T-T_{m,A}}{TT_{m,A}}\right) \approx -\frac{\Delta_{fre}H_{m,A}}{RT_{m,A}^2}\Delta T_m \tag{16.62}$$

$$\ln a_A = -\frac{\Pi\bar{V}_A}{RT} \tag{16.63}$$

が得られ，次式によって活量係数が求まる。

$$\gamma_A = \frac{1}{x_A} \exp\left(-\frac{\Delta_{vap} H_{m,A}}{RT^2_{b,A}} \Delta T_b\right) \tag{16.64}$$

$$\gamma_A = \frac{1}{x_A} \exp\left(-\frac{\Delta_{fre} H_{m,A}}{RT^2_{m,A}} \Delta T_m\right) \tag{16.65}$$

$$\gamma_A = \frac{1}{x_A} \exp\left(-\frac{\Pi \bar{V}_A}{RT}\right) \tag{16.66}$$

溶質の活量係数 γ_B は溶媒の活量 a_A を用いて，16–6–1 に示すようにギブズ–デュエムの式を活用してで決定できるから，溶質の活量は $a_B = \gamma_B m_B$ によって算出される。

例 題 5　20% エタノール水溶液の凝固点は −10.92℃ である。この溶液の水の活量係数を求めよ。水の凝固点降下定数は 1.86 K mol kg mol^{-1} である。

〔解 答〕 水のモル分率は

$$x_{H_2O} = \frac{80\,\mathrm{g}}{18\,\mathrm{g\,mol^{-1}}} \Big/ \left(\frac{80\,\mathrm{g}}{18\,\mathrm{g\,mol^{-1}}} + \frac{20\,\mathrm{g}}{46\,\mathrm{g\,mol^{-1}}}\right) = 0.911$$

となる。前章式（15.64）を書き換え，水のモル質量 $M_{H_2O} = 18\,\mathrm{g\,mol^{-1}}$ とすると

$$\frac{\Delta_{fre} H_{m,H_2O}}{RT^2_{m,H_2O}} = \frac{M_{H_2O}}{1000 \cdot K_f} = \frac{18}{1000 \cdot 1.86} = 0.0097$$

式（16.65）から

$$\gamma_{H_2O} = \frac{1}{0.911} \exp(-0.0097 \times 10.92) = 0.987$$

16–7 非理想溶液の熱力学的考察

16–7–1 活量係数と過剰熱力学関数

実在溶液と対応する理想溶液の熱力学関数の差は非理想性を示し，分子間相互作用に関する知見を提供する。この差は**過剰熱力学関数**（excess thermodynamic function）といわれ，熱力学関数 Z（U, H, TS, A, G, V）の**右肩に E** をつけて表す。

実在溶液成分 i の化学ポテンシャルは，ラウール則基準では次式で表される。

$$\mu_i(\mathrm{l}) = \mu_i^*(\mathrm{l}) + RT \ln \gamma_i^R x_i = \mu_i^*(\mathrm{l}) + RT \ln x_i + RT \ln \gamma_i^R = \mu_i^{id}(\mathrm{l}) + RT \ln \gamma_i^R \tag{16.67}$$

すなわち，次式が成り立ち，$RT \ln \gamma_i^R$ は成分 i の**過剰化学ポテンシャル**（excess chemical potential）$\boldsymbol{\mu_i^E(\mathrm{l})}$ である。式（16.67）はラウール則基準に限らず，他の基準の場合にも成立するから，活量係数に一般性を持たせる意味で式（16.68）では γ_i となっている。すなわち γ_i は γ_i^R，γ_i^H，$\gamma_i^{(b)}$ または $\gamma_i^{(c)}$ のいずれかである。

$$\mu_i^E(\mathrm{l}) = \mu_i(\mathrm{l}) - \mu_i^{id}(\mathrm{l}) = RT \ln \gamma_i \tag{16.68}$$

全成分 C の和をとると

$$\sum_{i=1}^{C} n_i \mu_i^{E}(1) = G^{E} = RT\sum_{i=1}^{C} n_i \ln \gamma_i \tag{16.69}$$

ここで，n_i は成分 i の物質量を示す。上式を全物質量 n で割るとモル過剰ギブズエネルギー（molar excess Gibbs energy）G_m^E:

$$G_m^E = G_m - G_m^{id} = RT\sum_{i=1}^{C} x_i \ln \gamma_i \tag{16.70}$$

が得られる。したがって，成分組成と各成分の活量係数の測定によってモル過剰ギブズエネルギーが算出できる。

成分 A と B からなる 2 成分実在溶液の場合には，**モル過剰ギブズエネルギー G_m^E** は

$$G_m^E = RT(x_A \ln \gamma_A + x_B \ln \gamma_B) \tag{16.71}$$

で表される。

他のモル過剰熱力学関数は，次式に示すように誘導される。

モル過剰エントロピー（molar excess entropy）：

$$S_m^E = -\left(\frac{\partial G_m^E}{\partial T}\right)_{p,n} = -R(x_A \ln \gamma_A + x_B \ln \gamma_B) - RT\left\{x_A\left(\frac{\partial \ln \gamma_A}{\partial T}\right)_{p,n} + x_B\left(\frac{\partial \ln \gamma_B}{\partial T}\right)_{p,n}\right\} \tag{16.72}$$

モル過剰体積（molar excess volume）：

$$V_m^E = \left(\frac{\partial G_m^E}{\partial p}\right)_{T,n} = RT\left\{x_A\left(\frac{\partial \ln \gamma_A}{\partial p}\right)_{T,n} + x_B\left(\frac{\partial \ln \gamma_B}{\partial p}\right)_{T,n}\right\} \tag{16.73}$$

モル過剰エンタルピー（molar excess enthalpy）：

$$H_m^E = G_m^E + TS_m^E = -RT^2\left\{x_A\left(\frac{\partial \ln \gamma_A}{\partial T}\right)_{p,n} + x_B\left(\frac{\partial \ln \gamma_B}{\partial T}\right)_{p,n}\right\} \tag{16.74}$$

これらのモル過剰熱力学関数は，いずれも実測しうる量と直接に結びついているから，実験によって求めることができる。モル過剰ギブズエネルギーは活量係数やその温度変化を測定すれば決定できる。モル過剰エンタルピーは定温，定圧で混合するときに出入りする熱量すなわち混合熱を直接測定するかあるいは活量係数の温度変化を測定して得られる。モル過剰エントロピーは活量係数とその温度変化から式（16.72）を用いて算出されるが，それと等価な関係式 $S_m^E = (H_m^E - G_m^E)/T$ を利用して求めることもできる。モル過剰体積は混合における容積変化を測定するか，圧力による活量係数変化の測定から得られる。

代表的な溶液の過剰熱力学関数 Z_m^E（G_m^E，H_m^Eおよび S_m^E）の組成依存性を図 16.12，図

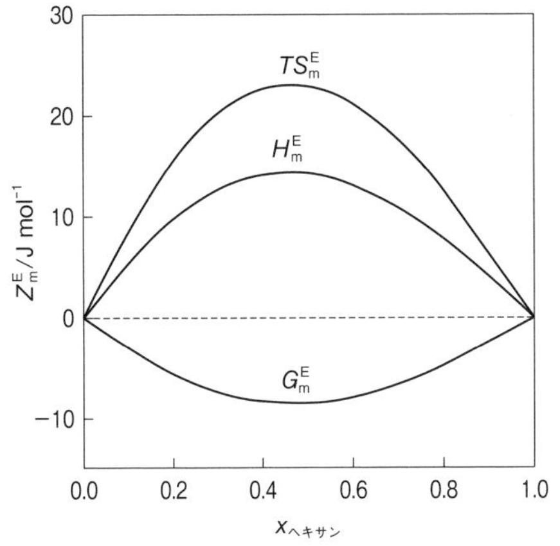

図 16.12　デカンとヘキサンの混合物（非極性分子の混合物）における $Z^{\rm E}_{\rm m}$ の組成依存性

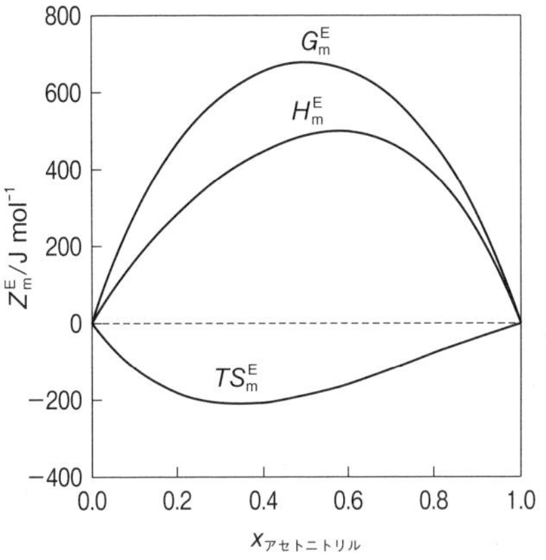

図 16.13　ベンゼンとアセトニトリルの混合物（非極性分子と極性分子の混合物）における $Z^{\rm E}_{\rm m}$ の組成依存性

16.13 に示す。$Z^{\rm E}_{\rm m}$ は分子間相互作用に分子レベルでの情報を提供する。図 16.12 はデカンとヘキサンの混合物で，非極性分子の混合により生じる $Z^{\rm E}_{\rm m}$ はいずれも小さな値である。$G^{\rm E}_{\rm m}$ に注目すると，負の値であり理想気体よりも低い蒸気圧になっていることを示している。$H^{\rm E}_{\rm m}$ は正の値で，$G^{\rm E}_{\rm m}$ は負の値であるから，$S^{\rm E}_{\rm m,}$ は正の値になる。これは混ざることにより，理想溶液よりも，分子の秩序がさらに乱れていることを示している。図 16.13 は非極性であるベンゼンと極性分子であるアセトニトリルの混合物である。この場合は縦軸の間隔から明らかなように $H^{\rm E}_{\rm m}$ は大きな正の値となり双極子相互作用を有する極性分子を分離するには大きなエネルギーが必要なことを示している。$G^{\rm E}_{\rm m}$ は大きな正の値となり，これは蒸気圧が理想溶液よりも大きなことを示している。$G^{\rm E}_{\rm m}$ は $H^{\rm E}_{\rm m}$ より大きいから $TS^{\rm E}_{\rm m}$ は負の値となり，理想溶液よりも配列が進んでいることを示している。

過剰熱力学関数の例を表 16.4 に示す。

表 16.4　定圧および定容のもとで x=0.5 における混合の過剰熱力学関数 $Z^{\rm E}_{m}$

系	T／K	$V^{\rm E}_{\rm m}$／cm^3・mol^{-1}	$G^{\rm E}_{\rm m}$／J・mol^{-1}	$A^{\rm E}_{\rm m}$／J・mol^{-1}	$H^{\rm E}_{\rm m}$／J・mol^{-1}	$U^{\rm E}_{\rm m}$／J・mol^{-1}
エチレンクロリド＋ベンゼン	298	0.24	25.9	26.8	60.7	−32.6
四塩化炭素＋ベンゼン	308	0.01	81.6	81.6	109	106
二硫化炭素＋アセトン	308	1.06	1050	1040	1460	1120
四塩化炭素＋ネオペンタン	273	−0.5	318	318	314	427
n–ペルフルオロヘキサン＋*n*–ヘキサン	298	4.84	1350	1320	2160	1230

16-7-2　混合熱力学関数と過剰熱力学関数

15-2において，溶液の熱力学関数Zから各成分の熱力学関数を差し引いて得られる熱力学関数すなわち**混合熱力学関数**（thermodynamic function of mixing）$\Delta_{mix}Z$を導入し，それをもとに理想溶液の熱力学的特性を明らかにした。すなわち，理想溶液とは$\Delta_{mix}G=RT(n_A \ln x_A+n_B \ln x_B)$，$\Delta_{mix}S=-R(n_A \ln x_A+n_B \ln x_B)$，$\Delta_{mix}U=0$，$\Delta_{mix}H=0$および$\Delta_{mix}V=0$となる溶液である。

混合熱力学関数$\Delta_{mix}Z$を，実在溶液に拡げ，成分Cからなる溶液として一般化すると

$$\Delta_{mix}Z = Z-\sum_{i=1}^{C} n_i Z_i \tag{16.75}$$

で表される。ここでは，理想溶液の場合は右肩にidを付記し

$$\Delta_{mix}Z^{id} = Z^{id}-\sum_{i=1}^{C} n_i Z_i \tag{16.76}$$

と表す。式（16.75）から式（16.76）を引くと

$$\Delta_{mix}Z-\Delta_{mix}Z^{id} = Z-Z^{id} = Z^E \tag{16.77}$$

が得られ，実在溶液と理想溶液との混合熱力学関数の差（$\Delta_{mix}Z-\Delta_{mix}Z^{id}$）は前節で定義した**過剰熱力学関数**$Z^E$である。

理解を深めるため，これまで何度も取り上げて来たアセトン–クロロホルム混合物について考えてみよう。図16.14には，$\Delta_{mix}H$，$T\Delta_{mix}S$，および$\Delta_{mix}G$が実線で示されている。比較のために対応する理想溶液の混合熱力学関数が点線で記入されている。

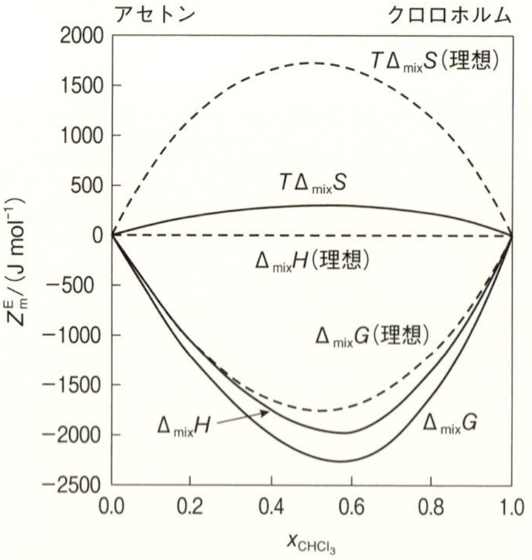

図16.14　1 molのアセトン–クロロホルム溶液の生成（35.2℃）における$\Delta_{mix}H$，$T\Delta_{mix}S$および$\Delta_{mix}G$の組成変化（破線は理想溶液の変化）

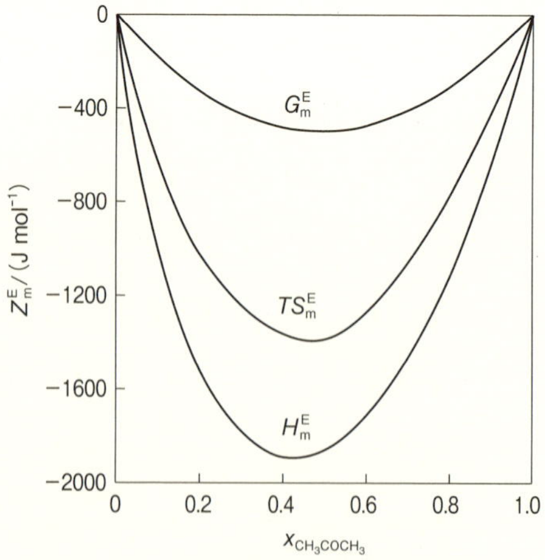

図16.15　1 molのアセトン–クロロホルム溶液の生成（35.2℃）におけるH^E，TS^E，およびG^Eの組成変化

$\Delta_{mix}H$, $T\Delta_{mix}S$ および $\Delta_{mix}G$ のそれぞれに対し，実線と破線の差すなわち過剰関数（H^E, TS^E, および G^E）を組成に対しプロットすると，図 16.14 が得られる。

この図から

$$H^E = (\Delta_{mix}H - \Delta_{mix}H^{id}) < 0 \quad \text{すなわち} \quad \Delta_{mix}H < 0(\Delta_{mix}H^{id} = 0)$$
$$TS^E = T(\Delta_{mix}S - \Delta_{mix}S^{id}) < 0 \quad \text{すなわち} \quad \Delta_{mix}S < \Delta_{mix}S^{id}$$
$$G^E = (\Delta_{mix}G - \Delta_{mix}G^{id}) < 0 \quad \text{すなわち} \quad \Delta_{mix}G < \Delta_{mix}G^{id}$$

と結論できる。この系の混合によるエンタルピー変化は $H^E = \Delta_{mix}H < 0$ すなわち発熱的混合であり，異種分子間の分子間相互作用が同種間の相互作用より大きいことを示している。クロロホルム分子とアセトン分子の間には，図 16.16 に示すような水素結合の形成が知られており，その効果が反映されている。水素結合の形成の結果，分子の自由な動きが制約されるから，混合によるエントロピー増加は理想溶液に比べて小さくなることが考えられる。図 16.14 は $\Delta_{mix}S < \Delta_{mix}S^{id}$ となっており，予想を裏付けている。G^E は次式で表される。

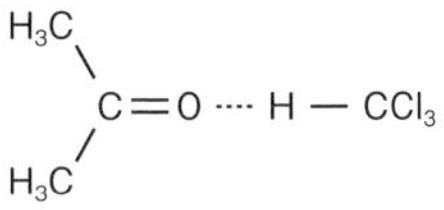

図 16.16　アセトンとクロロホルムとの水素結合

$$G^E = \Delta_{mix}G - \Delta_{mix}G^{id} = \Delta_{mix}H - T(\Delta_{mix}S - \Delta_{mix}S^{id}) \tag{16.78}$$

図 16.15 は $\Delta_{mix}G < \Delta_{mix}G^{id}$ であることを示し，ラウールの法則から予想される分圧よりも低い蒸気圧となっていることを示している。この系は，水素結合のためエントロピー的には不利であるが，$\Delta_{mix}H$ が負で，その絶対値が大きいから，$\Delta_{mix}G < \Delta_{mix}G^{id}$ となる例である（例題 6 参照）。

一方，図 15.6 (a) に示したアセトンと二硫化炭素の系では，$G^E > 0$ となり，$\Delta_{mix}G > \Delta_{mix}G^{id}$ となるので $\mu - \mu^{id} > 0$ となり，蒸気圧曲線は正のずれとなる例である。

例題 6　**$\Delta_{mix}G^{id} > \Delta_{mix}G$ が成立するとき，ラウールの法則から予想される分圧より低い蒸気圧になることを証明せよ。**

〔解　答〕 $\Delta_{mix}G$ は前章の式 (15.17) に式 (15.7)，式 (15.9) を代入し，それぞれ，理想溶液の分圧を p_A^{id}, p_B^{id} とすると

$$\Delta_{mix}G^{id} = n_A RT \ln \frac{p_A^{id}}{p_A^*} + n_B RT \ln \frac{p_B^{id}}{p_B^*}$$

となる。実在溶液の各成分の分圧を p_A および p_B とすると

$$\Delta_{mix}G = n_A RT \ln \frac{p_A}{p_A^*} + n_B RT \ln \frac{p_B}{p_B^*}$$

となるから

$$\Delta_{mix}G^{id} - \Delta_{mix}G = n_A RT \ln \frac{p_A^{id}}{p_A} + n_B RT \ln \frac{p_B^{id}}{p_B} = RT \ln \left[\left(\frac{p_A^{id}}{p_A} \right)^{n_A} \left(\frac{p_B^{id}}{p_B} \right)^{n_B} \right] > 0$$

したがって，$\left(\frac{p_A^{id}}{p_A} \right)^{n_A} \left(\frac{p_B^{id}}{p_B} \right)^{n_B} > 1$ となる。

16-8 溶液モデル

16-8-1 正則溶液

非理想溶液の１つのモデルとして，溶媒分子と溶質分子の大きさと形はほとんど同じであるが，その間のファンデルワールス引力だけが溶媒分子間および溶質分子間と異なっている溶液が，熱力学的観点から考察されている。この溶液は，その成分が混合する際には熱の出入りがあるが，溶液中の各分子は相互の分子間力の差異に打ち勝つだけの熱運動エネルギーをもっており，エントロピー的には理想溶液のように完全に混ざり合っている溶液である。これを**正則溶液**（regular solution）という。要するに，正則溶液とは，混合のエンタルピー $\Delta_{\text{mix}}H(=H^{\text{E}})\neq 0$ であるが，$S^{\text{E}}=0$ と見なせる溶液である。

正則溶液を定量的に取り扱うには，溶媒分子（A）と溶質分子（B）の間の最隣接相互作用をどう見積もるかが問題になる。溶媒分子と溶質分子の大きさと形が同じであるという条件を考慮すると，分子の周りにある最隣接分子の数は溶媒も溶質も同数である。その数を z 個とし，いずれの分子の周りも，時間平均すると，溶媒分子と溶質分子のモル分率すなわち x_{A} と x_{B} に配分されていると考えられる。溶媒分子の周りにある溶質分子の数は，zx_{B} 個，溶質分子の周りにある溶媒分子の数は，zx_{A} 個となる。溶媒分子が n_{A} mol 存在する場合，溶媒分子の周りにある最隣接分子は $zx_{\text{B}}n_{\text{A}}$ mol となる。同様に，溶質分子周りにある最隣接分子は $zx_{\text{A}}n_{\text{B}}$ mol となる。

溶質 B と溶媒 A との混合を分子レベルで考えると，純粋液体 A にある１分子を純粋液体 B の中に移し，移した１分子の B のところに純粋液体 A を移すときのエネルギーの変化量は AA＋BB→2AB のエネルギー変化量である。したがって，AA，BB および AB のエネルギーを w_{A}，w_{B}，および w_{AB} とすると，エネルギー変化量は $2w_{\text{AB}}-w_{\text{A}}-w_{\text{B}}$ となるから，AB 対の生成によるエネルギー変化は

$$\frac{1}{2}(2w_{\text{AB}}-w_{\text{A}}-w_{\text{B}}) \tag{16.79}$$

となる。したがって，AB 対 1 mol 当りのエネルギー変化量 ω は

$$\omega=\frac{1}{2}N_{\text{A}}(2w_{\text{AB}}-w_{\text{A}}-w_{\text{B}}) \tag{16.80}$$

で表される。ここで，N_{A} はアボガドロ定数である。

溶質 B が溶媒 A に溶解することによって生じた混合エンタルピー $\Delta_{\text{mix}}H$，すなわち，過剰エンタルピー H^{E} は

$$\Delta_{\text{mix}}H=H^{\text{E}}=\omega zx_{\text{B}}n_{\text{A}}+\omega zx_{\text{A}}n_{\text{B}}=n\omega z\left(x_{B}\frac{n_{\text{A}}}{n}+x_{\text{A}}\frac{n_{\text{B}}}{n}\right)=n\Omega x_{\text{A}}x_{\text{B}} \tag{16.81}$$

となる。ここで，右辺の Ω は $2wz$ で，エネルギー単位をもつ比例定数である。定圧では ω は温度の関数であるから $\Omega=\beta RT$ とおくと

$$H^{\mathrm{E}} = n\Omega x_{\mathrm{B}} n_{\mathrm{A}} = n\beta RT x_{\mathrm{A}} x_{\mathrm{B}} \tag{16.82}$$

となり，β は無次元の比例係数で，A–A および B–B の相互作用に相対的に A–B 相互作用の大きさを示す定数である。**$\beta>0$ であれば $H^{\mathrm{E}}>0$ となるから，混合は吸熱的**で，溶媒–溶媒，溶質–溶質間の相互作用よりも溶媒–溶質間相互作用が弱い場合である。**$\beta<0$ のときは混合が発熱的**になり，混合により熱的に安定化する。色々な β に対し H^{E}/nRT と組成の関係を図 16.17 に示す。

正則溶液の混合エントロピーは理想溶液と同じであるから過剰エントロピー S^{E} はなく，過剰ギブズエネルギー G^{E} は過剰エンタルピー H^{E} と一致する。したがって，混合のギブズエネルギー $\Delta_{\mathrm{mix}}G$ は

$$\Delta_{\mathrm{mix}}G = G^{\mathrm{E}} = nRT(x_{\mathrm{A}} \ln x_{\mathrm{A}} + x_{\mathrm{B}} \ln x_{\mathrm{B}} + \beta x_{\mathrm{A}} x_{\mathrm{B}}) \tag{16.83}$$

で表される。

いろいろな β における，$\Delta_{\mathrm{mix}}G/RT$ の組成依存性を図 16.18 に示す。溶媒–溶質相互作用の大小がグラフの形に影響し，$\beta>2$ となると，極小が 2 個生じ，その間に極大が生じるようになる。このような場合は極小に対応する組成の 2 種類の溶液が生じ，**相分離状態** (phase separated state) となる。すなわち，溶媒–溶質間相互作用が溶媒–溶媒，溶質–溶質間の相互作用よりも弱い場合には，その差が大きくなると，系が自発的に 2 相に分かれた方がギブズエネルギーが減少する結果，より安定な相分離を起こすのである。

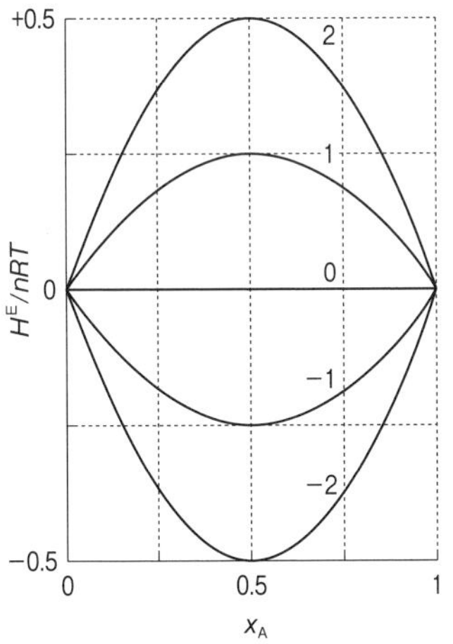

図 16.17 色々な β における過剰エンタルピー H^{E} の組成依存性

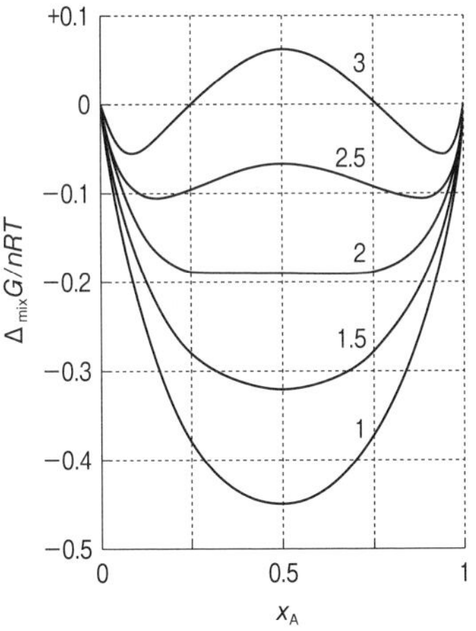

図 16.18 色々な β における混合ギブズエネルギーの組成依存性

16-8-2　無熱溶液

吉草酸ブチル[*1]やセバシン酸ジブチル[*2]のベンゼン溶液のように混合により熱の出入りはないが，ラウールの法則から大きくはずれる溶液がある。これらの溶液では溶媒と溶質とで粒子の形状に大きな相違があるために，混合のギブズエネルギー $\Delta_{\mathrm{mix}}G$ が理想溶液と異なる溶液挙動が生じている。このように，混合熱 $\Delta_{\mathrm{mix}}H$ が 0 の溶液を無熱溶液（athermal solution）という。

無熱溶液の過剰エンタルピー H^{E} は 0 であるが，各成分の分子の自由体積は異なるから，混合エントロピーが理想溶液と異なる。したがって，混合による過剰ギブズエネルギー G^{E} が生じる。温度が T のときの混合のギブズエネルギーは

$$G^{\mathrm{E}} = RT\left(n_{\mathrm{A}}\ln\frac{n_{\mathrm{A}}\bar{V}_{\mathrm{A}}}{n_{\mathrm{A}}\bar{V}_{\mathrm{A}}+n_{\mathrm{B}}\bar{V}_{\mathrm{B}}}+n_{\mathrm{B}}\ln\frac{n_{\mathrm{B}}\bar{V}_{\mathrm{B}}}{n_{\mathrm{A}}\bar{V}_{\mathrm{A}}+n_{\mathrm{B}}\bar{V}_{\mathrm{B}}}\right)-RT(n_{\mathrm{A}}\ln x_{\mathrm{A}}+n_{\mathrm{B}}\ln x_{\mathrm{B}}) \tag{16.84}$$

となる。ここで，$\bar{V}_{\mathrm{A}}$ および $\bar{V}_{\mathrm{B}}$ は成分 A および B の部分モル体積である。

ヘプタンとメチルシクロヘキサン，メタノールとエタノールの混合物は無熱溶液に近い非理想溶液の例である。

長い鎖状の高分子が存在する高分子溶液は，溶媒と溶質の体積の相違が，溶液の挙動に強く表れる例である。簡単なモデルとして，図 16.19 に示すように，**r 個の溶媒分子 A が繋がったものとして高分子を近似**する。その場合，溶質と溶媒の混合による分子間相互作用に変化は無く，H^{E} は 0 と見なせるが，溶媒分子と高分子が入れ替わるときのエントロピー変化は，大きさおよび形がそろった粒子が自由に動き回る理想溶液のときとは著しく異なる。統計力学的な計算によると，この種のモデル溶液における溶媒 A と溶質（高分子）B の活量係数が次式で与えられる。

$$G^{\mathrm{E}}_{\mathrm{m,A}} = \Delta\mu_{\mathrm{A}} = RT\ln a_{\mathrm{A}} = RT\left\{\ln\phi_{\mathrm{A}}+\left(1-\frac{1}{r}\right)\phi_{\mathrm{B}}\right\} \tag{16.85}$$

$$G^{\mathrm{E}}_{\mathrm{m,B}} = \Delta\mu_{\mathrm{B}} = RT\ln a_{\mathrm{B}} = RT\{\ln\phi_{\mathrm{B}}+(r-1)\phi_{\mathrm{A}}\} \tag{16.86}$$

ここで，ϕ_A および ϕ_B は溶媒 A および溶質 B の体積分率：

$$\phi_{\mathrm{A}} = \frac{x_{\mathrm{A}}}{x_{\mathrm{A}}+rx_{\mathrm{B}}} \quad \text{および} \quad \phi_{\mathrm{B}} = \frac{rx_{\mathrm{B}}}{x_{\mathrm{A}}+rx_{\mathrm{B}}} \tag{16.87}$$

である。モデルをもとにして算出された無熱溶液の溶媒活量と溶質の体積分率の関係を図 16.20 に示す。体積分率が大きい（高分子鎖が長い）ほど理想溶液からのずれが大きくなることを示している。図には具体的な例として，ポリ酢酸ビニル（重合度 1600）のベン

＊1　$CH_3(CH_2)_3COO(CH_2)_3CH_3$
＊2　$CH_3(CH_2)_3OOC(CH_2)_8COO(CH_2)_3CH_3$

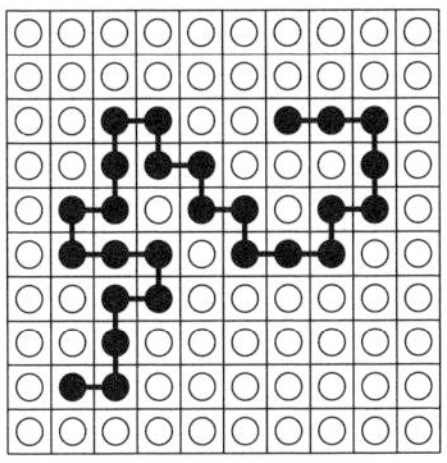

図 16.19　高分子溶液の格子モデル

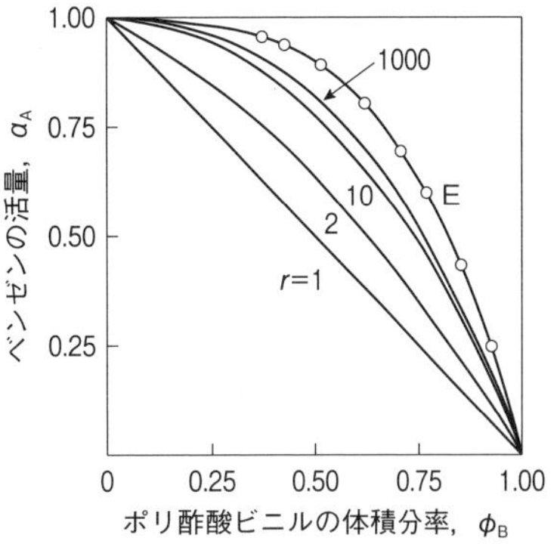

図 16.20　高分子溶液における溶媒の活量 a_A の高分子の体積分率 ϕ_B 依存性　○はポリ酢酸ビニル（重合度 1600）のベンゼン溶液の実測値，それを結んだのが E 線（岡村ら，『高分子化学序論（第 2 版）』，化学同人（1986））

ゼン溶液のベンゼンの活量の組成変化も示されている。非理想性の原因がエントロピー変化に起因することを示す例である。

16-8-3　その他

実在溶液は，一般に，混合に伴い発熱や吸熱が見られ，$\Delta_{\mathrm{mix}}H \neq 0$ および $\Delta_{\mathrm{mix}}S \neq \Delta_{\mathrm{mix}}S^{\mathrm{id}}$ となる溶液である。前章の図 15.6 に示したアセトン-クロロホルム系や二硫化炭素-アセトン系など多くの例がある。鎖状高分子の溶液の場合は，式（16.85）および式（16.86）に熱の出入りを示す $H^{\mathrm{E}}=\chi\phi_{\mathrm{B}}{}^2$ を加えた次式が提案され，高分子溶液の溶液挙動の理想性からのずれの説明に用いられている。

$$\Delta\mu_{\mathrm{A}} = RT\ln a_{\mathrm{A}} = RT\left\{\ln\phi_{\mathrm{A}} + \left(1-\frac{1}{r}\right)\phi_{\mathrm{B}} + \chi\phi_{\mathrm{B}}^2\right\} \qquad (16.88)$$

$$\Delta\mu_{\mathrm{B}} = RT\ln a_{\mathrm{B}} = RT\{\ln\phi_{\mathrm{B}} + (r-1)\phi_{\mathrm{A}} + r\chi\phi_{\mathrm{B}}^2\} \qquad (16.89)$$

ここで，χ は**自由エネルギーパラメータ**と呼ばれている。

電解質溶液（electrolyte solution）はイオン間に働く静電相互作用が，理想性からのずれの最も大きな原因となる例である。これについては第 18 章で詳しく解説する。

補遺 16.1　フガシティーの見積り

多成分系の化学熱力学の基本方程式：

$$\mathrm{d}G = -S\mathrm{d}T + V\mathrm{d}p + \sum_i \mu_i \mathrm{d}n_i \qquad \text{（補式 16.1）}$$

から始めよう。純物質の等温過程による変化は

$$\mathrm{d}G = V\mathrm{d}p + \mu\mathrm{d}n \qquad \text{（補式 16.2）}$$

で表される。dG は完全微分（付録参照）であ

るから

$$\frac{\partial \mu}{\partial p} = \frac{\partial V}{\partial n} \qquad \text{（補式 16.3）}$$

が成立する。右辺は物質のモル体積 V であるから

$$\frac{\partial \mu}{\partial p} = V_{\mathrm{m}} \qquad \text{（補式 16.4）}$$

したがって

$$\mathrm{d}\mu = V_{\mathrm{m}}\mathrm{d}p \qquad \text{（補式 16.5）}$$

と表される。理想気体に対しては，同様に

$$\mathrm{d}\mu^{\mathrm{id}} = V_{\mathrm{m}}^{\mathrm{id}}\mathrm{d}p \qquad \text{（補式 16.6）}$$

と書ける。補式（16.5）から補式（16.6）を辺々差し引くと

$$\mathrm{d}\mu - \mathrm{d}\mu^{\mathrm{id}} = (V_{\mathrm{m}} - V_{\mathrm{m}}^{\mathrm{id}})\mathrm{d}p \qquad \text{（補式 16.7）}$$

が得られる（補図 16.1）。積分すると

$$\mu - \mu^{\mathrm{id}} = \int_0^p (V_{\mathrm{m}} - V_{\mathrm{m}}^{\mathrm{id}})\mathrm{d}p \qquad \text{（補式 16.8）}$$

となる。式（16.5）と補式（16.8）とから

$$RT\ln\left(\frac{f}{p}\right) = \int_0^p (V_{\mathrm{m}} - V_{\mathrm{m}}^{\mathrm{id}})\mathrm{d}p \qquad \text{（補式 16.9）}$$

が得られ，$\phi = f/p$ を考慮して，書き換えると

$$\ln\phi = \frac{1}{RT}\int_0^p (V_{\mathrm{m}} - V_{\mathrm{m}}^{\mathrm{id}})\mathrm{d}p \qquad \text{（補式 16.10）}$$

が得られる。

V_{m} が圧力の関数として表されていれば，フガシティー係数 ϕ は上式によって算出されるが，圧力依存性が分らない場合は $V_{\mathrm{m}} - V_{\mathrm{m}}^{\mathrm{id}}$ の圧力依存性を示す曲線を書き，その差の図上積分で得られる面積を RT で割ることによって，フガシティー係数の対数 $\ln\phi$ を求める。

具体例として，ブタンの 500 K での結果を補図 16.2 および補図 16.3 に示す。

$\ln\phi$ は，実在気体の圧縮因子 Z（4 章 2.1 節参照）を用いても計算できる。理想気体では $V_{\mathrm{m}}^{\mathrm{id}} = RT/p$ であるから，補式（16.10）は

$$\ln\phi = \frac{1}{RT}\int_0^p \left(V_{\mathrm{m}}^{\mathrm{real}} - \frac{RT}{p}\right)\mathrm{d}p \qquad \text{（補式 16.11）}$$

となる。

気体の圧縮因子を用いると，実在気体のモル体積は $V_{\mathrm{m}}^{\mathrm{real}} = RTZ/p$ と近似できるから，それを上式に代入すると

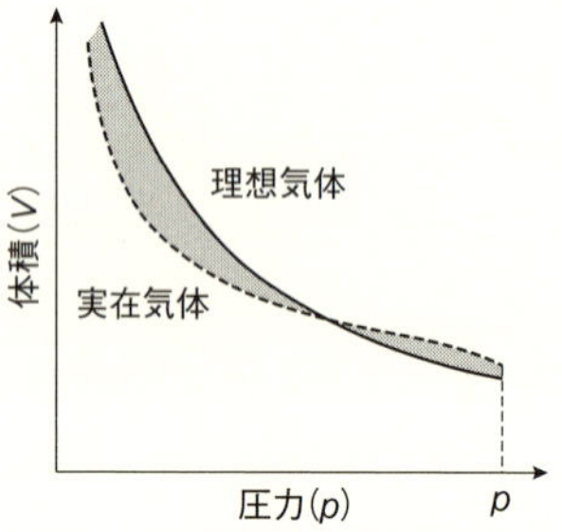

補図 16.1　実在気体と理想気体の圧力と体積の関係

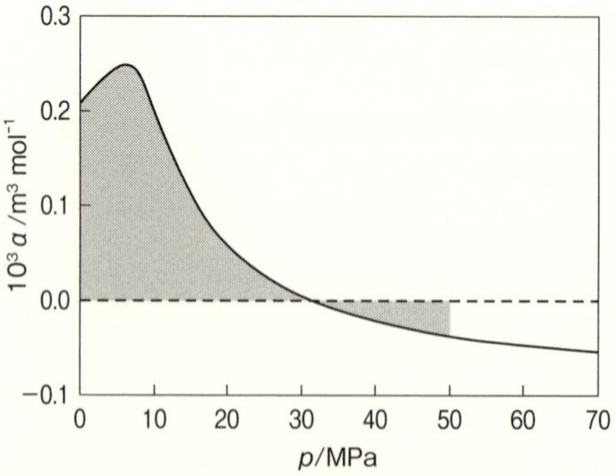

補図 16.2　500 K におけるブタンの $\alpha(V_{\mathrm{m}}^{\mathrm{id}} - V_{\mathrm{m}})$ の圧力変化。$p=0$ の値は実験からの外挿値

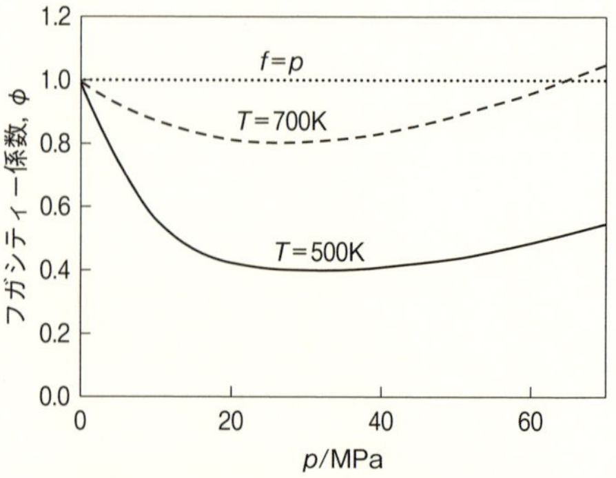

補図 16.3　500 K および 700 K で求められたブタンのフガシティーの圧力変化

$$\ln\phi = \int_0^p \left(\frac{Z-1}{p}\right) dp$$
(補式 16.12)

が得られる。$(Z-1)/p$ の p に対するプロットを図示し，その図上積分から $\ln\phi$ を求める方法が利用されている。

補遺 16.2 成分の活量および活量係数間の基本的関係

一定の温度，圧力の下では，溶液成分 A と B の化学ポテンシャル間に次のギブズ–デュエムの式（式 14.56）：

$$n_A d\mu_A + n_B d\mu_B = 0 \quad (補式 16.13)$$

が成り立っている。両成分の化学ポテンシャルは

$$\mu_A = \mu^\circ + RT\ln a_A \quad (補式 16.14)$$
$$\mu_B = \mu^\circ + RT\ln a_B \quad (補式 16.15)$$

で与えられるから，これを微分すると，それぞれ

$$d\mu_A = dRT\ln a_A,\quad d\mu_B = dRT\ln a_B$$
(補式 16.16)

となるので，これを式（補 16.13）にいれると

$$n_A d\ln a_A + n_B d\ln a_B = 0$$
(補式 16.17)

が得られる。この式を (n_A+n_B) でわると

$$x_A d\ln a_A + x_B d\ln a_B = 0$$
(補式 16.18)

となる。書き換えると

$$d\ln a_B = -\frac{x_A}{x_B} d\ln a_A$$
(補式 16.19)

が得られ，その積分によって溶媒と溶質の活量の関係が得られるから，原理的には一方の活量が得られれば，他方の活量が算出できることを示している。しかし，x_B が 0 に近づけば a_B も 0 となるから，$d\ln a_A$ は発散するので，補式(16.19) の積分は下限が問題となる。活量係数は，x_B が 0 に近づく時には，$a_B/x_B=\gamma_B$ が 1 になることを考慮し，上記の式を，以下に示すように，活量係数を含む式に変換する方法が導出され，活量や活量係数が計算されている。

$x_A+x_B=1$ であるから $dx_A=-dx_B$ が得られる。その両辺を x_A で割り，書き換えると

$$\frac{dx_A}{x_A} = -\frac{dx_B}{x_A} = -\frac{x_B}{x_A}\frac{dx_B}{x_B}$$

すなわち $$d\ln x_B = -\frac{x_A}{x_B} d\ln x_A$$
(補式 16.20)

補式（16.19）から補式（16.20）の右式を辺辺引くと

$$d\ln\frac{a_A}{x_A} = -\frac{x_B}{x_A} d\ln\frac{a_B}{x_B}$$
(補式 16.21)

となり

$$d\ln\gamma_A = -\frac{x_B}{x_A} d\ln\gamma_B$$
(補式 16.22)

が得られる。したがって一方の成分の活量係数から他の成分の活量係数が決定できる。

理解度テスト

1. 実在気体の実効圧力を示すためにルイスが導入した状態量を何というか。
2. フガシティー係数を定義し，その系の化学ポテンシャルとの関係を示せ。
3. 実在溶液を取り扱うには活量と活量係数が必要になる。活量および活量係数はなぜ必要か。
4. 活量の単位は無次元である。その理由を述べよ。
5. 液体 A と液体 B とからなる 2 成分系で，A のモル分率が χ_A，A の蒸気圧が p_A であるときの A の活量を求めよ。ただし，同温での純物質 A の化学ポテンシャルは p_A^* である。
6. 活量係数を表すにはあらかじめ基準状態を定めておく必要がある。4 つの基準が

ある。どのような基準かを述べよ。

7. 液体Aと液体Bとからなる2成分系で，Aのモル分率がχ_AのときのAの化学ポテンシャルを書け。同温での純物質Aの化学ポテンシャルはμ_A^*，活量係数はγ_A^Rとする。

8. 過剰化学ポテンシャルと活量係数との関係を示す式をかけ。

9. 正則溶液とはどんな特徴のある溶液か。

10. 正則溶液の取り扱いに表れるβは何を示す定数か。

11. 無熱溶液とはどんな溶液か。そのような溶液を具体的に示せ。

章末問題

問題1　フガシティーとは何か。そのような状態量が何故必要かを答えよ。

問題2　右図にはAとBからなる混合液体の組成と飽和蒸気圧との関係が実線で示されている。

$x_B=0.6$の溶液Cの蒸気圧は64 Torrである。ラウール則基準およびヘンリー則基準の活量係数γ_B^Rおよびγ_B^Hを求めよ。

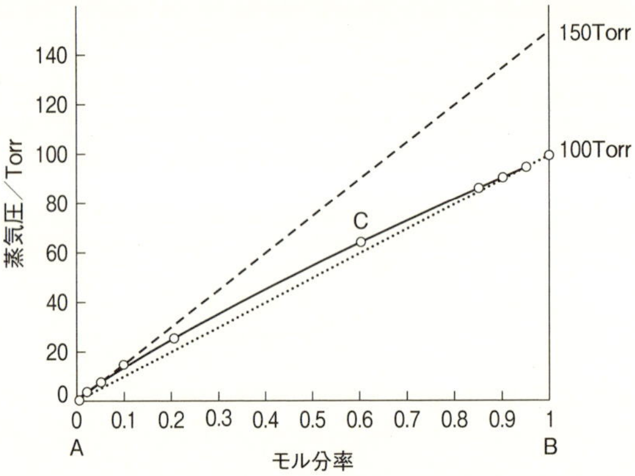

問題3　理想溶液の基準系としてラウール則基準を選んだ場合，式(16.18)が得られることを示せ。

問題4　ラウール則基準活量係数とヘンリー則基準の活量係数の間には，次の関係が成り立つことを示せ。

$$\frac{\gamma_i^H}{\gamma_i^R}=\exp\left(\frac{\mu_i^*-\mu_i^{\circledR}}{RT}\right)$$

問題5　ヘンリー則基準の活量係数と質量モル濃度基準の活量係数の間に

$$\frac{\gamma_i^{(b)}}{\gamma_i^H}=1-x_i$$

が成り立つことを示せ。

問題6　モル分率0.05のアセトン水溶液は1.013×10^5 Paにおいて76.5℃で沸騰した。気相中のアセトンのモル分率は0.630であった。水溶液の組成と気相の組成は平衡にあるとして水の活量係数を求めよ。ただし，76.5℃における水の蒸気圧は3.95×10^4 Paである。

問題7　非理想溶液では，成分の蒸気圧は，そのモル分率x_Aと比例関係が消失する。そのために活量が用いられる。γ_Aを成分Aの活量係数とすると，Aの蒸気圧は$\gamma_A x_A$に比例することを示せ。ただし，蒸気は理想気体とみなす。

問題8　二硫化炭素とジメトキシメタンの純成分の35.2℃における蒸気圧は，それぞれ，514.5 Torrおよび587.7 Torrである。一方，二硫化炭素のヘンリー係数k_{H,CS_2}は1130 Torr，ジメトキシメタンの$k_{H,DME}$は1500 Torrである。二硫化炭素とジメトキシメタン溶液において$x_{CS_2}=0.5393$の成分の分圧は，それぞれ，$p_{CS_2}=357.2$ Torrおよび$p_{DME}=342.2$ Torrである。ラウール則基準の活量係数，ヘンリー則基準の活量係数，およびラウール則とヘンリー則の標準状態の差を示せ。

問題9　500 gの水に0.732 molの不揮発性物質を溶かしたところ，100℃における水蒸気圧は707 Torrになった。水の活量と活量係数を求めよ。

問題10　非理想溶液の場合には凝固点降下の測定から，次式を使って溶媒の活量が求まる。

$$\ln a_{\mathrm{A}} \approx \frac{\Delta_{\mathrm{fre}} H_{\mathrm{m,A}}}{R T_{\mathrm{m,A}}^2} \Delta T_{\mathrm{m}}$$

この近似式を誘導せよ。

問題11　ある非電解質の物質0.45 molを100 gの水に溶かした溶液の凝固点は−6.40℃であった。水の活量と活量係数を求めよ。水の融解熱は6.004 kJ $\mathrm{mol^{-1}}$である。

問題12　溶媒の浸透圧係数ϕが与えられているとき，溶質の活量係数を求める式を誘導せよ。

問題13　スクロース水溶液の浸透圧係数ϕは

$$\begin{aligned}\phi = {} & 1.00000 + (0.07349\,\mathrm{kg\,mol^{-1}})b \\ & + (0.019783\,\mathrm{kg^2\,mol^{-2}})b^2 \\ & - (0.005688\,\mathrm{kg^3\,mol^{-3}})b^3 \\ & - (6.036 \times 10^{-4}\,\mathrm{kg^4\,mol^{-4}})b^4 \\ & - (2.517 \times 10^{-5}\,\mathrm{kg^5\,mol^{-5}})b^5\end{aligned}$$

で表される。1.00 mol $\mathrm{kg^{-1}}$スクロース水溶液の活量係数γ_{suc}を求めよ。

問題14　鉛とビスマスの溶液の700℃での活量係数γ_{Pb}が，下に示す通りである。

X_{Pb}	1.00	0.80	0.60	0.50	0.40	0.20	0.00
γ_{Pb}	1.000	0.978	0.879	0.804	0.728	0.580	0.480*

＊　外挿値

そのデータをもとに作った下図の灰色で示した面積から，モル分率0.40のビスマスの活量係数$\gamma_{\mathrm{Bi-}}$が0.732と算出された。その熱力学的背景を示せ。

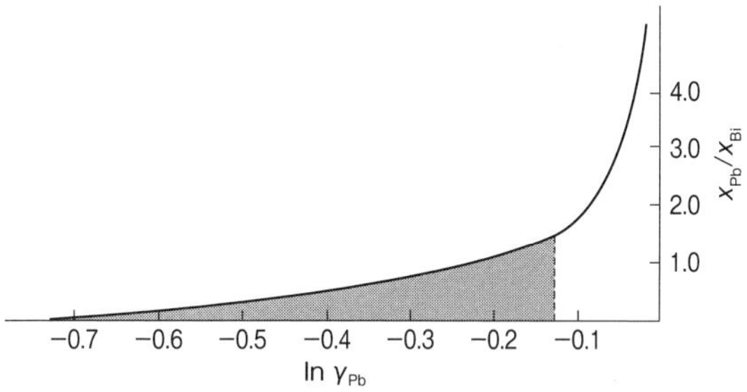

問題15　ベンゼン(A)–四塩化炭素(B)系は25℃で正則であるが理想溶液ではない。AとB等モルを含む溶液の混合エンタルピー$\Delta_{\mathrm{mix}}H_{\mathrm{m}}$=108.78 J $\mathrm{mol^{-1}}$である。

(1)　この溶液の混合の過剰ギブズエネルギーを求めよ。

(2)　$\Delta_{\mathrm{mix}}H_{\mathrm{m}}$を直接測定しなくても，混合エントロピー$\Delta_{\mathrm{mix}}S_{\mathrm{m}}$を求める方法を述べよ

問題16　25℃，2 mol $\mathrm{kg^{-1}}$スクロース水溶液の活量係数はγ_{suc}=1.435である。その混合熱は1895.4 J $\mathrm{mol^{-1}}$である。混合熱に温度依存しないとして，35℃におけるγ_{suc}を求めよ。

第 17 章

多成分系の相図

13 章で純物質の相図を学び，与えられた条件下で物質が最も安定な状態になるのはどういう状態のときか，また，どのような条件で相転移がおこるかなど物質の特性に関する重要な情報が得られることを学習した。本章では，混合物の相図を取り上げる。混合物の相平衡は温度，圧力のみならず成分組成にも依存するから，その相図は立体図となり複雑になるが，圧力一定，温度一定などの条件のもとで平面的に相図を描く。まず，理想溶液における気液平衡を取り上げ，定温下における圧力–組成図，定圧下の温度–組成図がどのように作られるかを示す。さらに，実在混合物の相図について考察し，共沸混合物について学び，気–液平衡の特徴を学習する。次に，溶液が 2 相分離する液–液平衡や固溶体や共融体が生じる固–液平衡の相図を取り上げ，その熱力学的背景を考察する。3 成分系の相平衡は温度，圧力のみならず 2 つの組成変数が必要で，その相図はさらに複雑になるが，定温，定圧における平面三角図やそれに垂直な高さ軸として温度を入れた立体三角図が活用されている。その代表的な相図を紹介する。

17-1　2 成分系の相律と状態図

相律を 2 成分系（2 成分混合物）に適用すると，$F=C-P+2$（式（14.106））において $C=2$ であるから，自由度は $F=4-P$ となる。その場合の相の数と状態変数を示すと表

表 17.1　相の数と自由度

相の数 P	自由度 F	状態変数
1	3	温度と圧力と組成
2	2	温度，圧力，組成のうち 2 つ
3	1	温度，圧力，組成のうち 1 つ
4	0	なし

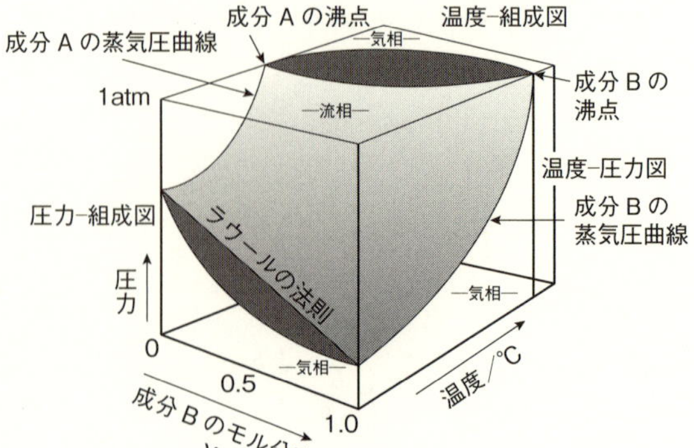

図 17.1　A と B の理想溶液の立体図

17.1 のようになる。

2 成分系では，最大の自由度は 3 であるから，温度，圧力および組成（どちらか一方の成分のモル分率または質量分率）を座標軸にとると，安定な状態を 3 次元の立体図によって表すことができる（図 17.1）。一般に，立体図は煩雑になることが多いので，3 つの変数のうち 1 つを固定し，他の 2 つの変数を座標軸に取った平面図が用いられる。それは，図 17.1 に示すように，立体図の 3 つの断面図で，**前面が示す圧力–組成図**（pressure-composition diagram），**上面が示す温度–組成図**（temperature-composition diagram）および**側面が示す温度–圧力図**（temperature-pressure diagram）である。

17–2　理想 2 成分溶液の気–液平衡と相図

17–2–1　理想溶液とその蒸気の組成

15 章で，定温条件下，2 種類の揮発性液体 A，B が理想溶液を形成するときには，ラウールの法則に従うことを学んだ。すなわち，溶液組成を x_{A} および x_{B} とすると，その蒸気の分圧は，$p_{\mathrm{A}}=x_{\mathrm{A}}p_{\mathrm{A}}^{*}$ および $p_{\mathrm{B}}=x_{\mathrm{B}}p_{\mathrm{B}}^{*}$ であり，全蒸気圧 p は，次式で表される。

$$p = p_{\mathrm{A}}+p_{\mathrm{B}} = x_{\mathrm{A}}p_{\mathrm{A}}^{*}+x_{\mathrm{B}}p_{\mathrm{B}}^{*} = x_{\mathrm{A}}p_{\mathrm{A}}^{*}+(1-x_{\mathrm{A}})p_{\mathrm{B}}^{*} = (p_{\mathrm{A}}^{*}-p_{\mathrm{B}}^{*})x_{\mathrm{A}}+p_{\mathrm{B}}^{*} \quad (17.1)$$

したがって，決まった温度で p を x_{A} に対してプロットすると，15–1–2 の図 15.3 で示したように，組成とともに p_{B}^{*} から p_{A}^{*} まで直線的に変化する。

そのような理想溶液の蒸気相における組成と蒸気圧の関係について考えてみよう。A と B の**蒸気圧が異なる場合**には，平衡にある溶液の組成と蒸気の組成とは異なることが想像できる。蒸気相における A と B のモル分率をそれぞれ y_{A} および y_{B} とすると，蒸気が理想気体であれば，ドルトンの法則より，A の分圧 p_{A} は $p_{\mathrm{A}}=py_{\mathrm{A}}$，B の分圧 p_{B} は $p_{\mathrm{B}}=py_{\mathrm{B}}$ で表される。したがって，p に対し式（17.1）を用いると

$$y_{\mathrm{A}} = \frac{p_{\mathrm{A}}}{p} = \frac{p_{\mathrm{A}}^{*}x_{\mathrm{A}}}{p_{\mathrm{A}}^{*}x_{\mathrm{A}}+p_{\mathrm{B}}^{*}x_{\mathrm{B}}} = \frac{p_{\mathrm{A}}^{*}x_{\mathrm{A}}}{p_{\mathrm{B}}^{*}+(p_{\mathrm{A}}^{*}-p_{\mathrm{B}}^{*})x_{\mathrm{A}}} = \frac{\dfrac{p_{\mathrm{A}}^{*}}{p_{\mathrm{B}}^{*}}x_{\mathrm{A}}}{1+\left(\dfrac{p_{\mathrm{A}}^{*}}{p_{\mathrm{B}}^{*}}-1\right)x_{\mathrm{A}}} \quad (17.2)$$

が得られる。ベンゼン（A)–トルエン（B）溶液の実測の結果を図 17.2 に示す。これは，$p_{\mathrm{benzene}}^{*}/p_{\mathrm{toluene}}^{*}=2.4$ として計算した理論曲線と一致しており，ベンゼン–トルエン混合物は全域にわたって理想溶液とみなせることを示している。

蒸気相の成分 A のモル分率 y_{A} を用いると，A の分圧は $p_{\mathrm{A}}=y_{\mathrm{A}}p$ である。一方，p_{A} にラウールの法則（$p_{\mathrm{A}}=x_{\mathrm{A}}p_{\mathrm{A}}^{*}$）を適用すると次式が成り立つ。

$$y_{\mathrm{A}}p = x_{\mathrm{A}}p_{\mathrm{A}}^{*} \quad \text{すなわち} \quad x_{A} = \frac{y_{\mathrm{A}}p}{p_{\mathrm{A}}^{*}} \quad (17.3)$$

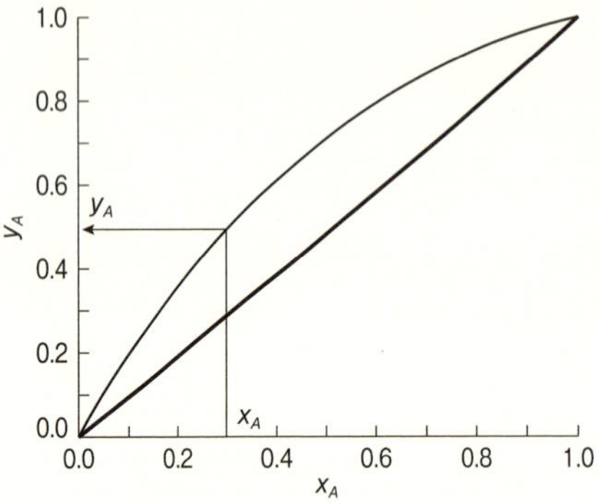

図 17.2　ベンゼン（A）-トルエン（B）溶液の x_A と y_A との関係

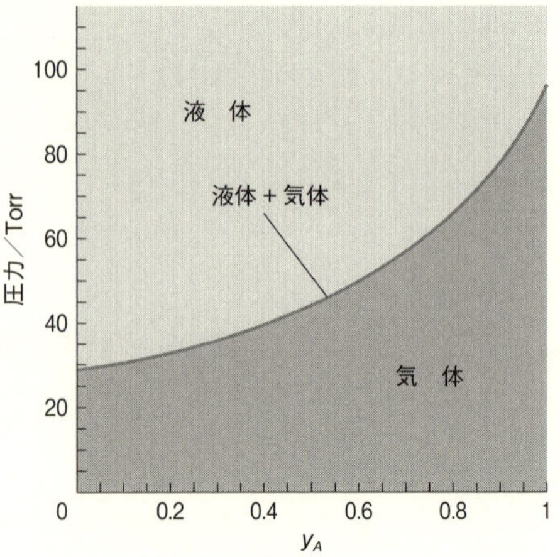

図 17.3　298.15 K におけるベンゼン（A）-トルエン（B）混合溶液の組成と圧力の関係

この関係を式（17.1）に代入すると

$$p = p_B^* + \frac{y_A p}{p_A^*} p_A^* - y_A p \frac{p_B^*}{p_A^*} = p_B^* + y_A p - y_A \frac{p_B^*}{p_A^*} p \qquad (17.4)$$

となる。書き換えると

$$p = \frac{p_A^* p_B^*}{p_A^* + y_A (p_B^* - p_A^*)} = \frac{1}{\left(\dfrac{y_A}{p_A^*} + \dfrac{y_B}{p_B^*}\right)} \qquad (17.5)$$

が得られる。この式は p を y_A に対しプロットすると双曲線になることを示している。その具体例として，298.15 K におけるベンゼン-トルエン溶液の結果を図 17.3 に示す。

例　題 1　**90℃におけるベンゼンおよびトルエンの蒸気圧はそれぞれ 136.29 kPa および 54.22 kPa である。混合物の全圧 p が 122.33 kPa であるときの蒸気のベンゼンのモル分率を求めよ。**

〔解　答〕　式（17.5）は次式のように書き換えられる。

$$y_A = \frac{p_A^*(p_B^* - p)}{p(p_B^* - p_A^*)}$$

この式に $p_A^* = 136.29$ kPa，$p_B^* = 54.22$ kPa，$p = 122.33$ kPa を代入すると

$$y_A = 0.92$$

例　題 2　**A，B の 2 つの液体が理想溶液を形成し，所定の温度で $p_A^* = 200$ Torr，$p_B^* = 400$ Torr である。B の濃度が 80% である蒸気と平衡にある液体の組成はいくらか。**

〔解　答〕　$x_B^g = 0.80$ であるから，式（17.2）を用いて

$$0.80 = \frac{400x_B}{200x_A + 400x_B} = \frac{400x_B}{200(1 - x_B) + 400x_B}$$

となる。これを解いて $x_B = 0.67$，すなわち B の濃度が 67% の液体

17-2-2　理想溶液の状態図（相図）

ベンゼン-トルエン溶液の溶液組成と蒸気圧および蒸気組成（y）と蒸気圧の関係を，系のベンゼンの組成を共通の横軸（x）にとって，一緒にプロットすると図 17.4 が得られる。上側の直線よりも高圧であればすべて液体（1 相）であるが，直線上まで圧力を下げると気泡が生じ，液体と気体が共存する状態になる。この直線は液体のみで存在できる圧力の下限を表しており**液相線**（liquidus line）あるいは気体の発生に注目し**気泡線**（bubble point line）ともいう。これに対し，曲線以下の圧力では気相のみで存在し，圧力を上げて行くと曲線に達したとき液化が始まる。この曲線は気体のみで存在する圧力の上限を示すから**気相線**（vapor line）あるいは液体が生じ始める点を強調して**露点線**（dew point line）ともいう。図 17.4 には液相線と気相線に囲まれた**三日月形の領域**が存在する。この圧力域は液体と気体が共存する領域である。この図は一定温度における 2 成分系の圧力と状態の関係を示した相図すなわち**圧力-組成図**で，**蒸気圧図**ともいう。

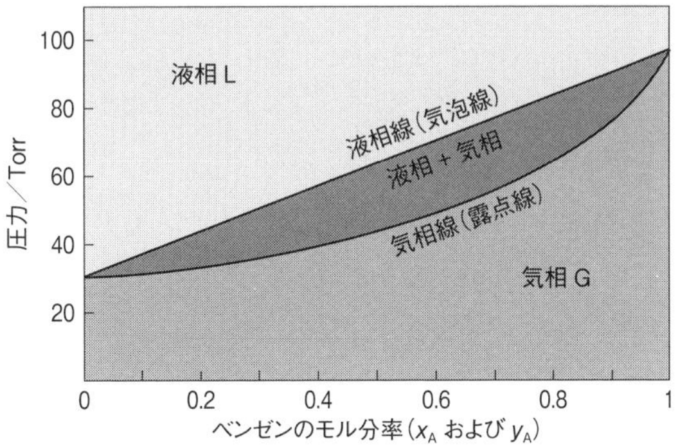

図 17.4　298.15 K におけるベンゼン（A）-トルエン（B）溶液の圧力-組成図

系の圧力を一定に固定し，溶液をゆっくり加熱すると，ある温度 T で気相が発生し気液が共存する気液平衡状態が実現する。例えば 1 atm におけるベンゼン-トルエン溶液の沸点 T_b とその組成および蒸気組成の測定結果を表 17.2 に示す。

表 17.2　1 atm（1.013×10^2 kPa）におけるベンゼン（A）-トルエン（B）系の沸点，液相組成，気相組成

温度 T_b/℃	110.6	105.7	101.8	98.3	95.2	92.4	89.8	87.3	85.0	82.6	80.1
x_A	0.0	0.1	0.2	0.3	0.4	0.5	0.6	0.7	0.8	0.9	1.0
y_A	0.0	0.208	0.372	0.507	0.619	0.713	0.791	0.857	0.912	0.959	1.0

温度 T を縦軸にとり，横軸にベンゼンの溶液組成およびその蒸気相組成をとって，2 つの曲線を 1 つのグラフにプロットすると図 17.5 が得られる。この図は温度と組成の関係を示す**温度-組成図**であり，トルエンに蒸気圧の高いベンゼンが混ざると溶液の沸点が下がるので，圧力組成図とは傾きが異なる図となり，下側の曲線よりも温度が低ければ溶液は液体のみで存在し，曲線の温度に達すると沸騰が始まり，気液平衡状態となる。この液相線を**沸騰曲線**（boiling curve）ともいう。温度組成図の液相線は理想溶液であっても

直線にはならず曲線となる（その理由は，補遺 7-1 に示す）。

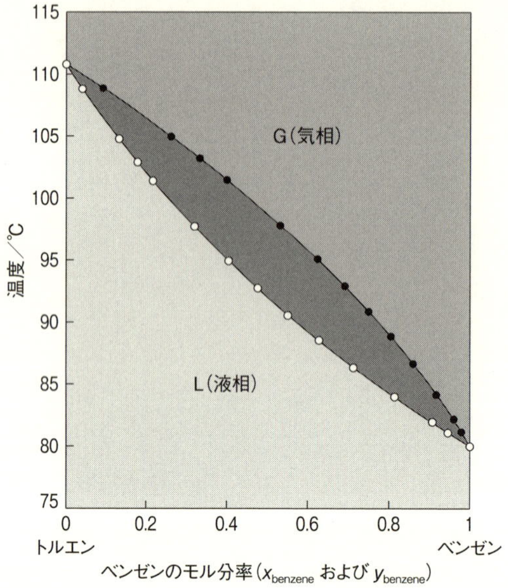

図 17.5　1 atm におけるベンゼン–トルエン溶液の温度–組成図

上側の曲線は溶液と平衡にある蒸気の組成 $y_{benzene}$ と温度との関係を示し，それ以上の温度では気相として存在するから気相線である。気相側から温度を下げるとこの線の温度で凝縮が始まるから**凝縮曲線**（condensing curve）ともいう。気相線と下側の曲線すなわち液相線に囲まれたレンズの形の領域は，図 17.4 の三日月形の領域と同様に定圧で溶液と蒸気が平衡で共存する温度領域である。

17-2-3　相図からの情報

これまで，ベンゼン–トルエン混合物に対して定温における圧力–組成図および定圧下における温度–組成図を示した。ヘキサンとヘプタン，二臭化エチレンと二臭化プロピレン，二硫化炭素とベンゼンおよび四塩化炭素と四塩化スズのように，大きさの点でも分子間相互作用の点でもよく似ている分子の液体混合物は理想溶液に近い相図となる。二硫化炭素とベンゼン混合物の気–液平衡を 30℃ における圧力–組成図（図 17.6）および 1 atm 下における温度–組成図（図 17.8）をもとに，2 相平衡領域から得られる情報を考えてみよう。

(1)　圧力–組成図

圧力–組成図の液相線より高い圧力および気相線（露点線）より低い圧力では，それぞれ液相および気相のみで存在し，2 成分が 1 相を形成しているから，相律を適用すると自由度は 3 となり，温度，圧力および組成を自由に選ぶことができる領域である。2 つの線で囲まれたレンズの形の領域は気相と液相が共存する領域で，自由度は 2 である。したがって，温度を一定に保持する限り，圧力が決まれば，気相も液相も共に，その組成は自動的に定まる。

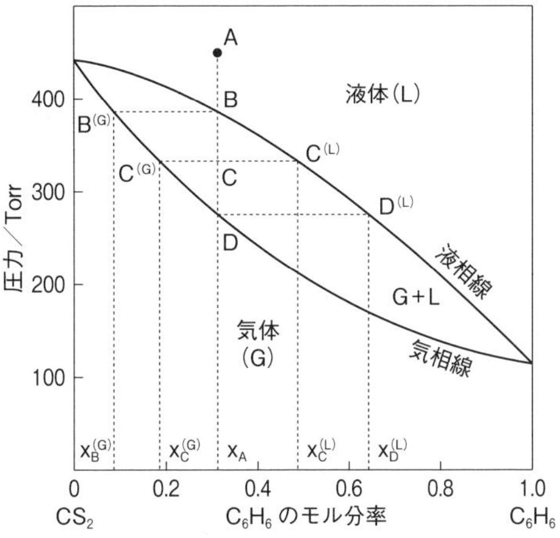

図 17.6　二硫化炭素とベンゼン混合 30℃ における圧力-組成図

図 17.6 において，ベンゼンの組成が x_A の液体混合物（図中の A 点）を選び，そこから圧力を下げる場合を考えてみよう。組成を変えずにおろした垂直線を**等組成線**という。A 点では液相のみであるが，液相線上 B 点に達すると蒸気が生じ，気相が共存するようになる。その時の気相の組成は，B 点から水平線（等圧線）を気相線まで延ばし，その交点 $B^{(G)}$ の組成として読み取ることができる。平衡にある 2 相間を結んだ水平線（等圧線）の線分 $BB^{(G)}$ を**タイライン**（**tie line**）（**連結線**）という。生じた蒸気のベンゼン組成は $x_B^{(G)}$ に減少し，蒸発しやすい CS_2 に富んだ組成となっている。

B から D の方に圧力を下げていくと，指定した圧力になるまで蒸発（1 atm なら沸騰）がおこり，その圧力のタイラインが，気相線および液相線と交わる組成で平衡状態になる。圧力が下がれば，溶液の組成は液相線にそって B から $C^{(L)} \to D^{(L)}$ へ変化し，ベンゼンのモル分率は x_A から $x_C^{(L)}$，$x_D^{(L)}$ へと上昇する。その間，蒸気相の組成は気相線に沿って $B^{(G)} \to C^{(G)} \to D$ へ変化し，それに伴ってベンゼンのモル分率も $x_B \to x_C^{(G)} \to x_A$ へ変化する。D 点に達するとすべて気化し，A 点と同じ組成の気体となる。

平衡にある 2 相間を結んだタイラインは，液体と蒸気の両方の組成を示すだけでなく，以下に述べるようにその物質量の割合も示している。いま，共存相（レンズの形の領域）中の点 C を考える。C 点（組成 x_A）は仮想的な状態で，その状態になると C 点を通るタイラインが示す組成の気相と液相に分離する。タイラインが気相線および液相線と交わる点をそれぞれ $C^{(G)}$，$C^{(L)}$ とし，それぞれのベンゼンの組成を $x_C^{(G)}$，$x_C^{(L)}$，共存する気相と液相における全物質量を n_G および n_L とすると，気相および液相のベンゼンの物質量は $x_C^{(G)} n_G$ および $x_C^{(L)} n_L$ となる。その和は，系のベンゼンの物質量に等しい。ベンゼンの物質量は系の物質量（$n_G + n_L$）に A 点の組成 x_A をかけた $x_A(n_G + n_L)$ であるから

$$x_C^{(G)} n_G + x_C^{(L)} n_L = x_A(n_G + n_L) \tag{17.6}$$

$$\frac{n_{\mathrm{L}}}{n_{\mathrm{G}}} = \frac{x_{\mathrm{A}} - x_{\mathrm{C}}^{(\mathrm{G})}}{x_{\mathrm{C}}^{(\mathrm{L})} - x_{\mathrm{A}}} = \frac{\mathrm{CC}_{\mathrm{C}}^{(\mathrm{G})}}{\mathrm{CC}_{\mathrm{C}}^{(\mathrm{L})}} \tag{17.7}$$

である。これは，二相平衡にある液相と気相の物質量の比は，タイラインを 2 つに別けた線分 $\mathrm{CC}_{\mathrm{C}}^{(\mathrm{G})}$ と $\mathrm{CC}_{\mathrm{C}}^{(\mathrm{L})}$ の長さの比となっている。この関係は，図 17.7 に示すように，全体の組成（C 点の組成）x_{A} を支点におき，竿の長さをタイラインとするてこにおいて，支点の右側を $x_{\mathrm{L}} - x_{\mathrm{A}}$，左側を $x_{\mathrm{A}} - x_{\mathrm{G}}$ とし，右の皿に n_{L} mol，左の皿に n_{G} mol を入れたてこの釣り合いと似ている。したがって，この関係を**てこの規則**（lever rule）という。

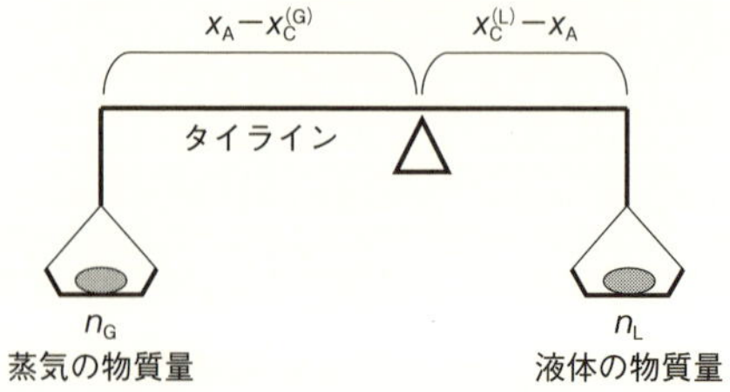

図 17.7　2 相平衡とてこの規則

例題 3　**25℃ で 1-プロパノールと 2-プロパノールは自由な割合で混ざり合い均一な混合物になる。2-プロパノールの気相および液相のモル分率がそれぞれ 0.87 および 0.75 であるとして，2-プロパノールの全体の組成が 0.80 の時の液相と気相の相対量を求めよ。**

〔解　答〕　式 (17.7) において，2-プロパノールの全体の組成が 0.80 であるから，$x_{\mathrm{A}} = 0.80$。気相における 2-プロパノールの組成 $x_{\mathrm{C}}^{(\mathrm{G})} = 0.87$，液相における 2-プロパノールの組成は $x_{\mathrm{C}}^{(\mathrm{L})} = 0.75$ であるから

$$\frac{n_{\mathrm{L}}}{n_{\mathrm{G}}} = \frac{0.80 - 0.87}{0.75 - 0.80} = 1.6$$

(2)　温度-組成図と分別蒸留の原理

ベンゼン-二硫化炭素の温度組成図（図 17.8）において，ベンゼンの組成が x_{A} の液体を加熱していくと，A 点になった温度で沸騰し始め，そこからのタイラインが気相線と交わる B 点の組成（x_{B}）からなる蒸気が発生する。その蒸気の組成 x_{B} は沸点の低い二硫化炭素の分率が大きいから，凝縮すると CS_2 に富む液体になる。

凝縮した液体（組成 x_{B}）をさらに気化すると C の点の組成（x_{C}）の蒸気となり，その凝縮によってますます二硫化炭素に富む液体となる。このような蒸発-凝縮をさらに繰り返すことにより，混合溶液は二硫化炭素とベンゼンに分離できる。図 17.8 では蒸発-凝縮を 3 回繰り返すことによって，CS_2 のモル分率が $x_{\mathrm{A}} = 0.26$(A) から $x_{\mathrm{D}} = 0.98$(D′) の液体になる。このように，沸騰と凝縮のサイクルを繰返せば，望ましい純度で低沸点混合物が分離できる。気-液平衡を利用して，混合溶液をその成分液体に分ける方法を**分別蒸留**

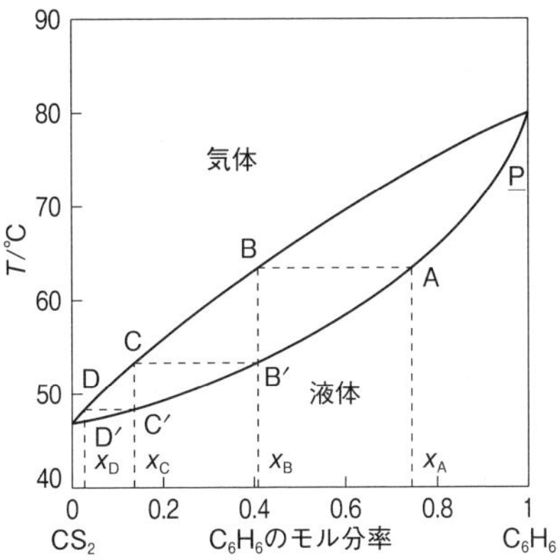

図 17.8　1 atm における二硫化炭素（CS_2）とベンゼン（C_6H_6）混合物の沸点-組成図

(fractional distillation)（**分留**）といい，物質分離に広く利用されている。

沸点の差が小さい物質の分離の際には分留の際に，気化と凝縮の繰り返し回数を増やすようにつくられた分留塔や分留カラムを置き，その中で沸騰と凝縮を繰返すように工夫されている。

化学実験室でよく用いられている蒸留装置の一例を図 17.9 に示す。図に示すように，断熱材で囲んだ分留カラム（fractionating column）をおき，その内部は小さなガラス球または金属製の網で満たされていて，蒸気がふれる固体の表面積を大きくして，分留の効率を上げるような手法が考察されている。例えば，工業生産に利用されている蒸留塔 (distillation column）では，図 17.10 に示すように塔の中には小さな皿があり，加熱されて上がって来た液が蒸発-凝縮を繰り返し，分留するように設計されている。

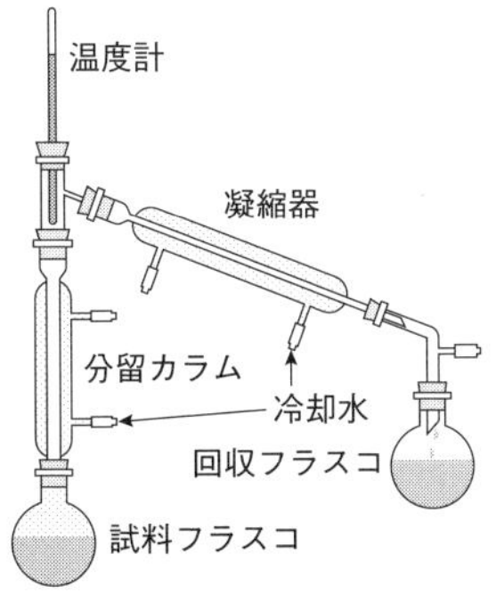

図 17.9　化学実験室で良く使われる蒸留装置の一例

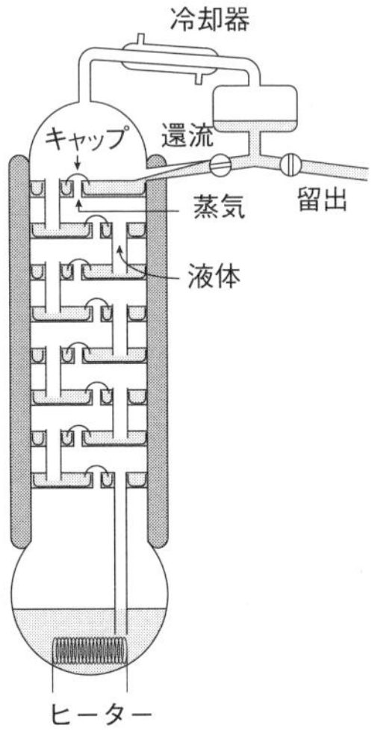

図 17.10　化学工業で使われる蒸留塔

17-3　非理想系の気-液平衡

17-3-1　相　図

理想溶液や理想溶液からのずれが大きくない溶液の気相線および液相線は，図 17.2 のように単調に変化する**温度-組成図**（temperature-composition diagram 既出）であるが，多くの非理想溶液の温度-組成図は単純でない。特に，理想溶液からのずれが大きい場合は，気相線と液相線に極大あるいは極小が生じる。具体例として，図 15.6 に示したように，アセトン-クロロホルム系の示す蒸気圧は，ラウールの法則から予想される値より小さく，負にずれを生じる。それに対し，二硫化炭素-アセトン系では正にずれている。それぞれの系の温度-組成図を図 17.11 および図 17.12 に示す。アセトン-クロロホルム系では，液相線にも気相線にも極大点，アセトンと二硫化炭素の場合には，液相線と気相線に極小点が存在し，それぞれの極値で液相と気相の組成は一致する。

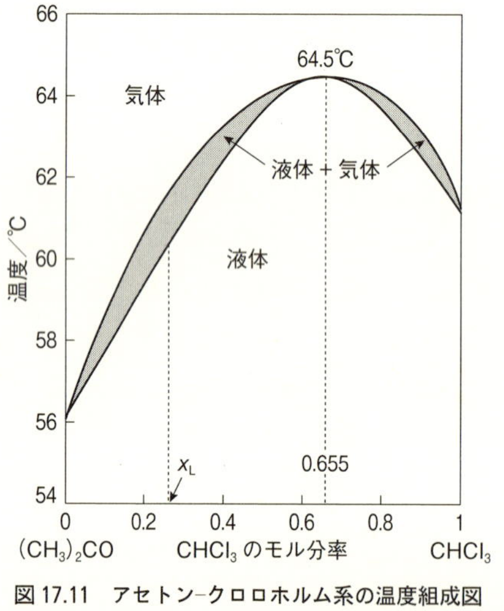

図 17.11　アセトン-クロロホルム系の温度組成図

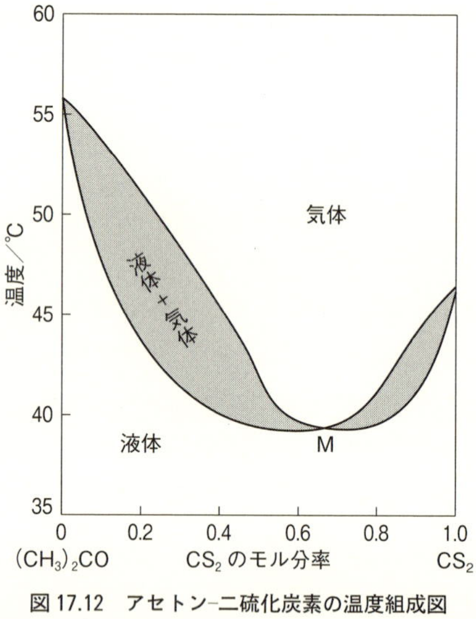

図 17.12　アセトン-二硫化炭素の温度組成図

前者（アセトン-クロロホルム系）は，2 成分の分子間力が成分分子同士の分子間相互作用よりも大きい場合は混合により過剰エンタルピー（H^E，式（15.43））が負になる結果，過剰ギブズエネルギー（G^E，式（15.41））が大きく負になるために表れる組成変化である。このような系では，混合によってより安定な平衡状態になるから，各成分は液体から気体への移行する傾向すなわち逃散傾向が小さくなる。すなわち，蒸気圧は各成分自身よりも低下する結果，圧力-組成図では液相線にも気相線にも極小があらわれる。したがって，沸点は上昇し，温度-組成図には極大があらわれる。これに対し後者（アセトン-二硫化炭素系）は，2 成分の分子間力が成分分子同士の分子間相互作用よりも小さく，混合の過剰エンタルピーが正になる結果，過剰ギブズエネルギーも正になる場合は，蒸気圧が対応する組成の理想気体よりも高くなるので圧力-組成図に極大があらわれるから，温度-

組成図には極小があらわれる。

17-3-2　共沸混合物

極値に達した液体は，液体と蒸気の組成が同じになるから，定圧下では純物質と同じように一定の温度で沸騰し，組成の変化なしに蒸留される。このような組成の混合溶液を**共沸混合物**（azeotropic mixture）という。**極大沸点共沸混合物**や**極小沸点共沸混合物**の例を表 17.3 および表 17.4 に示す。

表 17.3　極小沸点共沸混合物

成分 A	T_b/℃	成分 B	T_b/℃	共沸混合物	
				A の wt%	T_b/℃
H_2O	100	C_2H_5OH	78.3	4.0	78.174
H_2O	100	$CH_3COC_2H_5$	79.6	11.3	73.41
CCl_4	76.75	CH_3OH	64.7	79.44	55.7
CS_2	46.25	CH_3COCH_3	56.15	67	39.25
$CHCl_3$	61.2	CH_3OH	64.7	87.4	53.43

表 17.4　極大沸点共沸混合物

成分 A	T_b/℃	成分 B	T_b/℃	共沸混合物	
				A の wt%	T_b/℃
H_2O	100	HCl	−80	79.778	108.584
H_2O	100	HNO_3	86	32	120.5
$CHCl_3$	61.2	CH_3COCH_3	56.10	78.5	64.43
C_6H_5OH	182.2	$C_6H_5NH_2$	184.35	42	186.2

共沸混合物は，定圧では一定の組成と温度で蒸留されるので純物質に見えるが，圧力を変えると沸点のみならず，組成も変わる点が純物質と異なる。例えば，表 17.5 に示すように，水に塩化水素を混合すると 1 atm では塩化水素が 20.222 質量 % で，沸点が 108.584℃ の共沸混合物になるが，その**組成は圧力によって変化**する。

共沸混合物では蒸留による成分の分離は困難となる。具体例として水-エタノールの混合物について考えて見よう。1 atm における温度-組成図を図 17.13 に示す。エタノールのモル分率が 0.892（質量分率 0.960）の溶液は 78.174℃ の沸点からなる共沸混合物を生じる。エタノールのモル分率がそれよりも低い組成の溶液，例えば，図中の A（組成 x_A）から出発すると，T_1 で沸騰し，組成が B からなる蒸気が生じる。これをいったん冷却して液体にし，再び加熱すると T_2 で沸騰が始まり，組成が C の蒸気が得られる。これを繰

表 17.5　水-塩化水素共沸混合物の組成および沸点の圧力依存性

圧力／Torr	HCl の wt%	T_b/℃
500	20.916	97.578
700	20.360	106.424
760	20.222	108.584
800	20.155	110.007

返すと，蒸気も溶液も共沸組成の方へ移動して行く。共沸混合物になると蒸発と凝縮が組成の変化なしに起るので，分留によってエタノール濃度を 96.0% 以上に濃縮することはできない。

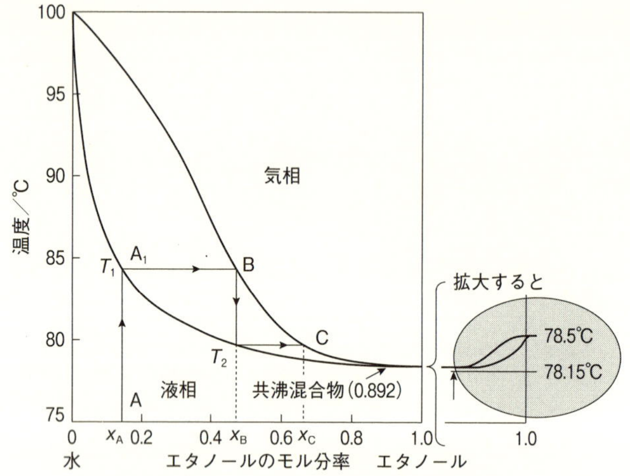

図 17.13　水とエタノール混合物の温度組成曲線

17-4　液–液平衡の相図

17-4-1　部分可溶体–相分離

2 種類の液体を混合するとき，完全に混ざり合うのでなく，温度によって部分的に溶解し 2 相になったり，完全に溶解しあったりする場合がある。水とフェノールはその例で，室温では 2 つの液相に分離しているが温度を上げると均一に混ざり合う。このような液体を部分可溶液体（partially-soluble liquid）という。その 1 気圧下での相図を図 17.14 に示す。1 相を示す領域では，式（14.96）において $C=2$，$P=1$ であるから，自由度は 3 であり，圧力を決めても温度と組成を自由に選ぶことができる。2 相に分かれる温度領域では自由度が 2 であるから，圧力と温度を固定すると自由度がなくなるので組成が決まり，組成の異なる 2 つの液相間に平衡が成り立っている。したがって，図の A 点の温度と組成では，B 点の組成の液相（水にフェノールが飽和：水層）と C 点の組成の液相（フェ

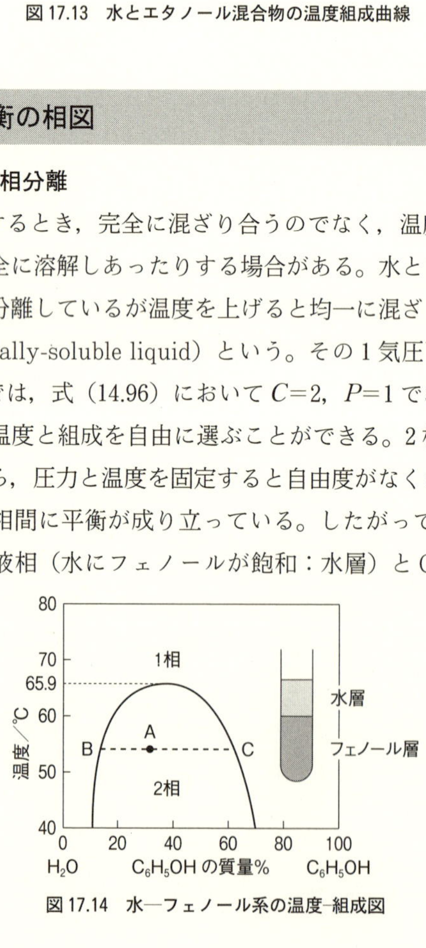

図 17.14　水—フェノール系の温度–組成図

ノールに水が飽和：フェノール層）に分離する。その際のＢ点とＣ点の組成はＡ点を支点とするてこの規則にしたがって分離し，2 相に存在する物質量の相対値は，次式で与えられる。

$$\frac{\text{フェノール層の質量}}{\text{水層の質量}} = \frac{\text{線分 BA}}{\text{線分 AC}} \qquad (17.8)$$

温度を上げるとＢ点とＣ点は次第に近づいていき，65.9℃ で両者は一致する。この温度を**上部臨界完溶温度**（upper critical solution temperature）（**上部共溶温度**（upper consolute temperature）ともいう）といい T_{uc} で表す。これ以上の温度では，水とフェノールは任意の割合で溶け合うので均一な溶液として存在する。T_{uc} より低い温度でも，その組成が曲線の外側の領域であれば，系は均一相を保つ。Ｂ点は水にフェノールを加えて行く時に，2 相分離を起こすことなく混合しえる最大のフェノール組成であり，この限界の組成を**水に対するフェノールの溶解度**という。Ｃ点はフェノールに対する水の溶解度である。したがって，相分離曲線を**溶解度曲線**（solubility curve）ともいう。

図 17.14 は上部臨界完溶温度を持つ例であったが，**下部臨界完溶温度**（critical lower temperature）（**下部共溶温度**（lower consolute temperature）ともいう）T_{ec} を持つ系もある。トリエチルアミンと水の系は，1 atm では 18.5℃ 以下で完全に溶けあう。その相図を図 17.15（a）に示す。低温では分子間相互作用（水素結合）が優先して溶解しているが，温度が高くなると分子運動が活発になり，分子間力が失われて 2 相に分離する。その他，上部臨界完溶温度と下部臨界完溶温度の両方を持つ系がある。水-ニコチンの混合物はその例で，61℃ に下部臨界完溶温度，210℃ に上部臨界完溶温度がある場合である（図 17.15（b））。これは低温では弱い錯体を形成しており部分可溶液体を形成しているが，温度が上がると錯体が壊れるため相互溶解しない温度領域が表れ 2 相になる。さらに加熱すると上部臨界完溶温度に達し，それを越えると熱運動が激しくなり再び均一な混合物になる。

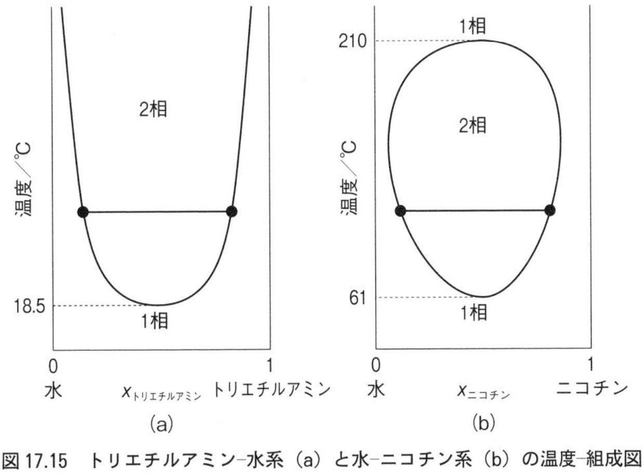

図 17.15　トリエチルアミン-水系（a）と水-ニコチン系（b）の温度-組成図

17-4-2　相分離の熱力学的背景

相分離がおこるのは，15.3.3で述べたように，溶媒–溶質間相互作用が溶媒–溶媒，溶質–溶質間の相互作用よりも弱くて，その混合が吸熱的になる場合である。その値が大きいと系の組成によっては自発的に2相に分離する方がギブズエネルギーが低下し，安定になるからである。ここでは，もう少し定量的な観点から考察しておく。

正則溶液（16-8-1）で取り扱ったように，成分分子Aの周りにある最隣接分子の数をz個とし，その分子の周りは，成分分子Aと成分分子Bのモル分率すなわちx_Aとx_Bに配分されていると仮定しよう。Aがn_A mol存在する場合には，溶媒分子の周りにある最隣接分子はzx_Bn_A molとなる。最隣接分子間相互作用によって生じた混合のエンタルピー$\Delta_{mix}H(=H^E)$は

$$\Delta_{mix}H = H^E = n\Omega x_A x_B \tag{17.9}$$

となる。ここで，nは系の全物質量，Ωは温度や圧力に依存するエネルギー単位をもつ比例定数である。$\Omega>0$であれば$\Delta_{mix}H>0$すなわち吸熱的で混合によってエネルギー的には不安定になる。

混合エントロピー$\Delta_{mix}S$は式（15.27）：

$$\Delta_{mix}S = -nR(x_A \ln x_A + x_B \ln x_B) \tag{17.10}$$

であるから，混合ギブズエネルギーは

$$\Delta_{mix}G = \Delta_{mix}H - T\Delta_{mix}S = n\Omega x_A x_B - nRT(x_A \ln x_A + x_B \ln x_B) \tag{17.11}$$

となる。

これを$\Omega=8\ \mathrm{kJ\ mol^{-1}}$，$T=300\ \mathrm{K}$と仮定して，$\Delta_{mix}G$を組成に対してプロットするとを図17.16が得られる。

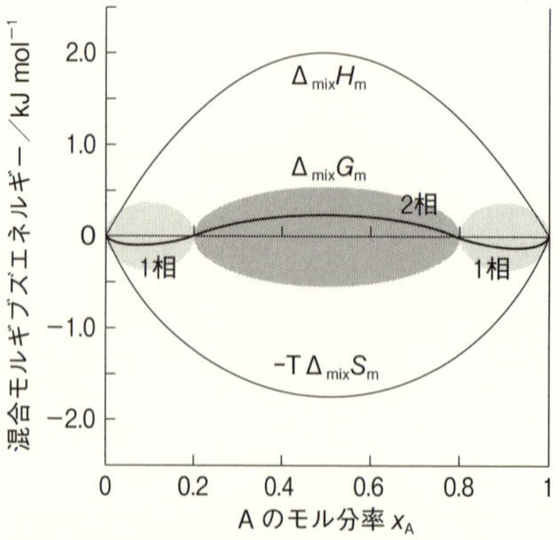

図17.16　混合モルギブズエネルギーの組成変化

一方の成分のモル分率が低い時には，$\Delta_{mix}G<0$ となり1相で安定に存在するが，中間の領域は $\Delta_{mix}G>0$ となるから，組成が異なる2相に分離する方が安定化するのである。

17-4-3 部分可溶液体の相図

17-4-1では，一定の圧力のもとにおける液–液平衡を取り扱ってきた。そこでは，液体混合物の相分離に力点をおいたからいずれの図にも気体–液体曲線は書き入れていない。しかし，ヘキサン–メタノール混合物のように，1 atmのもとで42.6℃の上部臨界共溶温度をもつ部分可溶液体に対しては，常に液相のほかに気相をふくめた相図が考慮されねばならない。図17.17には，沸点組成曲線を加えた相分離曲線の典型的な2例を示す。

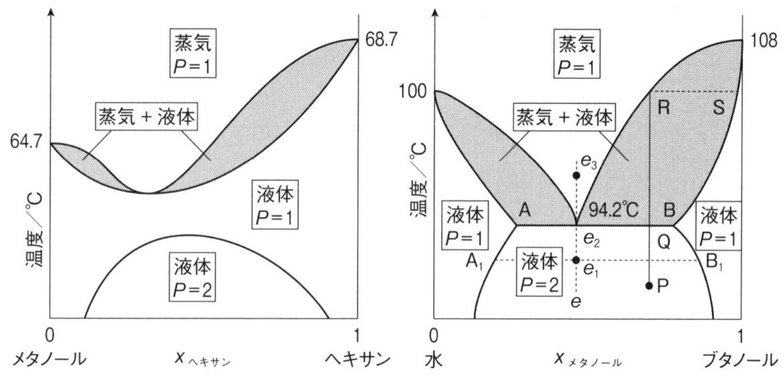

図17.17 相分離する液体混合物の温度組成図

図17.17 (a) は，ヘキサン (A)–メタノール (B) 混合物の場合で，沸騰する前に互いに完全に溶解して1相になり，沸騰線は**極小共沸混合物** (minimum azeotropic mixture) を形成することを示している。これは図17.12と図17.14を組み合わせたかたちになる場合の典型的な例である。

図17.17 (b) は，ブタノール (A)–水 (B) 混合物のように混合して1相になる前に沸騰が起る場合の例である。等組成曲線 $e\,e_3$ で考えて見よう。94.2℃以下の温度 e_1 では，液体は水が溶解しているブタノール溶液 B_1 とブタノールが溶解した水溶液 A_1 が2相を形成しているが，温度が上昇して e_2 すなわち94.2℃になると，沸騰が始まるので気相が加わり系は3相になる。その結果，系の自由度が減り $F=1$ となるから，圧力一定の条件下では温度も組織も一定に決まった状態になる。すなわち温度は94.2℃に保たれたまま同じ組成の蒸気が生じる。このような組成の混合物を**異相共沸混合物**という。P点の組成の液体を熱すると，Q点に達した処で沸騰がはじまる。生じる蒸気の組成は e_2 で点の組成の共沸混合物で，その温度は一方の相の成分が消失するまで94.2℃のままである。発生する蒸気の組成は，Q点よりも水に富んでいるので，液相の水が無くなるまで温度は共沸点である。その後に残存するのはブタノールを多く含む液相と蒸気になり，温度は再び上昇し液相の組成はBSに，気相は曲線 e_2R に沿って変化し，R点で液相は消失する。

17-4-4　不溶性液体混合物と水蒸気蒸留

図 17-18（a）に示すように，互いに溶解し合わない 2 つの液体（A と B）が一定温度で，それぞれの蒸気と平衡にある場合を考えてみよう。2 種液体が溶け込まないから，図 17-18（b）に示すように，隔膜で仕切った容器に A と B とを別々に入れた液体の蒸気との気液平衡状態とみなすことができる。この系の全蒸気圧は，それぞれ，純粋な液体の蒸気圧の和で $p=p_A^*+p_B^*$ である。

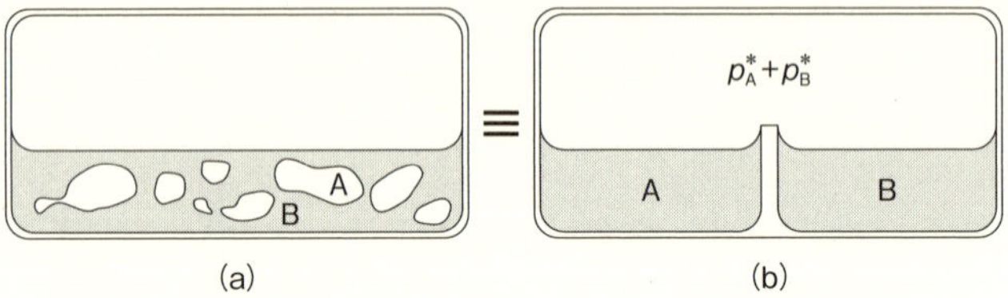

図 17.18　不溶性液体混合物とそのモデルとして描いた気液平衡状態

この系の温度をあげて 1 atm になるまで加熱すると，分圧の和が 1 atm に等しくなった時に沸騰がはじまる。したがって A と B は，単独で存在する時よりも低い圧力で沸騰するから，それぞれの沸点は低下する。その結果，A と B が，沸点におけるそれぞれの蒸気圧に応じて，一緒に蒸留される。例えば，ブロモベンゼンと水はほとんど溶け合わないので 2 つの液相をなす。1 atm の下でブロモベンゼンの沸点は 156℃，水の沸点は 100℃である。ところが，95.3℃ではブロモベンゼンの蒸気圧 120 mmHg，水の蒸気圧は 640 mmHg で，両者の和は 760 mmHg（1 atm）になっているから，1 atm のもとではブロモベンゼンと水系は 95.3℃で沸騰する。したがって，ブロモベンゼンに水蒸気を通じて蒸留すると，95.3℃で水蒸気とともに流出する。この現象を物質の精製に利用したのが**水蒸気蒸留**（steam distillation）である。図 17.19 に水蒸気蒸留装置の一例を示す。金属容器 A の中に入れた水を加熱し，沸騰させ，発生した水蒸気を容器 B の中の高沸点混合物（例えば X を含む水溶液）の中に吹き込むと混合物は 100℃まで加熱され，その中の比較的高沸点の成分 X は水蒸気につられて留出する。このとき，X は水に溶けないので，容器 C の中の留出物は 2 相に分離する。水蒸気蒸留は，高沸点の物質で，それ自身のも

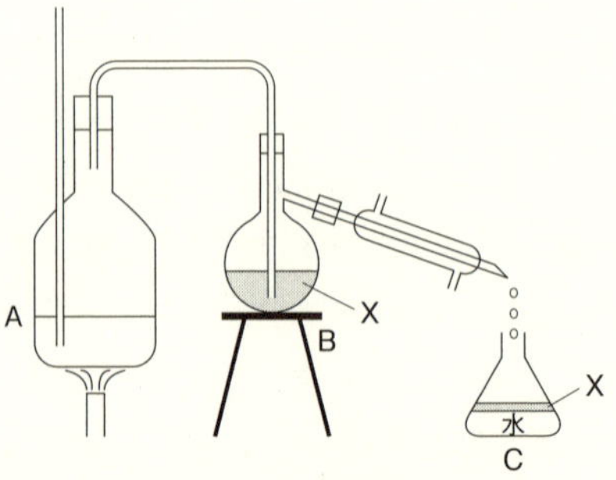

図 17.19　水蒸気蒸留

つ沸点では分解するようものを100℃以下の温度で分解の恐れなく蒸留するのに広く利用されている。

蒸留で得られる物質（A，モル質量 M_A g mol^{-1}）の水（B，モル質量 18 g mol^{-1}）に対する質量比について考察しておこう。気相中のモル分率 y_A^g および y_B^g は

$$y_A^g = \frac{p_A^*}{p} \qquad y_B^g = \frac{p_B^*}{p} \tag{17.12}$$

となるから，n_A および n_B を気相中の A と B の物質量とすると

$$\frac{n_A}{n_B} = \frac{y_A^g}{y_B^g} = \frac{p_A^*/p}{p_B^*/p} = \frac{p_A^*}{p_B^*} \tag{17.13}$$

が得られる。A と B の質量は $m_A = n_A M_A$ および $m_B = 18\,n_B$ であるから

$$\frac{m_A}{m_B} = \frac{M_A p_A^*}{18 p_B^*} \tag{17.14}$$

が得られる。この気相を凝縮させると，凝縮物中に存在する A と B の質量の相対値を示しているから，流出物の質量を見積ることができる。

例　題4　**アニリン（モル質量 94 g mol^{-1}）を 1 atm で水蒸気蒸留したところ，98.4℃で 262 g の留出液が出てきた。98.4℃における水蒸気圧は 718 Torr であった。水蒸気蒸留で取り出されたアニリンの質量を求めよ。**

〔解　答〕　98.4℃におけるアニリンの蒸気圧 $p_{アニリン}$ は

$$p_{アニリン}/\mathrm{Torr} = 760 - 718 = 42$$

水の蒸気圧 $p_水 = 718$ Torr，アニリンのモル質量 $M_{アニリン} = 94$ g mol^{-1} および水のモル質量 $M_{H2O} = 18$ g mol^{-1} を，式（17.14）に代入すると，$m_{アニリン}/m_水 = \{94(\mathrm{g\ mol^{-1}}) \times 42(\mathrm{Torr})\}/\{18(\mathrm{g\ mol^{-1}}) \times 718(\mathrm{Torr})\} = 0.30$ となる。

$m_{アニリン} + m_水 = 262$ g であるから

$$m_{アニリン} + m_水 = m_{アニリン} + (1/0.3) m_{アニリン} = 262\ \mathrm{g}$$

$$m_{アニリン} = 60.5\ \mathrm{g}$$

17-5　固–液平衡の相図

前節までは 2 成分の気–液平衡および液–液相平衡の状態図を取り扱ってきた。ここでは，2 成分からなる固体混合物に注目し，固–液平衡を温度–組成図で考察する。一般に，固体は成分が拡散しにくい上，結晶構造が異なるから液体に比べて混ざりにくい。したがって，固相–液相状態図に表れる相境界は気相–液相図に比べて複雑で，色々な形をした相図が存在する。

17-5-1　固溶体

固体状態でいくつかの成分が均一に混ざり合い，分子レベルでも一様な混合物を**固溶体**（solid solution）という。その典型的な例は，ニッケルと銅，金と銀および金と白金の混合物（合金）で，その一例としてニッケルと銅の温度–組成図を図 17.20 に示す。この系は理想混合物となる場合で，理想溶液と同じ形の状態図（図 17.4 参照）をしている。その違いは，気体として扱ったものを液体と扱い，液体と扱ったものを固体と扱えばよい。すなわち，この場合の相境界線は，高温側が**液相線**（**凝固曲線**（freezing curve）），低温側は**固相曲線**（**融解曲線**（melting curve））といわれる。

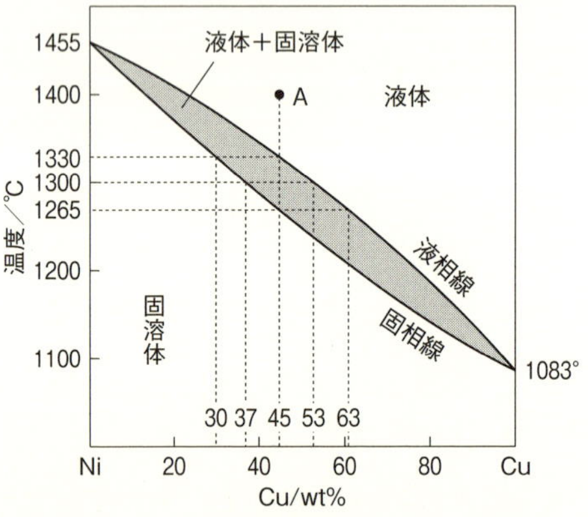

図 17.20　ニッケル–銅系の温度–組成曲線（融点図）

銅の質量が 45% の状態にある合金（図中点 A）を 1400℃ から冷却したときの等組成線（equi-composition line）の温度変化と組成の関係を考えよう。1330℃ で液相線に突き当たる。この温度から固体が析出し始める。その析出した固体の組成は 45% でなく，等温のタイラインが固相線と交わる点の組成 30% である。この温度より固相と液相が共存し始める。それ以下の温度になると，液相と固相が共存し，その割合はてこの規則にしたがっている。例えば，1300℃ になったとき，固相中の銅組成は 37%，液相中では 53% となる。1265℃ まで下がると 45% の等組成線は固相線と交わる。この温度で，凝固が完了する。これ以下の温度ではどこでも完全な固溶体になっており，その組成は 45% である。

このような相図を示すのは，成分の原子半径が近いため，一方の原子からなる結晶の格子点で他方の原子が自由に置きかわる場合や一方の結晶格子の間隙に他の小さな成分原子が入り得る場合で，前者は**置換型合金**（substitutional alloy），後者は**侵入型合金**（interstitial alloy）という（図 17.21）。例で示したニッケルと銅との合金は置換型合金の一例で，水素を吸蔵した金属パラジウムは侵入型合金の例である。このような混合物は，溶液の分留で示したように，融解と固化を繰返すことによって，成分を分離，精製する事

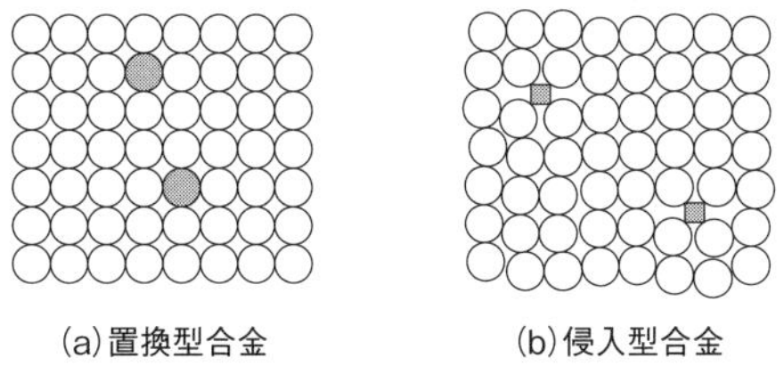

図 17.21　置換型合金と侵入型合金

が出来る。補遺 17–2 にその例を示す。

気–液系の相図で共沸混合物ができる場合と同様に，固–液系の相図でも成分間の相互作用に応じて，極大や極小が表れる場合がある。図 17.22 に示した銅と金の混合系はその例で，金の含量が 82% の組成のところで融点が極小になる。このような混合系では，2 種の金属を混ぜることによって融点の低い合金をつくることができるので，金属の利用に広く利用されている。ニッケル–パラジウム系，銅–マンガン系，マンガン–コバルト系もこの型の状態図を示す例である。一方，極大が表れる場合は極めて少ないが，図 17.23 に示した *d*–カルボキシムと *l*–カルボキシムの融点図はその例である。

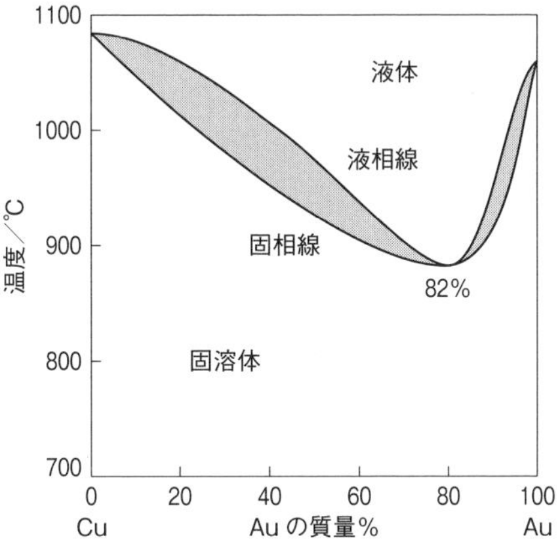

図 17.22　銅–金系の融点図

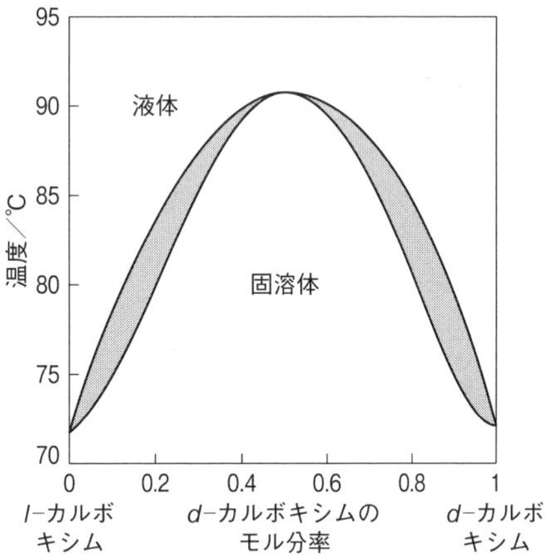

図 17.23　*d*–カルボキシムと *l*–カルボキシム混合物の融点図

17–5–2　共融混合物（共晶）

一定圧力において液相（溶融状態）では互いに完全に混ざり合っているが，冷却して固相になると全く混ざり合わないで，それぞれの成分の純粋な結晶のみの混合物となる場合もよく知られている。ベンゼンとナフタレン，*o*–キシレンと *m*–キシレン，ビスマスとカドミウム，シリコンと金などはその例である。ベンゼンとナフタレンおよび金とシリコンの相図を図 17.24 および図 17.25 に示す。いずれも似た形をしているが，その相図の熱力学的背景に関しては補遺 17–3 に示す。図 17.24 において，曲線 AE は種々の組成の液体が純粋な固体ベンゼンと共存し，平衡にある。BE は種々の組成の液体が固体ナフタレンとそれぞれ平衡にある温度を示している。水平な直線より下の領域すなわち固相だけの領域には純粋なベンゼンの微結晶と純粋ナフタレンの微結晶が混ざり合って共存する。

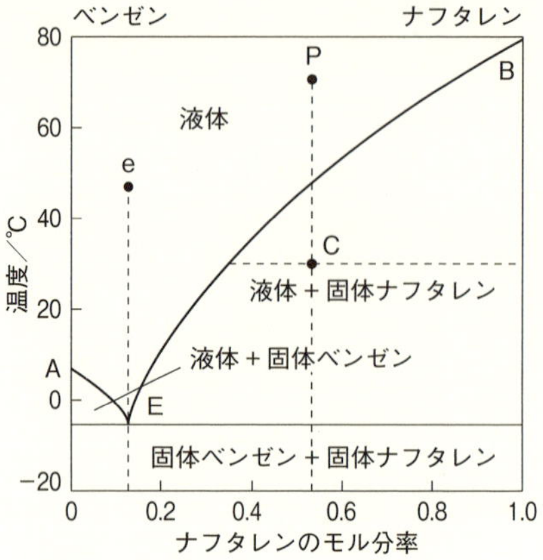

図 17.24　ベンゼンとナフタレンの融点図

ナフタレンのモル分率が 0.53 からなる液体混合物 P から始まる等組成線を考察しよう。この液体混合物を冷却し曲線 BE に到達すると固体ナフタレンと液体が平衡になり固体ナフタレンが析出し始める。さらに冷却するとナフタレンの析出量が増えるから，残った液体の組成はベンゼンの組成が多くなり，液体の組成と温度は曲線 BE に沿って変化する。さらに，冷却して行くと液体は E に到達する。この温度になると液体は純粋なナフタレンだけでなく純粋な固体ベンゼンとも共存するようになる。 この状態では，2 成分からなる混合物が 3 相を形成しているから，自由度は 1 である。圧力を 1 atm と定めれば，自由度はなく，温度と組成が一意的に定まり，液体の組成および温度は，系全体がすべて 2 つの固体に変化するまで一定に保たれる。その転移挙動は，あたかも単一化合物のようであるが，生じた結晶を顕微鏡でみると純粋なナフタレン結晶と純粋な固体ベンゼン結晶が微結晶となって分散した混合物である。点 E は**共融点**または**共晶点**（eutectic point）といい，別々に析出する固体の混合物を**共融混合物**（eutectic mixture）または**共晶**（eutectic）という。共融点以下では，微結晶の分散状態で，固溶体を作ることはない。一般に，成分 A と成分 B の大きさや詰まり具合が違えば互いに整合し難いので，均一な固溶体ができずに分散が起る。

実用的な観点から，金–シリコンの共融体の生成が超小型電気産業におけるシリコンチップの生産に利用されている。図 17.25 に示すように，シリコンの原子分率が 18.6 パーセントのときに共融物が存在する。シリコンの表面をマスクして，金の被膜をつくり，400 ℃ に加熱すると，非常に薄いシリコンと金との共融混合物が生じるから，思いどおりの電気配線ができるようになっている。超小型電気産業の発展によって最近はシリコンチップ上への金線による電気配線が可能になり，その重要性はますます大きくなっている。

われわれの生活に影響を与えている重要な共融混合物がある。例えば，日常生活で利用

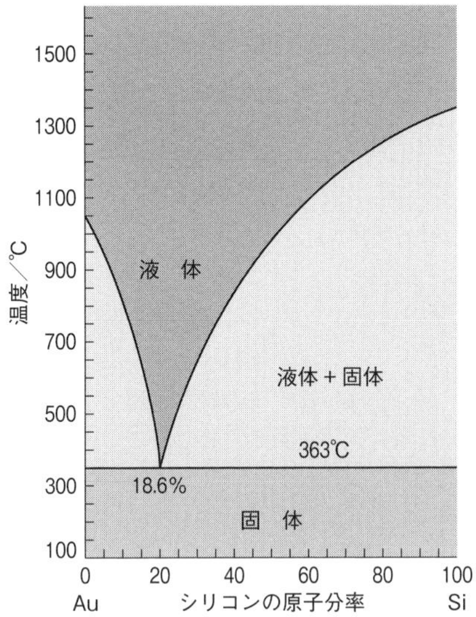

図 17.25　金-シリコン系の融点図

しているハンダはスズ（融点 232℃）と鉛（融点 328℃）の共融混合物（スズ 63%，鉛 37%）で，その融点は 183℃ に低下する。食塩と水は－21℃ で融解する共融化合物をつくる。このように水のつくる共融点のことを特に**氷晶点**といい，共融混合物を**含氷晶**(cryohydrate) という。含氷晶とその氷晶点を表 17.6 に示す。岩塩や塩化カルシウムは，歩道や車道の凍結防止塩として利用されている

表 17.6　含氷晶の共融温度（氷晶点）とその塩の割合

塩	共融温度 /℃	共融混合物中の無水塩の mass%
塩化ナトリウム	−21.1	23.3
臭化ナトリウム	−28.0	40.3
硫酸ナトリウム	− 1.1	3.84
塩化カリウム	−10.7	19.7
塩化アンモニウム	−15.4	19.7

ここで示した 2 例のように，2 種の成分固体が全く固溶体をつくらないことは少ない。次に示すようにある程度相互溶解度があるのが普通である。すなわち，析出する 2 種類の固体が，いくらか他の成分を取込むから，図 17.24 や図 17.25 のよりも若干複雑な相図となる。その一例として銀-銅系の凝固点図を図 17.26 に示す。この図の右端および左端の温度軸に沿った細長い領域 α と β は，それぞれ銀に銅が少量溶けた固溶体および銅に銀が少量溶けた固溶体の存在を示している。これらの領域を示す曲線（ACF および BDG）はそれぞれの温度における飽和量を示している。すなわち，この系ではどのような組成の溶融物を冷却しても，必ず固溶体が析出するのである。780℃ まで下がると，銅の飽和した銀の固溶体と銀の飽和した銅の固溶体と共融混合体の組成をもつ液体の 3 相からなる状態を経て，さらに冷却すると 2 種の固溶体の混合物となる。

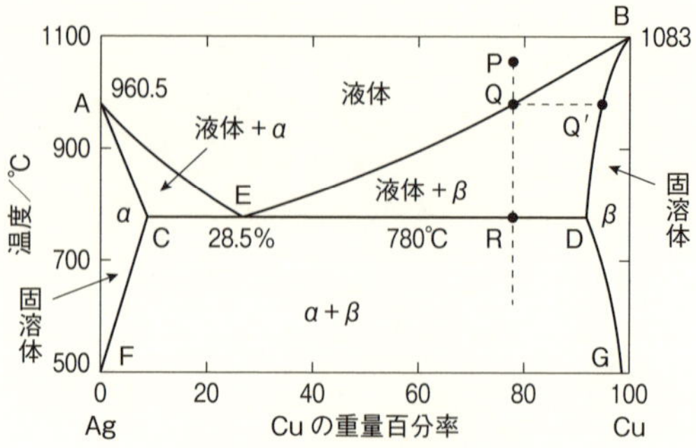

図17.26　銅–銀の融点図

この型の凝固点図を与える系は多い。鉛–スズ系，塩化銀–塩化銅（I）系，ナフタレン–モノクロロ酢酸系などはその例である。

17-6　3成分系の相図

17-6-1　三角図

3成分系に相律を適用すると，自由度は$F=3-P+2=5-P$であるから，相の数が1, 2, 3, 4, 5であるのに応じて自由度は4, 3, 2, 1, 0となる。自由度の最大数は4であるから，3成分系の状態を完全に指定するには，4つの独立変数が必要である。測定可能な示強性変数として，温度T，圧力pおよび3つの成分組成変数（モル分率x_A x_Bおよびx_Cまたは質量百分率）があるが，組成変数の間には，$x_A+x_B+x_C=1$なる関係があり，2つの組成変数が決まれば3つめの変数は自動的に決まる。したがって，**3成分系は温度T，圧力p，および2つの成分組成**を用いると記述できる。しかし，4つの変数を含む4次元の相図を描くことはできない。しかし，Tとpを固定した場合は$F=3-P$となるから，3成分系の状態を2つの組成変数を用いて平面図として表す相図が描かれている。その系の組成に対する温度変化が必要なときには，平面図に温度を高さ方向にとった立体図も利用されている。

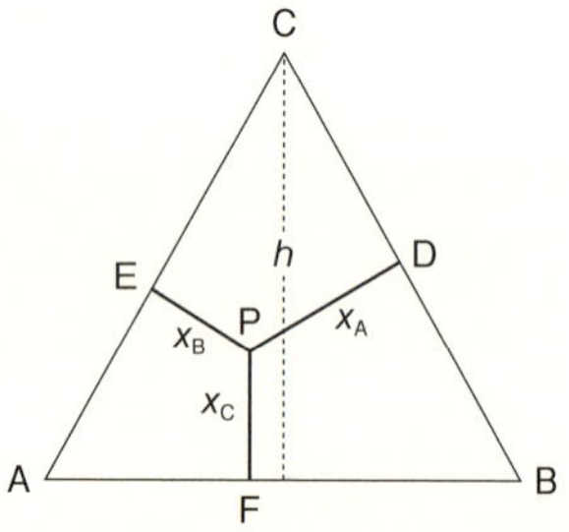

図17.27　正三角形の性質

相律を提案したギブズ（J. W. Gibbs）は，図17.27に示すように，正三角形内の任意の一点Pから3つの辺の各に下した垂線の長さの和は，正三角形の高さに等しいことに注目し，三角形相図（ternary phase diagram）いわゆる三角図（ternary diagram）を考案した（問題18参照）。

$$\mathrm{PD}+\mathrm{PE}+\mathrm{PF}=h \tag{17.15}$$

三角形の頂点ABCはそれぞれ$x_A=1$(100%A)，$x_B=1$(100%B)，および$x_C=1$(100%C)

を表し，各辺上の点は二成分系の組成を表すものとする。辺 AB 上は 2 成分系 A と B の組成分布を示し，線上においては成分 C の組成は 0 である。C のモル分率 x_C は辺 AB から頂点 C に向けて等間隔に引いた平行線で表す（図 17.28a）。他の成分に関しても同様に表すと，3 成分系の組成はすべて三角形の中の 1 点として表すことができる。

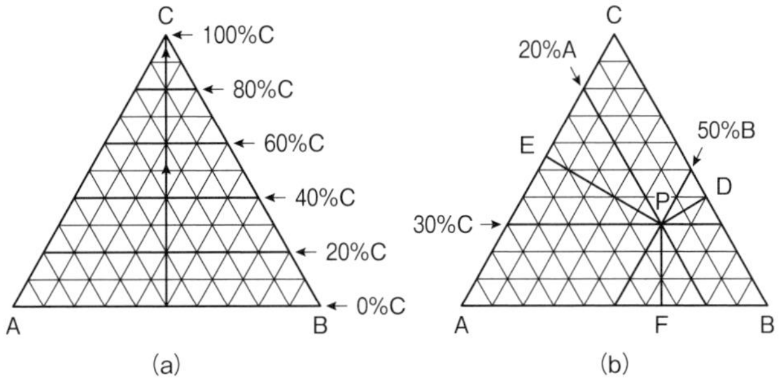

図 17.28　三角図による 3 成分組成の表示法
(a) 組成の表示法　　(b) 点 p の組成

三角形の高さ $h=1$（または 100%）にとると，三角形内の点 P からそれぞれの対辺に下した垂線の長さは $PD=x_A$，$PE=x_B$，$PF=x_C$ となる。その例として $x_A=0.2(20\%)$，$x_B=0.5(50\%)$，$x_C=0.3(30\%)$ からなる混合物を 3 成分系の三角図に記入した例を図 17.28（b）に示す。

17-6-2　3 成分系の液-液混合系

3 成分系には非常に多くの種類の状態が可能であるが，最も簡単な 3 成分系の相図は 3 つの液体混合物が 2 つの相に分離する場合である。典型的な例はクロロホルム-水-酢酸やフェノール-水-アセトン系である。クロロホルム（A)-水（B)-酢酸（C）の 18℃，1 atm における相図を図 17.29 に示す。酢酸はクロロホルムや水とどのような組成でも均一に混合する。一方，クロロホルムと水はどちらも少量は溶解するが，ある量（飽和濃度）をこえると 2 種の液相，すなわち水の飽和したクロロホルム溶液とクロロホルムが飽和した水溶液に分離し，2 相からなる液相になる。その組成は，それぞれ，AB 線上の α，

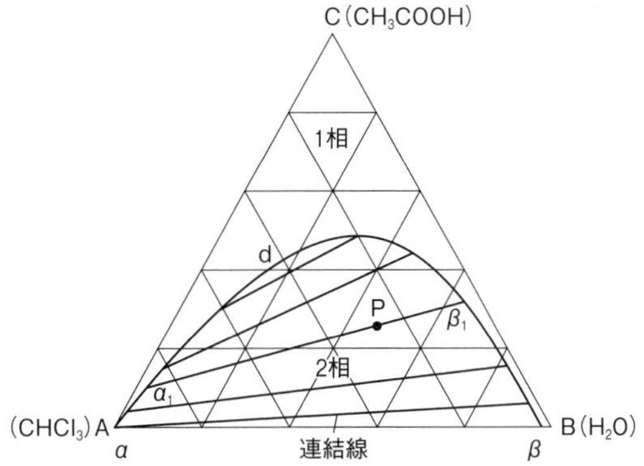

図 17.29　クロロホルム-水-酢酸（部分混合 3 成分系）の相図（18℃）

β 点で，それを結んだ線分は連結線である。それに，酢酸を加えると，酢酸は 2 つの相に溶け込む。その際，加えた酢酸は水を多く含む相に多くの量が溶解するから，連結線は，2 成分系のように底辺 AB に平行でなく，右上がりの直線になる。たとえば，組成が P 点である場合，α_1 と β_1 の組成をもつ 2 相になる。酢酸の量が多くなると 2 相に含まれるクロロホルムと水の割合が接近するので，連結線は短くなり。d 点で 2 相の組成が一致し，系は均一になる。この点は**等温臨界点**（isothermal critical point）と呼ばれている。

17-6-3　3 成分系の固-液混合系

共通イオンをもつ 2 つの塩（固体）と水からなる 3 成分系の相図に注目する。その代表的な例として，30℃，1 atm における塩化アンモニウム NH_4Cl–硫酸アンモニウム $(NH_4)_2SO_4$–水系の状態図を図 17.30 に示す。NH_4Cl も $(NH_4)_2SO_4$ も水に自由に溶解しないので，飽和溶解度が存在する。

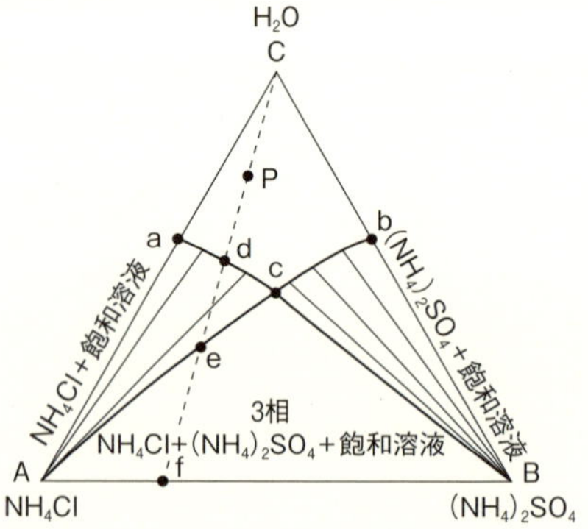

図 17.30　NH_4Cl–$(NH_4)_2SO_4$–水系の相図（30℃）

図中の CA 線上の a 点は $(NH_4)_2SO_4$ が存在しないときの NH_4Cl の飽和水溶液の組成を表し，それより A へ近い点では固相 NH_4Cl とその飽和水溶液が共存する領域で，Aa はその割合を決める連結線である。同様に，b 点は純粋な $(NH_4)_2SO_4$ の水溶液の溶解度の組成で，Bb は連結線である。

NH_4Cl で飽和した水溶液（a 点）に $(NH_4)_2SO_4$ を加えると，NH_4Cl の飽和溶液の濃度は曲線 ac に沿って変化する。すなわち，曲線 ac は $(NH_4)_2SO_4$ を含む水に対する NH_4Cl の溶解度曲線すなわち相分離線である。同様に，曲線 bc は NH_4Cl を含む水に対する $(NH_4)_2SO_4$ の相分離線である。曲線 ac と曲線 bc の交点 c 点は固相 NH_4Cl と固相 $(NH_4)_2SO_4$ と平衡にある水溶液の組成を与える。3 成分組成を表す三角図は 4 つの領域に分けられる。

領域 Cacb では，NH_4Cl と $(NH_4)_2SO_4$ が水に溶解して，均一な液相として存在する。領域 Aac および領域 Bbc では，それぞれ固相とその飽和水溶液が共存し，2 相からなる領域である。領域 ABc では固相 NH_4Cl，固相 $(NH_4)_2SO_4$ およびそれらの飽和溶液が存在する 3 相領域である。圧力と温度が決まれば，飽和溶液の組成は一定で，点 c によって与えられる。この点を**等温不変点**（isothermal invariant point）という。

図 17.30 のような相図は，混合物から純物質を最大量得る方法を決定するのに有効である。例えば，混合物 f に水を加えて行くと，頂点の H_2O に向かう破線に沿って全組成が変化する。少量の水が加えられるとき，c の組成の溶液が NH_4Cl，$(NH_4)_2SO_4$ と共存する。十分の水が追加され e 点に達すると平衡状態にある固相は NH_4Cl のみとなる。その溶液を加熱し NH_4Cl を完全に溶かし，30℃ に戻すと，固相は純粋な NH_4Cl となる。

17-6-4　3 成分合金

3 成分系の相図は，セラミックスや合金について作成され，その分野の発展に大きな役割を果たしている。ここでは，その一例として単純な共融混合物を形成する場合を取り上げよう。セラミックスや合金のような組成と温度の関係が重要な場合は，正三角形に垂直に立った温度軸を導入した立体図を用いる方が，その特徴を理解しやすい。ここでは，3 成分（A, B, C）は液相では任意の割合で溶け合うが，固体では全く溶け合わず，固溶体も作らない系の三角柱の立体図を取り上げる。そのような場合には，点 T_A，T_B，および T_C を A，B，および C の純固体の融点とすると，図 17.31 に示す共融系の融点図が得られる。この図において，三角柱の側面は，それぞれ，A–B，A–C，B–C からなる 2 成分系の温度組成図である。点 E_1，E_2，E_3 はそれぞれ 2 成分系の共融点である。共融点は，それぞれ，C，B，A が加わって 3 成分になると低下し，その組成は近づき点 E で 3 成分系の共融点となる。したがって，E 点は固相 A，固相 B，固相 C および液相の 4 成分が共存するときの温度と組成である。3 成分系で 4 成分が共存している場合に相律を適用すると，自由度は 1 となるので，1 atm のもとでは，自由度は残っていないから，その温度は定点となる。このような状態の物質は 3 元共融物（ternary eutectic mixture），その温度は 3 元共融点（ternary eutectic point）といわれている。3 元共融点以下の温度では固相のみであるから三角柱の底面に平行な平面は固相面である。

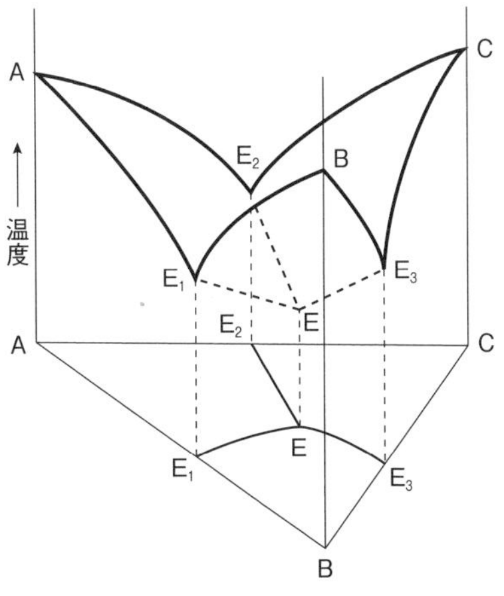

図 17.31　3 成分系の固–液平衡

3元共融点の特徴は，2成分の共融混合物よりも融点が低くなるということである。ビスマス（Bi）−スズ（Sn）−鉛（Pb）の3成分系合金はその一例で，53%のBi，15%のSn，および32%のPbからなる合金の融点すなわち3元共融点は96℃で，水の沸点以下となる。ちなみに，Bi–Pb系，Pb–Sn系およびSn–Bi系の共融点の温度は，それぞれ，125℃，182℃，および137℃である。

補遺 17.1　温度組成曲線と圧力組成曲線の関係

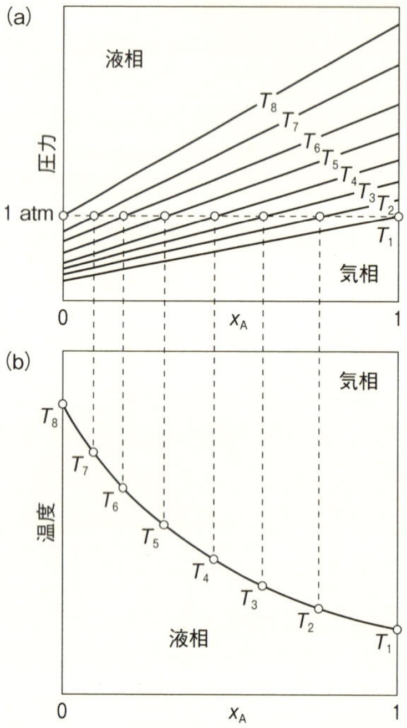

補図 17.1　圧力組成図と温度組成図の関係

液相が理想溶液である場合，混合物の温度変化がわかっていれば，補図17.1に示すようような方法で圧力組成図から温度組成図が得られる。補図17.1（a）には，T_1からT_8までの温度における圧力組成図の液相線を一緒に示してある。この図で，蒸気圧が1 atmのところで引いた水平線（等圧線）が液相線と交わる点の組成は，圧力が1 atmのときの液相の組成である。したがって，補図17.1（b）に示すように，同じ組成を横軸にとり，縦軸にその温度をとってプロットすれば，1 atmのもとで沸点と溶液組成の関係を示す液相曲線が得られる。これは液相が理想溶液であっても液相線が直線にならないことを示している。

（杉原剛介，井上亨，秋貞英雄，『化学熱力学中心の基礎物理化学』（改訂第2版），学術図書出版（2003））

補遺 17.2　帯域溶融精製法

補図 17-3 に示すような相図が得られる場合，混合物を溶融した後冷却すると組成の異なる固相と液相が平衡状態になる。この固液平衡を利用して不純物を精製する方法や不純物を均一に分布させる方法が開発されている。以下にその原理を補図 17.3 を用いて示す。不純物 A を a だけ含む物質 B を完全に溶融し，冷却すると，固相線上の融点 a_1 に達し，b_1 の組成からなる固体が析出する。この操作によって B はもとの状態よりも B に富んだ組成 b_1 となる。系が平衡になるのを待たずに温度を下げると，b_2 の固体が析出し，A が増加した溶融体 a_2' となる。仮に平衡を保ちながら温度をゆっくり下げて行くと a_3 で液体はなくなるはずであるが，固液平衡は時間が必要であるから，全体が固相になる前に温度を下げると，熔融部分は補図 17.3 の矢印のように不純物を多量に含む溶融体として液相が残る。この性質を使い，A を連続的に移動させ，上端に A を集めることによって B の純化に利用する方法が開発されている。これは帯域溶融精製法（zone melting purification method）と言われる方法でその装置を補図 17.4 に示す。

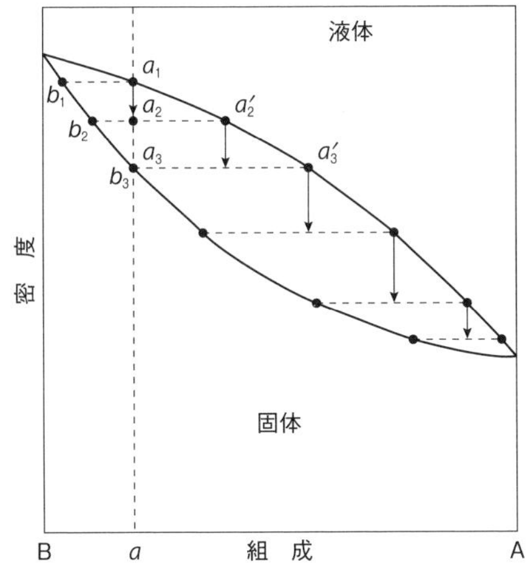

補図 17.3　帯域溶融精製法の割合の原理のための温度組成図

円柱形をした材料を下から高周波加熱により幅の狭い範囲で溶融体を作り，コイルを連続的に上部へ移動させると，不純物 A が濃縮された溶融体が上端に上がる。その部分を切り離すと，純度の高い B となる。同じ操作を繰返すことによって，高純度の B が得られている。この方法により，シリコンやゲルマニウムなどの半導体の原料の不純物が除かれ，単結晶が作られている。

この技術を逆に利用して，純物質の中に別種の金属を一様に分布させる方法も開発されている。所定の不純物を試料の頭にのせ，上部から高周波加熱により幅の狭い範囲で溶融体を作り，コイルを連続的にゆっくり下へ移動させ，向きを変えて何回か繰返し掃引して試料全体にわたって不純物を均一に分布させる方法で帯域均質化法（zone homogenization method）といわれている。

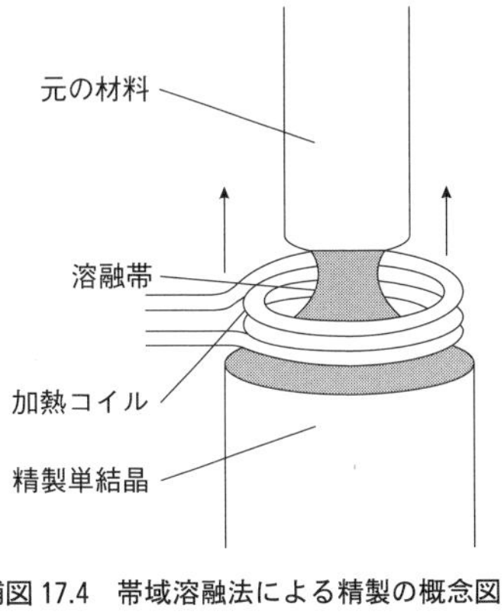

補図 17.4　帯域溶融法による精製の概念図

補遺 17.3　共融点の熱力学的背景

一般に，物質 A と物質 B からなる混合系で，固相と液相が平衡に共存しているとき，相平衡の条件より

$$\mu_A(s) = \mu_A(l) \quad （補式 17.1）$$

$$\mu_B(s) = \mu_B(l) \quad （補式 17.2）$$

である。液相は理想溶液になっている場合には，液相中の成分 A の化学ポテンシャルは次式で表される。

$$\mu_A(l) = \mu_A(l)^* + RT \ln x_A(l) \quad （補式 17.3）$$

一方，固相では成分Aと成分Bは全く混ざり合わないで，別の相を形成しているので，固相中の成分Aの化学ポテンシャルは純物質の化学ポテンシャルである。すなわち

$$\mu_A(s) = \mu_A(s)^* \quad \text{（補式 17.4）}$$

補式（17.3）と補式（17.4）を補式（17.1）に代入して整理すると

$$\ln x_A(l) = -\frac{\mu_A(l)^* - \mu_A(s)^*}{RT} = -\frac{\Delta_{fus}\mu^*}{RT} \quad \text{（補式 17.5）}$$

が得られる。この式の右辺の $\Delta_{fus}\mu^*$ は，成分Aが固相から液相に変化するときの1 molあたりのギブズエネルギー変化に相当する。圧力一定のもと，式（補式17.5）を微分し，それにギブズ-ヘルムホルツの式を適用すると

$$\left(\frac{\partial \ln x_A(l)}{\partial T}\right)_p = \frac{\Delta_{fus}H_{m,A}}{RT^2} \quad \text{（補式 17.6）}$$

が得られる。ここで，$\Delta_{fus}H_{m,A}$ は成分Aの純粋固体の融解熱である。この式を $x_A(l)=1$ から $x_A(l)$，T_A から T まで積分すると

$$\ln x_A(l) = -\frac{\Delta_{fus}H_{m,A}}{R}\left(\frac{1}{T} - \frac{1}{T_A}\right) \quad \text{（補式 17.7）}$$

となる。ここで，T_A は成分Aの融点である。補式（17.7）を書き換えて，Tを x_A（l）の関数で表すと

$$T = \frac{T_A \Delta_{fus}H_{m,A}}{\Delta_{fus}H_{m,A} - RT\ln x_A(l)} \quad \text{（補式 17.8）}$$

となる。成分Bについても同様に

$$T = \frac{T_B \Delta_{fus}H_{m,B}}{\Delta_{fus}H_{m,B} - RT\ln x_B(l)} = \frac{T_B \Delta_{fus}H_{m,B}}{\Delta_{fus}H_{m,B} - RT\ln(1 - x_A(l))} \quad \text{（補式 17.9）}$$

が成り立つ。ここで，T_B と $\Delta_{fus}H_{m,B}$ はそれぞれ成分Bの純粋固体の融点およびモル融解熱である。

補式（17.8）と補式（17.9）は固相と液相の共存温度を液相の組成 x_A(l) で表す関係式であり，成分の純粋固体の融点と融解熱が既知の場合，これらを用いて液相線を計算でもとめることができる。ベンゼンとナフタレンの混合系について，算出された状態図を補図17.2に示す。この図で成分Aをナフタレン，成分Bをベンゼンとすると，線AEは補式（17.8）から，線BEは補式（17.9）ら計算されたものである。これらの2つの曲線の交点として共融点Eが与えられる。

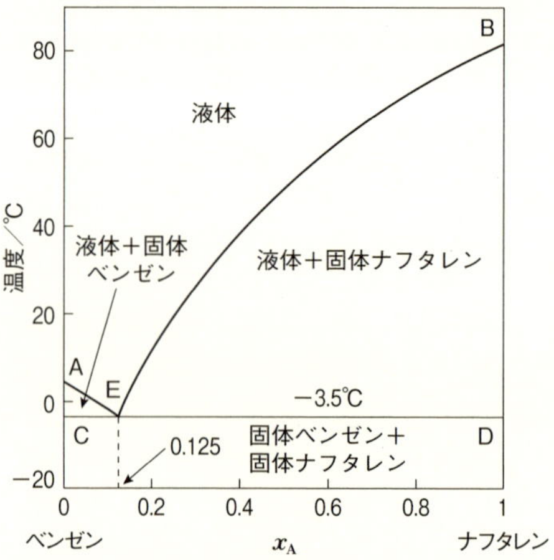

補図17.2　理論的に誘導されたベンゼン（B）とナフタレン（A）混合物の相図

相境界の全体的な形および共融温度と共融組成は図17.24とよく一致している。

理解度テスト

1. 自由度 F を成分数 C および相の数 P で示す相組の一般式を書き，定温，定圧にある 2 成分系の自由度はいくらになるかを示せ。
2. A と B からなる理想溶液においてその成分の飽和蒸気圧をそれぞれ p_A^* および p_B^* とすると，その蒸気相組成 y_A と溶液組成 x_A との関係を示す式を書け。
3. 2 成分 A と B からなる理想溶液において，A と B の圧力がそれぞれ p_A および p_B ($p_A > p_B$) とすると，その圧力—組成図はどのようになるか概念図を示せ。
4. 2 成分 A と B からなる理想溶液において温度が一定の圧力組成図には，液相と気相が共存する圧力範囲が表れる。その領域の形はどんな形をしているか。
5. タイラインとはどんな線かを説明し，それが何を意味するのかを示せ。
6. 平衡になって存在する気相と液相の間に成り立つ「てこの規則」とはどんな規則か。
7. 分別蒸留が可能な理由を図 17.8 で説明せよ。
8. 共沸混合物とはどんな混合物か。そのような化合物は温度—組成図で極大や極小が表れる。それぞれの具体例を示せ。
9. 部分可溶体とはどんな化合物か。
10. 上部共溶温度とはどんな温度か，それを示す具体的な実例を書け。
11. 2 つの液体を混ぜた場合に相分離がおこるのはどんなときか。
12. 水蒸気蒸留とはどんな蒸留で，それにより何が得られるか。
13. 固溶体とは固体成分がどのように混ざったときの状態を述べよ。
14. 置換型合金と挿入型合金の具体例を示せ。
15. 共融混合物とはどんな化合物か。その具体例を書け。

章末問題

問題 1　ベンゼンのモル分率 0.6589，トルエンのモル分率 0.3411 からなる溶液の 1 atm における沸点は 88.0℃ である。この温度の純ベンゼンおよび純トルエン蒸気圧はそれぞれ 957 mmHg および 379.5 mmHg である。この溶液から沸騰する蒸気の組成はいくらか。

問題 2　A と B からなる 2 成分溶液（A のモル分率＝0.45）の沸点は 1.016 atm で 100℃ であった。この温度の純 A および純 B の蒸気圧はそれぞれ 120.1 kPa および 89.0 kPa である。この溶液から沸騰する蒸気の組成はいくらか。

問題 3　85℃ において 1,2–ジブロモエテン（DE）と 1,2–ジブロモプロペン（DP）とはほぼ理想溶液をつくる。その温度におけるそれぞれの純物質の蒸気圧は $p_{DE}^* = 22.9$ kPa，$p_{DP}^* = 17.1$ kPa である。$x_{DE} = 0.60$ の溶液は，外圧を蒸気圧以下に下げると沸騰する。
(1) 沸騰がはじまるときの圧力，
(2) 蒸気中の各成分組成を計算せよ。

問題 4　25℃ で 2–メチルプロパノール–1 とプロパノール–2 は自由な割合で混ざり合い均一な混合物になる。プロパノール–2 の気相および液相のモル分率がそれぞれ 0.65 および 0.32 であるとして，2–プロパノール–2 の全体の組成が 0.50 の時の液相と気相の相対量を求めよ。

問題 5　ある温度で成分 A（3 g）と成分 B（7 g）からなる均一溶液の温度を下げたところ，ある温度以下になると 2 相（α と β）に分離し，α 相および β 相における A の質量分率はそれぞれ，5% および 50% であった。α 相および β 相の質量を計算せよ。

問題 6　1.5 mol のヘキサンと等モルのニトロベンゼンを TK で混合した。次図は色々な温度におけるニトロベンゼン–ヘキサン混合系の 1 atm における温度–組成図である。このニトロベンゼン–ヘキサン混合物は T_1 で 2 相（α 相と β 相）に分離した。各相のニトロベンゼンのモル分率は，それぞれ，0.23 と

0.89であった。

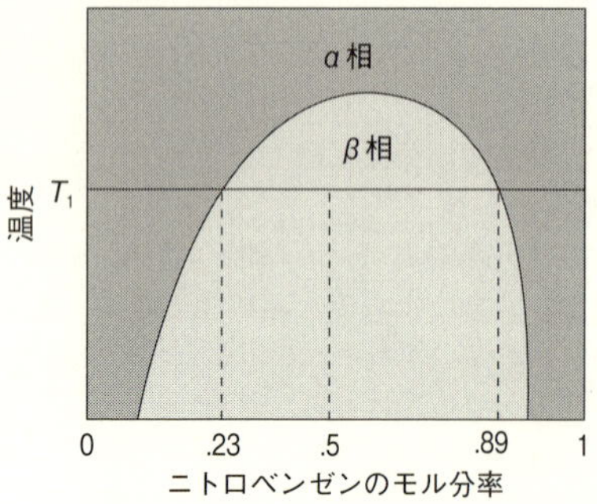

各相の質量はいくらか。ヘキサンとニトロベンゼンの分子量は，それぞれ，86.18および123.11である。

問題7　AとBからなる2成分溶液の相図が示されている。Aの成分がaである溶液を加熱するとき，およびa(g)から冷却していくときに関する次の問いに答えよ。

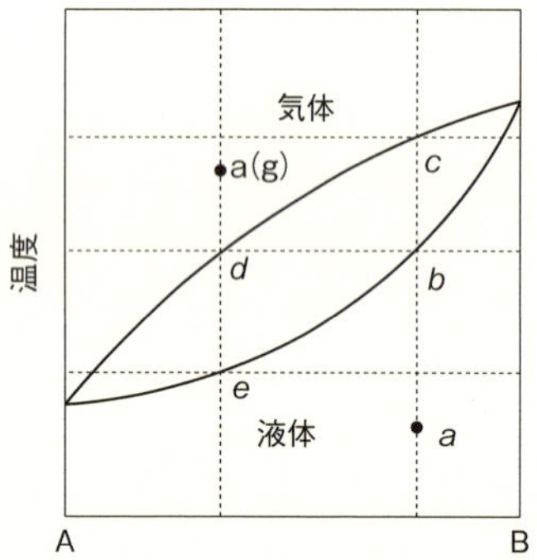

(1) 沸騰し始めた時の液体の温度と成分を表すのはどの点か。

(2) 沸騰する液体と平衡にある温度と蒸気の成分を示すのはどの点か。

(3) 気体a(g)がすべて凝縮するのはどの点か。すべてが凝縮したと判断した理由を述べよ。

問題8　右の図には1 atmにおける2成分系（AとB）の温度-組成図が示されている。65℃で沸騰し始める200 gの混合物の温度が75℃になるまで蒸留した。その間の蒸留温度は同じとして次の問いに答えよ。

(1) 釜に残留する成分組成はどうなっているか。

(2) 蒸留物の組成を算出せよ。

(3) 蒸留物の質量はいくらか。

問題9　Na_2SO_4の飽和溶液と過剰の固体が，閉じた容器の中でその蒸気と平衡にある。

(1) 相の成分はいくつあるか。

(2) 系の自由度はいくらか。

問題10　図17.15 (b) を参考に水，ニコチンの当モル混合物（組成0.5）を50℃および100℃に保った時の状態を述べよ。

問題11　27℃でヘキサン50 gとニトロベンゼン50 gを混合すると，ヘキサン過剰層とニトロベンゼン過剰層の2相に分離した。前者のニトロベンゼンのモル分率（x_{NB}）は0.35，後者のニトロベンゼンのx_{NB}は0.83である。2相の相対量はいくらになるか。

問題12　22℃以下でヘキサンとニトロベンゼンの混合物は2相に分離する。0℃においてヘキサン層のニトロベンゼンのモル分率は0.091，ニトロベンゼン層のヘキサンのモル分率は0.051である。純粋な2つの成分100 gずつ0℃で混合して平衡に達したときの2つの液相の量を算出せよ。

問題13　ニトロベンゼン$C_6H_5NO_2$を大気圧753.0 mmHgのもとで水蒸気蒸留したところ，沸点は99.0℃であった。この温度で水の蒸気圧は733.2 mmHgである。水とともに流出するニトロベンゼンの質量百分率はいくらか。ただし，ニトロベンゼンと水はほとんど溶解しあわない。

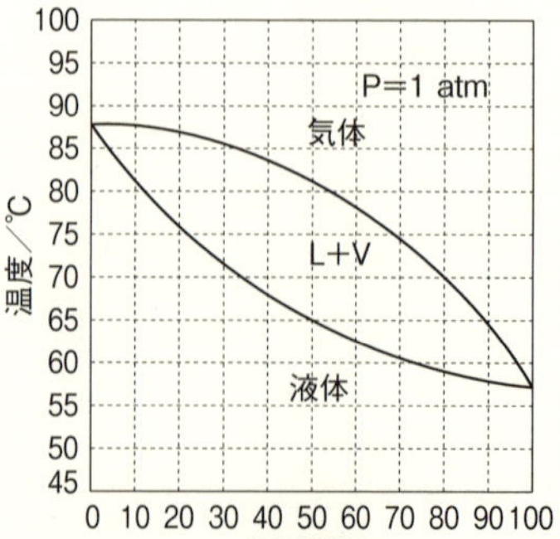

問題 14　アニリン（モル質量 94 g mol^{-1}）を 1 atm で水蒸気蒸留したところ，98.4 ℃であった。この温度の水の水蒸気圧は 707 mmHg であった。この温度におけるアニリンの蒸気圧をもとめよ。また，150 g の水が留出したときアニリンは何 mol 得られるか。アニリンは水とは全く溶け合わないものとする。

問題 15　下図は圧力一定における A と B からなる 2 成分固体‒液体の相図である。いま点 a に示される温度・組成にある液体を冷却するときの状態の変化を説明せよ。

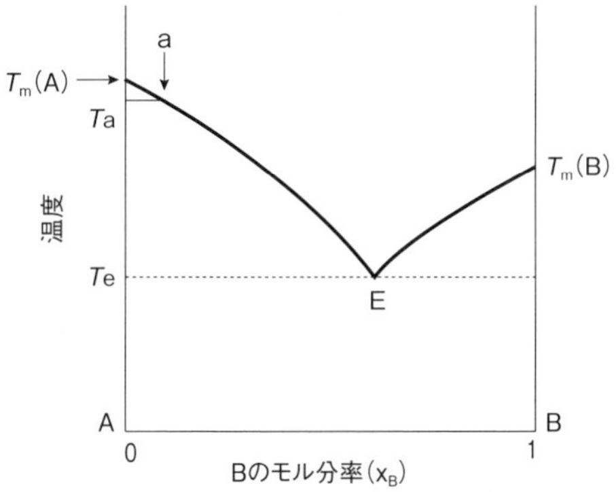

問題 16　下図は，2 つの物質 A と B の混合物の温度‒組成図である。この相図を見て，次の問に答えよ。

(1) A と B との液体混合物を冷却して，純物質 A か B を取り出すことは可能か。

(2) I‒V までの領域の相の数とその物質を記入せよ。

(3) 共融点に記号 E を書き込み，共融点における相と自由度を示せ。

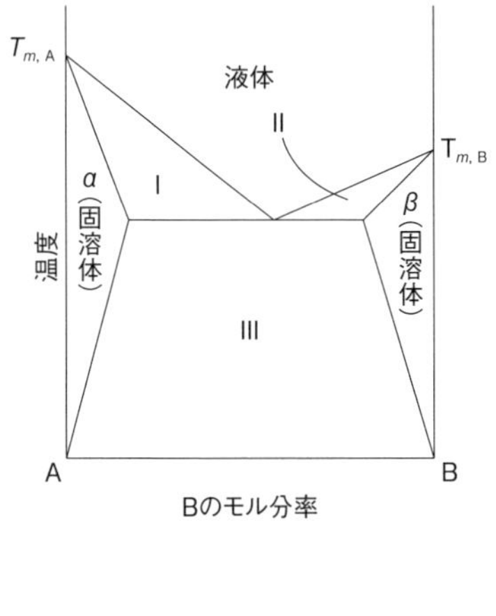

問題 17　下図は成分 A と B が，お互いに限られた組成の部分固溶体をつくる場合の温度組成図である。液体混合物 a を冷却したとき，b，d，h および i 点で何が起るか説明せよ。

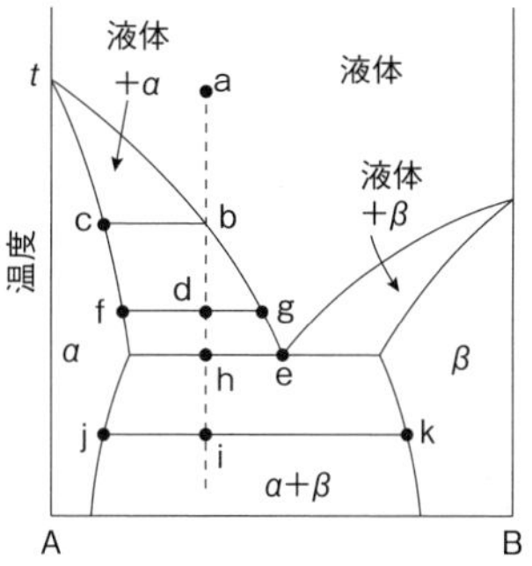

問題 18　正三角形内の任意の点から三角形の各辺におろした垂線の距離の和は三角形の高さに等しいことを証明せよ。

問題 19　下図は塩化アンモニウム（A），硫酸アンモニウム（B）および水（C）の 3 成分からなる混合物の相図である。下記の問いに答えよ。

(1) I‒IV までの領域の相の数とその物質名を書け。

(2) 図中，点 a，b，c ではどういう状態になっているかを述べよ

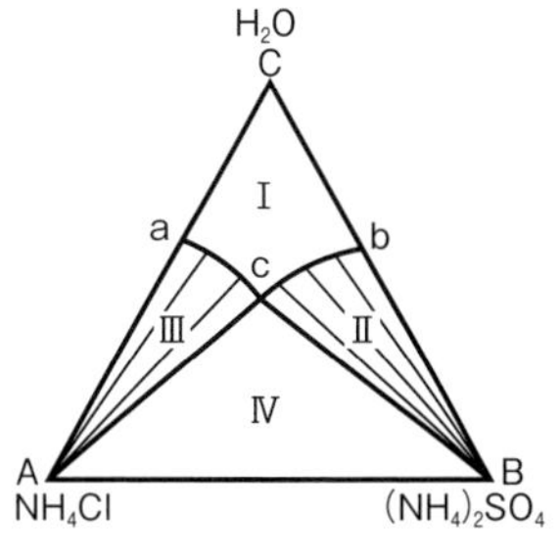

第 18 章

電解質溶液

これまで非電解質溶液を対象に，溶液の性質を熱力学的観点に立って考察した。本章では，電解質溶液に展開する。電解質溶液の特徴は，溶液中に陽イオンと陰イオンが常に存在すること，および個々のイオンの電荷が異なっていても，溶液全体としては電気的に常に中性であることに起因する。イオンの存在によって，強い静電的相互作用が加わるために，電解質溶液の振る舞いを考察するには非常に低濃度から活量および活量係数を用いた取り扱いが不可欠となる。まず，電解質溶液の理解に必要な電気の基礎知識を復習し，イオン間の静電的相互作用について学習する。静電的相互作用は非常に強く，非電解質の分子間相互作用よりもはるかに長距離におよぶから，理想希薄溶液として取り扱える濃度は極希薄な領域に限られている。理想電解質溶液と見なせる溶液，すなわち無限希釈溶液からヘンリー則が成り立つ条件をもとに，$1 \mathrm{~mol~kg^{-1}}$ に外挿して得られる仮想的状態を基準にとり電解質溶液の標準状態および標準化学ポテンシャルを定める。それを基準に，電解質溶液を構成する成分の化学ポテンシャル，活量および活量係数を求めることになるが，電解質溶液は，電気的に中性であるとの条件があり，陽イオンと陰イオンの化学ポテンシャルを単独には求めることはできない。そこで，陽イオンと陰イオンを区別せず，平均のイオン化学ポテンシャル，平均イオン活量および平均イオン活量係数を導入し，その実験による測定法を学ぶ。測定値と，理論的にイオンの活量係数を求めるデバイ–ヒュッケル理論の結果と比較し，イオン強度（静電的効果の重みをつけたイオン濃度）が $0.01 \mathrm{~mol~kg^{-1}}$ 以下の希薄溶液であれば両者の一致は極めて良いことを学び，デバイ–ヒュッケル極限則の意義および有効濃度範囲を実感する。デバイ–ヒュッケル理論は極めて低い濃度でしか実験値と一致しないが，その背景が明らかになる。

18-1 電解質に関する基礎知識

これまで，溶解したときイオンに解離する物質の溶液すなわち電解質溶液の特性について考察してこなかった。身の周りには NaCl や $CaCl_2$ から生体関連物質に至るまでいろいろな電解質が存在し，イオンへの解離（dissociation）が様々な自然現象を産み出している。溶媒に溶けると，イオンに解離（電離（ionization）ともいう）し，電気伝導性（electric conductivity）を示す物質を**電解質**（electrolyte）という。電解質は，一般に組

成式 $M_{\nu_+}A_{\nu_-}$ としてあらわされ，次式のように解離する。

$$M_{\nu_+}A_{\nu_-} \rightarrow \nu_+ M^{z_+} + \nu_- A^{z_-} \tag{18.1}$$

ここで，$\boldsymbol{\nu_+}$ と $\boldsymbol{\nu_-}$ は電解質が解離するときに生じる**陽イオン**（cation）と**陰イオン**（anion）の**化学量論数**である。イオンの右肩の $\boldsymbol{z_+}$ および $\boldsymbol{z_-}$ は**電気素量**（elementary electric charge）*$\boldsymbol{e}$ **を単位とするそれぞれのイオンの電荷数**（charge number），すなわち，イオン1個の持つ電気量（electric amount）q を電気素量 e で割った値で，$\boldsymbol{z_+}$ **はプラス，**$\boldsymbol{z_-}$ **はマイナスの整数値**となる。例えば，KCl は

$$KCl \rightarrow K^+ + Cl^- \tag{18.2}$$

となり，$\nu_+=1$，$\nu_-=1$，$z_+=1$，$z_-=-1$ である。

Na_2SO_4 は

$$Na_2SO_4 \rightarrow 2\,Na^+ + SO_4^{2-} \tag{18.3}$$

となり，$\nu_+=2$，$\nu_-=1$，$z_+=1$，$z_-=-2$ である。電解質の解離によって組成式から生じるイオンの総数

$$\nu = \nu_+ + \nu_- \tag{18.4}$$

を電解質の**イオン数**あるいは**電離数**（ionization number）という。電解質は電気的には中性であり，その溶液も中性であるから

$$\nu_+ z_+ + \nu_- z_- = 0 \tag{18.5}$$

である。つまり，それぞれの絶対値が等しい。すなわち

$$|\nu_+ z_+| = |\nu_- z_-| \tag{18.6}$$

である。電解質は z_+ および z_- に応じて次のようにいわれる。HCl や NaCl のように1価のイオン1個ずつ合計2個（$\nu=2$）のイオンに解離するものを**1価2元電解質**または**1-1電解質**，K_2SO_4 のように2価のイオン（SO_4^{2-}）1個と1価イオン2個合計3個（$\nu=3$）のイオンに解離するものを**2価3元電解質**または**1-2電解質**という。

例題1 **次の電解質は何型電解質であるかを示せ。**

(a) Na_2SO_4 (b) $AgNO_3$ (c) $Ca(OH)_2$ (d) K_3PO_4

〔解 答〕 (a) $Na_2SO_4 \rightarrow 2\,Na^+ + SO_4^{2-}$ となるから $\nu_+=2$，$z_+=1$，$\nu_-=1$，$z_-=-2$ となる。イオンの数は3個で，2価3元電解質あるいは2-1電解質

---

* 電気素量とは，陽子の電荷あるいは電子の持つ電荷の絶対値で，通常 e で表す。その値は $e=1.602176487\times 10^{-19}$ C である。

(b) $AgNO_3 \rightarrow Ag^+ + NO_3^-$ となるから $\nu_+=1$，$z_+=1$，$\nu_-=1$，$z_-=-1$ となる。
イオンの数は2個で，1価2元電解質あるいは1-1電解質
(c) $Ca(OH)_2 \rightarrow Ca^{2+} + 2OH^-$ となるから $\nu_+=1$，$z_+=2$，$\nu_-=2$，$z_-=-1$ となる。
イオンの数は3個で，2価3元電解質あるいは1-2電解質
(d) $K_3PO_4 \rightarrow 3K^+ + PO_4^{3-}$ となるから $\nu_+=3$，$z_+=1$，$\nu_-=1$，$z_-=-3$ となる。
イオンの数は4個で，3価4元電解質あるいは3-1電解質

電解質には，水溶液中でほとんど完全に解離する物質と酢酸や硫化水素のように解離したイオンと非解離分子とが平衡状態で存在する物質がある。前者を**強電解質**（strong electrolyte），後者を**弱電解質**（weak electrolyte）といって分類される。

電解質溶液でも，熱力学の原理の適用という点では，非電解質溶液と同じ取り扱いができるのであるが，**電解質溶液にはイオン間に働く静電的な力**が存在する。その大きさは，電荷をもたない粒子間に働くファンデルワールス力に比べてはるかに強く，しかも遠距離におよぶから，これまで扱って来た非理想溶液よりもはるかに希釈しない限り，理想溶液近似は利用できない。電解質の溶液挙動を考察する際には，活量や活量係数を用いた取り扱いが不可欠である。本節では，電解質溶液の特性の理解に必要な基礎知識を学習しておこう。

(1) 電気量と電荷数

イオンの持つ電気量は電荷（charge）という物理量で表現され，プラスあるいはマイナスの値をとる。SI単位では，電荷の量を表すのに**クーロン**（coulomb）(C) が用いられる。その基本単位となるのは**電気素量**（$1.6021773 \times 10^{-19}$ C）である。それ故，1Cとは 6.24151×10^{18} 個の電気素量を示す粒子，すなわちプロトンのもつ電荷となるが，その値は化学においては不便で，1 molのプロトンの持つ電気量とし，それを**ファラデー定数**（Faraday constant）と定義し，F で表す。したがって，F の値は

$$F = N_A \cdot e = (6.0221367 \times 10^{23}\ \mathrm{mol^{-1}}) \times (1.6021773 \times 10^{-19}\ \mathrm{C}) = 96485.339\ \mathrm{C\ mol^{-1}} \tag{18.7}$$

である。

例題2　**不純物を含む銅の電気分解で純銅127.08 gが得られた。使われた電気量を求めよ。**
〔解　答〕　銅のモル質量は $63.54\ \mathrm{g\ mol^{-1}}$ であるから純銅127.08 gは

$$127.08\ \mathrm{g} / 63.54\ \mathrm{g\ mol^{-1}} = 2.00\ \mathrm{mol}$$

使われた電気量は

$$2.00\ \mathrm{mol} \times 96485.339\ \mathrm{C\ mol^{-1}} = 19.30 \times 10^5\ \mathrm{C}$$

(2) イオンのつくる電場と電位

イオンは電荷を持っているから，その周りに存在する電荷に静電的な力$\boldsymbol{F}$を及ぼす。その大きさは**クーロンの法則**（Coulomb's law），すなわち“**イオンの持つそれぞれの電荷q_1およびq_2の積に比例し，イオン間の距離rの二乗に逆比例する**”（図18.1）。電荷q_1とq_2は正の場合と負の場合があるが，$\boldsymbol{F}$の符号は**斥力に対して正，引力に対し負**と定義する。SI単位系で示すと，次式で表される。その誘導は補遺に示す。

$$\boldsymbol{F} = \frac{q_1 q_2}{4\pi\varepsilon_0 r^2} \qquad (18.8)^*$$

SI単位系では，q_1とq_2はクーロン（C），rはメートル（m），$\boldsymbol{F}$はニュートン（N）単位の値である。ε_0は**真空中の誘電率**（permittivity of vacuum）で，その値は$8.854 \times 10^{-12}\ C^2\ J^{-1}\ m^{-1}$である。これは，**電荷と距離の単位を力の単位に変換するために導入された係数**である。

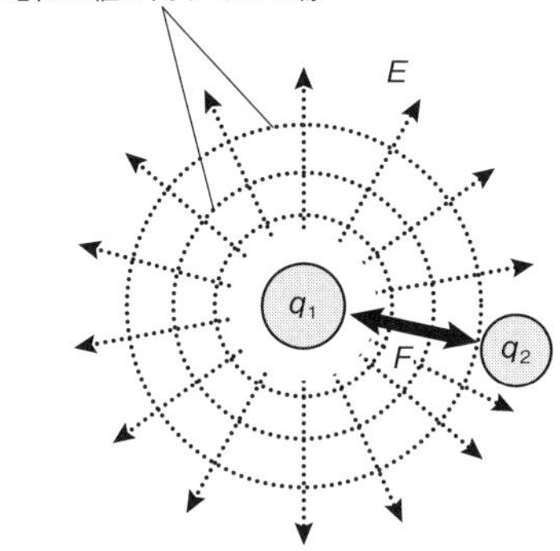

図18.1　荷電粒子q_1の作る電場

電荷q_1（クーロン単位）が周りにつくる静電的力がq_2=1 Cに働く力を**電場**（electric field）$\boldsymbol{E}$と定義するから，$\boldsymbol{E}$は

$$\boldsymbol{E} = \frac{\boldsymbol{F}}{q_2} = \frac{q_1}{4\pi\varepsilon_0 r^2} \qquad (18.9)$$

である。**誘電率**（permittivity）がε（$=\varepsilon_0\varepsilon_r$，$\varepsilon_0$および$\varepsilon_r$はそれぞれ真空の誘電率および比誘電率（relative permittivity）である溶媒内では，電場$\boldsymbol{E}$は

$$\boldsymbol{E} = \frac{q_1}{4\pi\varepsilon_0\varepsilon_r r^2} \qquad (18.10)$$

となる。

＊$\boldsymbol{F}$はベクトル量であり，厳密には右辺にも単位ベクトル（補遺参照）を記入すべきであるが，本書ではベクトル量はボールドで表示し，右辺の値の単位ベクトル$\boldsymbol{V}/\boldsymbol{r}$は省略する。

電場$\boldsymbol{E}$が発生するのはイオンが仕事をする能力すなわちエネルギーを有するからで，そのエネルギーを**静電ポテンシャル**（electrostatic potentia）とよぶ。静電ポテンシャルの大きさを**電位**（electric potential）ϕで表すと，Eはϕの位置rについての一次導関数として与えられる。

$$\boldsymbol{E} = -\frac{\partial \phi}{\partial r} \tag{18.11}$$

電荷q_1の作る電場Eの大きさは，$\boldsymbol{E}$の存在下，単位電荷（unit charge）（1 C）が移動するときのエネルギーとして表される。そのときのエネルギー変化$\mathrm{d}\phi$は，式（18.9）および式（18.11）から

$$\mathrm{d}\phi = -\boldsymbol{E}\mathrm{d}r = -\frac{q_1}{4\pi\varepsilon_0 r^2}\mathrm{d}r \tag{18.12}$$

となる。**電位は 2 点間の電位差**として決まる値で，絶対値として表すことはできないから，共通の基準として，**電荷が無限に離れているときの電位を 0** と定義し，そこを基準に距離rにおける**電位$\boldsymbol{\phi(r)}$**を見積もると次式のようになる。

$$\phi(r) = -\int_{\infty}^{r}\frac{q_1}{4\pi\varepsilon_0 r^2}\mathrm{d}r = -\frac{q_1}{4\pi\varepsilon_0}\int_{\infty}^{r}\frac{1}{r^2}\mathrm{d}r = \frac{q_1}{4\pi\varepsilon_0 r} \tag{18.13}$$

電位$\boldsymbol{\phi}$の SI 単位は J C^{-1}で，**単位電荷を運ぶ仕事が 1 J** である場合の，2 点間の電位差を**ボルト V** という単位で表すし，1 V を

$$1\ \mathrm{V} = 1\ \mathrm{J\ C^{-1}} \tag{18.14}$$

と定義する。この単位を用いると，電場の強さは V m^{-1}で表すことができる。

誘電率が$\varepsilon(=\varepsilon_r\varepsilon_0)$であるような溶媒内では，$\phi(r)$は，真空中の値の$1/\varepsilon$となるから，式（18.13）は

$$\phi(r) = \frac{q_1}{4\pi\varepsilon_0\varepsilon_r r} \tag{18.15}$$

となる。

電場$\boldsymbol{E}$も静電的ポテンシャル（electrostatic potential）の大きさ，すなわち電位もq_2=1 C に対する値である。一般に，電荷q_2に働く力，および電荷のもつポテンシャルエネルギーをそれぞれ$\boldsymbol{F}$およびUで表すと

$$\boldsymbol{F} = q_2\boldsymbol{E} \tag{18.16}$$

$$U = q_2\phi(r) \tag{18.17}$$

となる。

例 題3 **25℃の水溶液中にある1価のカチオン（q=1.602×10^{-19} C）から5 Å（5×10^{-10} m）離れたところの電場を求めよ。25℃の水の比誘電率 ε は78.54である。**

〔解 答〕 式（18.10）に $q=1.602\times10^{-19}$ C，$r=5\times10^{-10}$ m および $\varepsilon_r=78.54$ を代入すると

$$E=\frac{1.602\times10^{-19}\,\mathrm{C}}{4\pi\times(8.854\times10^{-12}\,\mathrm{C^2\,J^{-1}\,m^{-1}})\times78.54\times(5\times10^{-10}\,\mathrm{m})^2}=7.33\times10^7\,\mathrm{N\,C^{-1}}(=\mathrm{V\,m^{-1}})$$

イオンの近傍では極めて大きな電場が生じている。

例 題4 **1価の陽イオンを10^{-10} mol過剰に含む場合，直径10 cmの球の表面の電位はいくらか。表面電位はこの電荷が球の中心に位置すると仮定し，比誘電率を1として計算せよ。**

〔解 答〕 式（18.13）に代入すると

$$\phi=\frac{10^{-10}\,\mathrm{mol}\times\ 96{,}485\,\mathrm{C\,mol^{-1}}}{4\pi(8.854\times\ 10^{-12}\,\mathrm{C^2\,J^{-1}\,m^{-1}})(0.1\,\mathrm{m})}=0.867\times10^6\,\mathrm{JC^{-1}}=0.867\times10^6\,\mathrm{V}$$

(3) 電気的中性の条件

電解質は，溶媒に溶けるといくつかの陽イオンと陰イオンに解離するので，溶液中の粒子の種類は増加するが，溶液は電気的に中性である。例えば，$CaCl_2$ に注目すると，水溶液中ではすべての Ca^{2+} と 2 Cl^- に解離するが，溶液の電荷は 2+(−1)×2=0 であるから，電気的には中性である。電解質から生じるイオンの濃度は，**電気的中性**（electric neutrality）**の条件**で規制されており，自由には変えることはできない。

一般に，C 成分からなる電解質溶液で，その組成イオン $i(i=1, 2, \cdots, C)$ の物質量を n_i モル，1 mol の電荷を $q_i(=z_iF)$ とすると，陽イオンと陰イオンの全電荷が等しく，**電気的中性**であるから

$$\sum_{i=1}^{C} n_i q_i=\sum_{i=1}^{C} n_i z_i F=0 \qquad (18.18)$$

が成り立っている。すなわち

$$\sum_{i=1}^{C} n_i z_i=0 \qquad (18.19)$$

で表される。式（18.19）を濃度を用いて表すと

$$\sum_{i=1}^{C} z_i x_i=0,\quad \sum_{i=1}^{C} z_i b_i=0,\quad \sum_{i=1}^{C} z_i c_i=0 \qquad (18.20)$$

となる。

(4) イオン強度

電解質溶液は電気的中性条件があっても，個々にみるとその周りにはイオンが多数存在するから，イオン間の静電的相互作用によって引き起こされる特性が表れる。

多くの系の活量係数を調べていたルイス（G. N. Lewis）とランダル（M. Randall）は電解質の活量係数がイオンの質量モル濃度（b_i）とその電荷（z_i）の 2 乗に依存することを見出し，電解質溶液におけるイオンの挙動の尺度として，次式に示す**イオン強度**（ionic strength）I を定義した。

$$I = \frac{1}{2}\sum_i b_i z_i^2 \tag{18.21}$$

ここで，b_i はイオン i の質量モル濃度，z_i はその電荷数であり，溶液に存在するすべてのイオン種の総和である。イオン強度は実験的に定義されたものであったが，電解質溶液の非理想性を示す尺度であることが後述する**デバイ–ヒッケルの理論**（Debye-Hückel theory）によって証明された。イオン強度は**電気的重みを付けた質量**なのである。

イオン強度は溶液中のイオンの電荷数に依存し，溶液中のある特定のイオン自身の性質は含まれていない。たとえば，質量モル濃度が b_+ および b_- の NaCl 水溶液も KCl の水溶液もともに，イオン強度 I は

$$I = \frac{1}{2}(b_+(1)^2 + b_-(-1)^2) = \frac{1}{2}(b_+ + b_-) = b \tag{18.22}$$

で，その質量モル濃度と同一である。質量モル濃度が b からなる $CaCl_2$ や $MgCl_2$ のような 1–2 電解質の水溶液の場合は $I=3b$ となり，電解質によらず一定である。多価イオンを生じる電解質のイオン強度は電解質の電荷数に依存して，質量モル濃度の数倍となる。すなわち，イオン強度は質量モル濃度 b と $\boldsymbol{I=kb}$ の関係にあり，いろいろな電解質の k を表 18.1 に示す。

表 18.1　強電解質（$M^{z+}_{\nu+}A^{z-}_{\nu-}$）の水溶液のイオン強度（$I$）と質量モル濃度（$b$）との関係を示す係数（$k$）

	A^-	A^{2-}	A^{3-}	A^{4-}
M^+	1	3	6	10
M^{2+}	3	4	15	12
M^{3+}	6	15	9	42
M^{4+}	10	12	42	16

イオン強度は，溶液の電荷数と質量モル濃度に依存する溶液の性質で，その溶液に溶解しているイオン自身の性質は含まれていない。

例　題 5　**下記の (a)～(c) には質量モル濃度 0.01 mol kg^{-1} の電解質溶液が示されている。それぞれの溶液のイオン強度を求めよ。**

(a) Na_2SO_4　(b) $AgNO_3$　(c) K_3PO_4

〔解　答〕(a) Na_2SO_4 の質量モル濃度が 0.01 mol kg^{-1} であるから

Na^+ の質量モル濃度 $b_{Na^+}=0.02$ mol kg^{-1} および $z_{Na^+}=1$

SO_4^{2-} の質量モル濃度 $b_{SO_4^{2-}}=0.01$ mol kg^{-1} および $z_{SO_4^{2-}}=-2$ である。

式 (18.21) より

$$I = \frac{1}{2}\{(0.02 \times 1) + (0.01 \times 4)\} = 0.03$$

(b) $AgNO_3$ の質量モル濃度が 0.01 mol kg^{-1} であるから

Ag^+ の質量モル濃度 $b_{Na^+} = NO_3^-$ の質量モル濃度 $b_{SO_4^{2-}} = 0.01$ mol kg^{-1} および $z_{Ag^+} = 1$, $z_{NO_3^-} = -1$ であるから，式 (18.21) より

$$I = \frac{1}{2}\{(0.01 \times 1) + (0.01 \times 1)\} = 0.01$$

(c) K_3PO_4 の質量モル濃度が 0.01 mol kg^{-1} であるから

K^+ の質量モル濃度 $b_{K^+} = 0.03$ mol kg^{-1} および $z_{K^+} = 1$

PO_4^{3-} の質量モル濃度 $b_{PO_4^{3-}} = 0.01$ mol kg^{-1} および $z_{PO_4^{3-}} = -3$ である。

式 (18.21) より

$$I = \frac{1}{2}\{(0.03 \times 1) + (0.01 \times 9)\} = 0.06$$

希薄溶液では成分 i の質量モル濃度 b_i とモル濃度 c_i との間には，$b_i = c_i/\rho$(ρ は溶媒の密度）なる関係があるから，イオン強度 I は

$$I = \frac{1}{2\rho}\sum_i c_i z_i^2 \tag{18.23}$$

で表すこともできる。

18-2 無限希釈電解質溶液

18-2-1 HCl 水溶液のヘンリー則と標準化学ポテンシャル

15-3-2 で，A と B からなる非電解質の溶液では，溶質 B の分率 x_B が 0（質量モル濃度 b が 0）に接近するにつれて，次式が成り立ち，ヘンリー則としてまとめられること，さらに 16-2 でヘンリー則から誘導される $x=1$ の仮想状態が活量や活量係数の基準状態の 1 つになっていることを学んだ。ここでは電解質溶液を取り扱う。

$$\lim_{x \to 0} \frac{p}{x} = k_H \,\text{bar(atm)} \quad \text{および} \quad \lim_{b \to 0} \frac{p_B}{b_B} = k_H \,\text{bar(atm)kg mol}^{-1} \tag{18.24}$$

強電解質として HCl を選び，25℃，1 atm 下，希薄濃度で測定された HCl の分圧を表 18.2 に示す。HCl の分圧 p_{HCl} を，非電解質の場合と同様に，b_{HCl} に対してプロットすると図 18.2 (a) のような放物線となり，$b_{HCl} \to 0$ の勾配は 0 となるから，これから，ヘンリー則基準の標準状態も指定することはできない。得られる HCl の分圧 p_{HCl} を b_{HCl}^2 に対してプロットすると，図 18.2 (b) に示すように，一定の初期勾配 (k'_H) をもつ直線が得られる。HCl 水溶液においては

表 18.2 25℃ における HCl 水溶液の質量モル濃度 (b_{HCl}) と蒸気圧 (p_{HCl})

b_{HCl}	p_{HCl}/atm
0.0001	4.68×10^{-15}
0.0005	1.14×10^{-13}
0.001	4.47×10^{-13}
0.002	1.74×10^{-12}
0.005	1.03×10^{-11}
0.01	3.94×10^{-11}

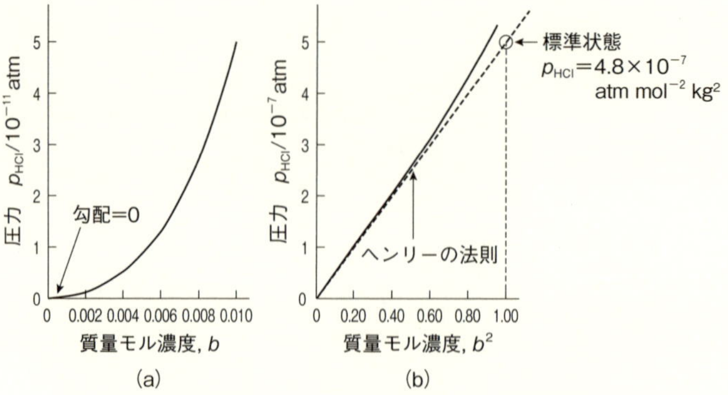

図 18.2　HCl 水溶液における b_{HCl} および b_{HCl}^2 に対する HCl 蒸気圧のプロット

$$\lim_{b \to 0} \frac{p_{HCl}}{b_{HCl}^2} = k'_H \tag{18.25}$$

が成り立ち，HCl 水溶液におけるヘンリーの法則は

$$p_{HCl} = k'_H b_{HCl}^2 \tag{18.26}$$

となることを示している。したがって，p_{HCl} を質量モル濃度の 2 乗に対しプロットした組成曲線の初期勾配を **1 mol kg^{-1} まで外挿した仮想的な状態を HCl の標準状態**と定義し（図 18.2（b）），その化学ポテンシャルを質量モル濃度基準の標準化学ポテンシャルとして $\mu_{m,HCl}^{\otimes}$ と表すと，HCl の化学ポテンシャル μ_{HCl} は

$$\mu_{HCl} = \mu_{m,HCl}^{\otimes} + RT \ln b_{HCl}^2 / b_{HCl}^{\circ 2} \tag{18.27}$$

と表される。b_{HCl}°=1 mol kg^{-1} であるから，省略されることも多い。

18-2-2　電解質の化学ポテンシャル

一般に，強電解質 ($M_{\nu_+}A_{\nu_-}$) の水溶液では

$$M_{\nu_+}A_{\nu_-} \longrightarrow \nu_+ M^{z_+} + \nu_- A^{z_-} \tag{18.28}$$

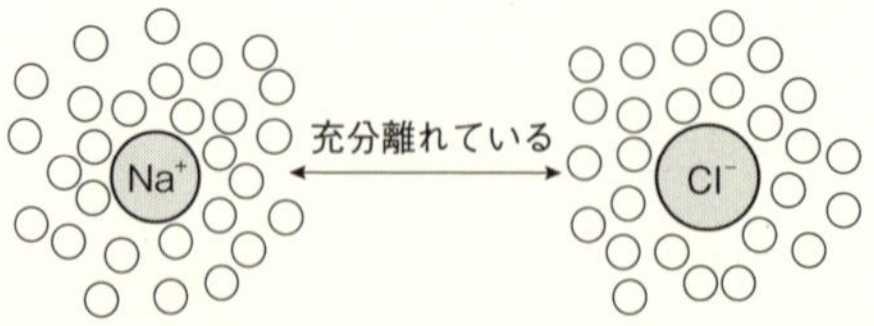

図 18.3　無限希釈溶液におけるイオンの状態

で表され，1 個の電解質が解離すると $\nu(=\nu_+ + \nu_-)$ 個のイオンが生じる。イオン間には強い相互作用があるから，非電解質に比べて，溶液濃度がはるかに低い濃度で，陽イオンと陰イオンの相互作用が無視できる濃度になる。そのような溶液は理想希薄溶液であり，

無限希釈電解質溶液（infinitely-diluted electrolyte solution）という（図 18.3）。具体的には 10^{-3} mol kg^{-1} 以下の濃度の溶液がこれに対応する。その濃度では，**溶媒の蒸気圧はラウールの法則**にしたがっている。その結果，無限希釈状態における溶媒の蒸気圧は

$$p_{H_2O} = p^*_{H_2O} x_{H_2O} = p_{H_2O}(1 - \nu x_{M_{\nu+}A_{\nu-}}) \qquad (18.29)$$

となる。したがって，電解質溶液における水の化学ポテンシャルは

$$\mu_{H_2O} = \mu^*_{H_2O} + RT \ln(1 - \nu x_{M_{\nu+}A_{\nu-}}) \qquad (18.30)$$

となる。式（18.30）を $x_{M_{\nu+}A_{\nu-}}$ で微分すると

$$d\mu_{H_2O} = -RT \frac{\nu}{1 - \nu x_{M_{\nu+}A_{\nu-}}} dx_{M_{\nu+}A_{\nu-}} \qquad (18.31)$$

が得られる。

溶質の化学ポテンシャル $\mu_{M_{\nu+}A_{\nu-}}$ と溶媒の化学ポテンシャルには，ギブズ–デュエムの式 $x_{H_2O} d\mu_{H_2O} + x_{M_{\nu+}A_{\nu-}} d\mu_{M_{\nu+}A_{\nu-}} = 0$ が成り立っているから，次式が得られる。

$$d\mu_{M_{\nu+}A_{\nu-}} = -\frac{x_{H_2O}}{x_{M_{\nu+}A_{\nu-}}} d\mu_{H_2O} \qquad (18.32)$$

この式を，$x_{H_2O} = 1 - \nu x_{M_{\nu+}A_{\nu-}}$ および式（18.31）の $d\mu_{H_2O}$ を用いて書き換えると

$$d\mu_{M_{\nu+}A_{\nu-}} = RT \frac{\nu}{x_{M_{\nu+}A_{\nu-}}} dx_{M_{\nu+}A_{\nu-}} \qquad (18.33)$$

が得られ，それを積分すると，化学ポテンシャル

$$\mu_{M_{\nu+}A_{\nu-}} = \mu^\circ_{M_{\nu+}A_{\nu-}} + RT \ln(x_{M_{\nu+}A_{\nu-}})^\nu \qquad (18.34)$$

となる。これを質量モル濃度基準で書き換えると電解質 $M_{\nu+}A_{\nu-}$ の化学ポテンシャルは

$$\mu_{M_{\nu+}A_{\nu-}} = \mu^\otimes_{b, M_{\nu+}A_{\nu-}} + RT \ln(b_{M_{\nu+}A_{\nu-}}/b^\circ)^\nu \qquad (18.35)$$

で表される。ここで，$\mu^\otimes_{b, M_{\nu+}A_{\nu-}}$ は，無限希薄溶液の $\mu_{M_{\nu+}A_{\nu-}}$ を質量モル濃度の ν 乗に対してプロットした組成曲線を $b_{M_{\nu+}A_{\nu-}} = 1$ mol kg^{-1} まで外挿した仮想状態を基準に選んだ質量モル濃度基準の標準化学ポテンシャルである。

18-2-3　電解質溶液の束一的性質

15-4 に示したように，溶液の束一的性質は溶媒に溶解する粒子の数によって決まる溶液の性質で，溶質の存在による溶媒の化学ポテンシャルの減少に起因する。式（18.28）

で示した電解質のように ν 個のイオンに解離する場合は，非電解質（nonelectrolyte）に比べて粒子の数が ν 倍となるから，化学ポテンシャルの減少は，式（15.39）を修正して

$$\mu_{\mathrm{H_2O}} - \mu^*_{\mathrm{H_2O}} = -RT(\nu x_{\mathrm{M}_{\nu+}\mathrm{A}_{\nu-}}) = -\nu x_{\mathrm{M}_{\nu+}\mathrm{A}_{\nu-}} RT \tag{18.36}$$

で表される。

例えば，NaCl の水溶液のように Na^+ と Cl^- に完全に解離する場合には，$\nu=2$ となるから，蒸気圧降下や浸透圧は同じ分率のスクロース水溶液の 2 倍になる。

強電解質溶液の蒸気圧降下（Δp），沸点上昇（ΔT_b），凝固点降下（ΔT_f）および浸透圧（Π）は，それぞれ，15 章 4 節に誘導した式に解離して生じるイオンの数 i を掛けた次式で表される*。i は**ファントホッフ係数**（van't Hoff coefficient）という。

$$\Delta p = i\frac{M_\mathrm{A} p^*_\mathrm{A}}{1000} b_{\mathrm{M}_{\nu+}\mathrm{A}_{\nu-}} \tag{18.37}$$

$$\Delta T_\mathrm{b} = iK_\mathrm{b} b_{\mathrm{M}_{\nu+}\mathrm{A}_{\nu-}} \tag{18.38}$$

$$\Delta T_\mathrm{f} = iK_\mathrm{f} b_{\mathrm{M}_{\nu+}\mathrm{A}_{\nu-}} \tag{18.39}$$

$$\Pi = ic_{\mathrm{M}_{\nu+}\mathrm{A}_{\nu-}} RT \tag{18.40}$$

不完全にしか解離していない電解質の溶液ではこの関係は複雑になるが，電解質の解離の度合い，すなわち電離度 α がわかればその溶液中の i は次式によって算出できる。

$$i = \frac{\text{平衡状態の溶液中の実際の粒子数}}{\text{解離する前の溶液中の粒子数}} \tag{18.41}$$

いま，電離度 α で質量モル濃度 b の電解質 $\mathrm{M}_{\nu_+}\mathrm{A}_{\nu_-}$ の水溶液のファントホッフ係数 i を求めよう。解離は

$$\underset{b(1-\alpha)N_\mathrm{A}}{\mathrm{M}_{\nu_+}\mathrm{A}_{\nu_-}} \rightleftarrows \underset{b\nu_{=z-+}\alpha N_\mathrm{A}}{\nu_+\mathrm{M}^{z+}} + \underset{b\nu_-\alpha N_\mathrm{A}}{\nu_-\mathrm{A}^{z-}} \tag{18.42}$$

で表されるから，平衡状態のときの溶液中の実際の粒子数は

$$\{b(1-\alpha) + b\nu_+\alpha + b\nu_-\alpha\} N_A = (1-\alpha+\nu\alpha)bN_\mathrm{A} \tag{18.43}$$

となる。解離する前の溶液中の粒子数は bN_A であるから，ファントホッフ係数 i は次式となる。

$$i = \frac{(1-\alpha+\nu\alpha)bN_\mathrm{A}}{bN_\mathrm{A}} = 1 + (\nu-1)\alpha \tag{18.44}$$

＊完全解離していれば $i=\nu$

逆に，i がわかっていれば，**電離度 α** は次式によって算出できる。

$$\alpha = \frac{i-1}{\nu-1} \tag{18.45}$$

本節では，電解質濃度が極めて稀薄で，溶解して生じる陽イオンと陰イオンとの相互作用が無視できる無限希釈電解質溶液における溶液挙動を取り上げた。次節からは，活量や活量係数を導入し，非理想性を考慮にいれた電解質溶液の化学ポテンシャルへ進む。

例　題 6　**0.01 mol kg^{-1} の $CaCl_2$ 水溶液と 0.01 mol kg^{-1} のスクロース水溶液の 298.15 K での浸透圧は，それぞれ，61.3 kPa および 22.7 kPa である。ファントホッフ係数を計算し，$CaCl_2$ の電離度を計算せよ。**

〔解　答〕 $CaCl_2$ とスクロース溶液は同じ濃度だから同じ浸透圧を持っているはずであるが，$CaCl_2$ とスクロースの浸透圧の差は，$CaCl_2$ がイオンに電離して，Ca^{2+} と $2Cl^-$ になっているからである。溶液の浸透圧は存在している粒子の数に比例するから，$CaCl_2$ 溶液のファントホッフ係数 i は，溶液になっても解離しないスクロースの浸透圧との比として計算できる。すなわち

$$i = \frac{61.3}{22.7} = 2.70$$

$CaCl_2$ に関しては $\nu_+=1$，$\nu_-=2$ であるので $\nu=3$ となり，式（18.45）より

$$\alpha = \frac{2.70-1}{3-1} = 0.85$$

となる。

18-3　イオンの活量と活量係数

18-3-1　化学ポテンシャルと活量

無限希釈溶液でない限り，電解質溶液にはイオン間に働く静電的な力が存在する。その大きさは，図 18.4 に示すように，電荷をもたない粒子間に働く力（ファンデルワールス力）に比べて，はるかに強くしかも遠距離におよぶから，これまで扱ってきた非電解質溶液よりもはるかに低い濃度（全イオン濃度が 10^{-3} mol kg^{-1}）から非理想性が電解質溶液の化学ポテンシャルに影響を与えるようになる。したがって，電解質溶液を取り扱う際には活量や活量係数の見積りが極めて重要になる。

溶媒（A）と溶質（B）の化学ポテンシャルを，それぞれ，μ_A および μ_B とすると，電解質溶液のギブズエネルギー G は

$$G = n_A\mu_A + n_B\mu_B \tag{18.46}$$

と表される。n_A および n_B は溶媒および溶質の物質量である。

溶質 B が，電解質 $(M_{\nu_+}A_{\nu_-})$ で，完全に解離している場合には，その溶液の G は

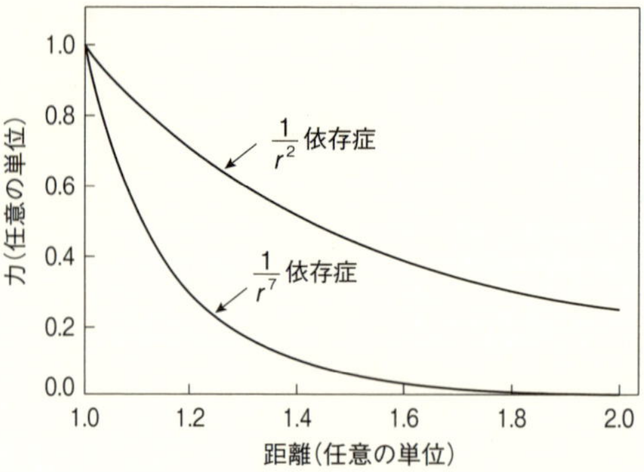

図18.4　クーロン力とファンデルワールス力の距離依存性

$$G = n_A\mu_A + n_B(\nu_+\mu_+ + \nu_-\mu_-) \tag{18.47}$$

と表すことができる。ここで，ν_+とν_-は式（18.1）に示したように電解質が解離して生じる陽イオンと陰イオンの化学量論数で，μ_+およびμ_-は，陽イオンおよび陰イオンの化学ポテンシャルである。

式（18.46）と式（18.47）はいずれも同一溶液のギブズエネルギーを表しているから，右辺を等号でおくと

$$\mu_B = \nu_+\mu_+ + \nu_-\mu_- \tag{18.48}$$

が得られる。化学ポテンシャルの定義にしたがってμ_B，μ_+およびμ_-を質量濃度基準の標準化学ポテンシャル$\mu_B^\ominus$を用いて表すと

$$\begin{aligned} \mu_B &= \mu_B^\ominus + RT\ln a_B \\ \mu_+ &= \mu_+^\ominus + RT\ln a_+ \\ \mu_- &= \mu_-^\ominus + RT\ln a_- \end{aligned} \tag{18.49}$$

となる。16章では，標準化学ポテンシャルを示す場合，その基準を異なる上付きの記号で示したが，本章では質量濃度基準で取り扱うから，特に指示しない限り上付き記号は省略し，標準化学ポテンシャルはμ°で表す。活量や活量係数についても上付き（b）を省略する。式（18.49）を式（18.48）に入れ，$\mu_B^\circ = \nu_+\mu_+^\circ + \nu_-\mu_-^\circ$とすると

$$\ln a_B = \nu_+\ln a_+ + \nu_-\ln a_- = \ln a_+^{\nu_+}a_-^{\nu_-} \tag{18.50}$$

となり，次の関係が得られる。

$$a_B = a_+^{\nu_+}a_-^{\nu_-} \tag{18.51}$$

電解質には，電気的中性の条件があり，解離したイオンの一方を，単独に加えたり，除いたりできないから，イオンの化学ポテンシャル（μ_+およびμ_-）は形式的な定義はでき

ても，その量を実験によって決定することはできない。したがって，陰イオンと陽イオンを区別せず単にイオンと考え，電解質の化学ポテンシャルを解離して生じるイオンの総数 ν $(=\nu_+ + \nu_-)$ で割って得られる次式の化学ポテンシャルを**平均イオン化学ポテンシャル** $\mu_\pm$ と定義する。

$$\mu_\pm = \frac{\mu_B}{\nu} = \frac{\mu_B^\circ + RT \ln a_B}{\nu} = \mu_\pm^\circ + RT \ln (a_B)^{1/\nu} = \mu_\pm^\circ + RT \ln (a_+^{\nu_+} a_-^{\nu_-})^{1/\nu} \tag{18.52}$$

ここで，右辺第1項の $\mu_\pm^\circ$ はイオンの形式的な標準平均イオン化学ポテンシャルである。第2項の $(a_+^{\nu_+} a_-^{\nu_-})^{1/\nu}$ は陽イオンの活量と陰イオンの活量の幾何平均*となっている。
それを**平均イオン活量**（mean ionic activity）$a_\pm$ といい，つぎのように定義する。

$$a_\pm = (a_+^{\nu_+} a_-^{\nu_-})^{1/\nu} \tag{18.53}$$

その定義を用いると，式（18.52）は次式となり

$$\mu_\pm = \mu_\pm^\circ + RT \ln a_\pm \tag{18.54}$$

電解質の活量 a_B とイオンの活量 $a_\pm$ の間には，次の関係が得られる。

$$a_B = a_\pm^\nu \tag{18.55}$$

したがって，電解質溶質Bの化学ポテンシャル μ_B は式（18.52）から

$$\mu_B = \mu_B^\circ + RT \ln a_B = \nu\mu_\pm^\circ + \nu RT \ln a_\pm \tag{18.56}$$

と表される。具体例を 例題7 に示す。

例　題7　**KCl，Na_2SO_4 および H_3PO_4 が完全に解離していると仮定して，個々の構成イオンの活量を用いて，各電解質の平均イオン活量，平均化学ポテンシャルおよび電解質の化学ポテンシャルを示せ。**

〔解　答〕 $KCl \rightarrow K^+ + Cl^-$ となるから，$\nu_+ = \nu_- = 1$，$\nu_+ + \nu_- = \nu = 2$
平均イオン活量は式（18.53）より $a_\pm = \sqrt{a_{K^+} a_{Cl^-}}$
平均化学ポテンシャルは式（18.54）より

$$\mu_\pm = \mu_\pm^\circ + RT \ln \sqrt{a_{K^+} a_{Cl^-}} = \mu_\pm^\circ + 0.5RT \ln a_{K^+} a_{Cl^-}$$

KCl の化学ポテンシャルは式（18.56）より $\mu_{KCl} = 2\mu_\pm = 2\mu_\pm^\circ + RT \ln a_{K^+} a_{Cl^-}$

$Na_2SO_4 \rightarrow 2\,Na^+ + SO_4^{2-}$ であるから，$\nu_+ = 1$，$\nu_- = 2$，$\nu = 3$。同様に，
$a_\pm = (a_{Na^+}^2 a_{SO_4^{2-}})^{1/3}$，$\mu_\pm = \mu_\pm^\circ + RT \ln (a_{Na^+}^2 a_{SO_4^{2-}})^{1/3} = \mu_\pm^\circ + (1/3) RT \ln a_{Na^+}^2 a_{SO_4^{2-}}$，
$\mu_{Na_2SO_4} = 3\mu_\pm = 3\mu_\pm^\circ + RT \ln a_{Na^+}^2 a_{SO_4^{2-}}$
$H_3PO_4 \rightarrow 3\,H^+ + PO_4^{3-}$ であるから $\nu_+ = 1$，$\nu_- = 3$，$\nu = 4$。
$a_\pm = (a_{H^+}^3 a_{PO_4^{3-}})^{1/4}$，$\mu_\pm = \mu_\pm^\circ + RT \ln (a_{H^+}^3 a_{PO_4^{3-}})^{1/4} = \mu_\pm^\circ + (1/4) RT \ln a_{H^+}^3 a_{PO_4^{3-}}$，
$\mu_{H_3PO_4} = 4\mu_\pm^\circ + RT \ln a_{H^+}^3 a_{PO_4^{3-}}$

*　x^a と y^b の幾何平均は $(x^a y^b)^{1/(a+b)} = \sqrt[(a+b)]{x^a y^b}$ である。例えば，xy の幾何平均は $\sqrt{xy}$

18-3-2　平均活量係数と電解質溶液の非理想性

電解質$(M_{\nu_+}A_{\nu_-})$溶液の質量モル濃度をb_Bとすると，完全解離した場合の陽イオンの質量モル濃度は$\nu_+ b_B$，陰イオンの質量モル濃度は$\nu_- b_B$となるから，その活量係数γ_+およびγ_-を用いて表すと，イオンの活量（a_+およびa_-）は

$$a_+ = \frac{b_+}{b^\circ}\gamma_+ = \frac{\nu_+ b_B}{b^\circ}\gamma_+ \quad \text{および} \quad a_- = \frac{b_-}{b^\circ}\gamma_- = \frac{\nu_- b_B}{b^\circ}\gamma_- \qquad (18.57)$$

となる。この式において，b°は標準質量モル濃度である。式（18.53）に式（18.57）の関係を入れると$a_\pm$は

$$a_\pm = \left(\left(\frac{b_+}{b^\circ}\right)^{\nu_+}\left(\frac{b_-}{b^\circ}\right)^{\nu_-}\gamma_+^{\nu_+}\gamma_-^{\nu_-}\right)^{1/\nu} = \left(\left(\frac{\nu_+ b_B}{b^\circ}\right)^{\nu_+}\left(\frac{\nu_- b_B}{b^\circ}\right)^{\nu_-}\gamma_+^{\nu_+}\gamma_-^{\nu_-}\right)^{1/\nu} \qquad (18.58)$$

となる。ここで，**平均イオン質量濃度**$b_\pm$と**平均イオン活量係数**$\gamma_\pm$を

$$b_\pm = (\nu_+^{\nu_+}\nu_-^{\nu_-})^{1/\nu} b_B \qquad (18.59)$$

$$\gamma_\pm = (\nu_+^{\nu_+}\nu_-^{\nu_-})^{1/\nu} \qquad (18.60)$$

と定義すると，式（18.58）は次式のように表される。すなわち，平均イオン活量$a_\pm$は

$$a_\pm = \left(\frac{b_\pm}{b^\circ}\right)\gamma_\pm = (\nu_+^{\nu_+}\nu_-^{\nu_-})^{1/\nu}\left(\frac{b_B}{b^\circ}\right)\gamma_\pm \qquad (18.61)$$

となる。

式（18.61）を式（18.56）に代入して整理すると，電解質の化学ポテンシャルμ_Bは次式で表される。

$$\begin{aligned}\mu_B &= \nu\mu_\pm^\circ + \nu RT\ln\left[(\nu_+^{\nu_+}\nu_-^{\nu_-})^{1/\nu}\left(\frac{b_B}{b^\circ}\right)\gamma_\pm\right] \\ &= [\nu\mu_B^\circ + RT\ln(\nu_+^{\nu_+}\nu_-^{\nu_-})] + \nu RT\ln\left(\frac{b_B}{b^\circ}\right) + \nu RT\ln\gamma_\pm\end{aligned} \qquad (18.62)$$

大括弧内の最初の項は，$1\ \mathrm{mol\ kg^{-1}}$を標準状態と定めた時の電解質の標準化学ポテンシャル，第2項は電解質の示性式の化学量論数から算出される定数である。第3項は溶液の質量モル濃度に依存することを示す項である。ここまでの3項は，$\gamma_\pm = 1$のときの化学ポテンシャルすなわち理想電解質溶液の化学ポテンシャルである。これを，前節に示したように，μ_B^{id}とおくと，式（18.62）は

$$\mu_B = \mu_B^{id} + \nu RT\ln\gamma_\pm \qquad (18.63)$$

となる。最後の項はイオン間の相互作用のために理想溶液からのずれを示す過剰化学ポテンシャル$\mu^E(=\mu_B - \mu_B^{id})$で

$$\mu^{E} = \nu RT \ln \gamma_{\pm} \tag{18.64}$$

と表すことができる。

$\gamma_{\pm}$は，蒸気圧降下，沸点上昇，凝固点降下などの束一的性質や電気化学的手法を利用して実験によって決定することができるから，μ^{E}も実験的に決まる量である。

いろいろな電解質の活量，質量モル濃度および活量係数の関係を表 18.3 に示す。

表 18.3 いろいろな型の強電解質についての活量，質量モル濃度，平均イオン活量係数の間の関係式

	Sucrose	NaCl	Na_2SO_4	$AlCl_3$	$MgSO_4$	$M_{\nu_+}A_{\nu_-}$
a_B	$a_{sucrose}$	$(a_+)(a_-)$	$(a_+)^2(a_-)$	$(a_+)(a_-)^3$	$(a_+)(a_-)$	$(a_+)^{\nu_+}(a_-)^{\nu_-}$
$a_{\pm}$		$[(a_+)(a_-)]^{1/2}$	$[(a_+)^2(a_-)]^{1/3}$	$[(a_+)(a_-)^3]^{1/4}$	$[(a_+)(a_-)]^{1/2}$	$[(a_+)^{\nu_+}(a_-)^{\nu_-}]^{1/(\nu_++\nu_-)}$
$b_{\pm}$		b_B	$4^{1/3}b_B$	$27^{1/4}b_B$	b_B	$[(\nu_+)^{\nu_+}(\nu_-)^{\nu_-}]^{1/(\nu_++\nu_-)}b_B$
$\gamma_{\pm}$		$\dfrac{a_{\pm}}{b_{\pm}/b^{\circ}}$	$\dfrac{a_{\pm}}{b_{\pm}/b^{\circ}}$	$\dfrac{a_{\pm}}{b_{\pm}/b^{\circ}}$	$\dfrac{a_{\pm}}{b_{\pm}/b^{\circ}}$	$\dfrac{a_{\pm}}{b_{\pm}/b^{\circ}}$

例題8 **質量モル濃度が b_B の NaCl および $La_2(SO_4)_3$ の水溶液における電解質の平均イオン活量 $a_{\pm}$ を $\gamma_{\pm}$ および b_B によって示し，その化学ポテンシャルを式（18.62）にならって書け。**

〔解　答〕 式（18.59）を用いて求める。

NaCl では $NaCl \rightarrow Na^+ + Cl^-$ であるから，$\nu_+ = \nu_- = 1$，$\nu_+ + \nu_- = \nu = 2$ である。式（18.59）より $b_{\pm} = (1)^{1/2} = b_B$ となる。さらに $(\gamma_+\gamma_-)^{1/2} = \gamma_{\pm}$ であるから，式（18.61）より $a_{\pm} = \gamma_{\pm} b_B$

$$\mu_{NaCl} = [2\mu_{\pm}^{\circ} + RT\ln 1] + 2RT\ln\left(\frac{b_B}{b^{\circ}}\right) + 2RT\ln\gamma_{\pm} = 2\mu_B^{\circ} + 2RT\ln\left(\frac{b_B}{b^{\circ}}\right) + 2RT\ln\gamma_{\pm}$$

$La_2(SO_4)_3$ では $La_2(SO_4)_3 \rightarrow 2La^{3+} + 3SO_4^{2-}$ であるから，$v_+ = 3$，$v_- = 2$，$\nu_+ + \nu_- = \nu = 5$ である。$b_{La^{3+}} = 2b_B$ および $b_{SO_4^{2-}} = 3b_B$ となるから，式（18.59）は $b_{\pm} = (b_{La^{3+}}^2 b_{SO_4^{2-}}^3)^{1/5} = 108^{1/5} b_B$ となる。

式（18.59）から $a_{\pm} = \gamma_{\pm} b_{\pm} = 108^{1/5} b_B \gamma_{\pm}$

$$\mu_{La2(SO4)3} = [5\mu_{\pm}^{\circ} + RT\ln(2^2 \cdot 3^3)] + 5RT\ln\left(\frac{b_B}{b^{\circ}}\right) + 5RT\ln\gamma_{\pm}$$

$$\mu_{La2(SO4)3} = [5\mu_{\pm}^{\circ} + RT\ln(108)] + 5RT\ln\left(\frac{b_B}{b^{\circ}}\right) + 5RT\ln\gamma_{\pm}$$

18-3-3 電解質溶液におけるイオンの平均活量係数（$\gamma_{\pm}$）の決定

電解質溶液の $\gamma_{\pm}$ は，溶液の電位測定による電気化学的方法，溶媒の束一的性質を利用する方法および試料の活量が参照物質の活量と等しくなる現象を利用した等圧溶液法（等活量法ともいう）によって求められる。難溶性電解質（hardly-soluble electrolyte）の場合はイオン強度から得た溶液の溶解度積（solubility product）の測定から求められている。電気化学的測定は 20-5-3（2）で示すことにして，以下にその他の測定法について解説する。

(1) 束一的性質の利用

16–6 で非電解質溶液の活量係数を求める場合と同様に，溶媒（A）の束一的性質を利用して活量 a_A を求め，ギブズ–デュエムの式を用いてイオンの $\gamma_\pm$ を求める方法である。

溶媒 A の化学ポテンシャルは $\mu_\mathrm{A}=\mu^\circ_\mathrm{A}+RT\ln a_\mathrm{A}$ であるから，$\mathrm{d}\mu_\mathrm{A}$ は

$$\mathrm{d}\mu_\mathrm{A} = RT\,\mathrm{d}\ln a_\mathrm{A} \tag{18.65}$$

である。

溶質 B の化学ポテンシャルは，式（18.62）から $\mathrm{d}\mu_\mathrm{B}$ は

$$\mathrm{d}\mu_\mathrm{B} = \nu RT\,\mathrm{d}\ln\gamma_\pm b_\mathrm{B} \tag{18.66}$$

となる。ギブズ–デュエムの式（式（16.50））を適用すると

$$n_\mathrm{A}RT\,\mathrm{d}\ln a_\mathrm{A}+n_\mathrm{B}\nu RT\,\mathrm{d}\ln\gamma_\pm b_\mathrm{B} = 0 \tag{18.67}$$

となる。希薄溶液では $n_\mathrm{B}/n_\mathrm{A}=b_\mathrm{B}M_\mathrm{A}$ とおくことができること，および $\ln\gamma_\pm b_\mathrm{B}=\ln\gamma_\pm+\ln b_\mathrm{B}$ なることを考慮して整理すると，次式が得られる。

$$\mathrm{d}\ln\gamma_\pm = -\mathrm{d}\ln b_\mathrm{B}-\frac{n_\mathrm{A}}{n_\mathrm{B}\nu}\mathrm{d}\ln a_\mathrm{A} = -\mathrm{d}\ln b_\mathrm{B}-\frac{1}{\nu b_\mathrm{B}M_\mathrm{A}}\mathrm{d}\ln a_\mathrm{A} \tag{18.68}$$

ここで，16–6 で示したように，浸透係数 ϕ を導入すると

$$\phi = -\frac{n_\mathrm{A}}{n_\mathrm{B}\nu}\ln a_\mathrm{A} = -\frac{1}{\nu b_\mathrm{B}M_\mathrm{A}}\ln a_\mathrm{A} \tag{18.69}$$

が得られる。その微分をとり，書き換えると

$$\mathrm{d}\ln a_\mathrm{A} = -\nu M_\mathrm{A}(b_\mathrm{B}\mathrm{d}\phi+\phi\mathrm{d}b_\mathrm{B}) \tag{18.70}$$

となるから，これを式（18.68）に代入すると

$$\mathrm{d}\ln\gamma_\pm = \mathrm{d}\phi+\frac{(\phi-1)}{b_\mathrm{B}}\mathrm{d}b_\mathrm{B} \tag{18.71}$$

が得られる。無限希釈では $\gamma_\pm$ も ϕ も 1 になることを考慮して積分すると

$$\ln\gamma_\pm = \phi-1+\int_0^{b_\mathrm{B}}\left(\frac{\phi-1}{b}\right)\mathrm{d}b \tag{18.72}$$

が得られる。式（18.72）では，b は積分変数，b_B は質量モル濃度を示す。

表 18.4 いろいろな質量モル濃度における NaCl 水溶液の蒸気圧，水の活量，浸透係数および NaCl の平均活量係数

b/mol kg^{-1}	p_{H_2O}/Torr	a_m	ϕ	$\ln\gamma_\pm$
0.000	23.76	1.0000	1.0000	0.0000
0.200	23.60	0.9934	0.9245	−0.3079
0.400	23.44	0.9868	0.9205	−0.3685
0.600	23.29	0.9802	0.9227	−0.3977
0.800	23.13	0.9736	0.9285	−0.4143
1.000	22.97	0.9669	0.9353	−0.4234
1.400	22.64	0.9532	0.9502	−0.4267
1.800	22.30	0.9389	0.9721	−0.4166
2.200	21.96	0.9242	0.9944	−0.3972
2.600	21.59	0.9089	1.0196	−0.3709
3.000	21.22	0.8932	1.0449	−0.3396
3.400	20.83	0.8769	1.0723	−0.3046
3.800	20.43	0.8600	1.1015	−0.2666
4.400	19.81	0.8339	1.1457	−0.2053
5.000	19.17	0.8068	1.1916	−0.1389

具体例として，25℃ における溶媒の蒸気圧降下の測定から NaCl の水溶液の平均イオン活量係数を決定する方法を示しておこう。いろいろな質量モル濃度 b の希薄溶液（5 mol kg^{-1} 以下）における水の飽和蒸気圧 p_{H_2O} を測定すると，溶媒である水の活量 $a_{H_2O}=(p_{H_2O}/p^*_{H_2O})$ が決定できる（表 18.4）。$b \ll 55.506$ mol kg^{-1} であれば，式（15.87）と同様に次式が得られる。

$$\ln a_{H_2O} = -\frac{\nu b\phi}{55.506\,\mathrm{mol\,kg^{-1}}} \tag{18.73}$$

ここで，右辺の ν は電解質の解離により生じるイオン数である。この式を用いて，いろいろな濃度における浸透係数 ϕ を算出する。得られた ϕ の b 依存性を求め，式（18.72）の積分項を決めることになるが，ϕ が b の関数であらわされる場合は計算で，そうでない場合は図上積分で求める。

NaCl の水溶液のいろいろな質量モル濃度における活量係数の対数を表 18.4 に示す。この濃度領域では $\ln\gamma_\pm<0$ であり，Na^+ と Cl^- とのイオン間相互作用によって NaCl の化学ポテンシャルが低下することを示している。ここでは，測定とその結果にとどめ詳しくは 18-4 デバイ－ヒュッケル理論で考察する。

その他の束一的性質すなわち凝固点降下 ΔT_m，沸点上昇 ΔT_b および浸透圧 Π の測定によっても，次式により浸透係数 ϕ を求め，蒸気圧測定の場合と同様に，式（18.72）から平均活量係数 $\gamma_\pm$ が決定できる。

$$\Delta T_m = \nu K_f \phi b \tag{18.74}$$

$$\Delta T_b = \nu K_b \phi b \tag{18.75}$$

$$\Pi = \phi \nu c_B RT \tag{18.76}$$

(2)　等圧溶液法

16–6–2 で，不揮発性物質が溶解した水溶液における溶質の活量および活量係数の決定法の 1 つに等圧溶液法があることを紹介した。電解質は不揮発性物質であるから，そのまま適用できる。ここでは，等圧溶液法による浸透係数 ϕ の求め方とその原理を簡単に述べる。

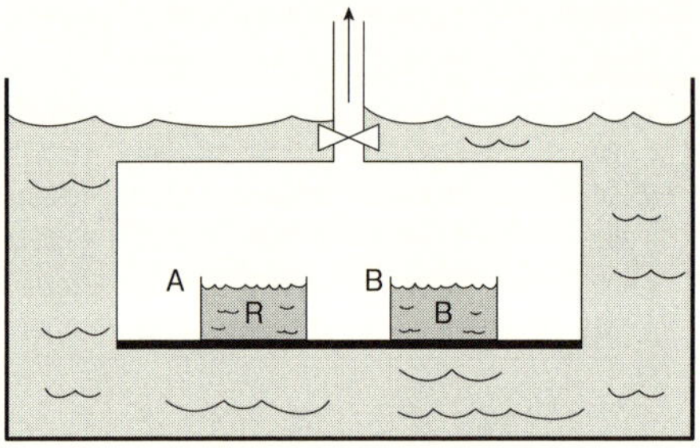

図 18.5　等圧法の概念図

図 18.5 に等圧装置の概略を示す。調べようとする電解質 B の溶液を容器 B に，既にその溶媒の浸透係数が求まっている参照物質（R）の溶液を容器 A に入れた後，恒温槽中で，すべての溶液が平衡になるまで数日間放置する。最終段階では，それぞれの試料の溶媒の蒸気圧は一定，すなわち活量 a_A は同じであるから

$$\ln a_A = -\frac{\nu_R b_R \phi_R}{55.51} = -\frac{\nu b \phi}{55.51} \tag{18.77}$$

が成り立ち，次の関係を得る。

$$\phi = \frac{\nu_R b_R \phi_R}{\nu b} \tag{18.78}$$

ϕ_R はわかっているから，ϕ が求まり，その b 依存性が求まれば，式（18.72）によって平均活量係数 $\gamma_{b,\pm}$ が決定できる。

(3)　溶解度測定

難溶性電解質は，その一部が溶解し，生じたイオンと間に平衡が成立している。例えば，AgCl では

$$\mathrm{AgCl(s)} \rightleftarrows \mathrm{Ag^+(aq)} + \mathrm{Cl^-(aq)} \tag{18.79}$$

が存在し，平衡定数 K は

$$K = \frac{a_{Ag^+} a_{Cl^-}}{a_{AgCl}} \tag{18.80}$$

で表される。a_{AgCl} は固体の AgCl の活量であり，$a_{AgCl}=1$ とおけるから，飽和溶液に対しては

$$K_S = a_{Ag^+} a_{Cl^-} = a_\pm^2 \tag{18.81}$$

となり，K_s は**熱力学的溶解度積**（themodynamic solubility product）といわれている。これは，温度と圧力が一定であれば，決まった値である。式（18.81）を，飽和溶液中の質量モル濃度 b_{AgCl} とイオンの平均活量係数 $\gamma_\pm$ を用いて表すと

$$K_S = a_\pm^2 = (b_{AgCl}/b^\circ)^2 \gamma_\pm^2 \tag{18.82}$$

となる。b_{AgCl} は濃度測定によって実験値として決定できるから，$(b_{AgCl}/b^\circ)^2$ を見かけの溶解度積（apparent solubility product）として $K_{S,ap}$ と表すと，式（18.82）は

$$K_S = K_{S,ap}\gamma_\pm^2 \quad \text{あるいは} \quad K_S^{1/2} = K_{S,ap}^{1/2}\gamma_\pm \tag{18.83}$$

で表される*。

式（18.83）の右側の式の対数を取り，整理すると

$$\log K_{S,ap}^{1/2} = \log(b_{AgCl}/b^\circ) = \log K_S^{1/2} - \log\gamma_\pm \tag{18.84}$$

が得られる。希薄溶液では，次節に示すように，$\log\gamma$ と $\sqrt{I}$ の間には次式すなわちデバイ−ヒュッケルの極限則が成り立つ。

$$\log\gamma_\pm = -A|z_+z_-|\sqrt{I} \tag{18.85}$$

ここで A はヒュッケル定数である。この法則が成り立つ限度領域では，式（18.85）を代入して整理すると

$$\log K_{S,ap}^{1/2} = \log(b_{AgCl}/b^\circ) = \log K_S^{1/2} + A|z_+z_-|\sqrt{I} \tag{18.86}$$

が得られる。したがって，強電解質（$NaNO_3$，KNO_3 など）を溶解してイオン強度を変えた飽和溶液の b_{AgCl} を測定し，$\sqrt{I}$ に対し $\log K_{S,ap}^{1/2}$ すなわち $\log(b_{AgCl}/b^\circ)$ をプロットすると図 18.6 が得られる。$\sqrt{I}$ を 0 に外挿すると次式が成り立つから，切片より K_S が求まる（図 18.6）。

$$\lim_{I\to 0}\log K_{S,ap}^{1/2} = \log K_S^{1/2} \tag{18.87}$$

* 一般化学では，$K_{S,ap}$ を溶解度積としているが，$K_{S,ap}$ はイオン強度の影響を受けるから，K_S とは厳密には少し異なる。

具体的には，$\log K_S^{1/2} = 4.8950$ であるから，$\log \gamma_\pm$ は，次式をもとに，同図から得られる。

$$\log \gamma_\pm = 4.8950 - \log(b_{AgCl}/b^\circ) \qquad (18.88)$$

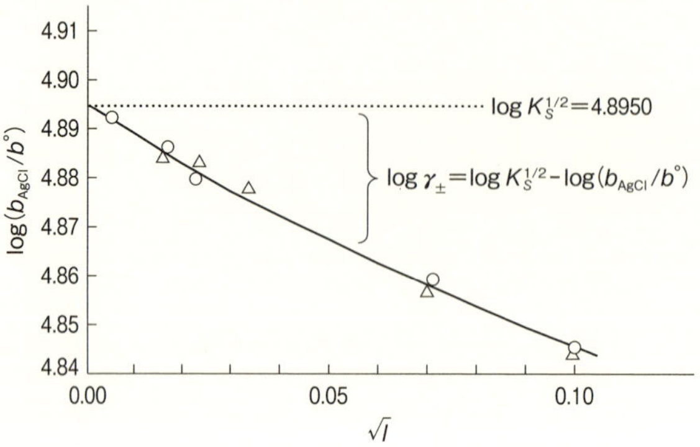

図 18.6　$\log K_{ap}^{1/2}$ $(=\log(b_{AgCl}/b^\circ))$ のイオン強度の平方根に対するプロット
添加塩：$NaNO_3$(○) および KNO_3(△)

18-3-4　平均活量係数の実測値

いろいろな電解質の水溶液の平均活量係数の実測値を表 18.5 に示し，その濃度変化を図 18.7 に示す。比較のために，非電解質の代表的な例としてスクロース水溶液の γ_{suc} の濃度変化も示す。**電解質の活量係数は非電解質に比べてはるかに低い濃度から非理想性が表れ，濃度が増加するにつれて下がり，極小値を経て再び増加する。**

その濃度変化に関しては次節でデバイ–ヒュッケル理論を学習した後，再び考察する。

18-4　平均イオン活量係数の理論的背景―デバイ–ヒュッケルの考察

前節で，電解質溶液では非電解質溶液に比べてはるかに低い濃度でも，その溶液の活量係数は理想溶液から大きくずれることが実験的に示された。このずれに注目したオランダの物理学者デバイ（Peter Joseph William Debye, 1884–1966）とヒュッケル（Erich Armand Arthur Joseph Hückel, 1896–1980）は，1923 年，下記の仮定に基づいた理論を提唱し，電解質の希薄溶液において活量係数が大きく負にずれる実験結果を説明した。

1）強電解質は完全に解離している。

2）相互作用の中で最も重要なのはクーロン力であり，他の相互作用は無視する。

3）クーロン力に基づくポテンシャルエネルギーは熱運動のエネルギーに比べて小さい。

4）イオンの周りの誘電率は溶媒の値に等しい。

ここでは，その理論の骨子とそれから得られる主な結論について説明する。

表 18.5 いろいろな電解質の水溶液における平均イオン活量係数（25℃）

$\frac{b}{\text{mol kg}^{-1}}$	HCl	H_2SO_4	NaCl	KCl	NaOH	KOH
0.1	0.7964	0.265	0.778	0.769	0.766	0.798
0.2	0.7667	0.209	0.732	0.718	(0.731)	(0.771)
0.5	0.7571	0.154	0.679	0.648	0.693	0.728
1.0	0.8090	0.130	0.656	0.598	0.679	0.756
2.0	1.009	0.124	0.670	0.562	0.698	0.888
4.0	1.762	0.171	0.791	0.563	0.888	1.352

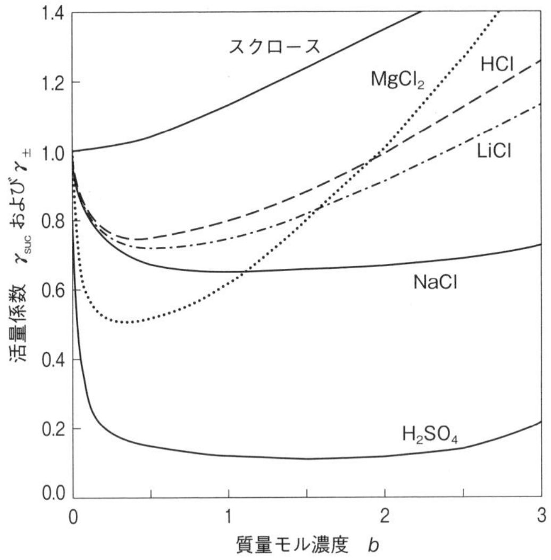

図 18.7 いろいろな電解質の平均イオン活量係数の重量モル濃度依存性（25℃）

18-4-1 イオン雰囲気

イオンは電場 E を生じるからその周りには電位が存在する。電荷が $+ze$ か $-ze$ の孤立イオンの場合には，イオン中心から距離 r の電位 $\phi(r)$ は次式で表される。

$$\phi(r) = \frac{\pm ze}{4\pi\varepsilon_r\varepsilon_0 r} \tag{18.89}$$

ここで，$\pm ze$ が用いられているが，注目するイオンの電荷が $+ze$ か $-ze$ のいずれかを示すための略号である。

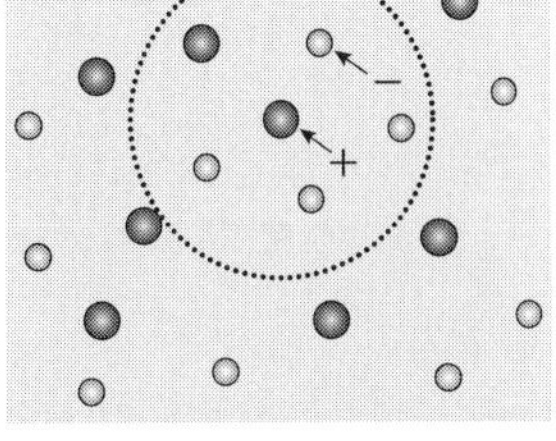

図 18.8 イオン雰囲気の概念図

実在のイオン溶液では電気的中性の条件があり，溶液全体にわたっては正電荷の総数と負電荷の総数は同数で，均一な分布をしているが，それぞれのイオンの近傍に注目すると，反対電荷をもつイオンが引き寄せられ，同符号のイオンは遠ざかるから，どのイオンの周りも反対の電荷をもつイオンの濃度が高くなる。その結果，**イオンの電位は遮蔽**されている。このイオンの周囲に生じる反対イオンの分布を**イオン雰囲気**

(ionic atmosphere) という。

デバイ–ヒュッケルの理論によると，溶液中のイオンの電位は，周りのイオン雰囲気によって遮蔽される結果，距離と共に指数関数的に減衰する項が加わった式：

$$\phi'(r) = \phi(r)\exp(-\kappa r) = \frac{\pm ze}{4\pi\varepsilon_r\varepsilon_0 r}\exp(-\kappa r) \tag{18.90}$$

となる（その誘導は補遺 2)。ここで，κ は，次式に示すように，個々のイオンの電荷および溶質の質量モル濃度 b を含んだ状態量である。

$$\kappa = \sqrt{e^2 N_A b\left(\frac{\nu_+ z_+^2 + \nu_- z_-^2}{\varepsilon_r\varepsilon_0 kT}\right)\rho} \tag{18.91}$$

ここで，ρ は溶液の密度である。

式 (18.21) で定義したように，質量モル濃度 b とイオン強度 I の間には

$$I = \frac{b}{2}(\nu_+ z_+^2 + \nu_- z_-^2) \tag{18.92}$$

なる関係があるから，イオン強度 I を用いて書き換えると，式 (18.91) は

$$\kappa = \sqrt{\frac{2e^2 N_A}{\varepsilon_0\varepsilon_r kT} I\rho} = \sqrt{\frac{2e^2 N_A}{\varepsilon_0 kT}}\sqrt{\left(\frac{I}{\varepsilon_r}\right)}\rho \tag{18.93}$$

となる。κ はイオン雰囲気による**遮蔽効果** (screening effect) を示す係数で，温度，イオン強度，誘電率および溶媒の密度の平方根に依存することを示している。水溶液の場合，水の相対誘電率は $\varepsilon_{r,H_2O} = 78.5$ であるから，25℃ の κ は

$$\kappa = 9.21\times 10^8\sqrt{\frac{I}{\varepsilon_r}\rho_{solvent}} \tag{18.94}$$

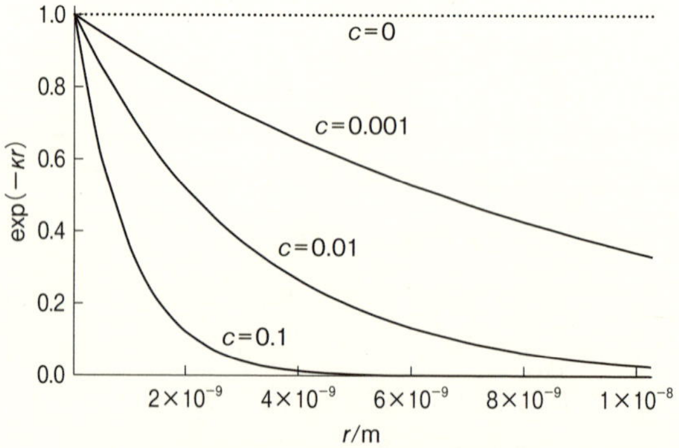

図 18.9　NaCl 水溶液におけるイオンの電位の遮蔽に対する電解質濃度（イオン強度）の影響　点線は非電解質，c は物質濃度（モル濃度）

となる。ここで，希薄溶液であるから $\rho=\rho_{\mathrm{solvent}}$ としている。

1-1　電解質水溶液を例にとり，違った濃度（イオン強度）における $\phi'(r)/\phi(r)=\exp(-\kappa r)$ の r 依存性を図 18.9 に示す。電解質の濃度すなわちイオン強度が増大すると κ が大きくなる結果，$\phi'(r)$ は r と共に急速に低下することが理解できる。

18-4-2　イオン雰囲気の半径（デバイ長）

κ の物理的意味についてふれておく。その逆数 κ^{-1} は長さの単位（例題参照）をもち，イオン雰囲気によって正味の電荷が遮蔽される結果，イオンの電位が，孤立イオンのつくる電位の $1/e$ になる距離である。これは**デバイ-ヒュッケルの遮蔽距離**（Debye-Hückel screening length）といわれている。イオンの周りに存在する対イオンの単位体積中の数すなわち電荷密度 $\rho(r)$ は距離 r と共に減少するが，球殻が大きくなるので，電荷の数は単純に減少することはない。そこで両者を考慮した**動径分布関数**（radial distribution function）を $p(r)=4\pi r^2\rho(r)$ と定義する（図 18.10），電荷密度 $\rho(r)$ および動径分布関数 $p(r)$ を r に対してプロットすると図 18.11 のようになる。$\rho(r)$ および $p(r)$ の r 依存性を見やすくするように $\rho(r)$ の縦軸は反対イオンの最近接距離 a のときの $\rho(a)$ を 1 とする相対値 $\rho(r)_{相対値}$，$p(r)$ の縦軸はその最大値を示す $r=1/\kappa$ のときの $p(1/\kappa)$ を 1 とした $p(r)$ の相対値 $p(r)_{相対値}$である。図は中心イオンから $r=1/\kappa$ の処に最も多くの対イオンが存在する存在することを示している。その距離すなわち $r=1/\kappa$ は，イオン雰囲気の半径あるいは**デバイ長**（Debye length）ともいわれている（補遺 3 参照）。

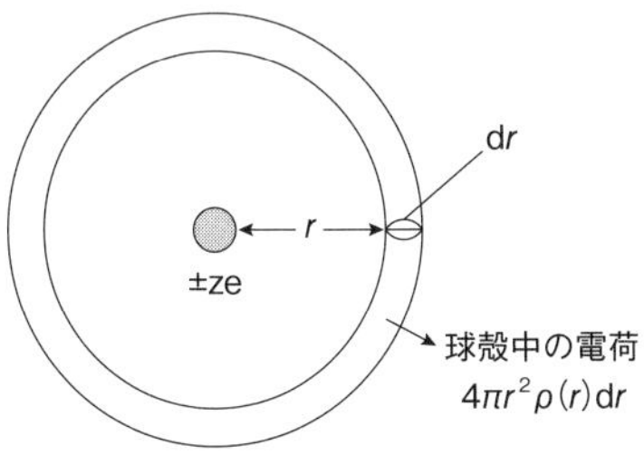

図 18.10　電荷の動径分布関数の概念図

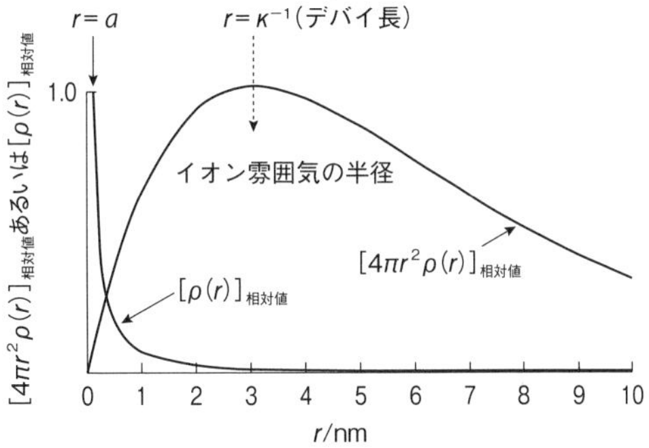

図 18.11　イオンの周りの電荷密度 $\rho(r)$ および電荷の動径分布関数 $p(r)=4\pi r^2\rho(r)$（図 18.10 参照）の距離 r 依存性

表 18.6　種々の電解質の型に対するデバイ長*

質量モル濃度（m）	1：1	1：2	2：2	1：3
0.1M	0.96	0.55	0.48	0.39
0.01M	3.04	1.76	1.52	1.24
0.001M	9.6	5.55	4.81	3.93

*25℃，長さは nm

デバイ長は，表 18.6 に示すように，存在するイオンの電荷数が大きく，イオンの濃度が高いほど短くなる。デバイ長は式（18.93）が示すように，媒体の誘電率が低いほどまた温度が低いほど短くなる。このような条件がそろえば，イオン雰囲気の構造が密になるから，中心イオンはそれだけ強く周囲に存在する対イオンの影響を受けるのである。

例　題 9　**κ が $\mathrm{m^{-1}}$ の単位を持つことを示せ。**

〔解　答〕　式（18.93）において，電荷 e の単位は C，ε_0 は $\mathrm{C^2\,s^2\,kg^{-1}\,m^{-1}}$，$k$ は $\mathrm{J\,K^{-1}}$，T は K，I は $\mathrm{mol\,kg^{-1}}$，N_A は $\mathrm{mol^{-1}}$ の単位からなるから，κ^2 の単位は

$$\frac{(\mathrm{C^2})(\mathrm{mol^{-1}})(\mathrm{mol\,kg^{-1}})(\mathrm{kg\,m^{-3}})}{(\mathrm{C^2\,J^{-1}\,m^{-1}})(\mathrm{J\,K^{-1}})(\mathrm{K})} = \mathrm{m^{-2}}$$

すなわち κ の単位は $\mathrm{m^{-1}}$ である。

例　題 10　**25℃ における 0.01 mol kg^{-1} NaCl 水溶液のデバイ半径を求めよ。ただし，水の密度 $\rho_{\mathrm{H_2O}}=0.997\ \mathrm{g\,cm^{-3}}$**

〔解　答〕　1-1 電解質（$z_+=1, z_-=-1$）では $I=m$ である。

密度 $\rho_{\mathrm{H_2O}} = 0.997\,\mathrm{g\,cm^{-3}} = 0.997\times10^3\,\mathrm{kg\,m^{-3}}$

これを式（18.94）に入れると

$$\kappa = 9.21\times10^8\sqrt{\frac{0.01\,\mathrm{mol\,kg^{-1}}}{78.5}0.997\times10^3\,\mathrm{kg\,m^{-3}}}$$

$$\kappa = 3.2821\times10^8\,\mathrm{m^{-1}}$$

$$\kappa^{-1} = 3.05\times10^{-9}\,\mathrm{m} = 3.05\,\mathrm{nm}$$

18-4-3　デバイ–ヒュッケルの極限則

電解質溶液のイオンの電位はイオン雰囲気によって遮蔽されるから，ϕ'（式（18.90））で表される。$\exp(-\kappa r)$ を級数展開すると

$$\phi' = \frac{\pm ze}{4\pi\varepsilon_r\varepsilon_0 r}\exp(-\kappa r) = \frac{\pm ze}{4\pi\varepsilon_r\varepsilon_0 r}\left(1-\kappa r+\frac{\kappa^2 r^2}{2!}-\cdots\right) \tag{18.95}$$

となる。希薄イオン溶液を取り扱う場合にはイオン強度は小さいから，$I\ll1$ として，上式の 2 次以上の項を無視すると

$$\phi' \approx \frac{\pm ze}{4\pi\varepsilon_r\varepsilon_0 r}(1-\kappa r) = \frac{\pm ze}{4\pi\varepsilon_r\varepsilon_0 r} - \frac{\pm ze}{4\pi\varepsilon_r\varepsilon_0}\kappa \tag{18.96}$$

となる。この第1項は，周りと相互作用がない孤立イオンの示すクーロンポテンシャルで，仮想的な理想電解質溶液の電位であるから $\phi'(r)^{\mathrm{id}}$ と表し，第2項は，イオン間の相互作用によって生じる電位で，溶液の非理想性部分に対応するので $\phi'(r)^{\mathrm{nonid}}$ と表すと，$\phi'(r)$ は

$$\phi'(r) = \phi'(r)^{\mathrm{id}} + \phi'(r)^{\mathrm{nonid}} \tag{18.97}$$

となる。

18-3-2 で，電解質の化学ポテンシャルは

$$\mu_{\mathrm{B}} = \mu_{\pm}^{\mathrm{id}} + \mu^{\mathrm{E}} \tag{18.98}$$

と表され，イオン間の相互作用によって $\mu^{\mathrm{E}} = \nu RT \ln \gamma_{\pm}$ が加わることを示した。

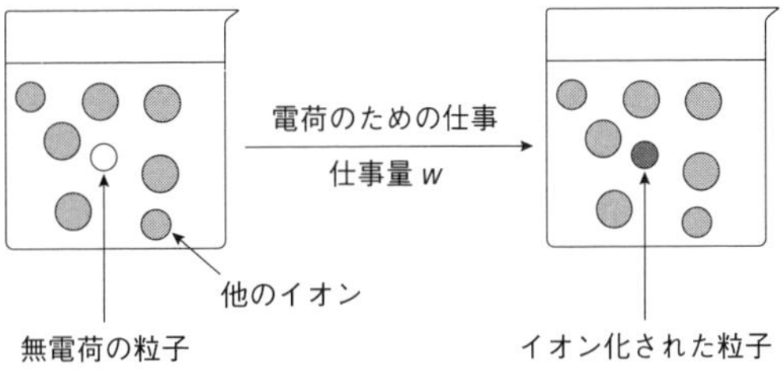

図 18.12　イオン雰囲気下，無電荷の粒子を電荷をもつ粒子にするに必要な仕事量と非理想性の見積り

イオンが無電荷であればイオン間の相互作用はなく $\mu_{\pm}^{\mathrm{E}}$ は 0 である。μ^{E} は図 18.12 に示すように，$\phi'(r)^{\mathrm{nonid}}$ の中にある無電荷の粒子（左図白丸）を ze の電荷をもつイオン（右図黒丸）にするのに必要な仕事量 w にアボガドロ数をかけた量として見積もることができるであろう。それが次式である。

$$\mu^{\mathrm{E}} = N_{\mathrm{A}} w \tag{18.99}$$

w は，注目するイオンの電荷量を変数 q として，$\phi'(r)^{\mathrm{nonid}}$ の中で q を 0 から z_+e または z_-e にするための仕事量 w_+ または w_- であり，それぞれ，次のように表される。

$$w_+ = \int \mathrm{d}w_+ = -\int_0^{z_+e} \frac{\kappa q}{4\pi\varepsilon_r\varepsilon_0}\mathrm{d}q = -\frac{(z_+e)^2\kappa}{8\pi\varepsilon_r\varepsilon_0} \tag{18.100}$$

$$w_- = \int \mathrm{d}w_- = -\int_0^{z_-e} \frac{\kappa q}{4\pi\varepsilon_r\varepsilon_0}\mathrm{d}q = -\frac{(z_-e)^2\kappa}{8\pi\varepsilon_r\varepsilon_0} \tag{18.101}$$

ここで，w_+ と w_- は 1 個の陽イオンおよび陰イオンの持つ余剰のギブズエネルギーであるから，陽イオンと陰イオンの活量係数 γ_+ と γ_- は，それぞれ，次式で表される。

$$kT\ln\gamma_+ = \frac{(z_+e)^2\kappa}{8\pi\varepsilon_r\varepsilon_0} \quad \text{および} \quad kT\ln\gamma_- = \frac{(z_-e)^2\kappa}{8\pi\varepsilon_r\varepsilon_0} \tag{18.102}$$

平均活量係数は $\gamma_\pm^\nu = \gamma_+^{\nu_+}\gamma_-^{\nu_-}$ として定義されているから，その対数をとると

$$\nu\ln\gamma_\pm = \nu_+\ln\gamma_+ + \nu_-\ln\gamma_- \tag{18.103}$$

となり，式（18.100）を用いると

$$\nu\ln\gamma_\pm = -\frac{e^2\kappa}{8\pi\varepsilon_r\varepsilon_0 kT}(\nu_+z_+^2+\nu_-z_-^2) = -\frac{F^2\kappa}{8\pi\varepsilon_r\varepsilon_0 N_A RT}(\nu_+z_+^2+\nu_-z_-^2) \tag{18.104}$$

となる。ここで，最右辺の式は，中央の式の分子，分母に N_A^2 を掛け，$F=eN_\mathrm{A}$ および $R=kN_\mathrm{A}$ として整理した式である。$\nu_+z_+^2+\nu_-z_-^2$ は電解質溶液の電気的中性条件 $v_+z_++v_-z_-=0$ を考慮すると

$$\nu_+z_+^2+\nu_-z_-^2 = -\nu z_+z_- \tag{18.105}$$

となる（補遺 4）から，式（18.104）は

$$\begin{aligned}\ln\gamma_\pm &= \frac{e^2\kappa}{8\pi\varepsilon_r\varepsilon_0 kT}z_+z_- = -\frac{F^2\kappa}{8\pi\varepsilon_r\varepsilon_0 N_\mathrm{A}RT}|z_+z_-| \\ &= -\frac{F^2}{8\pi\varepsilon_r\varepsilon_0 N_\mathrm{A}RT}\sqrt{\frac{2F^2}{\varepsilon_0\varepsilon_r RT}I\rho}\,|z_+z_-|\end{aligned} \tag{18.106}$$

となる。いろいろな物理定数の組み合わせをまとめて A で表すと

$$\ln\gamma_\pm = -\frac{|z_+z_-|F^2}{8\pi\varepsilon_r\varepsilon_0 N_A RT}\sqrt{\frac{2\rho F^2 I}{\varepsilon_0\varepsilon_r RT}} = -A|z_+z_-|\sqrt{I} \tag{18.107}$$

となる。A はデバイ−ヒュッケル定数といわれている。

デバイ−ヒュッケルの極限則は自然対数よりも常用対数を用いて表すことが多い。その場合対数の変換に現れる定数（$\ln x = 2.303\log x$）も上記の A に含めて

$$\log\gamma_\pm = -A|z_+z_-|\sqrt{I} \tag{18.108}$$

と書かれることも多い。25℃ の水溶液での A の値は 0.5091 となるから，上式は

$$\log\gamma_\pm = -0.5091|z_+z_-|\sqrt{I} \tag{18.109}$$

である。平均イオン活量係数の対数は，イオン強度の平方根の一次関数であり，その曲線の傾きが陽イオンと陰イオンの原子価の積の絶対値に比例する。図 18.13 にはイオン強度

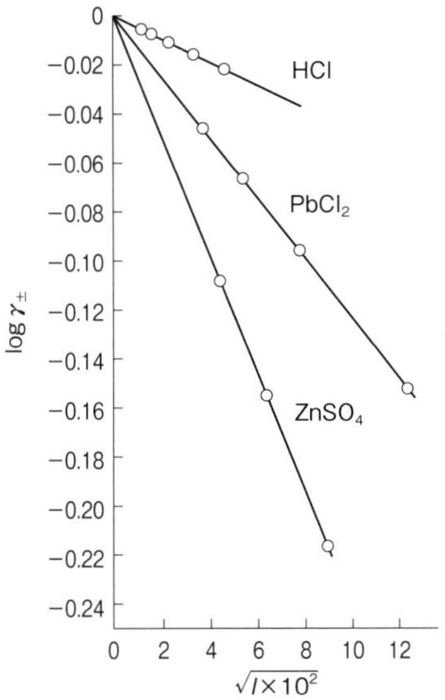

図 18.13　活量係数とイオン強度の関係

の異なる 3 種の電解質の低濃度における $\sqrt{I}$ に対する $\log \gamma_{b,\pm}$ の実験値の関係を示す。$b<0.01$ mol kg^{-1} 程度の希薄イオン溶液に対しては，理論は実験結果を良く再現するから，**デバイ-ヒュッケルの極限則**（Debye-Hückel limiting law）という。

例題 11　**25℃ の KCl 0.0100 mol kg^{-1} 溶液中の $\gamma_\pm$ は 0.902 と実測されている。これをデバイ-ヒュッケルの極限則で算出し，比較せよ。**

〔解　答〕　KCl は 1-1 型電解質であるから，イオン強度は濃度と同じである。I=0.0100 であるから，式（18.109）より

$$\log \gamma_\pm = -0.5091(1)\sqrt{0.0100} = -0.05091$$

$$\gamma_\pm = 0.889$$

18-4-4　デバイ-ヒュッケルの極限則の限界

希薄溶液では理論値は実験値と一致するが，イオン強度 I が 0.01 より大きくなれば，図 18.14 に示すように，実験値は理論値からかなり大きくずれてくる。このずれは，デバイ-ヒュッケル理論に含まれている仮定や近似に由来するもので，イオン強度の十分に低い希薄溶液でしか成立しないのは当然といえよう。

より高いイオン強度にも合うようにデバイ-ヒュッケル理論に対していろいろな修正がなされてきた。イオンは大きさを持つからイオンを点電荷でなく，半径 a で中心に電荷を持つ剛体球としてデバイ-ヒュッケル則を展開すると，得られる活量係数 $\gamma_{b,\pm}$ は次式となる。

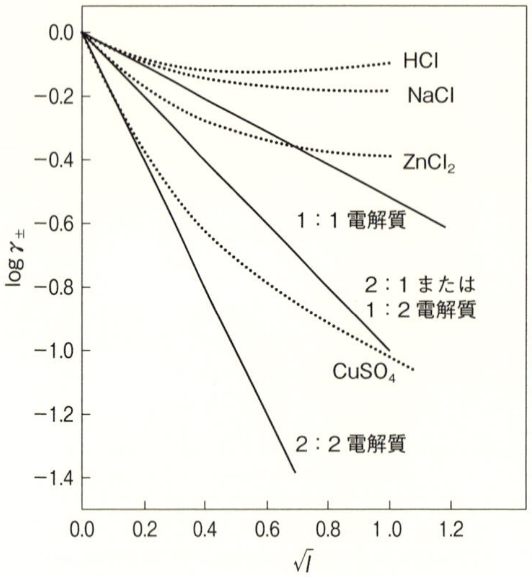

図 18.14　デバイ–ヒュッケル理論から予想される活量係数に対するイオン強度の関係（実線）。点線は実測値

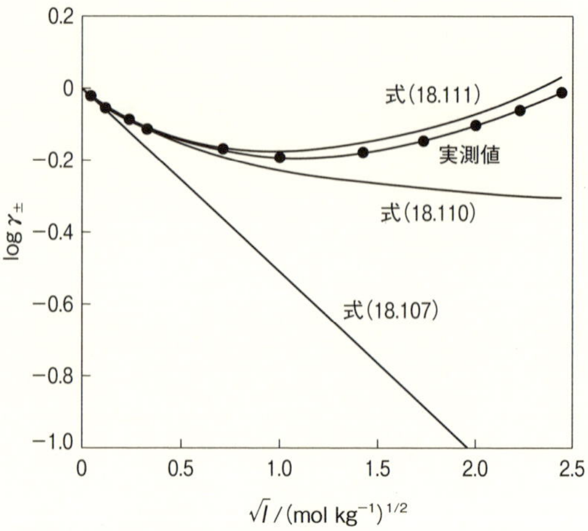

図 18.15　1:1 電解質について拡張デバイ–ヒュッケル則によって修正された活量係数と実測値の影響とその測定結果

$$\log \gamma_{\pm} = -\frac{A|z_+ z_-|\sqrt{I}}{1 + aB\sqrt{I}} \qquad (18.110)$$

ここで B は 25℃ の水溶液では 0.3291×10^{10} m^{-1} mol$^{-0.5}$ kg$^{0.5}$ である。a の値は理論的には求めるのが難しく，最近接距離を示す調節用パラメーターと見なされている量である。NaCl 水溶液では $a = 4.0 \times 10^{-10}$ m とすると $I = 0.1$ 以下の濃度領域まで実験結果と極めて満足すべき一致が得られている。

0.1 M 以上になると，陽イオンと陰イオンとのイオン対形成やイオン–溶媒間の近接相互作用も問題になってくる。これを理論的に取り扱うのは困難で，経験的には式（18.110）の右辺にイオン強度に比例する補正項を導入した次式が，1–1 電解質に対しては比較的良い近似式になることが見出されている。

$$\log \gamma_{\pm} = -\frac{A|z_+ z_-|\sqrt{I}}{1 + aB\sqrt{I}} + bI \qquad (18.111)$$

ここで，定数 b も a と同様に実験値に合うように決定されパラメーターで，NaCl の場合，定数 $b = 0.055$ mol^{-1} kg としたとき，実験結果が再現される（図 18.15）。

図 18.7 に示したように，一般に，$\gamma_{\pm}$ はある濃度になると極小値となり，それ以上の濃度では増加しはじめ，高濃度では 1 より大きくなる場合も多い。デバイ–ヒュッケル理論が成り立たなくなる理由として，イオン対形成，イオンの水和とそれに伴う自由な水の減少などが考えられている。

補遺 18.1　クーロンの法則

電子やイオンは電荷を帯びた化学種である。電荷にはプラスとマイナスがあり，電荷を帯びた化学種間では，電荷が同符号であれば反発して斥力，異符号であれば引力が発生する（補図18.1）。

1785年フランスの物理学者クーロン（C. Coulomb, 1735–1806）は帯電した小さい球の間に作用する力を精密に測定し，「2つの帯電した小球間に働く引力または斥力 $\boldsymbol{F}$ は小球の持つそれぞれの電荷 q_1 および q_2 の積に比例し，小球間の距離 r の二乗に逆比例する」ことを見出した。これがクーロンの法則で，次式で表される。

$$\boldsymbol{F} = k\frac{q_1 q_2}{r^2}\cdot\frac{\boldsymbol{r}}{r} \quad （補式 18.1）$$

ここで，$\boldsymbol{r}/r$ は位置ベクトル $\boldsymbol{r}$ の単位ベクトルである。したがって，三次元空間の原点に q_1 の電荷をおき，距離 r にある電荷 q_2 をおくと，その電荷は電気力（クーロン力という）をうける。電荷をクーロン（C），距離をm，電気力をニュートンNで表すと，比例定数 k は

$$k = \frac{1}{4\pi\varepsilon_0} \quad （補式 18.2）$$

となるから，

$$\boldsymbol{F} = \frac{q_1 q_2}{4\pi\varepsilon_0 r^2}\cdot\frac{\boldsymbol{r}}{r} \quad （補式 18.3）$$

が得られる。$\boldsymbol{F}$ はベクトル量であり厳密には，$\boldsymbol{r}/r$ を付記すべきであるが，化学熱力学では方向よりもその値に関心があり，式をわずらわしくするので省略する。

(a)　q_1, q_2 が同符号　　(b)　q_1, q_2 が異符号

補図 18.1　クーロンの法則

補遺 18.2　式（18.90）の誘導

式（18.15）に示すように，電荷 $\pm ze$ をもつ中心イオンから距離 r にある点の電位 ϕ は，それを取り巻く媒体の相対誘電率が ε_r であれば次式：

$$\phi = \frac{\pm ze}{4\pi\varepsilon_0\varepsilon_r r} \quad （補式 18.4）$$

で表される。

電解質溶液では，中心イオンの周りに反対の電荷をもつイオンが引き寄せられ，イオン雰囲気をつくるために，中心イオンの周りの電位は，単独で存在する場合よりずっと急速に減衰する。したがって，電荷 $\pm ze$ の中心イオンから距離 r だけ離れたところにあるイオン i の電位を $\phi_i'(r)$ とすると，電荷が $z_i e$ のイオン i の静電ポテンシャルは $z_i e\phi_i'(r)$ となる。

溶液中の単位体積あたりのイオン種 i の個数を n_i とし，電荷 $\pm ze$ をもつ中心イオンから距離 r の点のイオン種 i の単位体積あたりの個数を $n_i(r)$ とする。デバイとヒュッケルは，この $n_i(r)$ に対しボルツマン分布していると仮定し，$n_i(r)$ を

$$n_i(r) = n_i e^{-\frac{z_i e\phi_i'(r)}{kT}} \quad （補式 18.5）$$

と表した。したがって，イオン種 i の単位体積あたりの電荷すなわち電荷密度 $\rho_i(r)$ は

$$\rho_i(r) = z_i e n_i(r) = z_i e n_i e^{-\frac{z_i e\phi_i'(r)}{kT}} \quad （補式 18.6）$$

となる。存在する他のイオン種の電荷密度も考慮にいれて和をとると，距離 r でのイオン種の電荷密度 $\rho(r)$ は

$$\begin{aligned}\rho(r) &= \sum_i \rho_i(r) = \sum_i z_i e n_i(r) \\ &= \sum_i (z_i e)\left\{n_i e^{-\frac{z_i e\phi_i'(r)}{kT}}\right\} \\ &= \sum_i (z_i e)\left\{n_i\left(1 - \frac{z_i e\phi'(r)}{kT} + \frac{1}{2!}\frac{(z_i e\phi'(r))^2}{k^2T^2} - \cdots\right)\right\}\end{aligned} \quad （補式 18.7）$$

と表される。この $\rho(r)$ が図18.8（本文）の中心イオンの周りにあるイオン雰囲気を産み出しているのである。$z_i e\phi'_i \ll kT$ と仮定すると，補式（18.7）は指数関数の展開を $z_i e\phi'_i$ の1次までで近似できるから

$$\rho(r) = e\sum_i n_i z_i - \frac{e}{kT}\sum_i n_i z_i^2 e\phi' = e\sum_i n_i z_i - \frac{e^2\phi'}{kT}\sum_i n_i z_i^2$$

（補式18.8）

になる。溶液全体として電気的に中性であるから，最右辺の第1項は0になる。したがって，電荷密度 $\rho(r)$ は

$$\rho(r) = -\frac{e^2\phi'}{kT}\sum_i n_i z_i^2$$

（補式18.9）

となる。

溶液中のイオンの平均密度 n_i は溶液内のモル濃度 c_i とアボガドロ数 N_A の積に等しい。希薄溶液では，c_i は質量モル濃度 b_i と溶媒密度 ρ_{solv} の積 $c_i = b_i\rho_{solv}$ で表されるので，これを考慮すると，電荷密度 $\rho(r)$ は

$$\rho(r) = -\frac{e^2\phi'(r)}{kT}\sum_i n_i z_i^2 = -\frac{e^2\phi'(r)}{kT}\sum_i b_i N_A \rho_{solv} z_i^2 = -\frac{N_A e^2\phi'(r)\rho_{solv}}{kT}\sum_i b_i z_i^2$$

（補18.10）

となり，$N_A e = F$（ファラデー定数），$N_A e = F\sum_i b_i z_i^2 = 2I$（イオン強度）で置き換えると

$$\rho(r) = -\frac{N_A e^2\phi'(r)\rho_{solv}}{kT}(2I) = -\frac{2\rho_{solv}F^2 I}{RT}\phi'(r)$$

（補式18.11）

と表される。

ここで右辺の最後の項の係数を C とおくと補式（18.11）は

$$\rho(r) = -C\phi'(r) \quad (C = 2\rho_{solv}F^2 I/RT)$$

（補式18.12）

となる。

この $\phi'(r)$ が球対象であることに注目し，電気力学のポアソン（Poisson）の方程式を適用すると

$$\frac{1}{r^2}\frac{d}{dr}\left(r^2\frac{d\phi'(r)}{dr}\right) = -\frac{\rho(r)}{\varepsilon} = \frac{C\phi'(r)}{\varepsilon}$$

（補式18.13）

が得られる。この微分方程式から $\phi'(r)$ が求まる。その際，$\phi'(r) = u(r)/r$ とすると，補式（18.13）は

$$\frac{d^2u(r)}{dr^2} = \frac{C}{\varepsilon}u(r)$$

（補式18.14）

となり，$u(r)$ の一般解は

$$u(r) = Ae^{-\sqrt{\frac{C}{\varepsilon}}r} + Be^{\sqrt{\frac{C}{\varepsilon}}r}$$

（補式18.15）

となる。ここで，A および B は定数である。$\phi'(r) = u(r)/r$ であるから，$\phi'(r)$ は

$$\phi'(r) = \frac{Ae^{-\sqrt{\frac{C}{\varepsilon}}r}}{r} + \frac{Be^{\sqrt{\frac{C}{\varepsilon}}r}}{r}$$

（補式18.16）

で与えられる。A および B は，次のように決められる。$r\to\infty$ になると $\phi'(r) = 0$ になるべきだから，$B = 0$ である。さらに，$\kappa = \sqrt{C/\varepsilon}$ とすると

$$\phi'(r) = \frac{Ae^{-\sqrt{\frac{C}{\varepsilon}}r}}{r} = \frac{Ae^{-\kappa r}}{r}$$

（補式18.17）

となる。ここで補式（18.12）に基づいて C を具体的に書くと

$$\kappa = \sqrt{\frac{C}{\varepsilon}} = \sqrt{\frac{2\rho F^2 I}{\varepsilon RT}}$$

（補式18.18）

である。

とくに，$I = 0$ すなわち $\kappa = 0$ のときの $\phi'(r)$ は純粋な電荷のクーロン電位 $\phi(r)$ であるから，A は

$$A = \frac{\pm ze}{4\pi\varepsilon_0\varepsilon_r} \quad \text{（補式18.19）}$$

となる。この値を補式（18.17）に代入すると

$$\phi'(r) = \frac{z_A z_B e}{4\pi\varepsilon_r\varepsilon_0 r}\exp(-\kappa r) = \frac{\pm ze}{4\pi\varepsilon_r\varepsilon_0 r}\exp(-\kappa r) = \phi(r)\exp(-\kappa r)$$

（補式18.20）

すなわち式（18.90）が誘導される。

補遺 18.3　図 18.10 の追加説明

中心イオンから距離 r の点 P における対イオン種 i の電荷密度は補式（18.21）：

$$\rho(r) = -\frac{2p_{\mathrm{solv}}F^2I}{RT}\phi'(r) = -A\varepsilon\kappa^2\frac{\exp(-\kappa r)}{r} \quad \text{（補式 18.21）}$$

で表される。

中心イオンから r の距離にあり，厚さが $\mathrm{d}r$ の球状殻の体積は表面積に厚さ $\mathrm{d}r$ を掛けたものすなわち $4\pi r^2\mathrm{d}r$ となる（図 18.10）。この球殻に含まれている過剰対イオン電荷は $4\pi r^2\mathrm{d}r \times\rho(r)$ となる。過剰対イオン電荷の動径分布関数として $p(r)$ を次式のように定義すると

$$p(r) = 4\pi r^2\rho(r) = -4\pi A\varepsilon\kappa^2 r\exp(-\kappa r) \quad \text{（補式 18.22）}$$

$p(r)$ は $r=1/\kappa$ のときに最大値になる。そのときの動径分布関数値 $p(1/\kappa)=4\pi r^2\rho(1/\kappa)$ を 1 とし，その相対値

$$[4\pi r^2\rho(r)]_{rel} = \frac{4\pi r^2\rho(r)}{4\pi r^2\rho(1/\kappa)} \quad \text{（補式 18.23）}$$

を，中心イオンからの距離 r の関数として図示したのが図 18.11 である。

補遺 18.4　電解質溶液における $\nu_+z_+^2+\nu_-z_-^2=-\nu z_+z_-=\nu|z_+z_-|$ の証明

電解質溶液における電気的中性条件から $\nu_+z_++\nu_-z_-=0$ が成立する。この式に z_+ および z_- をかけると

$$\nu_+z_+^2+\nu_-z_+z_- = 0 \quad \text{（補式 18.24）}$$

$$\nu_+z_+z_-+\nu_-z_-^2 = 0 \quad \text{（補式 18.25）}$$

となる。両式を加え，整理すると

$$\nu_+z_+^2+\nu_-z_-^2+(\nu_++\nu_-)z_+z_- = 0 \quad \text{（補式 18.26）}$$

となる。$\nu_++\nu_-=\nu$ であることを考慮して，整理すると

$$\nu_+z_+^2+\nu_-z_-^2 = -\nu z_+z_- = \nu|z_+z_-| \quad \text{（補式 18.27）}$$

が得られる。

理解度テスト

1. 電解質とはどんな特性をもつ溶液か。
2. 1-2 電解質の具体例を示せ。
3. 電解質のイオンの濃度を規制する条件とはどんな条件か。
4. イオン強度とは何か，その定義を示せ。
5. 電解質と非電解質とのヘンリー則の基準状態の違いを述べよ。
6. 無限希釈電解質と理想溶液の類似点と相違点を述べよ。
7. NaCl 水溶液の蒸気圧降下や浸透圧は同じ分率のスクロース水溶液の 2 倍になる。その理由を述べよ。
8. イオンの活量および活量係数は平均値として表される。なぜ平均にする必要があるのか。
9. 電解質溶液において過剰化学ポテンシャルと活量係数との関係を示す式を書け。
10. イオンの活量係数を求める方法に等圧溶液法がある。それはどんな現象を利用した方法か。
11. デバイ-ヒュッケルの理論は 2 つの仮定をもとにして展開された。その 2 つの仮定とはどんな仮定か。
12. イオン雰囲気とは何か。何故そのような現象が表れるかを述べよ。
13. デバイ-ヒュッケルの遮蔽距離とはどんな距離かを説明せよ。
14. デバイ長とは何か。
15. デバイ-ヒュッケルの極限則には限界がある。なぜか。

章末問題

問題 1　37℃の水中で1 nm離れているNa^+とCl^-間の相互作用によるポテンシャルエネルギーを計算せよ。ただし，水の37℃の誘電率$\varepsilon=74.2$である。.

問題 2　真空中で電気量2.0 Cの点電荷から3.0 mだけ離れた点の電位はいくらか。

問題 3　$MgSO_4$の水溶液のイオン強度は質量モル濃度の4倍であることを示せ。

問題 4　強電解質$M_{V+}A_{V-}$（質量モル濃度b）が完全に解離（$M_{V+}A_{V-}=\nu_+M^{z+}+\nu_-A^{z-}$）した場合のイオン強度$I$は

$$I=\frac{1}{2}\nu_-\left(\frac{\nu_-}{\nu_+}+1\right)z_-^2b$$

で表される事を示せ。

問題 5　NaCl　29.31 g，K_2SO_4　0.85 g，$MgCl_2$　3.99 g，$MgSO_4$ 1.83 g，および$CaSO_4$ 1.34 gを水1 dm^3（密度1.00 kg dm^{-3}）に溶解した水溶液のイオン強度を求めよ。

問題 6　組成式$M_{\nu_+}A_{\nu_-}$の強電解質のモル分率が$x_{M_{\nu+}A_{\nu-}}$である無限希釈水溶液の溶媒の蒸気圧および化学ポテンシャルを示せ。

問題 7　モル分率が$x_{M_{\nu+}A_{\nu-}}$の強電解質（組成式$M_{\nu+}A_{\nu-}$）では，その無限希釈水溶液のは溶媒の化学ポテンシャルの変化は

$$d\mu_{H_2O}=-RT\frac{\nu}{1-\nu x_{M_{\nu+}A_{\nu-}}}dx_{M_{\nu+}A_{\nu-}}$$

で表される。この式を誘導せよ。ただし，$\nu=\nu_++\nu_-$とする。

問題 8　0.050 mol kg^{-1}の$K_3Fe(CN)_6$水溶液の凝固点は-0.36℃である。$K_3Fe(CN)_6$では単位式量当り何個のイオンが形成されるか。凝固点降下定数$K_f=1.86$ K kg mol^{-1}である。

問題 9　水100 gに硝酸ナトリウム$NaNO_3$を8.5 g溶かした水溶液の凝固点は-3.32℃であった。水100 gにブドウ糖$C_6H_{12}O_6$を3.62 g溶かした水溶液の凝固点は-0.374℃であった。硝酸ナトリウムのファントホッフ係数iを計算せよ。

問題 10　0.02 mol kg^{-1}の$ZnCl_2$水溶液の$b_\pm$を求めよ。

問題 11　質量モル濃度がbのNaCl，$MgSO_4$，Na_2SO_4およびNa_3PO_4の水溶液の平均イオン活量，平均化学ポテンシャルおよび電解質の化学ポテンシャルをbと平均イオン活量係数$\gamma_\pm$を用いて表せ。

問題 12　25℃の0.1000質量モル濃度H_2SO_4水溶液では，$\gamma_\pm=0.265$である。$a_{H_2SO_4}$を求めよ。

問題 13　0.100 mol kg^{-1}水溶液中の$In_2(SO_4)_3$の$\gamma_\pm$は25℃において0.025と求められている。$b_\pm$，$a_\pm$，および$a_{In_2(SO_4)_3}$を求めよ。

問題 14　0.600および0.200 mol kg^{-1}NaCl水溶液は25℃において，それぞれ，$\gamma_\pm=0.6719$および，0.7349であるとしてΔG_{298}を求めよ。

NaCl(0.600 mol kg^{-1})
　　→NaCl（0.200 mol kg^{-1}）

問題 15　1分子が完全に解離してν個のイオンを生じる場合，電解質Bの質量モル濃度b_Bとその活量の間には，$\lim_{b_B\to 0}(a_B/(b_B/b^\circ))=\nu_+^{\nu_+}\nu_-^{\nu_-}$なる関係があることを示せ。また，$b_B=1$ mol kg^{-1}のときの，HClおよび$CaCl_2$の$b_\pm$を求めよ。

問題 16　KClの0.5 mol kg^{-1}水溶液は25℃において$\gamma_{b,\pm}=0.901$である。溶液の静電相互作用による過剰化学ポテンシャルμ^Eはいくらか。

問題 17　電解質Bの水溶液の凝固点降下を測定し，浸透係数ϕを見積もると，活量係数が実験的に求まる。どのような手順で決定するかを述べよ。

問題 18　2.007 mol kg^{-1} $CaCl_2$と3.937 mol kg^{-1}のNaCl水溶液が25℃で等圧平衡にあり，後者の浸透係数が1.111であるとして，$CaCl_2$水溶液の浸透係数とこれらの液の水の活量を求めよ。

問題 19　25℃の1−1電解質水溶液（質量モル濃度b）のデバイ半径（$1/\kappa$）は

$$\frac{1}{\kappa}=\frac{304}{\sqrt{b}}\ \mathrm{pm}$$

であることを示せ。ただし，25℃の相対誘電率 $\varepsilon_r = 78.54$ である。

問題 20 質量モル濃度が 8.24×10^{-5} mol kg^{-1} $Al_2(SO_4)_3$ 水溶液のデバイ長を求めよ。

問題 21 デバイ-ヒュケルの極限法則により，25℃における 0.002 mol kg^{-1} $CaCl_2$ 水溶液の平均活量係数を求めよ。

問題 22 0.010 mol kg^{-1} の $CaCl_2$ と 0.030 mol kg^{-1} の NaF(aq) の溶液中の平均活量係数を求めよ。

問題 23 $MgCl_2$ 水溶液の質量モル濃度が b のときの 25℃の平均活量係数 $\gamma_{b,\pm}$ の一般式を示せ。

問題 24 20℃の水に対する PbI_2 の溶解度は 1.37×10^{-3} mol kg^{-1} である。式 (18.109) を用いて次の問に答えよ。

(1) $\gamma_{b,\pm}$ は 1 であると見なして溶解度積を求めよ

(2) デバイ-ヒュッケルの極限式から $\gamma_{\pm}$ を推定し，熱力学的溶解度積を求めよ。

第 19 章

化学平衡

これまで非電解質および電解質溶液を対象に，平衡状態にある溶液の性質を熱力学的観点に立って解説した。本章では，平衡の一般的な基準を化学反応がおこる系に適用する。まず，均一系の可逆反応を反応速度という観点から捉えると，化学平衡は正反応速度と逆反応速度が等しくなる状態で，動的平衡であることを示す。次に，反応進行度の概念を導入し，化学反応に関与する成分の化学ポテンシャルをもとに化学平衡が成り立つ条件を導出する。化学平衡を熱力学的観点，すなわち，反応にともなうギブズエネルギーの変化が0になるという平衡の基準をもとに，熱力学的化学平衡定数を定義し，それが標準反応ギブズエネルギーを用いて記述されることを明らかにする。熱力学的平衡定数は厳密に決まる温度のみの関数であるが，実用的には，厳密さでは劣るが，気相反応の場合は圧平衡定数，分率平衡定数，濃度平衡定数も用いられ，溶液反応には質量モル濃度平衡定数やモル濃度平衡定数も定義され，反応条件の設定に用いられている。熱力学的化学平衡定数の温度変化から標準反応エンタルピーや標準反応エントロピーを求め，吸熱反応や発熱反応と熱力学的化学平衡定数との関係を明らかにして，化学反応を円滑に進めるための指針を示す。化学平衡を不均一系にもひろげ，不均一系における特徴を明らかにする。

化学平衡にはルシャトリエ-ブラウンの原理が適用できることを示し，その原理の熱力学的背景を明らかにすると共にその適用限界を考察する。最後に，化学平衡が工業生産に利用されている具体例や水や酸塩基のプロトン移動平衡を解説する。

19-1　可逆反応と化学平衡

19-1-1　可逆反応の実体

本節ではヨウ化水素 HI の分解・生成を例にして可逆反応を考える。HI の入った容器を 425℃ に加熱すると，無色だった容器が紫色に変化する。その色は時間と共に濃くなるが，時間が経つと色の変化は止まる。これは，次式の分解反応がおこってヨウ素が生成するからである。

$$2\,HI \longrightarrow H_2 + I_2 \tag{19.1}$$

逆に，ヨウ素蒸気を入れた容器を 425℃ に保ち水素を導入すると，ヨウ素蒸気による紫色がだんだん薄くなる。これは次式の反応がおこり，ヨウ素が減って無色のヨウ化水素が生成するからである。

$$H_2 \quad + I_2 \quad \longrightarrow \quad 2\,HI \qquad (19.2)$$

薄くなったものの紫色は残っているから反応物のヨウ素がいくらか消費されずに残っていることがわかる。その容器の温度を 550℃ に上げると，ヨウ素による紫色が濃くなってくる。再び，425℃ に戻すと，紫色は薄くなり元の状態に戻る。これは，550℃ では，式（19.1）の逆反応がさらに進行するからである。

式（19.1）と式（19.2）は，一方を正反応とすると他方は逆反応である。このように，正反応と逆反応が対になる反応を**可逆反応**（reversible reaction）といい，次の式（19.3）に示すように両方の矢印を用いて表す。

$$2\,HI \quad \rightleftarrows \quad H_2 \quad + \quad I_2 \qquad (19.3)$$

ヨウ化水素を反応容器に入れるか，または等量の水素とヨウ素を反応容器に入れて，容器の中の組成の経時変化に注目すると，図 19.1（a）に示すように，式（19.1）の場合も，式（19.2）の場合も温度を変化しない限り，最終段階では HI, H_2 および I_2 のモル分率は一定になっている。このとき，この系は**化学平衡**（chemical equilibrium）にあるという。

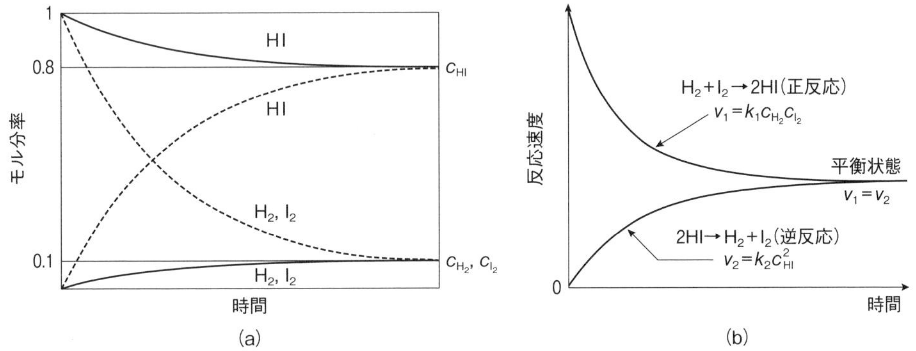

図 19.1　2HI ⇄ H_2+I_2 反応における平衡状態の存在
（a）組成の経時変化：実線　2HI → H_2+I_2, 点線　H_2+I_2 → 2HI
（b）2HI⇄H_2+I_2 の反応速度の経時変化

化学平衡の成立は，可逆反応の反応速度（reaction rate）の変化を考えると容易に理解できる。式（19.2）に示した H_2 と I_2 とから HI ができる反応を考えてみよう。反応が始まった段階では，H_2 と I_2 とから HI が生じるが，消費するに連れて HI 生成速度（$v_1 = dc_{HI}/dt$）は減少する。一方，生成した HI の濃度は時間と共に高くなるので，それに応じて逆反応の反応速度（$v_2 = dc_{H_2}/dt = dc_{I_2}/dt$）が大きくなる。その結果，両者が等しくなるような成分組成に達すると，図 19.1（b）に示すように，見かけ上，反応は停止した状態になる。このような平衡状態を**動的平衡状態**（dynamic equilibrium state）と呼ぶ。

反応速度は濃度に比例するので，生成反応および逆反応の比例定数（反応速度定数という）を k_1 および k_2 とする。次のように表される。

$$\text{HI の生成速度}: v_1 = k_1 c_{\mathrm{H_2}} c_{\mathrm{I_2}} \qquad (19.4)$$

$$\text{HI の分解速度}: v_2 = k_2 c_{\mathrm{HI}}^2 \qquad (19.5)$$

化学平衡状態では $v_1 = v_2$ であるから

$$k_2 c_{\mathrm{HI}}^2 = k_1 c_{\mathrm{H_2}} c_{\mathrm{I_2}} \qquad (19.6)$$

となり，書き換えると

$$K_c = \frac{k_2}{k_1} = \frac{c_{\mathrm{H_2}} c_{\mathrm{I_2}}}{c_{\mathrm{HI}}^2} \qquad (19.7)$$

となる。K_c は一定温度では各成分の濃度に無関係な定数で，反応の平衡定数（equilibrium constant）という。

具体例として，HI の生成・分解の反応について，425℃（698.15 K）に保ったときの HI，H_2 および I_2 の平衡状態におけるモル濃度の実測値を表 19.1 に示す。表において，上の 3 行は違った濃度の HI から出発して平衡に到達した場合であり，下の 3 行は H_2 と I_2 から出発して平衡に到達した場合である。後者の場合には H_2 と I_2 の量を独立にかえることができる。その場合でも K は同じ一定値をとることが表よりわかる。

表 19.1　$2HI \rightleftarrows H_2 + I_2$ の平衡（T＝698.15K）

$\dfrac{c_{\mathrm{HI}}}{10^{-3}\,\mathrm{mol\,dm^{-3}}}$	$\dfrac{c_{\mathrm{H_2}}}{10^{-3}\,\mathrm{mol\,dm^{-3}}}$	$\dfrac{c_{\mathrm{I_2}}}{10^{-3}\,\mathrm{mol\,dm^{-3}}}$	$K = \dfrac{c_{\mathrm{H_2}} c_{\mathrm{I_2}}}{c_{\mathrm{HI}}^2}$
3.531	0.4789	0.4789	0.01840
3.655	0.4953	0.4953	0.01832
8.410	1.1409	1.1409	0.01840
13.544	4.5647	0.7378	0.01835
15.588	3.5600	1.2500	0.01831
17.671	1.8813	3.1292	0.01835

19-1-2　動的平衡系の一般式

動的平衡である化学平衡は多くの化学反応で見出されているので，化学種を A，B，C，D で表し，一般化した化学反応式を用いて示しておこう。下記の反応において，ν_A，ν_B，ν_C，ν_D はそれぞれの化学量数（stoichiometric number）を示す。

$$\nu_A A + \nu_B B \underset{k_2}{\overset{k_1}{\rightleftarrows}} \nu_C C + \nu_D D \qquad (19.8)$$

反応速度定数（reaction rate constant）を k_1，逆反応の速度定数を k_2 とすると，反応速度は $\nu = k_1 c_A^{\nu_A} c_B^{\nu_B}$，逆反応の速度は $\nu' = k_2 c_C^{\nu_C} c_D^{\nu_D}$ で与えられる。平衡状態では正反応速度と逆反応速度は等しいから

$$k_1 c_A^{\nu_A} c_B^{\nu_B} = k_2 c_C^{\nu_C} c_D^{\nu_D} \tag{19.9}$$

とおける。したがって平衡定数 K_c は

$$K_c = \frac{k_1}{k_2} = \frac{c_C^{\nu_C} c_D^{\nu_D}}{c_A^{\nu_A} c_B^{\nu_B}} \tag{19.10}$$

となる。平衡定数の式を書くとき，原系の物質の濃度を分母に，生成系の物質の濃度を分子に書くのが慣習である。K_c は，反応温度が一定の場合，試薬の濃度によらず一定値である。この関係を**質量作用の法則**（law of mass action）という＊。

この反応が気相反応であり，理想気体と仮定すると，それぞれの濃度と分圧に次の関係があるから

$$c_A = \frac{p_A}{RT}, c_B = \frac{p_B}{RT}, c_C = \frac{p_C}{RT}, \quad \text{および} \quad c_D = \frac{p_D}{RT} \tag{19.11}$$

式（19.10）は

$$K_c = \frac{k_1}{k_2} = \frac{p_C^{\nu_C} p_D^{\nu_D}}{p_A^{\nu_A} p_B^{\nu_B}} (RT)^{\nu_A + \nu_B - \nu_C - \nu_D} \tag{19.12}$$

で表すこともできる。ここで，圧平衡定数 K_p を

$$K_p = \frac{p_C^{\nu_C} p_D^{\nu_D}}{p_A^{\nu_A} p_B^{\nu_B}} \tag{19.13}$$

と定義すると，K_c と K_p との間に次の関係が成り立つ。

$$K_c = K_p (RT)^{\nu_A + \nu_B - \nu_C - \nu_D} = K_p (RT)^{-\Delta\nu} \tag{19.14}$$

ただし，$\Delta\nu$ は生成物の化学量数と反応物の化学量数の差 $\Delta\nu = \nu_C + \nu_D - \nu_A - \nu_B$ である。

前節で取り上げた HI の生成反応では $\Delta\nu = 0$ であるから，$K_c = K_p$ であるが，化学量数が $\Delta\nu \neq 0$ の場合は K_c と K_p とは一致しない。その点を示す K_c は濃度平衡定数あるいはモル濃度平衡定数をいう。例題 1 に示したアンモニア合成はその例である。

例題 1 298.15 K における $N_2 + 3\,H_2 \rightleftarrows 2\,NH_3$ の反応の $K_p = 6.1 \times 10^5\ \mathrm{atm^{-2}}$ である。対応する濃度平衡定数 K_c を求めよ。気体定数 R は $0.082\ \mathrm{atm\ dm^3\ K^{-1}\ mol^{-1}}$ である。

〔解　答〕 $c_{N_2} = \dfrac{p_{N_2}}{RT}$，$c_{H_2} = \dfrac{p_{H_2}}{RT}$，$c_{NH_3} = \dfrac{p_{NH_3}}{RT}$ の関係があるからそれを式（19.12）を用いると

＊質量作用の法則の厳密な形は，3.1 節に示すように，フガシティーや活量を用いて熱力学によって導かれる。化学平衡の理解に，活量にモル濃度や質量モル濃度，フガシティーに圧力を用いて得られる平衡定数が示されるが，理想溶液や理想気体近似ができない条件下の値は近似値である。

$$K_c = \frac{p_{NH_3}^2}{p_{N_2}p_{H_2}^3}(RT)^{1+3-2} = \frac{p_{NH_3}^2}{p_{N_2}p_{H_2}^3}(RT)^2 = K_p(RT)^2$$

より

$$K_c = K_p(RT)^2 = 6.1\times10^5\ \mathrm{atm}^{-2}\times(0.082\ \mathrm{atm\ dm^3\ K^{-1}\ mol^{-1}}\times298.15\ \mathrm{K})^2$$
$$= 3.6\times10^8\ \mathrm{dm^6\ mol^{-2}}$$

19-2　化学反応とギブズエネルギー

本節では化学反応にともなうギブズエネルギーの変化について考察する。

19-2-1　反応進行度

もう一度，閉じた容器内で，定温，定圧下，$H_2+I_2\rightarrow 2\,HI$ 反応が進行している場合を考えて見よう。H_2, I_2 および HI の最初の物質量をそれぞれ $n_{H_2}^0$，$n_{I_2}^0$ および n_{HI}^0 とし，反応が進行した時点（t）で存在する各成分の物質量をそれぞれの n_{H_2}，n_{I_2} および n_{HI} とすると，反応した成分 H_2，I_2，および生成した HI の物質量はそれぞれ $-(n_{H_2}-n_{H_2}^0)$，$-(n_{I_2}-n_{I_2}^0)$ および $(n_{HI}-n_{HI}^0)$ で，その割合は化学量数の比すなわち 1 : 1 : 2 である。したがって，反応した H_2，I_2，および生成した HI の物質量の間には

$$-\frac{n_{H_2}-n_{H_2}^0}{1} = -\frac{n_{I_2}-n_{I_2}^0}{1} = \frac{n_{HI}-n_{HI}^0}{2} = \xi \tag{19.15}$$

という関係が成立する。ここで，この反応に共通な各物質の変化量をあらわすパラメーター ξ を**反応進行度**（extent of reaction）と定義する。この反応進行度 ξ は mol の次元を持ち，反応開始点（$t=0$）と 100% 進行した理論上の終点（$t\rightarrow\infty$）の間で 0 から 1 までの値をとる。ただし，通常，可逆反応で 100% 進行して反応物が全部生成物に変化する（$\xi(\infty)\rightarrow 1$）ことはない。

一般的な式で表すために，反応物（A, B,…）と生成物（L, M,…）が共存する，次のような反応系に注目する。

$$\nu_A A \ +\ \nu_B B\ +\ \cdots \ \rightleftarrows\ \nu_L L\ +\ \nu_M M\ +\ \cdots \tag{19.16}$$

反応進行度が ξ のときに系に存在する物質の物質量をそれぞれ n_A, n_B, … , n_L, n_M, … mol とする。反応進行度が $\xi+d\xi$ に微小変化したとき，それぞれの物質量変化を dn_A, dn_B, … , dn_L, dn_M,…mol とすると，それぞれの変化量の間には化学量数を用いると，次の関係が得られるから

$$\frac{-dn_A}{\nu_A} = \frac{-dn_B}{\nu_B} = \cdots = \frac{dn_L}{\nu_L} = \frac{dn_M}{\nu_M} = \cdots = d\xi \tag{19.17}$$

反応は1つの独立変数（反応進行度ξ）によって表すことができる。

例題2　**反応 $H_2+I_2 \rightarrow 2\,HI$ によって 100.0 g の I_2 が HI に変わった。この時の反応進行度 ξ はいくらか。その際生成した HI の質量はいくらか。**

〔解　答〕100.0 g の I_2 は 100.0 g/253.8 g mol^{-1}＝0.394 mol にあたる。式（19.15）より

$$\xi = -\frac{n_{I_2}-n_{I_2}^0}{\nu_{I_2}} = \frac{0.394\,\mathrm{mol}}{1} = 0.394\,\mathrm{mol}$$

生成した HI の化学量数 ν_{HI} は 2 であるから，物質量は 2ξ(0.788 mol) である。
求める HI の質量＝0.788 mol×(127.9 g mol^{-1})＝100.8 g

19-2-2　反応進行度とギブズエネルギー変化

組成変化がおこる化学反応系を**熱力学的基本式（熱力学的恒等式）**で表すと

$$\mathrm{d}G = -S\mathrm{d}T + V\mathrm{d}p + \sum_{i=1}^{C}\mu_i\mathrm{d}n_i \tag{19.18}$$

となる。ここでμ_iは成分iの化学ポテンシャル，Cは反応系に存在する成分の数である。

定温，定圧で進む場合は

$$\mathrm{d}G = \sum_{i=1}^{C}\mu_i\mathrm{d}n_i \tag{19.19}$$

である。

式（19.16）に示す平衡反応系において反応および生成物の化学ポテンシャルを，それぞれ，$\mu_A, \mu_B, \cdots$および$\mu_L, \mu_M, \cdots$とすると，定温，定圧下での微少量変化 $\mathrm{d}n_i$ モルに伴うギブズエネルギー変化 $\mathrm{d}G$ は次式で表される（13-6参照）。

$$\mathrm{d}G = \mu_A\mathrm{d}n_A + \mu_B\mathrm{d}n_B + \cdots + \mu_L\mathrm{d}n_L + \mu_M\mathrm{d}n_M + \cdots \tag{19.20}$$

式（19.17）を書き換えると $\mathrm{d}n_A = -\nu_A\mathrm{d}\xi$, $\mathrm{d}n_B = -\nu_B\mathrm{d}\xi, \cdots$, $\mathrm{d}n_L = \nu_L\mathrm{d}\xi$, $\mathrm{d}n_M = \nu_M\mathrm{d}\xi, \cdots$となるから，この式を$\mathrm{d}\xi$を使って表すと

$$\begin{aligned}\mathrm{d}G &= -\mu_A\nu_A\mathrm{d}\xi - \mu_B\nu_B\mathrm{d}\xi - \cdots + \mu_L\nu_L\mathrm{d}\xi + \mu_M\nu_M\mathrm{d}\xi + \cdots \\ &= \Bigl(\sum_{j=\mathrm{L,M}\cdots}\nu_j\mu_j - \sum_{i=\mathrm{A,B}\cdots}\nu_i\mu_i\Bigr)\mathrm{d}\xi\end{aligned} \tag{19.21}$$

となる。式（19.21）を

$$\left(\frac{\partial G}{\partial \xi}\right)_{p,T} = \sum_{j=\mathrm{L,M}\cdots}\nu_j\mu_j - \sum_{i=\mathrm{A,B}\cdots}\nu_i\mu_i \tag{19.22}$$

と書き換えると，右辺は，反応進行度が 1 mol である場合のギブズエネルギー変化で，［基礎編］12-4 に定義した反応ギブズエネルギー $\Delta_r G$ である。したがって

$$\left(\frac{\partial G}{\partial \xi}\right)_{p,T} = \Delta_r G = \sum_{j=\mathrm{L,M}\cdots} \nu_j \mu_j - \sum_{i=\mathrm{A,B}\cdots} \nu_i \mu_i \tag{19.23}$$

となり，その単位は $\mathrm{J\,mol^{-1}}$ である。

反応系に存在する化学種 i の活量を a_i とすると，i の化学ポテンシャル μ_i は

$$\mu_i = \mu_i^\circ + RT\ln a_i \quad (i = \mathrm{A,B,\cdots,L,M,\cdots}) \tag{19.24}$$

で表されるから，これを式（19.23）のそれぞれの化学種に代入して整理すると

$$\begin{aligned}\left(\frac{\partial G}{\partial \xi}\right)_{p,T} &= \Delta_r G = \Delta_r G^\circ + RT\{(\nu_\mathrm{L}\ln a_\mathrm{L} + \nu_\mathrm{M}\ln a_\mathrm{M} + \cdots) - (\nu_\mathrm{A}\ln a_\mathrm{A} + \nu_\mathrm{B}\ln a_\mathrm{B} + \cdots)\} \\ &= \Delta_r G^\circ + RT\ln\frac{(a_\mathrm{L})^{\nu_\mathrm{L}}(a_\mathrm{M})^{\nu_\mathrm{M}}\cdots}{(a_\mathrm{A})^{\nu_\mathrm{A}}(a_\mathrm{B})^{\nu_\mathrm{B}}\cdots} = \Delta_r G^\circ + RT\ln Q\end{aligned} \tag{19.25}$$

となる。ただし

$$\Delta_r G^\circ = (\nu_\mathrm{L}\mu_\mathrm{L}^\circ + \nu_\mathrm{M}\mu_\mathrm{M}^\circ + \cdots) - (\nu_\mathrm{A}\mu_\mathrm{A}^\circ + \nu_\mathrm{B}\mu_\mathrm{B}^\circ + \cdots) = \sum_{j=\mathrm{L,M}\cdots} \nu_j \mu_j^\circ - \sum_{i=\mathrm{A,B}\cdots} \nu_i \mu_i^\circ \tag{19.26}$$

および

$$Q = \frac{(a_\mathrm{L})^{\nu_\mathrm{L}}(a_\mathrm{M})^{\nu_\mathrm{M}}\cdots}{(a_\mathrm{A})^{\nu_\mathrm{A}}(a_\mathrm{B})^{\nu_\mathrm{B}}\cdots} \tag{19.27}$$

である。

$\Delta_r G^\circ$ は，温度 T，圧力が標準状態（1 bar）にある反応物から，同じ温度の標準状態にある生成物をつくる反応のギブズエネルギー変化で，**標準反応ギブズエネルギー**である。$\boldsymbol{Q}$ は分数の形で表記され，分子をそれぞれの化学量数をべき乗数とした生成物の活量の積，分母をそれぞれの化学量数をべき乗数とした反応物の活量の積で示した量で，**反応比**（reaction quotient）または**反応商**と呼ばれる**無次元の量**である。

化学反応はすべて $\Delta_r G$ が減少する方向，すなわち，$\Delta_r G<0$ になる方向に進行する。反応の進行と共に反応系の組成が変化するから，**反応系の $\boldsymbol{G}$ は $\boldsymbol{\xi}$ の関数**である。その例として定温，定圧下における $H_2+I_2 \rightleftarrows 2\,HI$ における ξ と G の関係を図 19.2 に示す。

式（19.25）が示すように，$\Delta_r G$ は G の ξ 依存性を示す曲線（図 19.2）の接線の勾配であり，反応の方向を示す量である。**自発的な反応はその進行と共に $\boldsymbol{G}$ が減少する方向，すなわち** $\boldsymbol{(\partial G/\partial \xi)_{p,T}<0}$ の方向へ進行する。不等号の方向が逆の場合，すなわち（$\boldsymbol{\partial G/}$

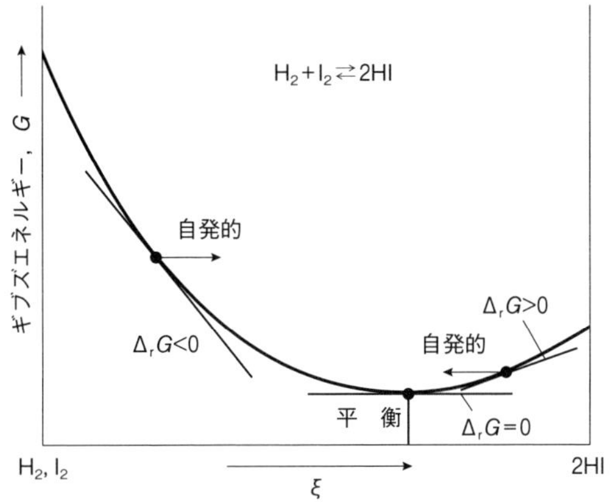

図 19.2　$H_2+I_2 \rightleftarrows 2HI$ における進行度 ξ とギブズエネルギー G の関係

$\partial\xi)_{p,T}>0$ になる ξ の領域では，生成反応はおこらなくなるが，**逆反応は自発的**に進行する。**$(\partial G/\partial\xi)_{p,T}=0$ となった状態**では，反応は進行しなくなる。これが**化学平衡の状態**である。

例　題3　**反応 $H_2+I_2 \rightleftarrows 2\,HI$ の 500℃ における平衡定数 K_p は 54.5 である。それぞれ，1 mol の H_2 と I_2 の混合物（圧力 1 bar）から始めて，平衡になるときの反応進行度を求めよ。**

〔解　答〕 平衡に達した時の反応進行度を ξ_e とすると，平衡時の H_2 と I_2 の物質量はそれぞれ $(1-\xi_e)$mol，HI の物質量は $2\,\xi_e$ mol となる。反応混合物中の全物質量は

$$(1-\xi_e)+(1-\xi_e)+2\,\xi_e = 2\ \text{mol}$$

したがって，平衡になったときの各成分のモル分率は

$$x_{H_2} = \frac{1-\xi_e}{2},\ x_{I_2} = \frac{1-\xi_e}{2},\ x_{HI} = \frac{2\xi_e}{2}$$

となる。反応系の物質量は反応中不変であるから，反応系の圧力も不変，すなわち 1 bar である。したがって，各成分の分圧は

$$p_{H_2} = \frac{1-\xi_e}{2},\ p_{I_2} = \frac{1-\xi_e}{2},\ p_{HI} = \frac{2\xi_e}{2}$$

となり，次式が得られる。

$$K_p = \frac{p_{HI}^{\ 2}}{p_{H_2}p_{I_2}} = \frac{[2\xi_e/2]^2}{[(1-\xi_e)/2]^2} = 54.5$$

これより

$$\xi_e = 0.79$$

$(\partial G/\partial\xi)_{p,T}<0$ すなわち $\Delta_r G<0$ である反応は理論的には * 自発的におこる反応であるから，反応エネルギーを放出してより安定な物質に変化する。

＊“理論的”にはという言葉を入れておいたのは，反応を実現するには，「基礎編」12-3-2 の図 12.5 に示したように反応物から生成物へは活性化エネルギーが必要な場合が多く，その場合には混合するだけでは反応が進まないからである。平衡の速やかな実現には触媒などが用いられている。熱力学は可能性を示すに留まることを理解してもらうためである。

19-3　平衡定数

19-3-1　標準反応ギブズエネルギーと平衡定数

前節で示したように反応ギブズエネルギーは

$$\Delta_r G = \Delta_r G^\circ + RT \ln Q = \Delta_r G^\circ + RT \ln \frac{(a_L)^{\nu_L}(a_M)^{\nu_M}\cdots}{(a_A)^{\nu_A}(a_B)^{\nu_B}\cdots} \tag{19.28}$$

で表される。平衡に達すれば $\Delta_r G=0$ であるから，式（19.28）は

$$\Delta_r G^\circ = -RT \ln Q = -RT \ln \frac{(a_L)^{\nu_L}(a_M)^{\nu_M}\cdots}{(a_A)^{\nu_A}(a_B)^{\nu_B}\cdots} \tag{19.29}$$

となる。$\Delta_r G^\circ$ は標準反応ギブズエネルギーで，各成分物質の標準生成ギブズエネルギー（$\Delta_f G^\circ$）を用いると，次式で表される（12-4 参照）。

$$\Delta_r G^\circ = (\nu_L \Delta_f G_L^\circ + \nu_M \Delta_f G_M^\circ + \cdots) - (\nu_A \Delta_f G_A^\circ + \nu_B \Delta_f G_B^\circ + \cdots) \tag{19.30}$$

$\Delta_r G^\circ$ は温度 T が決まれば一義的に決まる値であるから，反応商 Q は温度にのみ依存する特定値 Q_e である。この値を**熱力学的平衡定数**（thermodynamic equilibrium constant）と定義し，K で表すと次式が得られる。

$$K = Q_e = \frac{(a_L)_e^{\nu_L}(a_M)_e^{\nu_M}\cdots}{(a_A)_e^{\nu_A}(a_B)_e^{\nu_B}\cdots} \tag{19.31}$$

ここで，成分の活量の下付き e は，平衡状態にあることを強調するために示したが，これは付けないのが普通であり，以後の考察では省略する。式（19.31）が熱力学によって得られる**質量作用の法則**である。活量は無次元であるから，**K は無次元の量**である。

式（19.28）を K を用いて表すと

$$\Delta_r G = RT \ln \frac{Q}{Q_e} = RT \ln \frac{Q}{K} \tag{19.32}$$

となる。$Q<K$ になる場合には反応は自発的に進行するが，$Q>K$ では自発的に反応が進行することはないから，**K は反応の設計に必要な情報を提供する重要な熱力学的量**である。

式（19.29）と式（19.31）を組み合わせると

$$-\Delta_r G^\circ = RT \ln K \tag{19.33}$$

が得られる。これは

$$K = \exp\left(-\frac{\Delta_r G^\circ}{RT}\right) \tag{19.34}$$

と書き換えられる。

Kの大きさを決めているのは$\Delta_r G^\circ$で，$\Delta_r G^\circ < 0$のときは$K > 1$となり，平衡が成り立つ段階では反応物にくらべて生成物の方に偏る（図19.3（a））。このような反応は熱力学的には好ましい反応で，特に，$\Delta_r G^\circ < -17\ \mathrm{kJ\ mol^{-1}}$であるような場合は$K > 10^3$となり，多量の生成物が取り出せる反応となる。これに対し，$\Delta_r G^\circ > 0$のときには$K < 1$となり，平衡が成立した段階では反応物の方に偏り，あまり反応が進行しない系である（図19.3（c））。$\Delta_r G^\circ = 0$という場合には$K = 1$になる。この場合は，反応進行度が0.5になったところで平衡に達する反応である（図19.3（b））。

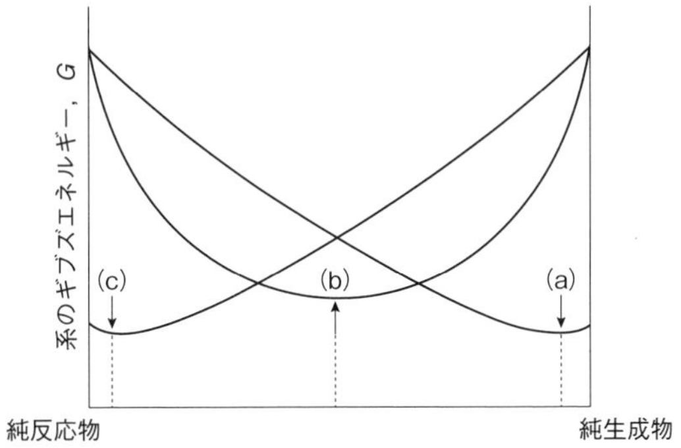

図19.3 Kが異なる場合の反応の進行に伴うギブズエネルギーの変化の例

（a）$K > 1$ （b）$K = 1$ （c）$K < 1$

純反応物から出発した場合，$\Delta_r G^\circ$に応じて，反応は（a），（b），および（c）で停止する。

例題4 **25℃における水の生成反応 $2\,H_2(g) + O_2(g) \rightarrow 2\,H_2O(g)$ において $p_{H_2} = 0.775$ bar，$p_{O_2} = 2.88$ bar，$p_{H_2O} = 0.556$ bar の場合の反応ギブズエネルギー（$\Delta_r G$）を求めよ。ただし，水の標準生成エネルギーは $228\ \mathrm{kJ\ mol^{-1}}$ である。**

〔解 答〕 式（19.25）を用いて求める。まず，$\Delta_r G^\circ$を求めておかねばならない。この反応の$\Delta_r G^\circ$は

$$\Delta_r G^\circ = 2 \times 228 = -456\ \mathrm{kJ}$$

となる。反応商Qは

$$Q = \frac{(p_{H_2O}/p^\circ)^2}{(p_{H_2}/p^\circ)^2 (p_{O_2}/p^\circ)} = \frac{(0.556\ \mathrm{bar}/1\ \mathrm{bar})^2}{(0.775\ \mathrm{bar}/1\ \mathrm{bar})^2 (2.88\ \mathrm{bar}/1\ \mathrm{bar})} = 0.179$$

となる。よって

$$\Delta_r G = -456\ \mathrm{kJ} + (8.314\ \mathrm{J\ K^{-1}} \times 298.15\ \mathrm{K} \times \ln 0.179) \times \frac{1\ \mathrm{kJ}}{1000\ \mathrm{J}} = -461\ \mathrm{kJ}$$

例題5 **298.15 K におけるアンモニアの標準生成ギブズエネルギー $\Delta_f G^\circ$ は -16.367 kJ mol^{-1} である。この値を用いて**

$$N_2 + 3\,H_2 \rightleftarrows 2\,NH_3$$

の 298.15 K における標準反応ギブズエネルギー $\Delta_r G^\circ$ および K を求めよ。

〔解　答〕 式（12.45）から

$$\Delta_r G^\circ = 2\,\Delta_f G^\circ(NH_3) - \Delta_f G^\circ(N_2) - 3\Delta_f G^\circ(H_2)$$

となる。元素の標準生成ギブズエネルギーは0であるから

$\Delta_f G^\circ(N_2) = 0$，$\Delta_f G^\circ(H_2) = 0$，および，$\Delta_f G^\circ(NH_3) = -16.367$ kJ mol^{-1}

を上式にあてはめると $\Delta_r G^\circ = 2\ (-16.367)$ kJ mol$^{-1} = -32.734$ kJ mol^{-1} である。

$$\ln K = -\frac{\Delta_r G^\circ}{RT} = -\frac{-32.734\times10^3\ \mathrm{J\,mol^{-1}}}{(8.3145\ \mathrm{J\,K^{-1}\,mol^{-1}})\times(298.15)\,\mathrm{K}} = 13.204$$

$$K = 5.43\times10^5$$

図19.3において，$K \gg 1$ に対応する例である。

19-3-2　理想系の平衡定数

同じ反応であっても，基準の選び方，濃度や圧力など測定法，化学反応の選び方によって平衡定数は異なる値となる。ここでは，理想気体，理想溶液と見なせる単純な反応系の平衡定数をもとめ，得られる平衡定数と熱力学的平衡定数との関係を考慮する。

(1) 理想気体

気相反応が10 bar以下で進行するときには，反応系の各成分は理想気体として近似することができる。その場合はフガシティー係数や活量係数は1であるから，成分 i の活量は $a_i = p_i/p^\circ$ である。ここで，p° は標準圧である。

理想気体の成分 i のモル分率を x_i，分圧を p_i，系の全圧を P とすると，分圧は $p_i = x_i P$ となるから，その化学ポテンシャル μ_i は

$$\mu_i = \mu_i^\circ + RT\ln a_i = \mu_i^\circ + RT\ln\frac{p_i}{p^\circ} = \mu_i^\circ + RT\ln\frac{x_i P}{p^\circ} \qquad (19.35)$$

で表される。$\nu_A A + \nu_B B + \cdots \rightleftarrows \nu_L L + \nu_M M + \cdots$ の K は，式（19. 31）より

$$K = \frac{(p_L/p^\circ)^{\nu_L}(p_M/p^\circ)^{\nu_M}\cdots}{(p_A/p^\circ)^{\nu_A}(p_B/p^\circ)^{\nu_B}\cdots} = K_p\left(\frac{1}{p^\circ}\right)^{\Delta\nu} = \frac{x_L^{\nu_L}x_M^{\nu_M}\cdots}{x_A^{\nu_A}x_B^{\nu_B}\cdots}\left(\frac{P}{p^\circ}\right)^{\Delta\nu} = K_x\left(\frac{P}{p^\circ}\right)^{\Delta\nu} \qquad (19.36)$$

と表される。ここで，K_p は**圧平衡定数**（pressure equilibrium constant），K_x はモル分率で表した平衡定数（**分率平衡定数**（fraction equilibrium constant））

$$K_x = \frac{x_L^{\nu_L}x_M^{\nu_M}\cdots}{x_A^{\nu_A}x_B^{\nu_B}\cdots} \qquad (19.37)$$

で，$\Delta\nu$ は生成物の化学量数の和から反応物の化学量数の和の差，すなわち $\Delta\nu=\nu_L+\nu_M+\cdots-\nu_A-\nu_B-\cdots$ である。

すでに述べたように熱力学的平衡定数は全圧に依存しないが，理想気体近似が使える場合には，$\Delta\nu\neq0$ のときは K_x は全圧に依存する。すなわち，組成は圧力によって変化する。K_p については，$p^\circ=1$ bar であれば，$K=K_p$ であるが，$p^\circ=1$ atm(1.01325 bar) の場合は以下に示すように $K_p=K/(1.01325)^{\Delta\nu}$ となる（補遺 1 参照)。

例題6 673.15 K において，N_2 1 mol と H_2 3 mol を混ぜて 1 atm とし，触媒を加え

$$N_2+3\,H_2 \rightleftarrows 2\,NH_3$$

の平衡に達しさせた後，分析したところ NH_3 のモル分率は 0.0044 であった。

(a) $p^\circ=1$ atm とするときの熱力学的平衡定数を求めよ

(b) $p^\circ=1$ bar とするときの熱力学的平衡定数を求めよ。

〔解 答〕(a) 式 (19.36) より

$$K = K_x\left(\frac{P}{p^\circ}\right)^{\Delta\nu} \tag{1}$$

N_2 1 mol と H_2 3 mol とから NH_3 が n mol できたとすると，N_2 は $(1-n/2)$mol，H_2 は $(3-3n/2)$mol，全体の物質量は $(4-n)$mol となる。したがって，それぞれのモル分率は

$$x_{NH_3} = \frac{n}{4-n} \quad (2),\quad x_{H_2} = \frac{3-3n/2}{4-n} \quad (3),\quad \text{および}\ x_{N_2} = \frac{1-n/2}{4-n} \quad (4)$$

となる。式 (2) を書き換えて $n=\dfrac{4x_{NH_3}}{1+x_{NH_3}}$ とすると，(3) および (4) より $x_{H_2}=3\dfrac{1-x_{NH_3}}{4}$ および $x_{N_2}=\dfrac{1-x_{NH_3}}{4}$ が得られる。これを式 (1) に入れると

$$K = \frac{x_{NH_3}^2}{x_{H_2}^3 x_{N_2}}\left(\frac{P}{p^\circ}\right)^2 = \frac{x_{NH_3}^2}{(3^3/4^4)(1-x_{NH_3})^4}\left(\frac{P}{p^\circ}\right)^2 \tag{5}$$

が得られ，$p^\circ=1$ atm の場合，$P=1$ atm および $x_{NH_3}=0.0044$ をいれると

$$K=1.87\times10^{-4}$$

(b) $p^\circ=1$ bar とすれば，$P=1.0325$ bar となり，式 (5) から

$$K = 1.99\times10^{-4}$$

(2) 理想溶液

理想溶液では成分 i はラウールの法則に従う。ラウールの法則にしたがう場合，純物質の化学ポテンシャルを標準状態とするから，成分 i の化学ポテンシャル μ_i は

$$\mu_i = \mu_i^* + RT\ln x_i \quad (i = \mathrm{A, B, \cdots, L, M, \cdots}) \tag{19.38}$$

となる。したがって，$\nu_A\mathrm{A}+\nu_B\mathrm{B}+\cdots\rightleftarrows\nu_L\mathrm{L}+\nu_M\mathrm{M}+\cdots$ の $\Delta_r G$ は

$$\Delta_r G = \Delta_r G^* + RT\ln\frac{x_L^{\nu_L}x_M^{\nu_M}\cdots}{x_A^{\nu_A}x_B^{\nu_B}\cdots} \tag{19.39}$$

で表される。ここで，x_i は成分のモル分率，$\Delta_r G^*$ は純粋な反応物（A, B,⋯）から純粋な

生成物（L, M,…）へ変換するときの標準反応ギブズエネルギー $\Delta_r G^* = (\nu_L \mu_L^* + \nu_M \mu_M^* + \cdots) - (\nu_A \mu_A^* + \nu_B \mu_B^* + \cdots)$ である。

熱力学的平衡定数 K は次式となり，溶液では分率平衡定数 $K_x(l)$ と一致する。

$$K = \frac{x_L^{\nu_L} x_M^{\nu_M} \cdots}{x_A^{\nu_A} x_B^{\nu_B} \cdots} = K_x(l) \qquad (19.40)$$

溶媒のモル体積を V_m とすると，各成分のモル濃度は $c_i = x_i / V_m$ で表されるから，式（19.40）は

$$K = \frac{c_L^{\nu_L} c_M^{\nu_M} \cdots}{c_A^{\nu_A} c_B^{\nu_B} \cdots} V_m^{\Delta\nu} = K_c V_m^{\Delta\nu} \qquad (19.41)$$

と書き換えられる。$\Delta\nu=0$ 以外のときの K_c は溶媒のモル体積によって変化する。

溶液反応では，実用的には，溶質に対し質量モル濃度 b やモル濃度 c を用いる方が多く，それらの組成変数が利用されている。モル分率 x_i は，溶媒のモル質量を $M_s(\mathrm{kg\ mol^{-1}})$，質量モル濃度を $b_i(\mathrm{mol\ kg^{-1}})$ とすると，次式で表されるから

$$x_i = \frac{b_i}{1/M_s + \sum_i b_i} = \frac{M_s b_i}{1 + M_s \sum_i b_i} \qquad (19.42)$$

式（19.38）にこの関係を代入すると

$$\mu_i(1) = \mu_i(1)^* + RT \ln \frac{M_s b_i}{1 + M_s \sum_i b_i} \qquad (19.43)$$

が得られる。溶質が低濃度で，$M_s \sum_i b_i \ll 1$ である場合には，式（19.43）は次式となる。

$$\mu_i(1) = \mu_i(1)^* + RT \ln M_s b_i = \mu_i(1)^* + RT \ln M_s b^\circ + RT \ln \frac{b_i}{b^\circ} \qquad (19.44)$$

ここで，式（19.44）の右辺には b° が付け加えられているが，M_s および b_i を分離し，無次元量とするために加えたもので，$b^\circ = 1\ \mathrm{mol\ kg^{-1}}$ である。

式（19.44）の右辺の最初の2項は式（16.38）で定義した質量モル濃度基準の標準ポテンシャル $\mu_i^\ominus(1)$ すなわち，$\mu_i^\ominus(1) = \mu_i(1)^* + RT \ln M_s b^\circ$ であるから，式（19.44）は

$$\mu_i(1) = \mu_i^\ominus(1) + RT \ln \frac{b_i}{b^\circ} \qquad (19.45)$$

となる。

溶質の化学ポテンシャルはモル濃度 c_i でも表すことができる。希薄溶液では m_i とモル濃度 $c_i(\mathrm{mol\ dm^{-3}})$ との間には定義により

$$c_i = \rho b_i \quad (\rho \text{ は溶液密度　単位：} 10^3\,\mathrm{kg\,m^{-3}} = \mathrm{g\,cm^{-3}} = \mathrm{kg\,dm^{-3}}) \tag{19.46}$$

なる関係があるから，次式が得られる。

$$\frac{b_i}{b^\circ} = \frac{1}{\rho b^\circ}\left(\frac{c_i}{c^\circ}\right) \tag{19.47}$$

これを式（19.45）に代入すると

$$\mu_i(1) = \mu_i^\ominus(1) + RT\ln\left(\frac{1}{\rho b^\circ}\right) + RT\ln\left(\frac{c_i}{c^\circ}\right) \tag{19.48}$$

となる。式（19.48）の右辺の 2 項を式（16.43）で定義したモル濃度基準の標準ポテンシャル $\mu_i^\oplus(1)$，すなわち，$\mu_i^\oplus(1) = \mu_i^\ominus(1) + RT\ln(1/\rho b^\circ)$ で表すと，式（19.48）は

$$\mu_i(1) = \mu_i^\oplus(1) + RT\ln\frac{c_i}{c^\circ} \tag{19.49}$$

となる。したがって，理想溶液である限りこれまでと同様に溶質の組成変数が質量モル濃度およびモル濃度の場合の熱力学的平衡定数 K は次のように定義される。

$$K_{(b)} = \frac{(b_\mathrm{L}/b^\circ)^{\nu_\mathrm{L}}(b_\mathrm{M}/b^\circ)^{\nu_\mathrm{M}}\cdots}{(b_\mathrm{A}/b^\circ)^{\nu_\mathrm{A}}(b_\mathrm{B}/b^\circ)^{\nu_\mathrm{B}}\cdots} \tag{19.50}$$

$$K_{(c)} = \frac{(c_\mathrm{L}/c^\circ)^{\nu_\mathrm{L}}(c_\mathrm{M}/c^\circ)^{\nu_\mathrm{M}}\cdots}{(c_\mathrm{A}/c^\circ)^{\nu_\mathrm{A}}(c_\mathrm{B}/c^\circ)^{\nu_\mathrm{B}}\cdots} \tag{19.51}$$

同じ反応でも，$\Delta_\mathrm{r}G^\circ$ は標準状態に何を選ぶかによって異なるので，得られる平衡定数（$K_{(b)}$ および $K_{(c)}$）は $K_x(l)$ も含めて異なる値となる。一例として $N_2O_4 \rightleftarrows 2\,NO_2$ の $K_x(l)$ と $K_{(c)}$ を表 19.2 に示す。

表 19.2　クロロホルム溶液中の $N_2O_4 \rightleftarrows 2NO$ の $K_x(l)$ と $K_{(c)}$（281.4 K）

$10^2 x_{N_2O_4}$	$10^6 x_{NO_2}$	$10^{11} K_x$	$c_{N_2O_4}$ / mol dm^{-3}	$10^3 c_{NO_2}$ / mol dm^{-3}	$10^{11} K_{(c)}$
1.03	0.93	8.37	0.129	1.17	1.07
1.81	1.28	9.05	0.227	1.61	1.14
2.48	1.47	8.70	0.324	1.85	1.05
3.20	1.70	9.04	0.405	2.13	1.13
6.10	2.26	8.35	0.778	2.84	1.04
		平均 8.70			平均 1.09

K_x から得られる生成物と反応物の標準ギブズエネルギーの差 $\Delta_\mathrm{r}G^\circ_{(x)}$

$$\Delta_\mathrm{r}G^\circ_x = -RT\ln K_{x(l)} = 54.20\,\mathrm{kJ\,mol^{-1}} \tag{19.52}$$

である。一方，$K_{(c)}$ から得られる $\Delta_r G^\circ_{(c)}$ は

$$\Delta_r G^\circ_{(c)} = -RT \ln K_{(c)} = 26.73\,\mathrm{kJ\,mol^{-1}} \tag{19.53}$$

となり，平衡定数に大きな差があることを示している。**溶液中の反応で得られる ΔG° は，どういう標準状態を基準にしているかの記載が必要である。**

(3) 化学式と平衡定数

$\Delta_r G^\circ$ は下式で表されるように化学量数を含んでいる。

$$\Delta_r G^\circ = \sum_{i=\mathrm{products}} \nu_i \Delta_f G_i^\circ - \sum_{i=\mathrm{reactants}} \nu_i \Delta_f G_i^\circ \tag{19.54}$$

したがって，同じ反応であっても，化学式の書き方によって化学量数が異なる場合には $\Delta_r G^\circ$ が異なる。その結果，K の値も異なる値になる。このことは，平衡定数の見積りにおいて留意しておくべき事項である。

たとえば，$H_2+I_2 \rightleftarrows 2\,HI$ 反応の場合の平衡定数を K_1 とすると，K_1 は

$$K_1 = \exp\left(-\frac{\Delta_r G^\circ}{RT}\right) = \exp\left(-\frac{2\mu^\circ_{HI} - \mu^\circ_{H_2} - \mu^\circ_{I_2}}{RT}\right) \tag{19.55}$$

である。

同じ反応は

$$\frac{1}{2}H_2 + \frac{1}{2}I_2 \ \rightleftarrows\ HI \tag{19.56}$$

と表すこともできる。その場合の標準反応ギブズエネルギー $\Delta_r G_2^\circ$ をとすると

$$\Delta_r G_2^\circ = \mu^\circ_{HI} - 0.5\mu^\circ_{H_2} - 0.5\mu^\circ_{I_2} \tag{19.57}$$

となるから，この反応の平衡定数 K_2 とすると

$$K_2 = \exp\left(-\frac{\Delta_r G_2^\circ}{RT}\right) = \exp\left(-\frac{2\mu^\circ_{HI} - \mu^\circ_{H_2} - \mu^\circ_{I_2}}{2RT}\right) = \exp\left(-\frac{\Delta_r G^\circ}{2RT}\right) = \sqrt{K_1} \tag{19.58}$$

となり，同じ反応でも化学反応式の書き方で平衡定数の数値は異なる。したがって，平衡定数の記載には必ず化学反応式を併記しておくことが必要である。

例　題7　**25℃ でアンモニアの標準生成熱は $-46.19\,\mathrm{kJ\,mol^{-1}}$，$N_2$，$H_2$，$NH_3$ の標準エントロピーはそれぞれ 191.49，130.59，192.51 $\mathrm{J\,K^{-1}\,mol^{-1}}$ である。**

(a) 同じ温度で NH_3 の標準生成ギブズエネルギーはいくらか。

(b) $N_2+3H_2 \rightleftarrows 2NH_3$ の 25℃ における K を計算せよ。

〔解 答〕 (a) アンモニアの標準生成熱は下記の化学式の値である。

$$\frac{1}{2}N_2+\frac{3}{2}H_2 = NH_3 \quad \Delta_f H^\circ = \Delta_r H^\circ = -46.19\ \mathrm{kJ\ mol^{-1}}$$

標準生成エントロピーは次式によって得られる。

$$\Delta_r S^\circ = \{192.51-(1/2)\times 191.49-(3/2)\times 130.59\}\ \mathrm{J\ K^{-1}\ mol^{-1}}$$
$$= -99.12\ \mathrm{J\ K^{-1}\ mol^{-1}}$$

標準生成ギブズエネルギー $\Delta_r G^\circ = \Delta_r H^\circ - T\Delta_r S^\circ = -46.19\ \mathrm{kJ\ mol^{-1}}$
$-298.15\ \mathrm{K}\times(-99.12\ \mathrm{J\ K^{-1}\ mol^{-1}}) = -16.64\ \mathrm{kJ\ mol^{-1}}$

(b) $N_2+3H_2 \rightleftarrows 2NH_3$ の $\Delta_r G^\circ$ は (a) の 2 倍であるから $-33.28\ \mathrm{kJ\ mol^{-1}}$ となる。式 (19. 34) より

$$K = \exp\left(-\frac{\Delta_r G^\circ}{RT}\right) = \exp\left(-\frac{-33.28\times 10^3\ \mathrm{J\ mol^{-1}}}{8.314\times 298.15\ \mathrm{J\ mol^{-1}}}\right) = 6.76\times 10^5$$

19-3-3 非理想系の平衡定数

(1) 気相系

気体の圧力が 10 bar を越えると，成分 i の化学ポテンシャルは，実効圧力すなわちフガシティー f_i を用いた次式で表さねばならない。

$$\mu_i = \mu_i^\circ + RT\ln\frac{f_i}{p^\circ} = \mu_i^\circ + RT\ln a_i \qquad (19.59)$$

ただし，p° は 1 bar(1 kPa) である。

フガシティー係数 ϕ_i を用いると，$f_i=\phi_i p_i$ で表されるから

$$a_i = \frac{\phi_i p_i}{p^\circ} \qquad (19.60)$$

となる。

この関係を式 (19.31) に適用して，熱力学的平衡定数 K を求めると

$$K = \frac{(f_L/p^\circ)^{\nu_L}(f_M/p^\circ)^{\nu_M}\cdots}{(f_A/p^\circ)^{\nu_A}(f_B/p^\circ)^{\nu_B}\cdots} = \frac{(\phi_L p_L/p^\circ)^{\nu_L}(\phi_M p_M/p^\circ)^{\nu_M}\cdots}{(\phi_A p_A/p^\circ)^{\nu_A}(\phi_B p_B/p^\circ)^{\nu_B}\cdots}$$
$$= \frac{\phi_L^{\nu_L}\phi_M^{\nu_M}\cdots}{\phi_A^{\nu_A}\phi_B^{\nu_B}\cdots}\frac{(p_L/p^\circ)^{\nu_L}(p_M/p^\circ)^{\nu_M}\cdots}{(p_A/p^\circ)^{\nu_A}(p_B/p^\circ)^{\nu_B}\cdots} \qquad (19.61)$$

となる。$(p_L^{\nu_L}p_M^{\nu_M}\cdots)/(p_A^{\nu_A}p_B^{\nu_B}\cdots)$ を K_p，$\phi_C^{\nu_C}\phi_D^{\nu_D}\cdots/\phi_A^{\nu_A}\phi_B^{\nu_B}\cdots$ を K_ϕ で表すと，式 (19.61) は

$$K = K_\phi K_p(p^\circ)^{-\Delta\nu} \qquad (19.62)$$

と書き換えられる。ただし，$\Delta\nu$ は生成物の化学量数の和から反応物の化学量数の和の差すなわち $\Delta\nu=\nu_L+\nu_M+\cdots-\nu_A-\nu_B-\cdots$ である。

アンモニア合成の際の 698.6 K における K_p，K_ϕ および K と反応系の全圧との関係を表

19.3 に示す。K_p は全圧が 10 bar までは，$K \approx K_p$ で，理想気体の化学平衡と見なせるが，圧力が高くなると K_p はだんだんずれてくるから定数ではない。その温度，圧力における各成分のフガシティ係数を求めると K_ϕ が得られる。その K_p との積は広い圧力範囲で一定で，これが熱力学平衡定数 K である。

表 19.3　T=698.6 K におけるアンモニア合成平衡の K_p と K の全圧依存性

全圧／bar	K_p	K_ϕ	$K(K_pK_\phi)$
10.2	0.0064	0.994	0.0064
30.3	0.0066	0.975	0.0064
50.6	0.0068	0.95	0.0065
101.0	0.0072	0.89	0.0064
302.8	0.0088	0.70	0.0062
606	0.0130	0.50	0.0065

例　題 8　**425℃におけるアンモニア合成反応**

$$\frac{1}{2}\mathrm{N_2} + \frac{3}{2}\mathrm{H_2} \rightarrow \mathrm{NH_3}$$

の K_p は 8.8×10^{-3} である。300 bar における NH_3，N_2，および H_2 のフガシティー係数は 0.90，1.17，および 1.12 である。300 bar における熱力学的平衡定数 K を求めよ。

〔解　答〕 式 (19.62) より K は

$$K = \frac{(f_{\mathrm{NH_3}}/p^\circ)}{(f_{\mathrm{N_2}}/p^\circ)^{1/2}(f_{\mathrm{H_2}}/p^\circ)^{3/2}} = \frac{\phi_{\mathrm{NH_3}}}{\phi_{\mathrm{N_2}}^{1/2}\phi_{\mathrm{H_2}}^{3/2}} \frac{(p_{\mathrm{NH_3}}/p^\circ)}{(p_{\mathrm{N_2}}/p^\circ)^{1/2}(p_{\mathrm{H_2}}/p^\circ)^{3/2}}$$

$$= \frac{\phi_{\mathrm{NH_3}}}{\phi_{\mathrm{N_2}}^{1/2}\phi_{\mathrm{H_2}}^{3/2}} K_p p^\circ$$

である。この式に $K_p = 8.8 \times 10^{-3}$，$\phi_{\mathrm{NH_3}} = 0.90$，$\phi_{\mathrm{N_2}} = 1.17$，$\phi_{\mathrm{H_2}} = 1.12$ を入れて計算すると K は

$$K = \frac{0.90}{(1.17)^{1/2}(1.12)^{3/2}} \times 8.8 \times 10^{-3} = 6.2 \times 10^{-3}$$

(2) 溶液系

溶液内の反応でおこる化学平衡を論じる時も無限希釈でない限り，モル分率 x_i，質量モル濃度 b_i およびモル濃度 c_i の化学種 i の活量は，それぞれ，活量係数 γ_i，$\gamma_{b,i}$ および $\gamma_{c,i}$ を用いて $a_i = \gamma_i x_i$，$a_i = \gamma_{bi} b_i$，および $a_i = \gamma_{c,i} c_i$ と表されるから，熱力学的平衡定数 K は次式で表される。

$$K = \frac{(\gamma_{\mathrm{L}} x_{\mathrm{L}})^{\nu_{\mathrm{L}}} (\gamma_{\mathrm{M}} x_{\mathrm{M}})^{\nu_{\mathrm{M}}} \cdots}{(\gamma_{\mathrm{L}} x_{\mathrm{L}})^{\nu_{\mathrm{A}}} (\gamma_{\mathrm{L}} x_{\mathrm{L}})^{\nu_{\mathrm{B}}} \cdots} = \frac{\gamma_{\mathrm{L}}^{\nu_{\mathrm{L}}} \gamma_{\mathrm{M}}^{\nu_{\mathrm{M}}} \cdots}{\gamma_{\mathrm{A}}^{\nu_{\mathrm{A}}} \gamma_{\mathrm{B}}^{\nu_{\mathrm{B}}} \cdots} \frac{x_{\mathrm{L}}^{\nu_{\mathrm{L}}} x_{\mathrm{M}}^{\nu_{\mathrm{M}}} \cdots}{x_{\mathrm{A}}^{\nu_{\mathrm{A}}} x_{\mathrm{B}}^{\nu_{\mathrm{B}}} \cdots} \tag{19.63}$$

K_x に加えて活量係数比 $K_\gamma = \gamma_{\mathrm{L}}^{\nu_{\mathrm{L}}} \gamma_{\mathrm{M}}^{\nu_{\mathrm{M}}} \cdots / \gamma_{\mathrm{A}}^{\nu_{\mathrm{A}}} \gamma_{\mathrm{B}}^{\nu_{\mathrm{B}}} \cdots$ を導入すると，式 (19.63) は

$$K = K_x K_\gamma \tag{19.64}$$

と書き換えられる。

質量モル濃度で表した熱力学的平衡定数 $K_{(b)}$ は，活量係数 $\gamma_i^{(b)}$ を使って次式で表される。

$$K_{(b)} = \frac{(\gamma_{\mathrm{L}}^{(b)} b_{\mathrm{L}}/b^\circ)^{\nu_{\mathrm{L}}} (\gamma_{\mathrm{M}}^{(b)} b/b^\circ)^{\nu_{\mathrm{M}}} \cdots}{(\gamma_{\mathrm{A}}^{(b)} b_{\mathrm{A}}/b^\circ)^{\nu_{\mathrm{A}}} (\gamma_{\mathrm{B}}^{(b)} b_{\mathrm{B}}/b^\circ)^{\nu_{\mathrm{B}}} \cdots} = \frac{\gamma_{\mathrm{L}}^{(b)\nu_{\mathrm{L}}} \gamma_{M}^{(b)\nu_{\mathrm{M}}} \cdots}{\gamma_{\mathrm{A}}^{(b)\nu_{\mathrm{A}}} \gamma_{\mathrm{B}}^{(b)\nu_{\mathrm{B}}} \cdots} \frac{(b_{\mathrm{L}}/b^\circ)^{\nu_{\mathrm{L}}} (b_{\mathrm{M}}/b^\circ)^{\nu_{\mathrm{M}}} \cdots}{(b_{\mathrm{A}}/b^\circ)^{\nu_{\mathrm{A}}} (b_{\mathrm{B}}/b^\circ)^{\nu_{\mathrm{B}}} \cdots} \tag{19.65}$$

質量モル濃度平衡定数 K_b および活量係数の比を示す $K_{\gamma,b}$ を導入すると，式（19.65）は

$$K_{(b)} = K_\gamma K_b (b)^{-\Delta\nu} \tag{19.66}$$

と書き換えられる（章末問題 13 参照）。

モル濃度で表した熱力学的平衡定数 $K_{(c)}$ は，活量係数 $\gamma_i^{(c)}$ を使って次式で表される。

$$K_{(c)} = \frac{(\gamma_{\mathrm{L}}^{(c)} c_{\mathrm{L}}/c^\circ)^{\nu_{\mathrm{L}}} (\gamma_{\mathrm{M}}^{(c)} c_{\mathrm{M}}/c^\circ)^{\nu_{\mathrm{M}}} \cdots}{(\gamma_{\mathrm{A}}^{(c)} c_{\mathrm{A}}/c^\circ)^{\nu_{\mathrm{A}}} (\gamma_{\mathrm{B}}^{(c)} c_{\mathrm{B}}/c^\circ)^{\nu_{\mathrm{B}}} \cdots} = \frac{\gamma_{\mathrm{L}}^{(c)\nu_{\mathrm{L}}} \gamma_{\mathrm{M}}^{(c)\nu_{\mathrm{M}}} \cdots}{\gamma_{\mathrm{A}}^{(c)\nu_{\mathrm{A}}} \gamma_{\mathrm{B}}^{(c)\nu_{\mathrm{B}}} \cdots} \frac{(c_{\mathrm{L}}/c^\circ)^{\nu_{\mathrm{L}}} (c_{\mathrm{M}}/c^\circ)^{\nu_{\mathrm{M}}} \cdots}{(c_{\mathrm{A}}/c^\circ)^{\nu_{\mathrm{A}}} (c_{B}/c^\circ)^{\nu_{\mathrm{B}}} \cdots} \tag{19.67}$$

モル濃度平衡定数 K_c と活量係数の比を示す $K_{\gamma,c}$ を用いると

$$K_{(c)} = K_{\gamma,c} K_c (c^\circ)^{-\Delta\nu} \tag{19.68}$$

となる。

例題9 **$N_2O_4 \rightleftarrows 2\,NO_2$ の CCl_4 の溶液中の 25℃ における平衡定数 $K_x = 6.0\times10^{-5}$ である。CCl_4 の密度は 1.59 g cm^{-3}，分子量は 154 である。この温度で平衡にある溶液中の NO_2 のモル分率が 7.5×10^{-5} である。次の問に答えよ。**

(a) N_2O_4 のモル分率

(b) この溶液の N_2O_4 の解離度＊

(c) K_c を求めよ

〔解　答〕(a) 分率平衡定数 K_x の定義から

$K_x = \dfrac{x_{\mathrm{NO_2}}^2}{x_{\mathrm{N_2O_4}}}$ となるから，数値を代入し

$6.0 \times 10^{-5} = \dfrac{(7.5 \times 10^{-5})^2}{x_{\mathrm{N_2O_4}}}$ が得られる。

$$x_{\mathrm{N_2O_4}} = 9.4 \times 10^{-5}$$

(b) 平衡溶液中の溶質 1 mol には 9.4×10^{-5} mol の N_2O_4 と 7.5×10^{-5} mol の NO_2 が含まれている。NO_2 は N_2O_4 の解離から生じたものであるから，はじめの N_2O_4 の物質量は

$$(7.5\times10^{-5})\times(1/2)+9.4\times10^{-5} = 13.2\times10^{-5}\ \mathrm{mol}$$

となる。解離度は

$$[(7.5\times10^{-5})\times(1/2)]/13.2\times10^{-5} = 0.29$$

(c) 大部分が CCl_4 である溶液 1 mol の体積は 154 g mol^{-1}/1.59 g cm^{-3} = 96.9 cm^3 mol^{-1} である。この体積には 9.4×10^{-5} mol の N_2O_4 と 7.5×10^{-5} mol の NO_2

＊　一般に，1 つの物質の可逆的な分解反応を**解離**といい，平衡状態で分解している割合を**解離度**という。

が含まれており

$$c_{N_2O_4} = \frac{9.4\times10^{-5}\,\mathrm{mol}}{96.9\,\mathrm{cm}^3}\times\frac{1000\,\mathrm{cm}^3}{1\,\mathrm{dm}^3} = 9.7\times10^{-4}\,\mathrm{mol\,dm^{-3}}$$

$$c_{NO_2} = \frac{7.5\times10^{-5}\,\mathrm{mol}}{96.9\,\mathrm{cm}^3}\times\frac{1000\,\mathrm{cm}^3}{1\,\mathrm{dm}^3} = 7.8\times10^{-4}\,\mathrm{mol\,dm^{-3}}$$

したがって，$K_c = \frac{(7.8\times10^{-4}\,\mathrm{mol\,dm^{-3}})^2}{(9.7\times10^{-4}\,\mathrm{mol\,dm^{-3}}(1.0\,\mathrm{mol\,dm^{-3}}))} = 6.3\times10^{-4}$

19-4　不均一反応の化学平衡と平衡定数

これまでは均一系における化学平衡について述べてきた。次の反応は，いずれの場合も系には気体と固体が存在している。

$$\mathrm{Ca(CO)_3(s) = CaO(s) + CO_2(g)} \tag{19.69}$$

$$\mathrm{NH_4Cl(s) = NH_3(g) + HCl(g)} \tag{19.70}$$

$$\mathrm{C(s) + H_2O(g) = CO(g) + H_2(g)} \tag{19.71}$$

本節では，これらの反応のように，2相以上が共存する不均一反応の化学平衡について考察する。そのためには凝縮相（固体や液体）の純物質の活量の表現が必要になる。

19-4-1　凝縮相を形成する純物質の活量

1 bar における凝縮相（固体や液体）の純物質を標準状態とすると，任意の温度におけるその物質の化学ポテンシャル μ は，活量 a を用いると次式となる。

$$\mu = \mu^\circ + RT\ln a \tag{19.72}$$

活量を求めるために，式（19.72）を温度一定として p で微分すると

$$\left(\frac{\partial\mu}{\partial p}\right)_T = RT\left(\frac{\partial\ln a}{\partial p}\right)_T \tag{19.73}$$

が得られる。既に述べたように，$(\partial\mu/\partial p)_T = V_\mathrm{m}$ であるから

$$V_\mathrm{m} = RT\left(\frac{\partial\ln a}{\partial p}\right)_T \tag{19.74}$$

と表される。式（19.74）を書き換えると

$$\mathrm{d}\ln a = \frac{V_\mathrm{m}}{RT}\mathrm{d}p \quad (T = \text{一定}) \tag{19.75}$$

が得られ，温度一定で，標準状態から任意の状態まで積分すると

$$\int_{a=1}^{a} \mathrm{d}\ln a = \int_{1\,\mathrm{bar}}^{p} \frac{V_{\mathrm{m}}}{RT}\mathrm{d}p \tag{19.76}$$

すなわち

$$\ln a = \frac{1}{RT}\int_{1\,\mathrm{bar}}^{p} V_{\mathrm{m}}\mathrm{d}p \tag{19.77}$$

となる。凝縮系では圧力範囲が大きく変わらなければ V_{m} は一定と見なせるから

$$\ln a = \frac{V_{\mathrm{m}}}{RT}(p-1) \tag{19.78}$$

となる。

液体の活量の代表的な例として，温度 25℃，圧力 100 bar における液体 H_2O の活量を見積もってみよう。25℃ における水のモル体積 V_{m} は $18.07\times10^{-6}\,\mathrm{m^3\,mol^{-1}}$ であるから，式（19.78）から，$\ln a_{\mathrm{H_2O}}$ は

$$\ln a_{\mathrm{H_2O}} = \frac{18.07\times10^{-6}\,\mathrm{m^3\,mol^{-1}}}{(8.315\,\mathrm{m^3}\times10^{-5}\,\mathrm{bar\,mol^{-1}\,K^{-1}})\times298.15\,\mathrm{K}}(100-1)\,\mathrm{bar} = 0.072 \tag{19.79}$$

となる。したがって，$a_{\mathrm{H_2O}}$ は 1.07 となり，圧力が 100 倍になっても活量は 1 に近い。

固体の活量の代表的な例として，温度 1000℃，圧力 100 bar におけるコークスの形での C(s) の活量を見積もってみよう。1000℃ におけるコークスのモル体積 V_{m} は $8.0\times10^{-6}\,\mathrm{m^3\,mol^{-1}}$ であるから，式（19.78）から

$$\ln a_{C} = \frac{8.0\times10^{-6}\,\mathrm{m^3\,mol^{-1}}}{(8.315\times10^{-5}\,\mathrm{m^3\,bar\,mol^{-1}\,K^{-1}})\times1273.15\,\mathrm{K}}(100-1)\,\mathrm{bar} = 0.0075 \tag{19.80}$$

となる。したがって，$a_{\mathrm{H_2O}}$ は 1.007 となり，圧力が 100 倍になっても活量は 1 に近い。

このように，圧力が 100 倍になっても活量が 1 に近似できるのは，化学反応が見られる圧力下の凝縮相には一般に成り立つ関係で，反応比（反応商）や平衡定数に対し圧変化が数値的な寄与をしないことを示している。

19-4-2　不均一系における平衡定数

式（19.69）に示した炭酸カルシウムの熱分解反応（図 19.4）を例にとり，この反応の標準反応ギブズエネルギー $\Delta_{\mathrm{r}}G$ を各成分の化学ポテンシャルを用いて示すと

$$\Delta_r G = (\mu_{CaO}(s) + \mu_{CO_2}(g)) - \mu_{CaCO_3}(s) \tag{19.81}$$

となる。平衡になるのは $\Delta_r G = 0$ のときである。

$\mu_{CaO}(s)$ や $\mu_{CaCO_3}(s)$ の化学ポテンシャルは

$$\mu_{CaO}(s) = \mu^\circ_{CaO}(s) + RT \ln a_{CaO} \tag{19.82}$$

$$\mu_{CaCO_3}(s) = \mu^\circ_{CaCO_3}(s) + RT \ln a_{CaCO_3} \tag{19.83}$$

であるが，前節で示したように純粋な固体や液体の活量は，かなり高圧でない限り，1 に近似できるから

$$\mu_{CaO}(s) = \mu^\circ_{CaO}(s) \qquad \mu_{CaCO_3}(s) = \mu^\circ_{CaCO_3}(s) \tag{19.84}$$

となる。CO_2 の場合，実在気体の圧力としてフガシティー f が用いられるべきであるが，理想気体近似が使える範囲の圧力を取り扱ったこととして $f=p$ とおくと，$\mu_{CO_2}(g)$ は

$$\mu_{CO_2}(g) = \mu^\circ_{CO_2}(g) + RT \ln a_{CO_2} = \mu^\circ_{CO_2}(g) + RT \ln \frac{p_{CO_2}}{p^\circ} \tag{19.85}$$

となる。ここで，平衡状態では p° は標準圧で，$p^\circ = 1$ bar$(=10^5$ Pa) とする。

$$\Delta_r G = \mu^\circ_{CaO} + \mu^\circ_{CO_2}(g) + RT \ln \frac{p_{CO_2}}{p^\circ} - \mu^\circ_{CaCO_3} = 0 \tag{19.86}$$

となり，次式のように書き換えられる。

$$\mu^\circ_{CaO} + \mu^\circ_{CO_2}(g) - \mu^\circ_{CaCO_3} = -RT \ln \frac{p_{CO_2}}{p^\circ} \tag{19.87}$$

左辺は標準反応ポテンシャル（$\Delta_r G^\circ$）であるので，式（19.88）は

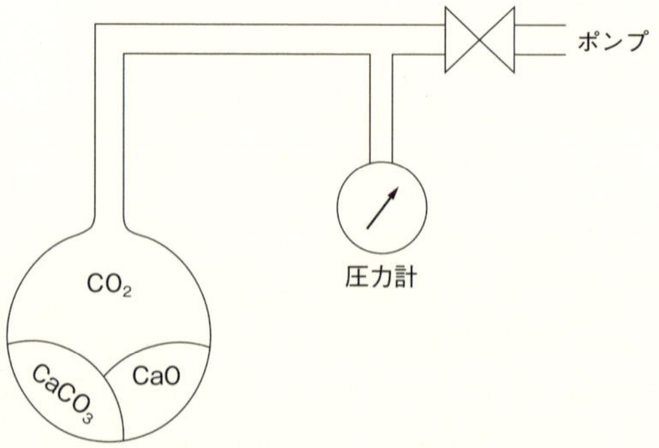

図 19.4　$CaCO_3(s) \rightleftarrows CaO(s) + CO_2(g)$ の平衡を調べる実験装置の概要

$$\Delta_r G^\circ = -RT\ln K = -RT\ln\frac{p_{CO_2}}{p^\circ} \tag{19.88}$$

となる。したがって，この反応の平衡定数 K は

$$K = \frac{p_{CO_2}}{p^\circ} \tag{19.89}$$

と表される。表 19.4 には，色々な温度における K を示す。式（19.89）は $p_{CO_2}=Kp^\circ$ と書き換えられる。標準状態での圧力は $p^\circ=1$ bar であるから，$p_{CO_2}=K$ bar である。

表 19.4　$CaCO_3$ および CaO と平衡にある CO_2 の圧力の温度依存性

T/℃	500	600	700	800
p_{CO_2}/p°	9.2×10^{-5}	2.39×10^{-3}	2.88×10^{-2}	0.2217
T/℃	897	1000	1100	1200
p_{CO_2}/p°	0.987	3.820	11.35	28.31

この反応に代表されるように，気相と純粋な固相を含む不均一系において化学平衡が成立している場合には，固相成分の活量は 1 とおけるから，平衡定数 K は氣相成分の活量すなわち圧力のみによって決まり共存する固体物質の量には無関係である。したがって，純固体物質を容器に入れておくと，気体が生じる解離反応（dissociation reaction）では，気相の圧力が K に達するまで分解が進行する。固相と平衡にある気相の圧力を解離圧（dissociation pressure）という。

空気中の CO_2 の分圧は 3×10^{-4} bar 程度であるから，空気を通じた状態であれば室温では変化は起らないが，表が示すように，600℃ になると $CaCO_3$ の解離圧が 3×10^{-4} bar より大きくなるので $CaCO_3$ の分解がおこる。897℃ 以上に熱すると圧力が 1 bar を越えるので，CO_2 が容器から吹き出し，すべて CaO に変化する。

塩化アンモニウムの熱解離（thermal dissociation）のように，固体が気体と平衡である場合

$$NH_4Cl \rightleftharpoons NH_3(g) + HCl(g) \tag{19.90}$$

は，平衡定数は $K=p_{NH_3}p_{HCl}$ であり，その解離圧は $p_{NH_3}+p_{HCl}$ となる。ここで，p_{NH_3}，p_{HCl} は，それぞれ，NH_3 および HCl の分圧である。

例　題 10　**硫化水素アンモニウムは，次式のように，アンモニアと硫化水素とに解離する。**

$$NH_4HS(s) \rightleftharpoons NH_3(g) + H_2S(g)$$

この反応の 25℃ における平衡定数 K_p は 6.3×10^4 mmHg である。真空にしたフラスコに NH_4HS を封入して，フラスコを 25℃ にした。平衡にしたときの全圧，すなわち解離圧を求めよ。

〔解　答〕 固体を含む平衡定数 K は，式（19.36）より

$$K = \frac{(p_{NH_3}/p^\circ)(p_{H_2S}/p^\circ)}{a_{NH_4HS}} = (p_{NH_3}/p^\circ)(p_{H_2S}/p^\circ)$$

ただし，$NH_4HS(s)$ の活量は1に等しい。上の反応式の化学量論から $NH_3(g)$ が 1 mol できれば $H_2S(g)$ も 1 mol できる。したがって，$p_{NH_3}=p_{H_2S}$ となる。平衡に達したときの $NH_3(g)$ の分圧を x とすると $H_2S(g)$ の分圧も x に等しいはずである。その結果

$$K = (p_{NH_3}p_{H_2S})/(p^\circ)^2 = 6.3\times10^4 = x^2 \quad (p^\circ = 1\,bar)$$

$$x = 2.5\times10^2 = p_{NH_3} = p_{H_2S}$$

$$P = p_{NH_3}+p_{H_2S} = 5.0\times10^2\,\mathrm{mm\,Hg}$$

19-5 平衡移動をもたらす外的条件

1877年，フランスの化学者ルシャトリエ（Le Chatelier, Henry Louis, 1850–1936）とドイツの物理学者ブラウン（Braun, Karl Ferdinand, 1850–1918）は，独立に，物質系の平衡が条件の変化によってどのように移動するかに対し，次のような法則が存在することを明らかにした。

「平衡状態にある反応系がある外的条件（温度，圧力および濃度）の変化を受けて平衡状態に乱れが生じた場合，その乱れを出来るだけ打ち消す方向へ平衡移動し，新しい平衡状態をとる。」

これは，現在，**ルシャトリエ–ブラウンの原理**（Le Chatelier-Braun principle）として広く知られている。本節では，その法則を熱力学的観点に立って考察する。

19-5-1 平衡定数に対する温度の影響

平衡定数 K が温度の関数であることは式（19.32）より明らかである。例えば，$H_2+I_2 \rightleftarrows 2\,HI$ では温度を上げると K は小さくなり，$N_2O_4 \rightleftarrows 2\,NO_2$ の反応では温度が上がるに連れて K は大きくなる（図 19.5）。ここでは K の温度変化を熱力学的観点から考察する。

「基礎編」10–7 でギブズエネルギーの温度依存性について考察した際，圧力一定の条件下では，ギブズ–ヘルムホルツの式が成り立つことを明らかにした。この関係を標準反応ギブズエネルギーの変化に適用すると

$$\left[\frac{\partial}{\partial T}\left(\frac{\Delta_r G^\circ}{T}\right)\right]_p = -\frac{\Delta_r H^\circ}{T^2} \qquad (19.91)$$

となる。

$\Delta_r G^\circ = -RT\ln K$ であるから，それを式（19.91）に入れて，整理すると

$$\left(\frac{\partial \ln K}{\partial T}\right)_p = \frac{\Delta_r H^\circ}{RT^2} \qquad (19.92)$$

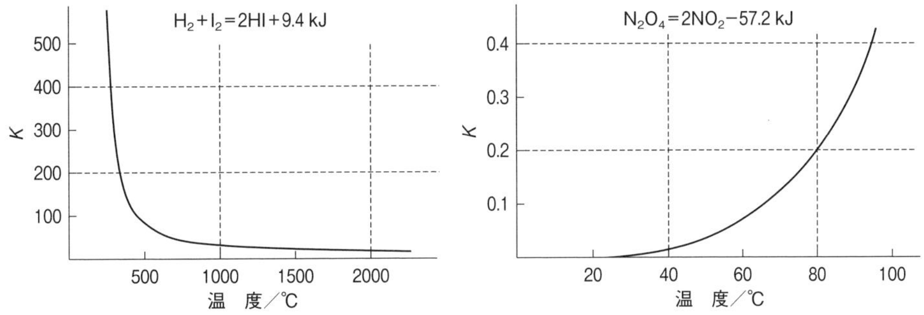

図 19.5　発熱反応および吸熱反応をする平衡反応の平衡定数の温度依存性

と書くことができる。この式は**ファントホッフの定圧平衡式**（van't Hoff's equilibrium formula at constant pressure）と言われている。この式は，圧力一定の条件下では

$$\mathrm{d}\ln K = \frac{\Delta_\mathrm{r} H^\circ}{RT^2}\mathrm{d}T \tag{19.93}$$

と表されるから，$\Delta_\mathrm{r}H^\circ$ を一定とみなせる温度範囲で，式（19.93）を積分すると

$$\ln K(T) = -\frac{\Delta_\mathrm{r} H^\circ}{RT} + \mathrm{const} \tag{19.94}$$

が得られる。ここで，const は積分定数である。

$\Delta_\mathrm{r}H^\circ$ を一定とみなせる温度範囲で式（19.93）を T_1 から T_2 まで積分すると

$$\ln\frac{K_2}{K_1} = -\frac{\Delta_\mathrm{r} H^\circ}{R}\left(\frac{1}{T_2} - \frac{1}{T_1}\right) = \frac{\Delta_\mathrm{r} H^\circ}{R}\left(\frac{T_2 - T_1}{T_1 T_2}\right) \tag{19.95}$$

が得られるから，T_1 における平衡定数 K_1 を決定するだけで，他の任意の温度 T_2 における平衡定数 K_2 を求めることができる。

例　題 11　**298.15 K における下記の反応の平衡定数 K は 6.1×10^5 で，標準反応エンタルピー $\Delta_\mathrm{r}H^\circ$ は $-92.2\ \mathrm{kJ\ mol^{-1}}$ である。400.0℃ の平衡定数 K を求めよ。**

$$\mathrm{N_2 + 3\,H_2 \rightleftarrows 2\,NH_3}$$

〔解　答〕　式（19.95）に $K_1=6.1\times10^5$，$T_1=298.15$ K，$T_2=(273.15+400.0)=673.15$ K，$\Delta_\mathrm{r}H^\circ=-92.2\times10^3\ \mathrm{J\ mol^{-1}}$ および $R=8.3145\ \mathrm{J\ K^{-1}\ mol^{-1}}$ を代入し，400.0℃ の平衡定数 K_2 を求める。

$$\ln\frac{K_2}{6.1\times10^5} = \frac{-92.2\times10^3}{8.315}\left(\frac{673.15-298.15}{298.15\times673.15}\right)$$

$$\ln K_2 - \ln(6.1\times10^5) = -11.1\times10^3\times0.00187$$

$$\ln K_2 = 13.4 - 20.9 = -7.5$$

$$K_2 = 5.5\times10^{-4}$$

これは 298.15 K の値よりも小さいが，発熱反応のためである。

異なる温度で得られた $\ln K$ を絶対温度の逆数（$1/T$）に対してプロットすると直線関係が得られ，その傾き（$-\Delta_r H°/R$）から反応熱（$\Delta_r H°$：定圧反応熱）を求めることができる。このようなグラフを**ファントホッフプロット**という。吸熱（$\Delta_r H°>0$）反応ではその傾きは負になるから，温度が高くなるほど K は大きくなり，生成物の量が増大する。発熱反応（$\Delta_r H°<0$）では傾きは正になり，温度が高くなると K は小さくなる。したがって，生成物を増やすには温度を下げることが必要になる。その具体例を図 19.6 および図 19.7 に示す。

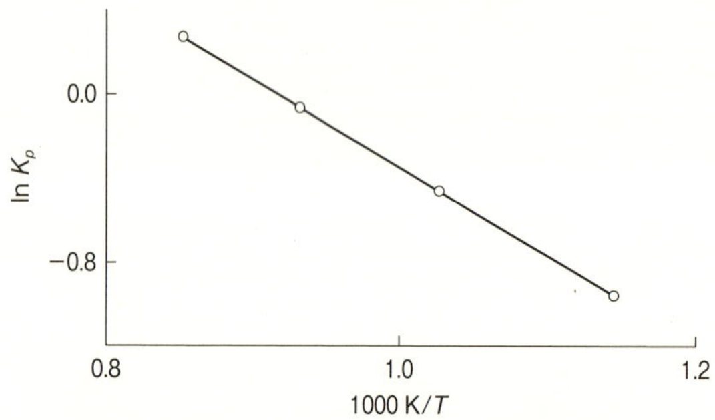

図 19.6　$CO_2(g)+H_2 \rightleftarrows CO(g)+H_2O(g)$（吸熱反応）のファントホッフプロット

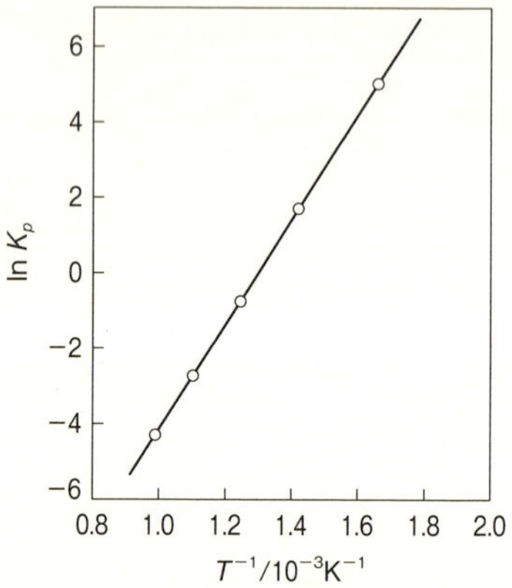

図 19.7　$2NO(g)+O_2 \rightleftarrows 2NO_2$（発熱反応）のファントホッフプロット

この方法で得られる $\Delta_r H°$ は厳密な熱量測定で得られた反応熱（8 章 5 節参照）に比べると正確さでは劣るが，熱量計による測定に適さない反応に使用できる点で便利な方法である。

$\Delta_r H°$ の温度依存性が無視できないときには，「基礎編」8–6 に示したように，反応物と生成物の C_p の差から，次式を用いて求めることが必要になる。

$$\Delta_r H_T^\circ = \Delta_r H_{T_1}^\circ + \int_{T_1}^{T_2} \Delta C_{p,\mathrm{m}}^\circ \, \mathrm{d}T \tag{19.96}$$

ここで，$\Delta C_{p,m}^\circ$ は生成物と反応物の熱容量の差

$$\Delta C_{p,\mathrm{m}}^\circ = \sum_{i=\text{products}} \nu_i C_{p,\mathrm{m},i}^\circ - \sum_{i=\text{reactants}} \nu_i C_{p,\mathrm{m},i}^\circ \tag{19.97}$$

である。$\Delta C_{p,\mathrm{m}}^\circ$ は「基礎編」5–6 に示したように，実測の熱容量データは，温度を変数とする多項式で表されるから，$\Delta_r H°(T)$ は

$$\Delta_r H°(T) = A + BT + CT^2 + DT^3 + \cdots \tag{19.98}$$

のように書くことができる。これを式（19.93）に代入して積分すると

$$\ln K = -\frac{A}{RT} + \frac{B}{R}\ln T + \frac{C}{R}T + \frac{D}{2R}T^2 + \mathrm{const} \qquad (19.99)$$

が得られる。A, B, C, Dは既知の定数，constは積分定数であるから，1つの温度(T_1)のKが求まっていれば，式(19.93)をT_1から任意の温度Tまで積分すると次式となる。

$$\ln K(T) = \ln K(T_1) + \int_{T_1}^{T} \frac{\Delta_r H^\circ(T')}{RT'^2}\mathrm{d}T' \qquad (19.100)$$

ここで，Tは温度変数を示す。

例題12　**アンモニア合成反応：**

$$\frac{1}{2}\mathrm{N_2} + \frac{3}{2}\mathrm{H_2} \rightarrow \mathrm{NH_3}$$

において，各気体の定圧モル熱容量は，298 K から 1500 K の温度範囲では次のような温度の関数である。

$$C^\circ_{p,\mathrm{m}}(\mathrm{N_2})/\mathrm{J\,K^{-1}\,mol^{-1}} = 24.98 + 5.912\times10^{-3}(T/\mathrm{K}) - 0.337\times10^{-6}(T^2/\mathrm{K}^2)$$

$$C^\circ_{p,\mathrm{m}}(\mathrm{H_2})/\mathrm{J\,K^{-1}\,mol^{-1}} = 29.07 + 0.8368\times10^{-3}(T/\mathrm{K}) - 2.012\times10^{-6}(T^2/\mathrm{K}^2)$$

$$C^\circ_{p,\mathrm{m}}(\mathrm{NH_3})/\mathrm{J\,K^{-1}\,mol^{-1}} = 25.93 + 32.58\times10^{-3}(T/\mathrm{K}) - 3.046\times10^{-6}(T^2/\mathrm{K}^2)$$

298 K で $\Delta_r H^\circ(\mathrm{NH_3}) = -46.10\,\mathrm{kJ\,mol^{-1}}$，723 K で $K=6.55\times10^{-3}$ であることがわかっている。Kを温度の関数で表し，600 K におけるKを計算せよ。

〔解　答〕　まず，$\Delta C^\circ_{p,\mathrm{m}}$ を算出する。

$$\Delta C^\circ_{p,\mathrm{m}} = C^\circ_{p,\mathrm{m}}(\mathrm{NH_3}) - \frac{1}{2}C^\circ_{p,\mathrm{m}}(\mathrm{N_2}) - \frac{3}{2}C^\circ_{p,\mathrm{m}}(\mathrm{H_2})$$

$$= -30.17 + 30.88\times10^{-3}(T/\mathrm{K}) - 5.895\times10^{-6}(T^2/\mathrm{K}^2)$$

式(19.96)に $\Delta_r H^\circ(\mathrm{NH_3}) = -46.10\,\mathrm{kJ\,mol^{-1}}$ および $\Delta C^\circ_{p,\mathrm{m}}$ を代入し。$T_1=298$ からTまで積分すると

$$\Delta_r H^\circ(T)/\mathrm{J\,K^{-1}\,mol^{-1}}$$

$$= -46.10\times10^3 - 30.17\left(\frac{T}{\mathrm{K}} - 298\right) + \frac{30.88\times10^{-3}}{2}\left(\frac{T^2}{\mathrm{K}^2} - 298^2\right) - \frac{5.895\times10^{-6}}{3}\left(\frac{T^3}{\mathrm{K}^3} - 298^3\right)$$

$$= -38.43\times10^3 - 30.17\frac{T}{\mathrm{K}} + 15.44\times10^{-3}\frac{T^2}{\mathrm{K}^2} - 1.965\times10^{-6}\frac{T^3}{\mathrm{K}^3}$$

この式を式(19.100)に代入し，723 K で $K=6.55\times10^{-3}$ であることを考慮して積分すると

$$\ln \mathrm{K}(T) = \ln \mathrm{K}(T = 723\,\mathrm{K}) + \int_{723}^{T}\frac{\Delta_r H^\circ(T')}{RT'^2}\mathrm{d}T' = -5.028 + \frac{1}{R}\Bigg[38.10\times10^3\left(\frac{1}{T/\mathrm{K}} - \frac{1}{723}\right)$$

$$-30.17\left(\ln\frac{T}{\mathrm{K}} - \ln 723\right) + 15.44\times10^{-3}\left(\frac{T}{\mathrm{K}} - 723\right) - \frac{1.965\times10^{-6}}{2}\left(\frac{T^2}{\mathrm{K}^2} - 723^2\right)\Bigg]$$

$$= 12.06 + \frac{458.3}{T/\mathrm{K}} - 3.749\ln\frac{T}{\mathrm{K}} + 1.85710^{-3}\frac{T}{\mathrm{K}} - 0.118\times10^{-6}\frac{T^2}{\mathrm{K}^2}$$

$T=600$ K として

$$\ln \mathrm{K}(600) = -10.09$$

$$\mathrm{K}(600) = 4.15\times10^{-5}$$

$\Delta_r H^\circ$ が求まれば，次式を用いて各温度の $\Delta_r S^\circ$ の値が計算できる。

$$\Delta_r G^\circ = -RT\ln K = \Delta_r H^\circ - T\Delta_r S^\circ \tag{19.101}$$

ファントホッフプロットで直線が成り立つような温度領域で得られた $\Delta_r S^\circ$ は $\Delta_r H^\circ$ と共に，比較的良い近似値で得られるので，その見積りに利用されている。逆に，$\Delta_r H^\circ$ と $\Delta_r S^\circ$ に関しては多くのデータが集められているから，それを利用して $\Delta_r G^\circ$ を求め，式（19.101）から K が求められている。

例題13　C（黒鉛）の還元でメタンを作る次の反応において

$$\mathrm{C(黒鉛)} \ + \ 2\,\mathrm{H_2(g)} \ \rightleftarrows \ \mathrm{CH_4(g)} \qquad \Delta_r H^\circ(873\ \mathrm{K}) = -88.052\ \mathrm{kJ\ mol^{-1}}$$

600℃における K を求めよ。600℃におけるモルエントロピーをそれぞれ C(黒鉛): 20.1，H_2(g): 162.8，CH_4(g): 232.6 J K^{-1} mol^{-1} とする。

〔解　答〕600℃における反応のエントロピー変化は

$$\Delta S^\circ = 232.6 - (20.1 + 2\times 162.8) = -113.1\ \mathrm{J\ K^{-1}\ mol^{-1}}$$

である。したがって，600℃における $\Delta_r G^\circ(873\ \mathrm{K})$ は

$$\Delta_r G^\circ(873\ \mathrm{K}) = -88.052\ \mathrm{kJ\ mol^{-1}} - (873\ \mathrm{K})\times(-113.1\ \mathrm{J\ K^{-1}\ mol^{-1}}) = 10.684\ \mathrm{kJ\ mol^{-1}}$$

$$K = \exp\left(-\frac{10.684\times 10^3}{8.3145\times 873.15}\right) = 0.229$$

平衡状態にある系の温度を上げようとすると，加えられた熱は吸熱反応に使われ，平衡移動（equilibrium shift）によって，系の温度の上昇が抑制される。温度を下げる場合には，逆に，発熱反応がおこり，温度の下降が抑制される。この現象はルシャトリエ-ブラウンの原理の例で，その熱力学的根拠は，19-6で示す。

19-5-2　平衡定数に対する圧力の影響

$\Delta_r G^\circ$ は温度だけの関数であるから熱力学的平衡定数 K は反応の圧力に依存しない定数である。K は，一定温度 T では一定値であるが，以下に示すように，平衡にある種々の気体の組成までもが圧力により変化しないということではない。

成分 i のモル分率を x_i，全圧を P とすると，その分圧 p_i は

$$p_i = x_i P \tag{19.102}$$

であるから，理想気体の場合は，式（19.36）に代入して整理すると

$$K = \frac{(x_\mathrm{L}P/p^\circ)^{\nu_\mathrm{L}}(x_\mathrm{M}P/p^\circ)^{\nu_\mathrm{M}}\cdots}{(x_\mathrm{A}P/p^\circ)^{\nu_\mathrm{A}}(x_\mathrm{B}P/p^\circ)^{\nu_\mathrm{B}}\cdots} = \frac{(x_\mathrm{L})^{\nu_\mathrm{L}}(x_\mathrm{M})^{\nu_\mathrm{M}}\cdots}{(x_\mathrm{A})^{\nu_\mathrm{A}}(x_\mathrm{B})^{\nu_\mathrm{B}}\cdots}(P/p^\circ)^{\Delta\nu} \tag{19.103}$$

となる。ここで，$\{(x_\mathrm{L})^{\nu_\mathrm{L}}(x_\mathrm{M})^{\nu_\mathrm{M}}\cdots\}/\{(x_\mathrm{A})^{\nu_\mathrm{A}}(x_\mathrm{B})^{\nu_B}\cdots\} = K_x$ とすると

$$K = K_x(P/p^\circ)^{\Delta\nu} \tag{19.104}$$

となる。この式から明らかなように $\Delta\nu=0$ でないかぎり，K_x は P によって変化する[*1]。この結果は，平衡組成の変化すなわち平衡移動が圧力によって可能なことを示している。

式（19.104）において，K と p° は一定であるから，K_x と $P^{\Delta\nu}$ との関係を平衡移動に対する P の効果として，次のようにまとめることができる。

1）温度一定の下で，圧縮すると P が大きくなるから，$\Delta\nu$ によって平衡は次のように移動する。

a）$\Delta\nu<0$ すなわち全モル数が減少するような反応では反応物が減少し生成物が増大する方向に平衡移動する。

b）$\Delta\nu>0$ すなわち全モル数が増大するような反応では反応物が増大し生成物が減少する方向に平衡移動する。

c）$\Delta\nu=0$ すなわち全モル数が変化しない反応では，圧力を変化しても平衡移動しない。

2）P を減少させた場合は圧縮の場合と逆方向に移動する。

理解を深めるために，次のような解離平衡にある気体反応について考察しよう。

$$\mathrm{A(g)} \rightleftharpoons \mathrm{2B(g)} \tag{19.105}$$ [*2]

始めに存在するAの物質量を n モル，平衡状態に達した時点におけるA分子の反応進行度を ξ_e（以下解離度といい α で表す）とすると，平衡状態にあるAの物質量は $n(1-\alpha)$ mol，生じたBの物質量は $2n\alpha$ mol となる。反応系に存在する物質量の総和は $n(1+\alpha)$ mol となる。したがって，AとBとのモル分率は

$$x_A = \frac{n(1-\alpha)}{n(1+\alpha)} = \frac{1-\alpha}{1+\alpha} \tag{19.106}$$

$$x_B = \frac{2n\alpha}{n(1+\alpha)} = \frac{2\alpha}{1+\alpha} \tag{19.107}$$

となる。$\Delta\nu=1$ であるから，反応式（19.105）の平衡定数 K は

$$K = K_x(P/p^\circ) = \left(\frac{2\alpha}{1+\alpha}\right)^2 (P/p^\circ)\Big/\left(\frac{1-\alpha}{1+\alpha}\right) = \left(\frac{4\alpha^2}{1-\alpha^2}\right)P \tag{19.108}$$

で与えられる。最後の式を変形すると

$$\alpha = \sqrt{\frac{K}{K+4P}} \tag{19.109}$$

＊1 溶液の場合には K_x はモル分率平衡定数であるが，気体の場合には K_x は P に依存した量で，平衡定数でない。

＊2 具体的なイメージとしては $N_2O_4 \rightleftharpoons 2NO_2$ や $I_2 \rightleftharpoons 2I$ を想像すると良い。

が得られる。Kは圧力によらない定数であるから，αはPのみに依存することを示している。異なるKにおいて解離度の圧依存性を図 19.8 に示す。Pが下がれば下がるほどαは大きくなる。

この現象を分子数の変化という観点から考察すると，平衡にある系を加圧すると分子数が減る方向（ここでは解離が抑制される方向），系を減圧にすると解離が進み，分子数が増大する方向へ平衡移動がおこる事を示している。

この関係は，**ルシャトリエ–ブラウンの原理に従った挙動**である。

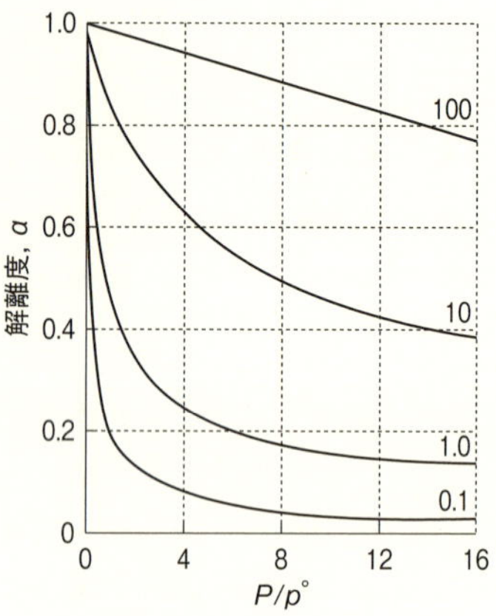

図 19.8　色々な K_p の $A(g) \rightleftarrows 2B(g)$ における解離度の圧力依存性

例　題 14　**次の反応の 25℃ における平衡定数 K_p は 0.14 である。1 atm と 10 atm での N_2O_4 分子の解離度 α を求め，NO_2 の効率よい生成には，圧力を上げるべきか，下げるべきかを判定せよ。**

$$N_2O_4 \rightleftarrows 2\,NO_2$$

〔解　答〕　解離度αは，式（19.109）を用いて

P=1 atm の場合

$$\alpha = \sqrt{\frac{K}{K+4P}} = \sqrt{\frac{0.14}{0.14+4}} = 0.18$$

P=10 atm の場合

$$\alpha = \sqrt{\frac{K}{K+4P}} = \sqrt{\frac{0.14}{0.14+40}} = 0.06$$

低圧にするほど，NO_2 の生成効率は高い。

19-5-3　不活性気体の添加効果

化学平衡が成立している系に，アルゴンのような不活性気体を添加した場合の平衡について考えて見よう。添加には 2 つの場合が考えられる。1 つは体積は変化するが全圧はつねに一定に保たれる場合である（図 19.9（a））。もう 1 つは，容器の体積の変化がない場合，すなわち，系の圧力が変化する場合である（図 19.9（b））。

前者の場合には，不活性気体を添加すれば，体積は増大する。その結果，化学平衡状態にあった物質の分圧はそれぞれ減少する。したがって，平衡に関係する物質だけに注目すると平衡混合物の全圧を下げたことと等価になり，圧力低下を緩和する方向すなわち気体の分子数が増加する方向に変化する。

一定体積の場合には，不活性気体を添加すると内圧は上がるが，反応に関与する各成分の物質量，体積が一定であるから，それぞれのモル分率に変化がなく，温度変化がない限り平衡定数は一定である。したがって，平衡移動はおこらない。

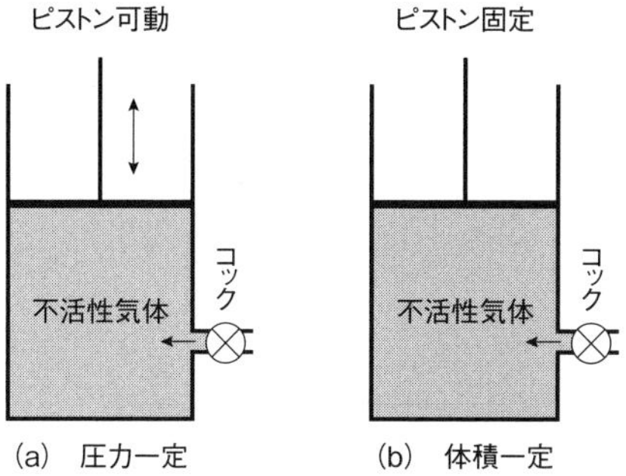

図 19.9　平衡組成に対する不活性気体の添加効果

19-5-4　濃度の影響

平衡にある系の反応物や生成物の濃度が変化すると，もはや平衡状態でなくなるから，平衡移動がおこる。次の反応を一例として平衡移動に対する濃度の影響を考察しよう。

$$N_2(g) \quad + 3\,H_2(g) \quad \rightleftarrows \quad 2\,NH_3(g) \qquad (19.110)$$

平衡状態にある系に窒素や水素を添加すると平衡が崩れるので，加えた窒素や水素は，それぞれ，残っている水素や窒素と反応してアンモニアを生成し，新たな平衡状態になる。その系にアンモニアを加えると，アンモニアは減少し，水素や窒素が増大する。その概念図を図 19.10 に示す。これは濃度変化にもルシャトリエ-ブラウンの原理が適用できることを示している。

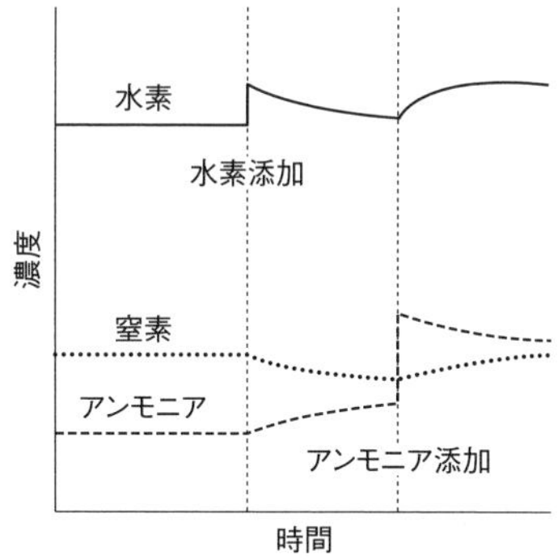

図 19.10　濃度変化に伴う組成変化の概念図

しかし，濃度のような示量性の量の平衡移動は，温度や圧力のような示強性の状態量と異なり常に成立するとは限らない。組成の濃度条件によってはルシャトリエの原理からはずれることがある。例えば，定温，定圧下でアンモニアを合成する場合，窒素を加えるとその濃度増加によってアンモニア合成が進み，水素の量が減ると予想されるが，N_2 のモル分率が 1/2 以上存在する平衡系では，化学量数の大きな H_2 のモル分率の減少が大きく，それを補うため平衡は逆に移動し，ルシャトリエ-ブラウンの原理に反することとなる（補遺 19.2 参照）。例えば，600 K，5.0×10^7 Pa では，N_2 8 mol，H_2 1.2 mol，NH_3 0.8 mol で平衡になっているが，これに 4 mol の N_2 を加えるときの平衡状態における濃度は，N_2 12. 025 mol，H_2 1.27 mol，NH_3 0.75 mol となる。NH_3 が 0.8 mol から 0.75 mol に減少するので，N_2 は 0.025 mol だけ増え，12.025 mol となる。N_2 の数字は有効数字以下であるが，増加していることは事実であり，明らかに予想と逆になる。

19-6 ルシャトリエ-ブラウンの原理の熱力学的背景

2.2節で反応進行度ξとギブズエネルギーGとの関係は

$$\frac{\partial G}{\partial \xi} = \Delta_r G \tag{19.111}$$

で表され，$\Delta_r G < 0$の方向に反応は進行することを明らかにした。$\partial G/\partial \xi$はT，pおよびξの関数で表される状態量であるから，その全微分は

$$\mathrm{d}\left(\frac{\partial G}{\partial \xi}\right) = \mathrm{d}\Delta_r G = \frac{\partial}{\partial T}\left(\frac{\partial G}{\partial \xi}\right)_{p,\xi}\mathrm{d}T + \frac{\partial}{\partial p}\left(\frac{\partial G}{\partial \xi}\right)_{T,\xi}\mathrm{d}p + \frac{\partial}{\partial \xi}\left(\frac{\partial G}{\partial \xi}\right)_{p,T}\mathrm{d}\xi \tag{19.112}$$

である。ここで

$$\frac{\partial}{\partial \xi}\left(\frac{\partial G}{\partial \xi}\right) = \frac{\partial^2 G}{\partial \xi^2} = \partial G'' \tag{19.113}$$

とおくと，式（19.112）は

$$\mathrm{d}\left(\frac{\partial G}{\partial \xi}\right) = \left(\frac{\partial \Delta_r G}{\partial T}\right)_{p,\xi}\mathrm{d}T + \left(\frac{\partial \Delta_r G}{\partial p}\right)_{T,\xi}\mathrm{d}p + G''\mathrm{d}\xi \tag{19.114}$$

となる。$(\partial \Delta_r G/\partial T) = -\Delta_r S$および$(\partial \Delta_r G/\partial p) = \Delta_r V$とおけるから

$$\mathrm{d}\left(\frac{\partial G}{\partial \xi}\right) = -\Delta S \mathrm{d}T + \Delta V \mathrm{d}p + G''\mathrm{d}\xi \tag{19.115}$$

が得られる。平衡状態では，$\mathrm{d}(\partial G/\partial \xi) = 0$で，$\Delta S = \Delta H/T$であるから

$$0 = -\left(\frac{\Delta_r H}{T}\right)(\mathrm{d}T)_{\mathrm{eq}} + \Delta_r V(\mathrm{d}p)_{\mathrm{eq}} + G''\mathrm{d}\xi \tag{19.116}$$

が成り立つ。Gが極小値になる場合には，数学的にG''は正の値である。

定圧では$\mathrm{d}p=0$であるから，式（19.116）は

$$\left(\frac{\partial \xi_e}{\partial T}\right)_p = \frac{\Delta_r H}{T G''_{\mathrm{eq}}} \tag{19.117}$$

一方，定温では$\mathrm{d}T=0$であるから，式（19.116）は

$$\left(\frac{\partial \xi_e}{\partial p}\right)_T = -\frac{\Delta_r V}{G''_e} \tag{19.118}$$

と書き換えられる。

G''_{eq} は正の値であるから，$(\partial\xi_e/\partial T)_p$ の符号は ΔH の符号と一致する。したがって，吸熱反応（$\Delta H>0$）であれば温度を上げると $(\partial\xi_e/\partial T)_p>0$ となるから，平衡状態での反応進行度は温度とともに増大する。逆に，発熱反応では $(\partial\xi_e/\partial T)_p<0$ になるから，平衡状態での反応進行度は温度上昇に伴って減少する。これは，**“平衡状態にある反応系に熱を加えた場合，反応系が吸熱する方向へ移動する”**という**ルシャトリエ–ブラウンの原理**が**熱力学的**に裏付**けられる**ことを示している。

温度一定で圧力が変化する場合，$(\partial\xi_e/\partial p)_T$ の符号は体積変化 ΔV と符号が逆となるから，生成系の体積が反応系の体積よりも小さくなれば，すなわち，$\Delta V<0$ であれば $(\partial\xi_e/\partial p)_T$ は正の値となり，圧力を上げれば，反応はさらに進行するが，$\Delta V>0$ の場合には $(\partial\xi_e/\partial p)_T$ が負となり，圧力の増大は反応の進行度を減少させる。すなわち，圧力についても，ルシャトリエの原理が熱力学的に裏付けされたものであることを示している。

19-7　化学平衡の応用

19-7-1　共役反応–発エルゴン反応の活用

これまで述べて来たように，$\Delta_r G>0$ になるような反応（吸エルゴン反応という）は単独では進行しない。したがって，鉱石のように安定になった金属酸化物になったものから，金属やその他の金属化合物を得ることは不可能と考えられる。例えば，酸化チタンから四塩化チタンの合成は，下記の化学式を見る限り不可能である。

$$TiO_2(s) + 2Cl_2 \longrightarrow TiCl_4(l) + O_2 \quad \Delta_r G^\circ_{298} = 152.3\,kJ\,mol^{-1} \tag{19.119}$$

しかし，このような吸エルゴン反応でも $\Delta_r G^\circ_{298}$ が 152.3 kJ mol^{-1} 以上に大きな負の値をもつ反応（発エルゴン反応という）と組み合わせることにより，単独では到底不可能であった $TiCl_4$ が，酸化チタンから製造されている。その際の必要な条件は，組み合わせる反応を選ぶ際，第 1 反応の生成物（ここでは酸素）が消費されるような反応を選ぶのが鍵となる。

$TiCl_4$ の製造に選ばれた発エルゴン反応は

$$C(s) + O_2(g) \longrightarrow CO_2(g) \quad \Delta_r G^\circ_{298} = -394.36\,kJ\,mol^{-1} \tag{19.120}$$

である。その結果，全反応は

$$C(s) + TiO_2(s) + 2Cl_2 \longrightarrow CO_2(g) + TiCl_4(l) \quad \Delta_r G^\circ_{298} = -242.1\,kJ\,mol^{-1} \tag{19.121}$$

となるので，大きな負の $\Delta_r G^\circ_{298}$ となり，$TiCl_4(l)$ の製造が実現し，その工業生産が行われている。

このように，吸エルゴン反応と発エルゴン反応とを組み合わせ，発エルゴン反応によって吸エルゴン反応が推し進められる反応は，身の周りには多数存在する。このような反応を**共役反応**（conjugated reaction）という。鉱石からの金属の製造，生命現象をつかさどる代謝反応は共役反応の典型的な例である。

19-7-2　プロトン移動平衡

(1) 水の解離平衡

水の解離は次式で表される。

$$H_2O \quad + \quad H_2O \quad \rightleftarrows \quad H_3O^+ \quad + \quad OH^- \tag{19.122}$$

水はほとんど解離していないから H^+ や OH^- に注目すると，両イオンの希薄溶液である。したがって，溶媒の H_2O はラウール則基準の化学ポテンシャルで表し，H^+ や OH^- はヘンリー則基準の化学ポテンシャルで表すことになる。それぞれ，次式で表される。

$$\mu_{H_2O} = \mu^*_{H_2O} + RT\ln x_{H_2O} \tag{19.123}$$

$$\mu_{H_3O^+} = \mu^\circ_{c,\,H_3O^+} + RT\ln(c_{H_3O^+}/c^\circ) \tag{19.124}$$

$$\mu_{OH^-} = \mu^\circ_{c,\,OH^-} + RT\ln(c_{OH^-}/c^\circ) \tag{19.125}$$

H_2O の解離にともなう反応ギブズエネルギー $\Delta_r G$ は

$$\Delta_r G = (\mu^\circ_{c,\,H_3O^+} + RT\ln(c_{H_3O^+}/c^\circ)) + (\mu^\circ_{c,\,OH^-} + RT\ln(c_{OH^-}/c^\circ)) - (\mu^*_{H_2O} + RT\ln x_{H_2O}) \tag{19.126}$$

$$\Delta_r G = (\mu^\circ_{c,\,H_3O^+} + \mu^\circ_{c,\,OH^-} - \mu^*_{H_2O}) + RT\ln\frac{(c_{H_3O^+}/c^\circ)\times(c_{OH^-}/c^\circ)}{x_{H_2O}} \tag{19.127}$$

となるから，平衡定数 K は

$$K = \frac{(c_{H_3O^+}/c^\circ)\times(c_{OH^-}/c^\circ)}{x_{H_2O}} \tag{19.128}$$

である。これに希薄条件 $x_{H_2O}\to 1$ を入れると

$$K = (c_{H_3O^+}/c^\circ)\times(c_{OH^-}/c^\circ) \tag{19.129}$$

が得られる。K は温度，圧力が一定ならば常に一定値で，新たに酸を加えても，OH^- を加えても成立する定数である。$c^\circ = 1\ \mathrm{mol\ dm^{-3}}$ であるから省略し，そのかわりに次式に示すように平衡定数 K に添字 w をつけて K_w で水の解離平衡定数であることを示す。K_w は**水のイオン積**といい，温度の関数である。

$$K_w = c_{H^+} c_{OH^-} \tag{19.130}$$

273 K（0℃）から 373 K（100℃）までのイオン積を表 19.5 に示す。

表 19.5 水のイオン積の温度変化

T/K	273.15	298.15	313.15	373.15
K_w	0.12×10^{-14}	1.0×10^{-14}	2.9×10^{-14}	5.4×10^{-13}

298 K では $c_{H^+} = c_{OH^-} = 1.0 \times 10^{-7}\ \mathrm{mol\,dm^{-3}}$ であり，溶液が酸性であれば $c_{H^+} > c_{OH^-}$，塩基性であれば $c_{H^+} < c_{OH^-}$ である。

H_3O^+ イオンは，生体内の反応から工業生産まで広い範囲の濃度で，重要な役割を果たしている化学種であるので，それを簡便に表すために，次式に示す pH 目盛りが用いられている。

$$\mathrm{pH} = -\log c_{H^+} \quad あるいは \quad \mathrm{pH} = -\log a_{H^+} \tag{19.131}$$

298.15 K で中性の場合は pH=7，酸性では pH<7，塩基性では pH>7 となる。pH が 1 単位変化すれば，H_3O^+ の濃度は 10 倍変化する。OH^- イオンに対しても $\mathrm{pOH} = -\log c_{OH^-}$ あるいは $\mathrm{pOH} = -\log a_{OH^-}$ が定義されている。

(2) 酸と塩基

ブレンステッドとローリーの理論（Brønsted-Lowry theory）によれば，**酸はプロトン供与体**（proton donor）であり，**塩基はプロトン受容体**（proton acceptor）である。

酸 HA の水溶液中での解離は次のように表される。

$$\mathrm{HA} + \mathrm{H_2O} \rightleftarrows \mathrm{H_3O^+} + \mathrm{A^-} \tag{19.132}$$

上の反応において HA は H_2O にプロトン H^+ を与えて H_3O^+ となるが，生じた A^- は逆反応で H_3O^+ から H^+ を受け取るので塩基であり，正反応と共役しているので**共役塩基**（conjugated base）という。この過程の熱力学的平衡定数 K は

$$K = \frac{a_{H_3O^+} a_{A^-}}{a_{HA} a_{H_2O}} \tag{19.133}$$

で表される。水の活量は解離過程では本質的に変化しないから，H_2O は常に標準状態にあると考えることができる。したがって，$a_{H_2O} = 1$ とし，先に示したように $a_{H_3O^+} = a_{H^+}$ とし，A^- は OH^- とすると，式（19.133）は

$$K_a = \frac{a_{H^+} a_{A^-}}{a_{HA}} = \frac{\gamma_{H^+} c_{H^+} \gamma_{OH^-} c_{OH^-}}{\gamma_{HA} c_{HA}} \tag{19.134}$$

となる。ここで，K に a を添えて，酸解離定数（acid dissociation constant）（酸定数）

という意味を持たせる。

希薄溶液の場合は，無電荷のHAに対しては $\gamma_{HA}=1$ とおくことができ，イオンに関しては，18章3.2節に示したように，個々のイオンの活量係数は求まらず，平均活量係数しか定義できないので，$\gamma_{H^+}\gamma_{OH^-}=\gamma_\pm^2$ とすると

$$K_a = \frac{\gamma_\pm^2 c_{H^+} c_{OH^-}}{c_{HA}} \tag{19.135}$$

となる。もしイオン種の濃度が低ければ，$\gamma_\pm^2$ を1と近似しても良い近似であり，次のように書ける。

$$K_a = \frac{c_{H^+} c_{OH^-}}{c_{HA}} \tag{19.136}$$

K_a の値は，そのままではわかりにくいので，pHと同様に，その常用対数に負号をつけた pK_a として表される。

$$pK_a = -\log K_a \quad (K_a = 10^{-pK_a}) \tag{19.137}$$

K_a が大きいほど，pK_a は小さい値になる。pK_a が小さいほど水溶液中に放出されるヒドロニウムイオンの濃度が高く，強い酸である。酸は K_a(pK_a) によって次のように分類される。

弱酸：$K_a < 1\ \mathrm{mol\ dm^{-3}}$ （$pK_a > 0$）　　強酸：$K_a > 1\ \mathrm{mol\ dm^{-3}}$ （$pK_a < 0$）

この平衡反応における標準反応ギブズエネルギー $\Delta_r G^\circ$ は

$$\Delta_r G^\circ = -RT \ln K_a = RT(\ln 10) \times pK_a \tag{19.138}$$

と書けるから pK_a は $\Delta_r G^\circ$ と比例した値であり，$\Delta_r G^\circ$ を反映した値である。

塩基Bについても，同様な取り扱いが可能で，Bの水溶液中での解離は次のように表される。

$$B + H_2O \rightleftharpoons BH^+ + OH^- \tag{19.139}$$

BH^+ は，塩基Bの共役酸で，塩基の強さが減少すると，その共役酸の強さは増加する。塩基にも酸に対応する式：

$$K_b = \frac{a_{BH^+} a_{OH^-}}{a_B} \quad または \quad pK_b = -\log K_b \tag{19.140}$$

が定義され，K_b を塩基定数という。塩基も K_b または pK_b の大小によって次のように分類される。

弱塩基：$K_b < 1$（$pK_b > 0$）　　強塩基：$K_b > 1$（$pK_b < 0$）

$BH^+ + H_2O = B + H_3O^+$にしたがって共役酸BH^+の酸定数K_aは次式で表される。

$$K_a = \frac{a_{H_3O^+} a_B}{a_{BH^+}} \tag{19.141}$$

したがって，式（19.141）に式（19.140）を掛けると

$$K_a K_b = \frac{a_{H_3O^+} a_B}{a_{BH^+}} \times \frac{a_{BH^+} a_{OH^-}}{a_B} = a_{H_3O^+} a_{OH^-} = K_w$$

$$\text{すなわち } pK_a + pK_b = pK_w \text{（または } pH + pOH = pK_w\text{）} \tag{19.142}$$

となり，K_bが減少するとき，共役酸の強さ，すなわち，K_aは必ず増大するが，その積は一定の値K_wに保たれるように変化する。このことは，ヒドロニウムイオンとヒドロキシイオンの活量は，お互いに補完し合う関係にあり，一方が減少すれば他方が増加し，両者の和は常に保存され，同じpK_wをとることを示している。この関係を用いると，共役酸の酸定数がわかっていれば，塩基定数が簡単に得られる。

表 19.6　代表的な酸および塩基とその共役塩基および共役酸の酸定数および塩基定数とそれぞれのpK_aおよびpK_b（298.15 K）

酸		K_a	pK_a	共役塩基	K_b	pK_b
トリクロロ酢酸	CCl_3COOH	3.0×10^{-1}	0.52	CCl_3COO^-	3.3×10^{-14}	13.48
亜硫酸	H_2SO_3	1.6×10^{-2}	1.81	HSO_3^-	6.3×10^{-13}	12.19
リン酸	H_3PO_4	1.6×10^{-3}	2.12	$H_2PO_4^-$	1.3×10^{-12}	11.88
フッ化水素酸	HF	3.5×10^{-4}	3.45	F^-	2.4×10^{-11}	10.55
ギ酸	HCOOH	1.77×10^{-4}	3.75	$HCOO^-$	5.6×10^{-11}	10.25
安息香酸	C_6H_5COOH	6.13×10^{-5}	4.21	$C_6H_5COO^-$	1.5×10^{-10}	9.81
酢酸	CH_3COOH	1.75×10^{-5}	4.76	CH_3COO^-	5.6×10^{-10}	9.25
炭酸	H_2CO_3	4.3×10^{-7}	6.37	HCO_3^-	2.3×10^{-8}	7.63
シアン化水素	HCN	7.2×10^{-10}	9.14	CN^-	2.0×10^{-5}	4.68

塩基		K_b	pK_b	共役酸	K_a	pK_a
アンモニア	NH_3	1.90×10^{-5}	4.72	NH_4^+	5.6×10^{-10}	9.25
メチルアミン	CH_3NH_2	3.6×10^{-4}	3.47	$CH_3NH_3^+$	2.8×10^{-11}	10.56
ジメチルアミン	$(CH_3)_2NH$	5.4×10^{-4}	3.19	$(CH_3)_2NH_2^+$	1.9×10^{-11}	10.73
トリメチルアミン	$(CH_3)_3N$	1.0×10^{-3}	2.99	$(CH_3)_3NH^+$	1.5×10^{-11}	11.01
アニリン	$C_6H_5NH_2$	4.3×10^{-10}	9.37	$C_6H_5NH_3^+$	2.3×10^{-5}	4.63

(3) 酸解離における熱力学量

代表的な弱酸の酸定数の温度変化をからもとめられた熱力学量を表 19.7 に示す。

ほとんどの弱酸で酸解離によるエントロピーは負である。気相での解離反応ではエントロピーの変化は正であるのと対照的な結果で，解離反応に水分子が関与していることを示している。すなわち，水分子は，その双極子のためにイオンの周辺に配向する。その結果，

酸の解離では，粒子数の増加がもたらす系のエントロピー増大を，水分子の配向が打ち消していることを示している。一方，$\Delta_r H°$ の値に注目すると多くの酸で解離による変化は非常に小さい。したがって，$\Delta_r G° = 2.3\,RT \cdot pK_a = \Delta_r H° - T\Delta_r S°$ を反映している酸の解離は，エントロピー支配で，pK_a の値は $\Delta_r S°$ によって支配されていることを示している。

表 19.7　酸解離における熱力学量の変化

	$\Delta_r G°$/kJ mol^{-1}	$\Delta_r H°$/kJ mol^{-1}	$\Delta_r S°$/J mol^{-1}K^{-1}
水	79.868	56.563	−78.2
酢酸	27.137	−0.385	−92.5
クロロ酢酸	16.322	−4.845	−71.1
酢酸	27.506	−2.900	−102.1
炭酸	36.259	9.372	−90.4
リン酸	12.259	−7.648	−66.9
アンモニウムイオン	52.777	52.216	−1.7
メチルアンモニウムイオン	60.601	54.760	−19.7
ジメチルアンモニウムイオン	49.618	49.618	−39.7
トリメチルアンモニウムイオン	55.890	36.882	−63.6

アンモニウムイオンの解離では $\Delta_r S°$ はほとんど 0 であり，解離しても，水の構造に大きな変化がないことを示している。しかし，メチル置換したアンモニウムイオンになると，そのまわりの水は，アンモニウムイオンほど配向していないから，プロトンの放出によって配向が進み，$\Delta_r S°$ は減少すると考えられる。メチル置換が多いほど $T\Delta_r S°$ が小さくなっているのは，メチル置換が進むほど，まわりの水分子の配向が減少することを示している。

19-7-3　アンモニア合成

窒素と水素からのアンモニア合成は，ハーバー・ボッシュ法として，工業生産に広く利用されている。これは，ルシャトリエの原理をうまく応用して成功した例である。

$$N_2(g) \quad +3\,H_2(g) \rightleftharpoons 2\,NH_3(g) \quad \Delta_r H = -92\,\text{kJ} \qquad (19.143)$$

この反応は式（19.143）のように発熱反応であるから，熱を加えて温度を上げると，表 19.8 に示すように，反応系すなわちアンモニア合成に不利なる方向へ移動する。

表 19.8　$N_2 + 3H_2(g) \rightleftharpoons 2NH_3(g)$ の平衡定数に対する温度の影響

温度/℃	$K = a^2_{NH_3(g)} / a_{N_2(g)} a^3_{H_2(g)}$
25	5.94×10^5
227	0.100
500	6.93×10^{-5}

表 19.8 では，常温，1 atm では $K \gg 1$ であり，アンモニア生成には有利な方向にあるが，その温度では窒素–窒素結合を切るだけのエネルギーが供給されないから，窒素ガスと水素ガスを常温で混ぜても反応は起こらない。反応を起させるには 500℃ 程度にしなくてはならないが，そのような温度では K がずっと小さくなって，工業生産に利用することは困難であった。しかし，アンモニア合成反応は分子数が減少する反応であるから，ルシャ

トリエの原理によると，圧力を上げるほど反応は進行する点が注目された。

色々な温度，圧力で求められたモル百分率を表 19.9 に示す。高圧下で反応を行う事によって大幅に改善され，200 atm，200℃ では，モル百分率で 85% の NH_3 を生じることが予想されるが，生成速度が遅く現実的でない。

表 19.9　NH_3 の百分率への温度および圧力依存性

温度／℃	全圧／atm			
	1	30	100	200
200	15.3	67.6	80.6	85.8
400	0.44	10.1	25.1	36.3
600	0.049	1.43	4.47	8.3
1000	0.0044	0.13	0.44	

工業生産では，1：3 の割合で混ぜた N_2 と H_2 の混合物を原料にし，100 atm 以上に加圧した状態でそれを 500℃ あたりまで加熱した反応炉に導く。反応炉には触媒が詰めてあり高効率ではないが NH_3 が生じる。そこで生じた NH_3 を，温度差を利用して分離し，残った気体を循環させて，結果としては，効率よく NH_3 を合成する手法が取られている。その例を図 19.11 に示す。

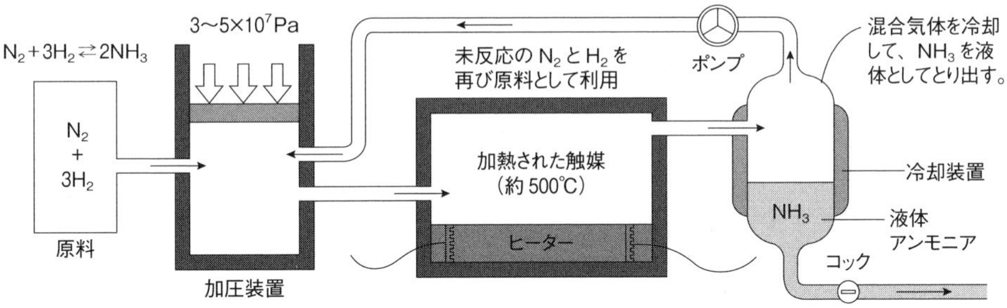

図 19.11　工業生産に用いられているアンモニア合成

補遺 19.1　平衡定数と標準状態

平衡定数は，基準状態にどの状態を選ぶかによって異なった値となる。例えば，基準圧力として，標準圧力の 1 bar を用いた場合と 1 atm を用いた場合では，K_p は異なる。それは，標準化学ポテンシャルが基準の選び方によって異なる値となるからである。

圧力が 1 bar の標準生成ギブズエネルギー $\Delta_f G^\circ$ と 1 atm（1.013 bar）における標準生成ギブズエネルギー $\Delta_f G^*$ との間に次の関係が存在する。

$$\begin{aligned}\Delta_f G^\circ &= \Delta_f G^* - RT \ln (p^*/p^\circ) \\ &= \Delta_f G^* - (0.109\,T \times 10^{-3}\,\mathrm{kJ^{-1}\,mol^{-1}})\,T\end{aligned}$$

したがって，298.15 K での標準状態圧力 1 bar における標準生成ギブズエネルギーの値は 1 atm に対する圧力よりも 0.033 kJ mol^{-1} だけ小さい。

気体反応に対する平衡定数 K_p の値は標準状態としてとる圧力に依存する。その関係は

$$K_p(\mathrm{bar}) = K_p(\mathrm{atm}) \times (1.01325)^{\Delta\nu}$$

である。

補遺 19.2　ルシャトリエの原理が成り立たない系

示強性の状態量（温度，圧力）は，閉鎖系であればルシャトリエ-ブラウンの原理に従うが，体積のような示量性の状態量は，条件次第でその原理が成り立たないことがある。アンモニア合成を例にとり，その条件を考察する。

$$N_2(g) + 3H_2(g) \rightleftarrows 2NH_3(g)$$

標準状態を 1 bar として，ここでは理想気体と仮定する。平衡定数 K は

$$K = \frac{p_{NH_3}^2}{p_{N_2}p_{H_3}} = \frac{(x_{NH_3}P)}{(x_{N_2}P)(x_{H_2}P)} = K_x P^{-2}$$

であるから

$$K_x = KP^2 = \frac{n_{NH_3}^2 n^2}{n_{H_2} n_{N_2}^3}$$

と書き換えられる。ここで $n = n_{NH_3} + n_{N_2} + n_{H_2}$ である。

窒素の濃度の変化に対して K_x の変化は

$$\frac{dK_x}{dn_{N_2}} = \frac{n_{NH_3}^2}{n_{H_2}^3}\frac{d}{dn_{N_2}}\left[\frac{(n_{NH_3}+n_{N_2}+n_{H_2})^2}{n_{N_2}}\right] = \left(\frac{n_{NH_3}^2 n}{n_{H_2}^3 n_{N_2}^2}\right)(2n_{N_2} - n)$$

となるから，dK_x/dn_{N_2} は $(2n_{N_2} - n)$ の符号に依存する。$2n_{N_2} - n > 0\,(x_{N_2} > 0.5)$ のとき，圧力一定下，N_2 を加えると，dK_x/dn_{N_2} は大きくなるから，K_x は増加する。しかし，圧力が一定である限り，K_x は一定だから，元に戻ろうする。その結果，予想に反して，反応は窒素の分率が増加するにもかかわらず，窒素が増加する方向に進行する。これは，ルシャトリエの原理に反する現象である。$2n_{N_2} - n < 0\,(x_{N_2} < 0.5)$ であれば，ルシャトリエの原理にしたがう。

理解度テスト

1. 可逆反応とはどんな反応かをヨウ化水素からヨウ素と水素が生じる反応で示せ。
2. 動的平衡とは何か。それが成り立っていることをヨウ化水素からヨウ素と水素が生じる反応で示せ。
3. 質量作用の法則とはどんな法則か。
4. 反応進行度とはどんな量かを $\nu_A A + \nu_B B \rightleftarrows \nu_L L + \nu_M M$ を用いて示せ。
5. 標準状態で反応進行度が 1 のときのギブズエネルギー変化を何というか。
6. 熱力学的平衡定数とを定義し，その定数と反応ギブズエネルギーとの関係を示せ。
7. 反応商とはどういう値で，平衡定数とどんな関係にあるか。
8. 化学平衡が成り立つのは，その反応の反応ギブズエネルギーがどうなった状態であるか。
9. 平衡定数と反応ギブズエネルギーの関係を示せ。
10. ルシャトリエ-ブラウンの法則とはどんな法則か。
11. ファントホッフの定圧平衡式とはどんな式で，ファントホッフプロットにより何がわかるか。
12. 反応により物質量が減るとき，圧縮すると下記（a）〜（c）の内のいずれの反応がおこるか。
    (a) 反応物が減少し生成物が増大する。
    (b) 反応物が増大し生成物が減少する。
    (c) 変化しない。
13. 発熱反応の場合，温度を上げると化学平衡にある系は生成系へ移行するか原系へ移行するかを示せ。
14. 発エルゴン反応および吸エルゴン反応とはどのような反応か。
15. 共役反応とはどんな反応であるか。その利用によって工業生産が行われている。その例を示せ。
16. 反応には触媒が用いられる場合が多い。その役割を述べよ。
17. 酸解離定数および pK_a とは何か。それらは標準反応ギブズエネルギーとどのような関係式で表されるかを述べよ。

章末問題

問題 1 783 K に加熱した 1 dm^3 容器に，水素，ヨウ素をそれぞれ 0.0020 mol dm^{-3} になるように導入した。この温度における下記の反応の平衡定数 $K_c=46$ である。この容器の中で生じているヨウ化水素の物質量を求めよ。

$$H_2 \ + \ I_2 \ \rightleftarrows \ 2HI$$

問題 2 酢酸 1 mol とエタノール 1 mol を混合して，25℃ で平衡に到達させたところ，酢酸 0.667 mol が反応して酢酸エチルになる。

(1) この反応の平衡定数を求めよ。

(2) 酢酸 1 mol とエタノール 0.5 mol とを混合したとき，何 mol の酢酸エチルが得られるか。

(3) 酢酸 1 mol，エタノール 1 mol および水 1 mol を混合して平衡に到達させるとき，何 mol の酢酸エチルが得られるか。

問題 3 水素分子 1 mol と酸素分子 0.5 mol が反応して，気体の水 1 mol ができる化学反応の標準状態（25℃，1 atm）における圧平衡定数を求めよ。水の標準生成ギブズエネルギー $\Delta_f G^\circ(H_2O)=-228.6$ kJ mol^{-1} である。

問題 4 反応 $H_2+I_2 \rightleftarrows 2HI$ の 500℃ における平衡定数 K は 54.5 である。それぞれ，1 mol の H_2 と I_2 を 1 dm^3 に入れて平衡になるときヨウ化水素は何 mol 存在しているか。

問題 5 下記のメタノール合成において

$$CO(g)+2H_2(g) \rightleftarrows CH_3OH(g)$$

標準状態，25℃ における平衡定数 K を求めよ。ただし，$p=p^\circ=1$ bar，25 ℃で，$\Delta_r H^\circ=-91.0$ kJ mol^{-1}，$\Delta_r S^\circ=-219.3$ J mol^{-1} K^{-1} とする。

問題 6 $N_2(g)$ を 1 mol と $H_2(g)$ を 3 mol ずつ容器に入れ，外温 400℃，外圧 10 atm の下で反応させた．化学平衡に達したときに生成したアンモニアのモル分率を測定したところ 3.85×10^{-2} であった．この温度における K_p の値を求めよ。

問題 7 400℃ において N_2 1 mol と H_2 3 mol を混合して，全圧を 1 atm とし，触媒を加えて $N_2+3H_2 \rightleftarrows 2NH_3$ の平衡に達させた後，気体を分析すると，NH_3 のモル分率は 0.0044 であった。平衡定数 K_p を bar 単位で示せ。

問題 8 工業生産に利用されている水性ガスシフト反応は，次式に示す化学平衡を

$$CO+H_2O \ \rightleftarrows \ CO_2+H_2$$

を利用した水素の製造法である。

標準反応ギブズエネルギーは，$\Delta_r G^\circ=-36{,}000+32.0T$ J mol^{-1} として，次の問に答えよ。ただし，系は理想気体混合物である。

(1) 1125℃ のときの平衡定数

(2) 出発反応物質として，1 mol の CO と 2 mol の H_2O を用いたとき，得られる水素の物質量はいくらか。

問題 9 空気の組成を N_2 が 80%，O_2 が 20% と仮定して，1000 K での NO の平衡分圧はいくらか

$$\frac{1}{2}N_2+\frac{1}{2}O_2 \ \rightleftarrows \ NO$$

ただし，$\Delta_f G_{NO}{}^\circ=-77.772$ KJ mol^{-1} とする。

問題 10 反応式 $PCl_5(g) \rightleftarrows PCl_3(g)+Cl_2(g)$ で表される反応において，純粋な PCl_5 1.00 mol を反応容器に入れて 250 ℃ で平衡に到達させたところ，気体の圧力は 1.00 atm で，混合気体の密度は 2.70 g dm^{-3} であった。気体は理想気体とし，原子量は P=31.0，Cl=35.5 として次の問いに答えよ。

(1) 圧平衡定数 K_p の式を書け。熱力学的平衡定数 K との関係を論じよ。

(2) 解離平衡にある混合気体の平均分子量（M）はいくらか。

(3) 解離平衡にある混合気体中の PCl_5 の分圧はいくらか。

(4) 250℃ における K_p を求めよ。

(5) 250℃ における PCl_5 の解離反応の標準ギブズエネルギー変化はいくらか

問題 11 酢酸（0.0873 mol），エタノール（0.0857 mol），酢酸エチル（0.020 mol），水

（0.1665 mol）を容器に入れ，栓をして25℃で平衡にした。混合物の全量は15.0 mLである。平衡になった後，塩基の規定液で滴定したところ0.0511 molの酢酸になっていた。次の濃度平衡定数を求めよ。

$$CH_3COOH + C_2H_5OH \rightleftarrows CH_3COOC_2H_5 + H_2O$$

問題12　$v_AA + v_BB \rightleftarrows v_LL + v_MM$において，標準圧力として1 barを用いた場合の平衡定数K^{bar}と1 atmを用いた場合のK^{atm}とは，生成物と反応物の化学量数の差$\Delta\nu$が0でないかぎり，一致しない。その理由を述べ

$$K^{bar} = K^{atm}(1.01325\ \mathrm{bar})^{\Delta\nu}$$

なる関係を示せ。

問題13　溶液系において，$aA + bB \rightleftarrows cC + dD$の組成変数に質量モル濃度を用いた際の熱力学的平衡定数Kを求めよ。

問題14　溶液中の反応$v_AA + v_BB \rightleftarrows v_LL + v_MM$において溶媒のモル体積を$V_m$とするときの熱力学平衡定数$K$は

$$K = K_\gamma K_c V_m^{-\Delta\nu}$$

で表されることを示せ。ただしK_cはモル濃度平衡定数，K_γは活量係数の平衡定数，$\Delta\nu = \nu_L + \nu_M - \nu_A - \nu_B$である。

問題15　298.15 K，1 barにおけるグラファイトとダイヤモンドの標準生成ギブズエネルギーは，それぞれ，0 kJ mol^{-1}および2.900 kJ mol^{-1}である。298.15 Kにおいて平衡になる圧力を求めよ。ただし，298.15 Kにおけるグラファイトの密度は2.27 g cm^{-3}，ダイヤモンドの密度は3.41 g cm^{-3}である。

問題16　アンモニア合成が平衡にあるとき，圧力が10倍になったら組成はどう変わるか。

問題17　炭酸カルシウムの熱分解は二酸化炭素の分圧が1 barになるまで分解速度は遅い。分解が自発的になるときの温度を求めよ。ただし，Δ_rH°とΔ_rS°は温度に依存しないと仮定せよ。

問題18　メタンは800℃では，次式に示す式にしたがって分解する。その圧平衡定数K_pは23 atmである。

$$CH_4(g) = C(s) + 2H_2(g)$$

5 Lの容器に3 molのメタンを入れて，800℃に放置した。

(1) 平衡になった時点で容器に存在する成分の物質量を示せ。

(2) 800℃で，その容器のなかに，3 molの炭素を入れ，3 molのメタンを作るには，何molの水素ガスを導入すべきか。

問題19　次の気相

$$H_2 + I_2 = 2HI$$

の反応エンタルピーは$\Delta_rH^\circ = -10.38$ kJ mol^{-1}であり，$T = 298.15$ Kにおける平衡定数$K = 870$である。$T = 400.15$ KにおけるKを求めよ。

問題20　$C_2H_6 \rightarrow C_2H_4 + H_2$で表される反応の1000 Kにおける$\Delta_rH^\circ$，$\Delta_rG^\circ$はそれぞれ144.30 kJ mol^{-1}，8.76 kJ mol^{-1}である。

(1) 圧平衡定数Kを全圧Pと反応進行度ξの関数として表せ。

(2) $RT\ln K = -\Delta_rG^\circ$の関係式を利用して$K$を計算せよ。

(3) 標準反応エントロピー（Δ_rS°）を求めよ。

問題21　アンモニア生成反応において

$$N_2(g) + 3H_2(g) \rightleftarrows 2NH_3(g)$$

平衡定数K_Pは，400℃で1.64×10^{-4}，500℃で1.43×10^{-5}である。この温度範囲におけるアンモニアの生成熱を求めよ。

問題22　重炭酸ナトリウムの熱分解において

$$2NaHCO_3(s) = Na_2CO_3(s) + CO_2(g) + H_2O(g)$$

その反応熱は次式で表される。

$$\Delta_rH^\circ = (122.3 + 38.3 \times 10^{-3}T/\mathrm{K} - 53.3 \times 10^{-6}T^2/\mathrm{K}^2)\ \mathrm{J\ mol^{-1}}$$

298 Kで$\Delta_rG^\circ = 29.3$ kJ mol^{-1}である。400 Kにおける$NaHCO_3$の解離圧を求めよ。

問題23　シクロヘキサンからメチルシクロペンタンへの異性化反応

$$C_6H_{12}(g) \rightarrow C_5H_9CH_3(g)$$

の平衡定数を，温度を変えて測定したところ $\ln K = 4.814 - 2050/T$ なる関係が得られた。この反応の 1000 K における $\Delta G°$，$\Delta S°$，$\Delta H°$ を計算せよ。

問題 24　次の反応において

$$C(s) + H_2O(g) \rightleftarrows CO(g) + H_2(g) \qquad \Delta_r H° = 131.0\ \mathrm{kJ}$$

反応条件の変化に対しどちらの方向へずれるか。

条件（a）反応温度の増加
（b）C（s）の量の増加
（c）反応体積の減少
（d）p_{H_2O} の増加
（e）定容下，反応混合物への N_2 の添加

問題 25　アンモニア合成においては，その組成は圧力に依存する。圧力を高くすると平衡反応は系中の分子数が減る方向すなわちアンモニアの組成が増大する方向に移動することを，窒素 1 mol と水素 3 mol を混ぜて得られる反応系で示せ。アンモニアの反応度 ξ は $K \ll 1$ である。

問題 26　酸化銅は安定な化合物で，次式を見る限り，熱力学的には実現できないと考えられるが，現実には，Cu は CuO（s）から得られる。なぜ可能かを説明せよ。

$$CuO(s) \rightarrow Cu(s) + (1/2)\,O_2 \qquad \Delta_r G° = 100.8\ \mathrm{kJ\ mol^{-1}}$$

問題 27　298.15 K における安息香酸ナトリウムの 0.1 mol dm^{-3} 溶液の pH を求めよ。ただし活量は濃度と等しいものとする。安息香酸の $K_a = 6.13 \times 10^{-5}$ である。

第 20 章

電気化学平衡と電池

様々な電池が創製され，その活用により人類の生活は大きく変わっている。「基礎編」12 章において熱力学量としてギブズエネルギーを導入し，それは定温，定圧過程において，外部に非力学仕事として取り出し得る最大のエネルギーであることを明らかにした。非力学仕事の 1 つとして化学反応に注目し，酸化還元過程（レドックス反応）で出入りする電子を電流として取り出し，電気エネルギーに変換できる装置に組み立てたのが電池である。本章では，まず，イオン化が金属によって異なることに注目し，その組み合わせによって得られる化学電池の背景を熱力学的観点に立って解説する。イオンや電子の移動を伴う電池には電位差が存在する。電場の中でのイオンの挙動を論じるために，電気化学ポテンシャルを導入して電池を構成する電極の電位を定義し，その差が電池の起電力であることを学ぶ。最後に，実用電池をとりあげ，充電が可能かどうかによって，一次電池と二次電池に分類し，代表的な電池を用いての特徴を示す。

20-1　電子の移動とイオン化

青い硫酸銅（$CuSO_4$）水溶液の中に亜鉛（Zn）棒を入れると，銅イオンの青い色が消え始め，亜鉛（Zn）の表面に銅の析出が観察できる（図 20.1（a））。溶液を取り出して分析すると，銅イオン（Cu^{2+}）の他に亜鉛イオン（Zn^{2+}）の存在が確認できる。

これは亜鉛が電子を残して Zn^{2+} となって水溶液に溶け込み，亜鉛棒に残った余剰の電子を溶液中にあった銅イオン（Cu^{2+}）が受け取って銅となって析出したことを示している。これは，電子が亜鉛から銅イオンへ移動した反応で，このような反応を**電子移動反応**

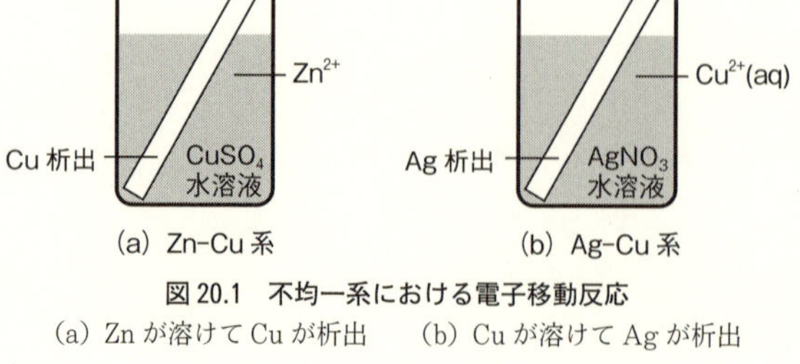

図 20.1　不均一系における電子移動反応

（a）Zn が溶けて Cu が析出　（b）Cu が溶けて Ag が析出

(electron transfer reaction) という。

上記の反応を化学反応式で示すと，式 (20.1) と式 (20.2) となり，それが自発的におこることを示している。

$$Zn(s) \longrightarrow Zn^{2+}(aq) + 2e^- \quad (20.1)$$

$$Cu^{2+}(aq) + 2e^- \longrightarrow Cu(s) \quad (20.2)$$

これをまとめて書くと，次のようになる。

$$Zn(s) + Cu^{2+}(aq) \longrightarrow Zn^{2+}(aq) + Cu(s) \quad (20.3)$$

一般に，電子を与える反応は**酸化反応** (oxidation)，電子を得る反応は**還元反応** (reduction) と定義されるから，電子移動反応は**酸化還元反応** (oxidation-reduction reaction) または**レドックス反応** (redox reaction) といわれる反応である。

逆に，$ZnSO_4$ 水溶液に銅棒を入れても何の変化もおこらないが，その銅棒を硝酸銀 ($AgNO_3$) の水溶液に入れると，無色の溶液が Cu^{2+} の生成を示す青色に変色し，銅棒に銀が析出する (図 20.1 (b))。ここでは Cu が Cu^{2+} となって溶け出し，Cu の棒に残った電子を Ag^+ が受け取り，Ag となって析出したためである。すなわち，下記のような酸化還元反応が自発的に起こったことを示している。

$$Cu(s) + 2Ag^+(aq) \longrightarrow Cu^{2+}(aq) + 2Ag(s) \quad (20.4)$$

上記の反応は，金属が陽イオン (cation) になって水溶液に溶け込む能力が金属によって異なるためである。

金属が陽イオンになって水溶液に溶け込む性質 (酸化され易さ) は**イオン化傾向** (ionization tendency) といい，図 20.2 のように金属をイオン化傾向の大きさの順に並べたものを**金属のイオン化列** (ionization series) という。

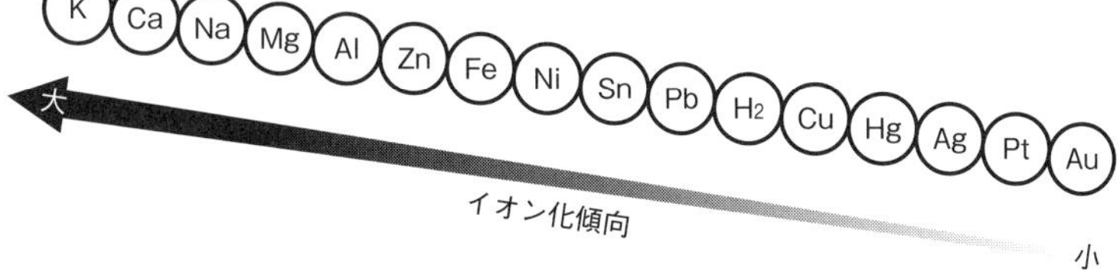

図 20.2 金属のイオン化列

イオン化列の中には金属でない水素が含まれているが，金属と同様に，電子を与えて水素イオン H^+ となったり，$H^+(aq)$ が電子を受け取って H_2 になったりするので，**酸化還元の起こり易さを示す基準物質** (reference material) として加えられている。

一般にイオン化傾向の大きい金属 A は酸化されやすい金属であるから，それよりもイオン化傾向の小さい金属のイオン ($B^{2+}(aq)$) が共存すると，図 20.3 に示すような電子移動反応 (酸化還元反応) が進行し，次式のような平衡状態が成立する。

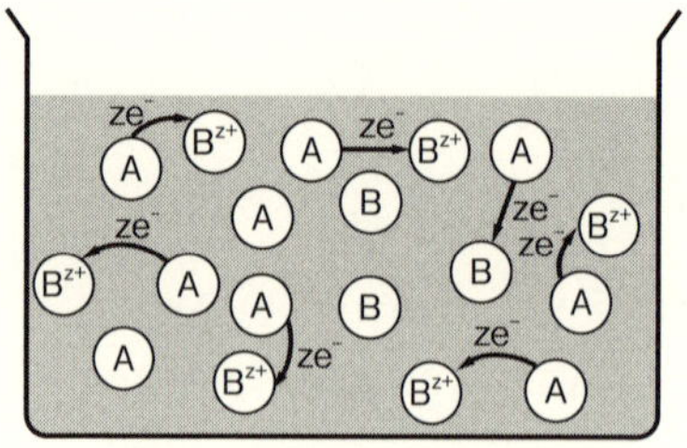

図 20.3　電子移動反応の概念図

式（20.3）および式（20.4）はその具体例である。

$$A + B^{z+}(aq) \rightleftarrows A^{z+}(aq) + B \qquad (20.5)^{*}$$

20-2　化学エネルギーから電気エネルギーへ

20-2-1　金属のイオン化と電位差の発生

金属 A をその金属イオン A^{z+} を含む水溶液に浸すと，図 20.4 に示すように 2 つの場合がある。その 1 つは，図 20.4（a）に示すように A がイオンになって溶液に溶け出す場合であり，もう一方は，図 20.4（b）に示すように，イオンが金属から電子を受け取って金属上に析出する場合である。

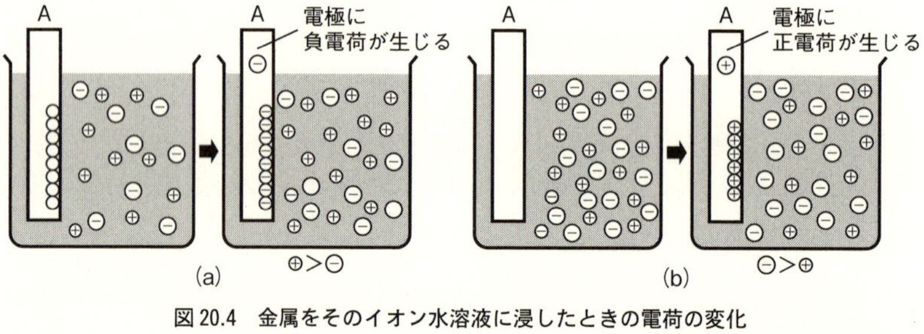

図 20.4　金属をそのイオン水溶液に浸したときの電荷の変化

前者の場合，イオンが溶液中に溶け出した結果，金属中に電子が残り，金属棒は負に帯電した状態になる。ある量以上の A が溶け込んで A^{z+} となると，溶解した A^{z+} は逆に負に荷電した金属棒に引き寄せられるから，金属棒と電解質溶液との界面には正電荷のイオンと負電荷とからなる**電気二重層**（electrical double layer）が形成される。その結果，界面に電位差が発生する。電気二重層近傍のイオンの分布は電解質溶液内部と異なるが，それは極めて狭い領域で，溶液全体としては電気的中性の条件は保持されている。その詳細は電気化学の専門書に譲るとして，金属 A と電解質溶液中のイオンの間は動的化学平衡状態（dynamic chemical equilibrium state）となっており，次式が成立する。

＊　A と B の価数 $z+$ が同じでない場合は A や B に係数をつけて移動する電子の数を合せておく必要がある（式(20.4 参照)。

$$\mathrm{A(s)} \rightleftharpoons \mathrm{A^{z+}(aq)} + z\mathrm{e^-(s{:}A)} \tag{20.6}$$

ここで，z はイオンの価数で，金属 A に固有の整数値である。

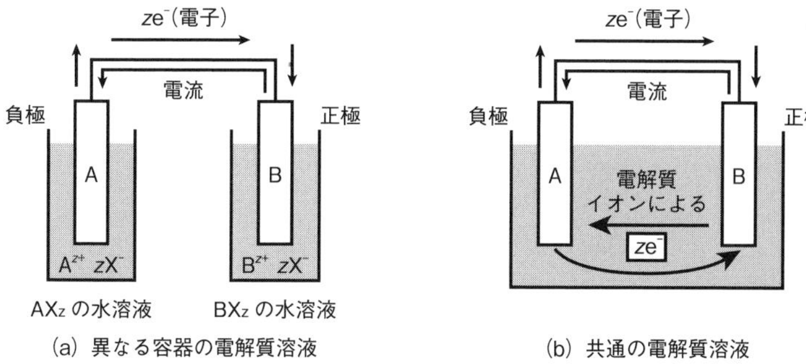

図 20.5 イオン化傾向の異なる金属棒間の導線による連結

イオン化傾向の小さい金属 B も，その電解質溶液中の B^{z+} の間に，全く同様な関係が成立しているが，金属棒 A と金属棒 B とではイオンとなって溶け込む量が異なるので，金属 A と金属 B に残る自由電子の数が異なるから 2 つの金属棒の間には**電位差**が発生する。その結果，導線で金属間をつなぐと，次の反応がおこり，瞬間的に電子の移動すなわち電流が流れて平衡状態になる（図 20.5a)。

$$\mathrm{A(s)} + \underbrace{\mathrm{B^{z+}(aq)} + z\mathrm{e^-(s{:}B)}}_{\text{還元}} \rightleftharpoons \underbrace{\mathrm{A^{z+}(aq)} + z\mathrm{e^-(s{:}A)}}_{\text{還元}} + \mathrm{B(s)} \tag{20.7}$$

一般に電子は相殺されるから化学式から省略されるが，ここでは，左辺と右辺の電子は働く場所が異なるので，それを強調するため，あえて ze^- を式中に残している。金属棒 A と B をイオンが移動できるようにした電解質溶液に浸して同様の操作を行うと，電子移動にともなってイオンの移動がおこる。その結果，電気回路が生じ，継続して直流電流が流れるようになる（図 20.5（b))。定圧下，自発的に起こる酸化還元反応を空間的に離れたところで行わせると化学反応に伴うギブズエネルギー変化を電気エネルギーに変換できるのである。その際酸化反応（式（20.6)）によって電子がたまる金属棒を**カソード** (cathode)（**負極**（negative electrode)），還元反応（式（20.7)）によって電子が消失する金属棒を**アノード**（anode)（**正極**（positive electrode)）とし，その間を電解質で結び，電気回路ができるように組み立てた装置が**化学電池**（battery）である。

その具体例として，次節にダニエル電池（Daniell cell）を紹介する。

20-2-2 ダニエル電池

イタリアの物理学者ボルタ（Alessandro Glussepe Antonio Volta, 1745–1827）は，1799 年，銅と亜鉛を希硫酸に浸し，電気が継続して流れる電池を考案した。この電池はボルタ電池（Voltaic cell）と言われ，人類が手にした最初の電池である。この電池は希硫酸を電解液に用いており，銅電極で水素が発生して泡で覆うため長持ちしない電池であった（問題 2 参照）*1。この欠点を改善し，実用への道を拓いたのが，イギリスの化学者**ダニエル**（John F. Daniell, 1790–1845）である。

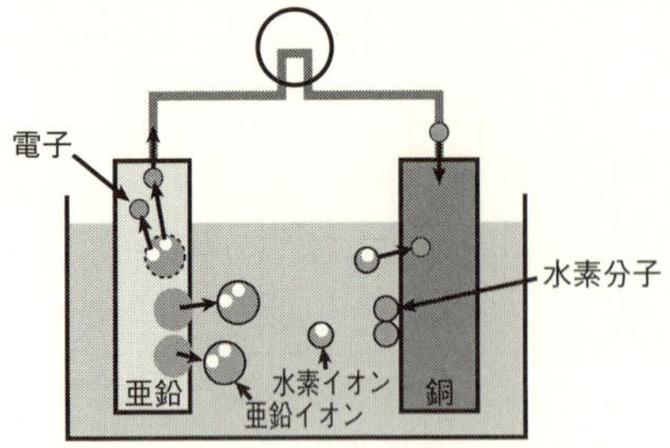

図 20.6　ボルタ電池

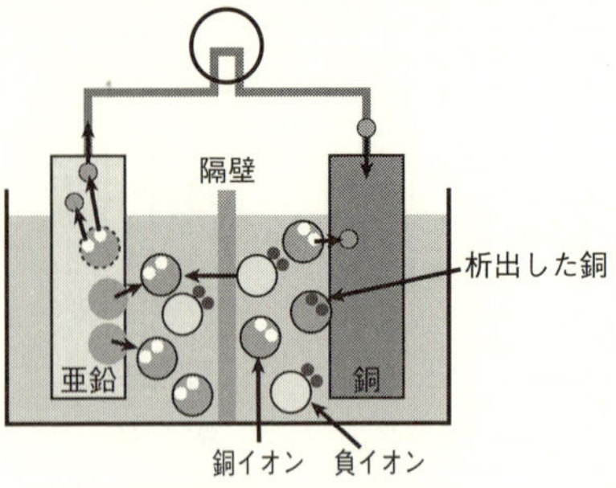

図 20.7　ダニエル電池

1836 年ダニエルは，図 20.6 に示すように，亜鉛板を硫酸亜鉛水溶液に浸し，銅板は硫酸銅の水溶液に浸し，2 種類の水溶液をイオンの移動が可能な多孔質の隔壁（素焼き板）*2 で隔てて電解質溶液がすぐには混ざらないようにした後，亜鉛板と銅板との間を導線で連結すると，式（20.1）および式（20.2）の反応がそれぞれの金属板すなわち正極と負極でおこり，電子が流れ続ける電池の作製に成功した。

素焼き板を用いることで実用電池へ道は拓けたが，電流が流れると負極（亜鉛棒）から Zn^{2+} が溶け出し，Cu^{2+} イオンは金属銅となって正極に析出し始めるから金属棒の周りの電解質溶液の電気的バランスが崩れる。そのため，溶液内では電気的中性を保つように，Zn^{2+} は左から右へ，SO_4^{2-} は右から左へ素焼き板を通して別の溶液側に拡散する。その結果，図 20.8 に示すように，素焼き板の界面で電荷の分離が生じ，イオン濃度の不釣り合いによる電位差が生じる。これを**液間電位**（liquid junction potential）といい，液間電位が生じる様な電解質溶液の接合を**液絡**（liquid junction）（液体連絡の略）という。したがって，電位を落とさず，持続電流を得るにはその点を改良する必要がある。この点を解決したのが，次に述べる**塩橋***3 である。

素焼き板の代わりに，図 20.9 に示すように，2 つの容器の間に NH_4NO_3 や KCl などの不活性な強電解質を含んだ寒天ゲルを充塡した U 字管で繋ぐと，連続的な電流が長時間

*1　電池は 2000 年以上前にアラビアで金銀の装飾品のメッキに使われていたことが知られているが，電池が注目を浴びたのは 1780 年，イタリアの生物学者ガルバーニによるカエルの脚での動物電気の発見に始まる。この発見に触発されたイタリアの物理学者ボルタ（Alessandro Glussepe Antonio Volta, 1745－1827）は，1799 年，亜鉛と銅の円盤に塩水で湿らせた布を入れると電流がながれるという現象を発見した。この発見をもとに，ボルタは銅と亜鉛を希硫酸に浸し，電気を継続して流れる電池を考案した。当時，電堆と呼ばれたが，現在広く活用されている化学電池の発明である。

*2　素焼き板は微小な穴が多数存在する多孔質の無機物質で水は通さないが，イオンは通す。

*3　それ自身は電池内の化学反応に関わることなく，もっぱらイオンの移動だけを担う物質で，生じる陽イオンと陰イオンが，それぞれ，等速度で，カソード側およびアノード側の溶液に溶解し，電気的中性の条件を保持する役割を果たしている。

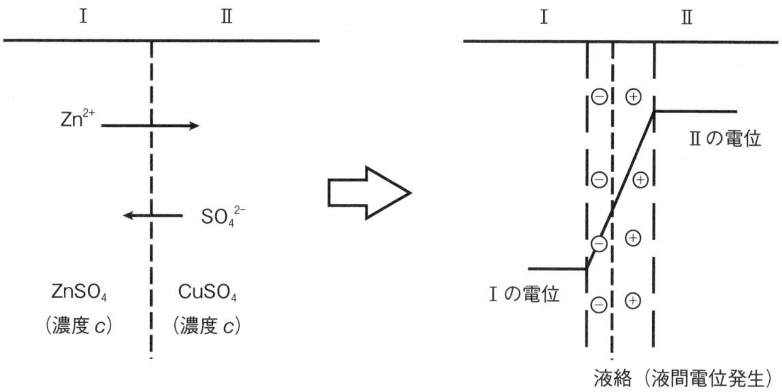

図 20.8　液間電位の発生

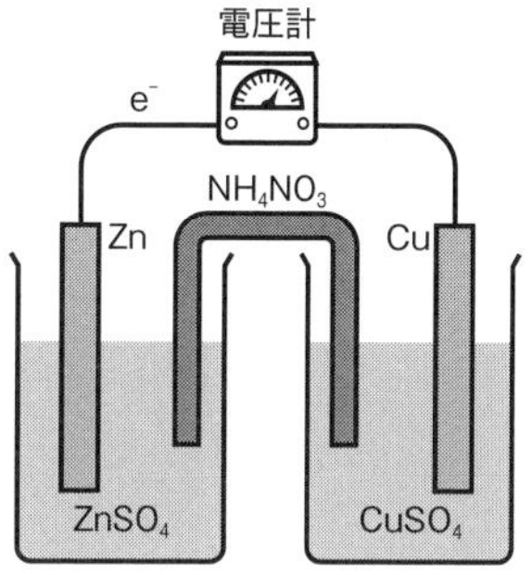

図 20.9　塩橋で液絡の発生を抑えたダニエル電池

流れることがわかった。亜鉛棒から Zn^{2+} が溶け出し，Cu^{2+} イオンは金属銅となって銅棒に析出し始めるから金属棒の周りの溶液の電気的バランスが崩れようとするが，U字管に存在する強電解質が等速度で溶け出すから，それぞれの電極の電解質の電気的バランスが保持される。したがって，液絡の発生が抑えられ，陽極側と陰極側の電解質間に液間電位のない電池すなわち可逆電池の条件をほぼ満足するようになる。U字管は**塩橋**（salt bridge）と言われ，アノード側とカソード側の電解質を混合させずに電気的に接続するから，両電解質の内部電位を等しく保つ役割を果たしている。

電極間に，付加抵抗 R を接続して外部回路を閉じると，電池の放電が始まり，電流 I が流れる。R の両端には電池の端子間電圧（voltage between terminals）E がかかっているから回路に流れる電流は $I=E/R$ で与えられる。したがって，**電圧** E を測れば，それは電流 I を測っているのと同じである。時間 t の経過に伴う端子間電圧 E の変化を図 20.10 に示す。この図では，外部回路を閉じた瞬間を $t=0$ としてある。端子間電圧 E は，外部回路を閉じる前 1.09 V であるが，負荷抵抗を接続すると急激に約 0.86 V に低下し，その後は一定になる．この状態では約 0.017 A の放電電流が継続して流れていることになる。50 分放電を続けた後に負荷を外すと端子間電圧は直ちに元に戻る。

50 分が経過した後に外部回路を拓いて放電を終了し，乾燥後に電極の質量を測定すると，表 20.1 に示すように，亜鉛電極の質量は減少し銅電極の質量は増加している。亜鉛および銅の質量差をそれぞれのモル質量で割ると，放電に際して両極で反応した亜鉛および銅の物質量が求められる。

ダニエル電池を例にとり，電池の仕組みを説明してきた。Cu と Zn のようなイオン化傾向の異なる金属の組み合わせでなくても，自発的に進む化学反応（レドックス反応）であれば，空間的に分離したところで反応をおこさせることにより，反応に関与する電子を外部回路に流して，電気的仕事に取り出すことができる。この方法で，現在は様々な化学

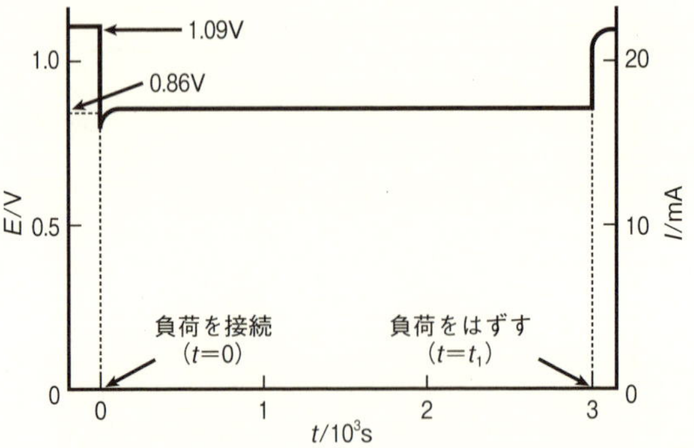

図 20.10　端子間に負荷抵抗（50 オーム）があるダニエル電池の放電曲線

表 20.1　ダニエル電池の放電と活物質の反応量

電　極	質量 /g		質量差†1/mg	反応量 /mmol	理論反応量†2/mmol
	放電前	放電後			
亜　鉛	5.9778	5.9607	−17.1	−0.261	0.269
銅	4.3462	4.3631	+16.9	+0.266	0.269

†1　＋は析出，－は溶出に対応する。
†2　ファラデーの電気分解の法則から求めた値

電池が開発され，実用に供されている。

実用電池については，20-7 で述べることにして，次節からは，化学電池の熱力学的背景とその起電力発生を，電池内でおこる化学反応のギブズエネルギー変化との関連をもとに解説する。

20-3　電気化学ポテンシャル

20-3-1　荷電粒子の仕事とギブズエネルギー

電場存在下にある荷電粒子（電子やイオン）の挙動は，これまで取扱ってきた**化学ポテンシャルの変化**に加えて**電気的ポテンシャル**の影響が考慮されくてはならない。微小電荷 $\mathrm{d}Q$ をもつ荷電粒子が電位 ϕ の中を移動するときの電気的微小仕事 $\mathrm{d}w_{\mathrm{elect}}$ は

$$\mathrm{d}w_{\mathrm{elect}} = \phi \mathrm{d}Q \tag{20.8}$$

となる。

電位の中での荷電粒子の電気的仕事を含む系に熱力学第一法則を適用すると，膨張，収縮による力学的仕事 $\mathrm{d}w$ に電気的仕事 $\mathrm{d}w_{\mathrm{elect}}$ が加わることになる。したがって，系の内部エネルギーの微小変化 $\mathrm{d}U$ は

$$\mathrm{d}U = \mathrm{d}q + \mathrm{d}w + \mathrm{d}w_{\mathrm{elect}} \tag{20.9}$$

と表される。

電荷数が z の荷電種の微小変化を dn mol とすると，電荷の微小変化 dQ は

$$\mathrm{d}Q = zF\mathrm{d}n \tag{20.10}$$

となる。ここで，F はファラデー定数である。電位 ϕ の下で荷電粒子が移動する際の電気的仕事は式（20.8）から

$$\mathrm{d}w_{\mathrm{elect}} = \phi zF\mathrm{d}n \tag{20.11}$$

となる。複数の荷電種が関与する場合は，成分の荷電種に添字 i をつけて，荷電種が変化するのに必要な電気的仕事の総量として，下記のようになる。

$$\mathrm{d}w_{\mathrm{elect}} = \sum_i \phi_i z_i F\mathrm{d}n_i \tag{20.12}$$

荷電種を含む系の変化に伴うギブズエネルギーの微少変化 dG は，多成分系の化学熱力学の基本的式（式（13.29）（13–6 参照））に式（20.12）を加えて

$$\mathrm{d}G = -S\mathrm{d}T + V\mathrm{d}T + \sum_i \phi_i\mu_i \mathrm{d}n_i + \sum_i \phi_i z_i F\mathrm{d}n_i \tag{20.13}$$

と表される。温度一定，圧力一定のもとでは

$$\mathrm{d}G = \sum_i \mu_i \mathrm{d}n_i + \sum_i \phi_i z_i F\mathrm{d}n_i = \sum_i (\mu_i + \phi_i z_i F)\mathrm{d}n_i \tag{20.14}$$

となる。したがって荷電体が存在する場合，i 成分 1 mol 当りのギブズエネルギーは次式のようになる。

$$\left(\frac{\partial G}{\partial n_i}\right)_{p,T,n_j(j\neq i)} = \mu_i + \phi_i z_i F \equiv \tilde{\mu}_i \tag{20.15}$$

電場のない状態にある成分 i の化学ポテンシャルに，電気的なエネルギーの関与を加えたものを電気化学ポテンシャル（electrochemical potential）と定義し，μ_i に上付き記号 ～（チルダという）をつけた $\tilde{\mu}_i$ で表す（式（20.15））。

電気化学ポテンシャルを用いると，式（20.14）は

$$\mathrm{d}G = \sum_i \tilde{\mu}_i \mathrm{d}n_i \tag{20.16}$$

と表される。式（20.5）や式（20.6）のように平衡が成り立っている場合には

$$\mathrm{d}G = \sum_i \tilde{\mu}_i \mathrm{d}n_i = 0 \tag{20.17}$$

であるから

$$\sum_i \tilde{\mu}_i n_i = 0 \tag{20.18}$$

である。これは**電気化学平衡の基本式**である。

20-3-2　金属塩溶液中の金属棒（電極）の電位

図 20.5（a）のように平衡が成り立っている場合，金属 M とそれから生じた金属イオン M^{z+} と電子の間に次の平衡が存在する。

$$\mathrm{M} \rightleftarrows \mathrm{M}^{z+} + ze^- \tag{20.19}$$

定温，定圧下での反応に対しては，式（20.16）から

$$\mathrm{d}G = (\tilde{\mu}_{\mathrm{M}^{z+}}(\mathrm{aq}) + z\tilde{\mu}_{\mathrm{e}}(\mathrm{s;M}) - \tilde{\mu}_{\mathrm{M}}(\mathrm{s}))\mathrm{d}n \tag{20.20}$$

となる。

電気化学平衡が成立している場合，$\mathrm{d}G=0$ であるから

$$\tilde{\mu}_{\mathrm{M}}(\mathrm{s}) = \tilde{\mu}_{\mathrm{M}^{z+}}(\mathrm{aq}) + z\tilde{\mu}_{\mathrm{e}}(\mathrm{s;M}) \tag{20.21}$$

が成り立つ。

図 20.11 のように水溶液の平衡電位を $\phi(\mathrm{aq})$，金属の平衡電位を $\phi_{\mathrm{M}}(\mathrm{s})$ で表したとき，各成分の電気化学ポテンシャル（$\tilde{\mu}$）はそれぞれの化学ポテンシャルと次の関係が存在する。

$$\tilde{\mu}_{\mathrm{M}}(\mathrm{s}) = \mu^{\circ}_{\mathrm{M}}(\mathrm{s}) \tag{20.22}$$ *

$$\tilde{\mu}_{\mathrm{M}^{z+}}(\mathrm{aq}) = \mu^{\circ}_{\mathrm{M}^{z+}}(\mathrm{aq}) + RT\ln a_{\mathrm{M}^{z+}} + zF\phi_{\mathrm{M}^{z+}}(\mathrm{aq}) \tag{20.23}$$

$$\tilde{\mu}_{\mathrm{e}}(\mathrm{s;M}) = \mu^{\circ}_{\mathrm{e}}(\mathrm{s;M}) - F\phi_{\mathrm{M}}(\mathrm{s}) \tag{20.24}$$

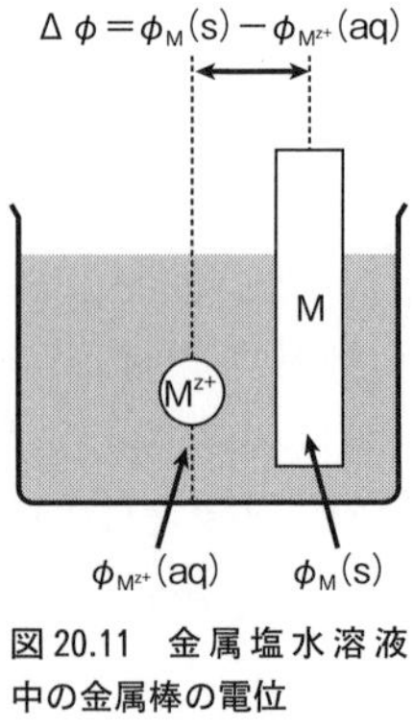

図 20.11　金属塩水溶液中の金属棒の電位

ここで，$a_{\mathrm{M}^{z+}}$ は M^{z+} の活量である。

式（20.22）と式（20.24）を式（20.21）に代入すると

$$\{\mu_{\mathrm{M}^{z+}}(\mathrm{aq}) + RT\ln a_{\mathrm{M}^{z+}} + zF\phi_{\mathrm{M}^{z+}}(\mathrm{aq})\} + z\{\mu^{\circ}_{\mathrm{e}^-}(\mathrm{s:M}) - F\phi_{\mathrm{M}}(\mathrm{s})\} = \mu^{\circ}_{\mathrm{M}}(\mathrm{s}) \tag{20.25}$$

となる。これを書き換えると

＊　式（14.8）から明らかなように，$z=0$ で電荷を持たない化学種の場合には，その成分の電気化学ポテンシャルはこれまでの化学ポテンシャルと同じになる。固体の活量 a_{M} は 1 であるから $RT\ln a_{\mathrm{M}}=0$ である。

$$\phi_{\mathrm{M}}(\mathrm{s})-\phi_{\mathrm{M}^{z+}}(\mathrm{aq}) = \frac{1}{zF}\{\mu^{\circ}_{\mathrm{M}^{z+}}(\mathrm{aq})+RT\ln a_{\mathrm{M}^{z+}}+z\mu^{\circ}_{e^-}(\mathrm{s:M})-\mu^{\circ}_{\mathrm{M}}(\mathrm{s})\} \tag{20.26}$$

となる。

$\phi_{\mathrm{M}}(\mathrm{s})-\phi_{\mathrm{M}^{z+}}(\mathrm{aq})$ は平衡状態での金属と溶液の間の電位差で，次節の取り決めにしたがうと，$\phi_{\mathrm{M}^{z+}}(\mathrm{aq})=0$ および $\mu^{\circ}_{\mathrm{e}}(\mathrm{S: M})=0$ となるから，式（20.26）は

$$\phi_{\mathrm{M}}(\mathrm{s}) = \frac{1}{zF}\{\mu^{\circ}_{\mathrm{M}^{z+}}(\mathrm{aq})-\mu^{\circ}_{\mathrm{M}}(s)\}+\frac{RT}{zF}\ln a_{\mathrm{M}^{z+}} \tag{20.27}$$

と書き換えられる。

$$\phi^{\circ}_{\mathrm{M}}(\mathrm{s}) = \frac{1}{zF}\{\mu^{\circ}_{\mathrm{M}^{z+}}(\mathrm{aq})-\mu^{\circ}_{\mathrm{M}}(\mathrm{s})\} \tag{20.28}$$

とおくと

$$\phi_{\mathrm{M}}(\mathrm{s}) = \phi^{\circ}_{\mathrm{M}}(\mathrm{s})+\frac{RT}{zF}\ln a_{\mathrm{M}^{z+}} \tag{20.29}$$

この式は**電極のネルンストの式**といわれ，金属 M の電位は，溶液中のイオンの活量の対数に比例して高くなることを示している。活量は濃度を反映した熱力学量で，電位は電解質濃度によっても調節できる事を示している。

例 題1 **銅棒を硫酸銅溶液に浸すと，$\mathrm{Cu} \rightleftarrows \mathrm{Cu}^{2+}+2\mathrm{e}^-$ が成立し，銅棒と水溶液の間に電位差が表れる。銅の電位を $\phi_{\mathrm{Cu}}(\mathrm{s: Cu})$ とし，水溶液の電位を $\phi_{\mathrm{Cu}^{2+}}(\mathrm{aq})$ にしたときの電位差を，化学ポテンシャル μ および活量 $a_{\mathrm{Cu}^{2+}}$ を用いて示せ。**

〔解 答〕 式（20.22）～式（20.24）を用いて，$\tilde{\mu}_{\mathrm{Cu}}$，$\tilde{\mu}_{\mathrm{Cu}^{2+}}$ および $\tilde{\mu}_{\mathrm{e}^-}$ を化学ポテンシャル μ と電極および溶液電位 ϕ で表すと

$\tilde{\mu}_{\mathrm{Cu}}=\mu^{\circ}_{\mathrm{Cu}}$，$\tilde{\mu}_{\mathrm{Cu}^{2+}}=\mu^{\circ}_{\mathrm{Cu}^{2+}}+RT\ln a_{\mathrm{Cu}^{2+}}+2F\phi_{\mathrm{Cu}^{2+}}(\mathrm{aq})$ および $\tilde{\mu}_{\mathrm{e}^-}=\mu^{\circ}_{\mathrm{e}^-}-F\phi_{\mathrm{Cu}}(\mathrm{s})$

となる。電気化学平衡にあることを考慮すると，$\Delta\mathrm{G}=\tilde{\mu}_{\mathrm{Cu}^{2+}}+2\tilde{\mu}_{\mathrm{e}^-}-\tilde{\mu}_{\mathrm{Cu}}=0$ であるから，それぞれの電気化学ポテンシャルに上記の関係を代入すると

$$\Delta G = \mu^{\circ}_{\mathrm{Cu}^{2+}}+RT\ln a_{\mathrm{Cu}^{2+}}+2F\phi_{\mathrm{Cu}^{2+}}(\mathrm{aq})+2\{\mu^{\circ}_{\mathrm{e}^-}-F\phi_{\mathrm{Cu}}(\mathrm{s})\}-\mu^{\circ}_{\mathrm{Cu}} = 0$$

が得られ，書き換えると

$$2F\phi_{\mathrm{Cu}}(\mathrm{s})-2F\phi_{\mathrm{Cu}^{2+}}(\mathrm{aq}) = \mu^{\circ}_{\mathrm{Cu}^{2+}}+RT\ln a_{\mathrm{Cu}^{2+}}+2\mu^{\circ}_{\mathrm{e}^-}-\mu^{\circ}_{\mathrm{Cu}}$$

となる。したがって，求める電位差は

$$\phi_{\mathrm{Cu}}(\mathrm{s})-\phi_{\mathrm{Cu}^{2+}}(\mathrm{aq}) = \frac{1}{2F}(\mu^{\circ}_{\mathrm{Cu}^{2+}}+2\mu^{\circ}_{\mathrm{e}^-}-\mu^{\circ}_{\mathrm{Cu}})+\frac{1}{2F}RT\ln a_{\mathrm{Cu}^{2+}}$$

これに，次節の決まりにより $\phi_{\mathrm{Cu}^{2+}}(\mathrm{aq})=0$，$\mu^{\circ}_{\mathrm{e}^-}=0$ となるから

$$\phi_{\mathrm{Cu}}(\mathrm{s}) = \frac{1}{2F}(\mu^{\circ}_{\mathrm{Cu}^{2+}}-\mu^{\circ}_{\mathrm{Cu}})+\frac{1}{2F}RT\ln a_{\mathrm{Cu}^{2+}}$$

$$\phi^\circ_{Cu}(s)=\frac{\mu^\circ_{Cu^{2+}}-\mu^\circ_{Cu}}{2F} \text{ とすると}$$

$$\phi_{Cu}=\phi^\circ_{Cu}(s)+\frac{RT}{2F}\ln a_{Cu^{2+}}=\phi^\circ_{Cu}(s)-\frac{RT}{2F}\ln\frac{1}{a_{Cu^{2+}}}$$

20-3-3　荷電体の電気化学ポテンシャルにおける取り決め

ギブズエネルギーの絶対値は決められない。したがって，電気化学ポテンシャルを用いて荷電体の挙動を論じるにあたっての取り決めがなされている。それを以下に示す。

(1) 水溶液中のイオン

水の解離反応（$H_2O \rightleftarrows H^+ + OH^-$）のようにイオンが関与する反応であっても，それが同一相で起こる場合，ギブズエネルギー変化を電気化学ポテンシャルを用いて表すと

$$\begin{aligned} \mathrm{d}G &= \tilde{\mu}_{H^+}+\tilde{\mu}_{OH^-}-\mu_{H_2O} = \mu_{H^+}+\phi F+\mu_{OH^-}-\phi F-\mu_{H_2O} \\ &= \mu_{H^+}+\mu_{OH^-}-\mu_{H_2O} \end{aligned} \tag{20.30}$$

となる。この関係は水の解離だけでなく，イオンを含む反応では，溶液中の正電荷と負電荷の総数が等しいから，ϕF が相殺される結果 $\tilde{\mu}_i=\mu_i$ とおくことができる。この結果は，マクロな視点で見る限り，電解質水溶液での各イオンの化学ポテンシャルは，ϕ の影響を省く事ができることを示している。

(2) 金属中の電子

電位 ϕ である金属 M 中の電子の電気化学ポテンシャルは，$z=-1$ とおくことによって式（20.23）から電子の電気化学ポテンシャルは次式で表される。

$$\tilde{\mu}_{e^-}(\mathrm{s,M}) = \mu_{e^-}(\mathrm{s,M})-F\phi_{M}(\mathrm{s}) \tag{20.31}$$

しかし，現実的には金属に存在する電子のギブズエネルギーを化学的部分 $\mu_{e^-}(\mathrm{s,M})$ と電気的部分 $F\phi_{e^-}(\mathrm{s,M})$ にわける事は出来ない。したがって，μ_{e^-} は，全ての金属で，電子の共通した性質を示す項と見なし，電位がない状態すなわち $\phi=0$ の状態の金属中の電子の化学ポテンシャル $\mu_{e^-}(\mathrm{s,M})$ に対しては

$$\mu_{e^-}(\mathrm{s,M}) = 0 \tag{20.32}$$

とおくことに定めた。その結果，金属の電子もつ電気化学ポテンシャル $\tilde{\mu}_{e^-}$ は次式のようになり，金属の電位に比例する。

$$\tilde{\mu}_{e^-}(\mathrm{s,M}) = -F\phi_{M}(\mathrm{s}) \tag{20.33}$$

例題2 **25.15℃で亜鉛棒を10^{-3} mol dm^{-3}の硫酸亜鉛水溶液に浸した時と10^{-2} mol dm^{-3}の硫酸亜鉛水溶液に浸した時との亜鉛棒電位差の変化を計算せよ。活量係数はいずれも1とする。**

〔解　答〕式（20.29）を用いると，10^{-3} mol dm^{-3}の硫酸亜鉛水溶液に浸した時の亜鉛棒電位差は

$$\phi_{\mathrm{Zn}}(\mathrm{s:Zn\,1}) = \phi^{\circ}_{\mathrm{Zn}}(\mathrm{s:Zn\,1}) + \frac{RT}{2F}\ln 10^{-3}$$

10^{-2} mol dm^{-3}の場合の亜鉛棒電位差は

$$\phi_{\mathrm{Zn}}(\mathrm{s:Zn\,2}) = \phi^{\circ}_{\mathrm{Zn}}(\mathrm{s:Zn\,2}) + \frac{RT}{2F}\ln 10^{-2}$$

両者の電位差は

$$\phi_{\mathrm{Zn}}(\mathrm{s:Zn\,2}) - \phi_{\mathrm{Zn}}(\mathrm{s:Zn\,1}) = \frac{RT}{2F}\ln 10 = \frac{(8.314\,J\,K^{-1}\,\mathrm{mol}^{-1})(298.15\,\mathrm{K})}{2(96485\,\mathrm{C\,mol}^{-1})}\ln 10$$

$$= 0.0296\,\mathrm{V} = 29.6\,\mathrm{mV}$$

同じ亜鉛棒であっても，その周りの電解質濃度が異なれば電位差が表れる。電解質溶液の濃度差で得られる電池は濃淡電池といわれている。

20-4 化学電池

20-2-2節で，化学電池の一例としてとしてダニエル電池を選び，その展開を紹介した。ここでは，化学電池の一般的な特徴を，広い観点に立って解説する。

20-4-1 化学電池に関する基礎知識

(1) 化学電池の基本構成

化学電池は，すでに述べたように，レドックス反応が基本になるので，その構成要素は，還元反応が起こるカソード（正極），酸化反応がおこるアノード（負極），およびイオン伝導体である電解質（固体の場合もある）から構成されている（図20.12）。正極や負極はまとめて**電極**といい，それぞれの電極で反応に関与する物質を**活物質**という。ダニエル電池のときは電極自身が活物質であったが，酸化性の物質や還元性の物質とグラファイトのような電子伝導体の複合体が電極となっている場合も多い。電池には電解質が不可欠であるが，図20.12（a）のように，2つの電極の周りの電解質が異なり，塩橋でつながっていることもあるが，2つの電極が同じ電解質に挿入されている場合も少なくない。そのような電池の例を図20.12（b）に示す。実用電池では，流動性のない固体電解質が用いられている。

何れの化学電池でも，アノードの電解質界面では活物質の酸化反応，カソードの界面では還元反応がおこり，各電極は電池内部で進行する反応の半分の役割を果たすから半電池（half-cell）とも言う。したがって，その界面での電極反応（酸化還元反応）は**半電池反応**（half-cell reaction）ともいわれている。アノードにも，カソードにも，それぞれ，酸化される物質と還元される物質が必ず対をなして存在する。これを**レドックス対**（redox

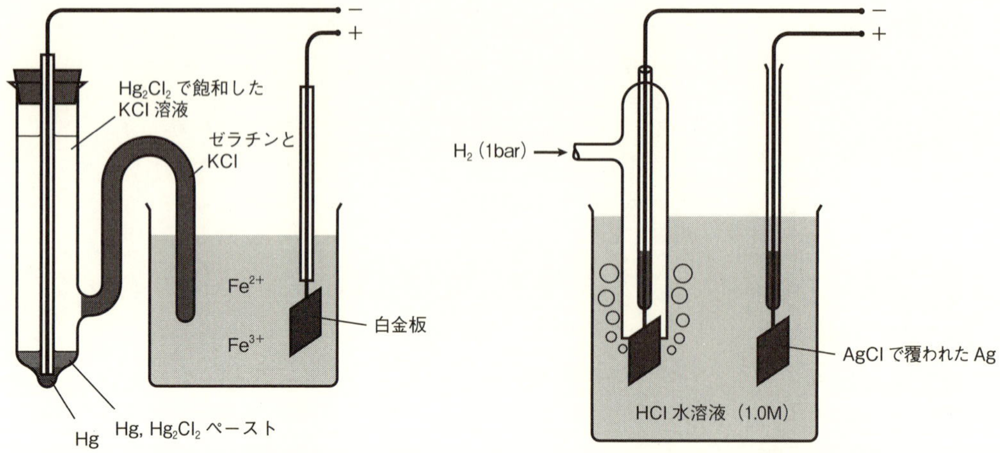

(a) 異なる電解質からなる化学電池　(b) 2 つの電極が同一の溶液中で働く電池

図 20.12　化学電池の代表例

pair）という。例えば，ダニエル電池では Cu と Cu^{2+} および Zn と Zn^{2+} がレドックス対である。

2 つの電極を電位差計に繋ぐと，その電位差が観測される。電位の高い方を正極，低い方を負極という決まりであるから，還元反応が進行するカソードが正極，酸化反応が進行するアノードが負極になる*。電子は酸化反応が起こるアノードから還元が起こるカソードに移動するから，電流の流れる方向とは逆になる。すなわち，電流はカソードからアノードへ流れ，電子はアノードからカソードへ移動する。

カソードとアノードの電位差は**電池電位**（cell potential）といい，外部回路に流れる電流のもとになる力で，電池の**起電力**（electromotive force）と呼ばれている。

電池の起電力は，両電極間の電位差の絶対値に，電位差の方向を示すために正負の符号をつけて表示する。図 20.13 に示すように高電位にあるカソードが右にあって，外部回路を右から左へ，電池内では左から右に電流が流れる時の電池の起電力を正とする。したがって，同じ電池でも電極の向きが反対になった場合は，起電力の符号は負になる。言い換えると，起電力が負になっているのは，アノードが右にある電池である。後者の具体例は図 20.18（b）に示されている。

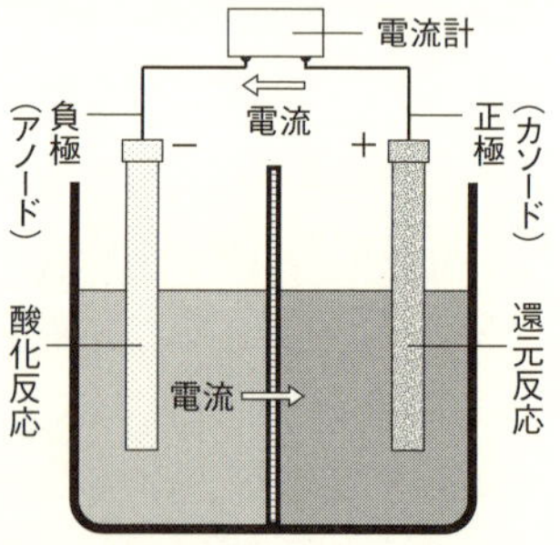

図 20.13　電池内反応と起電力の符号

(2) 電池の表示法

電池の表示法を示しておこう。アノード（負極）A，カソード（正極）B，アノードの

＊　正極，負極は電極端子電位の高低を表し，電流は正極から負極に流れるように定義されている。アノードおよびカソードは酸化および還元反応の電極を示す名称である。

電解質 AX_z，カソードの電解質 BX_z からなる電池は，アノードを左側，カソードを右側にし，|を用いて，異なる相の界面を示す．塩橋や多孔質膜が存在する場合は二つの界面があるから||で表す．

$$(-) A | AX_z(aq) || BX_z(aq) | B (+)$$

電解質の濃度（活量）を強調したい場合は，それぞれの濃度を記入する．電解質 AX_z および BX_z の質量モル濃度（活量）を $b_x(a_x)$ および $b_y(a_y)$ とする電池では

$$(-) A | AX_z(aq, b_x) || BX_z(aq, b_y) | B (+)$$
$$\text{または} (-) A | AX_z(aq, a_x) || BX_z(aq, a_y) | B (+)$$

と表す．

負極を左，正極を右に示す事になっているから（−）や（＋）や濃度が省略される場合も多い．ダニエル電池で具体的に示すと

$$\underbrace{Zn(s) | Zn^{2+}(aq)}_{\text{アノード半電池}} || \underbrace{Cu^{2+}(aq) | Cu(s)}_{\text{カソード半電池}}$$

（塩橋）
（相の界面）

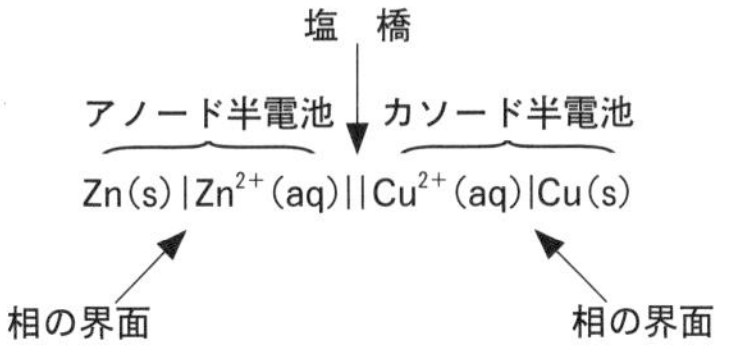

と表される．

図 20.12 の電池に適用すると
 (a) $Pt | Hg, Hg_2Cl_2 | HgCl_2, KCl(aq) || Fe^{2+}(aq), | Fe^{3+}(aq) | Pt$
 (b) $Pt | H_2(1\ bar) | HCl(1.0\ M) | AgCl | Ag$

と表される．

例題 3 Cu 電極を $2\ m$ の $CuSO_4$ 水溶液に浸した電極と Ag を $2\ b$ の $AgNO_3$ 水溶液に浸した電極で塩橋で繋いで作った電池を電池表示法で示せ．

〔解答〕 Ag と Cu とのイオン化傾向（酸化され易さ）を考える．Cu の方が酸化され易いから Cu がアノード，Ag がカソードとなる，したがって
$$(-)Cu(s) | CuSO_4(aq, b_{CuSO_4} = 2) || AgNO_3(aq, b_{AgNO_3} = 1) | Ag(s)(+)$$

20-4-2 起電力の測定

起電力すなわち 2 つの電極間の電位差の測定は電位差計（potentiometer）を用いて行われる．図 20.14（a）に示すように，測定しようとする電池のアノードとカソードを，それぞれ，電位差計の負極と正極につなぎ，ガルバノメーター（検流計）に電流が流れなくなったときの電位差を読む．電気回路的に書くと図 20.14（b）のようになる．A 点（電位差計の負極）と D 点（電位差計の正極）につなぎ，電位差計のスライド抵抗 E を調

節して，電流計に電流が全く流れなくなったときの電位差が電池の開回路における電池の起電力で，無電流電池電位（zero-current cell potential）ともいう。その単位はボルト（V）である。

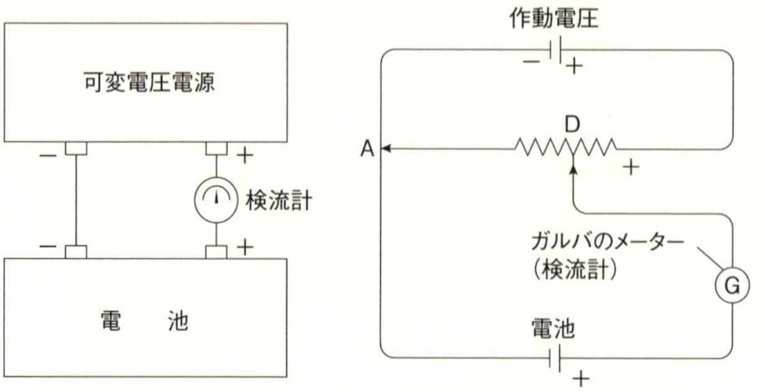

(a) 電位差計と電池の接続　　(b) 起電力測定の回路図

図 20.14　電位差計による化学電池の起電力測定

20-4-3　電極（半電池）の種類

化学電池には，様々な酸化還元反応が利用できるので，表 20.2 に示すように，色々な電極が考案されている。

表 20.2　電極の種類とその反応

電極の型	表　示	レドックス対	半反応
金属／金属イオン	$M(s)\|M^+(aq)$	M^+/M	$M^+(aq)+e^- \rightarrow M(s)$
気体電極	$Pt(s)\|X_2(g)\|X^+(aq)$	X^+/X_2	$X^+(aq)+c^- \rightarrow \frac{1}{2}X_2(g)$
	$Pt(s)\|X_2(g)\|X^-(aq)$	X_2/X^-	$\frac{1}{2}X_2(g)+e^- \rightarrow X^-(aq)$
金属／不溶性塩	$M(s)\|MX(s)\|X(aq)$	$MX/M, X^-$	$MX(s)+e^- \rightarrow M(s)+X^-(aq)$
レドックス	$Pt(s)\|M^+(aq), M^{2+}(aq)$	M^2/M^+	$M^{2+}(aq)+e^- \rightarrow M^+(aq)$

(1) 金属／金属イオン電極

金属／金属イオン電極（metal-metal salt ion electrode）は，金属棒を金属イオンの溶液に浸した電極で，ダニエル電池（図 20.9）の亜鉛電極（$Zn^{2+}|Zn$）や銅電極（$Cu^{2+}|Cu$）はその例である。表 20.2 第 1 行のようなレドックス対の電位 ϕ_M は，式（20.29）と同様な手法で誘導でき

$$\phi_M = \phi_M^\circ - \frac{RT}{F} \ln \frac{1}{a_{M^+}} \tag{20.34}$$

となる。ここで，a_{M^+} は M^+ の活量である。

アルカリ金属のような活性な金属は，金属／金属イオン電極をつくるのは困難である。このような場合には，金属を水銀に溶かしたアマルガム電極（amalgam electrode）が用

いられる。

$$Na(Hg\text{中}, l)|Na^{+}(aq)$$

この場合の水銀は反応に関与しない。

(2) 気体電極

気体電極（gaseous electrode）の例は基準電極に用いられる水素電極（図 20.15）で，白金のような不活性な金属を，気体およびそのイオンを含む溶液と接触させた電極である（表 20.2 第 2 行）。その電極では

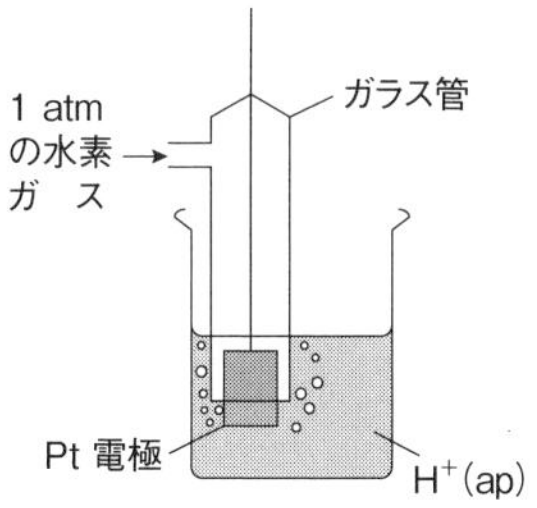

図 20.15 水素電極

$$H_2(g,1\,bar) \rightleftarrows 2H^{+}(aq,1\,M) + 2e^{-} \qquad (20.35)$$

が成り立ち，その電極電位は

$$\phi_{H_2/Pt}(s) = \phi^{\circ}_{H_2/Pt}(s) - \frac{RT}{2F}\ln\frac{f}{a^2_{H^+}} \qquad (20.36)$$

となる。ここで a_{H^+} は水溶液中の水素イオンの活量であり，f は H_2 のフガシティーである。水素圧が 1 bar 時には $f=1$ である。

その他の良く知られた気体電極には，塩酸のように塩化物イオンを含む水溶液に白金を浸し，塩素ガスを流すようにつくられた塩素電極（chlorine electrode）がある（表 20.2 第 3 行）。

$$(1/2)Cl_2(g,1\,bar) + e^{-} \rightleftarrows Cl^{-}(aq,1\,M) \qquad (20.37)$$

(3) 金属／不溶性塩電極

金属が直接溶液に接するのでなく，金属の難溶性塩に接し，塩がその陰イオンを含む溶液に接している電極がある。表 20.2 第 4 行に示すように表示される。その典型的な例は，図 20.16 に示した**カロメル電極**（calomel electrode）である。この電極はカロメルすなわち塩化水銀（I）（Hg_2Cl_2）と接した金属水銀からなり，カロメルは KCl からの Cl^{-} イオンを含んだ溶液に接している。この電極は

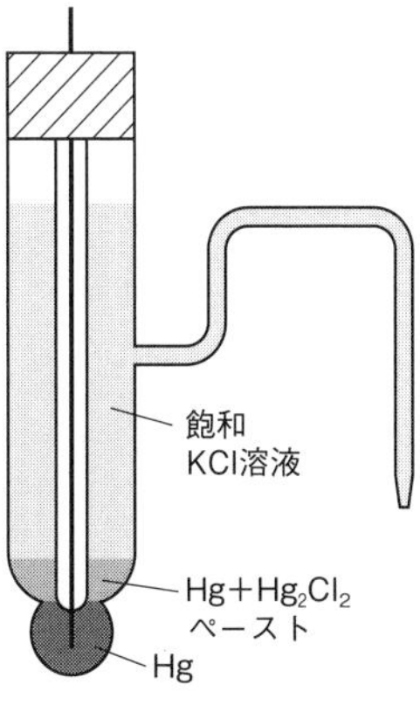

図 20.16 カロメル電極

$$Hg(\square)|Hg_2Cl_2(s)|Cl^{-}(aq)$$

と表わされ，電極反応は

$$\mathrm{Hg_2Cl_2(s)} + 2\mathrm{e^-} \rightleftharpoons 2\mathrm{Hg(l)} + 2\mathrm{Cl^-(aq)} \qquad (20.38)$$

となる。特に，溶液が KCl で飽和している場合は**飽和カロメル電極**（saturated calomel electrode）とよばれている。この電極は安定した電位（25℃ の電極電位 0.2412 V）を与えるので，一度 SHE に対して較正を行っておけば，他の電極の標準還元電位を決定するのに用いることができる。したがって，参照電極として用いられることが多い。

(4) 酸化還元電極

酸化状態の異なるイオンを含む溶液に白金のような不活性な金属を接触させた電極を酸化還元電極（redox electrode）という（表 20.2 第 5 行）。例えば，Fe^{3+} と Fe^{2+}を有する溶液では

$$\mathrm{Fe^{3+}} + \mathrm{e^-} \rightleftharpoons \mathrm{Fe^{2+}} \qquad (20.39)$$

が起こるから，白金棒を浸した場合，その電極は酸化還元電極となる（図 20.17）。

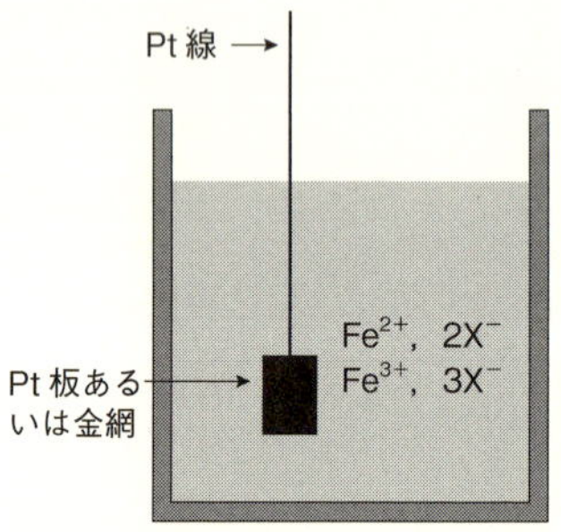

図 20.17　Fe^{2+} および Fe^{3+} からなる酸化還元電池電極

20-4-4　電極電位

(1) 標準電極電位

電池の起電力は，2 つの電極の電位差であり，電位差計を用いて測定する事ができるが，それぞれの電極すなわち半電池の電位は直接測定できない。したがって，**基準電極**（standard electrode）として適当な半電池を選び，基準電位に対する相対電位として電極電位（electrode potential）が決められている。基準電極には，図 20.15 に示した**水素電極**（hydrogen electrode）が選ばれ，水素ガスの圧力が 1 bar（フガシティー f=1）で，活量が 1 の水素イオンを含む水溶液の電極電位（ϕ°_{H2}）を温度に係わりなく 0 V にすることが国際的に約束されている。それを**標準水素電極**（standard hydrogen electrode）といい，SHE と略記する。SHE をアノード，他の電極をカソードに組み立てた電池すなわち

$$\mathrm{Pt}|\mathrm{H_2(g,1\,bar)}|\mathrm{HCl}(\mathrm{aq}, a_{\mathrm{H^+}}=1)||\mathrm{MX(aq)}|\mathrm{M}$$

の起電力を，その電極の**電極電位** $E_M (=\phi_M - \phi^\circ_{H_2})$ と定義する。

電極電位は電極と電解質溶液との電位差であることを考慮すると，式（20.37）で示したように，電解質の濃度や温度に依存する。したがって，25℃ で，溶質の活量が 1（気体電極ではフガシティーが 1）になるような条件下の電極電位と SHE との電位差をその電極の**標準電極電位**（standard electrode potential）E°_M と定義する。すなわち，E°_M は，次の電池の起電力である。

$$\mathrm{Pt}|\,\mathrm{H_2(g, 1\,bar)}\,|\,\mathrm{HCl}(\mathrm{aq}, a_{\mathrm{H^+}} = 1)\,||\,\mathrm{MX}(\mathrm{aq}, a_{\mathrm{M^+}} = 1)\,|\mathrm{M}$$

例えば，図 20.18（a）のような電池の場合，右側の電極電位から左側の電極電位を差し引いた標準状態の電位差で

$$E^{\circ}_{\mathrm{Cu}} = \phi^{\circ}_{\mathrm{Cu}} - \phi^{\circ}_{\mathrm{H_2}} = \phi^{\circ}_{\mathrm{Cu}} \quad (\because \phi^{\circ}_{\mathrm{H_2}} = 0) \qquad (20.40)$$

25℃ では 0.337 V である。これが銅電極 Cu^{2+}/Cu の標準電極電位 E°_{Cu}で，式（20.41）に示したカソードでの半電池反応の還元電位である。

$$\mathrm{Cu^{2+}}(a_{\mathrm{Cu^{2+}}} = 1) + 2\mathrm{e^-} = \mathrm{Cu(s)} \qquad (20.41)$$

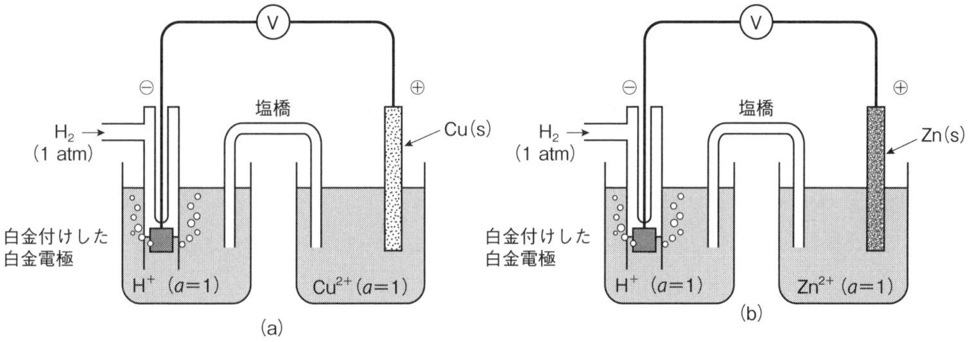

（a）H_2/H^+電極と Cu/Cu^{2+}電極からなる電池　（b）H_2/H^+電極と Zn/Zn^{2+}電極からなる電池

図 20.18　水素電極を基準とした標準電極電位の見積り

Zn/Zn^{2+}電極の標準電極電位は，定義により，図 20.18（b）の電池の右側の電極電位から左側の電極電位を差し引いた電位差である。この電池では，アノードになるべき電極が右側に置かれることになるので，Cu/Cu^{2+}電極の場合とは電流の向きが逆になる。したがって，すなわち Zn/Zn^{2+}電極の標準電極電位は－0.763V となる。

2 つの具体例から明らかなように，半電池の標準電極電位はカソード電位として求められたもので，その表示は次式で表される。

$$\text{酸化体} + n\mathrm{e^-} = \text{還元体} \qquad (20.44)$$

したがって，標準還元電位と表示されている場合も多い。

表 20.3 に 298.15K における色々な電極の標準電極電位を示す。

表 20.3 に示した電極電位は，レドックス対の酸化還元能を反映しており，負で大きな電極ほど電子を放出する能力（酸化力）が高く，イオン化しやすい。これが図 20.2 に示した金属のイオン列の熱力学的背景で，電気化学系列（electrochemical series）ともいわれている。

表の 2 つの電極を用いて電池を組み立てる時，表の上側にあるレドックス対がアノードとなり，カソードとアノードの標準電位の差が電池の標準起電力である。ダニエル電池の

表 20.3　25℃の水溶液中における標準電極電位

電　極	電極反応	$E°$/V	電　極	電極反応	$E°$/V
Li^{+} | Li	$Li^{+}+e^{-}=Li$	−3.040	H^{+} | H_2 | Pt	$2H^{+}+2e^{-}=H_2$	0
K^{1} | K	$K^{1}+e^{-}=K$	−2.936	Sn^{4+}, Sn^{2+} ¦ Pt	$Sn^{4+}+2e^{-}=Sn^{2+}$	0.15
Ba^{8+} | Ba	$Ba^{8+}+2e^{-}=Ba$	−2.906	Cl^{-} | AgCl(S) | Ag	$AgCl^{-}+e=Ag+Cl^{-}$	+0.224
Ca^{2+} | Ca	$Ca^{2+}+2e^{-}=Ca$	−2.866	Cl^{-} | Hg_3Cl_2(S) | Hg	$Hg_2Cl_2+2e^{-}=2Hg+2Cl^{-}$	+0.2680
Na^{+} | Na	$Na^{+}+e^{-}=Na$	−2.7141	Cu^{2+} | Cu	$Cu^{2+}+2e^{-}=Cu$	+0.337
M_g^{2+} | Mg	$Mg^{2+}+2e^{-}=Mg$	−2.356	OH^{-} | O_2 | Pt	$O_2+2H_2O+4e^{-}=4OH^{-}$	+0.401
Al^{3+} | Al	$Al^{3+}+3e^{-}=Al$	−1.676	Cu^{+} | Cu	$Cu^{+}+e^{-}=Cu$	+0.521
Zn^{2+} | Zn	$Zn^{3+}+2e^{-}=Zn$	−0.7627	I^{-} | I_2(S) | Pt	$I_2+2e^{-}=2I^{-}$	+0.5355
Cr^{3+} | Cr	$Cr^{3+}+3e^{-}=Cr$	−0.744	Fe^{2+}, Fe^{3+} | Pt	$Fe^{3+}+e^{-}=Fe^{2}$	+0.771
Fe^{2+} | Fe	$Fe^{2+}+2e^{-}=Fe$	−0.4402	Ag^{+} | Ag	$Ag^{+}+e^{-}=Ag$	+0.7991
Cd^{2+} | Cd	$Cd^{2+}+2e^{-}=Cd$	−0.4029	Hg^{2+}, Hg_2^{2+}	$2Hg_2^{2+}+2e^{-}=Hg_2^{2+}$	+0.9110
Co^{2+} | Co	$Co^{+}+2e^{-}=Co$	−0.277	Br^{-} | Br_2(l)PL	$Br_2+2e^{-}=2Br^{-}$	+1.0652
Ni^{2+} | Ni	$Ni^{2+}+2e^{-}=Ni$	−0.250	Cl^{-} | Cl_2(g) | Pt	$Cl_2+2e^{-}=2Cl^{-}$	+1.3583
Sn^{2+} | Sn	$Sn^{2+}+2e^{-}=Sn$	−0.138	Mn^{+}, Mn^{+} | Pt	$Mn^{3+}+e^{-}=Mn^{2+}$	+1.51
Pb^{2+} | Pb	$Pb^{2+}+2e^{-}=Pb$	−0.126	F^{-} | F_2(g) | Pt	$F_2+2e^{-}=2F^{-}$	+2.89

a）データは日本化学会編，『改訂 5 版　化学便覧　基礎編Ⅱ』丸善（2004）より抜粋
b）イオンはすべて水中で活量 1（質量モル濃度単位 1，気体はすべて 1 atm）

25℃における標準起電力 $E°$ は

$$E^{\circ}_{Cu}-E^{\circ}_{Zn} = 0.337-(-0.7627) = 1.099\,V \tag{20.45}$$

となる。

例　題 4　**次の反応がおこる電池を組み立て，その標準起電力をもとめよ。**

(1)　$\mathbf{2Fe^{3+}+Sn^{2+} = 2Fe^{2+}+Sn^{4+}}$

(2)　$\mathbf{I_2+2Fe(CN)_6^{4+} = 2I^{-}+2Fe(CN)_6^{3+}}$

(3)　$\mathbf{Hg^{2+}+Hg = Hg_2^{2+}}$

〔解　答〕　(1) カソード　$2Fe^{3+}+2e^{-} = 2Fe^{2+}$

アノード　$Sn^{2+} = Sn^{4+}+2e^{-}$

電池図　$Pt|Sn^{2+},Sn^{4+}||Fe^{2+},Fe^{3+}|Pt$

$$E = E^{\circ}_{Fe^{2+},Fe^{3+}}-E^{\circ}_{Sn^{2+},Sn^{4+}} = 0.771-0.15 = 0.62\,V$$

(2) カソード　$I_2+2e^{-} = 2I^{-}$

アノード　$2Fe(CN)_6^{4-} = 2Fe(CN)_6^{3-}+2e^{-}$

電池図　$Pt|Fe(CN)_6^{4-}, Fe(CN)_6^{3-}||I^{-}|I_2|Pt$

$$E = E^{\circ}_{I_2,I^{-}}-E^{\circ}_{Fe(CN)_6^{-4},Fe(CN)_6^{-3}} = 0.536-0.356 = 0.180\,V$$

(3) カソード　$2Hg^{2+}+2e^{-} = Hg_2^{2+}$

アノード　$2Hg = Hg_2^{2+}+2e^{-}$

電池図　$Hg|Hg_2^{2+}||Hg^{2+},Hg_2^{+2}|Pt$

$$E = E^{\circ}_{Hg^{2+},Hg_2^{2+}}-E^{\circ}_{Hg} = 0.920-0.788 = 0.132\,V$$

SHE をアノード側に組み立てた電池の起電力をその電極電位とするのであるが，SHE での測定には水素ボンベの常備が必要であるから，測定は簡単ではない。したがって，すでに較正された電極をアノードに選び，他の電極と組み合わせて，その標準電極電位 $E°$

を求める方法が広く用いられている。先に述べた飽和カロメル電極（図 20.16）や銀–塩化銀電極（飽和 KCl 溶液，25℃，0.197 V）はその例である。25℃ における飽和カロメル電極の電位は 0.2412V であるから，実測された電位を E とすると，その電極の標準起電力 E° は

$$E^\circ = E + 0.2412\,\mathrm{V} \tag{20.46}$$

である。

20–5　化学電池におけるネルンストの式とその活用

20–5–1　ネルンストの式

20–3–2 で電極のネルンストの式を誘導した。可逆的な化学電池の起電力をネルンストの式を用いて考察する。化学的電池の電極は 2 つの半電池が組合わさったレドックス対からなるから，一般的には

$$(-)\mathrm{A}\,|\,\mathrm{AX}_z(\mathrm{aq})\,||\,\mathrm{BX}_z(\mathrm{aq})\,|\,\mathrm{B}(+)$$

2 つの電極を開放している限り，電池のアノードでは

$$\mathrm{A(s)} \rightleftharpoons \mathrm{A}^{z+}(\mathrm{aq}) + z\mathrm{e}^-(\mathrm{s:A}) \tag{20.47}$$

が成り立ち，その電極電位 $\phi_\mathrm{A}(\mathrm{S})$ は，A^{z+} の活量を $a_{\mathrm{A}^{z+}}$ とすると，式（20.29）から

$$\phi_\mathrm{A}(\mathrm{s}) = \phi_\mathrm{A}^\circ(\mathrm{s}) + \frac{RT}{zF}\ln a_{\mathrm{A}^{z+}} \tag{20.48}$$

と表される。

一方，カソードでは

$$\mathrm{B}^{z+}(\mathrm{aq}) + z\mathrm{e}^-(\mathrm{s:B}) \rightleftharpoons \mathrm{B(s)} \tag{20.49}$$

がなりたち，その電極電位 $\phi_\mathrm{B}(\mathrm{S})$ は，式（20.50）のようになる。

$$\phi_\mathrm{B}(\mathrm{s}) = \phi_\mathrm{B}^\circ(\mathrm{s}) + \frac{RT}{zF}\ln a_{\mathrm{B}^{z+}} \tag{20.50}$$

その電池内で起こる化学反応は，式（20.47）と式（20.49）より

$$\mathrm{A(s)} + \mathrm{B}^{z+}(\mathrm{aq}) \rightleftharpoons \mathrm{B(s)} + \mathrm{A}^{z+}(\mathrm{aq})$$

と書けるから，その起電力 E は

$$E = \phi_B(s) - \phi_A(s) = \phi_B^\circ(s) - \phi_A^\circ(s) + \frac{RT}{zF}\ln\frac{a_{B^{z+}}}{a_{A^{z+}}} \tag{20.51}$$

と表される。ここで $a_{M_1^{z+}} = a_{M_2^{z+}} = 1$ のときの電池の起電力を**電池の標準起電力** E° と定義すると

$$E = E^\circ + \frac{RT}{zF}\ln\frac{a_{B^{z+}}}{a_{A^{z+}}} = E^\circ - \frac{RT}{zF}\ln\frac{a_{A^{z+}}}{a_{B^{z+}}} \tag{20.52}$$

となる。この式は電池の**ネルンストの式**（Nernst equation）といい，化学電池の起電力と活量の関係を示す重要な式である。

例　題5　**次の電池の 25℃ での起電力を求めよ。**

$$\mathbf{Zn\,|\,ZnSO_4(aq,\ 1.5\ mol\ dm^{-3})\,||\,CuSO_4(aq,\ 0.01\ mol\ dm^{-3})\,|\,Cu}$$

〔解　答〕 電池の放電反応は

$$Zn(s) + Cu^{2+}(aq) \longrightarrow Zn^{2+}(aq) + Cu(s)$$

この電池の標準起電力は表 20.3 から

$$E^\circ = 0.337\ V - (-0.7627\ V) = 1.0997\ V$$

ネルンストの式を用いて

$$E = E^\circ - \frac{RT}{zF}\ln\frac{a_{Zn^{2+}}a_{Cu}}{a_{Cu^{2+}}a_{Zn}}$$

$a_{Cu} = a_{Zn} = 1$, $a_{Zn^{2+}} = 1.5\ mol\ dm^{-3}$, $a_{Cu^{2+}} = 0.01\ mol\ dm^{-3}$ とおくと

$$E = 1.0997\ V - \frac{8.314\ JK^{-1}mol^{-1} \times (298.15\ K)}{2 \times 96500\ C \cdot mol^{-1}}\ln\frac{1.5\ mol \cdot dm^{-3}}{0.01\ mol \cdot dm^{-3}} = 1.035\ V$$

20-5-2　起電力とギブズエネルギー

起電力が $E(E_B - E_A)$ である下記の電池を

$$(-)A\,|\,AX_z(aq)\,||\,BX_z(aq)\,|\,B(+)$$

について考えよう。閉回路にすると電流が流れ，A 電極から B 電極へ z mol の電子が動く場合，電池がする電気的仕事 W_{elect} は

$$W_{elect} = -zEF \tag{20.53}$$

となる。負号を付けたのは，電池に対しなされた仕事を正とし，電池によってなされた仕事を負とするという規約による。

その際，電池内では次の化学反応がおこる。

$$A(s) + B^{z+}(aq) \rightarrow B(s) + A^{z+}(aq) \tag{20.54}$$

温度，圧力が一定の条件下におけるこの反応の反応ギブズエネルギー $\Delta_r G$ は

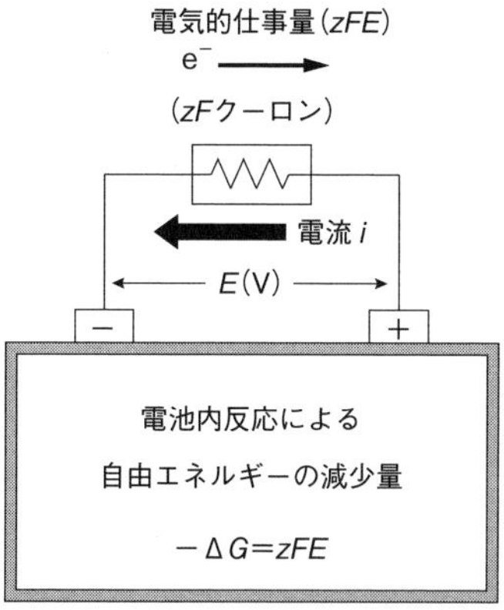

図 20.21 電池の化学エネルギーと電気エネルギーの関係

$$\Delta_r G = \Delta_r G^\circ + \frac{RT}{zF}\ln\frac{a_{A^{2+}}a_B(s)}{a_A(s)a_{B^{2+}}} \tag{20.55}$$

である。$a_A(s) = a_B(s) = 1$ であるから

$$\Delta_r G = \Delta_r G^\circ + \frac{RT}{zF}\ln\frac{a_{A^{2+}}}{a_{B^{2+}}} \tag{20.56}$$

となる。

可逆電池であれば，$W_{elec} = \Delta G$（12-2 参照）であるから

$$\Delta_r G = -zFE \tag{20.57}$$

と表される。

式（20.57）によれば，可逆電池が正の起電力を示すのは電池反応の反応ギブズエネルギーが負の値，すなわち，自発的に電池反応が進行する場合であることを示している（図 20.21）。

例題6 **電池内反応のギブズエネルギー変化が−100 kJ mol^{-1} であるとき 96500 C の電気量を出す電池の起電力を求めよ。**

〔解　答〕 1 mol の ΔG の変化に対し，96500 C の電気量が得られる事は，式（20.57）において，$z=1$ であることを示す。したがって，その式を用いて

$$E = -\frac{-100\times10^3\,\mathrm{J\,mol^{-1}}}{96500\,\mathrm{C\,mol^{-1}}} = 1.04\,\mathrm{V}$$

$-\Delta_r G$ が 100 kJ の反応は，$z=1$ である場合，ほぼ 1 V の化学電池を組み立てることができることを示している。

電池の起電力 E は $-\Delta G/zF$ である。これは，移動した電子 1 mol 当りの電池内反応のギブズエネルギーの変化量である。したがって，起電力は電池の示強性量であり，電池の大きさや電池反応の化学平衡の係数の選び方には依存しない。例えば，

$$\mathrm{Ag}+\frac{1}{2}\mathrm{Br_2}+\mathrm{Cl^-}\longrightarrow \mathrm{AgCl}+\frac{1}{2}\mathrm{Br^-} \tag{20.58}$$

$$2\mathrm{Ag}+\mathrm{Br_2}+2\mathrm{Cl^-}\longrightarrow 2\mathrm{AgCl}+\mathrm{Br^-} \tag{20.59}$$

の反応ギブズエネルギー変化 ΔG は 2 倍の差があるが，起電力はいずれも 0.843 V である。

電位を見積もる際には，まずギブズエネルギーを用いて計算し，移動した電子 1 mol 当りの値として電位を見積る。

例題 7　**$Fe^{3+}|Fe^{2+}Pt$ 電極（標準電位 0.771 V）および $Fe^{2+}|Fe$ 電極（標準電位 −0.440 V）から $Fe^{3+}|Fe$ 電極の標準電位を計算せよ。**

〔解　答〕 $Fe^{3+}|Fe^{2+}Pt$ では

$Fe^{3+}+e \rightarrow Fe^{2+}$　　0.771 V　　$\Delta G^\circ=-FE=-0.771\,F$　　(1)

$Fe^{2+}|Fe$ では

$Fe^{2+}+2e \rightarrow Fe$　　−0.440 V　　$\Delta G^\circ=-2\,FE=2\times0.440\,F$　　(2)

$Fe^{3+}+3e \rightarrow Fe$ の場合，(1) ＋ (2) より

$Fe^{3+}+3e \rightarrow Fe$　$\Delta G^\circ=-3\,FE=0.109\,F$ となる。起電力は電子 1 mol 当りとして見積もるから

$$E^\circ=-\Delta G^\circ/3F=-0.036\mathrm{V}$$

20-5-3　標準起電力や活量係数の決定

(1) 標準起電力の決定

一般に，電池内反応を

$$\nu_\mathrm{A}\mathrm{A}+\nu_\mathrm{B}\mathrm{B} \rightleftarrows \nu_\mathrm{C}\mathrm{C}+\nu_\mathrm{D}\mathrm{D} \tag{20.60}$$

で表すと，1 回の反応で n 個の電子の移動がある場合，ネルンストの式より電池の起電力 E は，

$$E = E^\circ-\frac{RT}{nF}\ln\frac{a_\mathrm{C}^{v_\mathrm{C}}a_\mathrm{D}^{v_\mathrm{D}}}{a_\mathrm{A}^{v_\mathrm{A}}a_\mathrm{B}^{v_\mathrm{B}}} \tag{20.61}$$

と書く事ができる。

いろいろな $(a_\mathrm{C}^{v_\mathrm{C}}a_\mathrm{D}^{v_\mathrm{D}})/(a_\mathrm{A}^{v_\mathrm{A}}a_\mathrm{B}^{v_\mathrm{B}})$ で起電力を測定し，その値を $\ln(a_\mathrm{C}^{v_\mathrm{C}}a_\mathrm{D}^{v_\mathrm{D}})/(a_\mathrm{A}^{v_\mathrm{A}}a_\mathrm{B}^{v_\mathrm{B}})$ に対しプロットして，$(a_\mathrm{C}^{v_\mathrm{C}}a_\mathrm{D}^{v_\mathrm{D}})/(a_\mathrm{A}^{v_\mathrm{A}}a_\mathrm{B}^{v_\mathrm{B}})=1$ の起電力つまり $\ln(a_\mathrm{C}^{v_\mathrm{C}}a_\mathrm{D}^{v_\mathrm{D}})/(a_\mathrm{A}^{v_\mathrm{A}}a_\mathrm{B}^{v_\mathrm{B}})=0$ のときの起電力 E° が求められている。その一例としてダニエル電池を取り上げ，図 20.19 に示す。

この方法は活量がわからない時には採用できないが，式 (18.109) に示したデバイ−ヒ

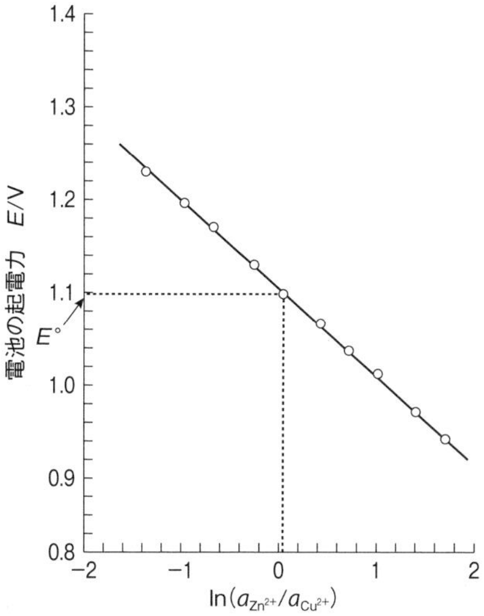

図 20.19　ダニエル電池の起電力とイオンの活量の関係

ュッケルの極限則（($\log \gamma_{\pm} = -0.5091|z_+z_-|\sqrt{I}$,)）を適用する事によって決定できる。一例として，$H_2|HCl|AgCl|Ag$ について考えてみよう。この電池の反応は $(1/2)H_2(g) + AgCl(s) = HCl(aq) + Ag(s)$ であるから，起電力 E は

$$E = E^{\circ}_{AgCl/Ag,\,Cl^-} - E^{\circ}_{H_2} - \frac{RT}{F}\ln\frac{a_{H^+}a_{Cl^-}}{(f_{H_2}/p^{\circ})} = E^{\circ}_{AgCl/Ag,\,Cl^-} - \frac{RT}{F}\ln a_{H^+}a_{Cl^-} \quad (20.62)$$

となる。式 (18.51) に示したように，$a_{H^+} = a_{Cl^-} = \gamma_{\pm} b$ であるから，式 (20.62) は

$$E = E^{\circ}_{AgCl/Ag,\,Cl^-} - \frac{RT}{F}\ln(\gamma_{\pm} b)^2 = E^{\circ}_{AgCl/Ag,\,Cl^-} - \frac{2RT}{F}\ln \gamma_{\pm} - \frac{2RT}{F}\ln b \quad (20.63)$$

と書き換えられる。1-1 電解質であるから，$\ln \gamma_{\pm} = 2.303 \log \gamma_{\pm} = -0.5091\sqrt{b}$ を代入する

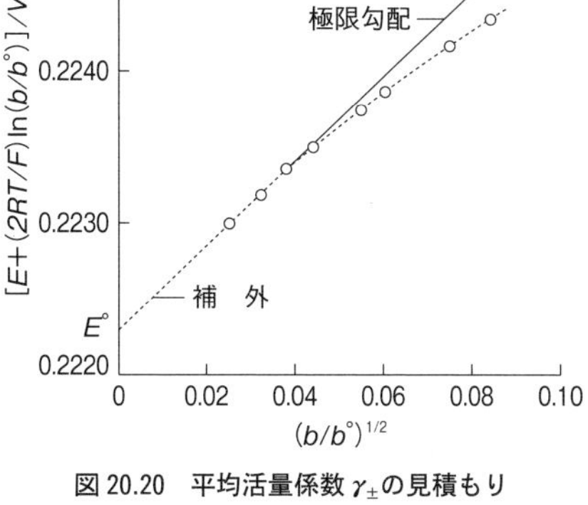

図 20.20　平均活量係数 $\gamma_{\pm}$ の見積もり

と，式（20.63）は

$$E + \frac{2\times 2.303\times RT}{F}\log b = E^{\circ}_{\mathrm{AgCl/Ag,Cl}} + \frac{2\times 0.5091\times RT}{F}\sqrt{b} \qquad (20.64)$$

となり，いろいろな重量モル濃度で得られる左辺の式の値を $\sqrt{b}$ に対してプロットし，$b=0$ に補外して得られる切片の値が $E^{\circ}_{\mathrm{AgCl/Ag,Cl^-}}$ である（図 20.20）。

(2) 平均活量係数 $\gamma_{\pm}$ の決定

$E^{\circ}_{\mathrm{AgCl/Ag,Cl^-}}$ がわかっている場合は，式（20.63）を式（20.65）のように書き換え，質量モル濃度 b における電位を測定することによって，イオンの平均活量係数が得られる。

$$\ln\gamma_{\pm} = \frac{(E^{\circ}-E)F}{2RT} - \ln b \qquad (20.65)$$

20-5-4　濃淡電池

ネルンストの式は，同じ半電池でも，電解質の活量に差があれば，電位差が表れる事を示している。図 20.21 の電池を考えて見よう。アノードもカソードも同じ銀電極であるが，両極の電解質濃度が異なる。

一方の電極の電解質の活量を $a_{\mathrm{Ag^+},1}$ とすると，電極電位 $\phi_{\mathrm{Ag}}(\mathrm{s})$ は

$$\phi_{\mathrm{Ag}}(\mathrm{s}) = \phi^{\circ}_{\mathrm{Ag}}(\mathrm{s}) + \frac{RT}{F}\ln a_{\mathrm{Ag^+},1} \qquad (20.66)$$

となる。もう一方の電極の電解質の活量を $a_{\mathrm{Ag^+},2}$ とすると

$$\phi_{\mathrm{Ag}}(\mathrm{s}) = \phi^{\circ}_{\mathrm{Ag}}(\mathrm{s}) + \frac{RT}{F}\ln a_{\mathrm{Ag^+},2} \qquad (20.67)$$

となる。

両方の電極の標準状態は同じであるから，式（20.52）の右辺の第 1 項 E° は 0 となり，

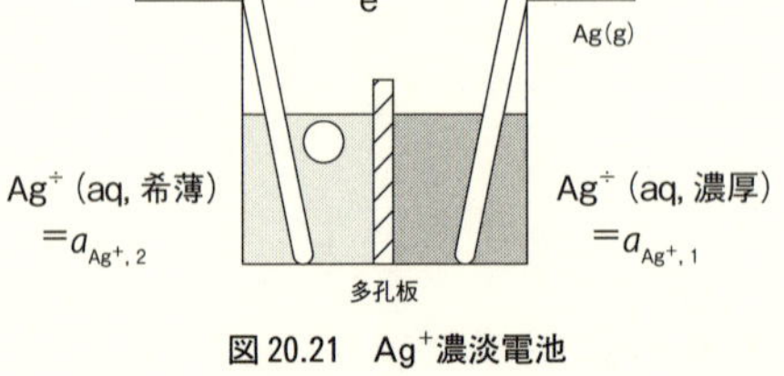

図 20.21　Ag^+ 濃淡電池

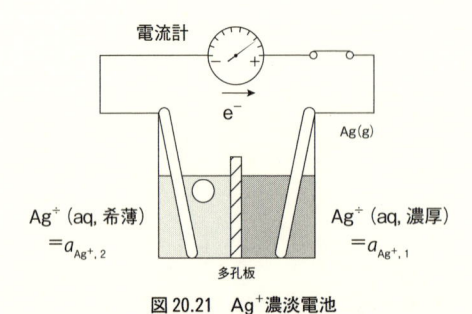

表 20.4　Ag^+ 濃淡電池の濃度差と起電力

$a_{\mathrm{Ag^+},2}$(アノード) / $a_{\mathrm{Ag^+},1}$(カソード)	E / mV
10^{-3}	177
10^{-2}	118
10^{-1}	59
1	0

電池の起電力は次式で与えられる。

$$E = \frac{RT}{F} \ln \frac{a_{Ag^+,1}}{a_{Ag^+,2}} \tag{20.68}$$

$a_{Ag^+,1} > a_{Ag^+,2}$ である場合は $E>0$ であるから，両極を導線で繋ぐと高濃度側がカソードとなり $Ag^+ \rightarrow Ag$ がおこり，低濃度側では $Ag \rightarrow Ag^+$ がおこる。結果的には，電池内で高濃度領域から低濃度領域へのイオンの移動

$$Ag^+(a_{Ag^+1}) \rightarrow Ag^+(a_{Ag^+,2}) \tag{20.69}$$

によって生じた電流である。Ag^+ 濃淡電池の濃度差と起電力の関係を表 20.4 に示す。このように電解質溶液の濃度（活量）の差に基づいて電気を発生させる電池を濃淡電池という。

濃度差による起電力の発生している例は身近なところに存在する。神経細胞では細胞膜の内部の K^+ の濃度は外部の濃度の 20〜30 倍大きいから，膜の両側の濃度差を $a_{K^+,1}/a_{K^+,2} = 20$ として，式（20.68）を用いて計算すると

$$E = \frac{8.314 \times 298}{96500} \ln \frac{20}{1} = 77\,\mathrm{mV} \tag{20.70}$$

が得られ，実測値に良く一致している。これに，刺激が加わると，膜の構造が変わり膜透過性の Na^+ が細胞の中に流れ込み，膜電位が変化する。これが他の細胞を刺激し，神経伝達をもたらすことが明らかになっている。

例題8 **25.15℃ で亜鉛棒を 10^{-3} mol dm^{-3} の硫酸亜鉛水溶液に浸した時と 10^{-2} mol dm^{-3} の硫酸亜鉛水溶液に浸した時との亜鉛棒電位差の変化を計算せよ。活量係数はいずれも 1 とする。**

〔解　答〕 式（20.29）を用いると，10^{-3} mol dm^{-3} の硫酸亜鉛水溶液に浸した時の亜鉛棒電位差は

$$\phi_{Zn,1}(s) = \phi^{\circ}_{Zn}(s:Zn1) + \frac{RT}{2F} \ln 10^{-3}$$

10^{-2} mol dm^{-3} の場合の亜鉛棒電位差は

$$\phi_{Zn,2}(s:Zn2) = \phi^{\circ}_{Zn,2}(s) + \frac{RT}{2F} \ln 10^{-2}$$

両者の電位差は

$$\phi_{Zn,2}(s) - \phi_{Zn,1}(s) = \frac{RT}{2F} \ln 10 = \frac{(8.314\,\mathrm{JK^{-1}mol^{-1}}) \times (298.15\,\mathrm{K})}{2(96485\,\mathrm{C\,mol^{-1}})} \ln 10$$

$$= 0.0296\,\mathrm{V} = 29.6\,\mathrm{mV}$$

20-5-5　標準起電力と平衡定数

電池から電流を取り出せば電極反応が進行し，化学エネルギーが電気エネルギーに変換されるようすを図 20.22 に示すレドックスフロー電池の変化で調べてみよう。この電池は

$$(-)\mathrm{Pt}|\mathrm{Cr}^{2+},\mathrm{Cr}^{3+}(\mathrm{aq}, a_{\mathrm{Cr}^{2+}}, a_{\mathrm{Cr}^{3+}})||$$
$$\mathrm{Fe}^{2+},\mathrm{Fe}^{3+}(\mathrm{aq}, a_{\mathrm{Fe}^{2+}}, a_{\mathrm{Fe}^{3+}})|\mathrm{Pt}(+)$$

と表され，電池内では

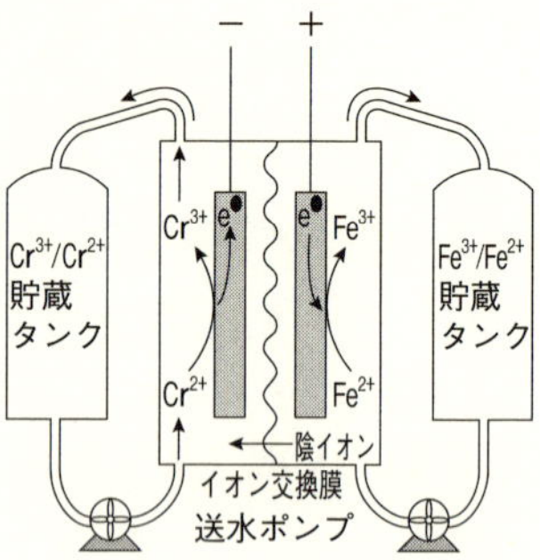

図 20.22　レドックスフロー電池

$$\mathrm{Fe}^{3+} + \mathrm{Cr}^{2+} \longrightarrow \mathrm{Fe}^{2+} + \mathrm{Cr}^{3+} \tag{20.71}$$

の反応が起こり，その起電力は，ネルンスト式から

$$E = E^\circ - \frac{RT}{F}\ln\frac{a_{\mathrm{Fe}^{2+}}a_{\mathrm{Cr}^{3+}}}{a_{\mathrm{Fe}^{3+}}a_{\mathrm{Cr}^{2+}}} \tag{20.72}$$

となる。

電池から電流を取り出すと，反応が進行するにつれて Fe^{3+} および Cr^{2+} は減少し，Fe^{2+} および Cr^{3+} は増加する。その結果，時間が経つと平衡濃度に達するから

$$\mathrm{Fe}^{3+} + \mathrm{Cr}^{2+} \rightleftharpoons \mathrm{Fe}^{2+} + \mathrm{Cr}^{3+} \tag{20.73}$$

が成立し，起電力は 0 となる。平衡状態でネルンストの式は

$$0 = E^\circ - \frac{RT}{F}\ln\frac{a_{\mathrm{Fe}^{2+}}a_{\mathrm{Cr}^{3+}}}{a_{\mathrm{Fe}^{3+}}a_{\mathrm{Cr}^{2+}}} \tag{20.74}$$

となる。平衡状態になったときの $a_{\mathrm{Fe}^{2+}}a_{\mathrm{Cr}^{3+}}/a_{\mathrm{Fe}^{3+}}a_{\mathrm{Cr}^{2+}}$ は

$$K = \frac{a_{\mathrm{Fe}^{2+}}a_{\mathrm{Cr}^{3+}}}{a_{\mathrm{Fe}^{3+}}a_{\mathrm{Cr}^{2+}}} \tag{20.75}$$

であるから，式（20.75）と式（20.74）より

$$E^\circ = (RT/F)\ln K \tag{20.76}$$

と書き換えられる。この関係式は，標準起電力の値を使えば，酸化還元反応の平衡定数が求まる。

具体例として，$Fe^{3+} + e^- \rightarrow Fe^{2+}$ の電極電位は 0.771 V，$Cr^{3+} + e^- \rightarrow Cr^{2+}$ の電極電位は −0.408 V であるから，この電池の標準起電力は 1.179 V である。式（20.71）の平衡定数 K は

$$K = \exp\left(\frac{96500\,\mathrm{C \cdot mol^{-1}} \times 1.179\,\mathrm{V}}{8.314\,\mathrm{JK^{-1}mol^{-1}} \times 298\,\mathrm{K}}\right) = 8.78 \times 10^{19} \tag{20.77}$$

と算出される。

例　題9　**表 20.3 の標準電極電位を用いて，次の反応は標準状態で自発的に進行するか否かを判定せよ。また 25℃ における平衡定数をもとめよ。**

$$\mathbf{Sn(s) + 2\,Ag^{2+}(aq) \rightleftarrows Sn^{2+}(aq) + 2Ag(s)}$$

〔解　答〕　この反応は下記のように酸化反応と還元反応との組み合わせであるから

酸化　$Sn(s) \rightarrow Sn^{2+}(aq) + 2e^-$

還元　$2\,Ag^+(aq) + 2e^- \rightarrow 2Ag(s)$

となるから，それぞれの半電池とする電池が得られたとすると，表 20.3 の標準電極電位を用いて標準電位を求めると

$$E = 0.799 - (-0.138) = 0.938\mathrm{V}$$

となる。$\Delta_r G = -nEF$ であるから，$\Delta_r G < 0$ となる。したがって自発反応で進行する。

次に，平衡定数 K は

$$K = e^{2FE/RT}$$

となるから，$R = 8.314\,\mathrm{J\,K^{-1}\,mol^{-1}}$，$F = 96500\,\mathrm{C\,mol^{-1}}$ および $T = 298\,\mathrm{K}$ を代入すると

$$K = \exp\left(\frac{2 \times 96500\,\mathrm{C \cdot mol^{-1}} \times 0.938\,\mathrm{V}}{8.314\,\mathrm{JK^{-1}mol^{-1}} \times 298\,\mathrm{K}}\right) = 5.4 \times 10^{31}$$

20-6　起電力の温度依存性と熱力学変数

標準起電力とギブズエネルギーは下記の関係があるから

$$\Delta_r G^\circ = -nFE^\circ \tag{20.78}$$

起電力の温度依存性がわかれば，以下に示すように電池反応の標準熱力学量を求めることができる。

この式を圧力一定の条件下，温度で微分すると

$$\left(\frac{\partial \Delta_r G^\circ}{\partial T}\right)_p = -nF\left(\frac{\partial E^\circ}{\partial T}\right)_p \tag{20.79}$$

が得られる。式（12.93）を適用すると

$$\left(\frac{\partial \Delta_r G^\circ}{\partial T}\right)_p = -\Delta_r S^\circ \tag{20.80}$$

と表されるから，式（20.79）から次式が誘導され，エントロピーを求めることができる。

$$\left(\frac{\partial E^\circ}{\partial T}\right)_p = \frac{\Delta_r S^\circ}{nF} \tag{20.81}$$

$(\partial E^\circ/\partial T)_p$ は反応の温度係数と呼ばれ，次のような近似式が成り立つ。

$$E^\circ = \frac{\Delta_r S^\circ}{nF}\Delta T \tag{20.82}$$

ΔT は標準温度（ふつう 25℃）からの温度差である。ΔE° は反応の起電力の変化なので，標準温度外の起電力は

$$E \approx E^\circ + \Delta E^\circ = E^\circ + \frac{\Delta_r S^\circ}{nF}(T-298) \tag{20.83}$$

となる。したがって，E の温度変化がわかれば，図 20.23 に示すように，温度と E との関係をプロットすることにより，その勾配より反応の標準エントロピー変化 $\Delta_r S^\circ$ を求めることができる。$\Delta_r S^\circ$ がわかると，次式から $\Delta_r H^\circ$ が計算できる。

$$\Delta_r G^\circ = \Delta_r H^\circ - T\Delta_r S^\circ \tag{20.84}$$

すなわち

$$\Delta_r H^\circ = \Delta_r G^\circ + T\Delta_r S^\circ = -nFE^\circ + nFT\left(\frac{\partial E^\circ}{\partial T}\right) \tag{20.85}$$

となり，直接熱量を測定しなくても電気化学的に反応エンタルピーが求められることを示している。この方法は，直接の熱量測定によって熱力学的性質を得るよりも便利なので，起電力測定は水溶液のイオンを含む系に採用され，多くの熱力学情報を提供している。

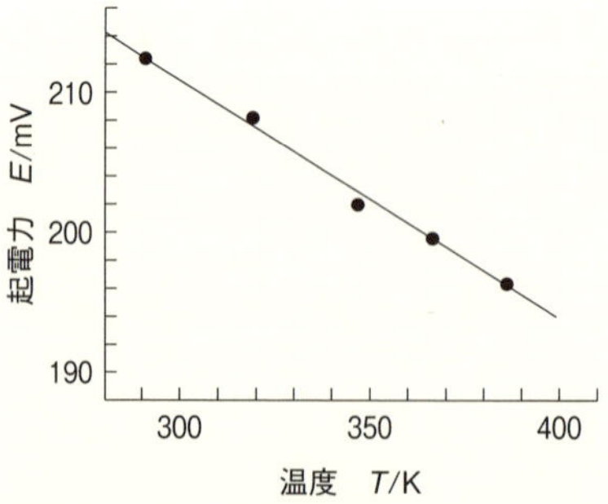

図 20.23　AgI＋(1/2)Pb→Ag＋(1/2)PbI_2 における起電力の温度依存性

例題 10　次の電池反応のエンタルピーおよびエントロピーを計算せよ。25℃ において，$(\partial E^\circ/\partial T)_p = -1.25\times10^{-3}$ V K^{-1}，$E^\circ = 1.36$ V である。

$$\mathrm{Pt}|\mathrm{H_2(g)}|\mathrm{HCl(aq)}|\mathrm{Cl_2}|\mathrm{Pt}$$

〔解　答〕 電池反応は

$$H_2(g) + Cl_2(g) = 2HCl(aq)$$

式（20.81）は

$$\Delta_r S^\circ = nF(\partial E^\circ/\partial T)_p$$

と書き換えられるから，$n=2$ とすると

$\Delta_r S^\circ = (2\ \mathrm{mol}) \times (96485\ \mathrm{C\ mol^{-1}}) \times (-1.25 \times 10^{-3}\ \mathrm{V\ K^{-1}}) = -241\ \mathrm{J\ K^{-1}}$

式（20.85）より

$$\Delta_r H^\circ = -(2\ \mathrm{mol}) \times (96485\ \mathrm{C\ mol^{-1}}) \times \{1.36\ \mathrm{V} + (298.15\ \mathrm{K}) \times (-1.25 \times 10^{-3}\ \mathrm{V\ K^{-1}})\}$$
$$= -191\ \mathrm{kJ}$$

得られた $\Delta_r S^\circ$ および $\Delta_r H^\circ$ は水溶液における HCl の生成エントロピーおよびエンタルピーすなわち $\Delta_f S^\circ$ および $\Delta_f H^\circ$ である。

20-7 実用電池

身の周りを見ると，電池は至る所で電気エネルギー源として利用されている．実用されている電池を実用電池というが，少なくとも，次の 6 つの部分から成り立っている。

1）正極活物質，2）負極活物質，3）電解質，4）セパレーター，

5）集電体，6）ケース

電池の活物質に注目すると，多くの場合，負極の活性物質には金属，正極の活物質には金属酸化物が用いられる。電気エネルギーは電圧と電気量の積であるから，負極と正極の電位差が大きいほど，また単位重量当たり活物質から取り出し得る電気量が大きいほど高エネルギー密度の電流が流れる。

電池から電流を取り出すことを放電という。放電が進むと電池の起電力は低下する。その時，電池の負極を外部電源の負極に，正極を外部電源の正極につなぎ，放電と逆向きの電流を通じると，再び電池として使えるようになる操作を充電といい，放電-充電を繰り返して使える電池を**二次電池**（secondary battery）または蓄電池（rechargeable battery）という。これに対し，放電してしまうともはや充電できない電池を**一次電池**（primary battery）という。

20-7-1 一次電池

(1) マンガン乾電池

電池の作製には電解質が必要であるが，電解質が水溶液であると，それを持ち歩くのは不便である。電池の電解質溶液を紙，綿，黒鉛などに浸し，のりで固定化して，持ち運びができるようにした電池を**乾電池**（dry cell battery）という。代表的な乾電池は図 20.24 のようなマンガン乾電池（manganese battery）である。正極に黒鉛の粉末をまぜた二酸化マンガン（MnO_2）（正極端子に炭素棒），負極に亜鉛を用いた電池である。電解質溶液としては塩化アンモニウム（NH_4Cl）を含む塩化亜鉛（$ZnCl_2$）を主成分とした水溶液を

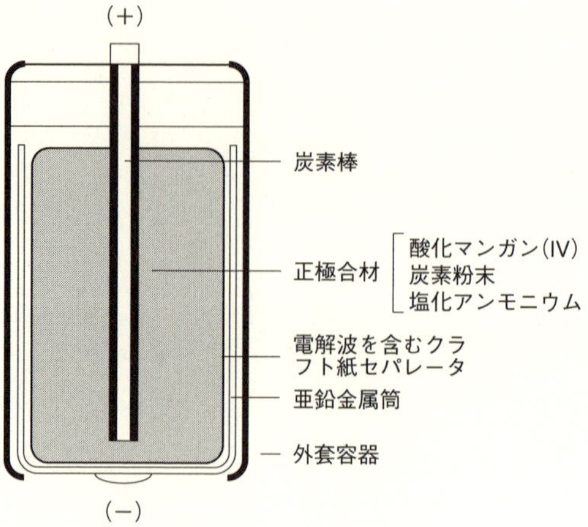

図 20.24　マンガン乾電池の仕組み

用いる。その際，内部の液体が漏れないように，デンプンなどを加えてペースト状にして，携帯用として便利にしてある。電池の表示法で示すと

$$(-)\mathrm{Zn}|\mathrm{ZnCl_2(aq)},\ \mathrm{NH_4Cl(aq)}|\mathrm{MnO_2},\ \mathrm{C}(+)$$

となり，1.5 V の起電力をもつ電池である。その際，負極では

$$\mathrm{Zn} \longrightarrow \mathrm{Zn^{2+}} + 2\mathrm{e^-} \qquad (20.86)$$

正極では

$$2\mathrm{MnO_2} + 2\mathrm{H_2O} + 2\mathrm{e^-} \longrightarrow 2\mathrm{MnO(OH)} + 2\mathrm{OH^-} \qquad (20.87)$$

からなる電池内反応おこっており，Mn の酸化数が+4 から+3 に変化し，還元反応が起こっているのが明らかである。

近年，電解質として $ZnCl_2$(aq), NH_4Cl(aq) の代わりに ZnO, KOH(aq) を用いると，マンガン乾電池よりも大きい電流が得られると共に，寿命も長くなる事がわかった。現在では，乾電池といえば，アルカリマンガン乾電池（alkaline manganese battery）が主流になっている。

$$(-)\mathrm{Zn}|\mathrm{ZnO},\ \mathrm{KOH(aq)}|\mathrm{MnO_2},\ \mathrm{C}(+)$$

(2) 燃料電池

現在使用している電気は発電所から送られてくる。原子力発電所では核分裂反応を利用し，火力発電所では重油を燃やして水蒸気を発生させ，それで発電機のタービンを回転させて発電する。これは，いずれも，何らかのエネルギーを一度熱エネルギーに替え，その熱エネルギーをもう一度運動エネルギーに替えて発電している。

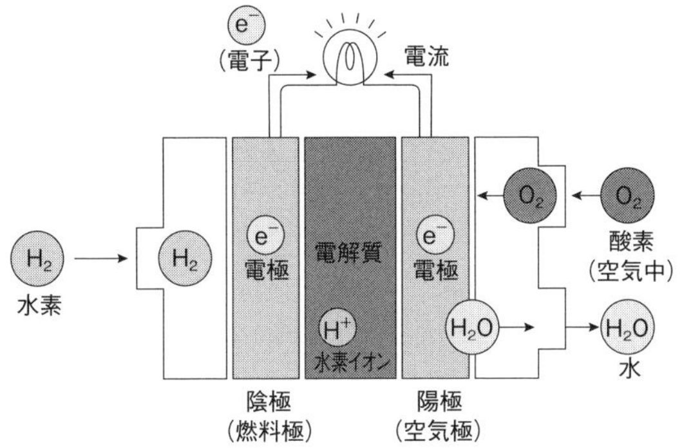

図 20.25 燃料電池の仕組み

熱を利用する際のエネルギー効率は非常に低いもので，この方法で取り出すことのできる電気エネルギーは，元の燃料がもつエネルギーの 10% にも満たないものになってしまう。

化学反応から直接電気エネルギーを取り出す方法が考え出された。これが**燃料電池**（fuel cell）である。燃料電池とは，負極に水素（H_2），メタノール，または，メタンの酸化反応，正極で酸素（O_2）の還元反応を行い，その間に適当な電解質をおくことによって化学エネルギーを電気エネルギーにかえる発電装置である。燃料電池の代表的な例として，水素を負極の活物質とし，濃厚リン酸水溶液を電解質に用いる場合の電池の仕組みを図 20.25 に示す。その電池は次式で表される。

$$(-)H_2|H_3PO_4(aq)|O_2(+)$$

負極になる電極は白金微粒子を担持した炭素複合体で，そこに導入された水素は酸化されてプロトンを生じる。生じたプロトンはリン酸電解質中を移動することによって電極反応は維持される。白金（Pt）を含む微粒子を触媒として用い，水素と酸素を反応させて電気エネルギーを取り出す。起電力は 1.23 V である。一方の燃料である水素は，現在の

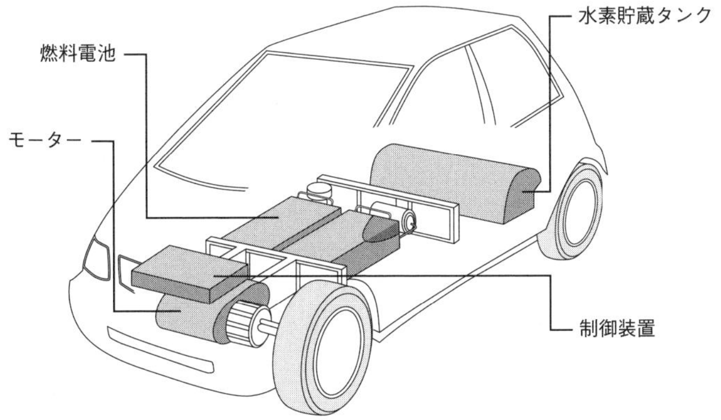

図 20.26 燃料電池自動車（石井弘毅，『燃料電池がわかる本』，オーム社（2003））

ところメタノール（CH_3OH）や CH_4 から得られる。

燃料電池の反応によって生成する化合物は水である。そこで，この電池は，電気エネルギーを取り出すことができる装置というだけでなく，環境を害することがないきれいなエネルギーであるので，実用へ向けての努力がつづけられている。すでに，ビルディングの維持に必要な 1 つの電力くらいまかなえる程度にまで研究が進み，さらなる軽量化，安全性の確保などのため電解質材料にイオン交換膜を用いた水素燃料自動車も発売され，ますます，その用途は広がっている。燃料電池自動車の一例を図 20.26 に示す

20-7-2　二次電池

(1) 鉛蓄電池

車のバッテリーに利用されている二次電池に，図 20.27 の鉛蓄電池（lead-acid battery）がある。正極は酸化鉛（Ⅳ）PbO_2，負極は鉛 Pb で，約 30% の希硫酸（密度 1～1.3）を電解液に用いる。電池の表示法に従うと，次のように表わされる。

$$(-)Pb|H_2SO_4(aq)|PbO_2(+)$$

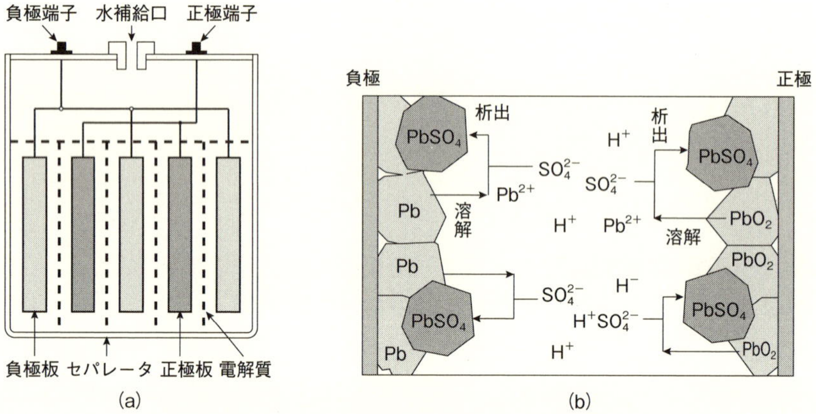

図 20.27　鉛蓄電池の構造（a）と放電における電極反応（b）

鉛蓄電池の起電力は 2.02 V で，放電のときに起こる反応は次のように表される。

アノード　$Pb + SO_4^{2-} \longrightarrow PbSO_4 + 2e^-$　(20.88)

カソード　$PbO_2 + 4H^+ + SO_4^{2-} + 2e^- \longrightarrow PbSO_4 + 2H_2O$　(20.89)

硫酸鉛（II）$PbSO_4$ は水や硫酸に難容性の固体であるので，放電が進むと，両極の表面が $PbSO_4$ でおおわれてくる。それにつれて，硫酸の濃度も減少する。しかし，充電すると，下記のような逆反応がおこり元の状態に戻る。

アノード　$PbSO_4 + 2e^- \longrightarrow Pb + SO_4^{2-}$　(20.90)

カソード　$PbSO_4 + 2H_2O - 2e^- \longrightarrow PbO_2 + 4H^+ + SO_4^{2-}$　(20.91)

この操作で負極側では鉛，正極側では酸化鉛が再生する事によって元の電池が復活すると同時に，水が分解されて電解質である希硫酸の濃度も，元の状態に回復する。鉛蓄電池の放電反応と充電反応を1つの式にまとめて，次のように表すことができる。

$$Pb + PbO_2 + 2H_2SO_4 \underset{充電}{\overset{放電}{\rightleftarrows}} PbSO_4 + 2H_2O \qquad (20.92)$$

この電池は，自動車などに使用されている。自動車に利用する際には，使用中に希硫酸から水が蒸発して，硫酸の濃度が高くなり，電極を痛めることがあるので，時々，水を補給して，その濃度をある程度一定に保っておく必要がある。

(2) リチウムイオン電池

グラファイトや酸化コバルトのようにすき間の多い二種の結晶を正極と負極に用い，電子 e^- の移動とそれに伴って生じる陽イオンのすき間移動を電流として取り出す電池が作られ，携帯電話，カメラ，パソコン用の二次電池として広く使われている。その代表的な電池が約4V起電を出す**リチウムイオン電池**（lithium-ion battery）である。

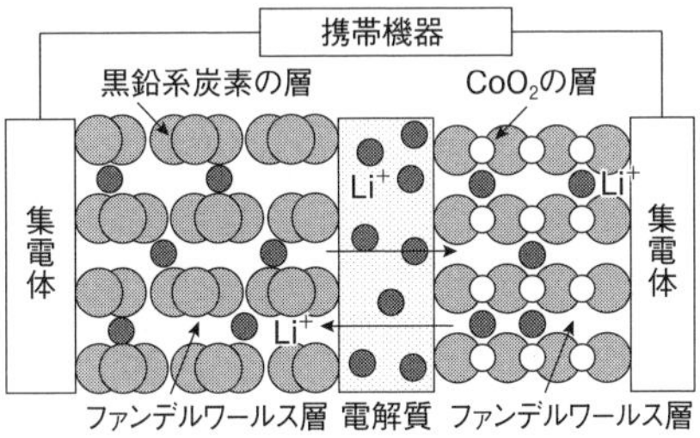

図20.28 リチウムイオン電池での充放電反応の概念図
（渡辺正編著，『電気化学』丸善（2008））

リチウムイオン電池は，図20.28に示すように，正極は CoO_2 の層間に Li^+ が挟まって $Li_{0.5}CoO_2$ の組成になった電極，負極はグラファイトの層間にLiが挟まり，C_6Li の組成を持った電極から構成されている。放電に伴う電極の変化は次のように表わされる。

$$\text{アノード}\quad 2Li_{0.5}CoO_2 + Li^+ + e^- \longrightarrow 2LiCoO_2 \qquad (20.93)$$

$$\text{カソード}\quad C_6Li \rightarrow C_6 + Li^+ + e^- \qquad (20.94)$$

充電は Li^+ の移動による電極活性物質の再生であるから，充放電は式（20.95）のような式で表わすことができる。

$$C_6Li + 2Li_{0.5}CoO_2 \underset{充電}{\overset{放電}{\rightleftarrows}} C_6 + 2LiCoO_2 \qquad (20.95)$$

リチウムイオン電池の電解液としては $LiPF_6$ を溶かした非水溶媒が用いられ，充放電に際し，図20.28に示すように，Li^+ が正極と負極のすき間（ファンデルワールス層）を出入りするだけであるから，充放電が可能な二次電池として活用されている。

リチウムイオン二次電池はエネルギー密度が高く，安定した電圧で長時間駆動が可能であるから，デジタルカメラ，デジタルビデオカメラ，携帯電話，パソコンに利用されている。

理解度テスト

1. 電子移動反応とはどんな反応か。
2. 金属のイオン化列とは金属のどのような性質を表したものか。
3. アノード，カソードとは何か。
4. ダニエル電池の概略を書き，塩橋が必要な理由を示せ。
5. 化学電池に必要な活物質とは何か。
6. 半電池および半電池反応を具体例で示せ。
7. アノード（負極）A，カソード（正極）B，アノードの電解質 AX_z，カソードの電解質 BX_z，からなる電池を電池の表示法で書け。
8. 電極の種類を4つ示せ。
9. 標準水素電極とは何か。
10. 電極の標準電極電位はどのようにして決めるか。
11. ネルンストの式とはどんな式か。
12. 電池の起電力と反応ギブズエネルギーの関係を示す式を書け。
13. 標準起電力と平衡定数の関係を示せ。
14. 実用電池は6つの部分からなると言われている。その6つの部分とは何か。
15. 実用電池には一次電池と二次電池がある。その違いを述べよ

章末問題

問題1　$AgNO_3$ の水溶液に鉄棒を入れるとどうなるかを示し，その反応を化学式で示せ。

問題2　ボルタ電池は銅電極で水素が発生して泡で覆うため長持ちしない電池であった。その理由を述べ，どのようにすれば改善されるかを述べよ。

問題3　下記の括弧（A）と（B）に適切な用語をいれ，その理由を述べよ。
酸化還元反応 $A+B^{z+} \rightleftarrows A^{z+}+B$ は，化学電池（ A ）に組み立てられる。その起電力 E と化学反応の反応ギブズエネルギー $\Delta_r G$ との間には，次の関係が成り立つ。

$$\Delta_r G = (\ \mathrm{B}\ )$$

問題4　電池の電極表面には，反対電荷イオンが集まって電気二重層を形成しているから電極近傍の反対電荷の濃度（c'）は電極の影響が及ばない溶液の中心の濃度 c とは異なる。電極の電位を ϕ として，c'/c を ϕ の関数として表せ。ただし，イオンの価数は z，その活量係数は電解表面で γ'，バルク中で γ とする。

問題5　空欄 A〜F を適切な用語でうめよ。
電池は2つの電極からなる。一方の電極は酸化反応がおこる電極で，（ A ）といい，電池の（ B ）極である。逆にもう一方の電極は（ C ）といい，そこでは還元反応がおこる。それが電池の（ D ）極になる。鉄棒を硫酸鉄水溶液のはいった容器に，銀棒を硝酸銀水溶液の入った容器につけ，容器間を（ E ）で連結したあと，鉄棒.と銀棒との間を導線で繋ぐと，（ F ）棒から（ G ）棒へ電流が流れる。それを電池として表示すると（ H ）で表される。

問題6　塩橋とは何か。なぜ必要かを述べよ。

問題7　レドックス対とは何か。次の電極のレドックス対を示し，半電池反応を書け。
(1) 銅電極
(2) 塩素電極

(3) 塩化銀電極

(4) 水素燃料電池の負極

問題 8 次の電極の電極電位 ϕ をネルンストの式で表せ。

(1) 水素電極

(2) ナトリウムアマルガム電極

(3) カロメル電極

問題 9 標準水素電極と塩化銀電極とからなる電池：

$$\mathrm{Pt}|\mathrm{H_2(g, 1\ bar)}|\mathrm{HCl(aq)}|\mathrm{AgCl(s)}|\mathrm{Ag(s)}$$

は，25℃で起電力は 0.2224 V で，その温度係数は $-4.856\times10^{-4}\ \mathrm{VK^{-1}}$ である。

次の問いに答えよ。

(1) 電池内の化学反応をかけ。

(2) この電池反応の標準ギブズエネルギー変化 $\Delta G°$, 標準エントロピー変化 $\Delta S°$ および標準反応熱 $\Delta H°$ を求めよ。

問題 10 次の電池：

$$\mathrm{Pt}|\mathrm{H_2(g, 1\ bar)}|\mathrm{HCl(aq)}|\mathrm{AgCl(s)}|\mathrm{Ag(s)}$$

に対し，下記の問いに答えよ。

(1) 電池の起電力をネルンスト式で表せ。

(2) 起電力を HCl の質量モル濃度 (m) と平均活量係数 ($\gamma_{m,\pm}$) で求めよ。

(3) 1,1 電解質ではデバイ–ヒュッケルの極限則 ($\gamma_{m,\pm}=-A\sqrt{m}$, A は定数) が成立する。それを利用すると，問 (2) の結果から，標準電極電位が求められることを示せ。

問題 11 次の酸化還元反応を利用した化学電池を組み立て，表 20.3 を用いて 25℃ におけるその電池の起電力を求め，その反応が自発的におこるかどうか判定せよ。

(1) $\mathrm{Fe^{2+}}(a=1)+(1/2)\mathrm{I_2}$
　$\rightarrow\mathrm{Fe^{3+}}(a=1)+\mathrm{I^-}(a=1)$

(2) $\mathrm{SnSO_4}(a=1)+2\mathrm{HgSO_4}(a=0.1)$
　$\rightarrow\mathrm{Sn(SO_4)_2}(a=0.5)+\mathrm{Hg_2SO_4}$ $(a=0.1)$

問題 12 次の反応を電池に組み立てたとき，

(1) $\mathrm{Zn(s)}+2\mathrm{Ag^+(aq)}$
　$\rightarrow\mathrm{Zn^{2+}(aq)}+2\mathrm{Ag(s)}$

(2) $\mathrm{Cu^{2+}(aq)}+\mathrm{Cd(s)}$
　$\rightarrow\mathrm{Cu(s)}+\mathrm{Cd^{2+}(aq)}$

(3) $\mathrm{Zn^{2+}(aq)}+\mathrm{H_2(g)}$
　$\rightarrow\mathrm{Zn(s)}+2\mathrm{H^+(aq)}$

(4) $2\mathrm{Li}+2\mathrm{H^+(aq)}$
　$\rightarrow\mathrm{Li^+(aq)}+\mathrm{H_2(g)}$

矢印の方向に進行する場合はどんな電池になるかを示し，その電池の起電力より，矢印の方向は自発的反応かどうかを判断せよ。

問題 13 次の反応は，$\mathrm{Cl^-}$ の存在を確認するために用いられる反応である。

$$\mathrm{Ag^+(aq)}+\mathrm{Cl^-}=\mathrm{AgCl(s)}$$

(1) この反応を電池反応とする化学電池を考案せよ。

(2) その電池の 25℃ における標準起電力を求めよ。

(3) 反応の平衡定数はいくらか。

問題 14 25℃ におけるダニエル電池：

$$(-)\ \mathrm{Zn}|\mathrm{ZnSO_4(aq, 1.0\ mol\ kg^{-1})}||\mathrm{CuSO_4\ (aq, 0.2\ mol\ kg^{-1})}|\mathrm{Cu}(+)$$

の起電力とその平衡定数を求めよ。ただし，$\mathrm{ZnSO_4}$ および $\mathrm{CuSO_4}$ 水溶液の平均活量係数 $\gamma_\pm$ は，それぞれ 0.0435, 0.104 である。

問題 15 次の電池の標準起電力を求めよ。

$$\mathrm{Ag(s)}|\mathrm{AgCl(s)}|\mathrm{KCl}|\mathrm{KBr}|\mathrm{Br_2(l)}|\mathrm{Pt}$$

計算に当たっては表 20.3 を用いよ。

問題 16 298.15 K における $\mathrm{Cu^{2+}}|\mathrm{Cu}$ および $\mathrm{Cu^+}|\mathrm{Cu}$ の標準電位 $E°$ は，それぞれ，0.337 V および 0.530 V である。Cu を +2 または +1 の状態に酸化するのは一般にどちらが容易であるか。

反応 $2\mathrm{Cu^+}\rightarrow\mathrm{Cu^{2+}}+\mathrm{Cu}$ の 298.15 K における平衡定数はいくらか

問題 17 $\mathrm{Ag}|\mathrm{AgCl(s)}, \mathrm{KCl\ (0.1\ M)}||\mathrm{AgNO_3\ (0.01\ M)}|\mathrm{Ag}$ の起電力は 25℃ で 0.390 V である。(1) 電池反応，(2) 標準起電力，(3) AgCl の溶解度積を求めよ。ただし，$0.1\ \mathrm{mol\ dm^{-3}}$ KCl 溶液の平均活量係数は 0.77 および $0.01\ \mathrm{mol\ dm^{-3}}$ $\mathrm{AgNO_3}$ 溶液の平均活量係数は 0.96 である。

問題 18 $\mathrm{D_2}$ の標準電極電位は -0.0034 V である。$\mathrm{D_2}$ と $\mathrm{H_2}$ はどちらがイオン化しやすいか。

問題 19 電池反応を

$$Ag + \frac{1}{2}Br_2 + Cl^- \rightarrow AgCl + \frac{1}{2}Br^-$$

と書いた場合（a）と

$$2Ag + Br_2 + 2Cl^- \rightarrow 2AgCl + Br^-$$

と書いた場合（b）とで，反応ギブズエネルギー変化は異なるが，起電力は同じすなわち示強性であることを示せ

問題 20　$H_2(g)$，$O_2(g)$，および $H_2O(l)$ の標準エントロピー（25℃）は，それぞれ 130.6 $J\,K^{-1}$，205.0 $J\,K^{-1}$，および 69.9 $J\,K^{-1}$ である。水素，酸素燃料電池：

$$Pt, H_2(1\ bar)|KOH(aq)|O_2(1\ bar), Pt$$

の標準起電力の 25℃ における温度係数 $(\partial E^\circ/\partial T)_p$ を求めよ。

問題 21　一次電池と二次電池の違いを述べよ。

問題 22　次の化学反応：$Ag(s)+HgCl(s)=AgCl(s)+Hg(l)$ からなる電池を組み立てると，その起電力とその温度係数は 25℃ で，0.0455 V および 3.38×10^{-4} V deg^{-1} である。組み立てた電池を示し，反応の反応熱を求めよ。

問題 23　鉛蓄電池（$Pb|PbSO_4|H_2SO_4(m=1.0)||PbSO_4|PbO_2$）の 1 気圧下における起電力は常温付近で

$$E=1.91737+5.61\times10^{-5}(T-273.15)+1.08\times10^{-6}(T-273.15)^2$$

で与えられる。(1) 電池内反応を書き，(2) 25℃ における ΔG，ΔH および ΔS を求めよ。

問題 24　アマルガム濃淡電池$|Hg\text{–}Pb(a_1)|Pb(NO_3)|Hg\text{–}Pb(a_2)|$の両極における $Pb(NO_3)$ のモル濃度は左極で 10%，右極で 0.1% であった。活量係数は 1 として，25℃ における起電力を求めよ。

問題 25　半電池 Fe^{2+}/Fe の標準電極電位は，水素の圧力を 1 atm とする従来の標準水素電極尺度では，25℃ で -0.44 V である。水素の圧力を 1 bar とする標準水素電極ではいくらになるか。

問題 26　水溶液の pH は水素電極とカロメル電極を組み合わせた電池の起電力によって測定される。求める pH は次式で表されることを示せ。

$$pH = -\log a_{H^+} = \frac{E-E_{ref}}{0.0591}$$

問題 27　電池 $Pt\,¦\,H_2\,¦\,HCl\ (aq)\ ¦\,AgCl\,¦\,Ag$ の 25℃ での起電力は 0.322 V である。この HCl 溶液の pH を求めよ。

第 21 章

ゴム弾性の熱力学

これまで，様々な自然現象の熱力学的背景について解説してきた。この章ではゴムの示す特殊な性質，すなわち高弾性の背景を熱力学的視点に立って解説する。ゴムは外力を加えると容易に変形し，何倍も伸びる高弾性体である。まず，金属との対比から始める。金属線におもり W をたらし金属線の温度を上げていくと，金属線は熱膨張によっておもりは下がっていくが，おもりによって伸びたゴム片の場合は温度が上がると逆に収縮し，吊るしたおもりは上がっていく。このゴムの特異な挙動はヘルムホルツエネルギー変化として表せることを示し，その展開によって，外力に対するゴムの応力は内部エネルギー変化に呼応する応力とエントロピー変化から来る応力からなることを誘導する。それぞれの応力は実験によって求めることができ，ゴムの特性すなわち高弾性はエントロピー変化によって生じる応力であることが明らかになる。このエントロピー弾性の発現を分子レベルで考察し，エントロピー弾性をもたらしているのはゴムが高分子物質であることに起因することを学ぶ。

21-1　ゴム弾性

21-1-1　ゴムの特性

身近には，消しゴム，輪ゴム，タイヤなどゴム製品がいたるところに存在する。**ゴム**（rubber）は，図 21.1 に示すように，**小さい張力で大きく伸長し，外力を除くとただちに元の状態に戻る物質**で，大きな変形が可逆的に行われるところにその特性がある。固体であれば，どんな物質も外力により多少は変形し，外力を除くと元の状態に戻る性質すなわち**弾性**（elasticity）を有するが，ゴムの場合はその変形がはじめの長さの 5〜10 倍におよぶから**高弾性体**（high elastic body）といわれている。元の状態にもどることのできる最大の変形を**弾性限界**（elastic limit）といい，元の状態からの変形を百分率（%）で示す。金属やセラミックスの弾性限界は 1% 以下であるのに対し，ゴムの弾性限界は 500% を越す。

4 つの温度においてゴムの単位断面積の張力（応力）と伸び（元の長さをもとに変形を百分率で表示）の関係を図 21.2 に示す。この図から明らかなように同じ長さに伸ばすには温度が高いほど大きな外力が必要なことを示している。このようにゴムを伸ばす力を一

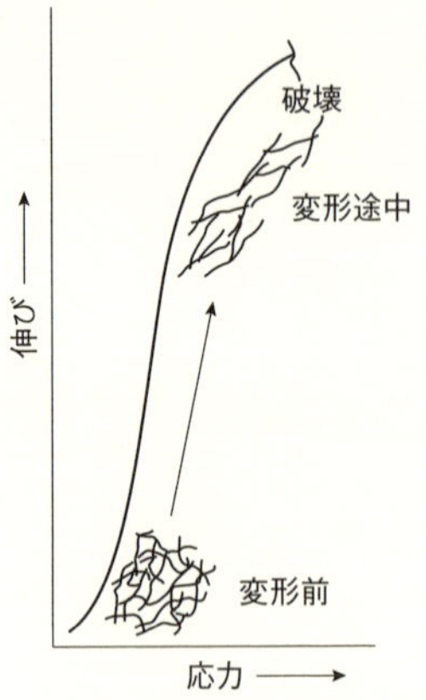

図 21.1　ゴムの変形の概念図

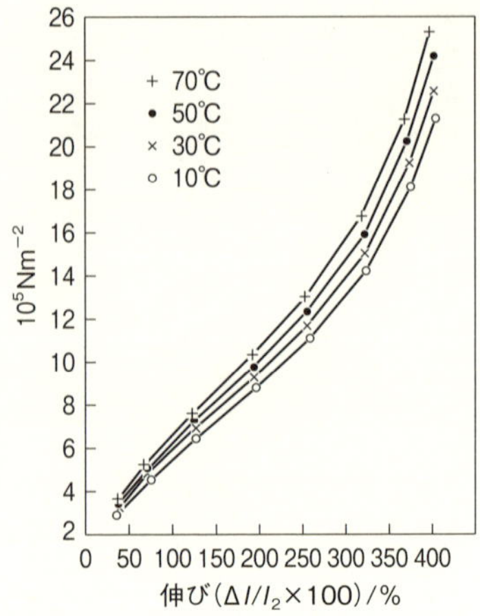

図 21.2　4 つの温度における応力と伸びの関係

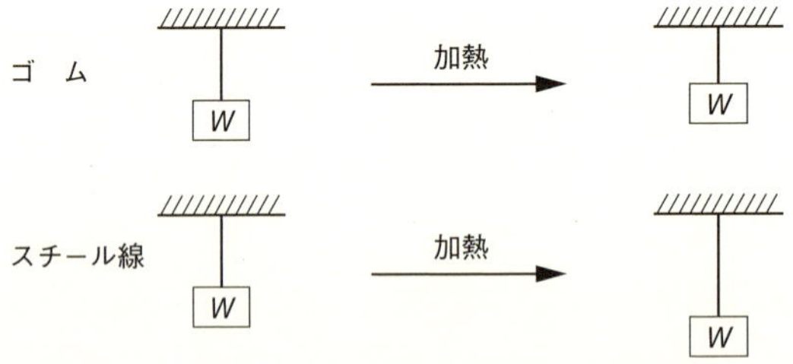

図 21.3　ゴムひもとスチール線の伸長に対する温度効果

定に保って温度を上げると，ゴム内に外力よりも大きな力が生じるから，ゴムは温度が上ると縮もうとする性質が存在する。同じ実験をスチール線で行うと，スチール線は熱膨張のため錘りは下がる。図 21.3 には概念的に示したが，本来，物質は熱により膨張するのが一般的な傾向である。**熱による収縮はゴムの特性**である（補遺参照）。その他，ゴムには急激に（断熱的に）伸長すると暖まり，それがもとに戻るときすなわちゴムが縮むとき冷えるという特性がある*。これを**グー・ジュール（Gough-Joule）効果**という。このようなゴムの特質は何処から来るかを熱力学的観点に立って考察しよう。

21-1-2　熱力学的背景

(1) 弾性変形の応力

一定の圧力 p，一定の温度 T の下で，一端を固定した長さ l のゴムの細片の他端を外力 f の力で引っ張ったとき，δl だけ伸びた場合（図 21.4），そのゴムになされる仕事は $f\delta l$ である。この仕事の際にゴムに吸収される熱量を δq，ゴムのもつ内部エネルギー変化を δU

＊輪ゴムを速やかに数倍引き伸してすぐに唇に当てると暖かく感じる。引き伸した輪ゴムをしばらくそのままにして 1 分くらい空気の温度になじませ，それから収縮させてすぐに肌に触れると少し冷たく感じる。ゴムは伸長により熱を発生し，収縮により熱を吸収する。

とすると，熱力学第1法則より

$$\delta U = \delta q - P\delta V + f\delta l \tag{21.1}$$

で表される。ゴムの可逆的な伸縮を考えると，熱力学第2法則により，δq はその伸縮の際のエントロピー変化 δS と T の積で表されるから，δq は次式で表される。

$$\delta q = T\delta S \tag{21.2}$$

式（21.2）を式（21.1）にいれると

$$\delta U = T\delta S - P\delta V + f\delta l \tag{21.3}$$

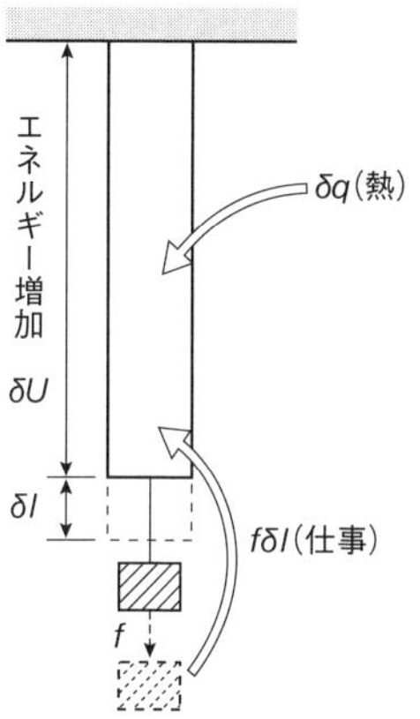

図21.4　ゴムの変形と熱力学的挙動

となる。ここで，等温，等圧の条件下では，ゴムの伸長による体積変化はほとんどないと考えられるから，$\delta V=0$ である。したがって，変形はヘルムホルツエネルギーの変化と応力の関係として考察することができる。熱力学によるとヘルムホルツエネルギー A は

$$A = U - TS \tag{21.4}$$

であるから，温度が一定の場合には，その変化 δA は

$$\delta A = \delta U - T\delta S \tag{21.5}$$

で表される。式（21.5）の δU に式（21.3）を代入すると，ヘルムホルツエネルギーと応力の間に次の関係が得られる。

$$\delta A = f\delta l \tag{21.6}$$

これを式（21.5）の左辺にいれて δl で割ると

$$f = \left(\frac{\delta U}{\delta l}\right)_T - T\left(\frac{\delta S}{\delta l}\right)_T \tag{21.7}$$

となり，微分表示にすると

$$f = \left(\frac{\partial U}{\partial l}\right)_T - T\left(\frac{\partial S}{\partial l}\right)_T \tag{21.8}$$

となる。この式は，外力 f によって生じる**ゴムの応力 *f*** (stress) **は長さの変化にともなう内部エネルギーの変化に起因する応力** $(\partial U/\partial l)_T$ と**エントロピーの変化からの応力** $T(\partial S/\partial l)_T$ からなることを示している。両者をどのように見積るかが課題となる。

(2) 応力の測定とゴム弾性

ヘルムホルツエネルギー（$A=U-TS$）の定義から，微分形で示すと $\mathrm{d}A$ は

$$\mathrm{d}A = \mathrm{d}U - T\mathrm{d}S - S\mathrm{d}T \tag{21.9}$$

である。$\mathrm{d}U$ に式（21.3）の関係を代入すると等積変化では

$$\mathrm{d}A = f\mathrm{d}l - S\mathrm{d}T \tag{21.10}$$

となる。よって

$$\left(\frac{\partial A}{\partial l}\right)_T = f \qquad \left(\frac{\partial A}{\partial T}\right)_l = -S \tag{21.11}$$

が成り立つ。Maxwell の関係式から

$$-\left(\frac{\partial S}{\partial l}\right) = \left\{\frac{\partial}{\partial l}\left(\frac{\partial A}{\partial T}\right)_l\right\}_T = \left\{\frac{\partial}{\partial T}\left(\frac{\partial A}{\partial l}\right)_T\right\}_l = \left(\frac{\partial f}{\partial T}\right)_l \tag{21.12}$$

が得られる。エントロピーに由来する力 $f_S \equiv -T(\partial S/\partial l)_T$ は $T(\partial f/\partial T)_l$ に等しいので，f_S は l を一定に保って f の T 依存性を測定すれば求められることを示している。

これを式（21.8）に入れると

$$f = \left(\frac{\partial U}{\partial \ell}\right)_T + T\left(\frac{\partial f}{\partial T}\right)_l = f_u + f_s \tag{21.13}$$

となる。ここで f_u は内部エネルギーの変化 $(\partial U/\partial l)_T$ を示す。この式は**ゴム弾性の状態方程式**（equation of state for rubber elasticity）といわれている。長さ l を一定に保ちつつ温度の関数としてゴムの応力 f を測定し，いろいろな温度の f を縦軸にとり，横軸に温度をとって図示すると，図 21.5 が得られる。

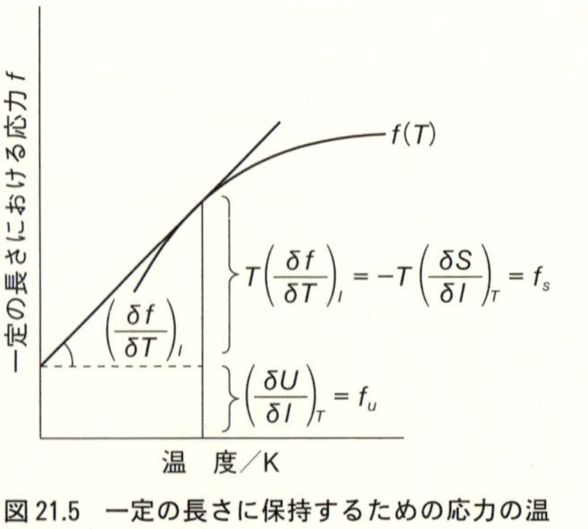

図 21.5　一定の長さに保持するための応力の温度曲線とその解析

任意の温度 T で f の接線を引くと，その勾配と切片は，それぞれ

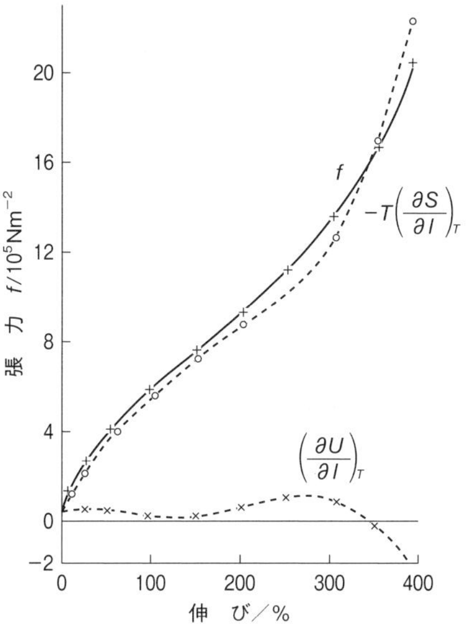

図 21.6　加硫ゴムの一軸伸長応力と伸びの関係

$$勾\quad配 = \left(\frac{\partial f}{\partial T}\right)_L = -\left(\frac{\partial S}{\partial l}\right)_T \tag{21.14}$$

$$切\quad片 = \left(\frac{\partial U}{\partial l}\right)_T \tag{21.15}$$

であり，実験によっていろいろな伸びにおけるf_sおよびf_uが求まる。一例として加硫ゴム（vulcanized rubber）の実験結果を図 21.6 に示す。実線はfの測定値（+）をなめらかに結んだ線，下方の点線は図 21.5 から求めたf_uの値（x）を連ねた線，上の点線は図の勾配から求めたf_sの値（○）をなめらかに結んだ線である。両方の点線で示す伸びの温度変化から明らかなように，伸びが 300% 以下ではf_u，すなわち内部エネルギー変化はf_sに比べて無視できる程度で，応力fはf_sによることを示している。これより**ゴム弾性はエントロピー変化から生じた応力**である事が明らかである。ゴムの張力は，伸長された高分子のエントロピー減少が応力を生むもとになっていることが熱力学的考察から明白になった。このようなエントロピー変化で生じる応力を**エントロピー弾性**（entropy elasticity）という。これに対し内部エネルギー変化による応力を**エネルギー弾性**（energy elasticity）という。

(3) グー・ジュール効果

1805 年グー［John Gough（1755–1825）イギリスの自然哲学者］はおもりをつるして伸長したゴムに加熱すると長さが収縮し，冷やすと伸長することを発見した（図 21.3)。この現象は 1859 年に「ジュールの法則」で有名なジュール［James Prescott Joule（1818–1889）イギリスの物理学者］によって確認されたのでグー・ジュール効果といわれている。この現象を熱力学的観点から考察しよう。

まず急激に（断熱的に）伸長したときの，ゴムの温度変化についても考えて見よう。長さのわずかな変化 δl に対する内部エネルギー変化 δU は

$$\delta U = T\delta l \tag{21.16}$$

となる。その際の温度変化を δT とすると，δU は熱力学第 1 法則 $\delta U=\delta q+f\delta l$ から

$$\delta U = C_1\delta T+\left(\frac{\partial U}{\partial l}\right)_T\delta l \tag{21.17}$$

と表すことができる。ここで，C_1 は長さ一定の条件におけるゴムの熱容量である。式 (21.10) と (21.17) から式 (21.18)

$$\delta T = \frac{1}{C_1}\left\{f-\left(\frac{\partial U}{\partial l}\right)_T\right\}\delta l = -\frac{T}{C_1}\left(\frac{\partial S}{\partial l}\right)_T\delta l \tag{21.18}$$

となる。したがって，伸長によってエントロピーが減少するような場合，$(\delta S/\delta l)_T<0$ であるから，$\delta T>0$ となる。急激に（断熱的に）伸長したときゴムの温度は上昇し，急激に縮ませると温度が下がる。この現象が補遺に示す実験装置によって測定され，ゴムの伸縮はエントロピー変化であることが実証された（補遺およびコラム参照）。次節で伸張したとき $(\partial S/\partial l)_T<0$ となる現象を分子レベルで考察しよう。

21-1-3　化学構造とエントロピー弾性

天然ゴムの化学構造に目を向けると，その構造は 3000〜4000 個のイソプレンが図 21.7 (a) や (b) に示すように 1,4-シス単位で結合し，鎖状をした高分子（図 21.7 (c)）である。(a) で明らかなように化学結合は炭素-炭素結合，炭素-水素結合だけで，双極子相互作用や水素結合をするような官能基が含まれていないので，ゴムを構成する分子間の引力はファンデルワールス力だけである。高分子のミクロブラウン**運動**（micro-Brownian

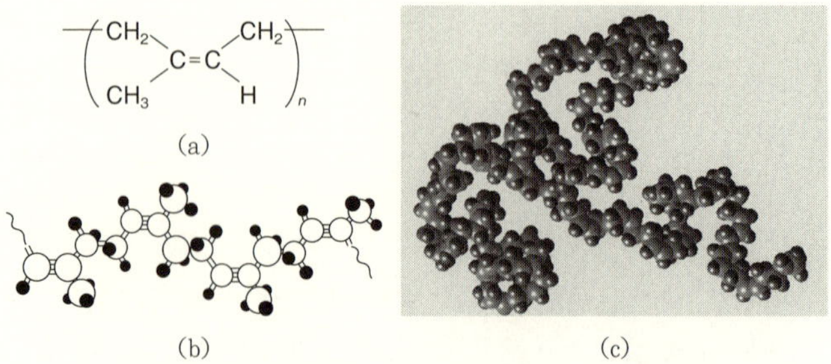

図 21.7　天然ゴム分子（ポリイソプレン）の化学構造
(a) ゴム分子の構造単位　(b) 分子モデルで示したゴム分子の部分構造
(c) ポリイソプレンの形態の概念図

motion)* がはじまる温度すなわちガラス転移温度（glass-transition temperature）T_g は低く，−73℃ である。その T_g よりも約 100℃ も高い室温では，かなり激しくミクロブラウン運動がおこっているのだから，部分的には液体に近い状態である。しかし，ゴム分子は高分子であり，図 21.7（c）に示すように長い鎖状分子からなっている。分子鎖がお互いに絡み合い分子全体としての移動や回転がないので，液体のように自然に流動することができず固体の状態を保持している。このような状態であるから，外力を加えると容易に変形し，外力を除いても，元の寸法に戻ることはない。その挙動の概念図を図 21.8（a）に示す（塑性変形）。

図 21.8（a）はゴムの木から取り出した生ゴムの場合で，高分子鎖は互いにからみあった状態である。それを左右に引っ張ると図 21.8（b）のように伸びる。外力によってからみあっている高分子の相対位置がずれ，外力を除いてももとの形状に戻ることはない。しかし，外力によって高分子が滑るのを防ぐために，高分子間にところどころ化学結合をつくっておく。このように高分子間を化学結合で繋ぐことを**架橋**（crosslinking）という。天然ゴムの架橋には，硫黄と反応させて図 21.9 のようにポリイソプレンの間をところど

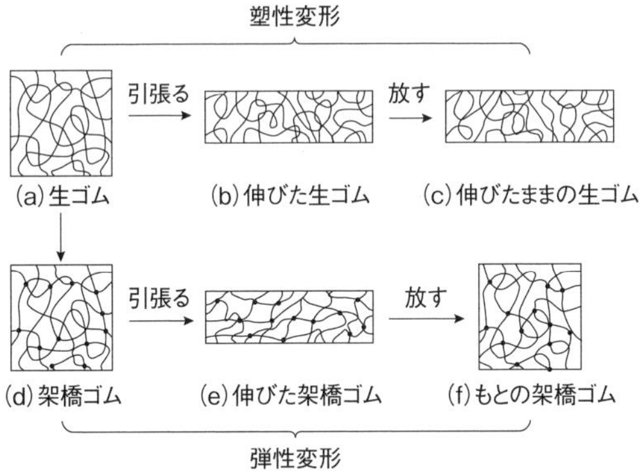

図 21.8　生ゴムおよび架橋ゴムの伸長による変形の概念図

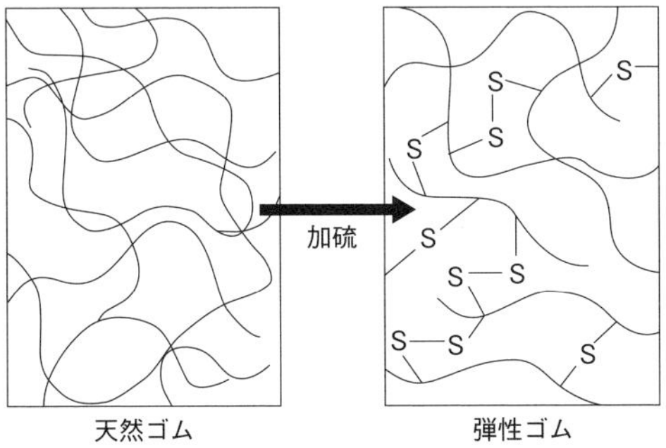

図 21.9　ゴムの硫黄による架橋

＊　高分子のような鎖状分子では，ガラス転移温度以上になると凍結状態から解放され，鎖状分子の各部分は比較的に小さな範囲における不規則な運動が可能になる。このような小規模の分子要素の移動をミクロブラウン運動という。

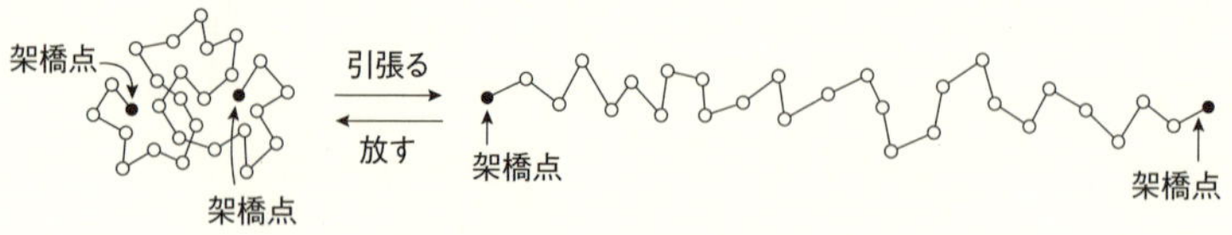

図 21.10　架橋された高分子の外力による部分的な変形

ころ硫黄で結合する方法が用いられている*。ゴムを構成するすべての高分子間を架橋しておくと，物体自体が 1 つの分子からなると考えられるので外力によって変形しても，高分子のそれぞれの相対位置がずれることはない。このように架橋したゴムを引き延ばすと図 21.8（a），（d），（e）に示すように引き延ばされた状態になるが，外力を除くと，図 21.8（f）に示したようにもとの状態が復元する。架橋することによって高弾性体としてのゴムの特性が発現する。

エントロピー弾性と高分子鎖の運動との関連を考えて見よう。T_g よりもはるかに高い室温ではゴムを構成している高分子は自由にミクロブラウン運動をしているから，外力を加えると高分子は外力の方向に延びた状態になる（図 21.10)。しかし。架橋されている高分子は化学結合で部分的に止めているから，外力によって伸ばされても高分子の相対位置がずれることはない。引き伸された高分子は制約を受けているので，運動の自由度は減少する。その結果，外力が加わった状態では，高分子の持つ**エントロピーが減少**した状態となる。エントロピーの減少は自由エネルギーが高い状態すなわち不安定になっているから，外力がなくなると，自発的にもとの安定な状態へ戻ろうとする力が生じ，それが復元力となってゴム特有の高弾性が現れるのである。まさに**エントロピー変化による応力**の発生である。

図 21.3 に，伸びた状態にあるゴムの周囲の温度を上げると，おもり w が持ち上がるというゴム特有の現象を示した。これも，エントロピー変化を考慮すると無理なく説明できる。つまり，ゴムを自然につるした状態では，高分子鎖は 21.11（a）のような状態にあるが，これに重りを吊るすと高分子鎖は図 21.11（b）のようになる。すなわち，おもりの重力でゴムは伸びてエントロピーが減少した状態になるが，エントロピー的応力が生じ，重力と釣り合っている。しかし，温度が高くなると，ゴムを構成している高分子の分子運動が激しくなるから，エントロピーの大きな状態に近づこうとする。その結果，おもりの重力との釣り合いが崩れ，おもりが持ち上がるという現象がおこるのである。

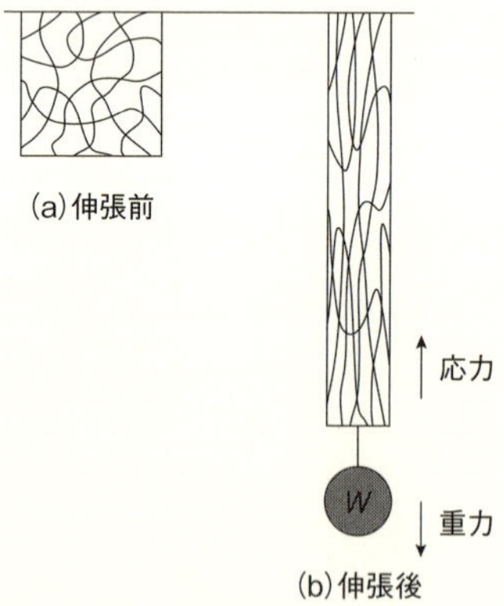

図 21.11　ゴム細片の伸長とそれに伴う分子形態変化の概念図

*　硫黄による架橋は加硫と言われている。

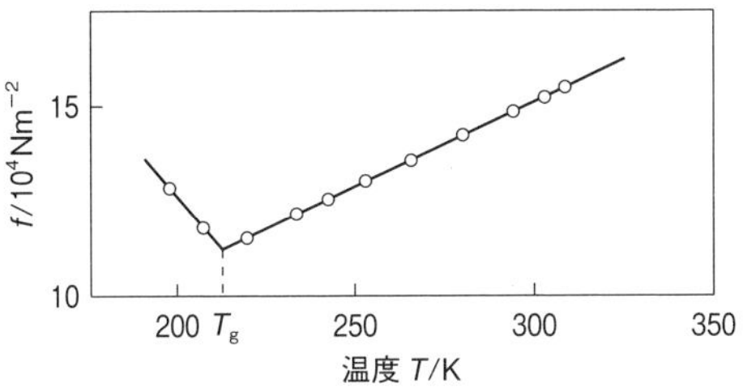

図 21.12　加硫ゴムの長さを一定にしたゴムの伸長応力と温度の関係

それならば，T_g 以下の温度ではどうなるか，次節で考えてみよう。

21-1-4　エネルギー弾性とゴム弾性

金属やセラミックの外力による変形はそれを構成している原子の原子間距離や分子の結合角，結合距離の変形に起因するから，最も安定なもとの位置に戻そうとする大きな復元力が働き，変形に強く抵抗する。したがって，その変形は小さく，弾性限界は1% よりはるかに小さい。このような弾性は，結合エネルギーや結合角など原子，分子の持つエネルギーに係わるもので，**エネルギー弾性**＊と呼ばれている。

ゴムの場合も，T_g 以下ではミクロブラウン運動は凍結し，分子鎖は動けるような状態にはない。伸長を一定にしたゴムの T_g 前後の伸長応力 f の温度依存性を図 21.12 に示す。**ガラス転移点以下では，張力は温度上昇と共に低下し，金属や木材と同様に，その弾性は内部エネルギー変化によるエネルギー弾性ある。**T_g を越えると高分子鎖のミクロブラウン運動が始まるので，エントロピー変化による応力が加わり式（21.9）の第 2 項が加わる。応力の温度変化に注目すると，T_g よりも高温側では，伸長応力 f と温度の間に

$$f = kT \tag{21.20}$$

になる関係が見出された。これは，式（21.9）において，f_s の内部エネルギー変化からの応力 $(\partial U/\partial L)_T$ が小さく，k はエントロピーの変化からの応力$-(\partial S/\partial L)_T$ であることを示している。この実験結果により，ゴムの高弾性がエントロピー的であることがさらに確証された。

＊圧力一定であることを考慮してエンタルピー弾性ともいわれている。

補遺　ゴムの伸縮と温度の関係

ゴムの伸縮と温度の関係は，松尾隆祐氏（阪大名誉教授）によってつくられた実験装置によって定量的に見積もることができる。その装置を補図 21.1 に示す。装置は，幅広いゴムバンドに熱電対を挟んで，断熱的な張力によって伸縮する際のゴムの長さとそれに応じた温度変化を電圧増幅器をもちいて増幅し，それをレコーダーに記録する仕組みになっている。その結果を補図 21.2 に示す。

張力が大きいほど温度変化も大きく，発熱量が大きいことを示している。伸ばしたまましばらく空気中にさまして収縮させると，上がった温度がもとに戻り発熱量と同量の吸熱が起っていることを示している。これを繰返すと再現され，ゴムの張力に対する温度変化が可逆過程であることを示している。この変化は熱を加えることなく起る可逆変化であり，断熱可逆変化の一例である。一方，膨張・収縮という力学的可逆変化に加えて，ゴムには引き伸したとき発熱し，収縮させると熱以外のものに変化し，再びもとの状態へ変化する。後者の現象を発現させている量がエントロピーで，図 21.11 に示す高分子鎖が安定な形態になろうとするところから発生する量である。

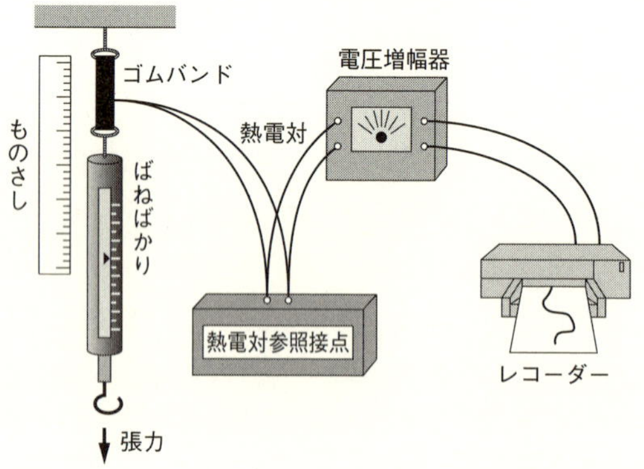

補図 21.1　ゴムバンドの伸縮に伴う温度変化の測定装置の概要

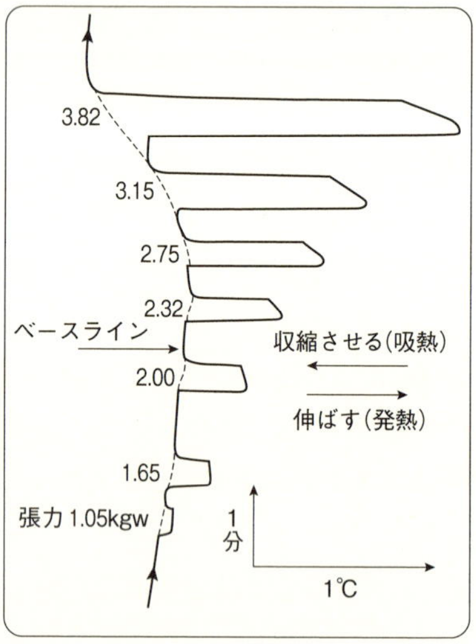

補図 21.2　ゴムバンドの張力と温度の関係
ベースラインが湾曲している。

理解度テスト

1. 弾性とはどんな性質か。
2. 高弾性体とはどのような物質か。
3. 次の文の括弧の中の a と b の正しい方を選べ。
   おもりをつり下げた金属線は温度を上げると（a 伸びる　b 縮む）のに，ゴムの場合は吊るしたおもりは温度を上げると（a 伸びる，b 縮む）。この現象を何効果というか。
4. ゴムを構成する分子間の引力はどんな力か
5. ミクロブラウン運動とはどんな運動か。
6. 架橋とは何か。ゴムの利用には何故それが必要か。
7. 結晶弾性とゴム弾性の違いを示せ。

コラム　ゴムの伸縮を利用したエントロピーの直接測定

エントロピーは状態量の 1 つで，熱力学第 2 法則の根幹をなす重要な熱力学量である。エネルギーと違って不可逆変化にともなって発生する量であるが，これまで，熱移動の精密な熱測定によって多くの物質のエントロピーの絶対値が決められている。しかし，エントロピーは，エンタルピーやエネルギーとは異なり，その本質を理解するのは抽象的でわかりにくい。近年，松尾隆祐阪大名誉教授ら＊1, 2 は，補遺に示す実験装置を用い，ゴムの伸縮による温度変化を測定し，それが，可逆的に起こるエントロピー変化であることを明らかにした。身近な物質を用いてエントロピーが物質の保存量として観測された例として紹介しよう。

力を加えると熱の出入りがおこる現象を力学熱量効果というが，ゴムは伸縮という力学操作によって顕著に熱の出入りが生じるから，その効果を明瞭に示す物質である。エチレン-プロピレンゴムでは，繰り返し伸縮で，下図に示すように，ゴムの伸縮によって何度繰り返しても，可逆的な温度変化が観測された。シリコンゴム（ポリジメチルシロキサン PDMS）についての同様の測定では，このゴム固有の不可逆性によってエネルギー散逸が生じ，繰り返し伸縮にともなって少しずつ温度が上昇するが，色々な長さに伸長し，不可逆性を差し引いた温度差から伸長エントロピーを算出すると，得られた伸長エントロピーの伸長度（$\lambda = l/l_0$: l_0 はゴムの自然長）に対する依存性が，理論的に誘導された伸長エントロピーと一致する事が明らかになった。

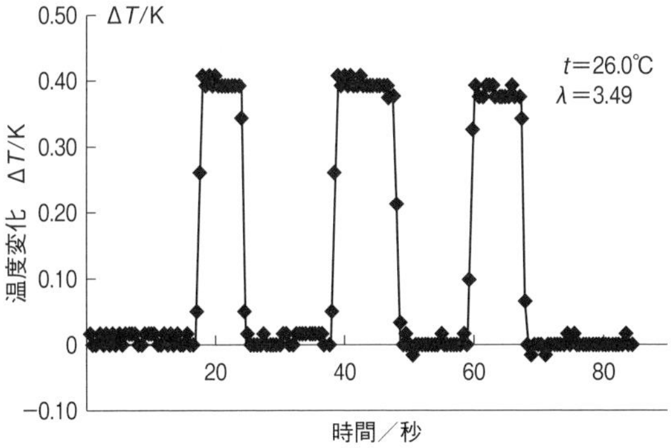

コラム図 1.　エチレン―プロピレンゴムの繰り返し伸縮に対する可逆的力学熱量効果

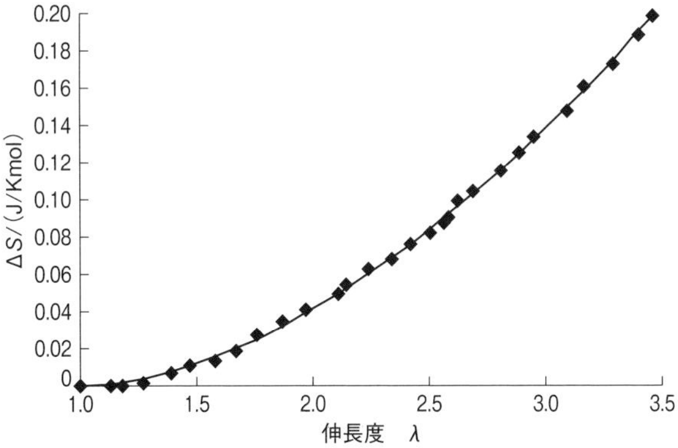

コラム図 2　シリコンゴムの伸長エントロピー（ポリジメチルシロキサン 1 モルあたり）の伸長度依存性。実験値と鎖統計理論値の比較を示す。

＊1　松尾隆祐，東信晃，熱測定，43（w43), 12-20（2016).

＊2　T.Matuo, N. Azuma, Y. Toriyama, T. Yoshioka, J. Therm. *Anal. Calorim.*, **123**, 1814（2016).

上記の結果は，エントロピーが物質の保存量として存在することを示したものであり，熱力学第2法則の理解を深めるのみならず，実用的には，ゴムの物性研究に意義があると思うのでコラムとして紹介する。

章末問題

問題1　断熱可逆伸張によって体積が変わらない場合，外力に対する応力は$f=(\partial A/\partial l)_T$で表されることを示せ。

問題2　外力fによって生じるゴムの応力は内部エネルギー変化による応力（f_u）とエントロピー変化による応力（f_s）からなることを示せ。

問題3　ゴムを急速（断熱的）に伸長したとき暖かくなる。伸張によってエントロピーが減少することを考慮して，その理由を熱力学的観点から説明せよ。

問題4　結晶弾性とゴム弾性との違いは何に起因するかを説明せよ。

問題5　生ゴムは夏はべたつき，冬は固くなるので実用的ではない。実用化するため開発された方法を述べよ。その理由を述べよ。

問題6　張力fによるゴムひもの断熱，可逆的伸張に対し，温度変化（$\mathrm{d}T)_S$は

$$(\mathrm{d}T)_S = -\frac{T}{C_l}\left(\frac{\partial f}{\partial T}\right)_{p,l}\mathrm{d}l$$

となることを示せ。

問題7　ゴムひもの張力fはガラス転移点以上では，$f=kT(k(>0)$ はlによって決まる定数）である。このようなゴムひもの内部エネルギーUは紐の長さによらず，温度だけの関数，エントロピーSは長さlとともに減少することを示せ。変形による体積の変化はないとする。

問題8　温度が長さ（l_0）のゴム糸を一定の長さlに保ち温度を変えて測定すると張力fとlとの間に次の関係が存在する。

$$f = kT\left[\frac{l}{l_0} - \{1+\alpha(T-T_0)\}\left(\frac{l_0}{l}\right)^2\right]$$

ここで，αは熱膨張率で$7\times10^{-4}\,\mathrm{deg}^{-1}$ある。$l_0$から$L$倍に引き延ばしたとこの温度変化$\Delta T$を求めよ。

章末問題解答

第13章

問題1 図13.11（b）において，1 atmで横に線を引くと194.7 K（−78.5℃）で昇華曲線と交差し，固体と気体の2相平衡状態になり，それより高温では気体のみで存在することになる。298.15 Kで低圧から高圧に向って縦に線を引くと67 atmで蒸発曲線と交差する。すなわち室温で67 atm以下では気体であり67 atmで気体と液体が平衡状態で共存し，67 atm以上では液体に変化する。

問題2 1 atm（760 Torr）の沸点および融点をKで表すと85.25 Kおよび54.75 Kとなる。圧力差が大きいのでpは対数$\ln p$で表し，各点をTに対しプロットした後，図13.10を参考にして，線を引く。

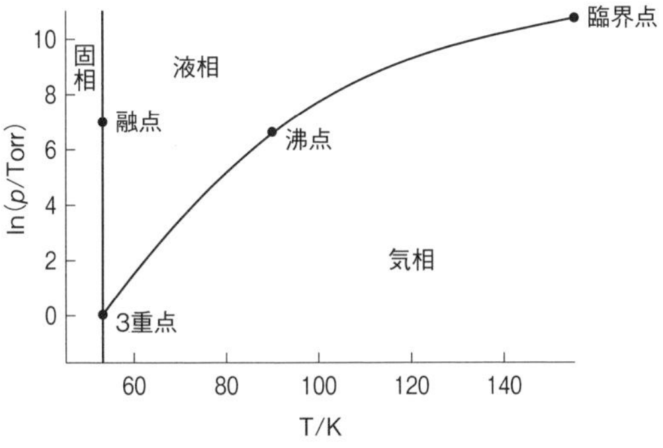

相図から固相-液相境界線の勾配は正の値であるから，圧力を上げれば，融点もあがる。したがって，固相の酸素は加圧しても境界線と交差することがない。

問題3 3重点においては，圧力，温度は等しいから

$$\frac{2906.2\,\mathrm{K}}{T} - 19.020 = \frac{2595.7\,\mathrm{K}}{T} - 17.572$$

$$(19.020 - 17.572)/T = (2906.2 - 2595.7)/\mathrm{K}$$

$$T = 214.4\,\mathrm{K}$$

Tの値を与えられた式に代入し，圧力を求める。

$$\ln(p/\mathrm{Torr}) = -\frac{2906.2\,\mathrm{K}}{214.4\,\mathrm{K}} + 19.020 = 5.46$$

$$p = 236.27\,\mathrm{Torr}$$

3重点の温度は214.4 K，圧力は236.3 Torrとなる。

問題4 ギブズエネルギーを温度に対しプロットすると，転移点の前後で，その勾配が不連続に変化するのは転位前後の状態のエントロピーや密度が異なることを示している。

問題5 2次相転移は潜熱をともなわないから，G_{m}のTに関する1次微分すなわちエントロピーは連続であるが，2次微分が不連続になる転移である。したがって，2次微分を反映する定圧迅容量$C_{p,\mathrm{m}}$の温度変化が不連続になる。転移点に達するまで変化のきざしを示さない1次相転移とは対照的で，転移温度に達する前に予兆が観測され，転移による変化が，その前後の温度範囲に広がっている。

問題6 体積変化$\Delta_{\mathrm{trs}}V = 18.02\,\mathrm{g\,mol^{-1}}/1.000\,\mathrm{g\,cm^{-3}} - 18.02\,\mathrm{g\,mol^{-1}}/\ 0.9174\,\mathrm{g\,cm^{-3}} = -1.622\,\mathrm{cm^3\,mol^{-1}}$を 式（13.21）に代入すると，

$$\frac{\mathrm{d}p}{\mathrm{d}T} = \frac{6010\,\mathrm{J\,mol^{-1}}}{(273.15\,\mathrm{K})(-1.622\,\mathrm{cm^3\,mol^{-1}})}\left(\frac{10\,\mathrm{cm}}{1\,\mathrm{dm}}\right)\left(\frac{0.082\,\mathrm{dm^3\,atm\,K^{-1}\,mol^{-1}}}{8.314\,\mathrm{JK^{-1}\,mol^{-1}}}\right) = -133.8\,\mathrm{atm\,K^{-1}}$$

問題7 式（13.21）を用いて算出する。それに先立ち$\Delta_{\mathrm{fus}}V_{\mathrm{m}}$を求めておく。

$$\Delta_{\mathrm{fus}}V_m = \frac{1}{\rho_{水}} - \frac{1}{\rho_{氷}} = \left(\frac{1}{0.9998} - \frac{1}{0.9168}\right)\mathrm{cm^3 g^{-1}} \times \left(\frac{10^{-6}\,\mathrm{m^3}}{1\,\mathrm{cm^3}}\right) \times 18\,\mathrm{g\,mol^{-1}} = -1.63\times10^{-6}\,\mathrm{m^3mol^{-1}}$$

となるから，式（13.21）より

$$\frac{\Delta p}{\Delta T} = \frac{\Delta_{trs}H}{T\Delta_{trs}V}$$
$$= \frac{333.5\,\mathrm{J\,mol^{-1}}}{(273.15\,\mathrm{K})(-1.63\times10^{-6}\,\mathrm{m^3\,mol^{-1}})}$$
$$= -7.49\times10^{5}\,\mathrm{Pa\,K^{-1}}$$

これより氷点を1℃（=1 K）下げるには，圧力 p を 7.497×10^5 Pa上げねばならない。

問題 8　水 1 mol の融解熱は

$$\Delta_{fus}H_m = 333.5\ \mathrm{J\,g^{-1}}\times18.00\ \mathrm{g\,mol^{-1}} = 6003\ \mathrm{J\,mol^{-1}}$$

水のモル体積

$$V_m(\mathrm{l}) = 1.0002\ \mathrm{cm^3\,g^{-1}}\times18.00\ \mathrm{g\,mol^{-1}} = 18.0036\ \mathrm{cm^3\,mol^{-1}}$$

氷のモル体積

$$V_m(\mathrm{s}) = 1.0908\ \mathrm{cm^3\,g^{-1}}\times18.00\ \mathrm{g\,mol^{-1}} = 19.6344\ \mathrm{cm^3\,mol^{-1}}$$

$$\Delta V = V_m(\mathrm{s})-V_m(\mathrm{l}) = 19.6344\ \mathrm{cm^3\,mol^{-1}} - 18.0036\ \mathrm{cm^3\,mol^{-1}} = 1.6308\ \mathrm{cm^3\,mol^{-1}} = 1.6308\times10^{3}\ \mathrm{dm^3\,mol^{-1}}$$

求める圧力を p とするとし，式（13.23）を用いると

$$\Delta p = \frac{6003\,\mathrm{J\,mol^{-1}}}{-1.6308\times10^{-3}\,\mathrm{dm^3\,mol^{-1}}}\ln\frac{263.15}{273.15}$$
$$= 137.3\,\mathrm{kJ\,dm^{-3}}$$

1 kJ=9.87 $\mathrm{dm^3}$ atm であるから

$$\Delta p = 1355.1\ \mathrm{atm}$$

したがって，−10℃ で融解する圧力は 1336.1 atm となる。

問題 9　クラペイロンの式（式 13.21）を固相–気相，液相–気相にあてはめると，それぞれ

$$(\mathrm{d}p/\mathrm{d}T)_{\mathrm{s}\to\mathrm{g}} = (S(\mathrm{g})-S(\mathrm{s}))/T(V(\mathrm{g})-V(\mathrm{s})),$$
$$(\mathrm{d}p/\mathrm{d}T)_{\mathrm{l}\to\mathrm{g}} = (S(\mathrm{g})-S(\mathrm{l}))/T(V(\mathrm{g})-V(\mathrm{l}))$$

が得られる。

$V(\mathrm{g})\gg V(\mathrm{l})\fallingdotseq V(\mathrm{s})$ および $S(\mathrm{g})>S(\mathrm{l})>S(\mathrm{s})$ が成り立つから，温度が3重点近くであれば，T は一定と近似できる。したがって

$$(\mathrm{d}p/\mathrm{d}T)_{\mathrm{s}\to\mathrm{g}} = (S(\mathrm{g})-S(\mathrm{s}))/T(V(\mathrm{g})-V(\mathrm{s}))$$
$$\approx \{S(\mathrm{g})-S(\mathrm{s})/TV(\mathrm{g})\}$$
$$> (\mathrm{d}p/\mathrm{d}T)_{\mathrm{l}\to\mathrm{g}} = (S(\mathrm{g})-S(\mathrm{l}))/T(V(\mathrm{g})-V(\mathrm{l}))$$
$$= \{S(\mathrm{g})-S(\mathrm{l})/TV(\mathrm{g})\}$$

となる。

問題 10　相変化によるモル体積の変化は

$$\Delta V_m = 18.01-19.64\ \mathrm{mL} = 1.63\ \mathrm{mL} = 1.63\times10^{-3}\ \mathrm{dm^3\,mol^{-1}}$$

となる。この過程における温度変化は $\Delta T=-10$℃$=-10$ K で，エントロピー変化は $\Delta S_m=22.04\ \mathrm{J\,K^{-1}}$ であるから，式（13.19）に代入すると

$$\frac{\Delta p}{-10\,\mathrm{K}} = \frac{22.04\,\mathrm{J\,K^{-1}\,mol^{-1}}}{-1.63\times10^{-3}\,\mathrm{dm^3\,mol^{-1}}}$$
$$= -1.35\times10^{4}\,\mathrm{J\,K\,dm^{-3}}$$

が得られる。したがって Δp は

$$\Delta p = \frac{22.04\,\mathrm{J\,K^{-1}\,mol^{-1}}\times(-10\,\mathrm{K})}{-1.63\times10^{-3}\,\mathrm{dm^3\,mol^{-1}}}$$
$$= 1.35\times10^{5}\,\mathrm{J\,dm^{-3}}$$

となる。1 $\mathrm{dm^3}$×1 bar=100 J であるから

$$\Delta p = 1.35\times10^{3}\ \mathrm{bar}$$

問題 11　クラペイロンの式，式（13.21）に与えられた数値を代入すると

$$\frac{\mathrm{d}p}{\mathrm{d}T} = \frac{\Delta_{trs}H_m}{T(V_m(\mathrm{g})-V_m(\mathrm{l}))}$$
$$= \frac{333.5\,\mathrm{J\,mol^{-1}}}{(373.15\,\mathrm{K})(30.180\times10^{-8}\,\mathrm{m^3\,mol^{-1}})}$$
$$= 3613\,\mathrm{Pa\,K^{-1}}$$

となるから

$$\frac{\mathrm{d}T}{\mathrm{d}p} = \frac{1}{(\mathrm{d}p/\mathrm{d}T)} = 2.768\times10^{-4}\,\mathrm{K\,Pa^{-1}}$$

問題 12　$\mathrm{d}H=C_p\mathrm{d}T+V\mathrm{d}p$ であるから，$\mathrm{d}\Delta H=\Delta C_p\mathrm{d}T+\Delta V\mathrm{d}p$ が成り立つ。相境界では，$\frac{\mathrm{d}p}{\mathrm{d}T}=\frac{\Delta H}{T\Delta V}$ なる関係が成り立つから $\mathrm{d}p=\frac{\Delta H}{T\Delta V}\mathrm{d}T$ とおくと，$\mathrm{d}\Delta H$ は

$$\mathrm{d}\Delta H = \left(\Delta C_p+\Delta V\times\frac{\Delta H}{T\Delta V}\right)\mathrm{d}T = \left(\Delta C_p+\frac{\Delta H}{T}\right)\mathrm{d}T \qquad (1)$$

となる。したがって

$$\frac{\mathrm{d}\Delta H}{\mathrm{d}T} = \Delta C_p+\frac{\Delta H}{T} \qquad (2)$$

が得られる。一方，次式が成り立つから

$$\frac{\mathrm{d}}{\mathrm{d}T}\left(\frac{\Delta H}{T}\right) = \frac{1}{T}\frac{\mathrm{d}(\Delta H)}{\mathrm{d}T} - \frac{\Delta H}{T^2} = \frac{1}{T}\left(\frac{\mathrm{d}(\Delta H)}{\mathrm{d}T} - \frac{\Delta H}{T}\right) \quad (3)$$

式 (2) と式 (3) から

$$\frac{\mathrm{d}}{\mathrm{d}T}\left(\frac{\Delta H}{T}\right) = \frac{\Delta C_p}{T} \quad (4)$$

が得られる。両辺に $\mathrm{d}T$ を掛けると

$$\mathrm{d}\left(\frac{\Delta H}{T}\right) = \frac{\Delta C_p \mathrm{d}T}{T} = \Delta C_p \mathrm{d}\ln T$$

となる。

問題 13 モルエントロピーは温度と圧力の状態関数，すなわち $S_\mathrm{m}=S_\mathrm{m}(T,p)$ で表されるから，$\mathrm{d}S_\mathrm{m}$ は

$$\mathrm{d}S_\mathrm{m} = \left(\frac{\partial S_\mathrm{m}}{\partial T}\right)_p \mathrm{d}T + \left(\frac{\partial S_\mathrm{m}}{\partial p}\right)_T \mathrm{d}p \quad (1)$$

と書くことができる。右辺の第 1 項はおよび第 2 項の偏微分は，それぞれ

$$\left(\frac{\partial S_\mathrm{m}}{\partial T}\right)_p = \frac{C_p}{T} \quad \text{および} \quad \left(\frac{\partial S_\mathrm{m}}{\partial p}\right)_T = -\left(\frac{\partial V_\mathrm{m}}{\partial T}\right)_p$$

で表されるから，式 (1) は

$$\mathrm{d}S_\mathrm{m} = \frac{C_p}{T}\mathrm{d}T - \left(\frac{\partial V_\mathrm{m}}{\partial p}\right)_T \mathrm{d}p$$

となる。したがって，加えられた熱量 $\mathrm{d}q$ に対して，

$$\mathrm{d}q = T\mathrm{d}S_\mathrm{m} = C_p \mathrm{d}T - T\left(\frac{\partial V_\mathrm{m}}{\partial T}\right)_p \mathrm{d}p$$

が得るから

$$C_S = \left(\frac{\partial q}{\partial T}\right)_S = C_p - TV_\mathrm{m}\left(\frac{\partial p}{\partial T}\right)_S = C_p - \alpha V_\mathrm{m} \times \frac{\Delta_\mathrm{trs} H}{\Delta_\mathrm{trs} V}$$

問題 14 式 (13.30) を用いる。水の蒸発熱から，$\Delta_\mathrm{vap}H_\mathrm{m}=41\ \mathrm{kJ\ mol^{-1}}$。圧力が 0.63 atm の時の沸点を T とすると

$$\ln\frac{0.63}{1} = \frac{-41000}{8.314}\left(\frac{1}{T} - \frac{1}{373.15}\right)$$

となる。

$$\frac{1}{T} = 9.369\times10^{-5} + \frac{1}{373.15} = 2.775\times10^{-3}$$

$$T = 360.4\ \mathrm{K} = 87.2℃$$

問題 15 式 (13.30) を用いて

$$\ln 2 = \frac{-40.65\times10^3}{8.314}\left(\frac{1}{T} - \frac{1}{373.15}\right) \quad \text{より}$$

$$T = 393.99\ \mathrm{K}\,(120.84℃)$$

問題 16 式 (13.21) を書き換えて

$$\Delta_\mathrm{vap}V_\mathrm{m} = \frac{\Delta_\mathrm{vap}H_\mathrm{m}}{T(\mathrm{d}p/\mathrm{d}T)}$$

となる。問題の実験式より

$$\frac{\mathrm{d}(\ln p)}{\mathrm{d}T} = \frac{3229.86}{T^2} + \frac{236690}{T^3}$$

が得られ，$T=353.24\ \mathrm{K}$ では

$$\frac{\mathrm{d}p}{\mathrm{d}T} = p\left(\frac{3229.86}{353.24^2}\mathrm{K^{-1}} + \frac{239690}{353.24^3}\mathrm{K^{-1}}\right) = (760\ \mathrm{Torr})\times(0.0312\ \mathrm{K^{-1}}) = 23.75\ \mathrm{Torr\ K^{-1}} = 0.0312\ \mathrm{atm\ K^{-1}}$$

である。したがって

$$\Delta_\mathrm{vap}V_\mathrm{m} = \frac{30800\ \mathrm{J\ mol^{-1}}}{(353.24\ \mathrm{K})\times(0.0312\ \mathrm{atm\ K^{-1}})} = (2790\ \mathrm{J\ atm^{-1}\ mol^{-1}}) \times\left(\frac{0.08206\ \mathrm{dm^3\ atm\ K^{-1}\ mol^{-1}}}{8.314\ \mathrm{J\ K^{-1}\ mol^{-1}}}\right) = 27.5\ \mathrm{dm^3\ mol^{-1}}$$

となる。$\Delta_\mathrm{vap}V_\mathrm{m}=V_\mathrm{m}(\mathrm{g})-V_\mathrm{m}(\mathrm{l})$ であるから，蒸気のモル体積 $V_\mathrm{m}(\mathrm{g})$ は

$$V_\mathrm{m}(\mathrm{g}) = \Delta_\mathrm{vap}V_\mathrm{m} + V_\mathrm{m}(\mathrm{l}) = (0.096+27.5)\mathrm{dm^3\ mol^{-1}} = 27.6\ \mathrm{dm^3\ mol^{-1}}$$

である。一方，理想気体であれば $V_\mathrm{m}^\mathrm{id}(\mathrm{g})=RT/p$ であるから

$$V_\mathrm{m}^\mathrm{id}(\mathrm{g}) = \frac{(0.08206\ \mathrm{dm^3\ atm\ K^{-1}\ mol^{-1}})\times(353.24\ \mathrm{K})}{1\ \mathrm{atm}} = 29.0\ \mathrm{dm^3\ mol^{-1}}$$

である。

実験式で得られるモル体積は理想気体として算出したモル体積より少し低めになる。

問題 17 水の 1 atm (760 Torr) の沸点が 373.15 K であることを考慮し，式 (13.30) に与えられた数値を代入すると

$$\ln\frac{760}{529}=\frac{-\Delta_{vap}H_m}{8.314\,\mathrm{J\,K^{-1}mol^{-1}}}\left(\frac{1}{373.15\,\mathrm{K}}-\frac{1}{362.2\,\mathrm{K}}\right)$$
$$=\frac{\Delta_{vap}H_m}{8.314\,\mathrm{J\,K^{-1}mol^{-1}}}\left(\frac{9.95\,\mathrm{K}}{363.2\times373.15\,\mathrm{K^2}}\right)$$

となるから

$$\Delta_{vap}H_m=40.8\,\mathrm{kJ\,mol^{-1}}$$

問題 18 相律 $F=C-P+2$ で $C=1$, $P=3$ より $F=1-3+2=0$。すなわち自由度0で固有値となる。これは図上の3重点で圧力611 Pa, 0.01℃（273.16 K）である。

水と水蒸気が共存するとき $F=1-2+2=1$ となり自由度1で線となる。これは図上の線OCに対応する。

問題 19 (1) 式（13.39）において $C=1$, $P=2$ であるから $F=1$ である。したがって，1つの独立変数が決まれば他の状態量がすべてきまる。圧力を決めれば沸点，融点，密度が決まる。

(2) 同様に，$C=2$, $P=2$ であるから $F=2$ である。この場合は2つの独立変数を決めなければならない。圧力と組成を決めないと，混合物の沸点は決まらない。

問題 20 (1) 式（13.39）において，$C=1$ であるから，$F=3-P$ となる。水と水蒸気が平衡状態にあれば $P=2$ であり，$F=1$ となる。したがって，温度を変えることはできる。

(2) 相律によると，1成分系では $F=3-P$ であるから，3成分が共存する場合，$F=0$ である。3成分が共存する場合には自由度がなく，圧力や温度は特定値であるから，0℃で3相は不可能である。

問題 21 相律によると，1成分系では $F=3-P$ であるから，4成分が共存する場合，$P=4$ である。したがって，$F=-1$ となり，自由度が負になる。したがって，共存することはできないから，硫黄の相図には4つの相が共存することはない。

問題 22 (b)。その理由は式（13.38）による。

問題 23 空気が存在するため，この系は水と空気の2成分系として取り扱わねばならない。

部屋が閉じていて平衡に達する量の水があれば，2つの相（液体の水だけの液相と空気と水蒸気からなる気相）と2つの成分（空気と水）が存在する。すなわち，自由度 F は $F=2-2+2=2$ である。温度と圧力が決まると系が決定できる。

問題 24 コップの中の氷水は大気と接し，3相になっている。その意味では3相が共存する系である。しかし，それは2成分系（C=2：水と空気）で，相律を適用すると自由度 F は $4-P$ である。$P=3$ を適用すると，$F=1$ となり，圧力を指定しない限り，融点は決まらない。全圧を1 atmと決めれば，氷の融点は273.15 Kで一定となるが，圧力変化によって融点はわずかではあるが変化するから定点ではない。これに対し水の3重点は閉じた入れ物に氷，水，水蒸気のみが共存する状態で，611 Pa, 273.16 Kを示す水の固有値である。

問題 25 式（13.36）を用いる。その際に必要なモル体積 V_m は

$$V_m=\frac{1}{0.997047\,\mathrm{g\,cm^{-3}}}\times\frac{18.00\,\mathrm{g}}{1\,\mathrm{mol}}\times\frac{1\,\mathrm{m^3}}{10^6\,\mathrm{cm^3}}$$
$$=1.805\times10^5\,\mathrm{m^3\,mol^{-1}}$$

となる。水の水蒸気圧 $p_s(H_2O)$ は

$$p_s(H_2O)=23.758\,\mathrm{mmHg}\times\frac{1\,\mathrm{atm}}{760\,\mathrm{mmHg}}$$

$=0.0312$ atm および $P=10$ atm であるから，式（13.36）に代入すると

$$\ln\left(\frac{p_s(H_2O+x)}{0.0312}\right)$$
$$=\frac{1.805\times10^{-2}\,\mathrm{dm^3\,mol^{-1}}}{(0.08206\,\mathrm{dm^3\,atm\,K^{-1}mol^{-1}})\times(298.15\,\mathrm{K})}\times(10-0.0312)\mathrm{atm}=0.0074$$

$p_s(H_2O+x)=0.0312\exp$（0.074）atm$=$0.0314 atm

問題 26 物質量 n, 温度 T, 圧力 p の蒸気のギブズエネルギー $G(\mathrm{g})$ は，式を用いて，次式で表される（「基礎編」式（12.107）参照)。

$$G(\mathrm{g})=G^\circ(\mathrm{g})+nRT\ln(p/p^\circ)$$

ここで，p° は標準圧力（1 bar)，$G^\circ(\mathrm{g})$ は標準状態のギブズエネルギーである。蒸気と平衡にある液体のギブズ

エネルギー $G(\mathrm{l})$ は次式で表される。

$$G(\mathrm{l}) = G^\circ(\mathrm{l}) + nRT\ln(p^*/p^\circ)$$

ここで，p^* は飽和蒸気圧である。したがって，液体を圧力 p の蒸気に変える際のギブズエネルギーの変化は

$$\begin{aligned}\Delta G = G(\mathrm{g}) - G(\mathrm{l}) &= G^\circ(\mathrm{g}) + nRT\ln(p/p^\circ) \\ &\quad - G^\circ(\mathrm{l}) + nRT\ln(p^*/p^\circ) \\ &= nRT\ln(p/p^*)\end{aligned}$$

である。水 1 kg の物質量は $n = 1000/18 = 55.6\ \mathrm{mol}$，$p$ は湿度 60% の水蒸気圧であるから $p = 0.6p^*$ である。この値を用いると

$$\begin{aligned}\Delta G/\mathrm{kJ} &= nRT\ln(p/p^*)/\mathrm{kJ} \\ &= 55.6 \times 8.314 \times 10^{-3} \times 298.15 \times \ln 0.6 \\ &= -70.4\end{aligned}$$

$$\Delta S = -(\partial G/\partial T)_p = -nR\ln(p/p^*) = 236\ \mathrm{J\,K^{-1}}$$

第 14 章

問題 1　水とスクロースのモル質量はそれぞれ $M_{\mathrm{H_2O}} = 18\ \mathrm{g\,mol^{-1}}$ および $M_{\mathrm{C_{12}H_{22}O_{11}}} = 342\ \mathrm{g\,mol^{-1}}$ である。100 g の水溶液を考えると，その体積は $100/\rho\ \mathrm{cm^3}$ すなわち $(100/\rho) \times 10^{-3}\ \mathrm{dm^3}$ で表され，水とスクロースの物質量 $n_{\mathrm{H_2O}}$ および $n_{\mathrm{C_{12}H_{22}O_{11}}}$ は (80/18) mol および (20/342) mol であるから

$$\text{濃度：} c = \frac{n_{\mathrm{C_{12}H_{22}O_{11}}}}{100/\rho} \times 10^3 = \frac{(20/342) \times 10^3}{100/1.0794} = 0.631\ \mathrm{mol\,dm^{-3}}$$

$$\text{モル分率：} x_{\mathrm{C_{12}H_{22}O_{11}}} = \frac{n_{\mathrm{C_{12}H_{22}O_{11}}}}{n_{\mathrm{C_{12}H_{22}O_{11}}} + n_{\mathrm{H_2O}}} = \frac{20/342}{20/342 + 80/18} = 0.013$$

問題 2　この溶液は，水 1000 g 当り 0.200 mol のスクロースを含んでいるから

$$x_{\mathrm{C_{12}H_{22}O_{11}}} = \frac{n_{\mathrm{C_{12}H_{22}O_{11}}}}{n_{\mathrm{C_{12}H_{22}O_{11}}} + n_{\mathrm{H_2O}}} = \frac{0.200}{0.200 + \dfrac{1000.0}{18.02}} = 0.00359$$

問題 3　1 $\mathrm{dm^3}$ の試料溶液を考える。この溶液の溶質の物質量を n_2 mol とするとモル濃度 $c\ \mathrm{mol\,dm^{-3}}$ は $n_2\ \mathrm{mol\,dm^{-3}}$ である。1 $\mathrm{dm^3}$ の溶液の質量は 1000ρ g で，溶質の質量は cM_2 g である。したがって，溶媒の物質量 n_1 は，M_1 を溶質のモル質量とすると

$$n_1 = \frac{1000\rho - cM_2}{M_1}$$

となるから

$$x_2 = \frac{n_2}{n_1 + n_2} = \frac{c}{\dfrac{1000\rho - cM_2}{M_1} + c} = \frac{cM_1}{1000\rho + c(M_1 - M_2)}$$

問題 4　B のモル分率：モル濃度 c で表すと

$$x_{\mathrm{B}} = \frac{c_{\mathrm{B}} M_{\mathrm{A}}}{1000\rho + c_{\mathrm{B}}(M_{\mathrm{A}} - M_{\mathrm{B}})}$$

質量濃度 b で表すと

$$x_{\mathrm{B}} = \frac{b_{\mathrm{B}} M_{\mathrm{A}}}{1000 + b_{\mathrm{B}} M_{\mathrm{A}}}$$

両者は等しいから

$$\frac{c_{\mathrm{B}} M_{\mathrm{A}}}{1000\rho + c_{\mathrm{B}}(M_{\mathrm{A}} - M_{\mathrm{B}})} = \frac{b_{\mathrm{B}} M_{\mathrm{A}}}{1000 + b_{\mathrm{B}} M_{\mathrm{A}}}$$

書き換えると

$$(1000 + b_{\mathrm{B}} M_{\mathrm{B}})c_{\mathrm{B}} = 1000\rho b_{\mathrm{B}}$$

整理すると

$$c_{\mathrm{B}} = \frac{1000\rho b_{\mathrm{B}}}{1000 + b_{\mathrm{B}} M_{\mathrm{B}}}$$

問題 5　水の物質量を n_1，モル質量を M_1，エタノールの物質量を n_2，モル質量を M_2，全体積 V，その溶液の密度を ρ とすると

$$V = \frac{n_1 M_1 + n_2 M_2}{\rho}$$

となる。両辺を $n_1 + n_2$ で割り，$x_1 = n_1/(n_1 + n_2)$ および $x_2 = n_2/(n_1 + n_2)$ とすると，溶液の平均モル体積 $\tilde{V}_{\mathrm{m}}$ は

$$\tilde{V}_{\mathrm{m}} = \frac{V}{n_1 + n_2} = \frac{1}{\rho}(x_1 M_1 + x_2 M_2)$$

が得られる。この式に数値を入れると

$$\tilde{V}_{\mathrm{m}} = \frac{1}{0.8494}(0.40 \times 18 + 0.60 \times 46) = 41.0\ \mathrm{cm^3\,mol^{-1}}$$

式 (14.18) より，$V = n_1\bar{V}_1 + n_2\bar{V}_2$ であるから，両辺を n_1+n_2 で割ると，式 (14.21) は $V_m = x_1\bar{V}_1 + x_2\bar{V}_2$ である。これを書き換えると

$$\bar{V}_1 = \frac{\tilde{V}_m - x_2\bar{V}_2}{x_1}$$

となるから，数値をいれて，$\bar{V}_1$ を求めると

$$\bar{V}_1 = \frac{41.0-(0.6\times57.5)}{0.4} = 16.3\,\mathrm{cm^3\,mol^{-1}}$$

問題 6　溶質 B のモル濃度 c_B は溶液 1 dm^3 あたりの B の物質量である。すなわち

$$c_B = n_B/1\,\mathrm{dm^3}\,溶液 \qquad (1)$$

である。希薄溶液である場合は $n_B = x_B n_A$ とおくことができる。したがって，式 (1) は

$$c_B = (n_A/1\,\mathrm{dm^3}\,溶液)x_B \qquad (2)$$

と書き換える事ができる。右辺の B の希薄溶液であるから，(n_A/1 dm^3 溶液) の 1 dm^3 溶液は溶媒 1 dm^3 と近似する事ができる。その近似および溶媒のモル質量 M_A を用いると，c_B＝(n_A/1 dm^3 溶液) は

$$\rho_A\frac{\mathrm{g}}{\mathrm{cm^3}}\times\frac{1}{M_A\,\mathrm{g\,mol^{-1}}}\times\frac{1000\,\mathrm{cm^3}}{1\,\mathrm{dm^3}} = \frac{1000\,\rho_A}{M_A}\,\mathrm{mol\,dm^{-3}}$$

となる。これを式 (2) に代入すると

$$c_B = \frac{1000\,\rho_A}{M_A}x_B$$

が得られる。

問題 7　式 (14.20) を適用すると，$V = n_{H_2OH_2O}\bar{V}_{H_2O} + n_{C_2H_5OH}\bar{V}_{C_2H_5OH}$ となるから

$$68.16 = (1.158)\times(16.98) + 0.842\times\bar{V}_{C_2H_5OH}$$
$$\bar{V}_{C_2H_5OH} = 57.60\,\mathrm{cm^3\,mol^{-1}}$$

問題 8　$\left(\dfrac{\partial G}{\partial p}\right)_{T,\langle n_i\rangle} = V$ (「基礎編」式 (12.45) 参照) が成り立つから，n_i で偏微分すると

$$\left\{\frac{\partial}{\partial n_i}\left(\frac{\partial G}{\partial p}\right)_{T,\langle n_i\rangle}\right\}_{n_j(j=1,2,3\cdots C,\,j\neq i)} = \left\{\frac{\partial}{\partial p}\left(\frac{\partial G}{\partial n_i}\right)_{n_j(j=1,2,3\cdots C,\,j\neq i)}\right\}_{T,\langle n_i\rangle} = \left(\frac{\partial\mu_i}{\partial p}\right)_{T,\langle n_i\rangle}$$

が得られる。一方

$$\left\{\frac{\partial}{\partial n_i}\left(\frac{\partial G}{\partial p}\right)_{T,\langle n_i\rangle}\right\}_{n_j(j=1,2,3\cdots C,\,j\neq i)} = \left(\frac{\partial V}{\partial n_i}\right)_{n_i(1,2,3\cdots C,\,j\neq i)} = \bar{V}_i$$

も成り立つ。したがって，式 (14.49)

$$\bar{V}_i = \left(\frac{\partial\mu_i}{\partial p}\right)_{T\langle n_i\rangle} = (\partial\mu_i/\partial p)_{T,\langle n_i\rangle}$$

が得られる。

問題 9　式 (14.70) を用いて $\Delta_{mix}G$ を計算すると

$$\Delta_{mix}G/\mathrm{J\,mol^{-1}} = 8.314\times298.15\times(0.5\ln0.5+0.5\ln0.5) = -1718$$

したがって，$\Delta_{mix}G = -1718\,\mathrm{J\,mol^{-1}}$
式 (14.72) を用いて $\Delta_{mix}S$ を計算すると

$$\Delta_{mix}S = -8.314\times(0.5\ln0.5+0.5\ln0.5) = 5.763\,\mathrm{J\,K^{-1}\,mol^{-1}}$$

式 (14.73) より，$\Delta_{mix}H = \Delta_{mix}G + T\Delta_{mix}S = 0$
式 (14.75) より，$\Delta_{mix}V = 0$

問題 10　理想気体 A と B のモル内部エネルギーを，それぞれ，$U_{m,A}$ および $U_{m,B}$ とすると，混合前の理想気体 A と B の内部エネルギーは

$$U^{混合前} = n_A U_{m,A} + n_B U_{m,B}$$

混合後の理想混合気体の成分 A と B の部分モル内部エネルギーを $\bar{U}_A$ および $\bar{U}_B$ とすると

$$U^{混合後} = n_A\bar{U}_A + n_B\bar{U}_B$$
$$\Delta_{mix}U = U^{混合後} - U^{混合前} = (n_A\bar{U}_A + n_B\bar{U}_B) - (n_A U_{m,A} + n_B U_{m,B})$$

理想混合気体では，成分はそれぞれ独立に振る舞い，$\bar{U}_A = U_{m,A}$ および $\bar{U}_B = U_{m,B}$ であるから

$$\Delta_{mix}U = 0$$

である。

問題 11　物質量n，温度T，圧力pの蒸気のギブズエネルギー$G(g)$は，式（14.61）から，化学ポテンシャル$\mu(g)$を用いて，次式で表される。

$$G(g) = n\mu(g) = n\mu^\circ(g) + nRT\ln(p/p^\circ)$$

ここで，p°は標準圧力（1 bar），$\mu^\circ(g)$は標準状態の化学ポテンシャルである。蒸気と平衡にある液体のギブズエネルギー$G(l)$は，式（14.63）にn倍した次式で表される。

$$G(l) = n\mu = n\mu^\circ(l) + nRT\ln(p^*/p^\circ)$$

ここで，p^*は飽和蒸気圧である。したがって，液体を圧力pの蒸気に変える際のギブズエネルギーの変化は

$$\Delta G = G(g) - G(l) = n(\mu^\circ(g) + RT\ln(p/p^\circ)) \\ -n(\mu^\circ(l) + RT\ln(p^*/p^\circ)) = nRT\ln(p/p^*)$$

である。水 1 kg の物質量は$n = 1000/18 = 55.6$ mol，pは湿度 60% の水蒸気圧であるから$p = 0.6p^*$である。この値を用いると

$$\Delta G/\mathrm{kJ} = nRT\ln(p/p^*) \\ = 55.6 \times 8.314 \times 10^{-3} \times 298.15 \\ \times \ln 0.6 = -70.4$$

$$\Delta S = -(\partial G/\partial T)_p \\ = -nR\ln(p/p^*) = 236\ \mathrm{J\,K^{-1}}$$

問題 12　(1) 気体 1 の成分 A の化学ポテンシャルは

$$\mu_A(1) = \mu_{A^\circ}(1) + RT\ln_{XA}(1) \\ = \mu_{A^\circ}(1) + RT\ln 0.85$$

気体 2 の成分 A の化学ポテンシャルは

$$\mu_A(2) = \mu_{A^\circ}(2) + RT\ln_{xA}(2) \\ = \mu_{A^\circ}(2) + RT\ln 0.35$$

となるから，その差を取ると

$$\mu_A(1) - \mu_A(2) = RT(\ln 0.85 - \ln 0.35) > 0$$

$\mu_A(1)$の方が大きい。

(2) 化学ポテンシャルの差は

$$\mu_A(1) - \mu_A(2) = RT(\ln 0.85 - \ln 0.35) \\ = RT\ln(0.85/0.35)$$

であるから

$$\mu_A(1) - \mu_A(2) = 8.314 \times 323 \times \ln\frac{0.85}{0.35} \\ = 2382\ \mathrm{J\,mol^{-1}}$$

問題 13　化学組成も物理状態も一様な物質の状態を相という。

(1) 氷だけだから 1 相

(2) 混ざり合っていないからそれぞれの金属相が存在するから 2 相

(3) それぞれの金属相が混ざり合って存在するから 1 相

(4) 4 種の気体が完全に混ざり合うから 1 相

(5) A と B の溶液がそれぞれの純物質 A と B と平衡にあるから 3 相

(6) 2 つの溶液からなるから 2 相

問題 14　この系は固相，液相，および気相からなるから$P=3$。Cを求めるにあたり，各相の化学種に注目すると固相は NaCl のみ，液相には NaCl，Na^+，Cl^-，H_2O，$H^+(aq)$ および $OH^-(aq)$ が存在する。気相は $H_2O(g)$ である。したがって，系には 6 種類の化学種が存在するが，$NaCl \rightleftharpoons Na^+ + Cl^-$ および $H_2O \rightleftharpoons H^+ + OH^-$ がある。
さらに，イオンの濃度に対しては
$C_{Na^+(aq)} = C_{Cl^-(aq)}$ および
$C_{H^+(aq)} = C_{OH^-(aq)}$ であるから，すべての化学種は独立でなく 4 つ束縛条件の下に存在する。したがって，成分の数Cは$C=6-4=2$である。その結果，系の自由度Fは

$$F = C + 2 - P = 2 + 2 - 3 = 1$$

となり，温度が決まれば，水蒸気圧は決まる。

問題 15　$CaCO_3$ が一部分解した系では $CaCO_3(s) \rightleftharpoons CaO(s) + CO_2(g)$ が成り立っているから 3 種類の物質が共存する。したがって，Pは 3 であるが，全体として系を見ると，上記の平衡式が存在するから，3 つの物質のうち，2 つの物質が存在すれば，もう 1 つの物質は自動的に存在することになる。したがってCは 1 つ減るから，自由度Fは

$$F = C+2-P = 2+2-3 = 1$$

となる。したがって，温度が決まれば圧力は自動的に決まる。

第 15 章

問題 1　ラウールの法則から

$$p_{\text{ヘキサン}} = 0.50\times0.199\ \text{atm} = 0.0995\ \text{atm}$$
$$p_{\text{ヘプタン}} = 0.50\times0.060\ \text{atm} = 0.030\ \text{atm}$$

ドルトンの法則によって，系の全圧は分圧すなわち $p_{\text{ヘキサン}}$ と $p_{\text{ヘプタン}}$ の和であるから，混合物の圧力 p は

$$p = 0.0995\ \text{atm}+0.030\ \text{atm} = 0.1295\ \text{atm}$$

となる。

問題 2　トルエンの蒸気圧を p_{A}^*，ベンゼンの蒸気圧を p_{B}^*，溶液中のベンゼンのモル分率を x_{B}^* とすると，溶液と平衡にある蒸気の全圧 p は式（15.13）により

$$p = p_{\text{A}}^*(1-x_{\text{B}})+p_{\text{B}}^*x_{\text{B}} = p_{\text{A}}^*+(p_{\text{A}}^*-p_{\text{B}}^*)x_{\text{B}}$$

となる。1 atm のもとで溶液が沸騰するのは p=760 mmHg であるから，この溶液のベンゼンのモル分率は

$$x_{\text{B}} = \frac{p-p_{\text{A}}^*}{p_{\text{B}}^*-p_{\text{A}}^*} = \frac{760\ \text{mmHg}-559\ \text{mmHg}}{1344\ \text{mmHg}-559\ \text{mmHg}}$$
$$= 0.256$$

この溶液と平衡にある蒸気中のベンゼンのモル分率は

$$y_{\text{B}} = \frac{p_{\text{B}}^*x_{\text{B}}}{p} = \frac{(1344\ \text{mmHg})(0.256)}{760\ \text{mmHg}} = 0.453$$

問題 3　物質 A と B とは理想溶液をつくる場合を考えよう。
物質 A の化学ポテンシャル μ_{A} と部分モルエンタルピー $\Delta\overline{H}_{\text{A}}$ の間には

$$\left(\frac{\partial(\mu_{\text{A}}/T)}{\partial T}\right)_p = -\frac{\overline{H}_{\text{A}}}{T^2}$$

が成り立つ。理想溶液では $\mu_{\text{A}}=\mu_{\text{A}}^*+RT\ln x_{\text{A}}$ であるから

$$\left(\frac{\partial(\mu_{\text{A}}/T)}{\partial T}\right)_p = \frac{\partial}{\partial T}\left(\frac{\mu_{\text{A}}^*}{T}+R\ln x_{\text{A}}\right)$$
$$= \frac{\partial}{\partial T}\left(\frac{\mu_{\text{A}}^*}{T}\right) = -\frac{\overline{H}_{\text{A}}^*}{T^2}$$

となり，$\overline{H}_{\text{A}}=H_{\text{A}}^*$ である。物質 B に対しても，同様に $\overline{H}_{\text{B}}=H_{\text{B}}^*$ である。
したがって，

$$\Delta_{\text{mix}}\overline{H} = n_{\text{A}}\overline{H}_{\text{A}}+n_{\text{B}}\overline{H}_{\text{B}}-(n_{\text{A}}H_{\text{A}}^*+n_{\text{B}}H_{\text{B}}^*) = 0$$

となる。

問題 4　理想気体（$pV=nRT$）であるから式（15.21）は $\Delta_{\text{mix}}G=pV(x_{\text{A}}\ln x_{\text{A}}+x_{\text{B}}\ln x_{\text{B}})$ と書き換える。それぞれのモル分率は $x_{\text{A}}=x_{\text{B}}=0.5=1/2$ であるから，それを代入すると

$$\Delta_{\text{mix}}G = pV\{(1/2)\ln(1/2)+(1/2)\ln\ (1/2)\}$$
$$= -pV\ln 2$$

となる。p=1 atm=1.013×10^5 Pa，V=10 dm^3×10^{-3}(m^3/dm^3)=10^{-2} m^3 を用いると

$$\Delta_{\text{mix}}G = -pV\ln2 = -1.013\times10^5\ \text{Pa}$$
$$\times10^{-2}\ \text{m}^3\times\ln2 = -0.70\ \text{kJ}$$
$$\Delta_{\text{mix}}S = -\Delta_{\text{mix}}G/T = -(-0.70\ \text{kJ})/$$
$$(298.15\ \text{K}) = 2.4\ \text{J K}^{-1}$$

問題 5　2 成分 A と B との理想溶液の混合エントロピー $\Delta_{\text{mix}}S$ は，式（15.27）より

$$\Delta_{\text{mix}}S = -nR(x_{\text{A}}\ln x_{\text{A}}+x_{\text{B}}\ln x_{\text{B}})$$

である。$x_{\text{A}}+x_{\text{B}}=1$ であるから

$$\Delta_{\text{mix}}S = -nR(x_{\text{A}}\ln x_{\text{A}}+(1-x_{\text{A}})\ln(1-x_{\text{A}}))$$

これを x_{A} で微分すると

$$\frac{\text{d}(\Delta_{\text{mix}}S)}{dx_A} = -nR\{\ln x_A+1-\ln(1-x_A)-1\}$$
$$= -nR\ln\frac{x_A}{1-x_A}$$

$\text{d}(\Delta_{\text{mix}}S)/\text{d}x_{\text{A}}=0$ となるのは $x_{\text{A}}=0.5$ であるから $n_{\text{A}}=n_{\text{B}}$
A と B との質量を，それぞれ，m_{A} および m_{B}，モル質量を M_{A} および M_{B} とすると

$$\frac{m_{\text{A}}/M_{\text{A}}}{m_{\text{B}}/M_{\text{B}}} = \frac{n_{\text{A}}}{n_{\text{B}}} = 1$$

A をヘキサン，B をヘプタンとするとそれぞれのモル質量は M_{A}=86.17 g mol^{-1} および M_{B}=100.20 g mol^{-1} であるから，それらの値を代入すると，求める質量比が得られる。

$$\frac{m_A}{m_B} = \frac{M_A}{M_B} = \frac{86.17\,\mathrm{g\,mol^{-1}}}{100.20\,\mathrm{g\,mol^{-1}}} = 0.86$$

問題 6　式（15.39）は

$$\frac{p_A^* - p_A}{p_A^*} = x_B$$

と書き換えられる。硫黄の分子量を M_B とすると，x_B は

$$x_B = \frac{2.00/M_B}{2.000/M_B + 100.0/76.13}$$

となるから，$p_A^* = 11.386\,\mathrm{kPa}$，$p_A = 11.319\,\mathrm{kPa}$ を用いると

$$\frac{11.386 - 11.319}{11.386} = \frac{2.00/M_B}{2.000/M_B + 100.0/76.13}$$

となる。したがって，$M_B = 257$ である。これから溶液中の硫黄（原子量 32）は 8 量体になっていることがわかる。

問題 7　この物質の質量モル濃度 b_B は

$$b_B = \frac{18 \times 10^{-3} \times \dfrac{1000}{250 \times 10^{-3}}}{M_r} = \frac{18 \times 1000}{250 \times M_r}$$

$\Delta T_f = K_f b_B$（式（15.64））に代入すると

$$179.5 - 163 = 40 \times \frac{18 \times 1000}{250 \times M_r}$$

したがって，$M_r = 175$

問題 8　この物質の分子量を M_r とすると，質量モル濃度 b_B は

$$b_B = \frac{20.0}{M_r}$$

式（15.64）に，$\Delta T_f = 0.207$℃，$K_f = 1.86\,\mathrm{K\,mol^{-1}\,kg}$，$b_B = 20.0/M_r$ を代入すると

$$0.207 = 1.86 \times \frac{20.0}{M_r}$$

これから $M_r = 180$

問題 9　1 atm の空気における各成分の分圧は N_2　0.7808 atm，O_2　0.2095 atm，Ar 0.0094 atm，CO_2 0.0003 atm である。0℃，1 atm で 1 kg の水に溶ける N_2，O_2，Ar，CO_2 の物質量は

N_2
$$0.7808\,\mathrm{atm} \times \frac{0.0235\,\mathrm{dm^3\,atm^{-1}\,kg^{-1}}}{22.414\,\mathrm{dm^3\,mol^{-1}}} = 8.19 \times 10^{-4}\,\mathrm{mol\,kg^{-1}}$$

O_2
$$0.2095\,\mathrm{atm} \times \frac{0.0483\,\mathrm{dm^3\,atm^{-1}\,kg^{-1}}}{22.414\,\mathrm{dm^3\,mol^{-1}}} = 4.57 \times 10^{-4}\,\mathrm{mol\,kg^{-1}}$$

Ar
$$0.0094\,\mathrm{atm} \times \frac{0.0581\,\mathrm{dm^3\,atm^{-1}\,kg^{-1}}}{22.414\,\mathrm{dm^3\,mol^{-1}}} = 0.22 \times 10^{-4}\,\mathrm{mol\,kg^{-1}}$$

CO_2
$$0.0003\,atm \times \frac{1.7267\,\mathrm{dm^3\,atm^{-1}\,kg^{-1}}}{22.414\,\mathrm{dm^3\,mol^{-1}}} = 0.23 \times 10^{-4}\,\mathrm{mol\,kg^{-1}}$$

溶解している気体の重量モル濃度 b_B は

$$b_B = (8.19 + 4.57 + 0.22 + 0.23) \times 10^{-4}\,\mathrm{mol\,kg^{-1}} = 13.21 \times 10^{-4}\,\mathrm{mol\,kg^{-1}}$$

式（15.64）を用いて

$$\Delta T = 1.86\,\mathrm{K\,mol^{-1}\,kg} \times 13.21 \times 10^{-4}\,\mathrm{mol\,kg^{-1}} = 2.46 \times 10^{-3}\,\mathrm{K}$$

問題 10　スクロースとグルコースのモル質量は 342 g mol^{-1} と 180 g mol^{-1} であるから，1 kg の水に溶解しているスクロースとグルコースの物質量は (1.000/342)mol と (x/180)mol である。溶液は希薄であり，密度 ρ は 1.000 g cm^{-3} であるから，溶液の体積 V は，1000 g/1.00 g cm^{-3} = 1000 cm^3 = 1 dm^3 = 1×10^{-3} m^3 となる。この水溶液の溶質の濃度 c は [{(1.000/342) + (x/180)}/10^{-3}]mol m^{-3} となる。したがって，式（15.74）を用いると

$$3.00 \times 10^4\,\mathrm{Pa} = \frac{(1.000/342 + x/180)\,\mathrm{mol}}{1.00 \times 10^{-3}\,\mathrm{m^3}} \times (8.314\,\mathrm{J\,K^{-1}\,mol^{-1}}) \times 298\,\mathrm{K}$$

となるから，$x = 1.65\,\mathrm{g}$

問題 11　血液の質量モル濃度 b は式（15.64）を用いると

$$b = 0.56/1.86 = 0.301\,\mathrm{mol\,kg^{-1}}$$

が得られる。0.301 mol の溶解によって，水の容積に変化がないとすると，質量モル濃度 b = モル濃度 c となるから，この溶液の c は

$$c = 0.301\,\mathrm{mol\,dm^{-3}}$$

となるので，式（15.74）を用いるとその浸透圧は

$$\Pi = 0.301\times0.08205\times(273+36) = 7.63\ \mathrm{atm}$$

これと同じ浸透圧を示す水溶液 1 dm^3 にはブドウ糖が 0.301 mol ふくまれているから，その質量は 0.301×180=54.2 g となる。

問題 12　不揮発性の物質のモル分率 x は，式（15.39）を用いると

$$x = (17.535-17.319)\mathrm{Torr}/17.535\ \mathrm{Torr} = 0.012$$

不揮発性の物質のモル質量 M とすると，水のモル質量は 18.015 g mol^{-1} であるからモル分率 x は $x=(6.31/M)/(6.31/M+50.0/18.015)$ である。したがって，次の等式

$$(6.31/M)/(6.31/M+50.0/18.015) = 0.012$$

より $M=182.3$ g mol^{-1} が得られるから，分子量は 182.3

問題 13　式（15.74）を用いると

$$c/\mathrm{mol\ dm^{-3}} = \Pi/RT = 120\times10^3\ \mathrm{Pa}/\{(8.315\times10^3\ \mathrm{Pa\ dm^3\ mol^{-1}\ K^{-1}})\times300\ \mathrm{K}\} = 0.048$$

質量モル濃度 b とモル濃度 c との関係は密度を ρ とすると

$$b = c/\rho = 0.048\ \mathrm{mol\ dm^{-3}}/10^3\ \mathrm{kg\ m^{-3}} = 0.048\ \mathrm{mol\ dm^{-3}}/1\ \mathrm{kg\ dm^{-3}} = 0.048\ \mathrm{mol\ kg^{-1}}$$

$$\Delta T/\mathrm{K} = 1.86\times0.048 = 0.089$$

したがって，水溶液の凝固点は－0.089 ℃

問題 14　$p=k_\mathrm{H}x$（式（15.31））によって x を求める。

酸素の圧力 $p=1.00\ \mathrm{atm}\times0.21\times101325\ \mathrm{Pa/atm}=4.34\times10^9\ \mathrm{Pa}\times x$ となるから

$$x = 4.90\times10^{-6}$$

溶解した 1 mol の水溶液の体積は 0.01801 dm^3 であるから

$$4.90\times10^{-6}\ \mathrm{mol}/0.01801\ \mathrm{dm^3} = 2.72\times10^{-4}\ \mathrm{mol\ dm^{-3}}$$

酸素の分子量 32.0 であるからそのモル質量は 32.0 g mol^{-1} となり，酸素の質量は

$$2.72\times10^{-4}\ \mathrm{mol\ dm^{-3}}\times32.0\ \mathrm{g\ mol^{-1}} = 8.70\ \mathrm{mg\ dm^{-3}}$$

問題 15　(1) 体積組成から，空気の成分の分圧は $p_{\mathrm{N_2}}=0.7808$ atm，$p_{\mathrm{O_2}}=0.2095$ atm，$p_{\mathrm{Ar}}=0.0094$ atm，$p_{\mathrm{CO_2}}=0.0003$ atm である。それぞれの成分のヘンリー定数から，水中の各成分のモル分率は式（15.31）を用いて

$$x_{\mathrm{N_2}} = p_{\mathrm{N_2}}/k_{\mathrm{H,N_2}} = 0.7808\ \mathrm{atm}/85\times10^3\ \mathrm{atm} = 9.2\times10^{-6}$$

$$x_{\mathrm{O_2}} = p_{\mathrm{O_2}}/k_{\mathrm{H,O_2}} = 0.2095\ \mathrm{atm}/43\times10^3\ \mathrm{atm} = 4.9\times10^{-6}$$

$$x_{\mathrm{Ar}} = p_{\mathrm{Ar}}/k_{\mathrm{H,Ar}} = 0.0094\ \mathrm{atm}/39\times10^3\ \mathrm{atm} = 0.2\times10^{-6}$$

$$x_{\mathrm{CO_2}} = p_{\mathrm{CO_2}}/k_{\mathrm{H,CO_2}} = 0.0003\ \mathrm{atm}/1.6\times10^3\ \mathrm{atm} = 0.2\times10^{-6}$$

したがって空気のモル分率 x_{air} は

$$x_{\mathrm{air}} = x_{\mathrm{N_2}}+x_{\mathrm{O_2}}+x_{\mathrm{Ar}}+x_{\mathrm{CO_2}} = (9.2+4.9+0.2+0.2)\times10^{-6} = 14.5\times10^{-6}$$

(2) 空気を溶解した希薄溶液であり，蒸気圧はラウールの法則に従うから式（15.11）に，$p^*_{\mathrm{H_2O}}=0.03126$ atm，$x_{\mathrm{air}}=14.5\times10^{-6}$ を代入すると

$$p_{\mathrm{H_2O}} = (1-14.5\times10^{-6})\times0.03126 = 0.03126\ \mathrm{atm}$$

空気が飽和した水の蒸気圧は，純粋な水の蒸気圧とほとんど同じで，溶存した空気の影響はわずかであることを示している。

第 16 章

問題 1　実在気体では，気体分子間に相互作用があるから，高圧になると表示される圧力と実際に有効に働く圧力との間には差が生じてくる（図 16.1）。フガシティーとは，自由エネルギーと圧力の関係が，常に，理想気体の場合と同じ形式の関係で表現できるように導入された圧力にかわる熱力学関数である。端的にいえば，系の示す実効圧力である。特に，高圧化学における諸現象を化学ポテンシャルを通して取り扱う際には必要な状態量である。

問題 2　物質 B のヘンリー則基準の直線は鎖線で示されている。物質 B のヘンリー定

数 k_H は 150 Torr であるから
$k=150$ Torr，$p_B=64$ Torr，および
$x_B=0.6$ を用い，式（16.30）より

$$\gamma_B^H = \frac{p_B}{x_B k_H} = \frac{64\,\text{Torr}}{0.6\times 150\,\text{Torr}} = 0.711$$

ラウール則基準の直線は点線で示したが，成分 B 蒸気圧は 100 Torr であるから式（16.26）より

$$\gamma_B^R = \frac{p_B}{x_B p_B^*} = \frac{64\,\text{Torr}}{0.6\times 100\,\text{Torr}} = 1.07$$

と表される。

問題 3 実在溶液の成分 i の化学ポテンシャル $\mu_i(l)$ は，図 16.2 に示すように，等温，等圧，同一組成のラウール線上の成分 i の化学ポテンシャル $\mu_i(l)^{id,R}$ と補正項 $\Delta\mu_i(l)^R$ の和：

$$\mu_i(l) = \mu_i(l)^{id,R} + \Delta\mu_i(l)^R$$

で表される。$\mu_i(l)^{id,R}$ は本章の式（16.9）で示すように表されるから，$\mu_i(l)$ は

$$\mu_i(l) = \mu_i{}^*(l) + RT\ln x_i + \Delta\mu_i(l)^R \quad (1)$$

となる。いま $\gamma_i{}^R$ という新たな量を導入して，補正項 $\Delta\mu_i(l)^R$ を

$$\Delta\mu_i(l)^R = RT\ln\gamma_i{}^R$$

と表すと，式（1）は次式にまとめられる。

$$\mu_i(l) = \mu_i^*(l) + RT\ln\gamma_i{}^R x_i$$

問題 4 基準とする標準状態が変わっても，等温，等圧，同組成であれば，化学ポテンシャルの値が変わることはないから，ラウール則基準の化学ポテンシャルとヘンリー則基準の化学ポテンシャルは等しく式（16.33）が得られる。書き換えると

$$\ln\gamma_i^H x_i - \ln\gamma_i^R x_i = \frac{1}{RT}(\mu_i^*(1) - \mu_i^{\otimes}(1))$$

が得られる。左辺は対数の引き算であるから

$$\ln\left(\frac{\gamma_i^H x_i}{\gamma_i^R x_i}\right) = \ln\left(\frac{\gamma_i^H}{\gamma_i^R}\right) = \frac{1}{RT}(\mu_i^*(1) - \mu_{m,B}^{\otimes}(1))$$

が得られ

$$\frac{\gamma_i^H}{\gamma_i^R} = \exp\left(\frac{\mu_i^* - \mu_i^{\otimes}}{RT}\right)$$

となる。

問題 5 溶質を B とし，そのモル分率 x_B を，質量モル濃度を b_B とすると，溶質の化学ポテンシャル μ_B は，式（16.38）

$$\mu_B = \mu_B^{\otimes} + RT\ln\gamma_B^H x_B = \mu_B^{\ominus} + RT\ln\frac{\gamma_B^{(b)} b_B}{b^\circ}$$

で表される。ここで，$b^\circ = 1\ \text{mol kg}^{-1}$ である。したがって，$\tilde{b}_B = b_B/b^\circ$ とすると

$$RT\ln\frac{\gamma_B^{(b)}\tilde{b}_B}{\gamma_B^H x_B} = \mu_B^{\circ H} - \mu_B^{\ominus} \qquad (1)$$

が成り立つ。希薄溶液では活量係数は 1 であり

$$\mu_B^{\circ H} - \mu_B^{\ominus} = RT\ln\frac{\tilde{b}_B}{x_B} \qquad (2)$$

式（1）の右辺は測定可能な量として表される。

一方，溶媒 A のモル質量 M_A を kg mol^{-1} で示すと，理想希薄溶液における溶質 B のモル分率 x_B は式（16.36）

$$x_B \approx b_B M_A$$

と近似できるから，式（2）は

$$\mu_B^{\otimes} - \mu_B^{\ominus} = RT\ln\frac{\tilde{b}_B}{x_B} = RT\ln\frac{1}{M_A} \qquad (3)$$

で表される。式（3）と式（1）から

$$RT\ln\frac{\gamma_B^{(b)}\tilde{b}_B}{\gamma_B^H x_B} = RT\ln\frac{1}{M_A} \quad \text{すなわち}$$

$$\frac{\gamma_B^{(b)}}{\gamma_B^H} = \frac{x_B}{b_B M_A} \qquad (4)$$

が得られる。b_B は

$$b_B = \frac{x_B}{x_A M_A} \quad \text{すなわち}$$

$$b_B = \frac{1}{M_A}\frac{x_B}{1-x_B}$$

で表されることを考慮すると式（4）

は

$$\frac{\gamma_B^{(b)}}{\gamma_B^H} = 1 - x_B$$

となる。十分に希薄な溶液では $\gamma_B^{(b)}$ と γ_B^H の値は一致することを示している。

問題 6　76.5℃で沸騰しているときの水のモル分率 $x_{H_2O}=1-0.630=0.370$ である。この水の分圧 p_{H_2O} は $p_{H_2O}=1.013\times10^5\times0.370=3.75\times10^4$ Pa となる。この時の水の活量は式（16.25）より

$$a_{H_2O}^R = 3.75\times10^4/3.95\times10^4 = 0.949$$

活量係数 γ は式（16.26）より

$$\gamma = 0.949/(1-0.05) = 0.999$$

問題 7　成分 A の溶液中と蒸気中の化学ポテンシャルは，それぞれ，$\mu_A(l)=\mu_A^*(l)+RT\ln\gamma_A x_A$ および $\mu_A(g)=\mu_A^\circ(g)+RT\ln p_A$ で表される。気液平衡が成立していれば，両者は等しいから

$$\mu_A^*(l) + RT\ln\gamma_A x_A = \mu_A^\circ(g) + RT\ln p_A$$

が得られ，次式が得られる。

$$RT\ln\frac{p_A}{\gamma_A x_A} = \mu_A^*(l) - \mu_A^\circ(g)$$

RT で割って書き換えると

$$\frac{p_A}{\gamma_A x_A} = \exp\left(\frac{\mu_A^*(l)-\mu_A^\circ(g)}{RT}\right) = \text{定数}\ k$$

となるから

$$p_A = k\gamma_A x_A$$

問題 8　ラウール線を基準に選ぶ場合の活量は式（16.25）を用い，ヘンリー線を基準に選ぶ場合の活量は式（16.29）を用いて表すと

$$a_{CS_2}^R = \frac{p_{CS_2}}{p_{CS_2}^*} = \frac{357.2\,\mathrm{Torr}}{514.5\,\mathrm{Torr}} = 0.6943$$

$$a_{CS_2}^H = \frac{p_{CS_2}}{k_{H,CS_2}^*} = \frac{357.2\,\mathrm{Torr}}{1130\,\mathrm{Torr}} = 0.3161$$

$$a_{DME}^R = \frac{p_{DME}}{p_{DME}^*} = \frac{342.2\,\mathrm{Torr}}{587.7\,\mathrm{Torr}} = 0.5823$$

$$a_{DME}^H = \frac{p_{DME}}{k_{H,DME}^*} = \frac{342.2\,\mathrm{Torr}}{1500\,\mathrm{Torr}} = 0.2281$$

となる。得られた活量から，それぞれの活量係数を計算すると

$$\gamma_{CS_2}^R = \frac{a_{CS_2}^R}{x_{CS_2}} = \frac{0.6943}{0.5393} = 1.2874$$

$$\gamma_{CS_2}^H = \frac{a_{CS_2}^H}{x_{CS_2}} = \frac{0.3164}{0.5393} = 0.5866$$

$$\gamma_{DME}^R = \frac{a_{DME}^R}{x_{DME}} = \frac{0.5823}{0.4607} = 1.2639$$

$$\gamma_{DME}^R = \frac{a_{DME}^H}{x_{DME}} = \frac{0.2281}{0.4607} = 0.4951$$

が得られる。この例から明らかなように，活量と活量係数の数値は，濃度が同じであっても，基準線の選び方すなわち標準状態の取り方によって異なる値となる。

式（16.34）を変形すると

$$\mu_{CS_2}^* - \mu_{CS_2}^{\otimes} = RT\ln\left(\frac{\gamma_{CS_2}^H}{\gamma_{CS_2}^R}\right) = RT\ln\left(\frac{0.5866}{1.2874}\right)$$
$$= (8.314\,\mathrm{J\,mol^{-1}\,K^{-1}})\times(308.35\,\mathrm{K})$$
$$= -2015.1\,\mathrm{J\,mol^{-1}}$$

問題 9　100℃での水蒸気は 760 Torr であるから，溶液中の水の活量 a_{H_2O} は式（16.25）から

$$a_{H_2O} = 707\,\mathrm{Torr}/760\,\mathrm{Torr} = 0.930$$

が得られる。一方，水のモル分率 x_{H_2O} は

$$x_{H_2O} = \frac{500\,\mathrm{g}/18\,\mathrm{g\,mol^{-1}}}{500\,\mathrm{g}/18\,\mathrm{g\,mol^{-1}} + 0.732\,\mathrm{mol}} = 0.974$$

となるから，活量係数

$$\gamma_{H_2O}^R = 0.930/0.974 = 0.955$$

問題 10　非理想溶液において溶媒とその純粋な固体とが平衡であるから式（15.59）より

$$\mu_A^*(S) - \mu_A^*(l) = \Delta_{fre}G_{m,A} = RT\ln a_A(1)$$

で表される。RT で割ると

$$\ln a_A = \frac{\mu_A^*(s)-\mu_A^*(l)}{RT} = \frac{\Delta_{fre}G_{m,A}}{RT} \quad (2)$$

となる。$\Delta_{fre}G=\Delta_{fre}H-T\Delta_{fre}S$ であるから

$$\ln a_A = \frac{\Delta_{fre}H_{m,A}-\Delta_{fre}S_{m,A}}{RT} = \frac{\Delta_{fre}H_{m,A}}{RT} - \frac{\Delta_{fre}S_{m,A}}{RT} \quad (3)$$

融点 $T_{m,A}$ の純溶媒 A では

$$\ln 1 = \frac{\Delta_{\mathrm{fre}} H_{\mathrm{m,A}}}{RT_{\mathrm{m,A}}} - \frac{\Delta_{\mathrm{fre}} S_{\mathrm{m,A}}}{RT_{\mathrm{m,A}}} \qquad (4)$$

が成り立っており，(3) から (4) を辺辺引くと

$$\ln a_{\mathrm{A}} = \frac{\Delta_{\mathrm{fre}} H_{\mathrm{m,A}}}{RT} - \frac{\Delta_{\mathrm{fre}} H_{\mathrm{m,A}}}{RT_{\mathrm{m,A}}}$$
$$= \frac{\Delta_{\mathrm{fre}} H_{\mathrm{m,A}}}{R}\left(\frac{T_{\mathrm{m,A}} - T}{TT_{\mathrm{m,A}}}\right) \approx \frac{\Delta_{\mathrm{fre}} H_{\mathrm{m,A}}}{RT^2_{\mathrm{m,A}}}\Delta T_{\mathrm{m}}$$

となる。

問題 11　$\Delta_{\mathrm{fus}}H = 6.004\ \mathrm{kJ\ mol^{-1}}$，$\Delta T_{\mathrm{m}} = T_{\mathrm{m}} - T = 6.40\ \mathrm{K}$，および $T_{\mathrm{m,H_2O}} = 273.15\ \mathrm{K}$ である。
式 (16.62) を変形すると，$a_{\mathrm{A}} \approx \exp\left(-\frac{\Delta_{\mathrm{fus}} H_{\mathrm{m,A}}}{RT^2_{\mathrm{m,A}}}\Delta T_{\mathrm{m}}\right)$ となるから，上記の数値を入れて計算すると，$a_{\mathrm{A}} = 0.940$
水のモル分率は

$$x_{\mathrm{H_2O}} = \frac{(100\ \mathrm{g}/18\ \mathrm{g\ mol^{-1}})}{(100\ \mathrm{g}/18\ \mathrm{g\ mol^{-1}}) + 0.45} = 0.925$$

であるから

$$\gamma_{\mathrm{A}} = \frac{a_{\mathrm{A}}}{x_{\mathrm{A}}} = \frac{0.940}{0.925} = 1.016$$

問題 12　溶媒 A の活量係数を γ_{A} とすると，式 (16.18) および式 (16.19) より

$$\mu_{\mathrm{A}} = \mu_{\mathrm{A}}^* + RT\ln a_{\mathrm{A}} = \mu_{\mathrm{A}}^* + RT\ln \gamma_{\mathrm{A}} x_{\mathrm{A}} \qquad (1)$$

浸透圧係数 ϕ を用いると，μ_{A} は

$$\mu_{\mathrm{A}} = \mu_{\mathrm{A}}^\circ + \phi RT\ln x_{\mathrm{A}} \qquad (2)$$

式(1) と式(2) より

$$(\varphi - 1)\ln x_{\mathrm{A}} = \ln \gamma_{\mathrm{A}} \qquad (3)$$

が得られる。これを x_{A} で微分し書き換えると，次式となる。

$$\mathrm{d}\ln \gamma_{\mathrm{A}} = \ln x_{\mathrm{A}}\mathrm{d}\varphi + \frac{(\varphi - 1)}{x_{\mathrm{A}}}\mathrm{d}x_{\mathrm{A}}$$

希薄溶液では $\ln x_{\mathrm{A}} = \ln(1 - x_{\mathrm{B}}) = -x_{\mathrm{B}}$ であるから

$$\mathrm{d}\ln \gamma_{\mathrm{A}} = -x_{\mathrm{B}}\mathrm{d}\varphi + \frac{(\varphi - 1)}{1 - x_{\mathrm{B}}}\mathrm{d}(1 - x_{\mathrm{B}})$$
$$\approx -x_{\mathrm{B}}\mathrm{d}\varphi - (\varphi - 1)\mathrm{d}x_{\mathrm{B}}$$

となる。$x_{\mathrm{A}} \approx 1$ の条件下では，ギブズ-デュエムの関係より，$\mathrm{d}\ln\gamma_{\mathrm{A}} = -x_{\mathrm{B}}\mathrm{d}\ln\gamma_{\mathrm{B}}$ が成り立つから

$$\mathrm{d}\ln \gamma_{\mathrm{B}} = \mathrm{d}\varphi + (\varphi - 1)\mathrm{d}\ln x_{\mathrm{B}}$$

が得られる。積分（γ_{B} は 1 から，ϕ は 1 から）すると

$$\ln \gamma_{\mathrm{B}} = (\varphi - 1) + \int_0^{x_{\mathrm{B}}} (\varphi - 1)\mathrm{d}\ln x_{\mathrm{B}}$$

となり，溶質の活量係数が求まる。

問題 13　式 (16.57) を用いて算出する。積分項は

$$\int_0^1 \left(\frac{\varphi - 1}{b}\right)\mathrm{d}b$$
$$= \int_0^1 [0.07349 + 0.019783\,b - 0.005688\,b^2 - 6.036 \times 10^{-4} b^3 - 2.517 \times 10^{-5} b^4]\mathrm{d}b$$
$$= 0.07349 + (0.019783/2) - (0.005688/3) - 6.036 \times 10^{-4}/4 - 2.157 \times 10^{-5}/5 = 0.08163$$

ϕ は与えられた式に $b = 1$ を入れると 1.08816。

$$\ln \gamma_{\mathrm{suc}} = \varphi - 1 + \int_0^1 \left(\frac{\varphi - 1}{b}\right)\mathrm{d}b$$
$$= 0.08816 + 0.08163 = 0.1698$$

より，$\gamma = 1.185$

問題 14　式 (16.50) より $n_{\mathrm{Pb}}\mathrm{d}\ln a_{\mathrm{Pb}} + n_{\mathrm{Bi}}\mathrm{d}\ln a_{\mathrm{Bi}} = 0$ が成り立つから

$$n_{\mathrm{Pb}}\mathrm{d}\ln a_{\mathrm{Pb}} = -n_{\mathrm{Bi}}\mathrm{d}\ln a_{\mathrm{Bi}}$$

$a_{\mathrm{Pb}} = \gamma_{\mathrm{Pb}} x_{\mathrm{Pb}}$ および $a_{\mathrm{Bi}} = \gamma_{\mathrm{Bi}} x_{\mathrm{Bi}}$ を代入し，$(n_{\mathrm{Pb}} + n_{\mathrm{Bi}})$ で割ると

$$x_{\mathrm{Pb}}(\mathrm{d}\ln\gamma_{\mathrm{Pb}} x_{\mathrm{Pb}}) = -x_{\mathrm{Bi}}(\mathrm{d}\ln\gamma_{\mathrm{Bi}} x_{\mathrm{Bi}})$$

が得られ，次式のように書き換えると

$$x_{\mathrm{Pb}}(\mathrm{d}\ln\gamma_{\mathrm{Pb}} + \mathrm{d}\ln x_{\mathrm{Pb}}) = -x_{\mathrm{Bi}}(\mathrm{d}\ln\gamma_{\mathrm{Bi}} + \mathrm{d}\ln x_{\mathrm{Bi}}) \qquad (1)$$

ギブズ-デュエムの式より

$$x_{\mathrm{Pb}}\mathrm{d}\ln x_{\mathrm{Pb}} = -x_{\mathrm{Bi}}\mathrm{d}\ln x_{\mathrm{Bi}} \qquad (2)$$

が成り立っているから，式 (1) から式 (2) を辺辺引くと

$$\mathrm{d}\ln \gamma_{\mathrm{Bi}} = -\frac{x_{\mathrm{Pb}}}{x_{\mathrm{Bi}}}\mathrm{d}\ln \gamma_{\mathrm{Pb}}$$

積分すると

$$\ln \gamma_{\mathrm{Bi}} = -\int_{x_{\mathrm{Pb}}=0}^{x_{\mathrm{Pb}}=0.6} \frac{x_{\mathrm{Pb}}}{x_{\mathrm{Bi}}} \mathrm{d} \ln \gamma_{\mathrm{Pb}}$$

横軸に $\ln\gamma_{\mathrm{Pb}}$ をとり，縦軸に $x_{\mathrm{Pb}}/x_{\mathrm{Bi}}$ をプロットし，その面積より γ_{Bi} を計算したものである。

問題 15　(1) 溶液が正則であるから $\Delta_{\mathrm{mix}}S=0$ である。したがって，式 (16.78) において

$$G_{\mathrm{m}}^{\mathrm{E}} = \Delta_{\mathrm{mix}}G_{\mathrm{m}} - \Delta_{\mathrm{mix}}G_{\mathrm{m}}^{\mathrm{id}} = \Delta_{\mathrm{mix}}H_{\mathrm{m}} = 108.78\ \mathrm{J\ mol^{-1}}$$

(2) 種々の温度で個々の活量を a_{A} および a_{B} が求められると，それから γ_{A} および γ_{B} が得られる。したがって，式 (16.70) を使って，いろいろな温度の $G_{\mathrm{m}}^{\mathrm{E}}$ が求まる。それをもとに $(\partial G_{\mathrm{m}}^{\mathrm{E}}/\partial T)_p = -S_{\mathrm{m}}^{\mathrm{E}}$ が算出できる。

問題 16　活量係数 γ の温度依存性を考えてみよう。式 (16.68) より

$$\mu_{\mathrm{suc}}^{\mathrm{E}} = RT \ln \gamma_{\mathrm{suc}}$$

となる。圧力，組成一定の下で，温度で微分すると

$$\left(\frac{\partial \mu_{\mathrm{suc}}^{\mathrm{E}}}{\partial T}\right)_{p,x} = R \ln \gamma_{\mathrm{suc}} + RT\left(\frac{\partial \ln \gamma_{\mathrm{suc}}}{\partial T}\right)_{p,x} = -S_{\mathrm{m,suc}}^{\mathrm{E}}$$

したがって

$$H_{\mathrm{m,suc}}^{\mathrm{E}} = \mu_{\mathrm{suc}}^{\mathrm{E}} + TS_{\mathrm{m,suc}}^{\mathrm{E}} = -RT^2\left(\frac{\partial \ln \gamma_{\mathrm{suc}}}{\partial T}\right)_{p,x}$$

書き換えると，$\mathrm{d}\ln \gamma_{\mathrm{suc}} = -(H^{\mathrm{EX}}/RT^2)\,\mathrm{d}T$ となるから

$$\int_{298.15}^{308.15} \mathrm{d} \ln \gamma_{\mathrm{suc}} = -\int_{298.15}^{308.15} \frac{H^{\mathrm{EX}}}{RT^2} \mathrm{d}T$$
$$= -\frac{453}{8.314}\left(\frac{1}{298.15} - \frac{1}{308.15}\right)$$
$$\ln \gamma_{\mathrm{suc,\,308.15}} = \ln 1.453 - \frac{453}{8.314}\left(\frac{1}{298.15} - \frac{1}{308.15}\right)$$
$$= 0.3552$$

したがって，$\gamma_{\mathrm{suc,\,308.15}} = 1.426$

第 17 章

問題 1　ベンゼンを A，トルエンを B とすると $x_{\mathrm{A}}=0.6589$，$x_{\mathrm{B}}=0.3411$ である。純物質の蒸気圧 $p_{\mathrm{A}}^{*}=957\ \mathrm{mmHg}$，$p_{\mathrm{B}}^{*}=379.5\ \mathrm{mmHg}$ を式 (17.2) に入れると，沸騰する蒸気中のベンゼンの組成 y_{A} は

$$y_{\mathrm{A}} = \frac{p_{\mathrm{A}}^{*}x_{\mathrm{A}}}{p_{\mathrm{A}}^{*}x_{\mathrm{A}} + p_{\mathrm{B}}^{*}x_{B}}$$
$$= \frac{957 \times 0.6589}{957 \times 0.6589 + 379.5 \times 0.3411} = 0.8297$$

トルエンの組成 y_{B}

$$y_{\mathrm{B}} = 1 - 0.8297 = 0.1703$$

問題 2　式 (17.1) より

$$p = x_{\mathrm{A}}p_{\mathrm{A}}^{*} + (1 - x_{\mathrm{A}})p_{\mathrm{B}}^{*}$$
$$p/\mathrm{kP_a} = 0.45 \times 120.1 + 0.55 \times 89.0 = 102.995$$

式 (17.2) を用いて

$$y_{\mathrm{A}} = \frac{p_{\mathrm{A}}}{p} = \frac{p_{\mathrm{A}}^{*}x_{\mathrm{A}}}{p} = \frac{0.45 \times 120.1}{102.955} = 0.52$$
$$y_{\mathrm{B}} = 1 - 0.52 = 0.48$$

問題 3　(1) ラウールの法則が成り立つから，85℃での蒸気圧 p は

$$p = x_{\mathrm{DE}}p_{\mathrm{DE}}{}^{*} + x_{\mathrm{DP}}p_{\mathrm{DP}}{}^{*}$$

$x_{\mathrm{DP}}=1-0.60=0.40$ であるから

$$p/\mathrm{kPa} = 0.60 \times 22.9 + 0.40 \times 17.1 = 13.7 + 6.8 = 20.5$$

(2) ドルトンの法則から $p_{\mathrm{DE}}=x_{\mathrm{DE}}p$ が成り立つから

$$y_{\mathrm{DE}} = \frac{p_{\mathrm{DE}}}{p} = \frac{13.7\ \mathrm{kPa}}{20.5\ \mathrm{kPa}} = 0.67$$
$$y_{\mathrm{DP}} = 1 - y_{\mathrm{DE}} = 0.33$$

問題 4　プロパノール-2 (A) の全体の組成が 0.50 であるから，式 (17.7) を用いる際，$x_{\mathrm{A}}=0.50$ である。気相におけるプロパノール-2 の組成 0.65，液相における組成は 0.32 であるから，$x_{\mathrm{A}}^{(\mathrm{G})}=0.65$，$x_{\mathrm{A}}^{(\mathrm{L})}=0.32$ となる。したがって，液体と気体のモル比は

$$\frac{n_{\mathrm{L}}}{n_{\mathrm{G}}} = \frac{x_0 - x_{\mathrm{A}}^{(\mathrm{G})}}{x_{\mathrm{A}}^{(\mathrm{L})} - x_0} = \frac{0.50 - 0.65}{0.32 - 0.50} = 0.83$$

問題 5　混合物の成分 A (m_{A}g) および B (m_{B}g) の質量分率をそれぞれ w_{A} および w_{B} とすると，w_{A} は

$$w_{\mathrm{A}} = \frac{m_{\mathrm{A}}}{m_{\mathrm{A}} + m_{\mathrm{B}}} = \frac{3}{3+7} = 0.3$$

となる．α 相および β 相の質量を m^{α}

および m^β とし，各相の成分Aの質量分率を $w_A{}^\alpha$ および $w_A{}^\beta$ とすると m^α と m^β との比は

$$\frac{m^\alpha}{m^\beta} = \frac{w_A^\beta - w_A}{w_A - w_A^\alpha} = \frac{0.50-0.30}{0.30-0.05} = 0.8$$

となる。すなわち，$m^\alpha = 0.8\,m^\beta$ である。$m^\alpha + m^\beta = 10\ \mathrm{g}$ であるから

$$m^\alpha = 4.44\ \mathrm{g},\quad m^\beta = 5.56\ \mathrm{g}$$

問題6 ヘキサン（H）とニトロベンゼン（NB）の等モル混合物であるから，この混合物の成分組成をモル分率で表すと，$x_H = x_{NB} = 0.5$ である。2相に分離した α 相と β 相に存在する。ニトロベンゼンのモル分率は，それぞれ，$x_{NB}^\alpha = 0.23$ および $x_{NB}^\beta = 0.89$ であるから，モル比は，てこの規則を用いて決定する。α 相および β 相の物質量を n_α mol および n_β mol とすると，式（17.8）のモル対応式より

$$\frac{n_\alpha}{n_\beta} = \frac{0.89-0.5}{0.5-0.23} = \frac{0.39}{0.27} = 1.444$$

すなわち　$n_\alpha = 1.444 n_\beta$　(1)

が得られる。

混合したときに用いた溶液の全物質量は 3.0（=1.5+1.5）であるから

$$n_\alpha + n_\beta = 3 \qquad (2)$$

である。式（1）と式（2）から

$$n_\alpha = 1.77\ \mathrm{mol},\ n_\beta = 1.23\ \mathrm{mol}$$

となる。

$x_{NB}^\alpha = 0.23$ であるから α 相のヘキサンは $x_H^\alpha = 0.77$，$x_{NB}^\beta = 0.89$ であるから β 相のヘキサンは $x_H^\beta = 0.11$ である。また，ヘキサンとニトロベンゼンの分子量からモル質量 M は，それぞれ，86.18 および 123.11 g mol^{-1} であるから

α 相：NBの質量＝

$$x_{NB}^\alpha n_\alpha M_{NB}/\mathrm{g} = 0.23 \times 1.77 \times 123.11 = 50.12$$

Hの質量＝

$$x_H^\alpha n_\alpha M_H/\mathrm{g} = 0.77 \times 1.77 \times 86.18 = 117.45$$

β 相：NBの質量＝

$$x_{NB}^\beta n_\beta M_{NB}/\mathrm{g} = 0.89 \times 1.23 \times 123.11 = 134.76$$

Hの質量＝

$$x_H^\beta n_\beta M^H/\mathrm{g} = 0.11 \times 1.23 \times 86.18 = 11.66$$

したがって，α 相の質量

$$m^\alpha = 50.12 + 117.45 = 167.57\ \mathrm{g}$$

β 相の質量

$$m^\beta = 134.76 + 11.66 = 146.42\ \mathrm{g}$$

問題7 （1）b点

（2）d点

（3）e点，e点におけるタイラインを考慮すると，気体の量は0となる。

問題8 （1）図から明らかなように，50%のAを含む混合物を加熱すると65℃で沸騰が始まる。その時の蒸気の組成は気相線との交点よりAが90%である。75℃まで上昇すると蒸気の組成は70%，残留するA成分組成は20%になっている。

（2）65℃から75℃に達するまでに出てくる流出物の全量は，65℃の時に出てくる蒸留物と75℃に達する時に出てくる流出物の平均。

65℃のときに出てくる蒸留物

Aの組成90%

75℃に達したときの蒸留物

Aの組成70%

それゆえ，求める蒸留物のAの組成は

(90%+70%)/2=80%

（3）全体の物質収支および成分Aの物質収支を考慮して求める。蒸発物（D）の質量を m_D，残留物（R）の質量を m_R とすると

$$m_D + m_R = 200\ \mathrm{g}$$

Aの組成は50%であるからAの全量は100 gである。Aは蒸留物80%と残留物の20%であるから，次式が成り立つ。

$$0.20m_R + 0.80m_D = 100\ \mathrm{g}$$

$m_R = (200 - m_D)$ を用いると

$$0.20(200 - m_D) + 0.80m_D = 100$$
$$0.60m_D = 60$$
$$m_D = 100\ \mathrm{g}$$

問題 9　(1) 相の成分は Na_2SO_4 と水であるから 2

(2) $C=2$, $P=3$ であるから，自由度 F は $F=C-P+2=2-3+2=1$

問題 10　50℃では 1 相領域のため，水とニコチンは完全に溶解し，均一な溶液となる。100℃では 2 相領域のため水にニコチンが飽和した溶液と，ニコチンに水が飽和した溶液に分かれる。

問題 11　まずニトロベンゼンのモル分率を求める。ヘキサン（モル質量 86.18 g $\mathrm{mol^{-1}}$）50 g の物質量は 0.580 mol。一方，ニトロベンゼン（モル質量 123.05 g $\mathrm{mol^{-1}}$）の 50 g は 0.406 mol である。したがって，混合物のニトロベンゼンのモル分率 $x_{NB}=0.412$ となる。この混合物は相分離して 2 相（α 相と β 相）を生じ，それぞれのニトロベンゼンの分率（$x_{NB}^{\alpha} x_{NB}^{\beta}$）が 0.35 と 0.83 からなる溶液になるのであるから，てこの規則すなわち式（17.7）によって，2 相の物質量比が得られる。α 相と β 相の物質量をそれぞれ $n^{(\alpha)}$ および $n^{(\beta)}$ mol とすると

$$\text{相対量比} = \frac{n^{(\alpha)}}{n^{(\beta)}} = \frac{0.83-0.41}{0.41-0.35} = 7$$

となる。ヘキサンに富む相はニトロベンゼンを富む相の 7 倍である。

問題 12　ヘキサンおよびニトロベンゼンのモル質量は 86.17 g $\mathrm{mol^{-1}}$ および 123.1 g $\mathrm{mol^{-1}}$。

ヘキサン層のニトロベンゼンのモル分率は $(x_{NB})_H = 0.091$ であるから

$$(x_{NB})_H = \frac{(n_{NB})_H}{(n_{NB})_H + (n_H)_H} = 0.091$$

である。この式から $(n_{NB}/n_H)_H = 0.100$ が得られる。

ヘキサン層のニトロベンゼンの質量分率 w_{NB} は

$$(w_{NB})_H = \frac{(m_{NB})_H}{(m_{NB})_H + (m_H)_H} = \frac{(n_{NB})_H(123.11)}{(n_{NB})_H(123.11) + (n_H)_H(86.17)}$$

となる。$(n_{NB})_H = 0.100(n_H)_H$ を代入し $(n_H)_H$ を消去すると

$$(w_{NB})_H = \frac{0.100(123.11)}{0.100(123.11) + 86.17} = 0.125$$

ニトロベンゼン相中ヘキサンについて同様な計算を行うと

$$(w_H)_{NB} = 0.036$$

となるから，ニトロベンゼン相中のニトロベンゼンの重量分率 $(w_{NB})_{NB}$

$$(w_{NB})_{NB} = 1 - (w_H)_{NB} = 0.964$$

2 つの液相すなわちヘキサン層とニトロベンゼン層のそれぞれの質量を m_1 と m_2 とすると，ニトロベンゼンの総量に対しては

$$0.125\,m_1 + 0.964\,m_2 = 100\ \mathrm{g} \qquad (1)$$

が成り立つ。ヘキサン相とニトロベンゼン相の和は

$$m_1 + m_2 = 200\ \mathrm{g} \qquad (2)$$

であるから，式（1）と式（2）から

$$m_1 = 110.6\ \mathrm{g} \qquad m_2 = 89.4\ \mathrm{g}$$

問題 13　99.0℃における水の蒸気圧 p_{H_2O} 733.2 mmHg とニトロベンゼンの蒸気圧 $p_{C_6H_5NO_2}$ の和が大気圧に等しい。したがって，$p_{C_6H_5NO_2}$ は

$$p_{C_6H_5NO_2} = (753.0 - 733.2)\,\mathrm{mmHg} = 19.8\,\mathrm{mmHg}$$

となる。流出するニトロベンゼンの質量 $m_{C_6H_5NO_2}$ と水の質量 m_{H_2O} とし，それぞれのモル質量を $M_{C_6H_5NO_2}$ および M_{H_2O} とすると，式（17.14）により

$$\frac{m_{C_6H_5NO_2}}{m_{H_2O}} = \frac{123 \times 19.8\,\mathrm{mmHg}}{18 \times 733.2\,\mathrm{mmHg}} = 0.185$$

が得られる。ニトロベンゼン質量百分率は

$$\frac{m_{C_6H_5NO_2}}{m_{H_2O}+m_{C_6H_5NO_2}}\times 100 = \frac{0.185}{1.185}\times 100 = 15.6\%$$

問題 14　98.4℃における水蒸気圧は707 mmHgであるから，1 atm下でのアニリンの蒸気圧$p_{アニリン}$は

$$p_{アニリン}/\mathrm{mmHg} = 760-707 = 53$$

となる。混合気体1 atm中の水蒸気圧$p_{水}$=707 mmHgのモル分率を$x_{水}$，アニリンのモル分率を$x_{アニリン}$とすると，分圧の法則から

$$p_{アニリン} = x_{アニリン}\times(760\ \mathrm{mmHg})$$
$$p_{水} = x_{水}\times(760\ \mathrm{mmHg})$$

となる。したがって，次の関係が得られる。

$$\frac{p_{アニリン}}{p_{水}} = \frac{x_{アニリン}\times(760\ \mathrm{mmHg})}{x_{水}\times(760\ \mathrm{mmHg})} = \frac{53\ \mathrm{mmHg}}{707\ \mathrm{mmHg}} = \frac{n_{アニリン}}{n_{水}} = 0.075$$

したがってアニリンの蒸気圧$p_{アニリン}$は

$$p_{アニリン} = 0.075\times p_{H_2O} = 0.075\times 707 = 53.0\ \mathrm{mm\ Hg}$$

$n_{水}$は（150/18)molであるから

$$n_{アニリン} = 0.075\times(150/18)\mathrm{mol} = 0.625\ \mathrm{mol}$$

問題 15　温度がT_aになると，液体に純物質Aの析出が始まる。温度を下げていくとT_eになるまでAの析出が進行する。Aが析出すると，溶液中のB組成が増えるので，点Eに達すると，Eの組成からなる液体と析出したAに加えてBの析出が始まる。したがって，T_eでは，3相となる。さらに温度を下げると，Eの組成の固体が析出する。この固体は共融混合物または共晶といわれるもので，系がすべて凝固するまで温度は一定に保たれる。共晶の析出が終わると再び固体の冷却が進み始める。

問題 16　(1) 液体混合物を冷却していくと固容体が生じるから，冷却による純物質の分離はできない。

(2) Ⅰは固溶体αと液体が共存しており2相，Ⅱは固溶体βと液体が共存しており2相，Ⅲは2種の固体が混ざり合っており2相。

(3) α，βおよび液体が共存するから3相からなり，C=2，P=3であるから自由度$F=C-P+2=1$となる。圧力を1 atmと定めると自由度は無く，共融点は一定であり，系の示強性の性質はすべて決まる。

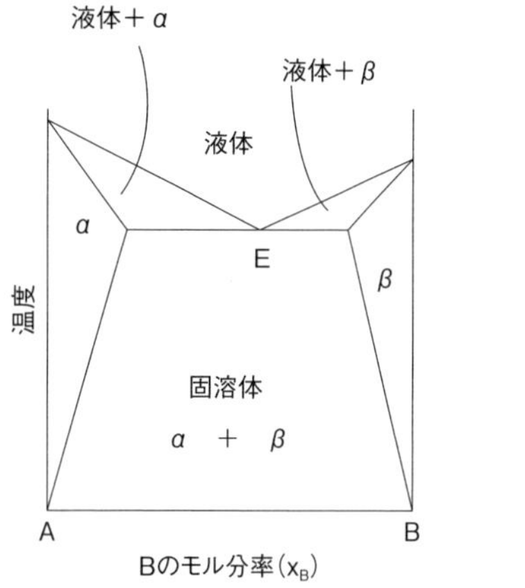

問題 17　a点ではAとBが均一に混ざり合った液体であるが．冷却してb点に達すると均一な液体はBの飽和溶液となり，Bを少量含む固溶体α（その組成はc点）が析出し始め2相になる。さらに冷やしていくと，d点では固溶体αの析出量が増える。その際，液体の成分はbからbgにそってgに変化する。さらに温度が下がってh点の温度になると液体はe点になり，共融組成となり，同時に固溶体βが表れる。この状態ではα，βおよび溶液が3相が共存するため，相律を適用すると自由度は1となり，圧力を1 atmと定めると自由度はなく，共融点は一定値で，すべての液体が共晶になる。i点にまで冷却すると2つの固溶体が共存する。その組成はてこの法則にしたがっており，αの分率x_αはx_α=線分ki/線分kjとなる。

問題 18　下図において，正三角形内の任意の点をXとし，Xから辺BC，CA，AB，におろした垂線の交点をH，IおよびJとする。Xから辺BCに平行線を引き，ABとの交点をDとし，そのDから線分XIに平行な直線をひき，辺ACとの交点をEとする。さらにXか

ら辺ACに平行な直線を加え，その線とDEとの交点をFとする。

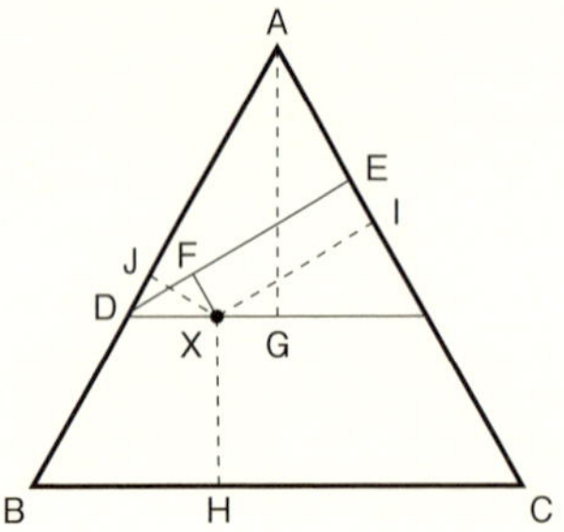

△DJXと△DFXとは合同であるからXJ＝DFとなる。したがってJX＋XI＝DEが得られる。

つぎにAからのDXを延長した直線への垂線をひき，その交点をGとすると△ADGは△ADEと合同であるからAG＝DEとなる。結局，XJ＋XH＋XI＝DE＋XH＝AG＋XH＝三角形の高さと一致する。

問題19　(1) IはA，Bが均一に混合した水溶液であるからC=3，P=1。

IIは（Bの飽和溶液＋Aの水溶液）＋純物質Bの2相からなる領域でC=2，P=2。

IIIは（Aの飽和溶液＋Bの水溶液）＋純物質Aとの2相からなる領域でC=2，P=2。

IVは（Aの飽和溶液＋Bの飽和溶液）＋純物質A＋純物質Bが共存する領域でC=2，P=3である。

(2) a点はBが存在しないAとCの2成分系で，Aが水に溶解する最高のモル分率すなわちAの飽和溶液のモル分率。

b点はAが存在しないBとCの2成分系で，Bが水に溶解する最高のモル分率すなわち飽和溶液のモル分率を示す。

c点はAの飽和溶液＋Bの飽和溶液からなる。したがって，1相3成分系で，p=1，c=3となるから，F=2である。その結果，その温度，圧力が決まれば組成は一定となる。

第18章

問題1　電荷q_1と，q_2との相互作用によるエネルギーUは式（18.17）より

$$U = q_2\phi(r) = \frac{q_1 q_2}{4\pi\varepsilon_r\varepsilon_0 r}$$

となる。q_1およびq_2に対しq_{Na^+}＝1.602×10^{-19} Cおよびq_{Cl^-}＝-1.602×10^{-19} Cを用いると

$$U = \frac{-(1.602\times10^{-19}\,\mathrm{C})^2}{4\pi\times(8.854\times10^{-12}\,\mathrm{C^2J^{-1}m^{-1}})\times74.2\times10^{-9}\,\mathrm{m}}$$
$$= -2.43\times10^{-19}\,\mathrm{J\ molecule}$$

1 molあたりのエネルギーはアボガドロ数を掛けて

$$U = -1.46\times10^5\,\mathrm{J\,mol^{-1}} = -146\,\mathrm{kJ\,mol^{-1}}$$

問題2　式（18.13）を用いると

$$\phi(3\,\mathrm{m}) = \frac{q_1}{4\pi\varepsilon_0 r}$$
$$= \frac{2.0\mathrm{C}}{4\pi\times(8.854\times10^{-12}\,\mathrm{C^2J^{-1}m^{-1}})\times1\times3\,\mathrm{m}}$$
$$= 6.00\times10^9\,\mathrm{J\,C^{-1}} = 600\,\mathrm{V}$$

問題3　希薄溶液では，$MgSO_4$の質量モル濃度をb_{MgSO_4}，Mg^{2+}の質量モル濃度を$b_{Mg^{2+}}$，SO_4^{2-}の質量モル濃度を$b_{SO4^{2-}}$とすると，$MgSO_4$の水溶液のイオン強度Iは式（18.21）より

$$I = (1/2)\{(b_{Mg^{2+}}\times2^2)+(b_{SO4^{2-}}\times2^2)\}$$
$$= 2(b_{Mg^{2+}}+b_{SO4^{2-}})$$

となる。$b_{Mg^{2+}}+b_{SO4^{2-}}=2b_{MgSO_4}$であるから

$$I = 4\,b_{MgSO_4}$$

問題4　この電解質溶液のイオンの濃度は，それぞれ，$M^{z+}=\nu_+b$および$M^{z-}=\nu_-b$となるから

$$I = (1/2)\{\nu_+b(z_+)^2+\nu_-b(z_-)^2\}$$
$$= (1/2)\{\nu_+(z_+)^2+\nu_-(z_-)^2\}b$$

である。

電気的中性の条件から$\nu_+z_+=\nu_-z_-$が成り立っている。$z_+=(\nu_-/\nu_+)z_-$なる関係を上式の最右辺の式に代入すると

$$I = (1/2)\{\nu_+(\nu_-/\nu_+)^2(z_-)^2+\nu_-(z_-)^2\}b$$
$$= (1/2)\nu_-(\nu_-/\nu_++1)z_-^2b$$

問題5　水溶液中の各電解質の物質量は

NaCl 0.502 mol，K_2SO_4 0.005 mol，$MgCl_2$ 0.042 mol，$MgSO_4$ 0.015 mol，および $CaSO_4$ 0.010 mol である。これから Na^+ 0.502 mol dm^{-3}，K^+ 0.010 mol dm^{-3}，Mg^{2+}0.057(=0.042+0.0150)mol dm^{-3}，Ca^{2+}0.010 mol dm^{-3}，Cl^-0.585(=0.502+0.042×2)mol dm^{-3} および SO_4^{2-}0.030(=0.005+0.015+0.010)mol dm^{-3} が得られる。

水溶液の密度に対し，ρ=1.0 kg dm^{-3} とおいて，式（15.23）よりイオン強度を決定する。

$$I = \frac{1}{2\rho}\sum c_i Z_i^2$$
$$= \frac{1}{2}(0.502 \times 1^2 + 0.010 \times 1^2 + 0.057 \times 2^2 + 0.010 x 2^2 + 0.585 \times 1^2 + 0.030 \times 2^2)$$
$$= 0.743$$

問題 6 モル分率が $x_{M_{\nu+}A_{\nu-}}$ であれば，完全解離すれば，イオンの総数は $\nu(=\nu_+ + \nu_-)$ となるからイオンのモル分率は $\nu x_{M_{\nu+}A_{\nu-}}$ となる。したがって，水のモル分率 x_{H_2O} は $(1-\nu x_{M_{\nu+}A_{\nu-}})$ となる。無限希釈水溶液であるからラウールの法則が成立している。溶液の水蒸気圧 p_{H_2O} は，純水の蒸気圧を p_{H_2O} とする

$$p_{H_2O} = p^*_{H_2O} x_{H_2O} = p^*_{H_2O}(1-\nu x_{M_{\nu+}A_{\nu-}}) \quad (1)$$

となる。

式（1）の p_{H_2O} を式（15.6）に代入すると

$$\mu_{H_2O}(l) = \mu_{H_2O}{}^*(l) + RT\ln(p_{H_2O}/p_{H_2O}{}^*)$$
$$= \mu_{H_2O}{}^*(l) + RT\ln(1-\nu x_{M_{\nu+}A_{\nu-}})$$

問題 7 前問で誘導したように，無限希釈水溶液における水の化学ポテンシャルは，$\mu_{H_2O} = \mu^\circ_{H_2O} + RT\ln(1-\nu x_{M_{\nu+}A_{\nu-}})$ である。この式を $dx_{M_{\nu+}A_{\nu-}}$ で微分すると

$$\frac{d\mu_{H_2O}}{dx_{M_{\nu+}A_{\nu-}}} = -RT\frac{\nu}{1-\nu x_{M_{\nu+}A_{\nu-}}}$$

となり，書き換えると得られる。

問題 8 式（18.39）から i は

$$i = \frac{\Delta T_f}{K_f b_B}$$
$$= \frac{0.36\,\mathrm{K}}{(1.86\,\mathrm{K\,kg\,mol^{-1}})(0.050\,\mathrm{K\,kg\,mol^{-1}})} = 3.9$$

問題 9 硝酸ナトリウム $NaNO_3$ のモル質量は 85 g mol^{-1} である。硝酸ナトリウム 8.5 g は 0.1 mol であるから，水溶液の質量モル濃度は 1.0 mol kg^{-1} となる。したがって，式（18.39）より ΔT_{NaNO_3}= 3.32 K=iK_f(1.0 mol kg) となる。ブドウ糖水溶液の質量モル濃度は（3.62 g/180 g mol^{-1})/0.1 kg=0.201 mol kg^{-1} である。この水溶液の凝固点は−0.374 ℃であるから，水のモル凝固点降下定数 K_f=0.374 K/0.201 mol kg^{-1}= 1.86 kg Kmol^{-1} である。

$$i = 3.32\,\mathrm{K}/\{(1.86\,\mathrm{kg\,K\,mol^{-1}}) \times (1.0\,\mathrm{mol\,kg^{-1}})\}$$
$$= 1.78$$

問題 10 ν_+=1，ν_-=2 および b=0.02 mol kg^{-1} を式（18.59）に代入すると

$$b_\pm = (\nu_+^{\nu_+}\nu_-^{\nu_-})^{1/\nu} b = (1 \times 2^2)^{1/3} \times 0.02$$
$$= 0.0318\,\mathrm{mol\,kg^{-1}}$$

問題 11 NaCl では $\nu_+=\nu_-=1$ $\nu_+ + \nu_- = \nu = 2$ である。式（18.59）より $b_\pm=(1)^{1/2}b=b$，さらに式（18.60）より $(\gamma_+\gamma_-)^{1/2}=\gamma_\pm$ なることを考慮すると平均イオン活量 $a_\pm=\gamma_\pm(b/b^\circ)$ となる。式（18.54）より

$$\mu_\pm = \mu^\circ_\pm + RT\ln a_\pm$$
$$= \mu^\circ_\pm + RT\ln(b/b^\circ)\gamma_\pm$$

式（18.62）より

$$\mu_{NaCl} = 2\mu^\circ_\pm + 2RT\ln(b/b^\circ) + 2RT\ln\gamma_\pm$$

$MgSO_4$ では ν_+=1，ν_-=1，$\nu_+ + \nu_-$= ν=2 である。式（18.59）より $b_\pm=b$ さらに式（18.60）より $(\gamma_+\gamma_-)^{1/2}=\gamma_\pm$ となるから平均イオン活量は $a_\pm=\gamma_\pm b$ となる。

$$\mu_\pm = \mu^\circ_\pm + RT\ln a_\pm = \mu^\circ_\pm + RT\ln(b/b^\circ)\gamma_\pm$$

式（18.62）より

$$\mu_{MgSO_4} = 2\mu^\circ_\pm + 2RT\ln(b/b^\circ) + 2RT\ln\gamma_\pm$$

Na_2SO_4 では ν_+=2，ν_-=1，ν=3。同

様に，$b_{\pm}=(4)^{1/3}\,b=1.59\,b$　および $(\gamma_{+}\gamma_{-})^{1/3}=\gamma_{\pm}$ を考慮して $a_{\pm}=1.59\gamma_{\pm}b$ となる。

$$\mu_{\pm}=\mu_{\pm}^{\circ}+RT\ln a_{\pm}$$
$$=\mu_{\pm}^{\circ}+RT\ln 1.59(b/b^{\circ})\gamma_{\pm}$$
$$\mu_{\mathrm{Na_2SO_4}}=3\mu_{\pm}=3\mu_{\pm}^{\circ}\ +3RT\ln 1.59\,b/b^{\circ}\gamma_{\pm}$$

Na_3PO_4 では $\nu_{+}=3$，$\nu_{-}=1$，$\nu=4$ である。 同様に， $b_{\pm}=(27)^{1/4}\,b$　および $(\gamma_{+}\gamma_{-})^{1/4}=\gamma_{\pm}$ を考慮して $a_{\pm}=(27)^{1/4}\gamma_{\pm}b$ となる。

$$\mu_{\mathrm{Na_3PO_4}}=4\mu_{\pm}=4\mu_{\pm}^{\circ}+4RT\ln(27)^{1/4}(b/b^{\circ})\gamma_{\pm}$$

問題 12　平均イオン質量濃度 $b_{\pm}$ は，$b_{\pm}=(\nu_{+}^{\nu_{+}}\nu_{-}^{\nu_{-}})^{1/\nu}b$ に $\nu_{+}=1$，$\nu_{-}=2$，$\nu_{+}+\nu_{-}=\nu=3$ および $b=0.1000\ \mathrm{mol\,kg^{-1}}$ を代入して求めると，$b_{\pm}=0.1587\ \mathrm{mol\,kg^{-1}}$
平均イオン活量 $a_{\pm}$ は

$$a_{\pm}=\left(\frac{b_{\pm}}{b^{\circ}}\right)\gamma_{\pm}=\left(\frac{0.1587\,\mathrm{mol\,kg^{-1}}}{1.0000\,\mathrm{mol\,kg^{-1}}}\right)\times 0.266$$
$$=0.042$$

したがって

$$a_{\mathrm{H_2SO_4}}=a_{\pm}^{\nu}=(0.042)^{3}=7.41\times10^{-5}$$

問題 13　$In_2(SO_4)_3$ では $\nu_{+}=3$，$\nu_{-}=2$，$\nu_{+}+\nu_{-}=\nu=5$ であるから，式（18.59）より $b_{\pm}=0.100(2^2\times3^3)^{1/5}=0.255$
式（18.61）より $a_{\pm}=(2^2\times3^3)^{1/5}\times0.100\times0.025=0.255\times0.025=0.064$
式 (18.55) は，$a_{\mathrm{In_2(SO_4)_2}}=a_{\pm}^{\nu}=(0.0064)^5=1.07\times10^{-11}$

問題 14　式（18.54）および式（18.61）から

$$\frac{a_{\mathrm{NaCl}}(0.200\,b)}{a_{\mathrm{NaCl}}(0.600\,b)}=\left[\frac{\gamma_{\pm}b_{\pm}(0.200\,b)}{\gamma_{\pm}b_{\pm}(0.600\,b)}\right]^2$$
$$=\left[\frac{0.7349}{0.6719}\,\frac{0.200}{0.600}\right]^2=0.04846$$

それゆえ，$\Delta G_{298}=RT\ln 0.04846=-7{,}500\ \mathrm{J}$

問題 15　ν 個のイオンを生じる電解質 B の活量は式（18.55）より $a_{\mathrm{B}}=a_{\pm}^{\nu}$
が得られる。式（18.55）を ν 乗して書き換え，その極限は

$$\lim_{b_{\mathrm{B}}\to0}\frac{a_{\mathrm{B}}}{(b_{\mathrm{B}}/b^{\circ})^{\nu}}=\lim_{b_{B}\to0}\frac{a_{\pm}^{\nu}}{(b_{\mathrm{B}}/b^{\circ})^{\nu}}=\lim_{b_{\mathrm{B}}\to0}\frac{(\gamma_{\pm}(b_{\pm}/b^{\circ}))^{\nu}}{(b_{\mathrm{B}}/b^{\circ})^{\nu}}$$
$$=\lim_{b_{\mathrm{B}}\to0}\frac{\gamma_{\pm}{}^{\nu}[(\nu_{+}^{\nu_{+}}\nu_{-}^{\nu_{-}})^{1/\nu}b_{\mathrm{B}}]^{\nu}}{b_{\mathrm{B}}^{\nu}}$$
$$=\lim_{b_{\mathrm{B}}\to0}\gamma_{\pm}{}^{\nu}[(\nu_{+}^{\nu_{+}}\nu_{-}^{\nu_{-}})^{1/\nu}]^{\nu}\qquad(1)$$

となる
$\lim_{b_{\mathrm{B}}\to0}\gamma_{\pm}=1$ であるから

$$\lim_{b\to0}\frac{a_{\mathrm{B}}}{b_{\mathrm{B}}^{\nu}}=\nu_{+}^{\nu_{+}}\nu_{-}^{\nu_{-}}$$

となる。
式（18.59）より $b_{\pm}=(\nu_{+}^{\nu_{+}}\nu_{-}^{\nu_{-}})^{1/\nu}b_{\mathrm{B}}$ であることを考慮すると
HCl では $\nu_{+}=1$，$\nu_{-}=1$ であるから $(\nu_{+}^{\nu_{+}}\nu_{-}^{\nu_{-}})^{1/\nu}=1$ で，$b_{\pm}=b_{\mathrm{B}}=1\ \mathrm{mol\,kg^{-1}}$
$CaCl_2$ では $\nu_{+}=2$，$\nu_{-}=1$ で，$(\nu_{+}^{\nu_{+}}\nu_{-}^{\nu_{-}})^{1/\nu}=4^{1/3}=1.6$ となり

$$b_{\pm}=1.6\,b_{\mathrm{B}}=1.6\,\mathrm{mol\,kg^{-1}}$$

問題 16　式（18.64）より

$$\mu^{E}=2RT\ln\gamma_{b,\pm}$$
$$=2\times(8.314\,\mathrm{J\,K^{-1}mol^{-1}})\times(298\,\mathrm{K})\ln(0.901)$$
$$=-517\,\mathrm{J\,mol^{-1}}$$

問題 17　溶媒 A の化学ポテンシャルは

$$\mu_{\mathrm{A}}=\mu_{\mathrm{A}}^{\circ}\ +RT\ln a_{\mathrm{A}}\qquad(1)$$

溶質 B の化学ポテンシャルは，質量濃度基準で表すと，式（16.39）で示したように

$$\mu_{\mathrm{B}}=\mu_{\mathrm{B}}^{\circ}\ +RT\ln a_{\mathrm{B}}\qquad(2)$$

である。これに，ギブズ–デュエムの式を適用すると

$$\mathrm{d}\ln a_{\mathrm{A}}=-(n_{\mathrm{B}}/n_{\mathrm{A}})\mathrm{d}\ln a_{\mathrm{b,B}}\qquad(3)$$

となる。M_{A} を溶媒のモル質量，b_{B} を溶質のモル質量とすると，希薄溶液である限り $(n_{\mathrm{B}}/n_{\mathrm{A}})=b_{\mathrm{B}}M_{\mathrm{A}}$ となるから

$$\mathrm{d}\ln a_{\mathrm{A}}=-b_{\mathrm{B}}M_{\mathrm{A}}\mathrm{d}\ln a_{\mathrm{B}}\qquad(4)$$

となる。
溶媒の活量 a_{A} と凝固点降下 $\Delta T(T_0-T)$ の間には，K_{f} を凝固点降下定数とすると，式（16.62）で示されたように $\mathrm{d}\ln a_{\mathrm{A}}=-\mathrm{d}(\Delta T)/K_{\mathrm{f}}$ が存在するから，式（4）は

$$d\ln a_{B} = \frac{d(\Delta T)}{K_{f} b_{B} M_{A}} \qquad (5)$$

となる。浸透係数ϕを導入すると，ΔTは式（18.74）：

$$\Delta T = \nu K_{f} \phi b_{B} \qquad (6)$$

であるから，b_Bとϕの微少変化によるΔTの変化は

$$d(\Delta T) = \nu K_{f}(\phi d b_{B} + b_{B} d\phi) \qquad (7)$$

が得られる。一方，$a_B = \gamma_B b_B$であるから，その対数の微少変化は

$$d\ln a_{B} = d\ln \gamma_{B} + d\ln b_{B} \qquad (8)$$

となる。式（7）および式（8）を式（5）に代入すると

$$\begin{aligned} & d\ln \gamma_{B} + d\ln b_{B} \\ & \quad = K_{f}\nu(\phi d b_{B} + b_{B} d\phi)/K_{f}\nu b_{B} \\ & \quad = (\phi d b_{B} + b_{B} d\phi)/b_{B} \qquad (9) \end{aligned}$$

となり

$$\begin{aligned} d\ln \gamma_{B} &= d\phi + \frac{\phi d b_{B}}{b_{B}} - d\ln b_{B} \\ &= d\phi + \frac{\phi d b_{B}}{b_{B}} - \frac{d b_{B}}{b_{B}} \\ &= d\phi + \frac{(\phi - 1) d b_{B}}{b_{B}} \qquad (10) \end{aligned}$$

が得られる。無限希釈でϕは1になることを考慮して積分すると

$$\ln \gamma_{\pm} = \phi - 1 + \int_{0}^{b_{B}} \left(\frac{\phi - 1}{b} \right) db \quad (11)$$

となり，式（18.72）と一致している。したがって，色々な濃度で，融点降下の測定から得られる活量より，浸透係数を算出し，式(11）を使って求める。

問題 18　式（18.78）より

$$\phi = \frac{2 \times 3.937 \times 1.111}{3 \times 2.007} = 1.404$$

式（18.77）より

$$\ln a_{H_2O} = -\frac{3 \times (2.007)}{55.51}$$

したがって

$$a_{H_2O} = 0.857$$

問題 19　式（18.93）より1–1電解質であるから$b = I$を考慮すると

$$\kappa = \sqrt{\frac{2(1.602 \times 10^{-19}\,C)^2(6.023 \times 10^{23}) b (997\,kg\,m^3)}{78.54(8.854 \times 10^{-12}\,C^2 N^{-1} m^{-2})(1.381 \times 10^{-23}\,J\,K^{-1})(298\,K)}}$$

逆数をとり

$$\frac{1}{\kappa} = \frac{304 \times 10^{-9}}{\sqrt{b}}\,m = \frac{304}{\sqrt{b}}\,pm$$

問題 20　質量モル濃度がbの$Al_2(SO_4)_3$水溶液の式（18.21）より，Al^{3+}およびSO_4^{2-}の質量モル濃度は，それぞれ，$2b$および$3b$である。イオン強度Iは

$$I = \frac{1}{2}\{(2b \times 3^2) + (3b \times 2^2)\} = 15b$$

$b = 8.24 \times 10^{-5}\,mol\,kg^{-1}$であるから$I = 1.24 \times 10^{-3}$
式（18.93）にその数値を代入すると，デバイ長は

$$\begin{aligned} & 1/\kappa \\ & = \left[\frac{78.54(8.854 \times 10^{-12}\,C^2 N^{-1} m^{-2}) 88.314\,J\,K^{-1} mol^{-1})(298\,K)}{2(6.023 \times 10^{23})(1.24 \times 10^{-3}\,mol\,kg^{-1})(1.602 \times 10^{-19}\,C)^2(997\,kg\,m^{-3})} \right]^{0.5} \\ & = 8.65\,nm \end{aligned}$$

問題 21　この溶液のイオン強度は，式（18.21）より

$$I = \frac{1}{2}(0.002 \times 2^2 + 0.002 \times 2 \times 1^2) = 0.006$$

平均活量係数は式（18.109）より

$$\begin{aligned} \log \gamma_{b,\pm} &= -0.509 z_{+} z_{-} \sqrt{I} \\ &= (-0.509) \times 2 \times \sqrt{0.006} = -0.078 \end{aligned}$$

が得られ，$\gamma_{b,\pm} = 0.836$

問題 22　まず溶液のイオン強度を決定する。

$$\begin{aligned} I = \frac{1}{2} \sum_{i} \frac{b}{b^{\circ}} z^2 = \frac{1}{2}[(0.010 \times 4) + (0.020 \times 1) \\ + (0.030 \times 1)] = 0.060 \end{aligned}$$

式（18.109）より

$$\log \gamma_{b,\pm} = -0.5091 \times 2 \times 1 \times \sqrt{0.060} = -0.2494$$

が得られ，

$$\gamma_{b,\pm} = 0.563$$

問題 23　2–1電解質であるからイオン強度は$I = 3b$である。式（18.109）に$|z_{+} z_{-}|$

$=2$ および $I=3b$ を代入すると

$\log\gamma_{\pm}=-0.5091\times 2\sqrt{3b}=-1.76\sqrt{b}$

問題 24　(1) M_g^{2+} は 1.37×10^{-3} g，Cl^- は $2\times 1.37\times10^{-3}$ g であるから，みかけの溶解度積 $K_{S,ap}$ は，$K_{S,ap}=(1.37\times10^{-3})\times(2\times1.37\times10^{-3})^2=1.03\times10^{-8}$

(2) 水中の PbI_2 のイオン強度は

$$I=\frac{1}{2}[(1.37\times10^{-3})(2^2)+(2.74\times10^{-3})(1^2)]$$
$$=4.11\times10^{-3}$$

式 (18.109) を用いると

$$\log\gamma_{b,\pm}=-0.509(2)(1)\sqrt{4.11\times10^{-3}}=-0.0650$$
$$\gamma_{b,\pm}=0.861$$

式 (18.59) より

$$b_{\pm}=(1.37\times10^{-3})(1\times2^2)^{1/3}=2.17\times10^{-3}$$

であるから，式 (18.83) より

$$K_S=(0.861\times2.17\times10^{-3})^3=6.52\times10^{-9}$$

第 19 章

問題 1　平衡になった時のヨウ化水素の濃度 $c_{HI}=n$ mol dm^{-3} とすると，平衡時には

$$K_c=\frac{c_{HI}{}^2}{[c_{H_2}][c_{I_2}]}=\frac{(n)^2}{(0.0020-n)\times(0.0020-n)}$$
$$=46$$

が成立する。この式から

$n=0.00174$ mol dm^{-3} が得られる。

問題 2　(1) この平衡反応は次式で表される。

$$CH_3COOH+CH_3CH_2OH$$
$$\rightleftarrows CH_3COOCH_2CH_3+H_2O$$

平衡における CH_3COOH，CH_3CH_2OH，$CH_3COOCH_2CH_3$，H_2O の物質量を，それぞれ n_1，n_2，n_3，n_4，全物質量を $N(=n_1+n_2+n_3+n_4)$ とすると，モル分率平衡定数 K_x は

$$K_x=\{(n_3/N)(n_4/N)\}/\{(n_1/N)(n_2/N)$$
$$=(n_3n_4)/(n_1n_2)$$

酢酸 0.667 mol が反応して酢酸エチルになっているから残っている酢酸およびエタノールは 0.333 mol となる。$n_1=n_2=0.333$ mol，および，$n_3=n_4=0.667$ mol であるから

$$K_x=(0.667)^2/(0.333)^2=4.0$$

(2) 生成した酢酸エチルを $x$mol とすると

$$\frac{x^2}{(1-x)(0.5-x)}=4.0$$

これを解くと $x=0.423$ または 1.577 が得られるが，$0<x<0.5$ であるから

$$x=0.423\ \text{mol}$$

(3) 生成した酢酸エチルを y mol とすると

$$\frac{y(1+y)}{(1-y)(1-y)}=4.0$$

これを解くと $y=0.543$ または 2.457 が得られるが，$0<y<1.0$ であるから

$$y=0.543\ \text{mol}$$

問題 3　この反応は

$$H_2(g)+(1/2)O_2(g)\rightleftarrows H_2O(g)$$

で表される。この標準反応ギブズエネルギー $\Delta_rG^\circ(H_2O)$ は各成分の標準生成エネルギーから

$$\Delta_rG^\circ(H_2O)=\Delta_fG^\circ(H_2O)-\Delta_fG^\circ(H_2)$$
$$-\Delta_fG^\circ(O_2)=-228.6\ \text{kJ mol}^{-1}$$

と求まる。したがって，式 (19.34) に，この値，$R=8.314$ JK^{-1} mol^{-1}，$T=298.15$ K を代入して書き換えると

$$K=\exp(-\Delta_rG^\circ/RT)$$
$$=\exp\{-(-228600)/(8.314\times298.15)\}$$
$$=1.12\times10^{40}$$
$$Kp=K(p^\circ)^{\Delta\nu}=Kp^\circ=1.12\times10^{40}\times(1\ \text{atm})$$
$$=1.12\times10^{40}\ \text{atm}$$

問題 4　平衡に達した時の反応進行度を ξ_e とすると，平衡時の H_2 と I_2 の物質量はそれぞれ $(1-\xi_e)$mol，HI の物質量は $2\xi_e$mol となる。反応混合物中の全物質量は

$$(1-\xi_e)+(1-\xi_e)+2\xi_e=2\ \text{mol dm}^{-3}$$

したがって，それぞれの分圧は，全圧を P とすると

$$p_{H_2} = x_{H_2}P = \frac{1-\xi_e}{2},$$

$$p_{I_2} = x_{I_2}P = \frac{1-\xi_e}{2},\quad p_{HI} = x_{HI}P = \xi_e$$

となる。一方，次の関係より

$$K_p = \frac{p_{HI}{}^2}{p_{H_2}p_{I_2}} = \frac{\xi_e{}^2}{\{(1-\xi_e)/2\}^2} = 54.5$$

となり，$\xi_e=0.787$ が得られる。したがって，求めるHIの物質量は 1.57 mol

問題 5　$\Delta_r G^\circ = \Delta_r H^\circ - T\Delta_r S^\circ$ を用いると，標準反応ギブズエネルギー $\Delta_r G^\circ$ は $\Delta_r G^\circ = -91.0\ \mathrm{kJ\ mol^{-1}} - 298.15\times(-219.3)\ \mathrm{J\ mol^{-1}} = (-91.0+65.4)\mathrm{kJ\ mol^{-1}} = -25.6\ \mathrm{kJ\ mol^{-1}}$ となる。式 (19.33) に，この値，$R=8.314\ \mathrm{JK^{-1}\ mol^{-1}}$，および $T=298.15$ K を代入して書き換えると

$$\ln K = -(-25.6\times10^3)/(8.314\times298.15) = 10.32$$

したがって，$K=3.05\times10^4$

問題 6　この反応は

$$N_2(g)+3H_2(g) \rightleftarrows 2NH_3(g)$$

であるから，式 (19.36) より標準圧を $p^\circ=1$ atm とすると

$$K_p = K_x P^{-2} \qquad (1)$$

となる。平衡時における N_2，H_2，NH_3 の物質量を n_{N_2}，n_{H_2}，および n_{NH_3} とすると，失われた N_2，H_2 は，それぞれ，$1-n_{N_2}$，$3-n_{H_2}$ mol となり，NH_3 の生成量

$$1-n_{N_2} = (1/3)(3-n_{H_2}) = (1/2)n_{NH_3}$$

となる。これより

$$n_{N_2} = 1-(1/2)n_{NH_3},\quad n_{H_2} = 3\{1-(1/2)n_{NH_3}\}$$

が得られるから，$n_{N_2}/n_{H_2}=x_{N_2}/x_{H_2}=1/3$ となる。

$x_{N_2}+x_{H_2}+x_{NH_3}=1$ であるから

$$x_{N_2} = (1/4)\{1-(1/2)x_{NH_3}\},$$
$$x_{H_2} = (3/4)\{1-(1/2)x_{NH_3}\}$$

が得られる。したがって式 (1) から

$$K_x = \frac{(x_{NH_3})^2}{(1/4)\{1-(1/2)x_{NH_3}\}(3/4)^3(1-(1/2)x_{NH_3})^3}$$

より

$$\frac{256(x_{NH_3})^2}{27\{1-(1/2)x_{NH_3}\}^4} = P^2K_P$$

が得られ，$x_{NH_3}=3.85\times10^{-2}$，および $P=10$ atm を代入して計算すると $K_p=1.52\times10^{-4}\ \mathrm{atm^{-2}}$

問題 7　平衡時の NH_3 が $n$mol であるとすると，そのときの N_2 は $(1-n/2)$mol，H_2 は $(3-3n/2)$mol である。全物質量は $(4-n)$mol であるから，それぞれのモル分率は

$$x_{N_2} = \frac{1-n/2}{4-n},\quad x_{H_2} = \frac{3-3n/2}{4-n},\quad x_{NH_3} = \frac{n}{4-n}$$

である。x_{NH_3} の式は $n=\dfrac{4x_{NH_3}}{1+x_{NH_3}}$ となるから，それを x_{N_2} および x_{H_2} の式に入ると

$$x_{N_2} = \frac{1-x_{NH_3}}{4},\quad x_{H_2} = 3\frac{1-x_{NH_3}}{4}$$

となる。これらの関係式を

$$K_x = K_pP^2 = \frac{x_{NH_3}^2}{x_{N_2}x_{H_2}^3}$$

に入れると

$$K_p = \frac{x_{NH_3}^2}{x_{N_2}x_{H_2}^3}P^{-2} = \frac{x_{NH_3}^2}{(3^3/4^4)(1-x_{NH_3})^4}P^{-2}$$

となるから，$x_{NH_3}=0.0044$ および $P=1.013$ bar を入れると

$$K_p = 1.82\times10^{-4}\ \mathrm{bar^{-2}}$$

問題 8　(1) $\Delta_r G^\circ = -36{,}000+32.0\times1125\ \mathrm{J\ mol^{-1}} = 0\ \mathrm{J\ mol^{-1}}$

$$K = \exp\left(-\frac{\Delta_r G^\circ}{RT}\right) = \exp\left(\frac{0}{8.314\times573.15}\right) = 1$$

(2)　$CO + H_2O = CO_2 + H_2$

出発時（$t=0$）　1 mol　2 mol

平衡時（$t=t_{eq}$）　$(1-\alpha)$mol　$(2-\alpha)$mol　α mol　α mol

[平衡時の物質量 $\{(1-\alpha)+(2-\alpha)+\alpha+\alpha\}$mol=3 mol]

平衡時の分率　$(1-\alpha)/3$　$(2-\alpha)/3$　$\alpha/3$　$\alpha/3$

理想気体混合物であるから $K=K_x=1$ すなわち

$$K = K_x = \frac{(\alpha/3)^2}{\{(1-\alpha)/3\times(2-\alpha)/3\}} = 1$$

となるから，$\alpha=0.667$ となり，生じた水素は 0.667 mol である。

問題 9　$K=\dfrac{(p_{NO}/p^\circ)}{(p_{N_2}/p^\circ)^{1/2}(p_{O_2}/p^\circ)^{1/2}}$ で表される。K は式 (19.34) より
$K=\exp[(-77.772\mathrm{x}1000)/(8.3145\times1000)]=8.664\times10^{-5}$ と計算される。$K\ll1$ であるから，全圧を P bar とすると，$p_{N_2}\approx0.8P$, $p_{O_2}\approx0.2P$ で表される。したがって

$$8.664\times10^{-5}=\frac{(p_{NO}/p^\circ)}{(0.8P/p^\circ)^{1/2}(0.2P/p^\circ)^{1/2}}$$

となり，$(p_{NO}/p^\circ)=3.465\times10^{-5}P$ が得られる。$P=1$ atm(1.01325 bar) とすると，$p_{NO_2}=3.511\times10^{-5}$ bar

問題 10　(1) 圧平衡定数 K_p は式 (19.13) を用いると

$$K_P = \frac{p_{PCl_3}p_{Cl_2}}{p_{PCl_5}}$$

と表される。理想気体であれば，熱力学的平衡定数 K は

$$K = \frac{(p_{PCl_3}/p^\circ)(p_{Cl_2}/p^\circ)}{p_{PCl_5}/p^\circ}$$

となる。したがって

$$K_p = K\times\left(\frac{1}{p^\circ}\right)$$

(2) n mol からなる混合気体の平均分子量を M とすると，$pV=nRT=(w/M)RT$ の関係があるから，$p=(\rho/M)RT$(ρ：密度) となる。ゆえに，$p=1.000$ atm として計算すると

$$M = 2.70\times0.082\times(273+250) = 116$$

(3) 解離度を α とすると，全体としての物質量は $(1-\alpha)+\alpha+\alpha=1+\alpha$ 倍になっているから，PCl_5 の分子量を M_{PCl_5} とすると，M_{PCl_5} と M との関係は $M=M_{PCl_5}/(1+\alpha)$ となる。したがって，$\alpha=M_{PCl_5}/M-1=208.5/116-1=0.80$ となる。

PCl_5 の分圧は $P\{(1-\alpha)/(1+\alpha)\} = 0.11$ atm

(4) それぞれの分圧は全圧を $P(=1.000$ atm) とすると

$$p_{PCl_5} = P\{(1-\alpha)/(1+\alpha)\},$$
$$p_{PCl_3} = P\{\alpha/(1+\alpha)\},\quad p_{Cl_2} = P\{\alpha/\ (1+\alpha)\}$$

であるから，$K_p=\alpha^2P/(1-\alpha^2)=1.78$ atm

(5) 理想気体の混合物であるから，$K_p=K$ である。したがって

$$\Delta G^\circ = -RT\ln K = -8.314\times(273+250)\ln1.78$$
$$= -2.51\times10^3\ \mathrm{J\ mol^{-1}}$$

問題 11　CH_3COOH，C_2H_5OH，$CH_3COOC_2H_5$，および H_2O のはじめのそれぞれの物質量を a，b，c および d とする。平衡になった後の酢酸の物質量を $a-x$ であるとすると，エタノール，酢酸エチル，水の物質量は，それぞれ $b-x$，$c+x$，$d+x$ となる。全容積は 15.0 mL (0.015 dm^3) であるから，平衡になった時点での，それぞれのモル濃度は

$$c_{CH_3COOH} = \left(\frac{a-x}{0.015}\right),\ c_{C_2H_5OH} = \left(\frac{b-x}{0.015}\right),$$
$$c_{CH_3COOC_2H_5} = \left(\frac{c+x}{0.015}\right),\ c_{H_2O} = \left(\frac{d+x}{0.015}\right)$$

となるから，平衡定数 K_c は

$$K_c = \frac{c_{CH_3COOC_2H_5}c_{H_2O}}{c_{CH_3COOH}c_{C_2H_5OH}} = \frac{\left(\frac{c+x}{0.015}\right)\left(\frac{d+x}{0.015}\right)}{\left(\frac{a-x}{0.015}\right)\left(\frac{b-x}{0.015}\right)}$$
$$= \frac{(c+x)(d+x)}{(a-x)(b-x)}$$

である。酢酸の物質量 $(a-x)=0.0511$ mol となっているから，$x=0.0362$ mol となり

$$K_c = \frac{(0.0562)(0.2027)}{(0.0511)(0.0495)} = 4.50$$

問題 12　1 bar を標準圧力とした場合を p°，1 atm(1.01325 bar) を標準圧力とした場合を $p^{\circ\circ}$ とすると，それぞれの表示による成分 i の化学ポテンシャルは

$$\mu_i = \mu_i^\circ+RT\ln(p_i/p^\circ),\ \text{および}$$
$$\mu_i = \mu_i^\circ+RT\ln(p_i/p^{\circ\circ})$$

となる。基準状態を変えてもその値は変わらないから

$$\mu_i = \mu_i^{\circ} + RT\ln(p_i/p^{\circ}) = \mu_i^{\circ\circ} - RT\ln(p_i/p^{\circ\circ})$$

が成り立ち

$$\mu_i = \mu_i^{\circ} + RT\ln(p^{\circ}/p^{\circ\circ}) = \mu_i^{\circ\circ} - RT\ln(p^{\circ\circ}/p^{\circ}) = \mu_i^{\circ\circ} - RT\ln 1.01325$$

が得られる。したがって

$$\mu_i^{\circ} - \mu_i^{\circ\circ} = -RT\ln 1.01325$$

さて，$\nu_A A + \nu_B B \rightleftarrows \nu_L L + \nu_M M$ の平衡定数 K は式（19.33）で示すように，p° 基準では

$$\Delta_r G^{\circ} = -RT\ln K^{\text{bar}} = (\nu_L\mu_L^{\circ} + \nu_M\mu_M^{\circ}) - (\nu_A\mu_A^{\circ} + \nu_B\mu_B^{\circ}) \quad (1)$$

一方，$p^{\circ\circ}$ 基準では

$$\Delta_r G^{\circ\circ} = -RT\ln K^{\text{atm}} = (\nu_L\mu_L^{\circ\circ} + \nu_M\mu_M^{\circ\circ}) - (\nu_A\mu_A^{\circ\circ} + \nu_B\mu_B^{\circ\circ}) \quad (2)$$

となる。式（1）から式（2）を辺辺引くと

$$\ln(K^{\text{bar}}/K^{\text{atm}}) = \{\nu_L(\mu_L^{\circ} - \mu_L^{\circ\circ}) + \nu_M(\mu_M^{\circ} - \mu_M^{\circ\circ}) - \nu_A(\mu_A^{\circ} - \mu_A^{\circ\circ}) - \nu_B(\mu_B^{\circ} - \mu_B^{\circ\circ})\}/RT \quad (3)$$

$(\mu_A^{\circ} - \mu_A^{\circ\circ}) = (\mu_B^{\circ} - \mu_B^{\circ\circ}) = (\mu_L^{\circ} - \mu_L^{\circ\circ}) = (\mu_M^{\circ} - \mu_M^{\circ\circ}) = \mu^{\circ} - \mu^{\circ\circ}$ であるから式（3）は

$$\ln(K^{\text{bar}}/K^{\text{atm}}) = \frac{(\nu_L + \nu_M - \nu_A - \nu_B)}{RT}(\mu^{\circ} - \mu^{\circ\circ}) = \frac{(\nu_L + \nu_M - \nu_A - \nu_B)}{RT}(-RT\ln 1.01325) = \Delta\nu \ln 1.01325$$

となり，$K^{\text{bar}} = K^{\text{atm}}(1.01325)^{\Delta\nu}$ が得られる。

問題 13　溶媒のモル質量を M_s (kg mol^{-1})，成分 i のモル分率 x_i，質量モル濃度を b_i (mol kg^{-1}) とする。x_i と b_i との間には

$$x_i = \frac{M_s b_i}{1 + M_s b_i} \quad (1)$$

が成り立つから，成分 i の化学ポテンシャル μ_i は，標準質量モル濃度を b° とすると

$$\mu_i(l) = \mu_i(l)^* + RT\ln\gamma_i x_i = \mu_i(l)^* + RT\ln\left(\gamma_i \frac{M_s b_i}{1 + M_s b_i}\frac{b^{\circ}}{b^{\circ}}\right) \quad (2)$$

となる。$\gamma_i^{(b)} = \dfrac{\gamma_i}{1 + M_s b_i}$ であるから式（2）は

$$\mu_i(l) = \mu_i(l)^* + RT\ln(M_s b) + RT\ln\gamma_i^{(b)}\left(\frac{b_i}{b^{\circ}}\right) \quad (3)$$

に書き換えられる。ここで，右辺の最初の 2 項を $\mu_i(l)^{\ominus}$ とすると式（3）は

$$\mu_i(l) = \mu_i(l)_b^{\ominus} + RT\ln\gamma_{mi}\left(\frac{b_i}{b^{\circ}}\right) \quad (4)$$

となる。これを，溶液中の反応 $aA + bB \rightleftarrows cC + dD$ に適用すると，反応ギブスエネルギーは

$$\Delta_r G = \Delta G_b^{\ominus} + RT\ln\frac{(\gamma_{bC} b_C/b^{\circ})^c(\gamma_{bD} b_D/b^{\circ})^d}{(\gamma_{bA} b_A/b^{\circ})^a(\gamma_{bB} b_B/b^{\circ})^b} \quad (6)$$

が得られる。$\Delta_r G = 0$ となるときの反応比 Q すなわち熱力学的平衡定数 $K_{(b)}$ は

$$K_{(b)} = \frac{(\gamma_{bC} b_C/b^{\circ})^c(\gamma_{bD} b_D/b^{\circ})^d}{(\gamma_{bA} b_A/b^{\circ})^a(\gamma_{bB} b_B/b^{\circ})^b} = \frac{\gamma_{bC}^c\gamma_{bD}^d}{\gamma_{bA}^a\gamma_{bB}^b}\frac{(b_C/b^{\circ})^c(b_D/b^{\circ})^d}{(b_A/b^{\circ})^a(b_B/b^{\circ})^b} = K_{\gamma,b}K_b(b^{\circ})^{-\Delta\nu} \quad (7)$$

となる。

希薄溶液であれば，$\gamma_{b,i} = 1$ となるので，平衡定数は次のようになる。

$$K = \frac{b_C{}^c b_D{}^d}{b_A{}^a b_B{}^b} \quad (8)$$

問題 14　溶液の場合には，成分 i の化学ポテンシャル μ_i は，式（19.24）で示すように，純物質の化学ポテンシャルを $\mu_i{}^*$，モル分率を x_i とすると，

$$\mu_i(l) = \mu_i^*(l) + RT\ln a_i = \mu_i^*(l) + RT\ln\gamma_i x_i$$

で表される。

熱力学的平衡定数 K は式（19.31）に $a_i = \gamma_i x_i$ を代入すると

$$K = \frac{(\gamma_L x_L)^{\nu_L}(\gamma_M x_M)^{\nu_M}}{(\gamma_L x_L)^{\nu_A}(\gamma_L x_L)^{\nu_B}} = \frac{\gamma_L^{\nu_L}\gamma_M^{\nu_M}}{\gamma_A^{\nu_A}\gamma_B^{\nu_B}}\frac{x_L^{\nu_L}x_M^{\nu_M}}{x_A^{\nu_A}x_B^{\nu_B}}$$

となる。

左辺をK_γとK_xで表すと$K=K_\gamma K_x$, $x_i=c_i V_m$であるから，上式に代入すると

$$K = \frac{\gamma_L^{\nu_L}\gamma_M^{\nu_M}}{\gamma_A^{\nu_A}\gamma_B^{\nu_B}}\frac{c_L^{\nu_L}c_M^{\nu_M}}{c_A^{\nu_A}c_B^{\nu_B}}V_m^{-\Delta\nu} = K_\gamma K_c V_m^{-\Delta\nu}$$

問題 15　C(グラファイト)⇄C(ダイヤモンド)
標準反応エネルギー$\Delta_r G°$は

$$\Delta_r G° = \Delta_f G°(\text{ダイヤモンド}) - \Delta_f G°(\text{グラファイト}) = 2.900\ \text{kJ mol}^{-1}$$

である。式（19.78）を用いると，ダイヤモンドとグラファイトの活量aは

$$\ln a_{\text{diamond}} = \frac{V_{m,\text{diamond}}}{RT}(p-1)\quad \text{および}$$

$$\ln a_{\text{graphite}} = \frac{V_{m,\text{graphite}}}{RT}(p-1)\quad (1)$$

と表される。式（19.31）と式（19.33）から

$$\Delta_r G° = -RT\ln K = -RT\ln\frac{a_{\text{diamond}}}{a_{\text{graphite}}} = -RT(\ln a_{\text{diamond}} - \ln a_{\text{graphite}})\quad (2)$$

が得られる。式（1）の$\ln a_{\text{diamond}}$，および，$\ln a_{\text{graphite}}$を式（2）に代入すると

$$\Delta_r G° = -(V_{m,\text{diamond}} - V_{m,\text{graphite}})(p-1) = -\left(\frac{12.01}{3.41} - \frac{12.01}{2.27}\right)(p-1)$$

となる。したがって

$$2900\ \text{J mol}^{-1} = -(3.41\ \text{cm}^3\ \text{mol}^{-1} - 5.29\ \text{cm}^3\ \text{mol}^{-1})(1\ \text{dm}^3/1000\ \text{cm}^3)(p-1)\text{bar}$$

が得られ

$$p = 1.54\times10^4\ \text{bar}$$

問題 16　アンモニア合成は次式で表されるから，正方向へ反応が進行すると，気体分子は4分子から2分子に変化する。すなわち，$\Delta\nu=2-1-3=-2$である。

$$N_2 + 3H_2 \rightleftarrows 2NH_3$$

式（19.36）に$\Delta\nu=-2$を入れると，$K=K_x(P/p°)^{-2}$となる。$K_x=K(P/p°)^2$であるからPが10倍になるとK_xは100倍になる。

問題 17　反応は$CaCO_3 \rightleftarrows CaO(s)+CO_2(g)$で，平衡定数は式（19.89）より$K=p_{CO_2}/1$ barであるから，$p_{CO_2}=1$ barのときは$K=1$となる。$K=1$のとき$\Delta_r G°=0=\Delta_r H°-T\Delta_r S°$であるから，求める温度は$T=\Delta_r H°/\Delta_r S°$から得られる。

$$\Delta_r H° = (-635.08)+(-393.51)-(-1206/9)\text{kJ mol}^{-1} = 178.3\ \text{kJ mol}^{-1}$$

$$\Delta_r S° = (39.75)+(213.74)-(92.9)\text{J K}^{-1}\text{mol}^{-1} = 160.6\ \text{J K}^{-1}\text{mol}^{-1}$$

$$T = \frac{178.3\ \text{kJ mol}^{-1}}{160.6\ \text{J K}^{-1}\text{mol}^{-1}} = 1110\ \text{K}(840℃)$$

問題 18　$CH_4(g) = C(s)+2H_2(g)$の圧平衡定数K_pは

$$K_p = \frac{p_{H_2}^2}{p_{CH_4}} = 23\ \text{atm}\quad (1)$$

である。平衡時に存在するH_2の物質量をn_{H_2}とすると，CH_4の物質量n_{CH_4}は，$n_{CH_4}=3-(1/2)n_{H_2}$である。容器に存在する気体分子の全物質量をn_{total}とすると，式（1）は

$$K_p = \frac{[(n_{H_2}/n_{\text{total}})P]^2}{[(n_{CH_4}/n_{\text{total}})P]} = \frac{n_{H_2}^2 P}{n_{CH_4}n_{\text{total}}} = 23\quad (2)$$

となる。理想気体として考えると，$PV=n_{\text{total}}RT$であるから

$$P/n_{\text{total}} = RT/V = (0.082\ \text{dm}^3\ \text{atm K}^{-1}\times1073\ \text{K})/(5\ \text{dm}^3) = 17.6\ \text{atm mol}^{-1}$$

が得られる。この関係を導入すると

$$23 = \frac{n_{H_2}^2 P}{n_{CH_4}n_{\text{total}}} = \left(\frac{n_{H_2}^2}{n_{CH_4}}\right)\frac{P}{n_{\text{total}}} = \left(\frac{n_{H_2}^2}{n_{CH_4}}\right)\times17.6 = \left(\frac{n_{H_2}^2}{3-(1/2)n_{H_2}}\right)\times17.6$$

となるから，気体中の水素の物質量は$n_{H_2}=1.68$ mol，メタンの物質量$n_{CH_4}=3-(1/2)n_{H_2}=3-(1/2)\times1.68=$

2.16 mol となる。炭素の物質量はメタンの消費した物質量に同じであるから，$n_C = 0.84$ mol となる。

(2) 3 mol の炭素が 3 mol のメタンになるのは，すべての炭素が変化するときの状態である。その時のメタンの分圧 p_{CH_4} は

$$p_{CH_4} = \frac{n_{CH_4}}{n_{total}}P = n_{CH_4}\left(\frac{P}{n_{total}}\right) = 3 \times 17.6$$
$$= 52.8\,\mathrm{atm}$$

一方，平衡にある水素の分圧は

$$p_{H_2}^2 = K_p p_{CH_4} = 23 \times 52.8 = 1214.4\,\mathrm{atm}^2$$

となるから，$p_{H_2} = 34.8$ atm となる。水素のモル分率は $n_{H_2}/n_{total} = p_{H_2}/P$ であるから，書き換えると次式が得られ，n_{H_2} が求まる。

$$n_{H_2} = \frac{p_{H_2}}{P/n_{total}} = \frac{34.8\,\mathrm{atm}}{17.6\,\mathrm{atm\,mol^{-1}}} = 1.98\,\mathrm{mol}$$

3 mol の炭素のメタンへの変化に 6 mol の水素が必要であり，加えておくべき水素の物質量は (6+1.98)mol =7.98 mol となる。

問題 19 式 (19.96) より

$$\ln\frac{K}{870} = -\frac{10.38 \times 10^3}{8.314}\left(\frac{1}{298} - \frac{1}{400}\right) = -1.068$$
$$K = 870e^{-1.068} = 299$$

問題 20 (1) C_2H_6 の始めの物質量を $n_{C_2H_6,\circ}$ とすると，反応進行度 ξ のときに系中に存在する C_2H_6 の物質量は $n_{C_2H_6,\circ}(1-\xi)$，その反応で生じた C_2H_4 と H_2 は C_2H_6 が分解した物質量で表されるから，反応進行度 x での系中に存在する C_2H_4 と H_2 物質量は同じでともに，$n_{C_2H_6,\circ}\xi$ となるから，系中の物質の総量は

$$n_{C_2H_6,\circ}(1-\xi) + n_{C_2H_6,\circ}\xi + n_{C_2H_6,\circ}\xi = n_{C_2H_6,\circ}(1+\xi)$$

となる。

各成分の分圧を求めるには各成分のモル分率 $x_{C_2H_6}$，$x_{C_2H_4}$，x_{H_2} が必要である。

$$x_{C_2H_6} = \frac{n_{C_2H_6,\circ}(1-\xi)}{n_{C_2H_6,\circ}(1+\xi)} = \frac{1-\xi}{1+\xi}$$
$$x_{C_2H_4} = x_{H_2} = \frac{n_{C_2H_6,\circ}\xi}{n_{C_2H_6,\circ}(1+\xi)} = \frac{\xi}{1+\xi}$$

したがって，全圧を P とすると，各分圧 $p_{C_2H_6}$，$p_{C_2H_4}$，p_{H_2} は

$$p_{C_2H_6} = \frac{1-\xi}{1+\xi}P,\ p_{C_2H_4} = p_{H_2} = \frac{\xi}{1+\xi}P$$

となるから

$$K = \frac{(p_{C_2H_4}/p^\circ)(p_{H_2}/p^\circ)}{(p_{C_2H_6}/p^\circ)}$$
$$= \frac{\{\xi/(1+\xi)\}^2(P/p^\circ)^2}{\{(1-\xi)/(1+\xi)\}(P/p^\circ)} = \frac{\xi^2(P/p^\circ)}{1-\xi^2}$$

(2) $R = 8.314\ \mathrm{J\,K^{-1}\,mol^{-1}}$，$T = 1000$ K，$\Delta_r G^\circ = 8.76 \times 10^3\ \mathrm{J\,mol^{-1}}$ を代入すると $K = 0.349$

(3) $\Delta G^\circ = \Delta H^\circ - T\Delta S^\circ$ を用いて，$\Delta S^\circ = (\Delta H^\circ - \Delta G^\circ)/T$ と書き換え，$\Delta_r H^\circ = 144.30\ \mathrm{kJ\,mol^{-1}}$，$\Delta_r G^\circ = 8.76\ \mathrm{kJ\,mol^{-1}}$，$T = 1000$ K を代入すると $\Delta_r S^\circ = 135.5\ \mathrm{J\,K^{-1}\,mol^{-1}}$

問題 21 式 (19.75) より

$$\ln\frac{1.43 \times 10^{-5}}{1.64 \times 10^{-4}} = -\frac{\Delta_r H}{8.314}\left(\frac{1}{773.15} - \frac{1}{673.15}\right)$$
$$\Delta_r H = -105.5\,\mathrm{kJ\,mol^{-1}}$$
$$\Delta_f H = (1/2)\Delta_r H = -52.8\,\mathrm{kJ\,mol^{-1}}$$

問題 22 ギブズ–ヘルムホルツの式より

$$\left[\frac{\partial}{\partial T}\left(\frac{\Delta_r G^\circ}{T}\right)\right]_p = -\frac{\Delta_r H^\circ}{T^2}$$
$$= \left(-\frac{122.3}{T^2} - \frac{38.3 \times 10^{-3}}{T} + 53.3 \times 10^{-6}\right)\mathrm{J\,K^{-2}\,mol^{-1}}$$

圧力一定のもと $T = 298$ K と 400 K の間で積分すると

$$\frac{\Delta_r G^\circ_{400\,K}}{400} - \frac{\Delta_r G^\circ_{298\,K}}{298}$$
$$= \int_{298}^{400}\left(-\frac{122.3}{T^2} - \frac{38.3 \times 10^{-3}}{T} + 53.3 \times 10^{-6}\right)\mathrm{d}T$$
$$= \left(\frac{122.3}{T} - 38.3 \times 10^{-3}\ln T + 53.3 \times 10^{-6}T\right)_{298}^{400}$$
$$= -0.1105\,\mathrm{kJ\,K^{-1}\,mol^{-1}}$$

が得られる。

$\Delta_r G_{298\,K}^\circ = 29.3\ \mathrm{kJ\,mol^{-1}}$ とすると $\Delta_r G_{400\,K}^\circ = -4.88\ \mathrm{kJ\,mol^{-1}}$ となる。

式 (19.29) において，$a_{Na_2CO_3} = a_{NaHCO_3} = 1$ を考慮すると

$$K = \frac{a_{Na_2CO_3}(p_{CO_2}/p^\circ)(p_{H_2O}/p^\circ)}{a^2_{NaHCO_3}}$$
$$= (p_{CO_2}/p^\circ)(p_{H_2O}/p^\circ) = \exp\left(-\frac{\Delta_r G^\circ_{400\,K}}{RT}\right)$$

が得られる。したがって
$K=(p_{CO_2}/p^\circ)(p_{H_2O}/p^\circ)=$
$\exp\left(\frac{4.88\times10^3}{8.314\times400}\right)=4.34$ となる。
$(p_{CO_2}/p^\circ)=(p_{H_2O}/p^\circ)$ であるから，$p^\circ=$ 1 atm を考慮すると

$$p_{CO_2} = p_{H_2O} = 2.08\,\mathrm{atm}$$

したがって，$NaHCO_3$ の解離圧は

$$p_{CO_2}+p_{H_2O} = 4.16\,\mathrm{atm}$$

問題 23　$\Delta G^\circ=-RT\ln K$ なる関係があるから，

$$\Delta G^\circ = -RT(4.814-2050/T)$$

となる。これに $R=8.314\,\mathrm{J\,K^{-1}\,mol^{-1}}$，$T=1000\,\mathrm{K}$ を用いて計算すると

$$\Delta G^\circ = -RT(4.814-2050/T) = -40.02T + 17.04\times10^3\,\mathrm{J\,mol^{-1}} = -23.0\,\mathrm{kJ\,mol^{-1}}$$

ΔH° は，ファントホッフの式（式(19.94)）を適用すると

$$\Delta H^\circ = RT^2(\mathrm{d}\ln K_P/\mathrm{d}T) = 8.314\times(1000)^2 \times(2050/T^2) = 17.0\,\mathrm{kJ\,mol^{-1}}$$

$\Delta S^\circ=(\Delta H^\circ-\Delta G^\circ)/T$ を用いると

$$\Delta S^\circ = \{17.0-(-23.0)\}\,\mathrm{kJ\,mol^{-1}}/1000\,\mathrm{K} = 40.0\,\mathrm{J\,K^{-1}\,mol^{-1}}$$

問題 24　(a) 右（温度上昇を抑える方向），(b) 変化なし，(c) 左（圧力下げる方向），(d) 右（水の量を減らす方向），(e) 変化なし

問題 25　反応進行度 ξ で平衡に達したとする。その際の全圧を P とすると，平衡状態の組成変化と各成分の分圧は次表のようになる。

	N_2	H_2	NH_3	合計
初期の物質量 /mol	1	3	0	4
平衡での物質量 /mol	$1-\xi$	$3-3\xi$	2ξ	$4-2\xi$
平衡でのモル分率	$\frac{1-\xi}{4-2\xi}$	$\frac{3-3\xi}{4-2\xi}$	$\frac{2\xi}{4-2\xi}$	
平衡での分圧	$\frac{1-\xi}{4-2\xi}p$	$\frac{3-3\xi}{4-2\xi}p$	$\frac{2\xi}{4-2\xi}p$	

したがって，平衡定数 K は

$$K = \frac{\left(\frac{p_{NH_3}}{p^\circ}\right)^2}{\left(\frac{p_{N_2}}{p^\circ}\right)^1\left(\frac{p_{H_2}}{p^\circ}\right)^3} = \frac{\left(\frac{2\xi}{4-2\xi}\right)^2\left(\frac{P}{p^\circ}\right)^2}{\left(\frac{1-\xi}{4-2\xi}\right)\left(\frac{P}{p^\circ}\right)\left(\frac{3-3\xi}{4-2\xi}\right)^3\left(\frac{P}{p^\circ}\right)^3} = \frac{4\xi^2(4-2\xi)^2}{3^3(1-\xi)^4(P/p^\circ)^2} = \frac{16\xi^2(2-\xi)^2}{27(1-\xi)^4(P/p^\circ)^2}$$

となる。表 15.5 から明らかなように，アンモニア合成条件下では，$\xi\ll1$ になるから，上式は

$$K \approx \frac{64\xi^2}{27P^2}$$

と近似でき，書き換えると

$$\xi \approx \frac{3\sqrt{3K}\,P}{8}$$

が得られる。K は定数であるから，この式は P が高くなれば ξ は大きくなる。すなわち反応物は減り，生成物が増え，アンモニア生成の方向に進行する。

問題 26　$\Delta_r G^\circ$ を見る限り，この反応は困難であるが，$\Delta_r G^\circ$ が負で絶対値がより大きくなるような酸素の反応と組み合わせ，共役反応を用いると可能になる。組み合わせる反応としては

$$H_2+(1/2)O_2 \rightarrow H_2O \qquad \Delta_r G^\circ = -214.1\,\mathrm{kJ\,mol^{-1}}$$

を利用すると

$$CuO(s)+H_2 \rightarrow Cu(s)+H_2O \qquad \Delta_r G^\circ = -113.3\,\mathrm{kJ\,mol^{-1}}$$

となり，Cu の単離が可能になる。

問題 27　水溶液中には次の解離がおこっている。

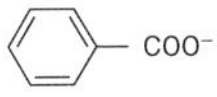

⟨C₆H₄⟩-COO⁻ の塩基定数 K_b は式（19.140）より

$$\text{C}_6\text{H}_5\text{-COO}^- + \text{H}_2\text{O} \rightleftharpoons \text{C}_6\text{H}_5\text{-COOH} + \text{OH}^-$$
$$\quad\quad \text{A}^- \quad\quad\quad\quad\quad\quad\quad \text{HA}$$

と表す。

$$K_b = \frac{a_{\text{HA}} a_{\text{OH}^-}}{a_{\text{A}^-}} = \frac{c_{\text{HA}} c_{\text{OH}^-}}{c_{\text{A}^-}} \quad (1)$$

である。式（19.142）より

$$K_b = \frac{K_W}{K_a} = \frac{1.00 \times 10^{-14}}{6.13 \times 10^{-5}} = 1.63 \times 10^{-10} \quad (2)$$

となるから，$c_{\text{HA}} = c_{\text{OH}^-} = x$ とし，$c_{\text{A}^-} \gg x$ なることを考慮すると，式（1）と式（2）から

$$K_b = 1.63 \times 10^{-10} = \frac{x^2}{c-x} \cong \frac{x^2}{c} = \frac{x^2}{0.1} \quad (3)$$

が得られる。その結果

$$x = c_{\text{OH}^-} = 4.04 \times 10^{-6} \quad (4)$$

が算出され，pOH は

$$\text{pOH} = -\log c_{\text{OH}^-} = -\log(4.04 \times 10^{-6}) = 5.39 \quad (5)$$

となる。したがって pH は

$$\text{pH} = p_w - \text{pOH} = 14.00 - 5.39 = 8.61$$

第20章

問題1 Fe 棒から鉄が溶け出し，鉄棒の表面に銀が付着する。

$$3\text{AgNO}_3 + \text{Fe} \longrightarrow 3\text{Ag} + \text{Fe}(\text{NO}_3)_3$$

問題2 水素の方が銅よりもイオン化傾向が大きいから，希硫酸中で銅を電極にする限り，イオン化傾向が小さい銅極から銅イオンとなってとけ込むイオンはほとんどない。したがって，H^+ が亜鉛から銅へ流れた電子を受け取り $2\text{H}^+ + 2e^- \to \text{H}_2$ となる。その結果，銅電極で水素が発生する。そこで，亜鉛板を浸した硫酸亜鉛水溶液と銅極を浸した硫酸銅水溶液を別々の容器に作り，その間を塩橋で繋ぐと，銅電極では，$\text{Cu}^{2+} + 2e^- \to \text{Cu}$ がおこり，水素の発生がなく電流が流れる（図20.9）。

問題3 (A) $(\text{A}|\text{A}^{z+}||\text{B}^{z+}|\text{B})$

(B) $-zFE$

(A) の理由：与えられた化学反応式は $\text{A} \rightleftharpoons \text{A}^{z+} + ze^-$ と $\text{B}^{z+} + ze^- \rightleftharpoons \text{B}$ からなる化学電池にできるから A をアノード，B をカソードとする電池となる。

(B) の理由：負極（アノード）の電位を ϕ_A とし，正極（カソード）の電位を ϕ_B とすると，与えられた酸化還元反応の反応ギブズエネルギーの変化 $\Delta_r G$ は

$$\Delta_r G = \tilde{\mu}_{\text{A}^{z+}} + \tilde{\mu}_{\text{B}} - \tilde{\mu}_{\text{A}} - \tilde{\mu}_{\text{B}^{z+}} = \tilde{\mu}_{\text{A}^{z+}} + \mu_{\text{B}} - \mu_{\text{A}} - \tilde{\mu}_{\text{B}^{z+}}$$
$$= \mu_{\text{B}} + (\mu_{\text{A}^{z+}} + zF\phi_B) - \mu_{\text{A}} - (\mu_{\text{B}^{z+}} + zF\phi_B)$$

である。平衡に達した時には，$\Delta_r G = 0$ であるから

$$\mu_{\text{A}} + (\mu_{\text{B}^{z+}} + zF\phi_A) = \mu_{\text{B}} + (\mu_{\text{A}^{z+}} + zF\phi_B)$$

となる。したがって，

$$\mu_{\text{B}} + \mu_{\text{A}^{z+}} - \mu_{\text{A}} - \mu_{\text{B}^{z+}} = -zF(\phi_B - \phi_A)$$

書き換えると

$$\Delta_r G = \mu_{\text{B}} + \mu_{\text{A}^{z+}} - \mu_{\text{A}} - \mu_{\text{B}^{z+}} = -zF(\phi_B - \phi_A)$$
$$= -zFE \quad (\because \phi_B - \phi_A = E)$$

問題4 電極表面にあるイオンの電気化学ポテンシャル $\tilde{\mu}$ は式（20.15）より

$$\tilde{\mu} = \mu + \phi zF$$

となる。化学ポテンシャル μ は活量係数を使って $\mu = \mu^\circ + RT\ln\gamma' c'$ で表されるから，上式は

$$\tilde{\mu}_{\text{surface}} = \mu^\circ + RT\ln\gamma' c' + \phi zF \quad (1)$$

と書き換えられる。一方，溶液中では ϕ は 0 であるとおけるから，溶液中の電気化学化学ポテンシャル $\tilde{\mu}_{\text{bulk}}$ は

$$\tilde{\mu}_{\text{bulk}} = \mu_{\text{bulk}} = \mu^\circ + RT\ln\gamma c \quad (2)$$

となる。平衡状態になっておれば，$\tilde{\mu}_{\text{surface}} = \tilde{\mu}_{\text{bulk}}$ が成り立つから

$$\mu^\circ + RT\ln\gamma' c' + \phi zF = \mu^\circ + RT\ln\gamma c$$

となる。これを解くと

$$\frac{c'}{c} = \frac{\gamma}{\gamma'}\exp\left(-\frac{\phi zF}{RT}\right)$$

問題 5　A：アノード，B：負，C：カソード，D：正，E：塩橋，F：銀，G：鉄，H：$Fe|FeSO_4(aq)||AgNO_3(aq)|Ag$

問題 6　化学電池において，2つの電解質溶液を混合させないで，電気的に連結するために用いられる器具。その役割は，異なる電解質間の液間電位の発生を抑制するのに必要である。

問題 7　電池の電極では正極で還元反応，負極で酸化反応がおこっている。各電極（半電池）における半電池反応で酸化される物質と還元される物質をレドックス対という。

(1) Cu と Cu^{2+}, $Cu+2e^- \to Cu^{2+}$

(2) Cl_2 と Cl^-, $Cl_2+2e^- \to 2Cl^-$

(3) $AgCl$ と Ag および Cl^-, $AgCl+e^- \to Ag+Cl^-$

(4) H_2 と H^+, $H_2 \to 2H^+ + 2e^-$

問題 8　(1) $H_2 \rightleftarrows 2H^+ + 2e^-$ がなりたっている電極である。電気化学平衡が成立しておれば，式（20.21）より

$$\tilde{\mu}_{H_2}(g) = 2\tilde{\mu}_{H^+}(aq) + 2\tilde{\mu}_e(s{:}Pt) \quad (1)$$

である。各成分の電気化学ポテンシャル

$$\tilde{\mu}_{H_2}(g) = \mu^\circ_{H_2}(g) + RT\ln f \quad (f{:}\text{fugacity}) \quad (2)$$

$$\tilde{\mu}_{H^+}(aq) = \mu^\circ_{H^+}(aq) + RT\ln a_{H^+} + zF\phi_{H^+}(aq) \quad (3)$$

$$\tilde{\mu}_e(s{:}Pt) = \mu^\circ_e(s{:}Pt) - F\phi_{H_2/Pt}(s) \quad (4)$$

式（2）〜（4）を式（1）に入れて書き換えると

$$\phi_{H_2/Pt}(s) - \phi_{H^+}(aq) = \frac{1}{2F}\{2\mu^\circ_{H^+}(aq) + 2RT\ln a_{H^+} + 2\mu^\circ_e(s{:}Pt) - \mu^\circ_{H_2}(g) - RT\ln f\} \quad (5)$$

20-3 の取り決めにより $\phi_{H^+}(aq)=0$ および $\mu^\circ_e(s{:}Pt)=0$ とおけるから式（5）は　$\phi_{H_2/Pt}(s)=\frac{1}{2F}\{2\mu^\circ_{H^+}(aq)2\mu^\circ_{H^+}(aq) + 2RT\ln a_{H^+} - \mu^\circ_{H_2}(g) - RT\ln f\}$ となり，書き換えると

$$\phi_{H_2/Pt}(s) = \frac{1}{2F}\{2\mu^\circ_{H^+}(aq) - \mu^\circ_{H_2}(g) + 2RT\ln a_{H^+} - RT\ln f\} \quad (6)$$

$\phi^\circ_{H_2/Pt}(s)=\frac{1}{2F}(2\mu^\circ_{H^+}(aq)-\mu^\circ_{H_2}(g))$　とおくと式（6）は

$$\phi_{H_2/Pt}(s) = \phi^\circ_{H_2/Pt}(s) + \frac{RT}{2F}\ln\frac{a^2_{H^+}}{f} = \phi^\circ_{H_2/Pt}(s) - \frac{RT}{2F}\ln\frac{f}{a^2_{H^+}}$$

$f=p$ の条件下では

$$\phi_{H_2/Pt}(s) = \phi^\circ_{H_2/Pt}(s) - \frac{RT}{2F}\ln\frac{p}{a^2_{H^+}}$$

(2)　$Na \rightleftarrows Na^+ + e^-$　式（20.27）においてMを Na とし，$z=1$ とすると

$$\phi_{Na}(s) = \phi^\circ_{Na}(s) - \frac{RT}{F}\ln\frac{f}{a_{Na^+}}$$

(3)　$Hg_2Cl_2(s) + 2e^- \rightleftarrows 2Hg(l) + 2Cl^-(aq)$ において

$$\tilde{\mu}_{Hg_2Cl_2}(s) + 2\tilde{\mu}_e(s{:}Hg_2Cl_2) = 2\tilde{\mu}_{Hg}(s) + 2\tilde{\mu}_{Cl^-} \quad (1)$$

が得られる。それぞれの電気化学ポテンシャルは次式で表される。

$$\tilde{\mu}_{Hg_2Cl_2}(s) = \mu^\circ_{Hg_2Cl_2}(s)$$
$$\tilde{\mu}_e(s{:}Hg_2Cl_2) = \mu^\circ_e(s{:}Hg_2Cl_2) - F\phi_{Hg_2Cl_2}(s)$$
$$\tilde{\mu}_{Hg}(s) = \mu^\circ_{Hg}(s)$$
$$\tilde{\mu}_{Cl^-}(aq) = \mu_{Cl^-} + RT\ln a_{Cl^-} + zF\phi_{Cl^-(aq)}$$

これを式（1）に入れ，20-3 の取り決めにより $\phi_{Cl^-}(aq)=0$ および $\mu^\circ_e(s{:}Hg_2Cl_2)=0$ とおいて，書き換えると

$$\phi_{Hg_2Cl_2}(s) = \phi^\circ_{Hg_2Cl_2}(s) - \frac{RT}{F}\ln a_{Cl^-} = \phi^\circ_{Hg_2Cl_2}(s) + \frac{RT}{F}\ln\frac{1}{a_{Cl^-}}$$

ここで

$$\phi^\circ_{Hg_2Cl_2}(s) = \frac{\mu^\circ_{Hg_2Cl_2}(s) - 2\mu^\circ_{Hg}(s) - 2\mu^\circ_{Cl^-}}{2F}$$

である。

問題 9　(1) $(1/2)H_2 + AgCl \cdot HCl(aq) + Ag(s)$

(2) 式（20.57）において，$n=1$ とおき

$$\Delta G^\circ = -nFE$$
$$= -1 \times (96500\,\mathrm{C\,mol^{-1}})(0.2224\,\mathrm{V})$$
$$= -21.46\,\mathrm{kJ\,mol^{-1}}$$
$$\Delta S^\circ = nF(\partial E/\partial T)_p$$
$$= 1 \times (96500\,\mathrm{C\,mol^{-1}}) \times (-4.856 \times 10^{-4}\,\mathrm{V\,K^{-1}})$$
$$= -46.85\,\mathrm{J\,K^{-1}\,mol^{-1}}$$
$$\Delta H^\circ = \Delta G^\circ + T\Delta S^\circ$$
$$= [-21.46 + (-46.85 \times 10^{-3}) \times (298.15)]\,\mathrm{kJ\,mol^{-1}}$$
$$= -35.43\,\mathrm{kJ\,mol^{-1}}$$

問題 10 (1)

$$E = E^\circ_{\mathrm{AgCl/Ag,Cl^-}} - E^\circ_{\mathrm{H_2}} - \frac{RT}{F}\ln\frac{a_{H^+}a_{Cl^-}}{(f_{\mathrm{H_2}}/p^\circ)}$$
$$= E^\circ_{\mathrm{AgCl/Ag,Cl^-}} - \frac{RT}{F}\ln a_{\mathrm{H^+}}a_{\mathrm{Cl^-}} \quad (1)$$

(2) 式 (18.57) ―式 (18.60) で示したように，$a_{\mathrm{H^+}}a_{\mathrm{Cl^-}} = a_\pm = \gamma_\pm^2(b_{\mathrm{HCl}}/b^\circ)$ であるからネルンスト式 (1) は

$$E = E^\circ_{\mathrm{AgCl/Ag,Cl^-}} - \frac{RT}{F}\ln a_{\mathrm{H^+}}a_{\mathrm{Cl^-}}$$
$$= E^\circ_{\mathrm{AgCl/Ag,Cl^-}} - \frac{RT}{F}\ln\gamma_\pm^2 - \frac{RT}{F}\ln(b_{\mathrm{HCl}}/b^\circ)^2 \quad (2)$$

となる。さらに，書き換えると

$$E + \frac{2RT}{F}\ln(b_{\mathrm{HCl}}/b^\circ) = E^\circ_{\mathrm{AgCl/Ag,Cl^-}} - \frac{2RT}{F}\ln\gamma^2_{b,\pm} \quad (3)$$

(3) $\ln\gamma_\pm = -A\sqrt{b}$ および $b^\circ = 1.0\,\mathrm{mol\,kg^{-1}}$ 考慮すると，式 (3) は

$$E + \frac{2RT}{F}\ln(b_{\mathrm{HCl}}) = E^\circ_{\mathrm{AgCl/Ag,Cl^-}} - \frac{2RT}{F}A\sqrt{b_{\mathrm{HCl}}}$$

となるから，左辺を適当な質量モル濃度 b_{HCl} で測定して，左辺の計算値を $\sqrt{b_{\mathrm{HCl}}}$ に対してプロットし，$b_{\mathrm{HCl}}=0$ に補外すると切片が塩化銀電極の標準電位である。

問題 11 (1) 電池内反応は負極（アノード）で $Fe^{2+} \to Fe^{3+} + e^-$ がおこり，正極（カソード）で $(1/2)I_2 + e^- \to I^-$ となる電池であるから，電池として $\mathrm{Pt}|\mathrm{Fe^{2+}, Fe^{3+}}\|\mathrm{I^-, I_2}|\mathrm{Pt}$ となる。

$$E = E^\circ_{\mathrm{I_2}} - E^\circ_{\mathrm{Fe^{2+},Fe^{3+}}} - \frac{RT}{F}\ln\frac{a_{\mathrm{Fe^{3+}}}a_{\mathrm{I^-}}}{a_{\mathrm{Fe^{2+}}}(a_{\mathrm{I_2}})^{1/2}}$$
$$= 0.536 - 0.771 - \frac{8.314 \times 298.15}{96500}\ln 1$$
$$= -0.235\,\mathrm{V}$$

反応ギブズエネルギーは

$$\Delta_r G = -EF = -(-0.235) \times 96500$$
$$= 22677.5\mathrm{C \cdot V} = 22.68\,\mathrm{kJ\,mol^{-1}}$$

である。$\Delta_r G > 0$ から反応は進まない。

(2) 電池内反応は，負極では $Sn^{2+} \to Sn^{4+}$ がおこり，正極で $Hg^{2+} \to Hg^+$ であるから，電池は電極に白金 Pt を用いて

$$\mathrm{Pt}|\mathrm{SnSO_4}(a=1), \mathrm{Sn(SO_4)_2}(a=0.5)\|$$
$$\mathrm{2HgSO_4}(a=0.1), \mathrm{Hg_2SO_4}(a=0.1)|\mathrm{Pt}$$

と表される。その起電力 E は

$$E = E^\circ_{\mathrm{Hg^{2+},Hg_2^{2+}}} - E^\circ_{\mathrm{Sn^{4+},Sn^{2+}}}$$
$$- \frac{RT}{2F}\ln\frac{a_{\mathrm{Sn^{4+}}} \times a_{\mathrm{Hg_2^{2+}}}}{a_{\mathrm{Sn^{2+}}} \times a_{\mathrm{Hg^{2+}}}}$$
$$= 0.91 - 0.15 - \frac{8.314 \times 298.15}{2 \times 96500}\ln\frac{1 \times 0.1}{1 \times 0.1^2}$$
$$= 0.76 - 0.03 = 0.73\,\mathrm{V}$$

反応ギブズエネルギーは

$$\Delta_r G = -2EF = -2 \times (0.73) \times 96500$$
$$= -140.890\,\mathrm{C \cdot V} = -140.9\,\mathrm{kJ\,mol^{-1}}$$

である。$\Delta_r G < 0$ から反応は進行する。

問題 12 反応 (1) を電池に組み立てると

$Zn(s) \to Zn^{2+}(aq) + 2e^-$（アノード，負極） $E^\circ_{\mathrm{Zn}} = -0.7627\,\mathrm{V}$

$2Ag^+ + 2e^- \to 2Ag(s)$（カソード，正極） $E^\circ_{\mathrm{Ag}} = 0.7991\,\mathrm{V}$

となる電池である。電池の電位は正極と負極の電位差であるから

$$E = E^\circ_{\mathrm{Ag}} - E^\circ_{\mathrm{Zn}} = 0.7991 - (-0.7627) = 1.5618\,\mathrm{V}$$

したがって，$\Delta_r G < 0$ となるから自発反応である。

反応 (2) を電池に組み立てると

$Cd(s) \to Cd^{2+}(aq) + 2e_-$（負極）

$E^\circ_{\mathrm{Cd}} = -0.4029\,\mathrm{V}$

$Cu^{2+} + 2e^- \to Cu(s)$（正極）

$E^\circ_{\mathrm{Cu}} = 0.337\,\mathrm{V}$

となる電池である。電位差は

$$E = E^\circ_{Cu} - E^\circ_{Cd} = 0.337 - (-0.4032) = 0.740\ \mathrm{V}$$

であり，$\Delta_r G<0$ となるから自発反応である。
反応（3）を電池に組み立てると
$H_2(g) \rightarrow 2H^+(aq)+2e^-$（負極）
$E^\circ_{H_2}=0\ \mathrm{V}$
$Zn^{2+}(aq)+2e^- \rightarrow Zn(s)$（正極）
$E^\circ_{Zn}=-0.7627\ \mathrm{V}$
となる電池である。

$$E = E^\circ_{Zn} - E^\circ_{H_2} = -0.7627 - 0 = -0.7627\ \mathrm{V}$$

この反応は自発的に起こらない。
反応（4）を電池に組み立てると
$Li(s) \rightarrow Li^+(aq)+e^-$（負極）
$E^\circ_{Li}=-3.040\ \mathrm{V}$
$H^+(aq)+e^- H_2(g)$（正極）
$E^\circ_{H_2}=0\ \mathrm{V}$
となる電池ができる。

$$E = E^\circ_{H_2} - E^\circ_{Li} = 0-(-3.040) = 3.040\ \mathrm{V}$$

$\Delta_r G=-FE<0$

問題 13　(1) $Ag|AgCl|KCl(aq)\|Ag^+|Ag$
(2) 正極（カソード）
$Ag^+(aq)+e^-=Ag(s)$
$E^\circ_{Ag}=0.7991\ \mathrm{V}$
負極（アノード）
$Cl^-(aq)+Ag(s)=AgCl(s)+e^-$
$E^\circ_{AgCl,Cl}=0.2224\ \mathrm{V}$
電池反応
$Ag^+(aq)+Cl^-(aq)=AgCl(s)$

$$E = E^\circ_{AgCl} - E^\circ_{AgCl,Ag} = 0.7991-0.2224 = 0.5767\ \mathrm{V}$$

(3) 式（20.82）から求める。$n=1$, $F=96500\mathrm{C\ mol^{-1}}$ および $1\ \mathrm{C \cdot V}=1\ \mathrm{J}$ であるから

$$\Delta G^\circ = -(96500\mathrm{C\ mol^{-1}})(0.5767\ \mathrm{V}) = -55.65\ \mathrm{kJ\ mol^{-1}}$$

$$K = \exp(-\Delta G^\circ/RT) = \exp[55650/(8.314\times 298.15)] = 5.62\times 10^9$$

問題 14　平均活量係数 $\gamma_\pm$ が与えられているから，電解質の活量は式（18.61）より

$$a_{ZnSO_4} = 0.0435\times(1.0/b_0) = 0.0435$$
$$a_{CuSO_4} = 0.0435\times(1.0/b_0) = 0.0208$$

となる。したがって，このダニエル電池は，活量を用いると

$(-)Zn|ZnSO_4(a=0.0435)\|$
$CuSO_4(a=0.0208)|Cu(+)$

となる。
起電力は，式（20.52）より

$$E = E^\circ - \frac{RT}{zF}\ln\frac{a_{ZnSO_4}a_{Cu}}{a_{Zn}a_{CuSO_4}} = 1.1026 - \frac{8.314\times 298.15}{2\times 96500}\ln\frac{0.0435}{0.0208} = 1.084\ \mathrm{V}$$

平衡定数 K は，式（20.76）を用いて

$$K = \exp\left(\frac{2FE}{RT}\right) = \exp\left(\frac{2\times 96500\times 1.084}{8.314\times 298.15}\right) = 4.51\times 10^{36}$$

問題 15　$Br^-|Br_2(l)|Pt$ の半電池反応はカソードであるから

$$Br_2+2e^- \rightarrow 2Br^-$$
$$\Delta G_{Br_2,Br^-} = -2FE^\circ_{Br_2,Br^-} = -2(1.065)F \quad (1)$$

$Ag(s)|AgCl(s)$ の半電池反応はアノードであるから

$$2Ag+2Cl^- \rightarrow 2AgCl+2e^-$$
$$\Delta_r G_{AgCl,Ag} = -2F(-E^\circ_{Ag,AgCl}) = 2(0.222)F \quad (2)$$

であるから電池反応式は（1）と式（2）との和より

$$Br_2+2Ag+2Cl^- \rightarrow 2AgCl+2Br^-$$

となる。その反応のギブズエネルギーは

$$\Delta_r G = \Delta G_{Br_2Br^-}+\Delta_r G_{AgCl,Ag} = 2F(E^\circ_{Ag,AgCl}-E^\circ_{Br_2,Br^-}) = 2(0.222-1.065)F$$

である。標準還元電位 E° は

$$E^\circ = (E^\circ_{Br_2Br^-} - E^\circ_{Ag,AgCl}) = \frac{2(1.065-0.222)F}{2F} = 0.843\ \mathrm{V}$$

問題 16　$Cu|Cu^{2+}$ および $Cu^+|Cu$ の電池の反応は
正極
$2Cu^+ + 2e^- \rightarrow 2Cu$　　$E^\circ_{Cu^+,Cu} = 0.530\ \mathrm{V}$
負極
$Cu \rightarrow Cu^{2+}+2e^-$　　$E^\circ_{Cu,Cu^{2+}} = -0.340\ \mathrm{V}$
（酸化電位）

電池内の化学反応とその起電力は

$2Cu^+ \rightarrow Cu^{2+} + Cu \quad E^\circ_{Cu^+,Cu^{2+}} = 0.190\,V$

$E^\circ_{Cu^+,Cu^{2+}} > 0$ であるから，上記の化学反は $\Delta G < 0$ となり自発反応である。すなわち Cu^{2+} の方が Cu^+ より安定であることを示している。

この反応の平衡定数は式（20.76）から $K = \exp(2FE^\circ/RT)$ を導き

$$K = \exp\left(\frac{2 \times 96500 \times 0.193}{8.314 \times 298.15}\right) = 3.36 \times 10^6$$

問題 17　(1) 負極での反応：$Ag + Cl^- \rightarrow AgCl + e^-$，正極での反応：$Ag^+ + e^- \rightarrow Ag$ であるから，電池反応は $Ag^+ + Cl^- \rightleftarrows AgCl$ となる。

(2) 電池の起電力はネルンストの式より

$$E = E^\circ - \frac{RT}{zF}\ln\frac{1}{a_{Ag^+}a_{Cl^-}} = E^\circ + \frac{RT}{zF}\ln a_{Ag^+}a_{Cl^-}$$
$$= E^\circ + \frac{8.314 \times 298.15}{96500}\ln((0.1 \times 0.77) \times (0.01 \times 0.96))$$
$$= E^\circ - 0.185\,V$$

$E = 0.390\,V$ であるから，$E^\circ = 0.390 + 0.185 = 0.575\,V$

(3) この電池反応の平衡定数 K は

$$K = \frac{a_{AgCl}}{a_{Ag^+}a_{Cl^-}}$$
$$= \frac{1}{a_{Ag^+(aq)}a_{Cl^-(aq)}} \qquad (\because a_{AgCl(s)} = 1)$$

である。溶解度積 K_S の定義（式 18.81）により $K_S = a_{Ag^+}a_{Cl^-}$ であるから，$K_S = 1/K$ で表される。式（20.76）を書き換えると，平衡係数 K は，$K = \exp(nFE^\circ/RT)$ となるから

$$K = \exp\left(\frac{96500\,C\,mol^{-1} \times 0.575\,V}{8.314\,J\,K^{-1} \times 298.15}\right) = 5.27 \times 10^9$$

となる。溶解度積

$$K_S = 1/K = 1.89 \times 10^{-10}\,mol^2\,dm^{-6}$$

問題 18　標準電極電位の定義から，$-0.0034\,V$ は $Pt, H_2|H^+||D^+|D_2, Pt$ の起電力である。

起電力が負になるから，左の水素電極がカソード（正極）で，$2H^+ + 2e^- \rightarrow H_2$，右の重水素電極がアノード（負極）で $D_2 \rightarrow 2D^+ + 2e^-$ 起こる。

進行する化学反応をまとめて書くと $D_2 + 2H^+ \rightarrow 2D^+ + H_2$ となる。したがって D_2 の方がイオン化しやすい。

問題 19　与えられた化学反応を示す電池としては $Ag|AgCl|KCl||KBr|Br_2$ と組み立てられる。

(a) の反応を示す電池の起電力 $E^{(a)}$ は

$$E^{(a)} = E^{\circ(a)} - \frac{RT}{F}\ln\frac{a_{Cl^-}}{(a_{Br^-})^{0.5}}$$

反応ギブズエネルギー

$$\Delta_r G^{(a)} = \mu_{AgCl} + \frac{1}{2}\mu_{Br^-} - \mu_{Ag} - \frac{1}{2}\mu_{Br_2} - \mu_{Cl^-}$$

(b) の反応を示す電池の起電力 $E^{(b)}$ は

$$E^{(b)} = E^{\circ(b)} - \frac{RT}{2F}\ln\frac{a^2_{Cl^-}}{a_{Br^-}}$$
$$= E^{\circ(b)} - \frac{RT}{F}\ln\frac{a_{Cl^-}}{(a_{Br^-})^{0.5}} = E^{(a)}$$

となり，(a) と同じで，化学式の係数によらない示強性である。一方，反応ギブズエネルギーは

$$\Delta_r G^{(b)} = 2\mu_{AgCl} + \mu_{Br^-} - 2\mu_{Ag} - \mu_{Br_2} - 2\mu_{Cl^-}$$
$$= 2\Delta_r G^{(a)}$$

化学式の係数によって変化する。

問題 20　この燃料電池の電池反応は $H_2 + (1/2)O_2 \rightarrow H_2O(l)$ である。反応に伴う標準エントロピー変化は

$$\Delta S^\circ = 69.9 - (130.6 + 205.0)$$
$$= -163.2\,J\,K^{-1}\,mol^{-1}$$

である。式（20.82）より，$n = 2$ を考慮すると

$$\left(\frac{\partial E^\circ}{\partial T}\right)_p = \left(\frac{\Delta_r S^\circ}{nF}\right) = \frac{-163.2\,J\,K^{-1}\,mol^{-1}}{2 \times 96500\,C\,mol^{-1}}$$
$$= -8.46 \times 10^{-4}\,V\,K^{-1}$$

問題 21　一次電池は充電できないから使い捨ての電池である。二次電池は充電ができるから繰り返し使える。

問題 22　酸化反応（アノード）$Ag(s) + Cl^- \rightarrow AgCl(s) + e^-$

還元反応（カソード）$HgCl(s) + e^- \rightarrow Hg(l) + Cl^-$

であるから，$Ag, AgCl|KCl(aq)|$

HgCl, Hg なる電池が得られる。
式（20.57）より

$$\Delta G = -FE = -0.0455\times 96500 = -4.39\ \mathrm{kJ}$$

が得られる。式（20.81）を書き換え，$n=1$ とすると

$$\Delta S = F\left(\frac{\partial E^\circ}{\partial T}\right)_p = 96500\times 3.38\times 10^{-4} = 32.6\ \mathrm{J\,K^{-1}}$$

が求まる。したがって

$$\Delta H = \Delta G + T\Delta S = -4.39 + 0.0316\times 298.15 = 5.03\ \mathrm{kJ}$$

問題 23　(1) 電池内反応は式（20.89）および式（20.90）で示すように
負極（アノード）
$Pb + SO_4^{2-} \rightarrow PbSO_4 + 2e$
正極（カソード）
$PbO_2 + 4H^+ + SO_4^{2-} + 2e \rightarrow PbSO_4 + 2H_2O$
であるから，電池内反応は

$$Pb + PbO_2 + 2H_2SO_4 \rightarrow 2PbSO_4 + 2H_2O$$

となる。
(2) $\Delta_r G = -nFE$（式（20.57））を用いて ΔG，$\Delta S = -(\partial\Delta G/\partial T)_p = nF(\partial E/\partial T)_p$（式（20.80））を用いて ΔS が計算する。
$T=298.15\ \mathrm{K}$，$E=1.9195\ \mathrm{V}$ より，
$\Delta G = -2\times 96500\times 1.9195 = -3.70\times 10^5\ \mathrm{J}$。
$(\partial\Delta G/\partial T)_p = 5.61\times 10^{-5} + 2\times 1.08\times 10^{-6}(T-273.15) = 1.10\times 10^{-4}\ \mathrm{V\,K}$ から

$$\Delta S = -(\partial\Delta G/\partial T)_p = zF(\partial E/\partial T)_p = 2\times 96500\times 1.10\times 10^{-4} = 21.2\ \mathrm{J\,K^{-1}}$$

ΔH は $\Delta H = \Delta G + T\Delta S$ で計算する。

$$\Delta H = -3.70\times 10^5 + 298.15\times 21.2 = -3.64\times 10^5\ \mathrm{J}$$

問題 24　電池内反応は
負極　$Pb(a_1) \rightarrow Pb^{2+} + 2e^-$
正極　$Pb^{2+} + 2e^- \rightarrow Pb$
であるから $a_1 = f_1c_1 = 0.10$ および $a_2 = f_2c_2 = 0.001$ を用いると

$$E = E^\circ_{\mathrm{Pb},2} - E^\circ_{\mathrm{Pb},1} - \frac{RT}{2F}\ln\frac{a_{2,\mathrm{Pb(NO_2)}}}{a_{1,\mathrm{Pb(NO_2)}}} = \frac{8.314\times 298.15}{2\times 96500}\ln\frac{0.001}{0.1} = 0.0591\ \mathrm{V}$$

が得られる。

問題 25　1 atm の水素電極の電極電位は，水素の圧力を 1 bar とする標準水素電極を標準基準（負極）にすると，次のような水素の濃淡電池となる。

$$\mathrm{Pt}|\mathrm{H_2(1\,bar)}|\mathrm{HCl}(\mathrm{aq}, a_{\mathrm{H^+}}=1.0)|\mathrm{H_2(1\,atm)}|\mathrm{Pt}$$

負極の電位は SHE であるから

$$E^\circ_{\mathrm{H_2}} = 0\ \mathrm{V}$$

正極の電位は，1 atm＝1.0132 Pa であるから

$$E_{\mathrm{H_2(1\,atm)}} = E^\circ_{\mathrm{H_2}} - \frac{RT}{2F}\ln\frac{1}{1.0132} = -\frac{8.314\times 298.15}{2\times 96500}\ln\frac{1}{1.0132} = 0.000169\ \mathrm{V}$$

となる。

$$E_{\mathrm{H_2(1\,atm)}} - E^\circ_{\mathrm{H_2}} = 0.000169\ \mathrm{V}$$

である。したがって

$$E^\circ_{\mathrm{Fe^{2+},Fe}} = (E_{\mathrm{Fe^{2+},Fe}} - E_{\mathrm{H_2(1\,atm)}}) + (E_{\mathrm{H_2(1\,atm)}} - E^\circ_{\mathrm{H_2}}) = 0.440169\ \mathrm{V}$$

圧力が 1 atm から 1 bar に変わっても，半電池の電位は実質的には変わらない。

問題 26　水素電極とカロメル電極を組み合わせた化学電池は

$$\mathrm{Pt, H_2}(1\,atm)|\mathrm{H^+}(a_{\mathrm{H^+}})||\mathrm{Cl^-}(\mathrm{aq\ sat.\ KCl})|\mathrm{Hg_2Cl_2}|\mathrm{Pt}$$

で表され，その電池反応は

$$H_2(1\ \mathrm{atm}) + Hg_2Cl_2(s) = 2H^+ + 2Cl^- + 2Hg$$

電位は

$$E = E^\circ - \frac{RT}{2F}\ln\frac{a^2_{\mathrm{H^+}}a^2_{\mathrm{Cl^-}}}{a_{\mathrm{H_2}}a_{\mathrm{Hg}}} = E^\circ - \frac{RT}{F}\ln a_{\mathrm{H^+}}a_{\mathrm{Cl^-}}$$

で表される。$a_{\mathrm{H_2}}=1$ とおけるから

$$E = E^\circ - \frac{RT}{F}\ln a_{H^+} - E^\circ - \frac{RT}{F}\ln a_{Cl^-}$$
$$= E^\circ - \frac{RT}{F}\ln a_{Cl^-} - \frac{RT}{F}\ln a_{H^+}$$
$$= E_{ref} - \frac{RT}{F}\ln a_{H^+}$$
$$E = E_{ref} - \frac{RT}{F}\ln a_{H^+} = E_{ref} - 0.0591\log a_{H^+}$$

したがって

$$\mathrm{pH} = -\log a_{H^+} = \frac{E - E_{ref}}{0.0591}$$

問題 27 電池の

正極 $2AgCl(s) + 2e^-$
$\rightarrow 2Ag(s) + 2Cl^-(aq)$ $E^\circ = 0.22\,V$
負極 $2H^+(aq) + 2e^- \rightarrow H_2(g)$
$E^\circ = 0\,V$

ネルンストの式は

$2AgCl(s) + H_2(g) \rightarrow 2Ag(s) + 2H^+(aq) + 2Cl^-(aq)$

$$E - E^\circ - \frac{RT}{2F}\ln a_{H^+}^2 a_{Cl^-}^2 = E^\circ - \frac{RT}{2F}\ln a_{H^+}^4$$
$$= E^\circ - \frac{2RT}{F}\ln a_{H^+} = E^\circ - \frac{2RT}{F}(2.303)\log a_{H^+}$$
$$= E^\circ + \frac{2RT}{F}(2.303)pH$$

$a_{Ag} = 1,\ a_{AgCl} = 1,\ a_{H_2} = 1,\ a_{H^+} = a_{Cl^-}$

$$pH = \frac{F}{2\times 2.303\,RT}(E - E^\circ)$$
$$= \frac{96500}{2\times 2.303\times 8.314\times 298.15}(0.322 - 0.22)$$
$$= 0.86$$

第 21 章

問題 1 ゴムの伸張による内部エネルギー変化は，式（21.1）より

$$dU = đq - p dV + f dl \qquad (1)$$

となる。その際，ゴムの体積は不変で，変化は可逆的であるから $dV=0$，$đq=TdS$ とおけ，式（1）は

$$dU = TdS + f dl \qquad (2)$$

となる。T が一定（$dT=0$）では dA は

$$dA = dU - TdS \qquad (3)$$

であるから，式（2）と式（3）より

$$dA = f dl \qquad (4)$$

が得られ，$f=(\partial A/\partial l)_T$ を得る。

問題 2 式（21.8）：

$$f = (\partial U/\partial l)_T - T(\partial S/\partial l)_T$$

に注目する。この式の第 1 項は温度を一定に保ちつつゴムを伸縮したときの内部エネルギー変化による応力（f_u），第 2 項はエントロピー変化による応力（f_s）である。

問題 3 急速な伸長は断熱変化であるから熱の出入りは $TdS=đq=0$ である。問題 1 の式（2）を考慮すると，ゴムの内部エネルギー変化 dU は

$$dU = f dl$$

となる。そのときゴムの温度変化を dT とすると，dU は

$$dU = C_l dT + \left(\frac{\partial U}{\partial l}\right)_T dl$$

で表される。ここで，C_l は長さ一定の条件下における熱容量である。上式を書きかえると

$$dT = \frac{1}{C_l}\left[f - \left(\frac{\partial U}{\partial l}\right)_T\right]dl = -\frac{T}{C_l}\left(\frac{\partial S}{\partial l}\right)_T dl$$

が得られる。$(\partial S/\partial l)_T<0$ であるから，ゴムひもを伸ばすと温度が上がる。

問題 4 弾性の発現は式（21.13）に従う。ゴム弾性は右辺第 2 項すなわちエントロピー変化によるが，結晶弾性は右辺第 1 項すなわちエネルギー変化に起因する

問題 5 生ゴムは 3000〜4000 個のイソプレンが 1,4-シス単位で結合（(図 21.7（a)）した鎖状高分子で，その化学結合は炭素-炭素結合，炭素-水素結合だけで，双極子相互作用や水素結合をするような官能基がないから，ゴムの分子間引力はファンデルワールス力だけである。したがって，高分子のミクロブラウン運動がはじまるガラス転移温度 T_g は低く，−73℃ である。ゴムの T_g よりも 100℃ 以上高い夏は，部分的には液体に近い状態であるからべたつくが，冬は温度が下がり，ゴム分子のミクロブラウン運動は抑えられるので固体として存在する。天然ゴム分子の分子間相互作用はファンデルワールス力だけ

であるから，外力によってその位置は変わり，容易に変形する。実用化には架橋により分子間を化学結合で結び，変形しても外力を除けば元に復元するようにされている。

問題 6 伸張によるヘルムホルツエネルギー変化 dA は式（21.11）より

$$\mathrm{d}A = -S\mathrm{d}T + f\mathrm{d}l$$

となる。

$$-S = \left(\frac{\partial A}{\partial T}\right)_l \text{ および } f = \left(\frac{\partial A}{\partial l}\right)_T \quad (1)$$

断熱下での伸張の場合は $\mathrm{d}S=0$ であるから，等長の比熱を C_l をとして $\mathrm{d}S$ を表すと

$$\begin{aligned}\mathrm{d}S &= \left(\frac{\partial S}{\partial T}\right)_{p,l}\mathrm{d}T + \left(\frac{\partial S}{\partial l}\right)_{p,T}\mathrm{d}l \\ &= \frac{C_l}{T}\mathrm{d}T - \left(\frac{\partial f}{\partial T}\right)_{p,l}\mathrm{d}l = 0\end{aligned} \quad (2)$$

が成り立っているから，そのときの温度変化 $(\mathrm{d}T)_S$ は

$$(\mathrm{d}T)_S = -\frac{T}{C_l}\left(\frac{\partial f}{\partial T}\right)_{p,l}\mathrm{d}l \quad (3)$$

問題 7 体積変化が無視できるとすると，内部エネルギー変化の

$$\begin{aligned}(\partial U/\partial l)_T &= (\partial A/\partial l)_T - T(\partial S/\partial l)_T \\ &= (\partial A/\partial l)_T - T(\partial^2 A/\partial l\,\partial T) \\ &= f - T(\partial f/\partial T)_l\end{aligned} \quad (1)$$

$$(\partial S/\partial l)_T = -(\partial^2 A/\partial l\,\partial T) = -(\partial f/\partial T)_l \quad (2)$$

で表される。$f=\mathrm{k}T$ をそれぞれ式（1）および式（2）の右辺を用いて計算すると

$$(\partial U/\partial l)_T = 0 \qquad (\partial S/\partial l)_T = -k < 0$$

問題 8 断熱伸張の温度変化は，**問題 6** の関係で表され，それを書き換えると

$$\left(\frac{\partial T}{\partial l}\right)_s = -\frac{T}{C_l}\left(\frac{\partial f}{\partial T}\right)_l \quad (1)$$

となる。問題に与えられた f を T で微分すると，$T=T_0$ に対して

$$\left(\frac{\partial f}{\partial T}\right)_s = k\left\{\frac{l}{l_0} - \left(\frac{l}{l_0}\right)^{-2}\right\} - \alpha k T_0\left(\frac{l}{l_0}\right)^{-2}$$

となるから，式（1）より

$$\begin{aligned}\left(\frac{\partial T}{\partial l}\right)_s &= -\frac{T}{C_l}\left(\frac{\partial f}{\partial T}\right)_l \\ &= -\frac{T_0}{C_l}k\left\{\frac{l}{l_0} - (1+\alpha T_0)\left(\frac{l}{l_0}\right)^{-2}\right\}\end{aligned}$$

が得られる。l_0 から l_0 までの断熱伸長に対する温度変化 ΔT は

$$\begin{aligned}\Delta T &= \int_{l_0}^{\mathrm{L}l_0}\left(\frac{\partial T}{\partial l}\right)_s \mathrm{d}l \\ &= -\frac{kT_0 l_0}{C_l}\int_1^{\mathrm{L}}\{l - (1+\alpha T_0)l^{-2}\}\mathrm{d}l \\ &= -\frac{kl_0}{2C_\ell}T_0\frac{\mathrm{L}-1}{\mathrm{L}}\{\mathrm{L}^2 + \mathrm{L} - (1+\alpha T_0)\}\end{aligned}$$

となる。

付　録

1　SI 単位

1. SI 基本単位

世界中の人が，科学情報の交換をしやすくするために，1960 年の第 11 回国際度量衡総会で，独立した次元を持つ 7 つの基本物理量すなわち，長さ，質量，時間，電流 , 熱力学温度，物質量，光度を，それぞれ，メートル m，キログラム kg，秒 s，アンペア A，ケルビン K，モル mol，カンデラ cd に対応させ，それを SI 基本単位とし，その累乗の乗除によって作られる単位を SI 組立単位とする単位系を採択した。この単位系は国際単位系（Le Systeme International d'Unites）といわれて，SI 単位と略して，広く用いられている。

7 つの基本単位を付表 1 に示す。

付表 1　SI 基本単位

基本物理量	記　号	単　位	SI 単位の記号
長　さ	l	メートル	m
質　量	m	キログラム	kg
時　間	t	秒	s
電　流	I	アンペア	A
温　度	T	ケルビン	K
物質量	n	モ　ル	mol
光　度	I_{V}	カンデラ	cd

2. 固有の名称と記号をもつ SI 組立単位

すべての物理量は SI 単位およびあるいはその SI 単位から誘導された単位で表されるが，理論や実験でよく使われる組立単位のいくつかには特別の名前が付けられている。例えばエネルギー単位は SI の基本単位で表せば $\mathrm{kg\ m^2\ s^{-2}}$ であるが，これにはジュールの名前がつけられ，J で表すことが許されている。

付表 2　SI 組立単位と略記法

物理量	単　位	記　号	SI 単位による表示
エネルギー，仕事，熱量	ジュール	J	$\mathrm{kg\ m^2\ s^{-2}}$
力	ニュートン	N	$\mathrm{kg\ m\ s^{-2} = J\ m^{-1}}$
仕事率	ワット	W	$\mathrm{kg\ m^2\ s^{-3} = J\ s^{-1}}$
圧　力	パスカル	Pa	$\mathrm{kg\ m^{-1}\ s^{-2} = N\ m^{-2} = J\ m^{-3}}$
電荷，電気量	クーロン	C	$\mathrm{A\ s}$
電位差，超電力	ボルト	V	$\mathrm{kg\ m^2\ s^{-3}\ A^{-1} = J\ C^{-1}}$
電気抵抗	オーム	Ω	$\mathrm{kg\ m^2\ s^{-3}\ A^{-2} = V\ A^{-1}}$
コンダクタンス	ジーメンス	S（Ω^{-1}）	$\mathrm{m^{-2}\ kg^{-1}\ S^3\ A^2}$
電気容量	ファラド	F	$\mathrm{kg^{-1}\ m^{-2}\ s^4\ A^2 = A\ s\ V^{-1}}$
磁束密度	テスラ	T	$\mathrm{kg\ s^{-2}\ A^{-1} = N\ m^{-1}\ A^{-1} = J\ m^{-2}\ A^{-1}}$
セルシウス温度	セルシウス度	℃	K
光束	ルーメン	lm	cd
照度	ルクス	lx	$\mathrm{cd\ m^{-2}}$

3. その他の物理量の組立単位

付表 3　その他の物理量の組立単位

物理量	SI 単位による表し方
面積	m^2
体積	m^3
速さ，速度	$m\,s^{-1}$
加速度	$m\,s^{-2}$
波数	m^{-1}
密度，質量密度	$kg\,m^{-3}$
比体積	$m^3\,kg^{-1}$
質量濃度	$kg\,m^{-3}$
質量モル濃度	$mol\,kg^{-1}$
濃度（物質量濃度）	$mol\,m^{-3}$
モル体積	$m^3\,mol^{-1}$
熱容量　エントロピー	$J\,K^{-1}=m^2\,kg\,s^{-2}\,K^{-1}$
モル熱容量　モルエントロピー	$J\,K^{-1}mol^{-1}=m^2\,kg\,s^{-2}\,K^{-1}\,mol^{-1}$
比熱容量　比エントロピー	$J\,K^{-1}\,kg^{-1}=m^2\,s^{-2}\,K^{-1}$
比エネルギー	$J\,kg^{-1}=m^2\,s^{-2}$
エネルギー密度	$J\,m^{-3}=m^{-1}\,kg\,s^{-2}$

4. よく利用される非 SI 単位と SI 単位の関係

付表 4　よく利用される非 SI 単位

物理量	単位名	記　号	SI 単位による値
長　さ	オングストローム	Å	$10^{-10}\,m$
	インチ	in.	$2.54\times10^{-2}\,m$
	フィート	ft	0.304 8 m
	マイル	mi	$1.609\times10^{3}\,m$
体　積	リットル	L	$10^{-3}\,m^2$
質　量	トン	t	$10^{3}\,kg$
質　量	ポンド	Ib	0.453 6 kg
時　間	分	min	60 s
	時	h, hour	$3.6\times10^{3}\,s$
温　度	摂　氏	℃	(273.15＋℃)K
	華　氏	℉	$\left[(°F-32)\frac{5}{9}+273.15\right]K$
力	ダイン	dyn	$10^{-5}N$
圧　力	バール	bar	$10^{5}Pa$
	気圧	atm	$1.013\,25\times10^{6}\,Pa$
	トル	Torr	$1.333\,22\times10^{2}\,Pa$
	水銀柱ミリメートル	mm Hg	$1.333\,22\times10^{2}\,Pa$
電　荷	クーロン	esu	$3.335\,64\times10^{-10}\,C$
双極子モーメント	デバイ	D	$3.335\,64\times10^{-30}\,C\,m$
磁束密度	ガウス	G	$10^{-4}\,T$

5. SI 接頭語

物理量の値は非常に広い範囲で変化するので，その 10^n 倍をつくるため 10 の接頭語と記号が定められている。その接頭語を付表 5 に示す。

付表5　単位の接頭語

分量	接頭語 名称	接頭語 記号	分量	接頭語 名称	接頭語 記号
10^{-1}	デシ deci	d	10^{1}	デカ deca	da
10^{-2}	センチ centi	c	10^{2}	ヘクト hecto	h
10^{-3}	ミリ milli	m	10^{3}	キロ kilo	k
10^{-6}	マイクロ micro	μ	10^{6}	メガ mega	M
10^{-9}	ナノ nano	n	10^{9}	ギガ giga	G
10^{-12}	ピコ pico	p	10^{12}	テラ tera	T
10^{-15}	フェムト femto	f	10^{15}	ペタ peta	P
10^{-18}	アト atto	a	10^{18}	エクサ exa	E
10^{-21}	ゼプト zepto	z	10^{21}	ゼタ zetta	Z
10^{-24}	ヨクト yocto	y	10^{24}	ヨタ yotta	Y

付録2　圧力およびエネルギーの単位換算

圧力に関する単位換算表

単位	kPa	bar	atm	Torr
1 Pa	10^{-3}	10^{-5}	$9.869\ 23\times10^{-6}$	$7.500\ 62\times10^{-3}$
1 kPa	1	10^{-2}	$9.869\ 23\times10^{-3}$	7.500 62
1 bar	10^{2}	1	0.986 923	750.062
1 atm	101.325	1.013 25	1	760
1 Torr	0.133 322	$1.333\ 22\times10^{-3}$	$1.315\ 79\times10^{-3}$	1
1 psi	6.894 76	$6.894\ 76\times10^{-2}$	$6.804\ 60\times10^{-2}$	51.714 94

エネルギーに関する単位換算表

単　位	J・molecule^{-1}	kJ・mol^{-1}	erg・molecule^{-1}
1 J・molecule^{-1}	1	6.0220×10^{20}	1×10^{7}
1 kJ・mol^{-1}	1.6606×10^{-21}	1	1.6606×10^{-14}
1 erg・molecule^{-1}	1×10^{-7}	6.0220×10^{13}	1
1 kcal・mol^{-1}	6.9479×10^{-21}	4.1840	6.9479×10^{-14}
1 eV・molecule^{-1}	1.6022×10^{-19}	96.4905	1.6022×10^{-12}

単　位	kcal・mol^{-1}	eV・molecule^{-1}
1 J・molecule^{-1}	1.4393×10^{20}	6.2414×10^{18}
1 kJ・mol^{-1}	0.23901	0.010364
1 erg・molecule^{-1}	1.4393×10^{13}	6.2414×10^{11}
1 kcal・mol^{-1}	1	0.043365
1 eV・molecule^{-1}	23.0603	1

付録 3 物質の熱力学的性質（25℃）

物 質	$\Delta_f H^\circ$/kJ mol^{-1}	$\Delta_f G^\circ$/kJ mol^{-1}	S_m°/JK^{-1} mol^{-1}	$C_{p,m}$/J K^{-1} mol^{-1}
亜 鉛				
Zn(s)	0	0	41.6	25.4
$ZnCl_2$(s)	−415.1	−369.4	111.5	71.3
ZnO(s)	−350.5	−320.5	43.7	40.3
$ZnSO_4$(s)	−982.8	−871.5	110.5	99.2
Zn^{2+}(aq)	−153.9	−147.1	−112.1	
アルゴン				
Ar(g)	0	0	154.8	20.8
アルミニウム				
Al(s)	0	0	28.3	24.4
Al_2O_3(s)	−1675.7	−1582.3	50.9	79.0
Al^{3+}(aq)	−538.4	−485.0	−325	
アンチモン				
Sb(s)	0	0	45.7	25.2
硫 黄				
S(斜方晶)	0	0	32.1	22.6
SF_6(g)	−1220.5	−1116.5	291.5	97.3
H_2 S(g)	−20.6	−33.4	205.8	34.2
SO_2(g)	−296.8	−300.1	248.2	39.9
SO_3(g)	−395.7	−371.1	256.8	50.7
SO_3^{2-}(aq)	−635.5	−486.6	−29.3	
SO_4^{2-}(aq)	−909.3	−744.5	20.1	
塩 素				
Cl_2(g)	0	0	223.1	33.9
Cl(g)	121.3	105.7	165.2	21.8
HCl(g)	−92.3	−95.3	186.9	29.1
ClO_2(g)	104.6	105.1	256.8	45.6
ClO_4^-(aq)	−128.1	−8.52	184.0	
Cl^-(aq)	−167.2	−131.2	56.5	
カリウム				
K(s)	0	0	64.7	29.6
K(g)	89.0	60.5	160.3	20.8
KCl(s)	−436.5	−408.5	82.6	51.3
K_2O(s)	−361.5	−322.8	102.0	77.4
K_2SO_4(s)	−1437.8	−1321.4	175.6	131.5
K^+(aq)	−252.4	−283.3	102.5	
カルシウム				
Ca(s)	0	0	41.6	25.9
$CaCO_3$(s)(方解石)	−1206.9	−1128.8	92.9	83.5
$CaCl_2$(s)	−795.4	−748.8	104.6	72.9
CaO(s)	−634.9	−603.3	38.1	42.0
$CaSO_4$(s)	−1434.5	−1322.0	106.5	99.7
Ca^{2+}(aq)	−542.8	−553.6	−53.1	
キセノン				
Xe(g)	0	0	169.7	20.8
XeF_4(s)	−261.5	−123	146	118
金				
Au(s)	0	0	47.4	25.4
	366.1	326.3	180.5	20.8

物　質	$\Delta_f H^\circ$/kJ mol^{-1}	$\Delta_f G^\circ$/kJ mol^{-1}	S°_m/JK^{-1} mol^{-1}	$C_{p,m}$/J K^{-1} mol^{-1}
銀				
Ag(s)	0	0	42.6	25.4
	284.9	246.0	173.0	20.8
AgCl(s)	−127.0	−109.8	96.3	50.8
$AgNO_2$(s)	−44.4	19.8	140.6	93.0
$AgNO_3$(s)	−44.4	19.8	140.9	93.1
Ag_2SO_4(s)	−715.9	−618.4	200.4	131.4
Ag^+(aq)	105.6	77.1	72.7	
ケイ素				
Si(s)	0	0	18.8	20.0
Si(g)	450.0	405.5	168.0	22.3
$SiCl_4$(g)	−662.7	−622.8	330.9	90.3
SiO_2(石英)	−910.7	−856.3	41.5	44.4
酸　素				
O_2(g)	0	0	205.2	29.4
O(g)	249.2	231.7	161.1	21.9
O_3(g)	142.7	163.2	238.9	39.2
OH(g)	39.0	34.22	183.7	29.9
OH^-(aq)	−230.0	−157.2	−10.9	
重水素				
D_2(g)	0	0	145.0	29.2
HD(g)	0.32	−1.46	143.8	29.2
D_2O(g)	−249.2	−234.5	198.3	34.3
D_2O(l)	−294.6	−243.4	75.94	84.4
HDO(g)	−246.3	−234.5	199.4	33.8
HDO(l)	−289.9	−241.9	79.3	
臭　素				
Br_2(l)	0	0	152.2	75.7
Br_2(g)	30.9	3.1	245.5	36.0
Br(g)	111.9	82.4	175.0	20.8
HBr(g)	−36.3	−53.4	198.7	29.1
Br^-(aq)	−121.6	−104.0	82.4	
水　銀				
Hg(l)	0	0	75.9	28.0
Hg(g)	61.4	31.8	175.0	20.8
Hg_2Cl_2(s)	−265.4	−210.7	191.6	101.9
Hg^{2+}(aq)	170.2	164.4	−36.2	
Hg_{2+}^{2+}(aq)	166.9	153.5	65.7	
水　素				
H_2(g)	0	0	130.7	28.8
H(g)	218.0	203.3	114.7	20.8
OH(g)	39.0	34.2	183.7	29.9
H_2O(g)	−241.8	−228.6	188.8	33.6
H_2O(l)	−285.8	−237.1	70.0	75.3
H_2O(s)			48.0	36.2(273K)
H_2O_2(g)	−136.3	−105.6	232.7	43.1
H^+(aq)	0	0	0	
OH^-(aq)	−230.0	−157.24	−10.9	
ス　ズ				
Sn(白色)	0	0	51.2	27.0
Sn(g)	301.2	266.2	168.5	21.3
SnO_2(s)	−577.6	−515.8	49.0	52.6

物 質	$\Delta_f H°$/kJ mol^{-1}	$\Delta_f G°$/kJ mol^{-1}	$S°_m$/JK^{-1} mol^{-1}	$C_{p,m}$/J K^{-1} mol^{-1}
Sn^{2+}(aq)	−8.9	−27.2	−16.7	
炭 素				
グラファイト(s)	0	0	5.74	8.52
ダイヤモンド(s)	1.89	2.90	2.38	6.12
C(g)	716.7	671.2	158.1	20.8
CO(g)	−110.5	−137.2	197.7	29.1
CO_2(g)	−393.5	−394.4	213.8	37.1
HCN(g)	135.5	124.7	201.8	35.9
CN^-(aq)	150.6	172.4	94.1	
HCO_3^-(aq)	−692.0	−586.8	91.2	
CO_3^{2-}(aq)	−675.2	−527.8	−50.0	
チタン				
Ti(s)	0	0	30.7	25.0
Ti(g)	473.0	428.4	180.3	24.4
$TiCl_4$(l)	−804.2	−737.2	252.4	145.2
TiO_2(s)	−944.0	−888.8	50.6	55.0
窒 素				
N_2(g)	0	0	191.6	29.1
N(g)	472.7	455.5	153.3	20.8
NH_3(g)	−45.9	−16.5	192.8	35.1
NO(g)	91.3	87.6	210.8	29.9
N_2O(g)	81.6	103.7	220.0	38.6
NO_2(g)	33.2	51.3	240.1	37.2
NOCl(g)	51.7	66.1	261.7	44.7
N_2O_4(g)	11.1	99.8	304.4	79.2
N_2O_4(l)	−19.5	97.5	209.2	142.7
HNO_3(l)	−174.1	−80.7	155.6	109.9
HN_3(l)	264.0	327.3	140.6	
NO_3^-(aq)	−207.4	−111.3	146.4	
NH_4^+(aq)	−132.5	−79.3	113.4	
鉄				
Fe(s)	0	0	27.3	25.1
Fe(g)	416.3	370.7	180.5	25.7
Fe_2O_3(s)	−824.2	−742.2	87.4	103.9
Fe_3O_4(s)	−1118.4	−1015.4	146.4	150.7
$FeSO_4$(s)	−928.4	−820.8	107.5	100.6
Fe^{2+}(aq)	−89.1	−78.9	−137.7	
Fe^{3+}(aq)	−48.5	−4.7	−315.9	
銅				
Cu(s)	0	0	33.2	24.4
$CuCl_2$(s)	−220.1	−175.7	108.1	71.9
CuO(s)	−157.3	−129.7	42.6	42.3
Cu_2O(s)	−168.6	−146.0	93.1	63.6
$CuSO_4$(s)	−771.4	−662.2	109.2	98.5
Cu^+(aq)	71.7	50.0	40.6	
Cu^{2+}(aq)	64.8	65.5	−99.6	
ナトリウム				
Na(s)	0	0	51.3	28.2
Na(g)	107.5	77.0	153.7	20.8
NaCl(s)	−411.2	−384.1	72.1	50.5
NaOH(s)	−425.8	−379.7	64.4	59.5
Na_2SO_4(s)	−1387.1	−1270.2	149.6	128.2

物　質	$\Delta_f H°$/kJ mol^{-1}	$\Delta_f G°$/kJ mol^{-1}	$S_m°$/JK^{-1} mol^{-1}	$C_{p,m}$/J K^{-1} mol^{-1}
Na^+(aq)	−240.1	−261.9	59.0	
鉛				
Pb(s)	0	0	64.8	26.4
PbO_2(s)	−277.4	−217.3	68.6	64.6
$PbSO_4$(s)	−920.0	−813.20	148.5	86.4
Pb^{2+}(aq)	0.92	−24.4	18.5	
ニッケル				
Ni(s)	0	0	29.9	26.1
$NiCl_2$(s)	−305.3	−259.0	97.7	71.7
NiO(s)	−239.7	−211.5	38.0	44.3
$NiSO_4$(s)	−872.9	−759.7	92.0	138.0
Ni^{2+}(aq)	−54.0	−45.6	−128.9	
バリウム				
Ba(s)	0	0	62.5	28.1
BaO(s)	−548.0	−520.3	72.1	47.3
$BaCO_3$(s)	−1216.3	−1137.6	112.1	85.4
$BaCl_2$(s)	−856.6	−810.3	123.7	75.1
$BaSO_4$(s)	−1473.2	−1362.3	132.2	101.8
Ba^{2+}(aq)	−537.6	−560.8	9.6	
フッ素				
Fg(2)	0	0	202.8	31.3
F(g)	79.4	62.3	158.8	22.7
HF(g)	−273.3	−275.4	173.8	29.1
F^-(aq)	−332.6	−278.8	−13.8	
マグネシウム				
Mg(s)	0	0	32.7	24.9
MgO(s)	−601.6	−569.3	27.0	37.2
$MgSO_4$(s)	−1284.9	−1170.6	91.6	96.5
$MgCl_2$(s)	−641.3	−591.8	89.6	71.4
$MgCO_3$(s)	−1095.8	−1012.2	65.7	75.5
Mg^{2+}(aq)	−466.9	−454.8	−138.1	
マンガン				
Mn(s)	0	0	32.0	26.3
MnO_2(s)	−520.0	−465.1	53.1	54.1
Mn^{2+}(aq)	−220.8	−228.1	−73.6	
MnO_4^-(aq)	−541.4	−447.2	191.2	
ヨウ素				
I_2(s)	0	0	116.1	54.4
I_2(g)	62.4	19.3	260.7	36.9
I(g)	106.8	70.2	180.8	20.8
I^-(aq)	−55.2	−51.6	111.3	
リチウム				
Li(s)	0	0	29.1	24.8
Li(g)	159.3	126.6	138.8	20.8
LiH(s)	−90.5	−68.3	20.0	27.9
LiH(g)	140.6	117.8	170.9	29.7
Li^+(aq)	−278.5	−293.3	13.4	

物　質	$\Delta_f H°$/kJ mol^{-1}	$\Delta_f G°$/kJ mol^{-1}	$S_m°$/JK^{-1} mol^{-1}	$C_{p,m}$/J K^{-1} mol^{-1}
リ　ン				
P(s)黄リン	0	0	41.1	23.8
P(s)赤リン	−17.6	−12.1	22.8	21.2
P_4(g)	58.9	24.4	280.0	67.2
PCI5(g)	−374.9	−305.0	364.6	112.8
PH_3(g)	5.4	13.5	210.2	37.1
H_3PO_4(l)	−1271.7	−1123.6	150.8	145.0
PO_4^{3-}(aq)	−1277.4	−1018.7	−220.5	
HPO_4^{2-}(aq)	−1299.0	−1089.2	−33.5	
$H_2PO_4^-$(aq)	−1302.6	−1130.2	92.5	

日本化学会編,『改訂 5 版　化学便覧　基礎編 II』, 丸善出版 (2004).
D. R. Lide, Ed., "Handbook of Chemistry and Physics, 83rd ed.", CRC Press (2002)

参考図書

第 13〜19 章

L. Prigogine, R. Defay（妹尾学訳），『化学熱力学 I，II』，みすず書房（1965）.

B. Mahan（千原秀昭，崎山稔訳），『やさしい化学熱力学』，化学同人（1966））.

K.. Denbigh（榊 友彦，野村昭之助，安田元夫訳），『化学熱力学 上，下』，広川書店（1973）.

D. H. Everett（玉虫伶太，佐藤 弦訳），『入門化学熱力学 第 2 版』，東京化学同人（1974）.

G. C. Pimenntel, R. D. Spratley（榊 友 彦 訳），『化学熱力学 分子の立場からの理解』，東京化学同人（1977）.

W. J. Moore（(藤代亮一訳），『物理化学（上）第 4 版』，東京化学同人（1977）.

藤田 博，『初等化学熱力学』，朝倉書店（1980）.

W. J. Moore（(細谷治夫，湯田坂雅子訳），『基礎物理化学 上』，東京化学同人（1983）.

君塚英夫，『化学ポテンシャル 化学 one Point 9』共立出版（1983）.

D. Eisenberg, D. Crothers,『生命科学のための物理化学［上］，培風館（1988）.

R. A. Alberty（妹尾 学，黒田晴雄訳），『物理化学 第 7 版』東京化学同人（1991）.

E. B. Smith（小林 宏），岩崎槇夫訳），『基礎化学熱力学』，化学同人（1992）.

P. Atkins, J. de Paula（千原秀昭，中村宣夫訳），『物理化学 第 4 版』，東京化学同人（1993）.

I. M. Klotz, R. M. Rosennberg, "Chemical Thermodynamics (Fifth Edition)", John-Wiley (1994).

坪村 宏，『新物理化学 上』，化学同人（1994）.

山下和男，播磨 裕，『物理化学の基礎』，三共（1994）.

小島和夫，『化学技術者のための化学熱力学 改訂版』，培風館（1996）.

D. A. McQuarrie, J. D. Simon（千原秀昭，江口太郎，斉藤一弥訳），『物理化学』，東京化学同人（1997）.

G. W. Castellan（目黒謙次郎，田中公二，今村嘉夫訳），『物理化学 第 3 版』，東京化学同人（1998）.

菅 宏，『はじめての化学熱力学』，岩波書店（1999）.

G. M. Barrow（大門寛，堂免一成訳），『バロー物理化学』，東京化学同人（1999）.

B. Otto, J. Boerio-Goates, "Chemical Thermodynamics: Principles and Application Vol. 1" Elsevier (2000).

阿武 徹編著，『熱力学』，丸善（2001）.

小島和夫，『かいせつ化学熱力学』，培風館（2001）.

I. Prigogine, D. Kondeputi（妹尾学，岩元和敏訳），『現代熱力学』，朝倉書店（2001）.

G. K. Vemulapali（上野 實，大島広行，阿部正彦，江角邦男訳），『物理化学 I』，丸善（2001）.

香山滉一郎，『化学熱力学』，アグネ技術センター」（2002）.

M. Kaufman, "Principle of Thermodynamics", Marcel Dekker (2002).

H. Kuhn, H. Forsterling（小尾欣一監訳），『物理化学』，丸善（2002）.

D. Hallidy, R. Resnick, J. Walker（野崎光昭監訳），『物理学の基礎［2］波と熱 第 6 版』，東京化学同人（2002）.

渡辺 啓，『化学熱力学［新訂版］』，サイエンス社，（2003）.

渡辺 啓，『演習化学熱力学［新訂版］』，サイエンス社（2003）.

R. Chang（岩澤康裕，北川禎三，浜口宏夫訳），『物理化学』，東京化学同人（2003）.

岡部 豊，堂寺知成，『エネルギーと熱』，放送大学教育振興会（2003）.

杉村剛介，井上 亨，秋貞英雄，『化学熱力学中心の基礎物理化学』，学術図書（2003）.

原田義也，『化学熱力学』，裳華房（2004）.

D. W. Ball（田中一義，阿竹徹訳），『物理化学 上』，化学同人（2004）.

日本熱測定学会編，『山頂は何故涼しいか（科学のとびら 47）』，東京化学同人（2006）.

P. W. Atkins, J. de Paula（千原秀昭，稲葉章訳），『物理化学要論 第 4 版』，東京化学同人（2007）.

塩井章久,『物理化学Ⅰ　化学熱力学編』, 化学同人 (2007).
村橋俊一, 小高忠男, 蒲池幹治, 則末尚志,『高分子化学 (第5版)』, 共立出版 (2007).
徂徠道夫,『相転移の分子熱力学 (朝倉化学大系)』, 朝倉書店 (2007).
P. W. Atkins, J. de Paula (千原秀昭, 中村亘夫訳),『物理化学　第8版』, 東京化学同人 (2009).
P. W. Atkins, C. A. Trapp, M. P. Cady, C. Giunta,『アトキンス物理化学問題の解き方』, 東京化学同人 (2009).
青木宏光, 長田俊治, 橋本直文, 三輪嘉尚,『物理化学大義』, 京都広川書店 (2009).
T. Engel, P. Reid, "Thermodynamics, Statistics & Kinetics", Prentice Hall (2010).
田中一義, 田中庸裕,『物理化学 (化学マスター講座)』, 丸善 (2010).
後藤　了, 小暮健太朗編著,『エピソード物理化学』, 京都広川書店 (2011).
佐藤　弦, 土屋隆英, 熊倉幸之助,『化学熱力学への誘い』, 上智大学出版 (2011).
E. Keszei, "Chemical Thermodynamics", Springer (2012).
B. Fegley, Jr., "Practical Chemical Thermodynamics", Academic Press (2013).

第20章

玉虫伶太,『電気化学』, 東京化学同人 (1967).
電気化学協会,『新しい電気化学』, 培風館 (昭和59).
P. W. Atkins, J. de Paula (千原秀昭, 中村亘男訳),『物理化学　第4版』, 東京化学同人 (1993)
I. M. Klotz, R. M. Rosennberg, "Chemical Thermodynamics (Fifth Edition)" John-Wiley (1994).
渡辺　啓,『化学熱力学［新訂版］』, サイエンス社 (2003).
渡辺　啓,『演習化学熱力学［新訂版］』, サイエンス社 (2003).
石原顕光, 太田健一郎,『原理からとらえる電気化学 (化学サポートシリーズ)』, 裳華房 (2007).
田部　茂,『燃料電池の基礎マスター』, 電気書院 (2009).
渡辺 正, 金村聖志, 益田秀樹, 渡辺昌義,『電気化学』, 丸善 (2008).
大堺利行, 加納健司, 桑畑 進『ベーシック電気化学』, 化学同人 (2010).
E. Keszei, "Chemical Thermodynamics", Springer (2012).
渡辺　正, 金村聖志, 益田秀樹, 渡辺正義,『電気化学』, 丸善 (2010).
金村聖志,『電気化学』, 化学同人 (2011).

第21章

久保亮五,『ゴム弾性［初版復刻板］』, 裳華房 (1996).
久保亮五編,『大学演習　熱学・統計力学　修訂版』, 裳華房 (2007).
斉藤信彦,『高分子物理学』, 裳華房 (1978).
村橋俊一, 藤田博, 小高忠男, 蒲池幹治,『高分子化学 (第4版)』, 共立出版 (2006).
蒲池幹治,『高分子化学入門』, エヌ・ティ・エス (2006).
田中一義, 田中庸裕,『物理化学 (化学マスター講座)』, 丸善 (2010).
1　松尾隆祐, 東信晃, 熱測定, 43 (w43), 12–20 (2016).
2　T. Matuo, N. Azuma, Y. Toriyama, T. Yoshioka, J. Therm. *Anal. Calorim.*, **123**, 1814 (2016).

索　引

あ 行

か 行

な　行

は　行

ま 行

や 行

ら 行

著者略歴

蒲池幹治（かまち みきはる）

1934年　福岡県生まれ
1961年　大阪大学大学院理学研究科博士前期課程修了後，東洋レーヨン株式会社，大阪大学理学部高分子科学科助手，助教授，教授をへて，現在，大阪大学名誉教授，前福井工業大学教授　理学博士
専　門　高分子化学，物理有機化学

基本化学熱力学［展開編］（きほんかがくねつりきがく てんかいへん）

2016年6月15日　初版第1刷発行

©著　者　蒲池幹治
発行者　秀島　功
印刷者　田中宏明

発行所　三共出版株式会社　東京都千代田区神田神保町3の2
振替 00110-9-1065
郵便番号 101-0051　電話 03-3264-5711㈹　FAX 03-3265-5149
http://www.sankyoshuppan.co.jp

一般社団法人日本書籍出版協会・一般社団法人自然科学書協会・工学書協会 会員

Printed in Japan　　印刷・製本　理想社

ISBN 978-4-7827-0740-1

本書で使用した記号（1）

A	電流
A	ヘルムホルツエネルギー
A_{m}	モルヘルムホルツエネルギー
$\bar{A}$	部分モルヘルムホルツエネルギー
A°	標準ヘルムホルツエネルギー
a	ファンデルワールス係数
a	活量
a_i	成分 i の活量
a_i^{R}	成分 i のラウル則基準の活量
a_i^{H}	成分 i のヘンリー則基準の活量
$a_i^{(b)}$	成分 i の質量モル濃度基準の活量
$a_i^{(c)}$	成分 i のモル濃度基準の活量成分
b_{A}	物質 A の質量モル濃度
b	ファンデルワールス係数
C	熱容量
C	成分
C_p	定圧熱容量
$C_{p,m}$	モル定圧熱容量
C_V	定容熱容量
$C_{V,\mathrm{m}}$	モル定容熱容量
C	電気量
c	光速
c_A	物質 A のモル濃度（物質量濃度）
e	電子
E	エネルギー
E	起電力
F	Faraday 定数
F	自由度
f	フガシティー
f_i	混合物中の成分 i のフガシティー
G	ギブズエネルギー
G°	標準ギブズエネルギー
G_{m}	モルギブズエネルギー
$\bar{G}$	部分モルギブズエネルギー
$\Delta_{\mathrm{f}}G$	生成ギブズエネルギー
$\Delta_{\mathrm{r}}G$	反応ギブズエネルギー
$\Delta_{\mathrm{mix}}G$	混合ギブズエネルギー
H	エンタルピー
H_{m}	モルエンタルピー
H°	標準エンタルピー
$\bar{H}$	部分モルエンタルピー
$\Delta_{\mathrm{f}}H$	生成エンタルピー
$\Delta_{\mathrm{r}}H$	反応エンタルピー
$\Delta_{\mathrm{c}}H$	燃焼エンタルピー
$\Delta_{\mathrm{fus}}H$	融解エンタルピー
$\Delta_{\mathrm{mix}}H$	混合エンタルピー
$\Delta_{\mathrm{sub}}H$	昇華エンタルピー
$\Delta_{\mathrm{vap}}H$	蒸発エンタルピー
K	平衡定数（熱力学的平衡定数）
K_p	圧力に基づいた平衡定数
K_c	濃度に基づいた平衡定数
K_b	質量モル濃度に基づいた平衡定数
K_{S}	溶解度積
K_x	モル分率に基づいた平衡定数
k	反応の速度定数
k_{B}	ボルツマン定数
k_{H}	ヘンリーの定数
M_{A}	物質 A のモル質量
m_{A}	物質 A の質量
N_{A}	アボガドロ定数
n	物質量
n_i	成分 i の物質量
p	圧力
p_i	成分 i の分圧
p_{ex}	外圧
p^{id}	理想気体の圧力
p'	内部圧（内圧）
p_{c}	臨界圧
$p_{\mathrm{A}}^{\mathrm{id}}$	理想溶液における物質 A の分圧
p°	標準圧力（1 bar または 1 atm）
p^{*}	純物質の蒸気圧
P	相の数
P	多成分系の全圧
Q	反応商
q	熱量
R	気体定数
S	エントロピー
S_{m}	モルエンタルピー
$\bar{S}$	部分モルエントロピー
S°	標準エントロピー
$\Delta_{\mathrm{f}}S$	標準生成エントロピー
$\Delta_{\mathrm{r}}S$	標準反応エントロピー
$\Delta_{\mathrm{c}}S$	燃焼エントロピー
$\Delta_{\mathrm{fus}}S$	融解エントロピー
$\Delta_{\mathrm{mix}}S$	混合エントロピー
$\Delta_{\mathrm{sub}}S$	昇華エントロピー
$\Delta_{\mathrm{vap}}S$	蒸発エントロピー
$\Delta S_{\text{系}}$	系のエントロピー変化
$\Delta S_{\text{外界}}$	外界のエントロピー変化
$\Delta S_{\text{全}}$	全エントロピー変化
T_{b}	沸点
T_{f}	凝固点
T_{m}	融点
T	熱力学温度
U	内部エネルギー
V	体積
V_{m}	モル体積
$\bar{V}$	部分モル体積
V_{t}	t℃ の体積
w	仕事
x	モル分率
x_i	成分 i のモル分率
Z	気体の圧縮因子